Mastercam 数控加工完全自学丛书

图解 Mastercam 2022 数控加工编程基础教程

陈 昊 陈为国 编 著

机 械 工 业 出 版 社

本书以 Mastercam 2022 为基础，围绕 CAM 应用讲解了 CAD 知识，内容包括二维图形的绘制与编辑，三维曲面、实体与网格模型的构建与编辑，尺寸标注与编辑等要点。在 Mastercam 的 CAM 模块中，重点介绍了二维和三维数控铣削加工编程，以及数控车削加工编程等知识。读者通过本书的学习，能够掌握 Mastercam 2022 的数控加工自动编程技术，能够完成中等复杂程度零件的数控加工编程工作。为便于读者学习，本书提供练习文件（用手机浏览器扫描前言中的二维码下载），同时提供配套 PPT 课件（联系 QQ296447532 获取）。

本书理论联系实际，重点介绍了 Mastercam 2022 各种功能的操作要点，并提供有针对性较强的练习图例，非常适合具备数控加工手工编程知识并希望掌握自动编程知识的数控加工工作者自学使用，也可作为高等学校及培训机构 CAD/CAM 课程的教学用书。

图书在版编目（CIP）数据

图解Mastercam 2022数控加工编程基础教程/陈昊，陈为国编著．—北京：机械工业出版社，2022.6（2024.7重印）

（Mastercam数控加工完全自学丛书）

ISBN 978-7-111-70727-1

Ⅰ．①图…　Ⅱ．①陈…　②陈…　Ⅲ．①数控机床—加工—计算机辅助设计—应用软件—教材　Ⅳ．①TG659-39

中国版本图书馆CIP数据核字（2022）第078294号

机械工业出版社（北京市百万庄大街22号　邮政编码100037）

策划编辑：周国萍　　责任编辑：周国萍　高依楠

责任校对：张　征　刘雅娜　　封面设计：马精明

责任印制：常天培

北京机工印刷厂有限公司印刷

2024 年 7 月第 1 版第 3 次印刷

184mm×260mm・18.25 印张・441 千字

标准书号：ISBN 978-7-111-70727-1

定价：79.00元

电话服务

客服电话：010-88361066

010-88379833

010-68326294

网络服务

机　工　官　网：www.cmpbook.com

机　工　官　博：weibo.com/cmp1952

金　　书　　网：www.golden-book.com

机工教育服务网：www.cmpedu.com

前　言

Mastercam 是美国 CNC Software 公司开发的基于个人计算机平台的 CAD/CAM 软件系统，具有二维几何图形设计、三维线框设计、曲面造型、实体和网格模型构建等设计功能，可由零件图形或模型直接生成刀具路径，可动态进行刀路模拟和实体加工仿真验证，还具有可扩展的后置处理及较强的外界接口等功能。自动生成的数控加工程序能适应多种类型的数控机床，数控加工编程功能快捷方便，具有铣削、车削、线切割、雕铣加工等编程功能。

Mastercam 自 20 世纪 80 年代推出至今，经历了三次较为明显的界面与版本变化，首先是 V9.1 版之前的产品，国内市场可见的有 6.0、7.0、8.0、9.0 等版本，该类版本的操作界面是左侧瀑布式菜单与上部布局工具栏形式的操作界面；其次是配套 Windows XP 版的 X 版风格界面，包括 X、X2、X3、…、X9 共九个版本，该类版本的操作界面类似 Office 2003 的界面风格，以上部布局的下拉菜单与丰富的工具栏及其工具按钮操作为主，配以鼠标右键快捷菜单操作，这个时期的版本已开始与微软操作系统保持相似的风格，能更好地适应年轻一代的初学者；为了更好地适应 Windows 7 系统及其代表性的应用软件 Office 2010 的 Ribbon 风格功能区操作界面的出现，Mastercam 开始第三次改变操作界面风格，从 Mastercam 2017 开始推出以年代标记软件版本并具有 Office 2010 的 Ribbon 风格功能区操作界面的风格，标志着 Mastercam 软件已进入一个新时代。

Mastercam 年代版的 Ribbon 风格界面保持着与 Windows 操作系统同步发展的特点，特别适合年轻的初学者快速接受，读者可紧随 Mastercam 2022 及其后续年代版的变化而学习。由于 Mastercam 2022 界面的较大变化，即使是 Mastercam 年代版之前的老用户，也有阅读本书的需要。

作为专业的加工编程软件，Mastercam 2022 的 CAM 模块是其应用的必要项目，然而，要想全面准确地理解与掌握 Mastercam 2022 软件，其 CAD 模块的学习也是必要的，为此，本书围绕 CAM 应用讲解了 CAD 知识。

本书共分 8 章，第 1 ～ 4 章是 CAD 模块的内容，第 5 ～ 8 章是 CAM 模块的内容。作为初学者，建议从开始的 CAD 模块学起，重点学习与掌握二维图形的绘制与编辑，三维曲面、实体与网格模型的构建与编辑，以及模型准备功能选项卡中的同步建模功能等。关于 CAM 模块，本书根据实际应用的特点，分 2D 数控铣削加工编程、3D 数控铣削加工编程和数控车削加工编程等章节介绍。本书在内容取舍上，对于 Mastercam 年代版中新出现的功能和操作界面介绍得略微详细，而之前版本介绍的较多知识则根据实际应用的重要程度而有所取舍地讲解。对于熟悉且常用其他 CAD 软件的用户，也可跳过 CAD 模块，直接研习 Mastercam 外部模型导入的方法，进入第 5 ～ 8 章 CAM 模块的学习。

虽然本书提供了主要的练习文件（用手机浏览器扫描前言中的二维码下载），但是编著者仍然希望各位读者尊重学习规律。从编著者多年的教学与学习心得看，任何知识的学习必须从基础学起，循序渐进，注重实践，有一个逐渐进阶的过程。为此，本书的大部分练习图形与模型均给出了其几何参数，建议读者尽可能不调用练习文件，而是自己亲自动手绘制二维图形。对于三维曲面与实体模型的学习则建议亲自从线框图绘制开始。这样的学习方式有利于融会贯通地系统掌握该软件的应用。第 5 ～ 8 章是 CAM 模块的学习，希望读者尽可能联系生产实际，分析各种加工策略（即加工刀路），逐渐做到以应用驱动学习。

为便于读者学习，本书提供配套 PPT 课件（联系 QQ 296447532 获取）。

本书在编写过程中得到中航工业江西洪都航空工业集团有限公司、南昌航空大学等单位领导的关心和支持，同时感谢这些单位从事数控加工专业同仁的指导和帮助，在此表示衷心的感谢！

感谢为书后所列参考文献提供资料的作者，以及未能囊括进入参考文献的参考资料的作者。他们的资料为本书的编写提供了极大的帮助。

本书文稿表述虽经反复推敲与校对，但因编著者水平所限，书中难免存在不足和疏漏之处，敬请广大读者批评指正。

练习文件

编著者

目录

第1章 Mastercam 2022 入门

1.1 初识 Mastercam 2022——用户界面要点

Mastercam 2022 软件与当下流行的 Ribbon 微软风格的软件具有同样的启动与操作方式，包括桌面快捷方式和开始菜单启动方式、启动后的操作及界面等，图 1-1 所示为其操作界面。

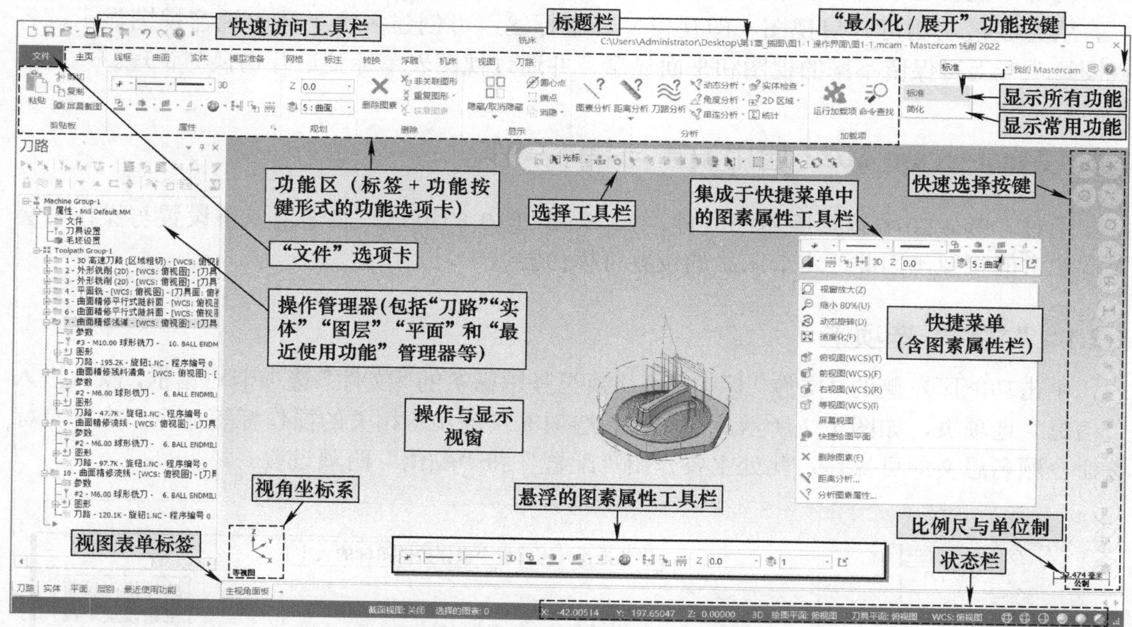

图 1-1　Mastercam 2022 操作界面

图 1-1 所示的 Ribbon 功能区操作界面的风格是，上部为标题栏，显示软件版本、文件路径与文件名信息等。左上角为快速访问工具栏，包含软件的基本管理工具按键。右上角有功能区的最小化 / 展开按键⌃ / ⌄，可以将功能区最小化 / 展开。单击功能区左上角的"文件"标签可进入"文件"选项卡，包括文件的新建、打开、保存等以及常用的配置和选项设置入口等。

操作管理器（简称管理器）是设计与加工编程常用的操作管理区域，常见的管理器包括"刀路""实体""平面""图层""最近使用功能"五个默认的管理器（实际显示可在"视图→管理→……"选项区中设置和改变，单击下部的"标签"可进入相应的管理器。

功能区是各种操作的主控面板，其用功能标签管理，单击标签可进入相应的操作功能选项卡，功能选项卡内按不同功能区用分割线分块管理，各功能按键均包含图标与文字，有些功能按键还包含下拉菜单符号▼，单击可弹出下拉菜单形式的子功能按键。右上角功能区模式下拉菜单有"标准"和"简化"两命令，分别控制功能区是否显示全部功能按键。

视窗上部驻留有选择工具栏，包含光标下拉菜单命令（即临时捕抓方式）的选择、自动捕抓设置、坐标点输入和其他选择方式设置选项等。右侧快速选择工具栏竖向排列了各种过滤选择按键，可按过滤方式针对性地快速选择不同属性的图素等。

单击鼠标右键弹出快捷菜单，默认弹出的是包含图素属性工具栏（快捷菜单上部）的快速菜单，其图素属性工具栏可根据操作习惯与需要设置为悬浮状态的工具栏，此时的快捷菜单不包含图素属性工具栏。悬浮的图素属性工具栏默认布置在视窗底部，可根据需要拖放至其他位置。

右下部的状态栏显示了光标的 X 轴与 Y 轴坐标位置和深度 Z 轴信息，2D/3D 绘图平面切换按键，绘图平面、刀具平面和视图（WCS）当前状态与切换，几何图形的线框与渲染等显示方式的设置等。状态栏的左侧显示截面视图的打开 / 关闭状态和图素选择的数量。

另外，视窗左下角显示坐标指针信息，右下角显示比例尺寸与单位制信息。

状态栏最左侧可开启视图（即视窗）表单标签，可创建多个不同的视窗视图显示，各视图选项卡上可保留不同的视图和平面显示，并通过视图表单标签进行切换与管理。

1.2 Mastercam 2022 通用设置与基本操作

用过 Office 2010 以后版本的软件，如 Word 2010 的用户，在学习以下设置与操作时会发现非常的相似，因此，本节未尽的设置可模仿尝试学习。

1.2.1 “文件”选项卡

单击功能区左侧的“文件”标签，可切换至竖排标签的“文件”选项卡对话框，默认进入“信息”选项页，如图 1-2 所示。“文件”选项卡左侧显示相关的操作标签命令，大部分标签命令顾名思义即可操作，此处主要介绍“配置”和“颜色”两项设置。

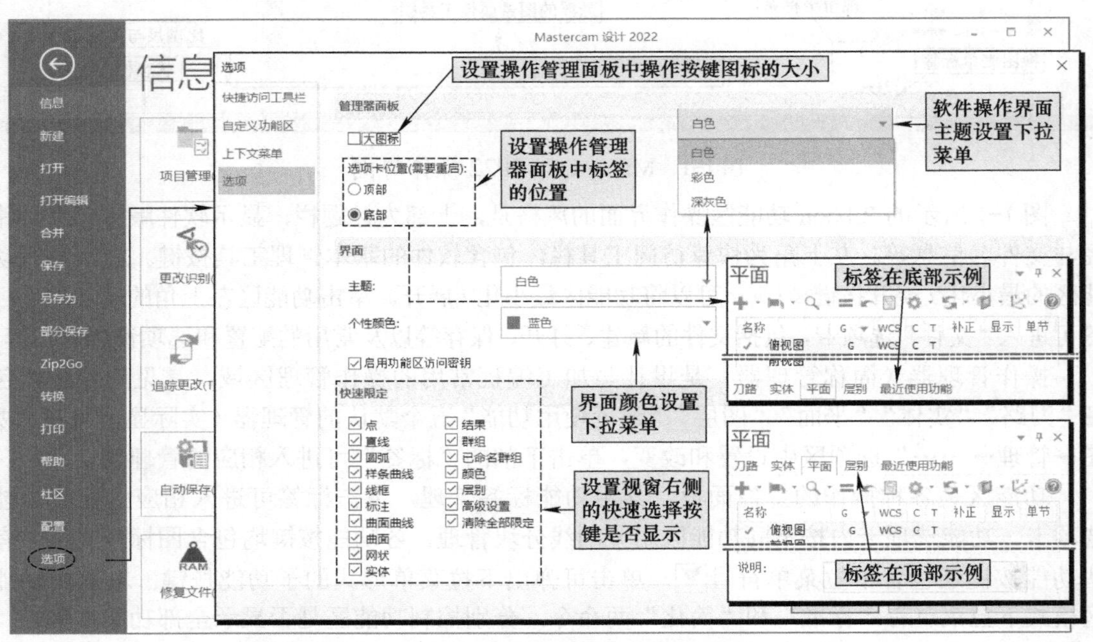

图 1-2 “文件”选项卡对话框及相关设置

单击“文件”选项卡中的标签命令，可激活相应标签对话框，图 1-2 中叠加显示了“选项”对话框及相关设置。该对话框还可以通过快速访问工具栏右侧下拉菜单中的“更多命令...”激活。

单击“文件→配置”命令，弹出“系统配置”对话框，该对话框是根据个人操作习惯设置的地方。该对话框包含 Mastercam 大部分设置，包括默认的 CAD 设置查询与重新设置（线型、线宽和点类型等），默认的刀路管理与模拟设置，中键滚轮功能设置（“屏幕→视图”选项页可设置为旋转或平移，默认的快捷菜单中本就有旋转命令 动态旋转(D)，可将中键设置为平移），公制（米制）启动环境（查询或设置）、系统颜色设置和着色，背景颜色快速设置（单色，水平、垂直和对角）等。对该对话框的设置，读者应该多加研习，限于篇幅，此处不展开讲解，仅以“颜色”选项设置为例介绍。

单击“系统配置→颜色”选项，显示系统有关颜色选项页，该选项页的内容可按用户的喜好设置（见图 1-3），图中取消勾选“使用渐变背景”复选框，则视窗背景为单色，颜色为“背景（渐变起始）”，默认为编号 111（灰色），可单击右侧调色板右上角的白色，即图中设置编号为 15 的颜色——白色。

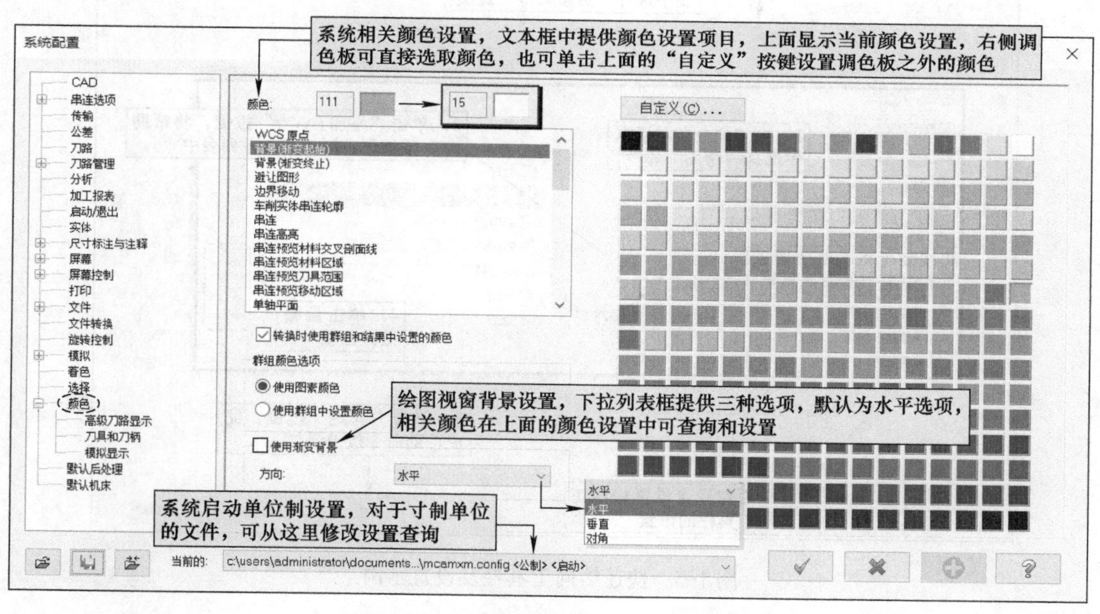

图 1-3　“系统配置→颜色”选项设置

1.2.2　快速访问工具栏及其设置

快速访问工具栏是 Ribbon 风格操作界面的主要组成部分（见图 1-4），常用命令有新建、保存、打开、打印、另存为、Zig2Go、撤销与重做等。其中，单击“打开”命令按键右侧的下拉菜单按键▼可快速访问最近的文档。单击最右侧的“自定义快速访问工具栏”按键，可弹出“自定义快速访问工具栏”下拉菜单，单击“新建”至“重做”之间的各命令，可取消勾选（或勾选）设置快速访问工具栏中是否显示相应命令，各按键的排列顺序可按自己的操作习惯在选项对话框中调整（见图 1-5）。

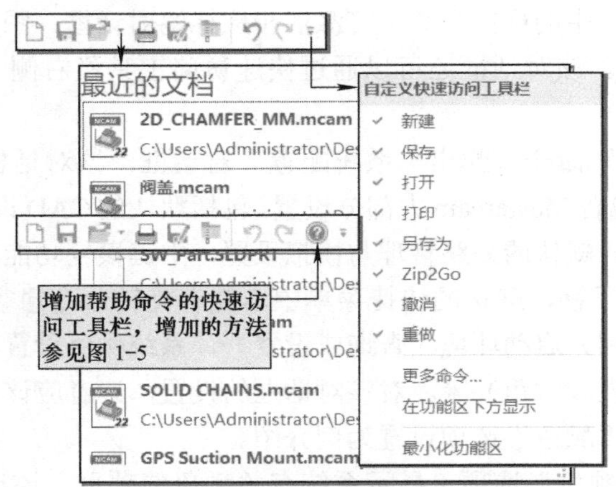

图 1-4　快速访问工具栏及操作

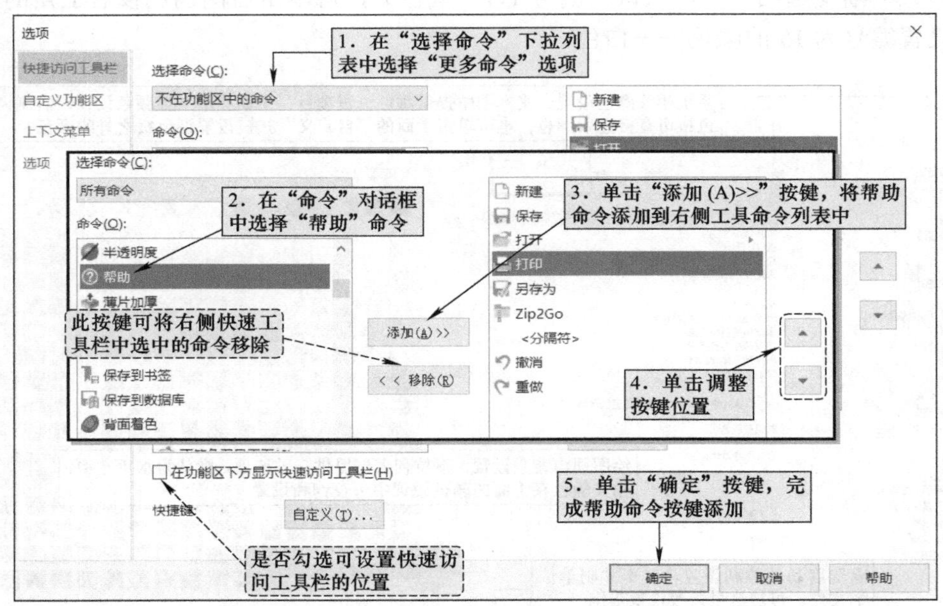

图 1-5　快速访问工具栏及设置示例

单击“更多命令 ...”命令，会弹出“选项”对话框（该对话框还可用“文件”选项卡的“选项”命令启动，参见图 1-2），如图 1-5 所示，其有四个选项标签，第一项标签可对快速访问工具栏进行设置，包括命令按键的增添与顺序调整，并可设置快速访问工具栏在功能区的下部或上部，图 1-5 所示为增添“帮助”命令按键的操作图解，其结果参见图 1-4。

自定义快速访问工具栏下拉菜单中还有“在功能区下方显示”和“最小化功能区”两项命令，分别用于设置快速访问工具栏在功能区下方或上方，以及是否隐藏功能区而仅保留标签，单击保留的标签可临时弹出功能区（最小化功能区还可以单击视窗右上角的“最小化 / 展开”功能按键^来操作，如图 1-1 所示）。

1.2.3 快捷菜单的设置

快捷菜单指在视窗绘图区空白处单击鼠标右键弹出的菜单，图 1-6a 所示为软件默认的快捷菜单，其上部包含图素属性工具栏，光标悬停在按键上略停留会弹出按键说明。单击图素属性工具栏右下角的“切换属性面板”按键，可将图素属性工具栏展开并悬浮在视窗中，如图 1-6c 所示，默认在视窗下部，可按习惯拖放至视窗任意位置。此时单击鼠标右键弹出的快捷菜单便不显示图素属性工具栏而变得更简化，如图 1-6b 所示。单击图 1-6c 悬浮的图素属性工具栏右侧的“切换属性面板”按键，可将快捷菜单重新设置为图 1-6a 所示形式。一般台式机屏幕较大且在模型设计模块经常用到其功能时，可将图素属性工具栏悬浮在视窗下部，而笔记本计算机或加工编程模块不常用到该功能时则不悬浮为好。

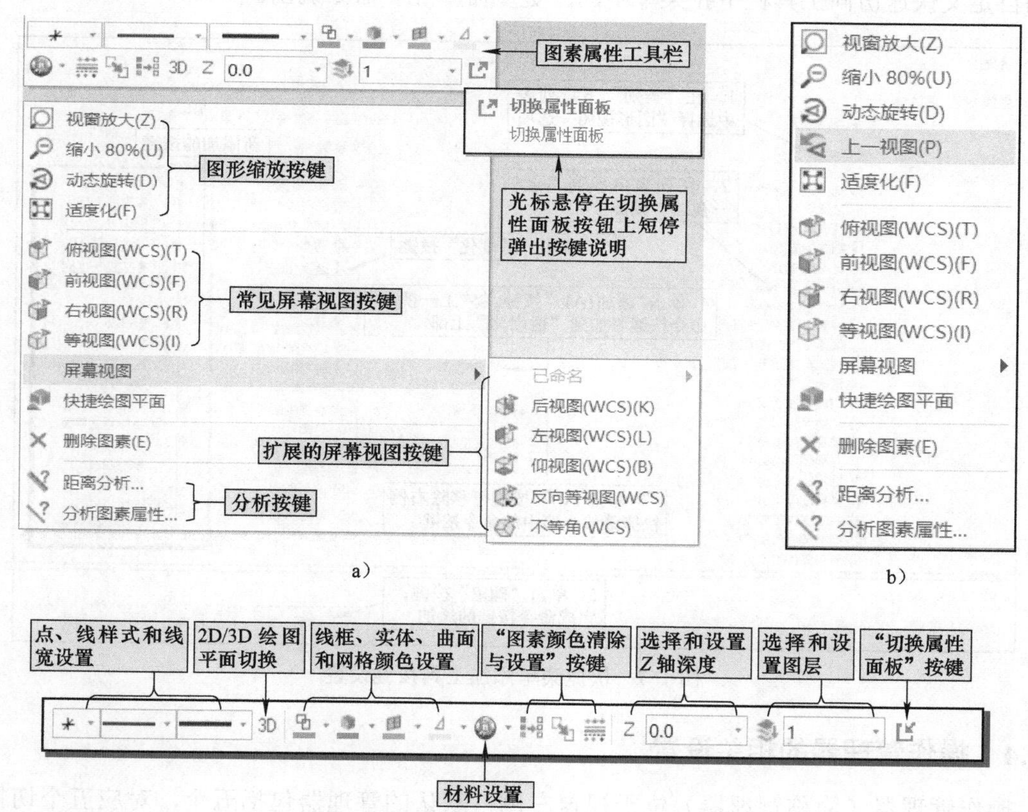

图 1-6 快捷菜单与图素属性工具栏设置

a）含“图素属性工具栏”的快捷菜单 b）简化的快捷菜单 c）悬浮的图素属性工具栏

快捷菜单包括以下四部分内容：

1）图形缩放按键区。主要用于屏幕图形等的缩放操作，其相关功能在“视图→缩放”功能区也有。另外，滚动鼠标中键也能缩放图形，其缩放中心与光标位置有关。

2）屏幕视图按键区。主要用于选择与切换不同的屏幕视图。在“视图→屏幕视图”功能区有着更为详尽的屏幕视图操作按键，分为常见按键和不常见的扩展按键。

3）删除图形按键区。默认仅有一个常用的“删除图素”按键，但“主页→删除”功能区有着更多的删除功能按键，也可按图 1-7 中的方法将这些“删除”按键增添到快捷菜单中。

4）分析按键区。默认显示两个常用的图形分析功能按键——“距离分析 ...”与“分析图素属性 ...”按键。在“主页→分析”功能区有更多的分析功能按键。

另外，在“视图→屏幕视图”功能区也有快捷绘图平面命令。

快捷菜单还可以根据用户习惯增加命令按键，图 1-7 所示为增添“上一视图”命令按键 上一视图(P) 至“适度化”按键 适度化(F) 上面位置的操作图解，添加后的快捷菜单如图 1-6b 所示。该选项对话框可从“文件”选项卡中的“选项”命令调出，也可从图 1-4 所示的自定义快速访问工具栏下拉菜单中的“更多命令 ...”命令调出。

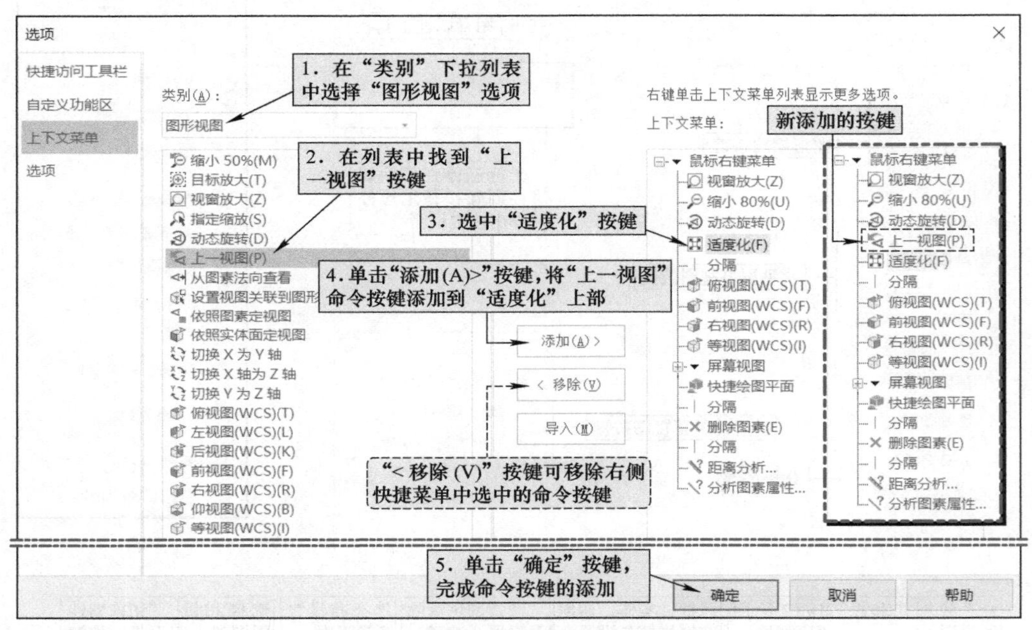

图 1-7　快捷菜单添加工具按键设置

1.2.4　操作管理器的相关设置

操作管理器（简称管理器）位于视窗左侧，默认的管理器包括五个，对应五个切换标签，如图 1-8 所示，其中“刀路”和“实体”管理器是早期版本就有的。操作标签默认显示在管理器下部，单击相应标签可选中并激活相应管理器，图 1-8a 所示为激活“层别”管理器的状态。这五个操作管理器是装机默认的设置，是否显示这么多可通过“视图→管理”功能区上的相应功能按键操作，如图 1-8b 所示，单击相应功能按键可控制是否出现该管理器。单击操作管理器右上角的“自动隐藏”按键，可隐藏管理器，仅竖列显示管理器标签，如图 1-8c 所示，此时光标悬停至某标签，可展开相应管理器进行操作。“刀路”和“实体”管理器在 Mastercam X 版中已存在，其在后续相关部分会详细介绍，而“最近使用功能”管理器操作简单，故这里仅介绍“层别”与“平面”管理器的操作方法。

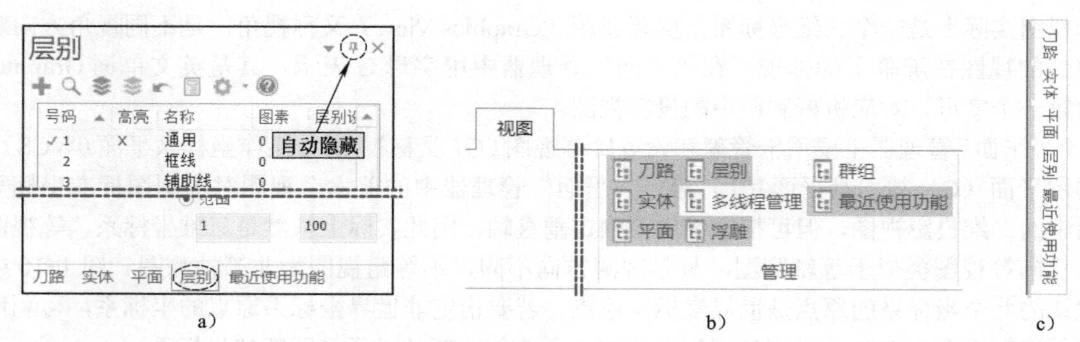

a)　b)　c)

图 1-8　默认操作管理器及其管理

a）“层别”管理器状态　b）操作管理器的管理　c）操作管理器隐藏

1. “层别”管理器与设置

“层别”管理器是管理部件线框与模型的工具，单击管理器中的“层别”标签可进入“层别”管理器面板，如图 1-9 所示。“层别”管理器及说明如图 1-9a 所示，其中，“重置所有层别”按键可将层别的可见性设置为文件加载时的状态；“隐藏 / 显示”层别属性按键用于隐藏下部的层别属性控件，最大限度地显示层别列表；层别列表显示了层别的编号、显示 / 隐藏（× 号显示与操作）、名称和图素数量等信息与操作，层别设置示例如图 1-9b 所示。下部的层别属性控件部分主要用于建立与管理层别等。

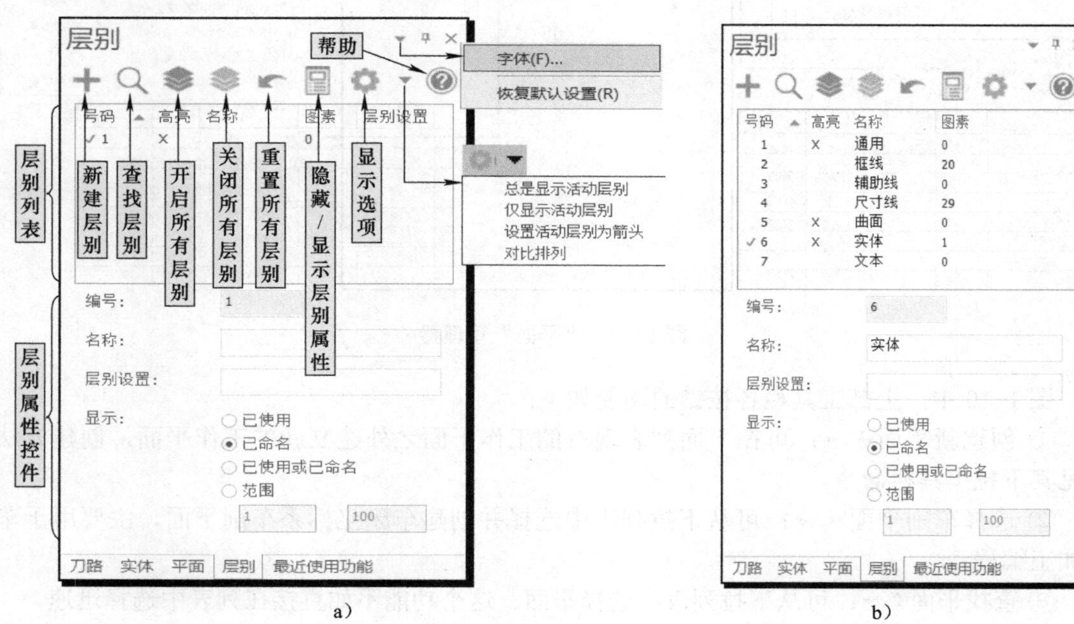

a)　b)

图 1-9　“层别”管理器及设置示例

a）“层别”管理器及说明　b）层别设置示例

2. “平面”管理器与设置

平面是三维坐标系中任意的二维截面，视图是包含原点和观察方向的平面，因此平面和视图实际上是一个三维坐标系，屏幕视图（Graphics View）又称视角，是不同视角方向观察到的视图在屏幕上的体现，在“平面”管理器中用字母 G 表示，其是英文单词 Graphics 的第一个字母，对应机械制图中的投影视图。

“平面”管理器主要用于管理和设置屏幕视图（G，又称视角）、工作坐标系平面（WCS）、构图平面（C）与刀具平面（T）等。“平面”管理器中的前六个视图对应制图标准坐标平面中的二维投影视图，但可按右手定则确定垂直轴，因此实际上依然是三维坐标系，等视图与反向等视图类似于等轴测图，只是观测方向不同，不等角视图为非等轴测图。图 1-10 中默认的九个坐标系的原点是世界坐标系原点。若要指定非世界坐标系原点的坐标系，可利用“创建新平面”按键下拉列表中的相关命令创建新的平面（即新的坐标系）。

单击管理器中的“平面”标签可进入“平面”管理器，如图 1-10 所示，单击列表中的单元格可选择相应视图的相关设置。

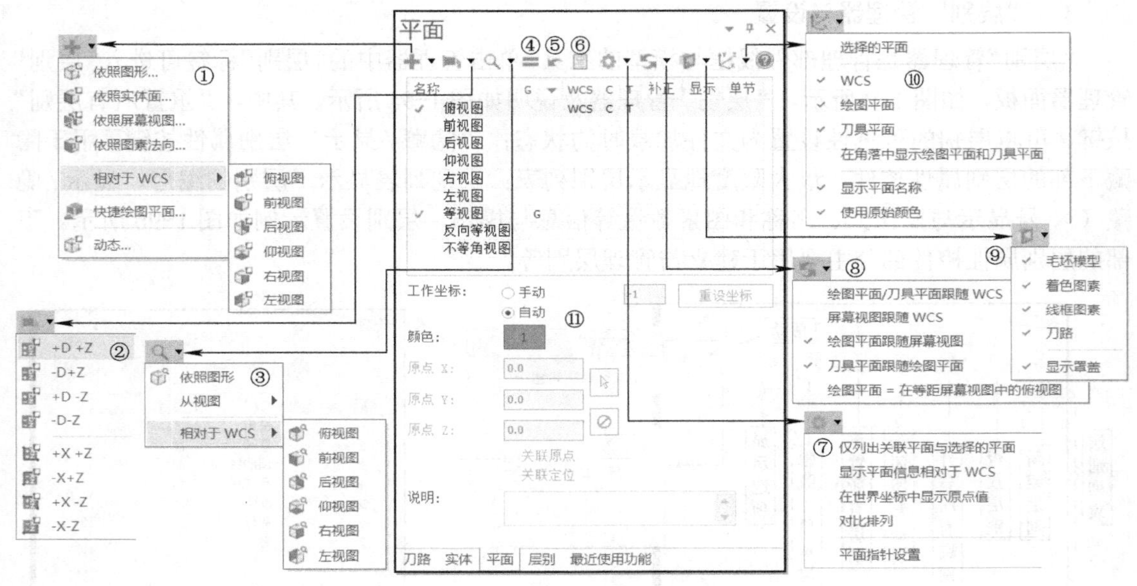

图 1-10 “平面”管理器

图 1-10 中，上部工具栏各按键的功能如下：

① 创建新平面：可在平面列表现有的工作平面之外建立新的工作平面，创建方法参见其下拉工具栏命令。

② 选择车削平面：可从下拉列表中选择并创建车床坐标系车削平面，主要用于车削加工编程。

③ 查找平面：可从下拉列表中选择平面。这个功能不如直接在列表中选择迅速。

④ 设置按键：设置当前的 WCS、构图平面 C 和工具平面 T 及原点为选中的工作平面（单击高亮显示的视图平面）。具体操作为，首先单击名称列表中的视图平面（可看见整个行被选中），然后单击按键，可同时将 WCS、C 和 T 设置为选中的工作平面。

⑤ 重设按键：重置 WCS、构图平面 C 和工具平面 T 为原始状态，即打开文件时存在的状态，默认为俯视图。

⑥ 隐藏平面属性按键：隐藏或显示平面列表下的属性控件（区域⑪部分）。

⑦ 显示选项按键：设置平面及坐标系的显示内容，详见下拉列表说明。

⑧ 跟随规则按键：设置列表中平面选择的规则，各种跟随规则参见图 1-10。例如图示勾选了第三、四条规则，则任意选择构图平面 C，则刀具平面 T 也选中，而任选视图平面 G，则平面 C 和 T 跟随选中。C 和 T 平面同时指定为某视图平面，对加工编程非常有用。

⑨ 截面视图按键：即剖面视图，可将模型剖切后进行观察，查看内部结构，（见图 1-19）。剖面视图仅在特征打开时显示在图形窗口中。该按键还可用“视图→屏幕视图→截面视图”各功能按键和在快捷菜单中操作。

⑩ 显示指针按键：所谓指针，相当于坐标系图标。该按键可控制下拉列表中勾选的指针是否显示。该按键还可用“视图→显示→显示指针”功能按键操作。

学习“平面”管理器必须掌握视角、坐标系、构图平面与刀具平面等知识。

视角（Gview）：观察视图的方向，在“平面”管理器列表中用字母 G 显示，默认有俯、前、后、底、右、左视图以及等视图（即 3D 视图）等，所以又称屏幕视图，如图 1-11 所示。注意，等视图的显示是相对于工作坐标系（WCS）而言的，图 1-11 所示是相对于俯视图 WCS 显示的。

世界坐标系：是系统默认的坐标系，也是其他坐标系的基准参照系，其不能重新设置与修改。按下功能键 [F9] 显示的灰色轴线便是世界坐标系。

工作坐标系（WCS）：又称工件坐标系或加工坐标系，在 CAD 绘图与造型时多称为工作坐标系，而在加工编程时多称为工件坐标系或加工坐标系。WCS 可按绘图或编程的要求设置位置与方向。

坐标系的显示与隐藏可用功能键 [F9] 或“视图→显示→显示轴线”功能按键操作。默认坐标轴线的颜色如下：世界坐标系轴线是灰色的实线，如图 1-11 中显示了世界坐标系；工作坐标系（WCS）坐标线是深棕色的线，构图平面（C）坐标线是绿色的实线，后面介绍的刀具平面（T）坐标线是淡蓝色的线，WCS、C 和 T 坐标线的线型会变化以便区分。

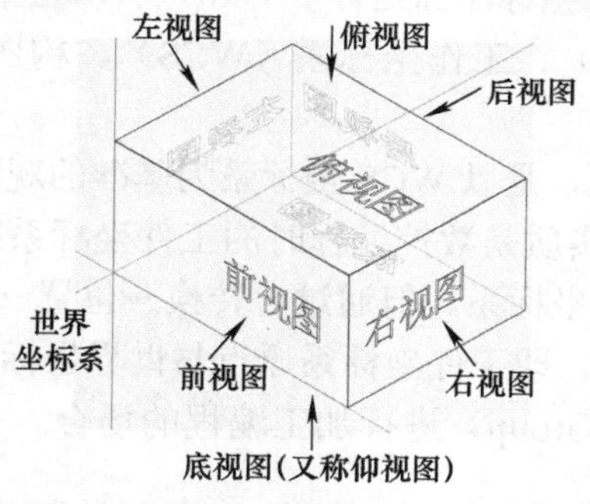

图 1-11　等视图及其他视图（视角）

工作坐标系是以世界坐标系为基准设置的。软件操作时，右键快捷菜单中选定的视角显示的是工作坐标系，而“平面”管理器中选择的视角是世界坐标系，只有工作坐标系选定为“俯视图”时两者显示才相同。

构图平面（Construction Plane，简写为 CPlane 或 C）：又称绘图平面，是当前使用的二维绘图平面，类似于 UG NX 软件中的草图平面。构图平面为 *X* 轴、*Y* 轴平面，其 *X* 轴正方向为水平右方向，*Y* 轴正方向为垂直上方向，*Z* 轴方向按右手定则确定，若考虑其坐标原点的位置，则其也是一个坐标系，称为构图坐标系或绘图坐标系。

构图深度 Z：是基于绘图平面坐标系绘制三维图形时所需的深度方向的坐标参数。构图深度的方向是基于构图平面按右手定则确定的垂直轴的方向，常见的有三个，如图 1-12 所示，图中的构图平面 CP1、CP2 和 CP3 分别对应 *X* 轴、*Y* 轴与 *Z* 轴的构图深度。

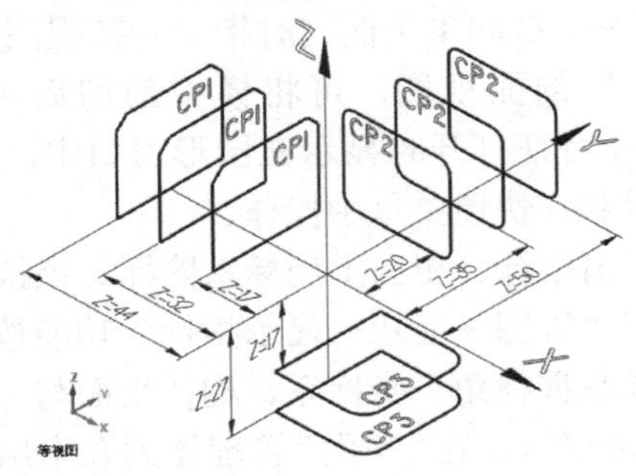

图 1-12　构图深度

构图深度 Z：可在“主页→规划”选项区或快捷菜单中的图素属性工具栏中的 Z 文本框中 Z 0.0 设置与选择，具体依照个人使用习惯。但更多使用的是鼠标操作设置，具体为首先单击字母 Z，激活构图深度设置，然后鼠标拾取视图中的相关图素点，此时深度文本框中会设置并显示选择图素的 *Z* 坐标，即当前构图深度。为兼顾老用户的操作习惯，系统仍保留 X 版在状态栏的设置文本框 Z: 20.00000 。

刀具平面（Tool Plane，简写为 TPlane 或 T）：是指三轴加工时与刀具轴垂直的平面，是决定刀具轴的平面，表中缩写为 T，该选项在加工编程时用到。

另外，“视图→显示→显示指针”功能按键可控制绘图坐标系、刀具坐标系与工作坐标系的显示与隐藏。当下拉列表中勾选了“在角落中显示绘图平面和刀具平面”选项（可参见图 1-10 中第⑩项列表）时，则可在屏幕左上角显示绘图坐标系（坐标图标处有一个“C”字），在屏幕右上角显示刀具坐标系（坐标图标处有一个“T”字），工作坐标系显示在工件设置位置。

总结以上内容，视角（G）、工作坐标系（WCS）、构图平面（C）和刀具平面（T）之间的关系如下：

1）视图（G）即屏幕视图，是以 WCS 坐标系为基准的观察图形的平面。

2）工作坐标系（WCS）实质是数控编程时的工件坐标系或加工坐标系，编程时可以在工件上根据需要建立新的工件坐标系。但通过“转换→位置→移动到原点”功能按键可迅速将工件移至世界坐标系原点，即工件坐标系原点与世界坐标系原点重合，适合每个文档仅设置一个机床群组（Machine Group）进行加工编程的场合。另外，毛坯设置也是默认基于 WCS 的。

3）构图平面（C）是绘制二维视图以及三维平面与实体的坐标系，也是加工编程时操作的坐标系，即后处理输出程序时刀位点的坐标值基于这个坐标系，因此，为使输出程序为工件坐标系（WCS）的坐标值，必须将构图平面（C）与工件坐标系平面（WCS）重合。

4）刀具平面（T）是包含刀具位置的平面，如数控铣床的主轴与刀具平面（T）是垂直的，也是描述刀具刀位点移动坐标值的坐标系，只有刀具平面（T）与构图平面（C）重合时，才能正确表述刀具移动的轨迹。进一步说，当刀具平面（T）和构图平面（C）与工件坐标系平面（WCS）重合时，才能实现以工件坐标系 WCS 为原点的加工轨迹和加工程序。

最终结论是，编程时刀具平面 T 和构图平面 C 必须与工作坐标系平面 WCS 重合。这也是按键和跟随规则“绘图平面 / 刀具平面跟随 WCS”的用途之一。

3. 专用管理器

在 Mastercam 2022 版中，大部分专用的操作功能都由专用的功能管理器操作，这些专用的功能管理器一般为非常驻留管理器，用完后会退出，这些操作管理器在后续介绍中会常常见到，这里仅以“线框→圆弧→已知点画圆”功能的管理器简单介绍。

单击“线框→圆弧→已知点画圆”功能按键，会弹出操作提示“请输入圆心点”，同时激活“已知点画圆”功能管理器，如图 1-13 所示。这种专用的功能管理器较默认通用的管理器在右上角新增了三个操作按键——“应用”按键（又称“确定并继续”按键）、“确定”按键和“取消”按键，其能够使操作功能（如图 1-13 中的画圆操作功能）重复执行或执行一次或退出。各专用管理器的使用差异主要集中在操作内容上，读者可逐渐学习，遇到难以理解的时候，可单击“帮助”按键寻求系统帮助，但其需要英文基础，当然对不理解某选项或按键的，可将光标悬停至该选项或按键附件，也会弹出简短的帮助，如图中悬停在“相切”单选项处弹出的帮助。

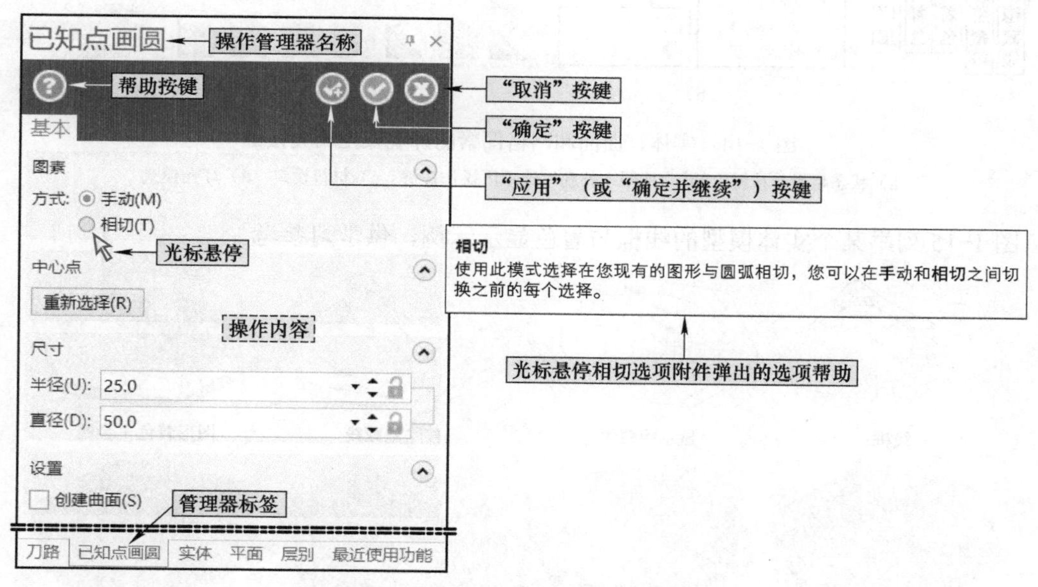

图 1-13　“已知点画圆”功能管理器

1.2.5　图素的外观操控

图素的外观操控主要指三维几何模型的外观显示视觉感受，最常见的是线框显示与模型着色功能，在着色模式下还可进一步设置材料效果显示，如金属、塑料和玻璃等材料效果，对于曲面模型的线框显示，还涉及曲面显示密度设置与显示和背面着色问题。当然，实体与曲面同样可以设置不同的颜色，这里不予赘述。

1. 实体、曲面和网格的线框与着色显示

图 1-14 所示为实体、曲面和网格图素（以下简称图素）外观操控相关按键。

图 1-14a 所示为视窗右下角状态栏中的常用按键及其说明，光标悬停按键上也会临时弹出按键功能说明。

图 1-14b 所示为“视图→外观”选项区的相关按键，其比状态栏增加了“背面着色”按键和“切换材料”按键，背面着色以系统配置中的颜色显示曲面和网格背面的颜色；“主页→属性”选项区的“设置材料”按键控制图素按图 1-14c 设置的材料显示。另外该选项区右下角有一个对话框弹出按键，单击其会弹出“着色”对话框，其中“灯光模式”选项（图 1-14d）的下拉列表有 4 种光源模式设置不同的光源投射方向，其对图素的着色渲染有所影响。

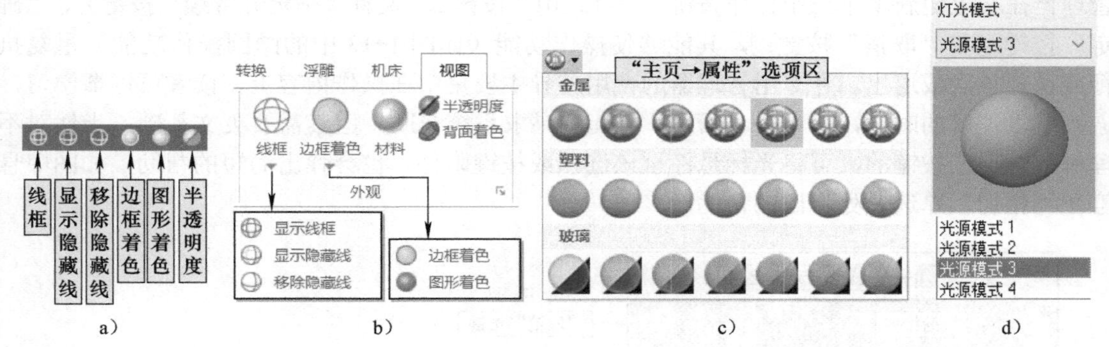

图 1-14　实体、曲面和网格图素的外观操控相关按键

a）状态栏操作按键　b）“视图→外观”选项区操作按键　c）材料设定　d）灯光模式

图 1-15 列举某个实体模型的线框与着色显示示例，供学习参考。

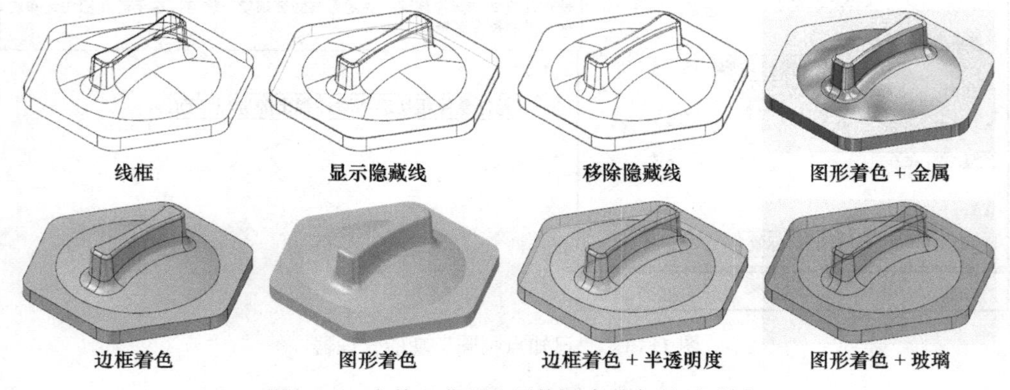

图 1-15　实体、曲面和网格图素着色显示示例

2．曲面线框显示密度的设置

在曲面线框显示时，系统提供了不同密度的线框显示设置，以进一步提高曲面线框显示的效果。

曲面显示密度在“文件→系统配置”对话框的“CAD”选项中设置，如图 1-16a 所示为密度设置文本框的密度设置与编辑示例，其密度值设置必须在曲面绘制之前。另外，快捷菜单的图素属性工具栏中“设置全部”的功能按键可激活“属性”对话框，如图 1-16b 所示，其下部的“曲面密度”文本框可对已存在曲面的密度值进行修改，确认后立即生效，即可先创建曲面后编辑显示密度值修饰。

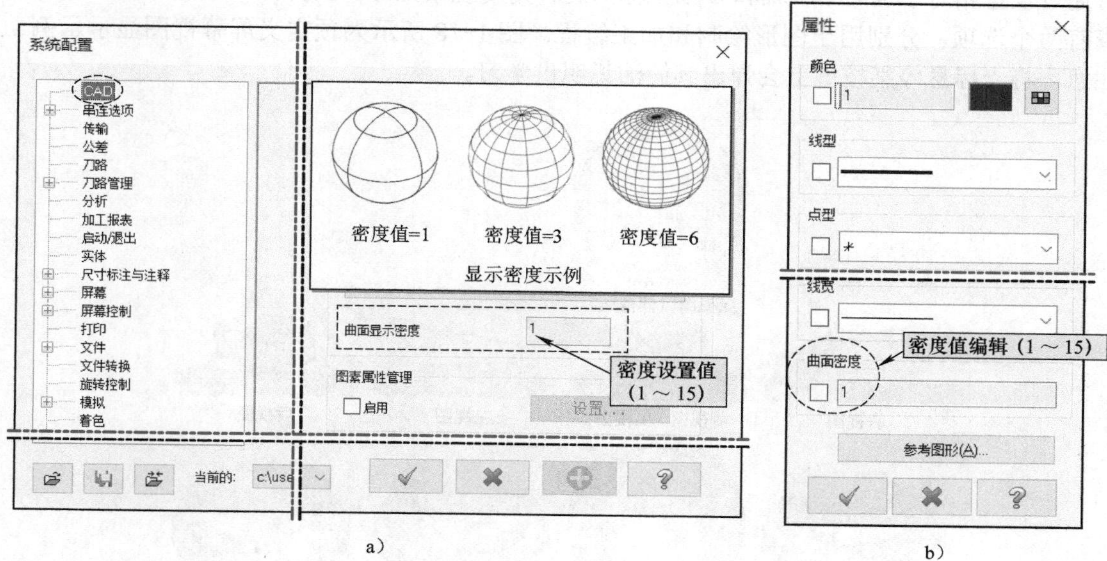

a） b）

图 1-16 曲面线框显示密度设置与编辑示例

a）密度设置 b）密度编辑

1.2.6 屏幕视图及其切换

屏幕视图是绘图和编程中常用的操作，可用在快捷菜单中或“视图→屏幕视图→……”选项区的相关按键操作，如图 1-17 所示。

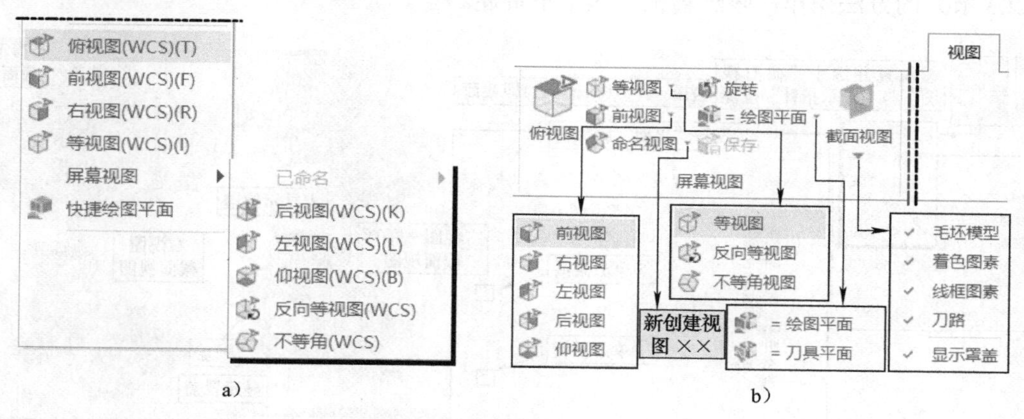

a） b）

图 1-17 屏幕视图操作

a）快捷菜单 b）“视图→屏幕视图”选项区

图 1-17a 所示快捷菜单中包括可直接选定的预定义的九个视图，若创建了新的视图，则“已命名”选项激活可用。

图 1-17b 所示为“视图→屏幕视图→……”选项区各操作按键。从布局上看，俯视图应用最多，其次是三个轴测视图，第三是俯视图之外的五个坐标面视图，第四是命名视图，

其必须存在新创建视图才可用。单击“旋转”按键，会弹出“旋转平面”对话框（图中未示出），可通过设置相对于 *X* 轴、*Y* 轴和 *Z* 轴坐标的旋转角度观察图形；另外，“绘图平面”下拉列表有两个选项，分别用于图形绘制和加工编程。图 1-18 所示为预定义屏幕视图显示示例。注意，将光标悬停某按键上会弹出其简洁说明供学习。

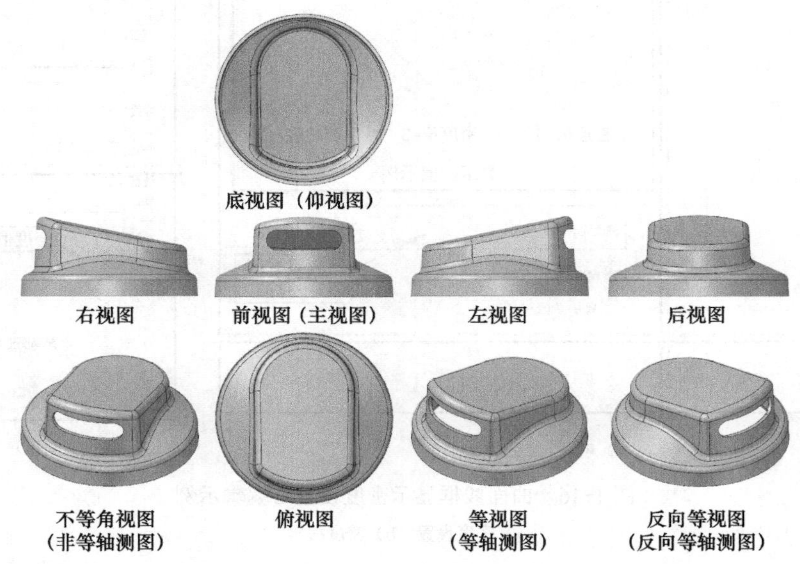

图 1-18 预定义屏幕视图显示示例

图 1-17 所示屏幕视图操作按键中还有“截面视图”按键，其主要用于剖切模型观察。图 1-19 所示为其操作示例，供参考。图中新建“平面”的创建与定位可用“动态指针”（参见 2.2.3 节）的方法操作，限于篇幅，这里不赘述。

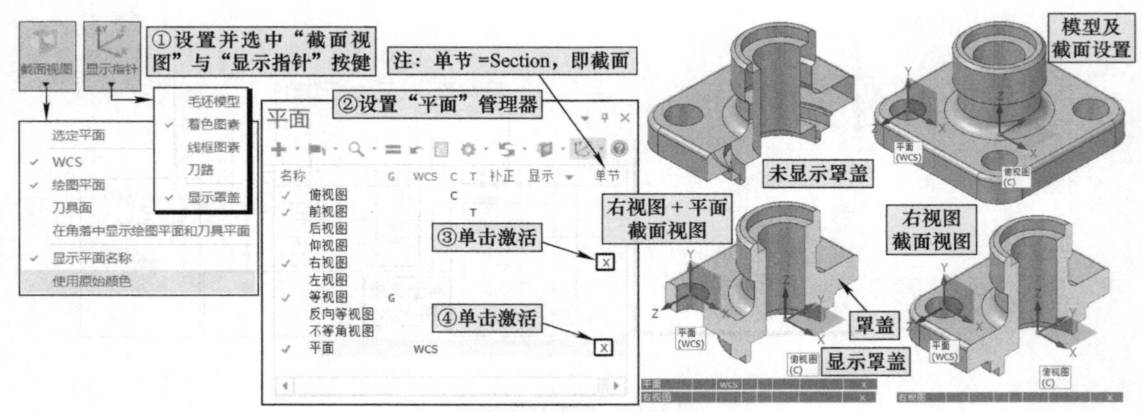

图 1-19 截面视图操作示例

1.2.7 视图单面板的设置

基于视图单功能，系统可记忆多种视图显示面板，相关操作按键在“视图→视图单”选项区中。视图单又称视图表，类似于 Excel 软件中的工作表，单击“视图→视图单→开 /

关”功能按键，激活视图单功能，默认标签名称为“视图单编号 1”，单击右侧的“新建”按键+，依次创建数字顺序递增的视图面板——视图单编号 *n*，在每个视图面板中调整好视图显示，保存文件即可，每个视图面板中调整好的视图可作为书签保存，并可恢复显示，鼠标在标签处单击右键弹出快捷菜单，可快速进行相关编辑和操作，如改变标签名称等。图 1-20 所示为视图单面板设置示例，其创建了两个视图面板，在同一个文件中单击视图面板下的标签可观察到事先保存的两个屏幕视图。

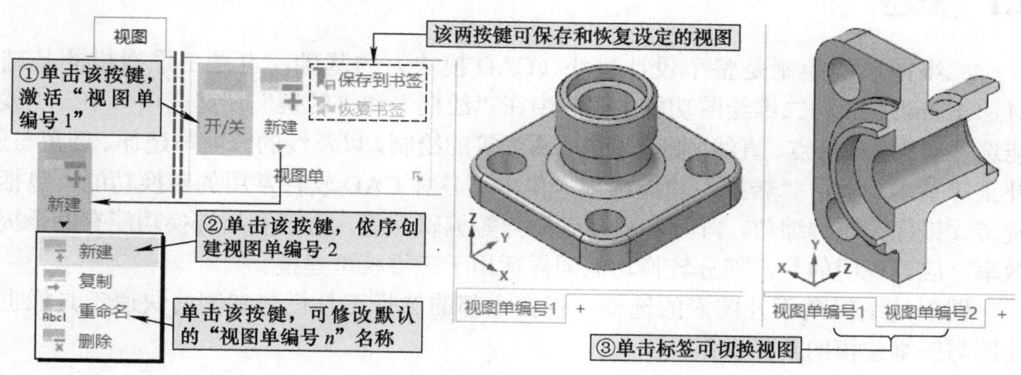

图 1-20 视图单面板设置示例

本章小结

本章以 Mastercam 2022 版本软件为对象介绍了其操作界面构成以及部分基本、通用的基础操作。由于 Mastercam 年代版相对于之前的 X 版有较大的变化，因此这章的内容即使是老用户也有阅读的必要。

第❷章 二维图形的绘制与编辑操作要点

2.1 概述

二维图形的绘制是整个设计模块（CAD 模块）的基础，也是三维建模的基础工作。Mastercam 2022 的二维绘图功能主要集中在“线框”和“转换”功能选项卡中。“线框”功能选项卡中，包括点、直线、圆与圆弧、曲线等的绘制，以及线的修剪与延伸、倒角与倒圆角、补正等基本功能；“转换”功能选项卡集中了各种 CAD 软件常用的转换功能，包括平移、旋转、镜像、比例缩放、阵列和移动到原点等编辑功能，合理利用转换功能有助于提高绘图效率。应当说明的是，部分转换功能同样适用于三维模型建模。

图形的编辑离不开图素的选择，视窗上部的选择工具栏与右侧的快速工具栏也是二维绘图与三维建模的常见操作。

2.2 二维图形绘图基础

2.2.1 选择工具栏的操作

选择工具栏位于视窗上部，如图 2-1 所示。

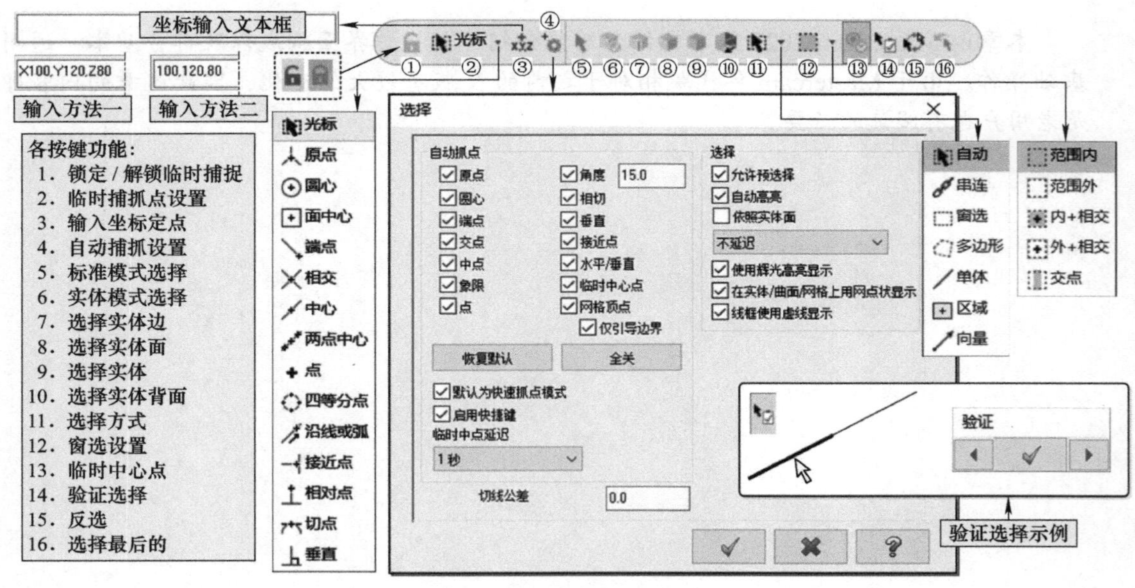

图 2-1 选择工具栏

选择工具栏提供了丰富的图素选择功能，其中图标右侧三角形符号▼表示存在下拉工具按键。这里先介绍部分常用的选择，其余后续用到时介绍。

1. 坐标输入文本框

单击“输入坐标定点”按键，弹出坐标输入文本框，可输入坐标值精确指定坐标点。常见的输入方法是按顺序输入 *X* 轴、*Y* 轴、*Z* 轴坐标值，各坐标值之间用半角英文逗号分隔（也可以仅输入 *X* 轴、*Y* 轴坐标数值），如图 2-1 中的输入方法一所示。高级的输入方法是用坐标字母 X、Y、Z 加坐标值的方法输入，其坐标值可以是数字、运算式（如 X（2*3）Y（5-2）Z（1/2））等，也可两种方法混用，这时一般要用半角英文逗号分隔，如“6,3,5”“X6,3,5”“6,Y3,5”“6,3,Z5”。

Mastercam 软件默认记住最近一次输入的坐标值，因此，不变的坐标值可以不输，而只需输入需要修改的字母与坐标值，并按 [Enter] 键即可。

坐标输入文本框除鼠标操作外，在点输入提示下，可按空格键直接激活坐标输入文本框。若在“选择”对话框中勾选“默认为快速抓点模式”复选框，则可直接按数字键激活坐标输入文本框并输入数字。

2. 自动捕抓特定点

与其他 CAD 软件一样，Mastercam 软件也具有自动捕抓点功能，图 2-1 可见有临时捕抓点和自动捕抓点功能。

“光标”下拉菜单按键可设置临时捕抓特定点操作，其捕抓功能仅有效一次，但捕抓前单击“锁定临时捕抓”按键锁定，则可多次捕抓。

单击“自动捕抓设置”按键，弹出“选择”对话框（这里的选择即捕抓），可设置自动捕抓点选项，基本的操作是“全关”与“恢复默认”，全关模式多用于临时捕抓操作。

自动捕抓模式下，系统会根据光标与特定点之间的距离自动吸附并弹出光标提示符号（见表 2-1），此时单击鼠标左键即可捕抓该特定点。注意：在自动捕抓模式下，若按住 [Shift] 键单击自动捕抓点，会弹出坐标指针，可应用指针定义相对位置点，按 [Enter] 键可确定相对捕抓点的位置点；若按住 [Ctrl] 键不放，则暂时屏蔽自动捕抓点功能。

表 2-1　自动捕抓特定点光标提示符号

	原点		中点		水平 / 垂直		实体面
	圆弧中心（圆心）		点		相切		实体
	端点		四等分点		垂直		
	交点		接近点		实体边		

全关自动捕抓功能环境下，可用临时捕抓点功能抓点，这时仅需单击“光标”按键，在下拉菜单中选定所需捕抓的特定点命令，然后用光标在绘图区选取相应图素。

3. 选择方式设置

单击“选择方式”按键下拉别表，系统提供了多种选择图素的方式，默认的“自动”方式是窗选与单体的多种选择方式，以下是其他选择方式的简述。

“串连”选择：光标拾取一个首尾相连的多段线时，仅需拾取其中一段即可串连选中全部。

“窗选”选择：按住鼠标左键拖动绘制一个矩形窗口，再次单击确定窗口大小与位置，基于这个窗口选择图素。

“多边形”选择：光标拾取多点形成多边形，双击（或按 [Enter] 键）完成多边形，基于这个多边形窗口选择图素。

“单体”选择：即光标拾取选择一个图素。当然可连续多次选择。

“区域”选择：主要用于多个封闭图形的选择，只需在封闭图形内部单击鼠标左键即可将选中整个封闭图形，多个封闭图形允许嵌套与交叉。

“向量”选择：通过绘制一条连续多段的折线选择图素，所有与折线相交的图素将被选中。

4. 窗选设置

窗选设置是配合上述窗选与多边形选择方式增加的选择设置，包括范围内、范围外、范围内 + 相交、范围外 + 相交与相交五种选择设置。

范围内范围内：矩形与多边形窗口范围内的图素被选中。

范围外范围外：矩形与多边形窗口范围外的图素被选中。

范围内 + 相交内 + 相交：矩形与多边形窗口范围内以及边线相交的图素被选中。

范围外 + 相交外 + 相交：矩形与多边形窗口范围外以及边线相交的图素被选中。

相交交点：矩形与多边形窗口边线相交的图素被选中。

5. 验证选择

“验证选择”按键是一个“开 / 关”切换按键，单击可在这两种状态之间切换。当光标点取选择多个重叠的图素时，系统无法判断具体选择哪个图素，若单击开启“验证选择”按键，则会弹出“验证”对话框，单击左或右侧切换按键或，同时重叠图形之间不断高亮切换显示，单击“确定”按键选择所需的图素。例如图 2-1 右下角两重叠直线，在开启验证选择按键状态下，单击图示位置，则会弹出验证对话框。

6. 实体选择

图 2-1 中序号⑥～⑩按键是实体模式选择按键，其设置与应用同“实体选择”对话框中的设置。

2.2.2 快速选择按键的操作

在视窗右侧竖排了一列快速选择按键，通过限制条件选择所需图素（即选择全部）或屏蔽所选图素之外的图素（即仅选择），快速过滤地选择所需的图素，如图 2-2 所示。

图中快速选择按键大部分为双功能按键，用左斜杠分割，左上部为选择所有（Select All），右下部为单一选择（Select Only），单一选择只能选择限定的图素，即使窗选全部图素结果也相同。光标悬停在按键相应功能区颜色会变深同时弹出按键功能提示，如图中上部的直线按键示例。单击双功能按键左上部的“选择所有”按键，系统会按条件在窗口中全部选中，而单击右下部“单一选择”按键，则需操作者用光标在图形窗口中拾取，不符合条件的图素是无法拾取到的。单击“限定选择所有 / 限定单一选择”按键 / 分别“弹出选择所有 / 单一选择”对话框，通过限定条件过滤快速选择图素。

以上快速选择按键涉及内容较多，读者可通过操作体会，个别按键的功能可能会有差异，如最下部的按键，左上角实际是清除窗口中的选择结果（类似于按键盘上的 [ESC] 键），右下角则是清除以上快速选择按键的选择设定。快速选择按键的数量可通过“文件→选项”

命令激活的“选项”选项页“快速限定”选项区设置。

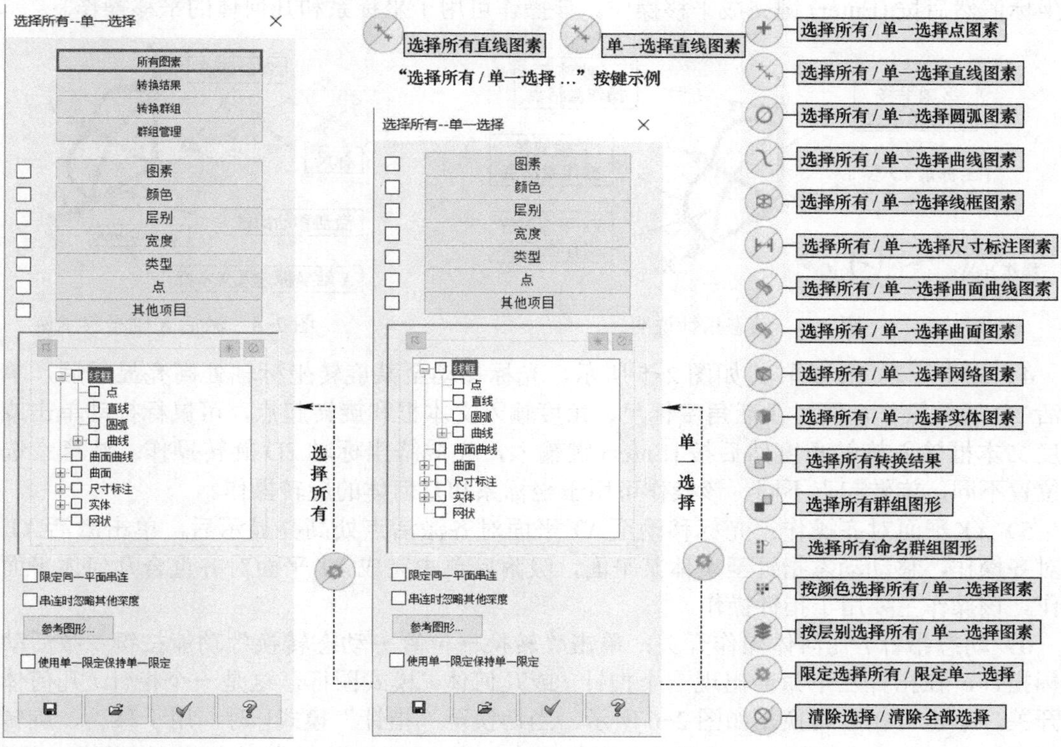

图 2-2　快速选择按键

2.2.3　动态坐标指针的操作

Mastercam2022 具有动态坐标指针（Dynamic Gnomon，简称动态指针或指针）功能，利用动态指针可动态建立工作平面 WCS 与坐标系，建立捕抓点的相对位置点，动态对齐、移动与旋转几何图形与实体等。

1. 动态指针及其相关操作

动态指针如图 2-3 所示，其类似于一个坐标系图标，可认为是一个激活的坐标系图标，指针上设置有对齐、平移、旋转等不同操作的激活点（类似一个激活按键）。三个坐标轴的箭头为相应坐标轴对齐操作激活点，三个坐标轴的轴线为相应坐标轴平移操作激活点，其中原点为整个坐标系 3D 平移的激活点，三个平面上的圆弧轴为平面垂直轴的旋转激活点，*X*/*Y* 轴与圆弧轴之间黄色区域为 *XY* 平面对齐激活点。指针左下角有指针 / 几何体操作开关，可在动态指针操作与几何体操作之间切换。

以下是动态指针相关操作。

1）坐标轴对齐操作：光标移动至某坐标轴箭头高亮显示后，单击激活对齐操作，移动动态指针至几何图形的某边，吸附后单击完成对齐操作。坐标轴对齐操作主要用于指针操作。

2）坐标系 3D 移动操作：光标移动至坐标原点高亮显示后，单击激活 3D 移动操作，移动光标捕抓几何图形某指定点，单击完成坐标系 3D 移动操作。该操作主要用于指针操作。

3）坐标轴平移操作：如图 2-4 所示，光标移动至某移动坐标轴高亮显示后，单击激活平移操作，同时激活标尺、坐标输入文本框和移动原点，可鼠标拖动单击或在坐标文本框输入坐标值然后按 [Enter] 键完成平移操作。该操作可用于坐标系和几何体的平移操作。

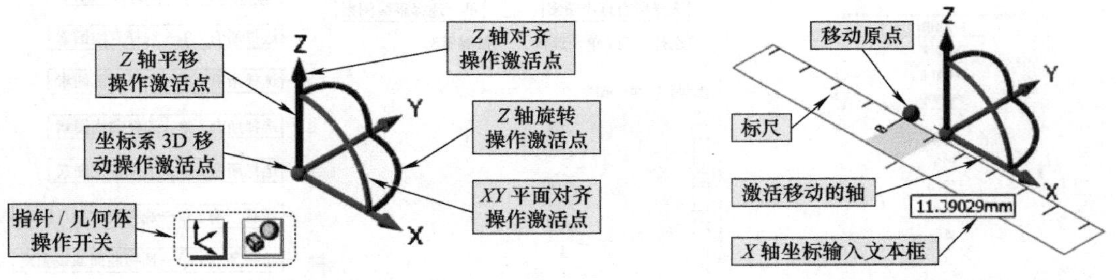

图 2-3　动态指针说明　　图 2-4　激活 X 轴平移示例

4）绕坐标轴 2D 旋转：如图 2-5 所示，光标移动至某旋转坐标轴处高亮显示后，单击激活 2D 旋转操作，同时激活角度标尺、角度输入文本框和旋转起点，可鼠标拖动单击或在角度文本框输入旋转角度然后按 [Enter] 键输入，完成绕坐标轴 2D 旋转操作。注意：选择的位置不同，旋转起点不同。该操作可用于坐标系和几何体的旋转操作。

5）*XY* 平面对齐操作：光标移动至 *XY* 平面对齐激活点处高亮显示后，单击激活 *XY* 平面对齐操作，移动动态指针至实体某平面，吸附后单击完成 *XY* 平面对齐重合几何体平面的操作。该操作主要用于指针操作。

6）动态指针 / 几何体操作开关：单击“转换→位置→动态转换”功能按键激活动态坐标指针，在指针左下角会出现一个指针或几何体模式图标，这是一个指针 / 几何体操作开关，单击可相互切换，如图 2-6 所示。当切换至“指针”模式时，用于移动、旋转和对齐坐标系操作。当切换至“几何体”模式时，用于移动、旋转和对齐几何体操作。注意，光标远离该图标时，图标淡淡的显示，只有鼠标接近至一定距离时，才会高亮显示表示激活状态，单击可切换操作。

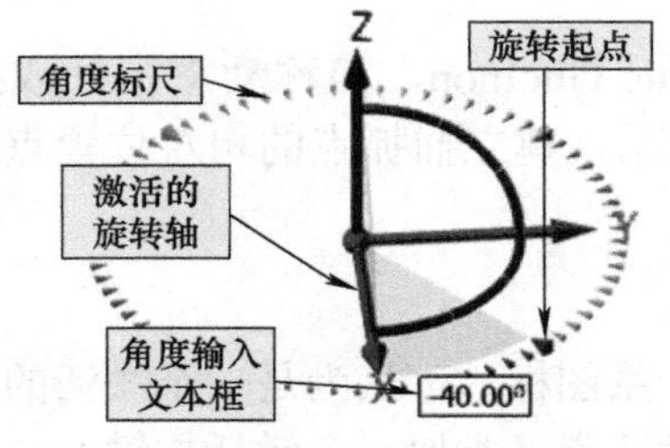

图 2-5　激活 Z 轴旋转示例

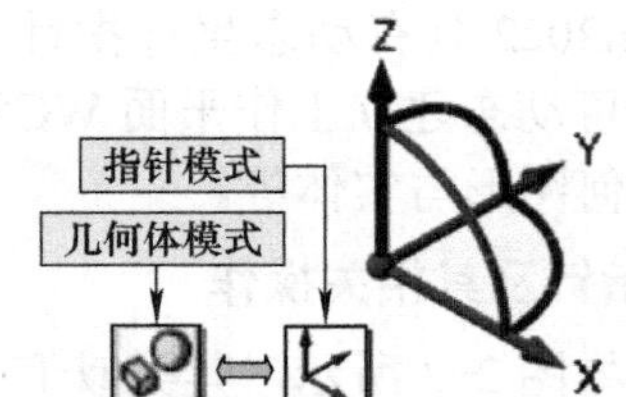

图 2-6　坐标系 / 几何体开关

2. 动态指针建立工作平面操作

动态指针建立工作平面操作实质上是在建立“平面”管理器列表中默认的平面之外的工作平面，即可以在世界坐标系之外建立新的工作坐标系。基于这个功能，数控加工编程可以不用移动几何模型至世界坐标系上，而是固定几何模型，在几何模型上建立新的工件坐标系。

动态指针建立工作平面的基本方法是，鼠标移至视窗左下角的坐标系图标处高亮显示并单击，会激活“新建平面”管理器，并激活动态指针且随光标移动，捕抓某面和点单击可放置在指定位置，然后利用动态指针的对齐、平移、旋转等操作设置工作平面，确定或完成工作平面的创建。按 [Esc] 键可退出。

如图 2-7 所示，在图 2-7a 所示模型斜面上建立工作平面，假设建立时未加工中间 T 形孔，指针原点为中间两孔连线中心，因此在模型上增加了一条辅助线，如图 2-7b 所示。创建操作步骤如下：

1）首先准备好待对齐的几何模型，练习模型无 T 形孔，且增加了辅助线，参见图 2-7b。

2）单击视窗左下角坐标系图标，激活动态指针，移动至斜面并出现实体面自动捕抓图标（参见表 2-1），单击使动态指针吸附至斜面，然后继续选中指针原点，并移动捕抓辅助线中点，图 2-7b 所示，操作过程中会弹出“新建平面”管理器（图中未示出）。

3）在“新建平面”管理器名称文本框中输入“斜面”，单击确定按键，完成工作平面的建立。这时在“平面”管理器中可看见新创建的工作平面——斜面，如图 2-7c 所示。

4）选中新工作平面为当前平面（见图 2-7c），可在斜面上看到工作平面坐标系——斜面指针图标，如图 2-7d 所示。

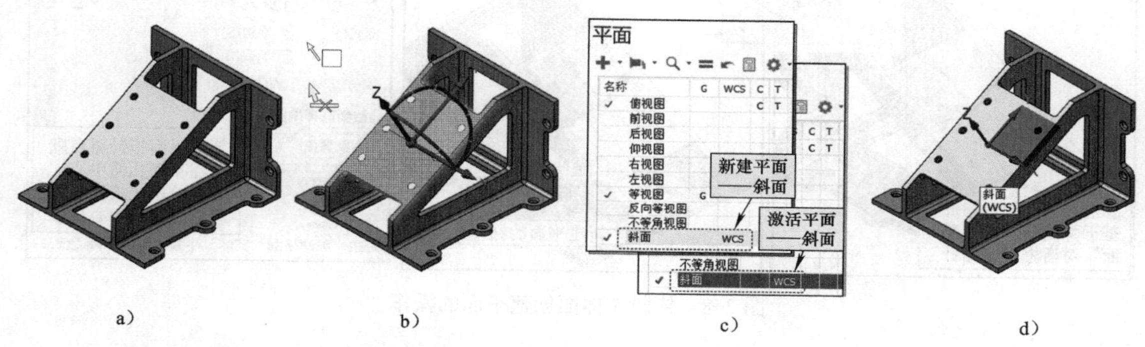

图 2-7　动态指针建立工作平面示例

a）几何体　b）动态指针吸附至斜面　c）“平面”管理器　d）激活的工作平面

3．动态指针对齐、平移与旋转几何体操作

单击“转换→位置→动态转换”功能按键，激活动态转换功能后可利用坐标指针对几何体进行对齐、平移、旋转等操作，具体参见 2.4.1 节。同样，平移、旋转转换等功能也同样可用到动态指针操作。

4．动态指针几何体操作

在“建模”功能选项卡的“推拉”和“移动”操作中，利用动态指针可实现几何体的推拉和旋转操作。

动态指针的操作比较灵活，功能也较为强大，读者可在实际操作实践中逐渐学习。

2.2.4 “平面”管理器创建平面操作

工作平面的操作在几何建模和加工编程上大量应用，“平面”管理器（参见图 1-10）左上角的“创建新平面”按键的下拉菜单中提供了多种创建平面的方法。

如下拉菜单中的“动态 ...”命令按键 动态，可激活动态指针按上述方法建立工作平面。另外，下拉菜单中还有几种创建平面的方法，以下介绍“依照实体面 ...”创建平面的方法，其他方法读者可在实际操作实践中逐渐学习。

图 2-8 所示为依照实体面创建平面的操作图解，几何模型同图 2-7，由于该方法创建平面的指针原点默认在平面几何中心处，因此与辅助线中心重合，若要设置在其他位置，可单

击“新建平面”管理器中“重新选择”按键操作。

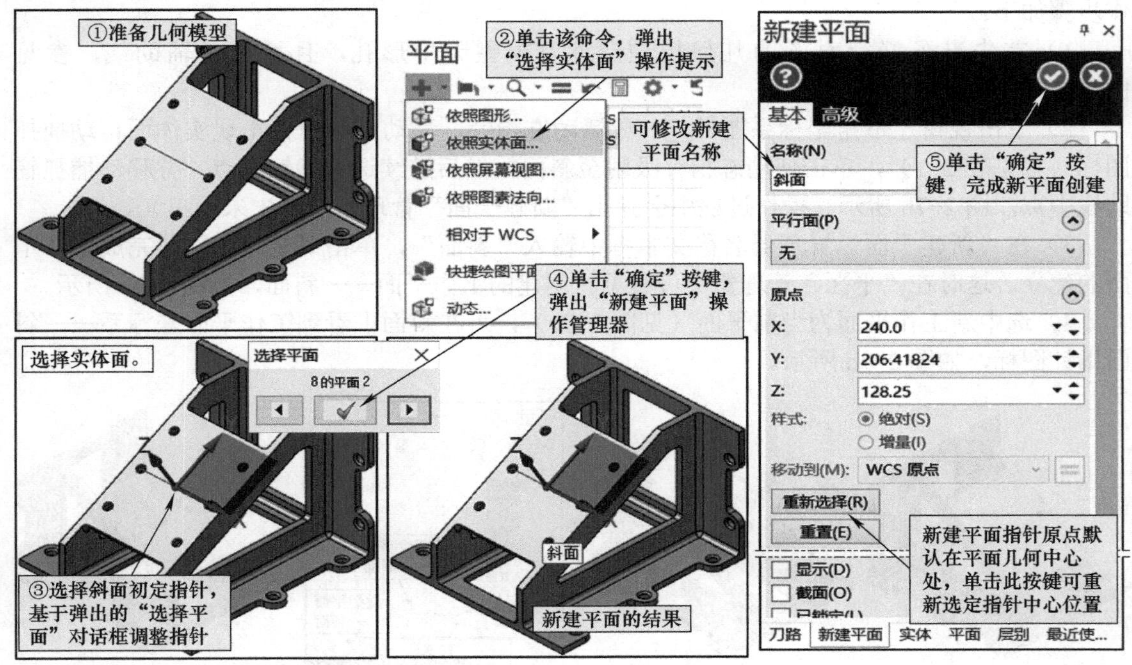

图 2-8　依照实体面创建平面的操作

2.2.5　图形属性的操作

图形又称图素，包括点、线、面、体等几何特征，图素属性指其样式（又称类型或型式）、颜色、线宽、层别等，其操作主要包括设置、编辑与修改等。

图素属性的使用频率极高，在快捷菜单上部或切换至悬浮在视窗中（参见图 1-6）以及“主页”功能选项卡的“属性”与“规划”等功能区均可操作，其操作方法基本相同，这里以“主页→属性”功能区的图素属性操作按键为例进行介绍。

图 2-9 所示为“主页”功能区图形“属性”与“规划”操作区相关设置按键，以下是设置说明。

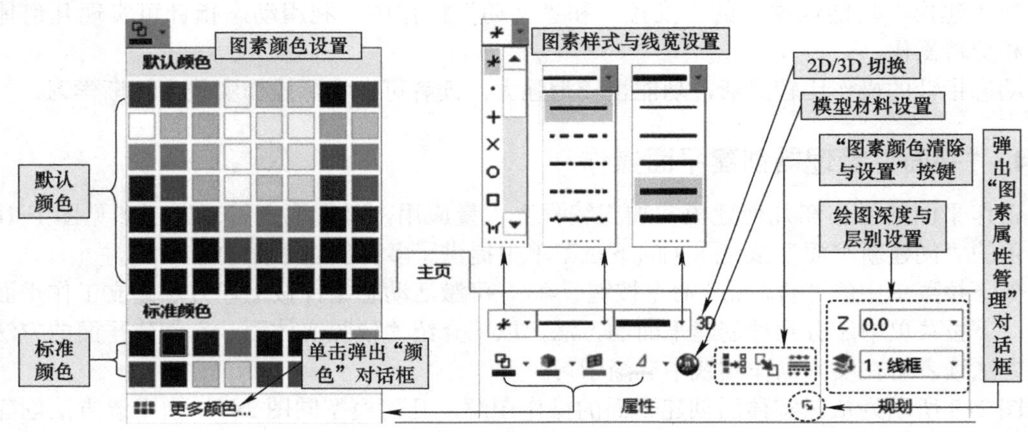

图 2-9　图素属性功能区与操作

1）点、线样式和线宽设置均为下拉列表设置，注意 Mastercam 的线宽设置不能精确地指定数值。

2）线框、实体、曲面、网格颜色亦为下拉列表设置，其调色板相同，颜色包括“默认”“标准”和“更多颜色”三项供选用。

3）“属性”选项区右下角对话框弹出按键弹出的“图素属性管理”对话框（图中未示出）可综合设置图素属性。

4）“清除颜色”按键：单击可将经过转换操作改变颜色的图形重设为原设置颜色。

5）“依照图形设置”按键：单击其会弹出操作提示“从中选择图素以获取主要颜色、层别、样式和宽度”，拾取图形中的图素可将其颜色、层别、线型、线宽设置为当前属性。

6）“设置全部”按键：单击其会弹出操作提示“选择要改变属性的图素”，拾取欲改变属性的图素，按 [Enter] 键，弹出“属性”对话框（图中未示出），可同时对图素的颜色、线和点样式、层别、线宽等多个属性进行设置与修改。

7）“3D/2D”切换按键 3D / 2D：是一个 3D 和 2D 绘图模式切换的按键，三维绘图时，必须切换至 2D 模式才能在指定的构图深度平面上绘制二维图形。该按键在状态栏中亦存在。

8）构图平面深度设置 Z 0.0：单击字母“Z”，弹出操作提示“为新的绘图深度选择点”，光标捕抓三维模型中的某一点，可将该点 Z 轴坐标值设置为当前构图深度值（可看到右侧文本框的数值变化），也可直接在文本框中输入构图深度值。单击文本框右侧按键▼会弹出下拉列表，可选择最近使用过的深度值。该按键在状态栏中仍然存在。

9）更改层别按键 2：粗实线：具有“移动”或“复制”图素和指定绘制图素的层别两种功能。“移动”或“复制”图素操作为，先在“层别”管理器列表号码栏中单击欲设置层别的号码栏，将其设置为主层别，然后单击左侧的“更改层别”按键，弹出操作提示“选择要改变层别的图形”，拾取欲更改层别的图素，按 [Enter] 键，弹出“更改层别”对话框（图中未示出），可实现层别的移动、复制等操作。指定绘制图素的层别可在“层别”管理器中单击层别号码数字，数字前有符号“√”表示其为主图层，此时“更改层别”按键右侧文本框显示的便是绘制图素的主层别。

2.3　二维图形的绘制

“线框”功能是二维图形绘制的基础，内容包括“绘点”“绘线”“圆弧”“曲线”“形状”“（曲面实体上的）曲线”和“修剪”等，这些功能集中在“线框”功能选项卡中，如图 2-10 所示，可见其功能较多，以下仅介绍其主要功能，未尽部分读者可在学习中逐渐研习。在右上角的“标准”下拉列表可选择为“简化”选项设置，减少选项卡的功能按键数量。

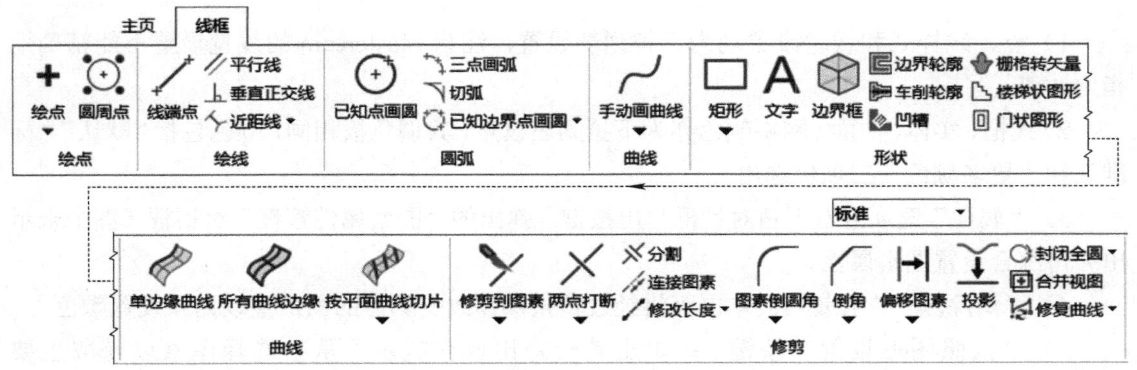

图 2-10 “线框”功能选项卡

2.3.1 点的绘制

点是最基础的几何图素，Mastercam 2022 的点绘制功能按键布局在“线框→绘点”功能区，“绘点”功能按键如图 2-11 所示。

（1）“绘点”功能　绘点功能是一个下拉菜单功能按键，提供了六种绘制点的方法，单击相关绘制点按键会弹出相应的操作提示与功能管理器。

“绘点”功能是点的基本绘制功能，单击“绘点”按键 + 绘点 会弹出“绘点”管理器和操作提示绘制点位置，如图 2-12 所示，其可绘制以下点。

1）任意点：在绘图区任意点单击即可。

2）指定坐标点：单击选择工具栏上的“输入坐标点”按键，激活坐标输入文本框，输入指定点坐标绘制点，坐标输入方法参见图 2-1。

3）自动捕抓点：“选择”对话框设置的点（即自动捕抓点），绘图时可用光标快速捕抓这些点。自动捕抓点设置参见图 2-1。

4）临时捕抓点：单击临时捕抓点设置“光标”按键，下拉菜单选择临时捕抓点类型，绘图时可用光标快速捕抓这些点。临时捕抓点操作参见图 2-1 及其说明。

图 2-13 所示为绘制点操作示例，包括绘制坐标原点 O（临时或自动捕抓点）、指定坐标点 P_1（25，15）、相对 P_1 点的直角坐标相对点 P_2（50，30），以及极坐标相对点 P_3（30，60°）等。操作图解如图 2-14 所示，其中点样式设置未示出，注意动态点绘制必须在几何体操作模式下进行。注意：绘制点 P_2 和 P_3 时，试一下按住 [Shift] 键捕抓点 P_1 点弹出指针的效果。

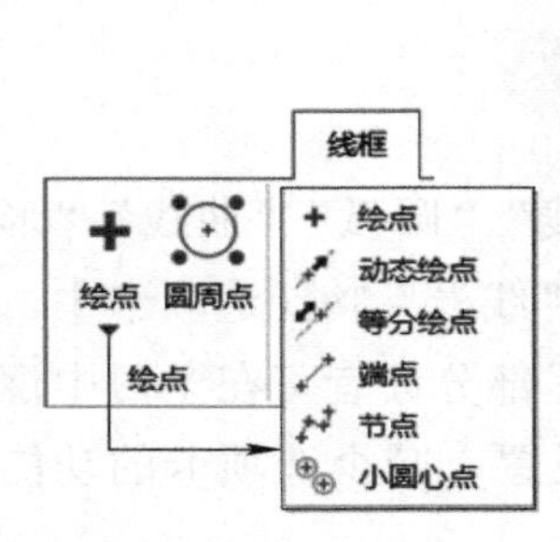

图 2-11 “绘点”功能按键

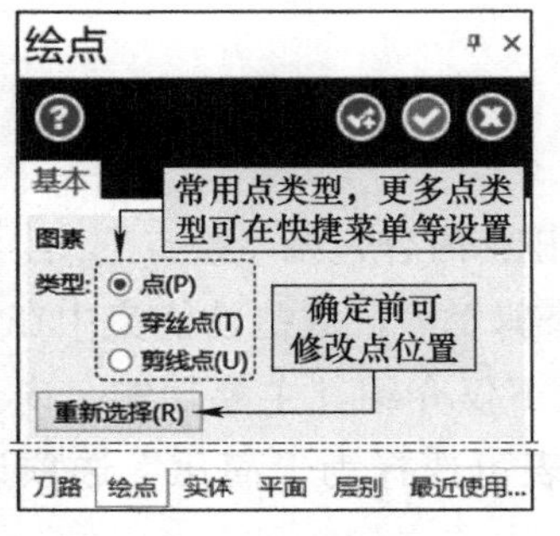

图 2-12 “绘点”管理器

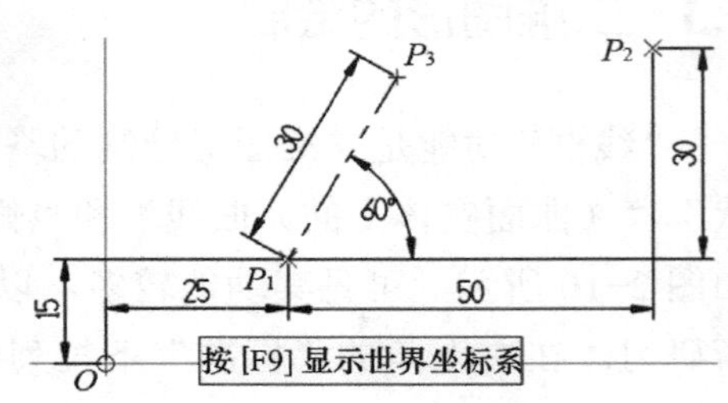

图 2-13 绘制点操作示例

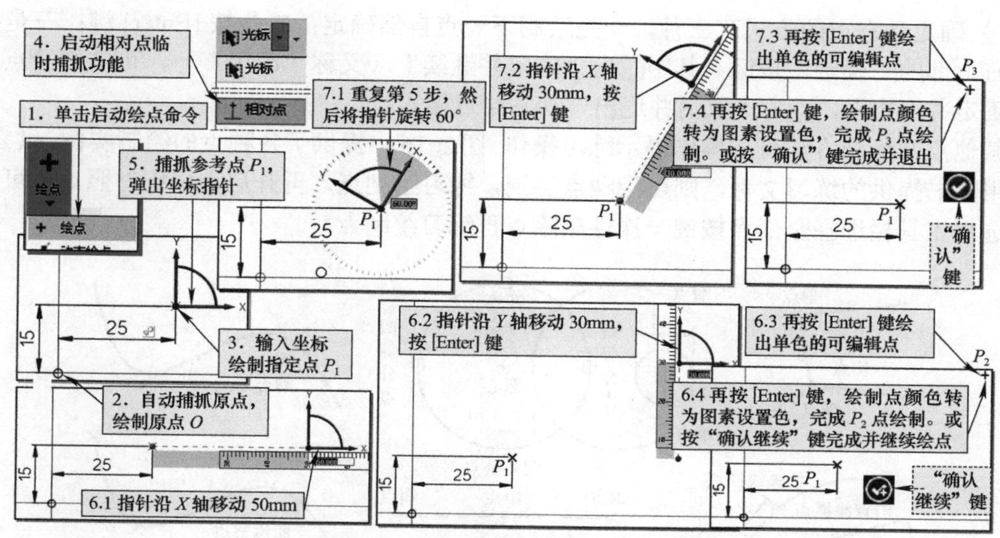

图 2-14　绘制原点、指定坐标点和相对点等示例操作图解

图 2-15 所示为在样条曲线上绘制各种动态点示例。

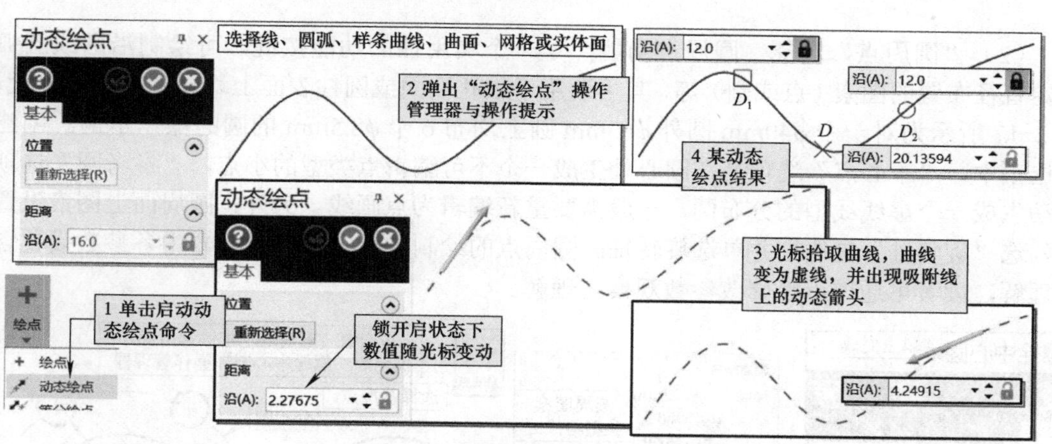

图 2-15　在样条曲线上绘制各种动态点示例

操作说明：

1）单击"线框→绘点→动态绘点"按键，激活动态绘点功能，系统弹出操作提示"选择线、圆弧、样条曲线、曲面、网格或实体面"，同时视窗左侧弹出"动态绘点"功能管理器。

2）拾取曲线，曲线变为黄底的虚线，并吸附曲线产生一个随光标移动的箭头。注意如下项目：

① 光标拾取点靠近曲线哪一端，则该端点为起点，箭头切向指向曲线终点方向。

② 距离文本框右侧锁开启状态下文本框数值随光标位置动态变化，但锁住状态下可固定输入距离值，且曲线上可以看到淡蓝色的指定动态点。

③ 锁开启状态下单击鼠标左键绘制的点为光标当前点，锁住状态下单击鼠标左键绘制的点为锁定的距离点。如图 2-15 右上角结果中，D 为鼠标拾取的动态点，距离数值仅供参考，D_1 和 D_2 分别为左端和右端起点距离为 12mm 的点。

3）确定动态点的方式有三种，一是绘制下一点自然确定；二是按 [Enter] 键；三是按管理器右上部的“确定”按键，其中为“确定并继续”（又称“应用”），可继续绘点，为“确定并退出”，为“取消并退出”动态绘点模式。

其他点的绘制方法可按操作提示练习操作，图 2-16 中提供了各种点的绘制实例，供参考。若调用随书提供的练习文件，则可隐藏点层别，练习绘制点，再开启点层别对照。也可应用快速选择工具栏选择全部点按键一次性删除点再练习绘制点。

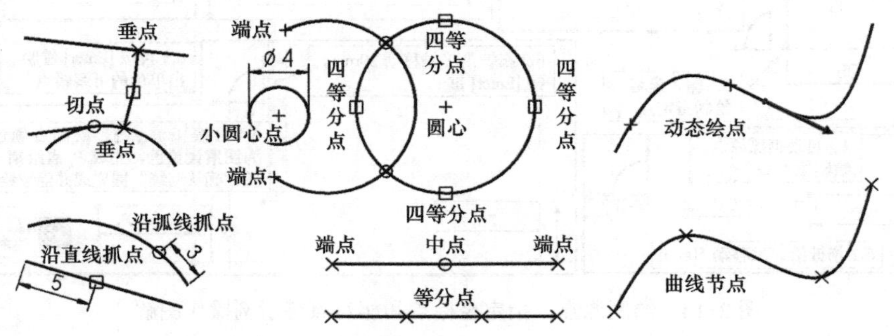

图 2-16　各种点的绘制实例

（2）“圆周点”功能　圆周点功能是一个实用性的功能按键，可绘制沿圆或圆弧按一定直径布置的图素（点或圆）等，其主要用于轴孔端面或圆柱表面上均布螺栓孔等的设计。图 2-17 所示为对一个 ϕ40mm 圆外 ϕ60mm 圆上均布 6 个 ϕ8.5mm 的圆的操作示例。创建图素选项中，“中心点”选项是在圆心处生成一个不可编辑点类型的小点，“参考圆”选项可自动生成一个虚线线型的分布圆，一般需要重新编辑为点画线。另外，圆周面上图素设置必须勾选“旋转轴”复选框并单选旋转轴。圆周点的绘制关键在于对管理器中各参数设置含义的理解，读者可通过不断修改参数观察与理解。

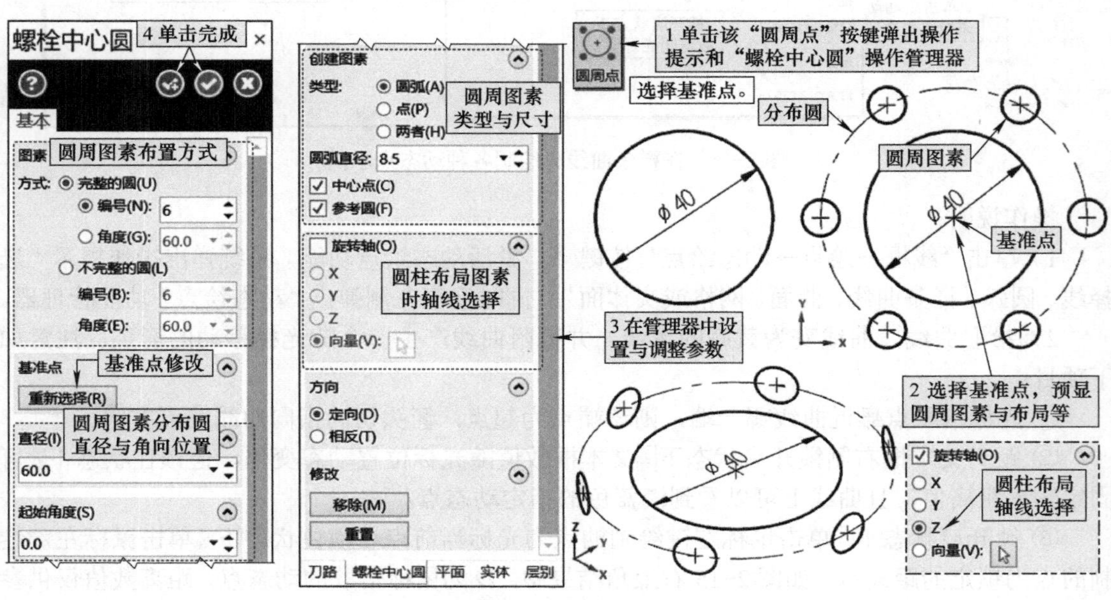

图 2-17　“圆周点”绘制操作示例

2.3.2 直线的绘制

两点连线是单一直线（Line Endpoints），多段单一直线首尾相连是连续线。两端点 Y 坐标值相等的直线称为水平线，两端点 X 坐标值相等的直线称为垂直线。直线与直线之间的几何关系包括平行、垂直、相交等，两相交直线之间存在角平分线，直线与曲线之间存在相切线和近距线。

图 2-18 所示为“线框→绘线”功能区及其功能按键，其包含线端点、平行线、垂直正交线以及一个下拉功能菜单，包含功能按键“近距线”“平分线”“通过点相切线”等。绘线功能的起点与终点的指定实质上是绘点功能的应用，可充分利用系统提供的点指定方式，如坐标指定与捕抓功能等。

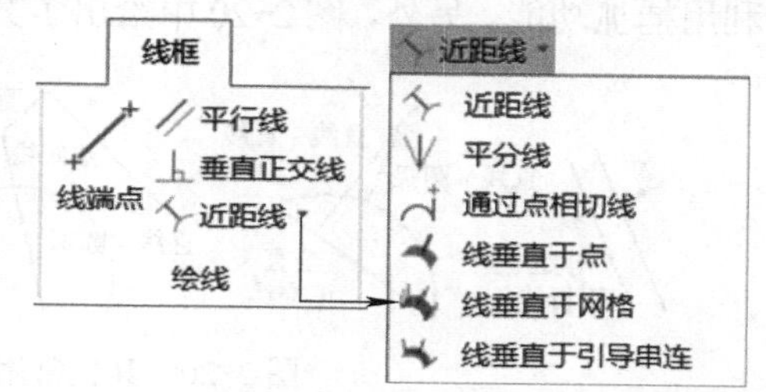

图 2-18 “线框→绘线”功能区及其功能按键

“线端点”原意为两个端点的连线，又称两点线，“线端点”功能是基于两点绘制直线，是基本的直线绘制功能，单击“线端点”功能按键，激活线端点绘制模式，系统弹出“线端点”管理器，同时弹出操作提示“指定第一个端点”，指定第一点后，接着提示“指定第二个端点”，指定第二点后完成两点线的绘制。

在“线端点”管理器中可见线的类型有水平、垂直和任意线，其任意线可勾选“相切”和“自动确定 Z 深度”。绘制线的方式有两端点、中点和连续线，“中点”绘制直线时的第一点为线的中点。

绘制直线时第二点可由光标拾取或在尺寸选项区中锁定长度和角度值确定，确定第二点后可看到一条淡蓝色的预览直线，此时，单击端点区域下的数字按键 1 或 2 可对端点位置进行修改，单击管理器右上角的“确定”按键完成直线绘制。

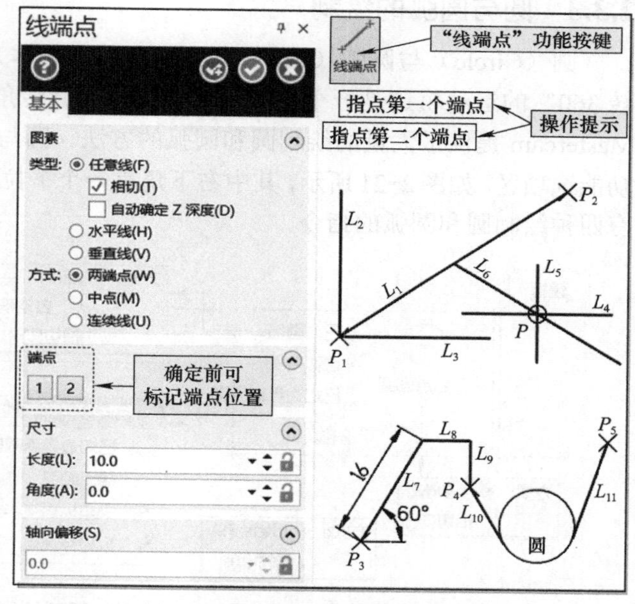

图 2-19 “线端点”绘制直线示例

注：L_1—起点为 P_1、终点为 P_2 的任意线；

L_2—起点为 P_1、终点为 P_2 的垂线；

L_3—起点为 P_1、长度为 20mm 的水平线；

L_4—中点为 P、长度为 20mm 的水平线；

L_5—中点为 P、终点为 L_1 线段中点的垂线；

L_6—中点为 P、终点为 L_1 线段中点的任意线；

L_7～L_{10}—“角度 - 水平 - 垂直 - 切线”的连续线，起点为 P_3、过点 P_4、终点与圆相切的直线；

L_{11}—起点为 P_1、与圆相切的直线。

图 2-19 所示为“线端点”绘制直线示例，练习步骤按操作提示研习学习即可。例如绘制直线 L_2 的步骤如下：

1）单击“线框→绘点→线端点”功能按键，启动线端点绘制功能。系统弹出“线端点”管理器，同时弹出操作提示“指定第一个端点”。

2）设置管理器参数选项：“垂直线”“两端点”“尺寸→长度”，将角度锁开启。

3）捕抓 P_1 为第一点，捕抓 P_2 为第二点。

4）单击“确定”按键继续绘制直线，或单击按键完成绘制直线，完成直线 L_2 的绘制。

其他直线的绘制方法基本相同，读者可参照操作提示与功能管理器的设置尝试完成，注意充分利用捕抓功能。另外，图 2-20 中给出了其他常用的直线绘制示例，供读者研习与练习。

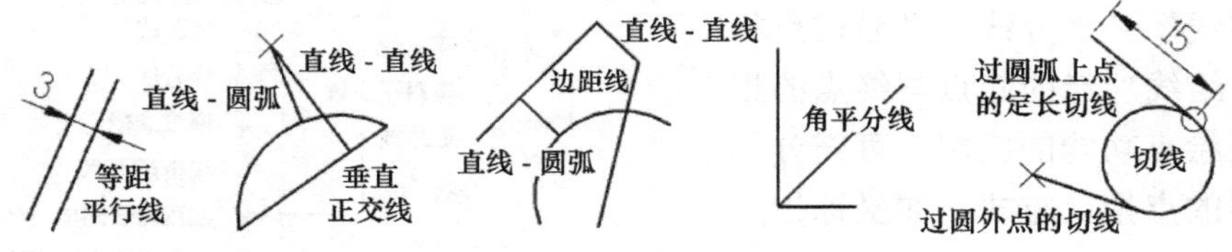

图 2-20　其他常用的直线绘制示例

2.3.3　圆与圆弧的绘制

圆（Circle）与圆弧（Arc）是实际常见的基本几何形状，与圆心距离等于半径的点旋转 360° 的运动轨迹是一个整圆，简称圆，而旋转角度小于 360° 的不完整圆则称为圆弧。Mastercam 提供了大量的绘制圆和圆弧的方法。圆与圆弧的功能按键布局在“线框→圆弧”功能选项区，如图 2-21 所示，其中右下角有一个下拉菜单工具按键▼，单击会弹出下拉菜单，有四种绘制圆和圆弧的指令。

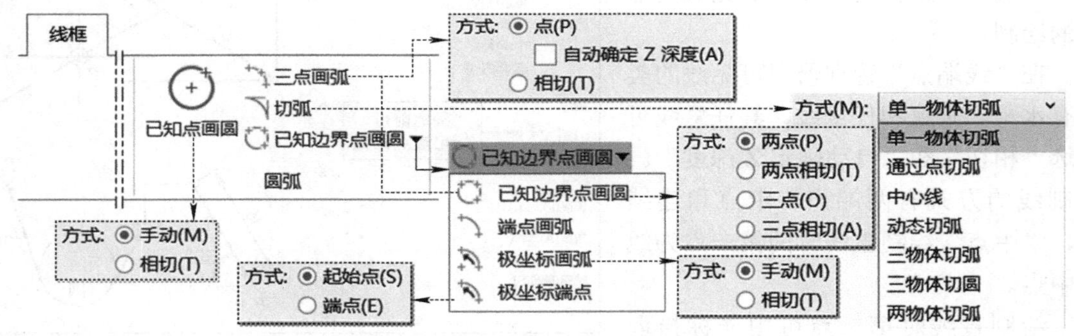

图 2-21　圆与圆弧绘制功能按键

图 2-22 所示为基础的“已知点画圆”功能操作示例。图 2-22a 是绘制一个“圆心点 + 半径”圆的操作图解，绘制过程中有几个圆要注意：一是拾取圆心后出现一个随光标移动而变化的虚圆，其功能管理器中的参数半径和直径值随光标移动圆大小的变化而变化，可指导操作者大致确定圆的大小，如图中第 3 步所示；二是大致确定位置后单击左键，可看到一个淡蓝色的圆，这时圆的参数可以编辑，如图中第 4 步所示；三是输入所需的半径（如图所示为 20.0）或直径得到的 ϕ40.0mm 的图形属性设置颜色的结果圆，或直接按 [Enter] 键后淡蓝色圆转为结果圆。图 2-22b 所示为已知直线 L 和圆弧 A，绘制已知圆心 P 与直线和圆弧相切圆示例，这时圆的直径与圆心和相切图素位置有关。按 [Enter] 键完成圆的绘制。

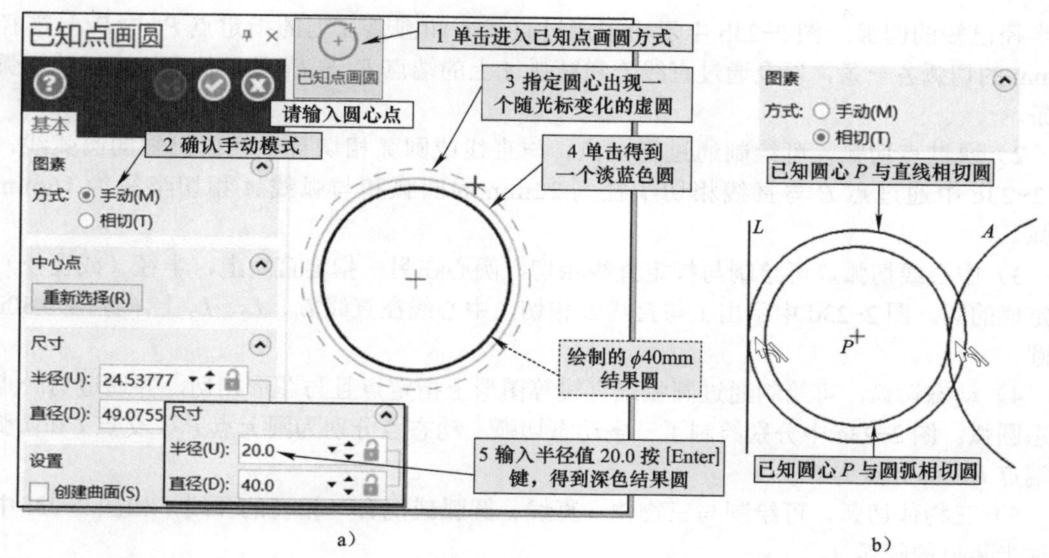

图 2-22 “已知点画圆”功能操作示例

a）绘制“圆心 + 半径”圆的操作图解　b）绘制已知圆心 P 与直线和圆弧相切圆示例

其他圆与圆弧的绘制方法依据操作提示以及图形特征等即可绘制，图 2-23 中列举了部分圆与圆弧的绘制示例，供学习参考。

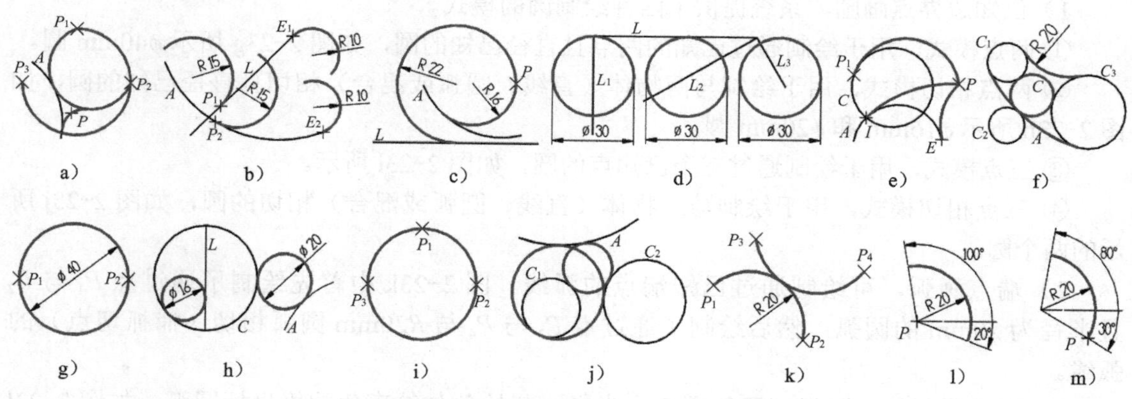

图 2-23　部分圆与圆弧的绘制示例

a）三点画弧　b）单一物体切弧　c）通过点切弧　d）中心线切弧　e）动态切弧　f）三物体切弧（圆）　g）两点画圆　h）两相切点画圆　i）三点画圆　j）三相切点画圆　k）两点画弧　l）圆心极坐标画弧　m）起点极坐标画弧

以下是对图 2-23 的学习说明（对应软件系统的相应绘制模式下学习较佳）：

（1）三点画弧　三点画弧的基本模式是通过三个已知点，如图 2-23a 中的“P_1—P_2—P_3”点绘制圆弧。也可在选点时临时切换为“相切”模式而选择相切的曲线切点（系统自动计算切点），如图中的“P_1 点—相切弧 A—P_2 点”绘制圆弧。另外，图中“相切弧 A—P 点—切弧（前述 P_1 点—相切弧 A—P_2 点绘制的圆弧）”也绘制出了圆弧。

（2）切弧　系统提供了七种绘制切弧的模式（参见图 2-21），示例介绍如下：

1）单一物体切弧，可绘制通过直线或圆弧等单一图形上指定点，与该单一物体相切，且半径已知的圆弧。图 2-23b 中示出了通过直线 L 和圆弧 A 上的指定点 P_1 与 P_2 且半径为 15mm 的切弧各一条，以及通过直线 L 和圆弧 A 上的端点 E_1 与 E_2 且半径为 10mm 的切弧各一条。

2）通过点切弧，可绘制通过指定点，与直线或圆弧相切且半径值已知的圆弧线，如图 2-23c 中通过点 P 与直线相切半径为 22mm 的圆弧和与弧线 A 相切半径为 16mm 的圆弧。

3）中心线切弧，可绘制与指定直线相切，圆心在另一指定直线上，半径（或直径）为指定值的圆。图 2-23d 中示出了与直线 L 相切，中心线在直线 L_1、L_2、L_3 上，直径为 30mm 的圆。

4）动态切弧，可绘制通过圆弧或直线等图形上指定点且与图形相切，并通过另一点的动态圆弧。图 2-23e 中分别绘制了三条动态切弧，动态点分别为圆上点 P_1、交点 I 和圆弧 A 的端点 E，另一点为 P。

5）三物体切弧，可绘制与三物体（直线、圆弧或混合）相切的弧线，如图 2-23f 中未标注半径值的圆弧 A。

6）三物体切圆，可绘制与三物体（直线、圆弧或混合）相切的圆，如图 2-23f 中的圆 C。

7）两物体切弧，可绘制与两物体（直线、圆弧或混合）相切且半径值已知的圆弧，如图 2-23f 中的 R20mm 圆弧。

（3）下拉菜单中的四种绘制圆或圆弧的方法（参见图 2-21）

1）已知边界点画圆，系统提供了四种绘制圆的模式。

① 两点模式，用于绘制通过已知的两点且直径已知的圆，如图 2-23g 所示 ϕ40mm 圆。

② 两点相切模式，用于绘制与两物体（直线、圆弧或混合）相切且直径已知的圆，如图 2-23h 所示 ϕ16mm 和 ϕ20mm 圆。

③ 三点模式，用于绘制通过三个已知点的圆，如图 2-23i 所示。

④ 三点相切模式，用于绘制与三物体（直线、圆弧或混合）相切的圆，如图 2-23j 所示的两个圆。

2）端点画弧，可绘制通过已知端点的弧线。图 2-23k 中首先绘制了通过点 P_1 与 P_2 且半径为 20mm 的圆弧，然后绘制了通过点 P_3 与 P_4 与 R20mm 圆弧相切（捕抓切点）的弧线。

3）极坐标画弧，可绘制已知圆心、半径、起始角与结束角的极坐标圆弧，如图 2-23l 所示为已知圆心点 P、半径为 20mm、起始角度为 −20° 、结束角度为 100° 的极坐标圆弧。其还有一个“相切”模式，可绘制已知圆心、起始与结束角度且与直线或圆弧相切的极坐标圆弧（图中未示出）。

4）极坐标端点画弧，可绘制已知起始点或结束点、半径、起始角与结束角的极坐标圆弧，图 2-23m 所示为已知起始点 P、半径为 20mm、起始角度为 −30° 、结束角度为 80° 的极坐标圆弧。

2.3.4 曲线的绘制

曲线功能可将一组控制点连接成为一条曲线，功能按键布置在“线框→曲线”功能区，各种曲线操作集成在一个下拉菜单中，如图 2-24 所示。

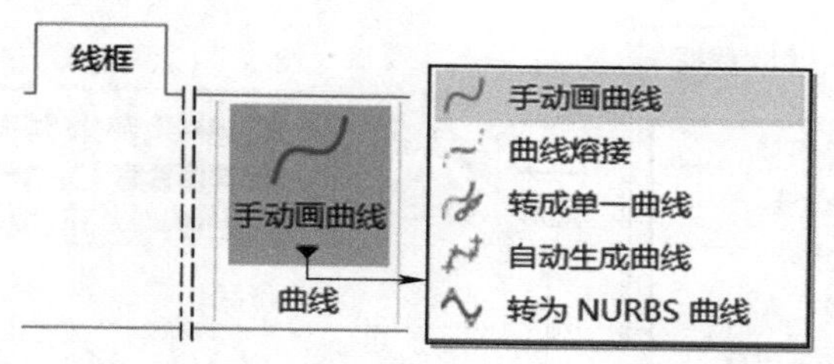

图 2-24　曲线功能按键

（1）样条曲线的绘制　Mastercam 软件提供了两种样条曲线的绘制方法。一是“手动画曲线”，绘制时依次选择样条曲线控制点生成曲线，如图 2-25a 所示，依次拾取 $P_1 \sim P_5$ 五个点获得曲线；二是“自动生成曲线”，其仅需依次拾取第一、二点和最后一点，系统自动搜索其他点生成曲线，如图 2-25b 所示，依次拾取 P_1、P_2 和 P_5 三个点获得曲线。

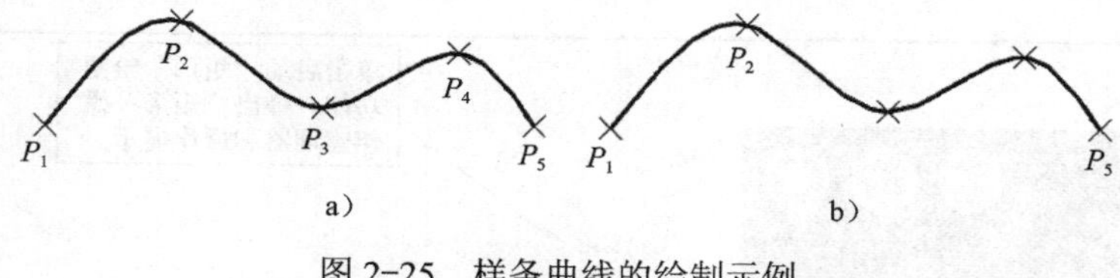

图 2-25　样条曲线的绘制示例

a）手动画曲线　b）自动生成曲线

（2）曲线熔接与转单一曲线　曲线熔接是在两条线（样条曲线、圆弧或直线）之间创建一条过指定点且相切的样条曲线。图 2-26a 所示为创建熔接曲线前的状态，已知圆弧 C、样条曲线 S 及其上点 P。图 2-26b 所示为在圆弧 C 的端点与样条曲线 S 上的 P 点之间创建了一条熔接曲线。注意，图 2-26b 的状态为三条独立的曲线，鼠标移至图形上或选择时可看出。图 2-26c 所示为转单一曲线后的状态，鼠标移至曲线上可看到整根曲线临时显示虚线模式。注意：修改“曲线熔接”管理器中“幅值（M）”和“幅值（A）”参数值可改变熔接曲线的形状。

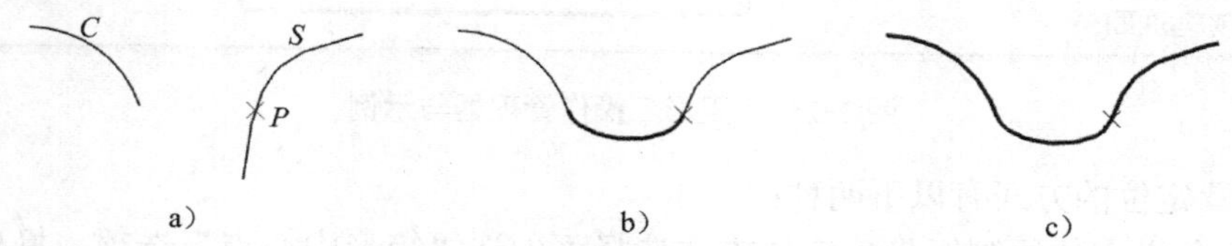

图 2-26　曲线熔接与转单一曲线示例

a）已知条件　b）熔接曲线　c）转单一曲线

（3）转为 NURBS 曲线　该功能可将线、圆弧和参数曲线转化为 NURBS 曲线。

2.3.5　基本形状的绘制

为加快绘图速度，Mastercam 软件提供了常见基本形状的快速绘制功能，布置在“线框→形状”功能区中，如图 2-27 所示，默认一般为“矩形”功能按键▭，实际中一般显示最近使用过的功能按键。

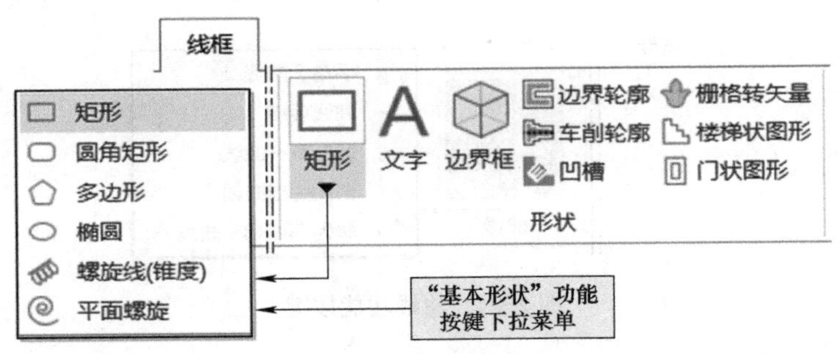

图 2-27　基本形状功能按键

（1）矩形绘制　单击“线框→形状→矩形”功能按键 矩形，弹出“矩形”管理器和操作提示，矩形的基本几何参数包括长和宽以及位置。图 2-28 所示为“矩形”操作管理器与示例。

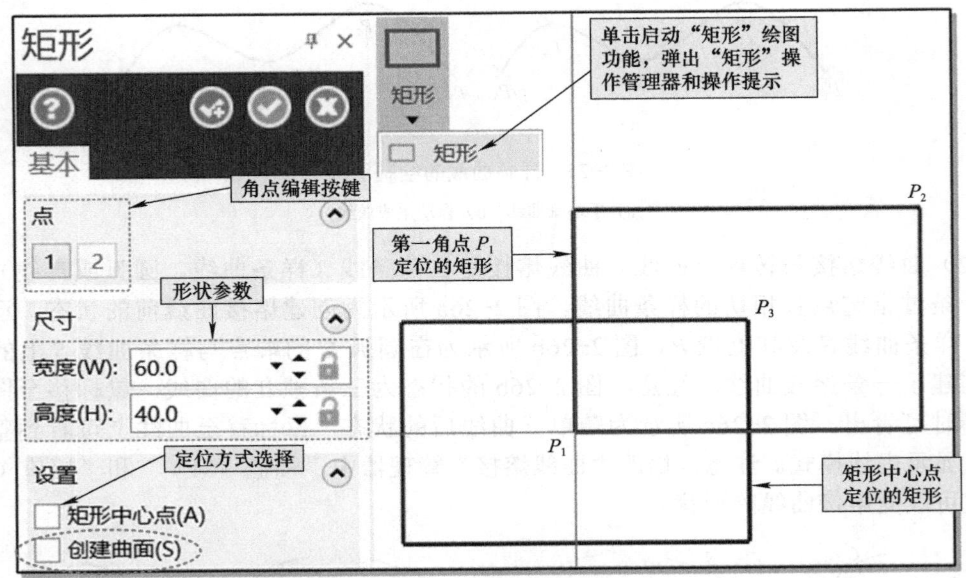

图 2-28　“矩形”操作管理器与示例

矩形位置定位的方式有以下两种：

1）第一角点定位绘制矩形。定位方式选择不勾选“矩形中心点”选项，操作提示依次为选择第一角位置和第二角位置。图中第一角选择了系统原点 P_1 处，第二角位置先大致单击一点 P_2，然后在形状参数中输入所需的宽度和长度，按 [Enter] 键完成。

2）矩形中心点定位绘制矩形。定位方式选择勾选“矩形中心点”选项，操作提示依次为选择基准点位置、输入宽度和高度或选择角点位置。图中基准点选择了系统原点 P_1 处，第二角位置先大致单击一点 P_3，然后在形状参数中输入所需的宽度和长度，按 [Enter] 键完成。

（2）圆角矩形绘制　单击“线框→形状→圆角矩形”功能按键 圆角矩形，弹出“矩形形状”管理器（矩形形状的含义更接近原文）。其中包含图形类型 4 种、图形定位方式 2 种、点位置按键 2 个、原点位置 9 个，以及图形形状尺寸与旋转角和是否创建曲面和中心点。

图 2-29 所示为圆角矩形绘制示例，右侧图例显示“基准点”与“2 点”方式图例，每种方式从左至右分别为圆角、尖角和圆角 + 旋转三种示例，竖向分别为矩形、矩圆形（又称键槽形或跑道形）、单 D 形和双 D 形。“基准点”与“2 点”方式管理器的差异是后者没有点位置和原点设置选项的内容。圆角矩形的具体绘制方法可参照图解与操作提示（图中未示出）研习，注意两种方式绘制出的旋转圆矩形的差异。

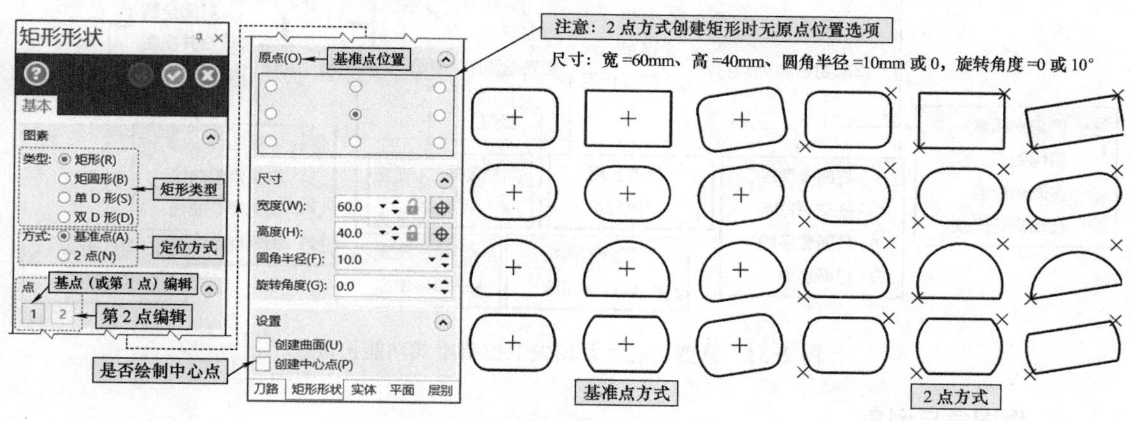

图 2-29　圆角矩形绘制示例

（3）多边形绘制　应用较为广泛，单击“线框→形状→多边形”功能按键 多边形，弹出“多边形”管理器，内容包括边数与半径、基准点选择按键，外圆 / 内圆为基准确定多边形、拐角倒圆角、多边形旋转角度等。图 2-30 所示为“多边形”绘制操作管理器图解与六边形绘制示例，供研习。

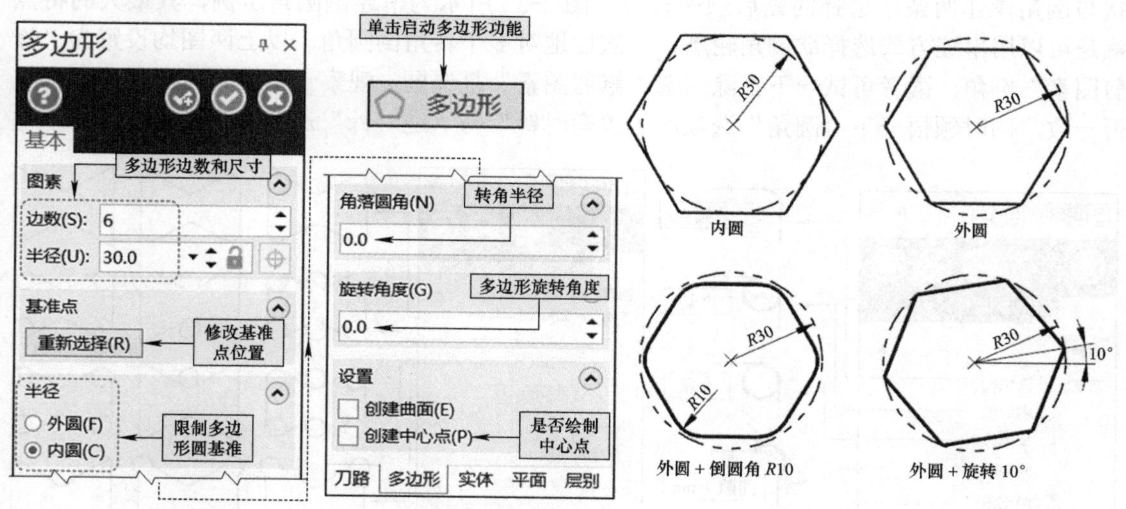

图 2-30　多边形（六边形）绘制示例

椭圆绘制与多边形相似，后两项螺旋线绘制按操作提示与对话框设置即可完成，这里不赘述。形状功能区的其他功能后续再介绍。

2.3.6　图形的修剪

以上介绍的图形绘制是基本型图形，是绘制二维图形的基础，实际图形往往较为复杂，为此，系统提供了“修剪”功能。图 2-31 所示为“线框→修剪”功能区的修剪功能按键分布情形。修剪功能按键较多，且多数集成为下拉菜单式功能按键，当光标悬停在功能按键上时，会弹出功能说明，有助于进一步理解与应用。

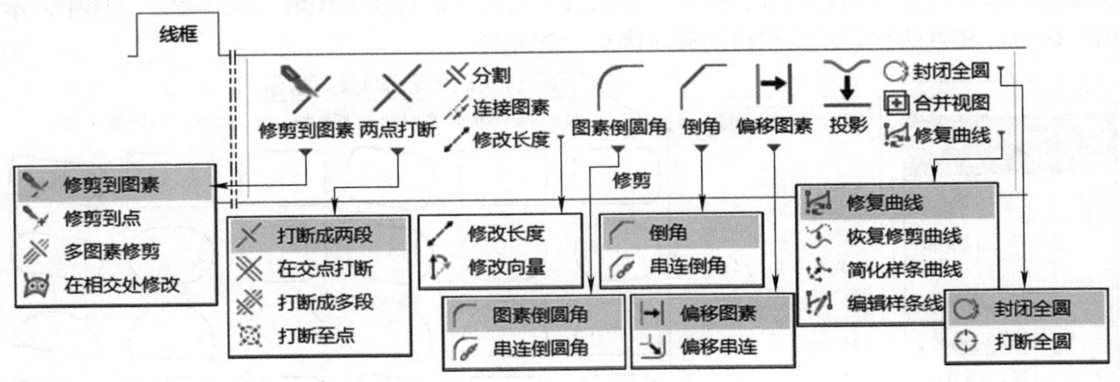

图 2-31　修剪功能区及相关下拉菜单式功能按键

1. 倒圆角与倒角

倒圆角与倒角是应用广泛的工艺特征，Mastercam 提供了丰富的倒圆角与倒角类型。

（1）倒圆角　分为图素倒圆角（简称倒圆角）与串连倒圆角两种方式。图 2-32 所示为图素倒圆角示例，从其功能管理器上可见倒圆角的方式有五种，其中“间隙”方式可理解为安装凸模的固定板，其可设置距离凸模尖角点之间的距离。另外，最下面一种“单切”的形状与倒角操作两条边选择的先后顺序有关。图 2-33 所示为串连倒圆角示例，其最大的特点就是可以用串连方式选择欲倒角轮廓，一次性地对多个转角倒圆角。以上两图均设置为“修剪图素”倒角，读者可试一下去除勾选“修剪图素”复选框，观察一下效果与自己的理解是否一致，同时领悟一下“圆角”选项区的“顺时针”与“逆时针”选项的含义。

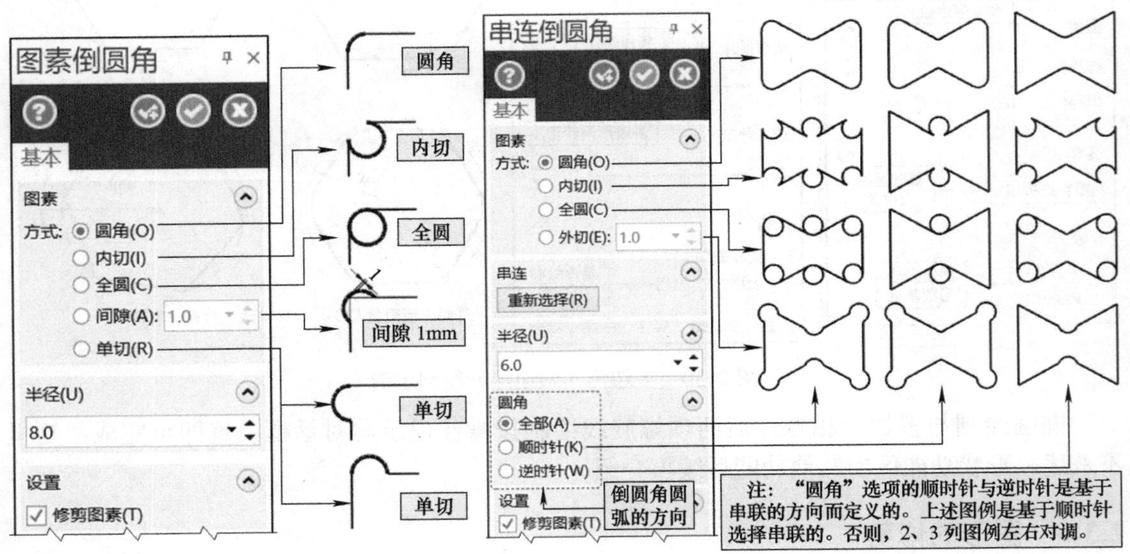

图 2-32　图素倒圆角示例　　图 2-33　串连倒圆角示例

（2）倒角　同样分为倒角（即图素倒角）与串连倒角。图 2-34 左侧为“倒角”管理器，其提供了四种倒角方式，不同的倒角方式会激活下面相应的参数文本框，最下面为是否修剪图素复选框，中上图为倒角示例。图 2-34 右侧为“串连倒角”管理器，提供了两种倒角方式，串连倒角能对所选串连轮廓一次性地快速倒出一致的倒角（方式与参数相同），中下图为串连倒角示例，其外轮廓为修剪的宽度倒角，内轮廓为不修剪的距离倒角。

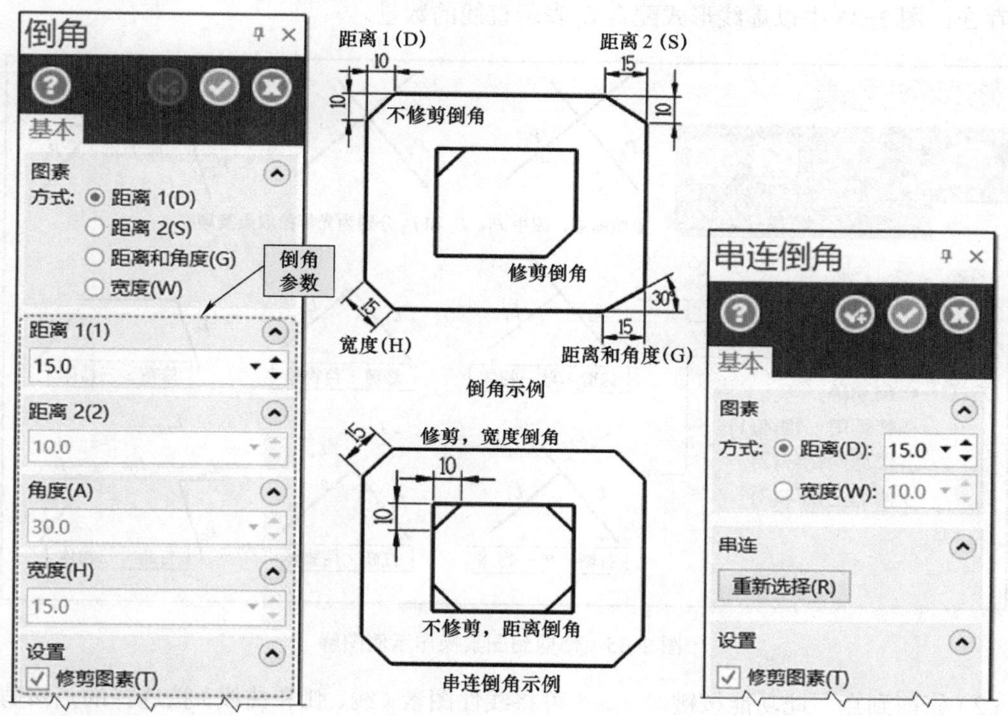

图 2-34　倒角与串连倒角示例

2. 图素修剪与打断操作

在“线框→修剪”功能选项区，“修剪到图素”下拉菜单中有四项基于线性图素（直线、圆弧和样条曲线）之间的图素修剪与打断功能。

（1）修剪到图素　此功能按键 修剪到图素 可基于相交的线性图素进行修剪或打断操作。如图 2-35 所示，有“修剪”与“打断”两种类型并对应四种方式，操作时有相应的操作提示引导，操作方式基本相同。下面以“修剪”类型为例说明操作过程。

1）自动方式：为默认设置方式，其具备修剪单一物体与修剪两物体两个功能。修剪单一物体时与下述修剪单一物体操作方式相同；而修剪两物体时，与下述修剪两物体基本相同，只是点取第二点时必须双击。

2）修剪单一物体：用某条修剪图素为边界修剪某线形图素。操作方法是，首先拾取要修剪的图素（注意选择要保留的部分），然后拾取修剪边界图素完成操作。

3）修剪两物体：用于两相交图线交点处修剪。操作方法是依次拾取两相交图素要保留部分。

4）修剪三物体；可同时对三相交图素沿交点进行修剪。操作方法是，首先拾取两交点之外需要保留的两图素，然后点取修剪图素，系统以两交点之间的图素为边界修剪前两图素，并保留拾取部位的图素。

若类型选项为“打断”，则不删除修剪模式中删除的图线，而转为分离的图线。

“打断”与“修剪”模式的差异是不删除修剪模式中删除的图线，而转为分离的图线，打断后直接看图形与打断前似乎未变，但将鼠标指针悬停至图线上可看到图形以黄底虚线的形式存在，图 2-35 中以虚线形式配合 L_i 表示直线的数量。

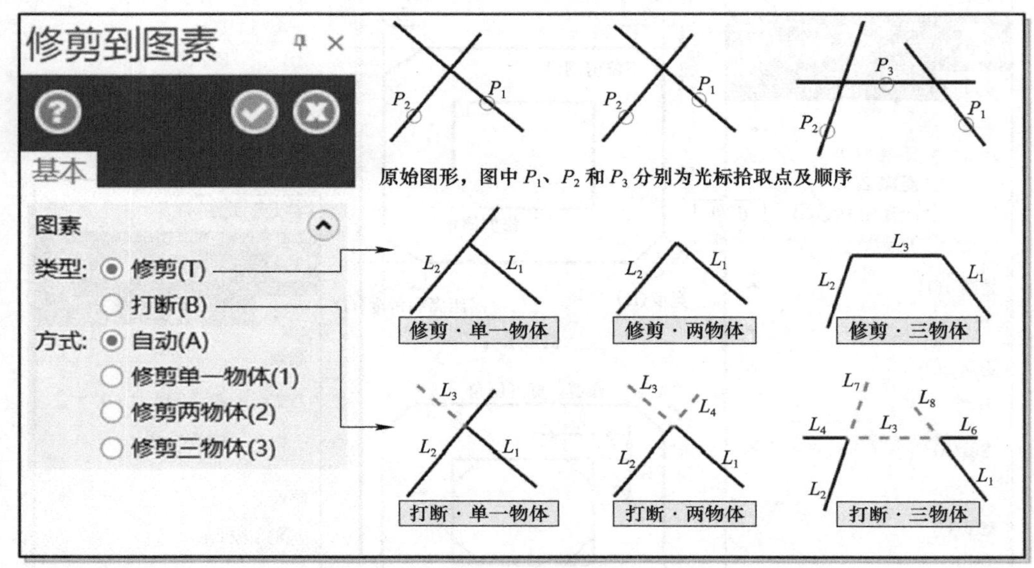

图 2-35　修剪到图素操作示例图解

（2）修剪到点　此功能按键可将线性图素（线、弧和曲线）按选择的点修剪或打断，其操作较为简单，图 2-36 左侧为“修剪到点”管理器，其修剪类型有两个选项，中上图为某示例，欲将直线 L_1 在修剪线 L 的交点 P_2 处修剪。操作方法为，单击“线框→修剪→修剪到点”功能按键激活“修剪到点”功能后，如类型选项为“修剪”，则先选择直线 L_1 欲保留位置 P_1，然后捕抓交点 P_2，完成修剪到点操作。若类型选项为“打断”，则将直线分离为两段直线 L_1 和 L_2。

（3）多图素修剪　此功能按键可对多线性图素（线、弧和曲线）同时修剪，图 2-36 右侧为其管理器，其与修剪到点相比，多了一项修剪图素要保留的选项。中下图为某示例，欲用修剪线 L 同时将五条直线修剪或打断。由于图素较多，图中采用了“相交窗选”的方式一次选中五条直线，具体操作方法为，单击“线框→修剪→多图素修剪”按键激活“多图素修剪”功能，如类型选项为“修剪”，方向选项为“选择侧面”，则先窗选五条图素，然后选择修剪线 L，第 3 步若选择 P_3 点，则保留修剪线 L 右上部分 $L_1 \sim L_5$；若选择 P'_3 点，则保留修剪线 L 左下部分 $L'_1 \sim L'_5$。另外，在第 3 步操作“确定”之前，可单选方向选项“选择反面”改变修剪保留部分的位置。同上理，若修剪类型选择“打断”，在修剪线 L 将五条直线打断为 $L_1 \sim L_5$ 和 $L_6 \sim L_{10}$ 共十条直线。

修剪下拉菜单中还有一个“在相交处修改”功能按键，其主要用于与实体面、曲面或网格相交的线性图素在相交点修剪、打断或创建一个“点”，读者可自行研习。

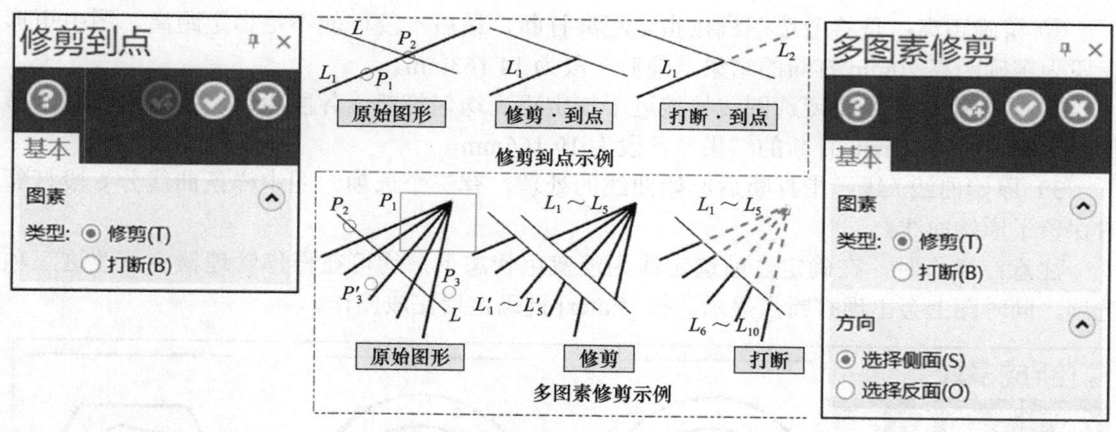

图 2-36　修剪到点和多图素修剪操作示例图解

3. 图素的点打断操作

在“线框→修剪”功能选项区，“两点打断”功能按键下拉菜单中有四个基于点修剪或打断线性图素（线、弧和曲线）的功能。

（1）打断成两段　此功能按键打断成两段可将线性图素（线、弧和曲线）按指定点打断为两段，操作时按操作提示先选择要打断的图素，然后拾取要打断的点即可。参见图 2-37。

（2）在交点打断　此功能按键打断成两段可将所有选定的线性图素（线、弧和曲线）按相交点一次性打断。操作时可设定合适的选择方式（如默认的“范围内”窗选方式范围内）一次性选择所有图素，然后按 [Enter] 键确定完成操作。图 2-38 中，左图有 3 根直线和 1 个整圆，右图为交点打断后的结果，图示改变了部分线段的线型便于观察，可见打断后有 11 条直线、4 条圆弧。

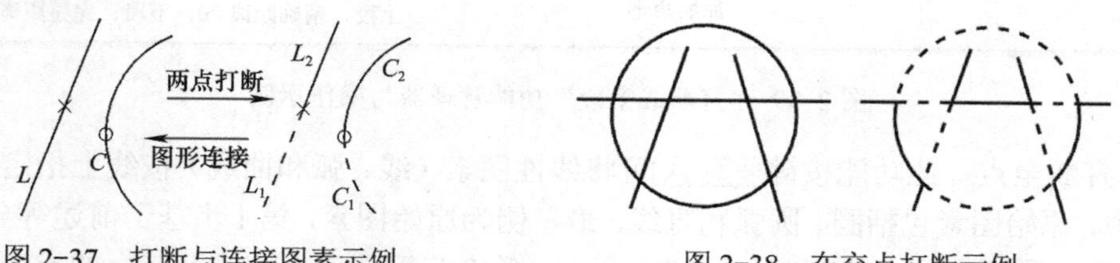

图 2-37　打断与连接图素示例　　图 2-38　在交点打断示例

（3）打断成多段　此功能按键打断成多段可将线性图素（线、弧和曲线）等打断成多段。图 2-39 所示为其功能管理器与操作示例。管理器中分为三组设置。

1）图素类型：有“创建曲线”与“创建线”两项，对于直线无区别，但对于圆和圆弧就完全不同了。

2）区段：有四个选项。

① 数量：指打断后的数量，图 2-39 中的直线、圆和圆弧均等为打断 6 段，样条曲线打断 6 段时各段长度近似相等。

② 公差：这个公差指曲线弦高度的公差，即按照弦高相等用直线连线，类似于插补原理。图中样条曲线最右侧是弦高为 0.02mm 打断成若干段的结果，其与原始样条曲线的逼近误差不大于 0.02mm。

③ 精确距离：是将所选图线按指定距离打断，最后一段可能不足指定距离。图中矩形上段为精确距离 20mm 打断的结果，最后一段为 14.163mm。

④ 完整距离：是将所选图线按接近于指定距离均匀打断，各段距离均相等。图中矩形下段为完整距离 20mm 打断的结果，各段为 19.166mm。

3）原始曲线 / 线：指打断后原始曲线的处理，有三个选项。图中样条曲线分 6 段打断时保留了原始曲线。

注意：操作时，在确定之前选定线为淡蓝色状态下，均可在操作管理器中修改这三项选项，同时图上会出现打断点显示。按 [Enter] 键确定后完成操作。

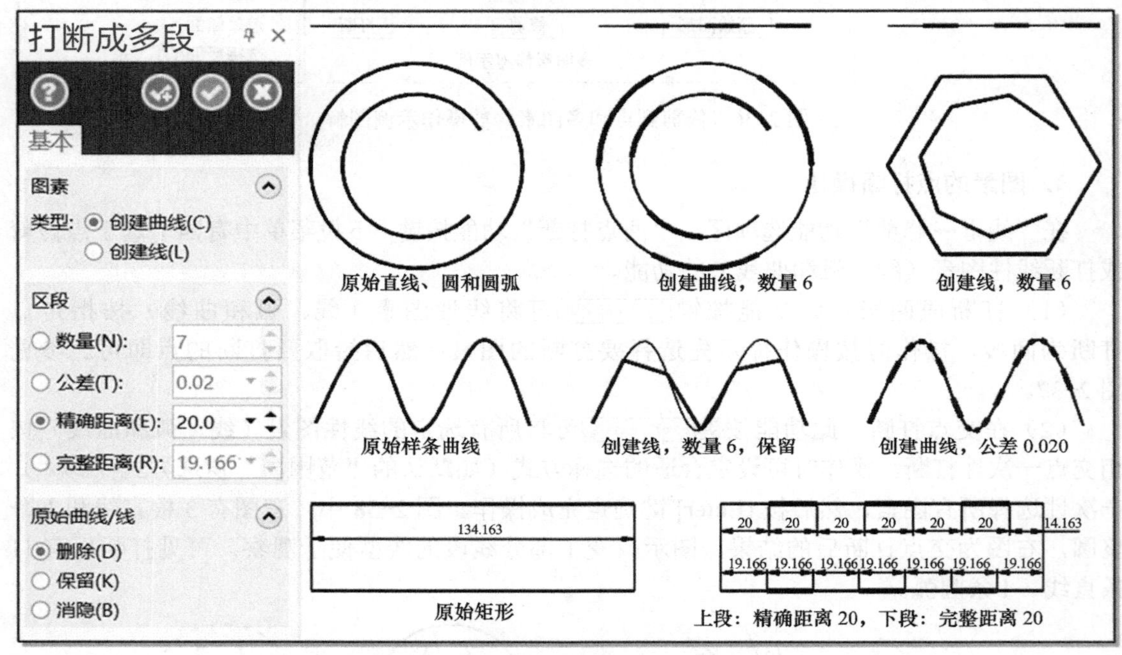

图 2-39 “打断成多段”功能管理器与操作示例

（4）打断至点　此功能按键 打断至点 可将线性图素（线、弧和曲线）按线上指定点打断。图 2-40 中，原始图素包括圆、圆弧和直线。最左侧为原始图素，第 1 步基于前述等分点功能，分别在直线、圆弧和圆上绘制三、四和六个点。第 2 步窗选三个图线及其上的点，执行“打断至点”操作命令，按 [Enter] 键完成操作。操作完成后，可将鼠标指针悬停在某图线上，可见该图素变为黄底虚线，如图第 3 步所示。

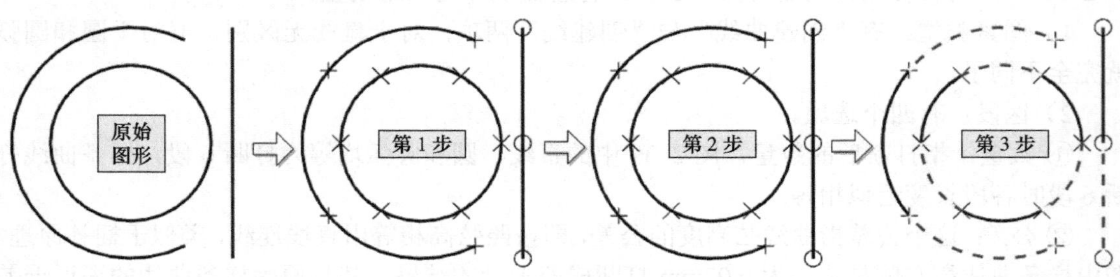

图 2-40　打断至点操作示例图解

4．图素的分割与连接

（1）图素的分割 此功能按键 分割 可将相交的线性图素（线、弧和曲线）交点分界进行修剪或打断（即删除与分割）。“修剪”模式下，光标悬浮至待修剪的图素，则黄底显示并以光标位置两边的交点为界虚线显示待修剪部分，单击后完成修剪；若是“打断”模式，单击后会在分界点临时显示十字点符号，提示打断分界点。修剪时即使仅有单个交点甚至没有交点也能完成修剪，因此其有删除的含义。图 2-41 所示为图素的分割与连接操作示例，供练习。图中五角星绘制提示：先独立层绘制五边形，然后独立层间隔拾取点连续线绘制五角星，再在层别管理器中关闭五边形图层显示。

（2）图素的连接 此功能按键 可将共延伸线的直线、共圆心和半径的圆弧等连接为同一图素，即使两线之间存在间隙也有可能连接完成。读者可对图 2-37 打断的图素和图 2-41 分割的图素练习“连接图素”操作，体会图素连接功能的含义。

5．图素的延伸与缩短

“修改长度”功能按键 修改长度 可将线性图素（线、弧和曲线）按指定距离连续或断续延长与缩短，鼠标拾取点靠近哪一端则操作哪一端。图 2-42 所示为其操作示例。

图 2-41 图素的分割与连接操作示例

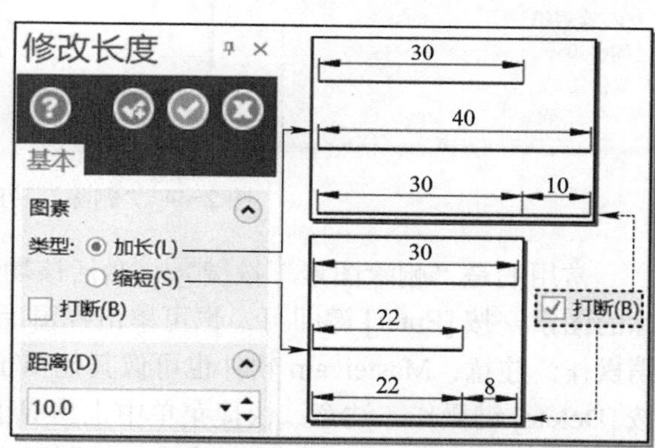

图 2-42 图素修改长度操作示例

6．封闭与打断全圆

“封闭全圆”和“打断全圆”功能按键 封闭全圆 和 打断全圆 在同一个下拉菜单中，分别可将一个开放的圆弧转换为一个封闭的整圆和将整圆打断为指定段数的圆弧。操作过程按提示即可完成。图 2-43 所示为封闭与打断全圆操作示例，左图为外圆弧和全圆，中间为功能按键和操作提示，右图为封闭的一个整圆和打断六段圆弧的整圆，图示黄底虚线为选中状态。

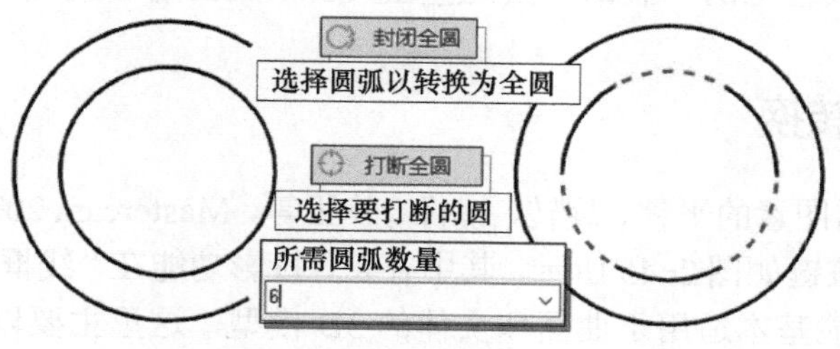

图 2-43 封闭与打断全圆操作示例

2.3.7 图素的删除、隐藏分析功能简述

删除功能是所有应用软件均具备的功能之一，Mastercam 软件也不例外。Mastercam 2022 的删除功能布置在“主页→删除”功能区，如图 2-44 所示。

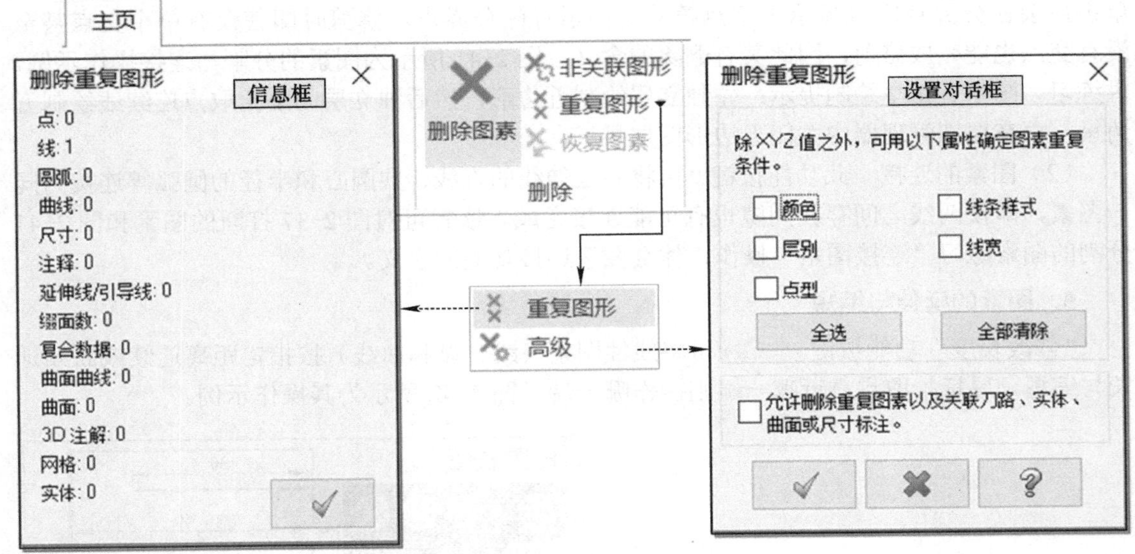

图 2-44 “删除”功能按键及操作对话框

常用的是“删除图素”按键，激活该功能后，弹出操作提示“选择图素”，选择待删除的图素，按 [Enter] 键即可。也可单击视窗上部同时弹出的“结束选择”或“清除选择”按键完成或取消操作。注意：Mastercam 软件也可像其他 Windows 环境下的软件一样，选择需删除的图素，按 [Delete] 键操作。注意：快捷菜单中也集成了“删除图素”按键“删除图素(E)”。

删除“重复图形”功能可删除重复的图素（即重叠的图素），其是一个下拉菜单，具有“重复图形”与“高级”两个功能按键。单击“重复图形”功能按键“重复图形”，会弹出左侧所示的“删除重复图形”信息框，显示重复图素的信息，单击“确认”按键，删除重复图素。若单击“高级”按键“高级”，则会弹出右侧所示的“删除重复图形”设置对话框，通过设置条件删除重复图素。

“非关联图形”功能按键“非关联图形”可删除非关联刀路、操作或实体的图素。“恢复图素”功能按键“恢复图素”是在删除了图素后自动激活的，其可用于恢复最近删除的一个或多个图素。实际上，快速访问工具栏上的“撤销”按键也具备恢复图素功能。

2.4 二维图形的转换

图形“转换”包括图素的平移、旋转、镜像、补正等，Mastercam 2022 中专门设有“转换”功能选项卡，各功能按键如图 2-45 所示，其中补正、投影功能在“线框→修剪”功能区也有。实际上，这些转换功能基本适用于曲面和实体的 3D 模型，这里主要以二维图形的转换进行介绍，3D 模型转换操作基本相同，读者可在后续三维模型学习时自行练习。

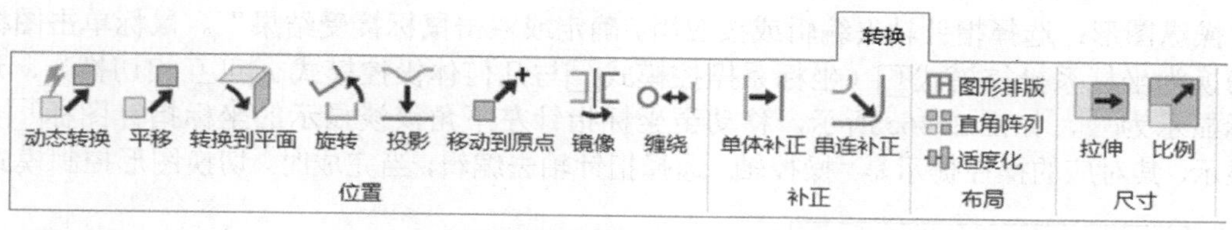

图 2-45　“转换”功能选项卡

2.4.1　动态转换

“动态转换”功能是基于动态坐标指针操纵几何图素的方向和位置，进行移动与旋转等的操作。

1．动态转换的操作步骤

动态指针转换几何图形的操作步骤如下：

1）单击“转换→位置→动态转换”功能按键，弹出“动态”管理器和操作提示“选择图素移动 / 复制”。

2）选择要动态转换的几何图素，按 [Enter] 键或单击结束选择，激活随光标移动的动态指针，并弹出操作提示“选择指针的原点位置”。

3）单击拾取某点确定指针原点位置（可充分运用捕抓功能，一般在选择的图形上会产生一个临时中心图标），指针固定（默认为几何体操作模式），更新操作提示“操纵图形：选择指针轴去编辑或按应用 / 确定或双击鼠标接受结果”。

> **注意**
> 若对指定指针原点位置不满意，可切换为指针的坐标系操作模式，重新拾取指针的原点位置，详见图 2-46 的操作。

4）确认动态指针为几何体转换操作模式：“移动”或“复制”方式转换图素。

① 移动：将所选的几何图形从一个位置移动到另一个位置。可操作坐标轴或原点移动。

② 复制；将在新位置复制一个所选择的几何图素。可操作坐标轴或原点复制。

5）基于 2.2.3 节的动态指针操作进行几何图形的转换，包括单击坐标指针原点任意移动图素；单击坐标轴沿轴移动图素；单击旋转坐标轴旋转图素等。

6）“确定”完成转换。确定方法有多种：

① 按 [Enter] 键确定完成。

② 双击鼠标确定完成。

③ 单击管理器右上角的“应用”按键（即“确定并继续”）或“确定”按键完成操作。

2．动态指针的几何体操控与坐标系操控模式

几何体操控指基于动态坐标指针对几何图素进行转换（平移与旋转等），而坐标系操控指确定动态坐标指针的位置。两者可通过光标的变化以及指针左下角的操控图标切换控制，如图 2-46 所示（图示为 2D 指针显示，实际中可操控 3D 指针）。

单击“动态”管理器“高级”标签切换至高级选项卡，可看到指针模式默认设置为“当放置时设置为图形”复选框被勾选，即几何体操控模式，如图 2-46a 所示，其含义是上述操控第 3）步确定指针原点位置后转化为几何体操控模式，这时光标显示为，移动至坐标指针左下角淡淡显示的几何体操控图标会高亮显示，如图 2-46b 所示，其对应的操控提示是“操纵图形：选择指针轴去编辑或按应用 / 确定或双击鼠标接受结果”。鼠标单击图标会切换为坐标系操控模式（坐标系操控模式与几何体操控模式可互相切换），这时光标显示为，如图 2-46c 所示，移动至坐标指针左下角淡淡显示的坐标指针图标会高亮显示，其对应的操控提示是“操控轴；选择指针轴去编辑，当完成时，切换图形控制模式”。

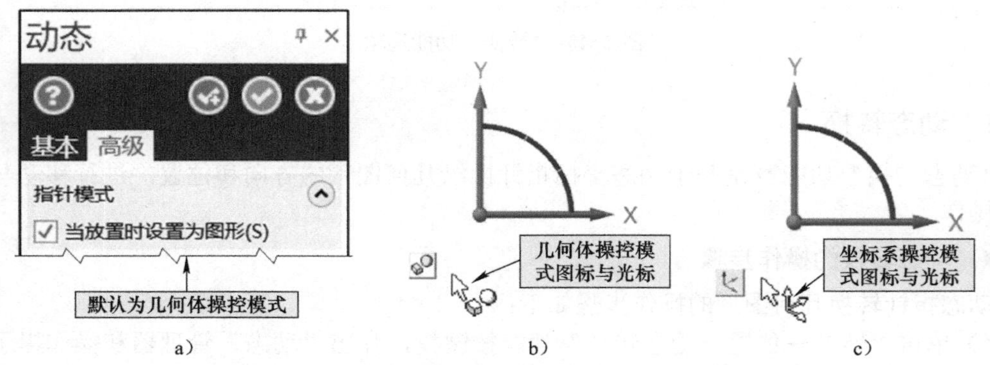

图 2-46 几何体与坐标系控制模式设置与切换
a）操控模式默认设置 b）几何体操控模式 c）坐标系操控模式

3．动态转换方式与类型

“动态”转换管理器中的图素转换方式有“移动”与“复制”两种，类型有“单一”（可阵列多个）与“重复”（即重复操作），其含义参照图 2-47。图中虚线为动态“移动”转换前的图形，动态转换时若选择“复制”模式，则原图形保留。

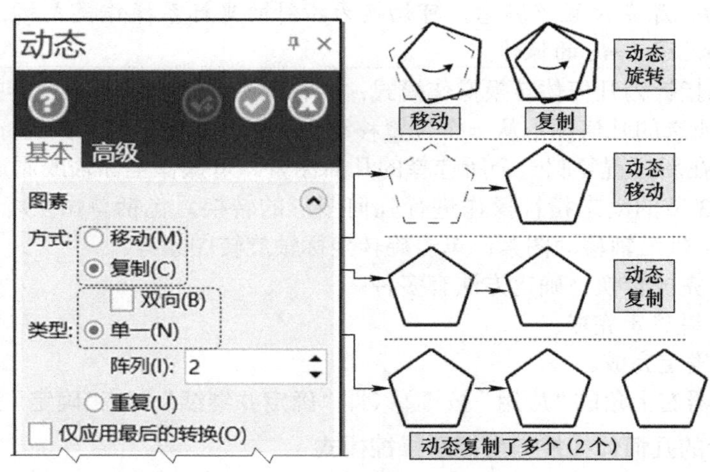

图 2-47 动态转换模式与方式图解

4．动态转换操作示例

如图 2-48 所示，是一个五边形图形沿 X 轴移动 50mm 的转换操作。第 1 步：绘制五边形；第 2 步：选中五边形；第 3 步：单击“动态转换”按键，并将坐标指针定位至五边形几何中心位置；第 4 步：选择复制方式；第 5 步：激活 X 轴指针，输入移动距离 50，按 [Enter] 键；第 6 步：单击“确定”按键完成操作。

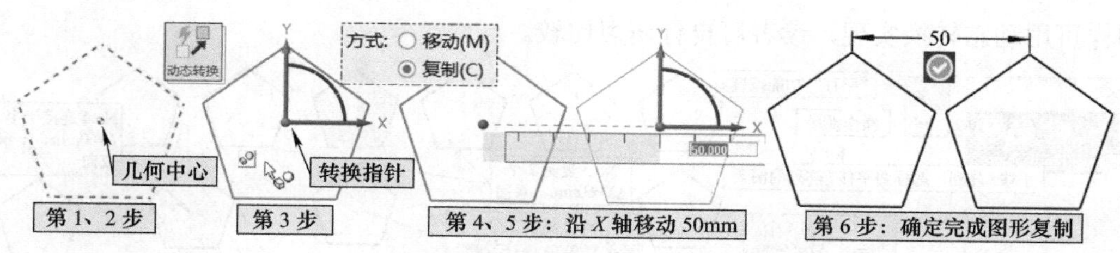

图 2-48　动态转换（复制）操作示例

2.4.2　平移

“平移”亦是 CAD 软件的基本操作方式之一。Mastercam 软件的平移操作有指针操作与管理器操作两种方法。

（1）平移——指针操作　指以坐标指针操作平移为主，以图 2-49 为例，操作步骤如下：

1）单击“转换→位置→平移”功能按键，弹出操作提示“平移 / 阵列：选择要平移 / 阵列的图素”。

2）窗选要平移的五边形，图素显示为黄底虚线，同时弹出“平移”管理器（见图 2-50）单击“结束选择”按键，默认进入平移模式。光标悬停至平移指针坐标轴上弹出沿轴平移标尺和坐标输入文本框，单击激活可对图形实现沿轴平移操作，包括拖动指针轴的粗略平移和文本输入移动值的精确平移。

注意

单击坐标指针原点可移动指针位置。移动十字光标至左下角旋转图标高亮显示，单击其会转化为旋转操作，动态指针转化为旋转指针，同时操控图标转为平移图标。也就是说指针操控可基于指针左下角的操控图标进行图素的平移与旋转方式切换。

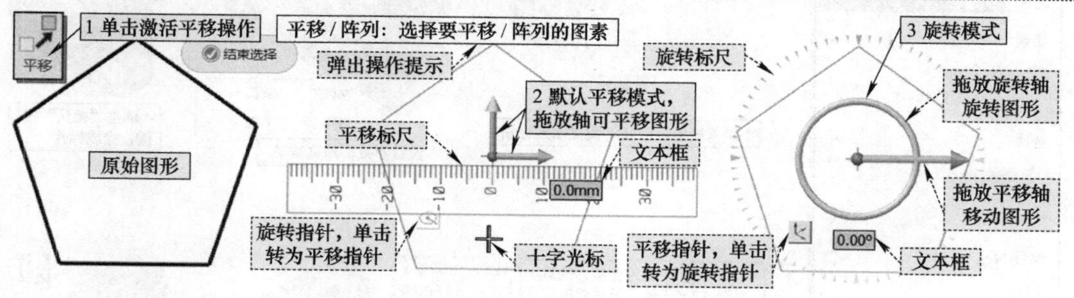

图 2-49　平移——指针操作示例与图解

3）光标悬停至旋转指针旋转坐标圆上会弹出旋转标尺和角度输入文本框，单击激活可对图形实现旋转操作，基于移动轴可实现图素移动操作，单击坐标指针原点可移动指针位置。旋转模式指针操作可理解为极坐标模式的平移。

注意

平移指针操作配合平移管理器可进一步提高工作效率与转换精度。

（2）平移——管理器操作　指以平移管理器操作平移为主，管理器操作比较简单，按操作提示及各参数的说明可方便地实现操作，读者可在操作时单击，观察图形的变化，逐渐理解各参数的含义。图 2-50 所示为管理器操作示例，供研习参考。注意：图 2-50 的平移操作同样可用动态转换实现，读者可自行研习比较。

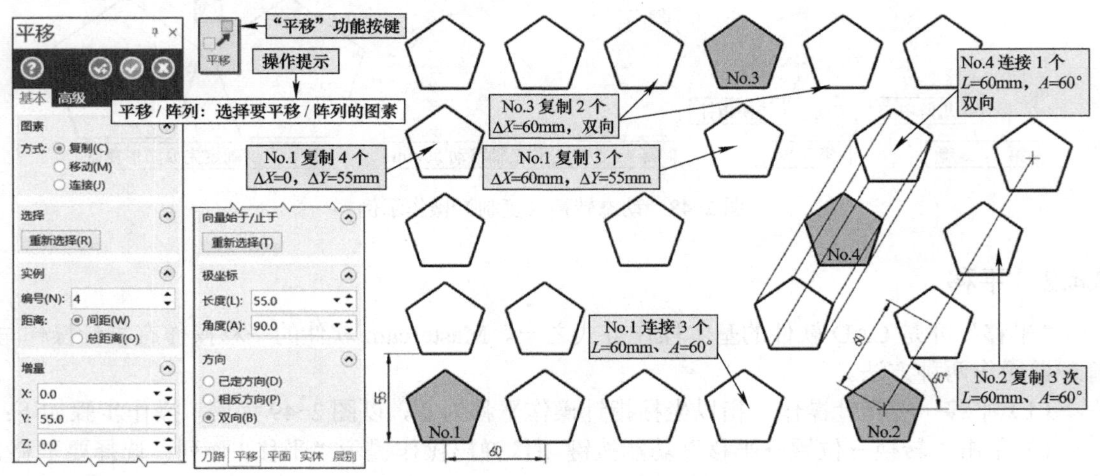

图 2-50　平移——管理器操作示例

2.4.3　转换到平面

“转换到平面”功能可将图素以面对应面的形式从一个平面移动或复制到另一个平面，转换后图素的形体不会发生变化，该功能可用于调整模型至适当的加工位置，或实体之间的装配工作。图 2-51 所示为转换到平面操作示例，读者可通过操作过程与结果理解该功能的内涵。

a)　b)　c)

图 2-51　转换到平面操作示例

a）操作管理器　b）练习一　c）练习二

（1）练习一　将模型底面转换到 X 轴正方向方位，操作步骤如下：

1）打开如图 2-51 所示模型，按 [F9] 键显示坐标轴线。

2）单击“转换→位置→转换到平面”功能按键，弹出操作提示“平移 / 阵列：选择要平移 / 阵列的图素”和“平移”管理器，拾取模型，按 [Enter] 键或单击 结束选择 按键完成选择。

3）首先，图素“复制”方式下，设置平面选项区的目标为“左视图”，可预览到转换后的模型与原模型的关系。

4）将图素转换方式修改为“移动”，可见到源模型消失，单击“确定”按键完成模型转换。

（2）练习二　将模型的俯视图方向以顶面圆心为旋转中心转换为前视图方向。

1）、2）操作同上。

3）设置顶面圆心为旋转中心（管理器下部旋转中心点处设置），具体如下：单击“来源”按键 来源(O)，系统提示“选择平移起点”，鼠标捕抓顶面圆心；再单击“目标”按键 目标(E)，系统提示“选择平移终点”，鼠标捕抓顶面圆心。

4）图素“复制”方式下，设置平面选项区的目标为“前视图”，可预览转换后的模型与原模型的关系。

5）将图素转换方式修改为“移动”，可见到源模型消失，单击“确定”按键完成模型转换。

练习分析，在平面选项区，“来源”项用于设置源模型的平面，“目标”项用于设置转换后模型的平面。这里的平面实际是三维坐标系，转换结果是源模型的平面转换到与目标模型的平面平行。练习一是按源模型的 WCS 原点（与底面圆心重合）旋转，故未设置旋转中心点，而练习二要以顶面圆心旋转，所以必须设置旋转中心点。

2.4.4　旋转

“旋转”功能可实现图素绕中心点旋转的复制、移动、环形阵列等操作，其操作方法同样可用操作管理器或旋转指针进行。旋转指针操作在 2.4.2 平移章节中有所介绍，这里以“旋转”管理器为例介绍。图 2-52 所示为一个五边形图形基于分布圆旋转的示例，基本图形参见 No.0 图示，显然旋转中心点需捕抓获得，管理器的各项含义可通过图示的八个示例研习体会，各图例操作基本相同，以下以 No.1 图例为例介绍操作过程。

No.1 图例参数：图素复制方式，实例 6 个整圆均布，旋转方式，定向方向。操作步骤如下：

1）单击“转换→位置→旋转”功能按键，弹出操作提示“旋转：选择要旋转的图素”和“旋转”管理器。

2）窗选方式选择待旋转五边形，图形显示为黄底虚线，按 [Enter] 键或单击“结束选择”按键 结束选择 完成选择，同时激活“旋转”管理器，默认以坐标原点为中心点显示旋转指针图素。

3）按图示管理器设置参数，其中可单击“旋转中心点”选项区的“重新选择”按键捕抓分布圆圆心，也可拖动旋转指针原点至分布圆圆心。

4）设置参数观察预览结果，满足要求后按 [Enter] 键或单击“确定”按键完成模型旋转。

注意

旋转后的图形是紫色显示，要单击“清除颜色”按键恢复图形属性设置颜色。

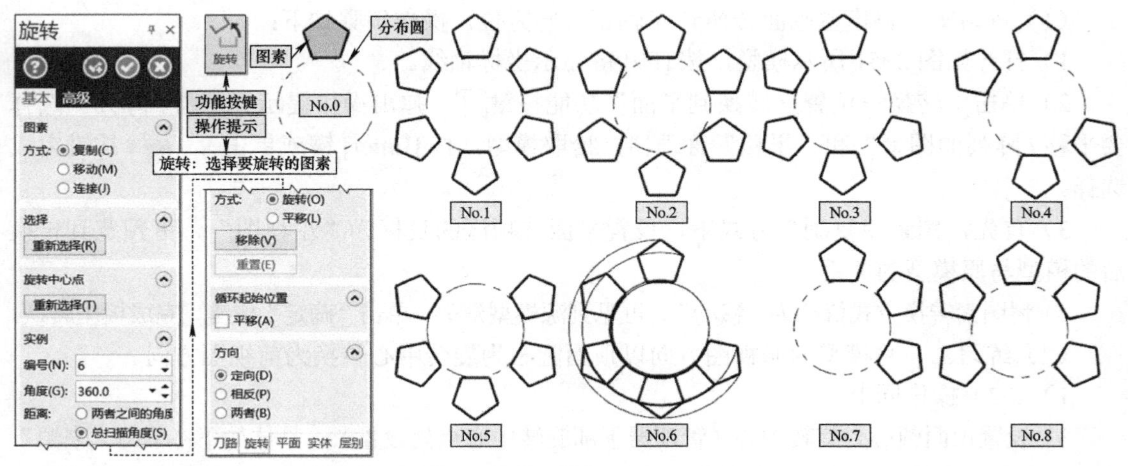

图 2-52 “旋转”操作示例

其余示例读者可按以下参数要求研习。

No.2 参数：图素复制方式，实例 6 个整圆均布，平移方式，定向方向。

No.3 参数：图素复制方式，实例 5 个增量角 60°，旋转方式，定向方向。

No.4 参数：图素复制方式，实例 5 个增量角 60°，旋转方式，移除第 3 个图素，定向方向。

No.5 参数：图素移动方式，实例 6 个整圆均布，旋转方式，定向方向。

No.6 参数：图素连接方式，实例 5 个增量角 60°，旋转方式，定向方向。

No.7 参数：图素复制方式，实例 2 个增量角 60°，旋转方式，相反方向。

No.8 参数：图素复制方式，实例 2 个增量角 60°，旋转方式，双向方向。

2.4.5 移动到原点

“移动到原点”功能是专为加工设计的，其可将二维图形或三维模型上的指定点连同图素一起快速移动到世界坐标系原点，对加工编程而言可理解为建立工件坐标系。

图 2-53 所示为移动到原点应用示例。图 2-53a 中的某三维几何体模型建模时的 *Z* 方向原点为六角台底面，而按照数控加工的习惯用法更倾向于建立在工件上表面，因此，首先在上表面绘制一条辅助线，然后执行移动到原点操作并捕抓直线中点，如图 2-53b 所示，这一点也是移动到原点操作中的起点。

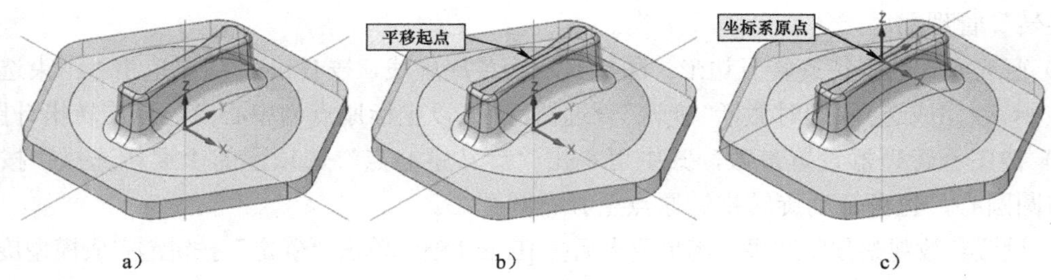

图 2-53 移动到原点应用示例

a）移动前模型 b）绘制辅助线得到平移起点 c）移动到原点

移动到原点操作步骤：

1）按下功能键 [F9]，显示坐标线。单击“转换→位置→移动到原点”功能按键，弹出操作提示“选择平移起点”。

2）鼠标捕抓如图 2-53b 所示的平移起点，平移起点及图形立即移动至坐标系原点，如图 2-53c 所示，图中开启了坐标轴线和坐标系指针的显示。

2.4.6　镜像

“镜像”的原意为镜子内看到的镜前的物体影像，CAD 软件的镜像一般为通过某直线的对称图形。单击“转换→位置→镜像”功能按键，弹出操作提示“镜像：选择要镜像的图素”和“镜像”管理器，选择图素并设置镜像轴线等进行镜像操作，如图 2-54 所示。

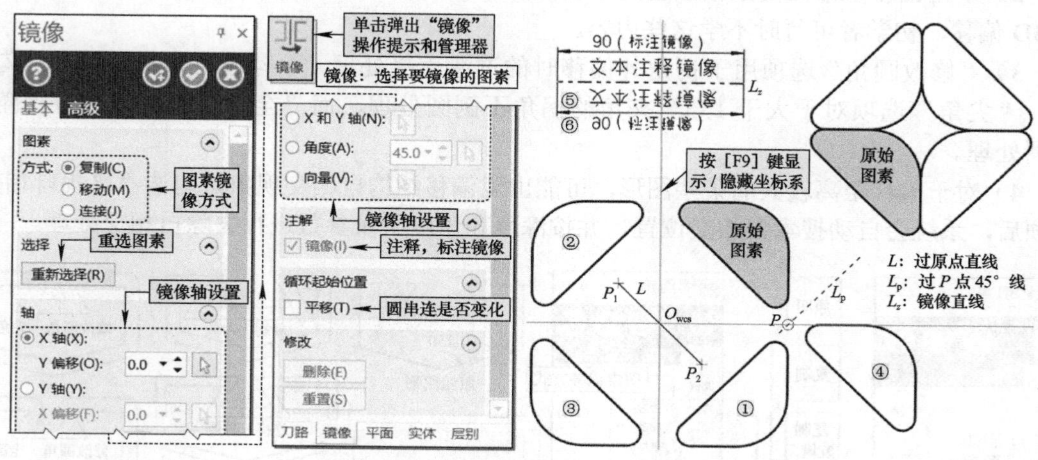

图 2-54　镜像对话框及镜像示例

对图 2-54 的说明如下：

1）管理器的主要功能参见图解说明，图中示例显示的是“复制”方式，移动与复制的差异是原始图形存在与否，连接是镜像前后的图形主要点有投影线相连，具体可通过实操体会。

2）图形①和②分别为原始图素通过原点的 X 轴或 Y 轴的镜像，单击单选按键后，会激活文本框后的箭头按键，单击弹出操作提示“选择参考点”（图中拾取 WCS 坐标系原点），拾取点后则以该点作 X 轴或 Y 轴的镜像。其余镜像基本相同，含义基本如下，按操作提示基本可完成操作。

⊙ X 和 Y 轴：通过选定点的 X 轴、Y 轴对称和选定点原点对称镜像，可同时镜像出结果①、②和③。

⊙ 角度：通过指定点和角度（相当于极坐标直线 L_p）镜像，如结果④。

⊙ 向量：选择直线或两点等确定镜像线，如结果③等。

3）对右上角的镜像操作，读者可自行确定镜像方案。

4）勾选注释选项区的“镜像”选项，可对标注和注释等进行镜像，如结果⑤和⑥。

5）循环起始位置选项区的“平移”复选框可控制具有串连起点的圆等镜像后是否变化。

6）“⊙ X 和 Y 轴”选项指定点原定镜像时，会激活修改选项区的两个按键——“删除”和“重置”，可对三个镜像结果进行有选择性的保留。

2.4.7 图素的补正

“补正”的英文为 Offset，国内市场数控行业多称之为偏置或补偿，CAD 软件也常称之为偏置或偏移，这里以使用软件管理器的名称称呼——偏移。

偏移操作分为图素偏移和串连偏移，前者针对单个图素而言，两图素拐角处会出现间隙或相交，图素偏移是基础的偏移功能。串连偏移针对选择的串连而言，一次可偏移多个图素，且可对拐角进行修改圆角处理，对自相交自动去除处理。

图 2-55 所示为“偏移图素”管理器与图例，读者可通过操作体会各项参数设置。

图 2-56 所示为“偏移串连”管理器与图例，有以下几点说明：

1）图素的“连接”和“槽”偏移方式仅能在部分串连上才能看出。

2）串连偏移参数比图素偏移更为丰富，除了基本的平面偏移外，更能进行垂直和斜向的 3D 偏移，初学者可暂时不学这些内容。

3）“修改圆角”选项用于拐角外偏移时的过渡连接处理，不勾选时按尖角处理。勾选后，“尖角”选项对于大于 135° 夹角的拐角不倒圆处理，而“全部”选项则所有拐角均倒圆处理。

4）对于偏移距离较大的某些图形，可能出现偏移结构自相交现象，勾选“寻找自相交”选项后，系统会自动搜索自相交位置，并按深度和角度所设参数进行去除自相交处理。

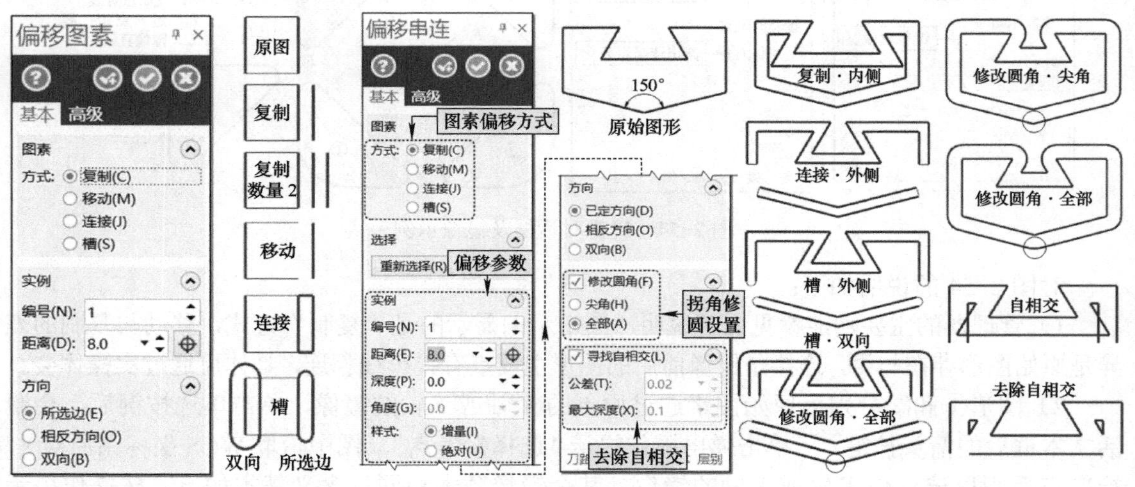

图 2-55 “偏移图素”管理器与图例　　图 2-56 “偏移串连”管理器与图例

2.4.8 图形阵列（矩形阵列与环形阵列）

“阵列”是指将已选择的图素按一定的距离、方向与数量等规律复制到指定的位置，阵列一般包括直角坐标的直角阵列与极坐标的环形阵列。

1. 直角阵列

单击“转换→布局→直角阵列”功能按键，弹出“直角”管理器和操作提示“选择图素”，选择图素并设置阵列参数等，单击“确定”按键完成直角阵列操作，如图 2-57 所示，图中上部的阵列是左侧管理器参数的阵列，下部的阵列是右侧管理器参数的阵列。

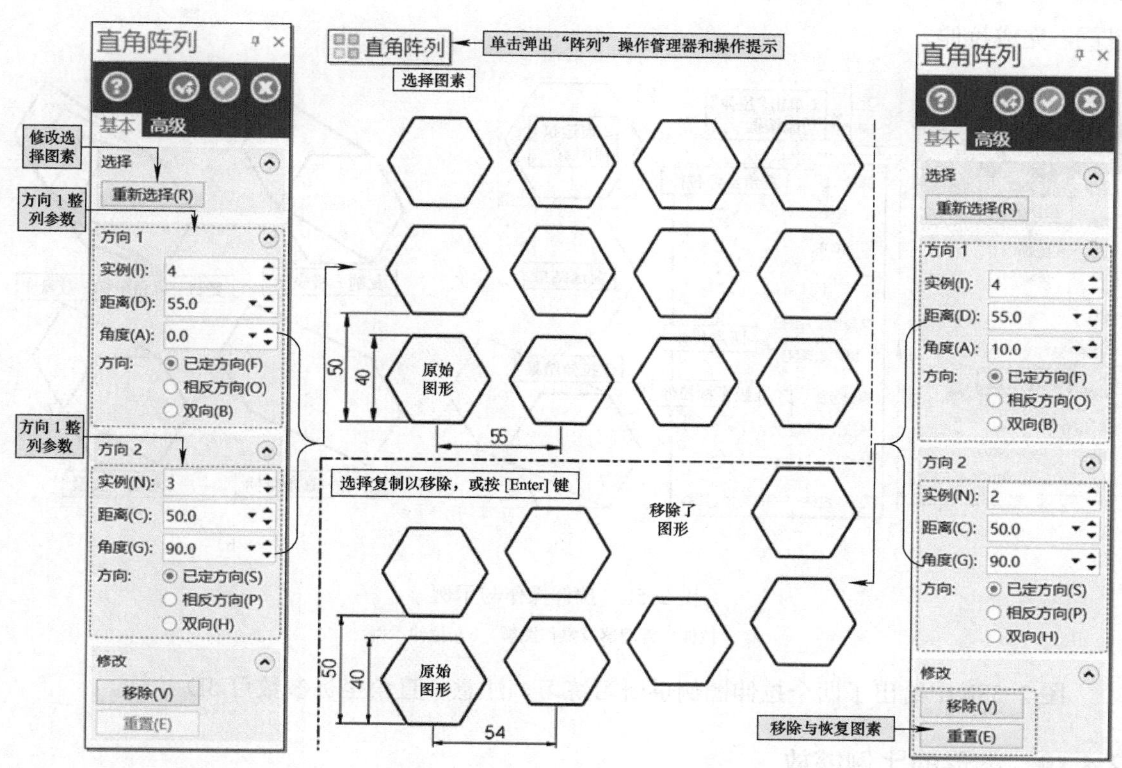

图 2-57 “直角阵列”对话框及阵列示例

在阵列结果确定前，单击修改选项区的“移除”按键 移除(V)，弹出操作提示“选择复制以移除，或按 [Enter] 键”，选择需要移除的图素，按 [Enter] 键完成移除操作。此时，若按“重置”键 重置(E) 可恢复移除的图素。

2. 环形阵列

Mastercam 中没有专门的环形阵列功能，但其旋转和动态转换均具有这个功能，具体可参阅图 2-52。

2.4.9　图形的拉伸

“拉伸”功能可对图形的部分图素移动，并对未移动图素与移动图素之间的直线图素进行类似于橡皮筋式的拉伸或缩短，实现图形的拉伸转换。拉伸操作中，图形以窗选方式进行，窗选框内的图素为移动部分，窗选框外的图素固定不动，窗选框交叉的图素为橡皮筋式的拉伸或缩短。图素移动的方式有直角坐标、极坐标、两点或直线确定的矢量拉伸三种。变换方式有“移动”与“复制”两种，并可拉伸多个变换。

图 2-58a 所示为“拉伸”管理器与某六边形直角拉伸操作图解，操作步骤如下：

1）单击“转换→尺寸→拉伸”功能按键，弹出“拉伸”管理器与操作提示“拉伸：窗选相交的图素拉伸”。

2）窗选图形右半部分，按 [Enter] 键或单击 结束选择 按键完成选择，同时激活管理器。

3）按图示管理器中的直角坐标拉伸设置参数，单击“应用”按键继续或“确定”按键，完成拉伸。

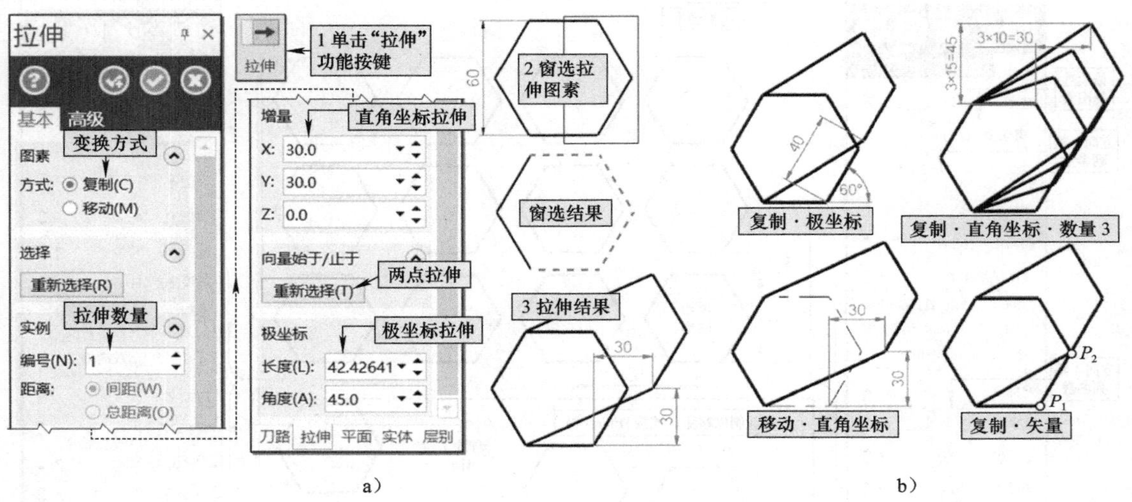

图 2-58 拉伸操作与示例

a）“拉伸”管理器及操作图解 b）拉伸示例

图 2-58b 中给出了四个拉伸图例供研习练习。注意：直角坐标参数可 3D 拉伸。

2.4.10 图形的比例缩放

“比例”缩放功能指以某一点为缩放中心，按一定的等比例或 X、Y、Z 坐标轴不等比例的规则缩放几何图形与实体。注意：X、Y、Z 不等比例缩放圆弧后图形转换为样条曲线。

图 2-59 所示为一个内切 ϕ60mm 圆的正六边形比例缩放图形示例。

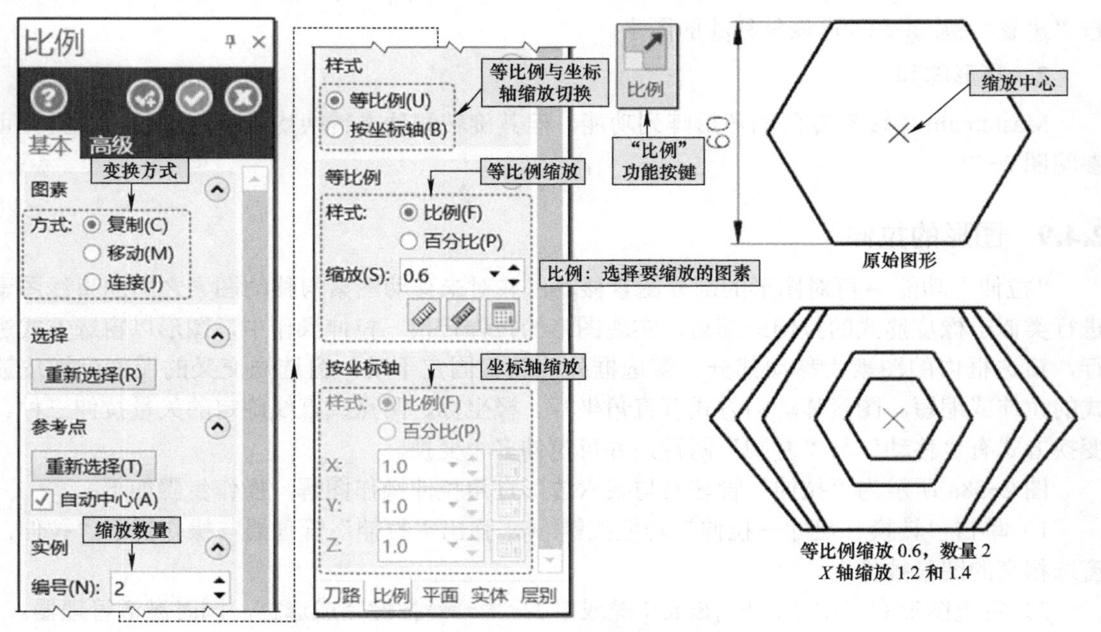

图 2-59 正六边形比例缩放图形示例

以图 2-59 为例，假设已完成六边形图形，其比例缩放操作步骤大致如下：

1）单击“转换→尺寸→比例”功能按键，弹出“比例”操作管理器和操作提示“比例：选择要缩放的图素”。

2）窗选六边形，按 [Enter] 键或单击结束选择按键完成选择，激活“比例”管理器。

3）比例缩放中间两个六角形。按图示管理器设置相关参数：图素复制，勾选“自动中心”，实例编号 2，样式等比例，比例缩放 0.6，完成内部两个缩小的六边形复制。

4）X 轴不等比例缩放。“比例”管理器参数设置：图素复制，勾选“自动中心”，实例编号 1，样式按坐标轴，X 轴比例 1.2，完成一个不等比例复制。

重复 X 轴不等比例缩放：X 轴比例 1.4，其余同上，完成另一个不等比例复制。

2.4.11　线框图素的顶层编辑

之前版本的 Mastercam 中，可使用“主页→分析→图素分析”功能选择图素，通过弹出的对话框和屏幕交互编辑图素，在 Mastercam 2022 中，可不进行对话框交互，只需双击图素激活定位球等顶层编辑图素。

图 2-60 所示为直线图素的顶层编辑。

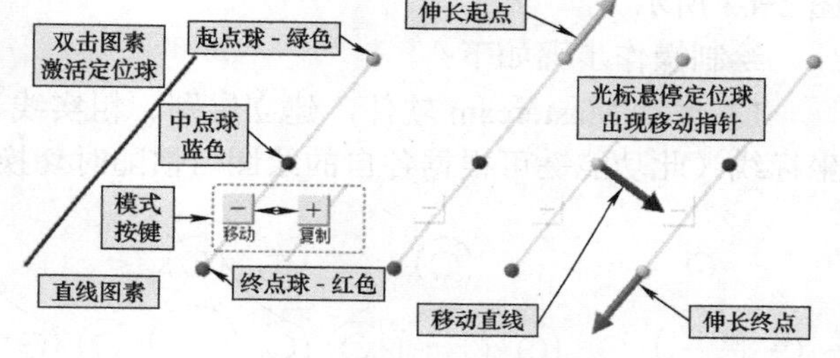

图 2-60　直线图素的顶层编辑

操作说明：

1）双击激活起点、终点和中点三个定位球。

2）单击模式按键可在移动与复制间切换。

3）光标悬停定位球会出现拖动指针，激活指针可定值精确延长 / 缩短或移动 / 复制图素。

4）光标拖动起、终点定位球可任意改变其位置。

5）光标拖动中点定位球可任意移动或复制图素。

图 2-61 所示为圆和圆弧图素顶层编辑图解。

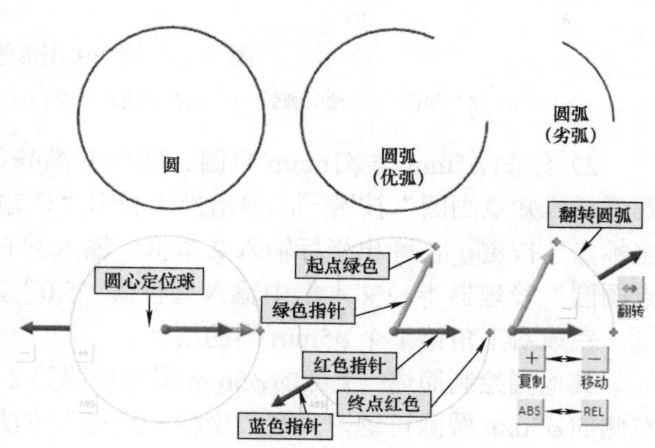

图 2-61　圆和圆弧图素的顶层编辑

操作说明：

1）双击圆或圆弧可激活红、绿、蓝色三个指针、圆心定位球和红、绿十字端点。

2）蓝色箭头编辑半径，绿 / 红色箭头编辑圆弧的起始 / 结束扫描角度。

3）光标悬停指针上出现标尺和文本框可精确编辑数值。

4）光标拖动圆心定位球可移动 / 复制圆或圆弧。

5）ABS/REL 按键，切换扫描角度值的绝对 / 相对值编辑。

6）翻转按键控制圆弧在优 / 劣圆弧间切换。

另外，双击“点”可激活顶层编辑移动或复制点；双击样条曲线可移动曲线或延长 / 缩短起、终点长度。

2.5 二维图形绘制操作示例与练习图例

本节首先给出部分典型二维图形及绘制示例，引导读者开始独立绘图，然后给出部分练习示例，供学习练习二维绘图，检测自身的掌握程度。

2.5.1 操作示例

下面以几个典型图形为例，介绍二维图形绘制操作步骤，供学习练习参考。

例 2-1：绘制图 2-62 所示的二维图形。绘制操作过程如图 2-63 所示。

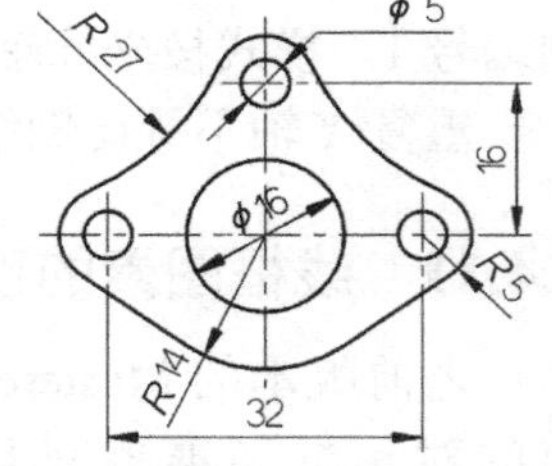

图 2-62 例 2-1 图形

绘制操作步骤如下：

1）启动 Mastercam 软件，建立层别、粗实线、细实线、点画线等。按功能键 [F9] 显示坐标线（此功能键可根据各自的绘图习惯随时切换）。

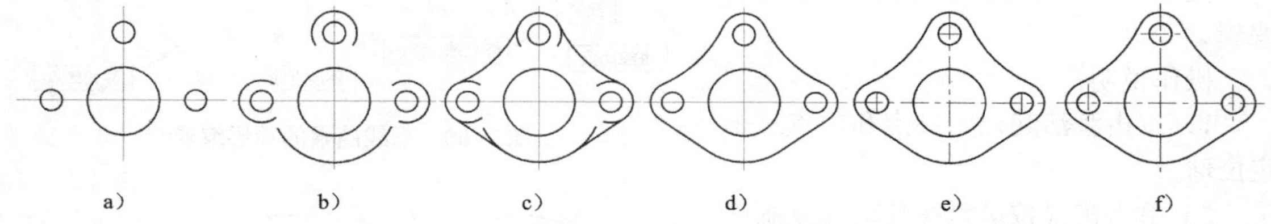

图 2-63 例 2-1 图形绘制操作过程

a）绘制整圆 b）绘制圆弧 c）绘制切线和切弧 d）修剪圆弧 e）绘制中心线 f）延伸中心线

2）绘制 ϕ5mm 与 ϕ16mm 整圆。选中并高亮显示粗实线层，设置线宽。单击“线框→圆弧→已知点画圆”按键，弹出操作提示“请输入圆心点”，单击选择工具栏上的“输入坐标点”按键，弹出坐标输入文本框，输入圆心坐标“16，0”，按 [Enter] 键，在“已知点画圆”管理器半径文本框中输入直径值“5.0”，按 [Enter] 键，单击“确定并继续”按键，完成右下角第 1 个 ϕ5mm 圆的绘制。

其他圆绘制简述：上部的 ϕ5mm 圆可参照第 2 步方法用“圆心坐标 + 直径”的方法绘制；左侧的 ϕ5mm 圆除可练习“圆心坐标 + 直径”方法绘制外，还可用转换功能选项卡中的“镜像”功能命令完成，甚至可用右侧圆“转换→位置→旋转”功能按键直接旋转出上、左部的 ϕ5mm 圆；中部的 ϕ16mm 圆可直接用捕抓“原点”确定圆心，然后输入直径绘制。结果如图 2-63a 所示。

3）绘制 R5mm 和 R14mm 圆弧。单击“线框→圆弧→已知边界点画圆▼→极坐标画弧”功能按键，弹出操作提示“请输入原心点”，捕抓右侧 ϕ5mm 圆的圆心，在极坐标画弧对话框中的半径文本框中输入半径值“5”，按 [Enter] 键，在绘图区适当位置单击输入圆弧的起始角（即起点）和终止角（即终点）完成圆弧绘制。注意：也可大致估计圆弧半径单击起始角和终止角绘制圆弧，然后在图形浅蓝色可编辑状态下，在极坐标画弧对话框中的半径文本框中输入半径值“5”，并按 [Enter] 键。

同理，绘制另外两个 *R*5mm 圆弧和 *R*14mm 圆弧，如图 2-63b 所示。

4）绘制两切线和两 *R*27mm 的切弧。单击选择工具栏上的“选择设置”按键，弹出“选择”对话框，将其设置为仅勾选“相切”设置。单击“线框→绘线→线端点”功能按键，在弹出的“线端点”管理器中设置或确认模式为“任意线”和类型“两端点”方式，分别捕抓相应圆弧绘制切线。结果如图 2-63c 所示。

单击“线框→圆弧→切弧”功能按键，在弹出的“切弧”操作管理器中设置模式为“两物体切弧”，输入半径值“27”按 [Enter] 键，按操作提示依次选择相应圆弧，并选择所需切弧。结果如图 2-63c 所示。

5）修剪圆弧。单击“线框→修剪→修剪到图素”功能按键，在弹出的“修剪到图素”操作管理器中设置模式为“修剪”，方式为“修剪三物体”，按操作提示依次修剪圆弧，修剪后的图形如图 2-63d 所示。注意：修剪方式较多，各人可按自身习惯操作。

6）绘制中心线。按 [F9] 键隐藏坐标线，选中点画线层别为当前层，设置线型和线宽，并设置高亮显示有效（单击可看到一个 × 符号）。单击“线宽→绘线→线端点”功能按键，在弹出的“线端点”管理器中设置或确认模式为“任意线”和类型“两端点”方式，依次捕抓相应的四等分点（注意：整圆的右侧四等分点用端点捕抓）绘制中心线。结果如图 2-63e 所示。

7）延伸中心线。单击“线框→修剪→修改长度”功能按键，在弹出的“修剪打断延伸”中设置模式为“修剪”，方式为“延伸”，设置延伸长度为“2”，按操作提示依次选择中心线靠近端点部分延伸中心线。结果如图 2-63f 所示。

8）标注尺寸。选中细实线层别为当前层，并设置高亮显示有效。标注过程略，结果如图 2-62 所示（这一步也可在学完第 4 章内容后练习）。

例 2-2：绘制图 2-64 所示图形。绘制操作过程图解如图 2-65 所示。

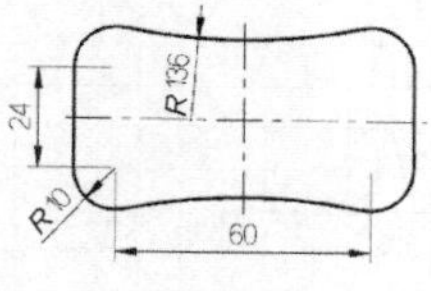

图 2-64　例 2-2 图形

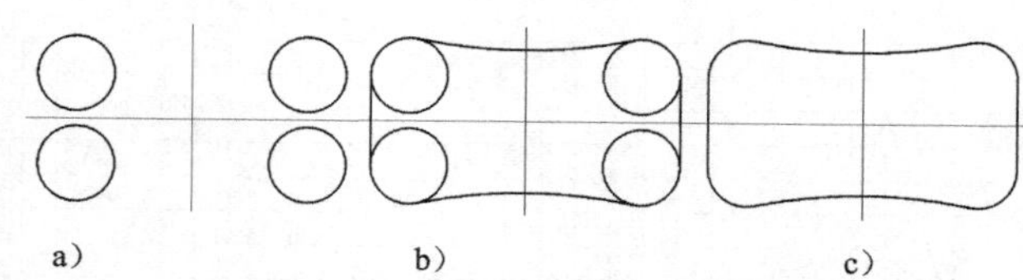

图 2-65　例 2-2 图形绘制操作过程图解

a）绘制四个角圆　b）绘制切线和切弧　c）修剪圆弧

绘制操作步骤简述如下：

1）启动 Mastercam 软件，建立层别——粗实线、细实线、点画线等。按功能键 [F9] 显示坐标线。

2）绘制四个角圆，如图 2-65a 所示。单击“线框→圆弧→已知点画圆”功能按键，启动画圆功能，用“圆心坐标 + 直径”的方法绘制右上角圆，然后用两次镜像命令绘制其他三个角圆。

3）绘制切线和切弧，如图 2-65b 所示。

4）修剪圆弧，如图 2-65c 所示。

5）绘制中心线，标注尺寸，如图 2-64 所示（这一步也可在学完第 4 章内容后练习）。

例 2-3：国旗五角星部分绘制过程，尺寸自定，但需满足国旗布局要求，如图 2-66 所示。

布局要求简述如下：长宽比为3:2（如长十五宽十等分）；大五角星中心点为上五下五左五右十处，直径六等分；四个小五角星的圆心分别为，上二下八左十右五、上四下六左十二右三、上七下三左十二右三、上九下一左十右五处，直径均为二等分，四个小五角星均必须有一个角指向大五角星圆心。

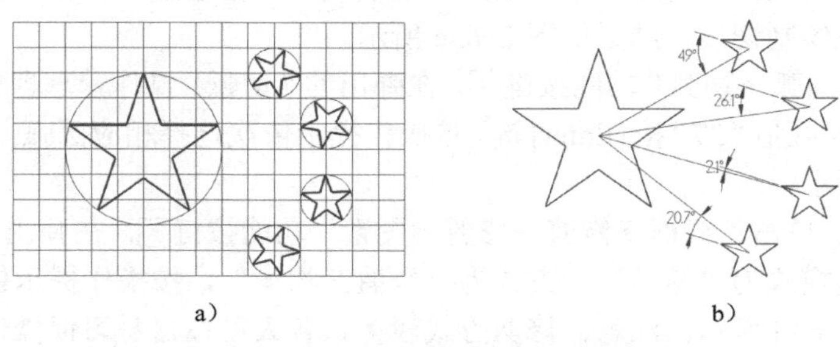

a）　　　　b）

图 2-66　国旗五角星布局示意图

a）五角星大小与布局　b）小五角星旋转角测绘

图 2-67 所示为国旗五角星布局绘制过程。

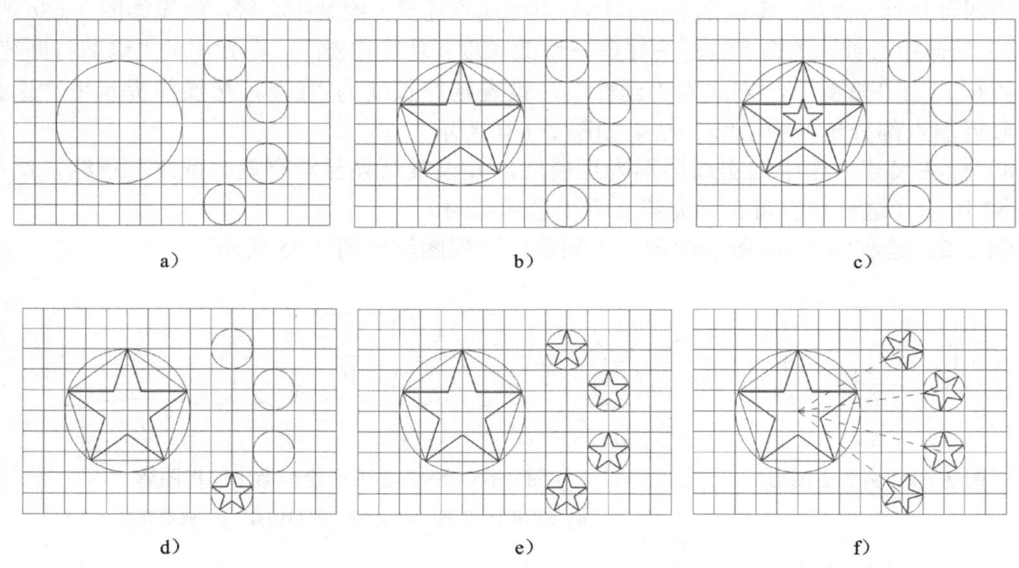

a）　　　　b）　　　　c）

d）　　　　e）　　　　f）

图 2-67　国旗五角星布局绘制过程示意图

a）绘制栅格与辅助圆　b）绘制大五角星　c）复制缩小大五角星

d）移动小五角星　e）直角阵列小五角星　f）旋转小五角星

绘制过程简述如下：

1）启动 Mastercam 软件，建立层别——粗实线、辅助线、栅格线和尺寸等。

2）绘制栅格（栅格线层别，尺寸 300mm×200mm，栅格间距 20mm）和辅助圆（辅助线层别）等，如图 2-67a 所示，绘制时可利用直线平移或阵列功能快速绘制。

3）绘制大五角星内接正五边形（辅助线层别），连续线方式隔 2 点连线绘制五角星（粗实线层别），然后修剪至如图 2-67b 所示。

4）将大五角星缩小、复制 0.33333 倍比例，获得小五角星形状，如图 2-67c 所示。

5）平移小五角星至右下角辅助圆处，如图 2-65d 所示。

6）直角阵列其余三个小五角星。“直角阵列”管理器设置为，方向 1——3 次、距离 20，方向 2——8 次、20mm，修改——单击“移除”按键 移除(V)，移除不需要复制的图形即可。结果如图 2-67e 所示。

7）按图 2-66b 所示的角度旋转各小五角星，如图 2-67f 所示。

例 2-4：国徽上五角星布局绘制过程。五角星的大小与位置如图 2-68 所示，图中尺寸供参考，注意四个五角星左右对称，其有一个角对着大的五角星中心。

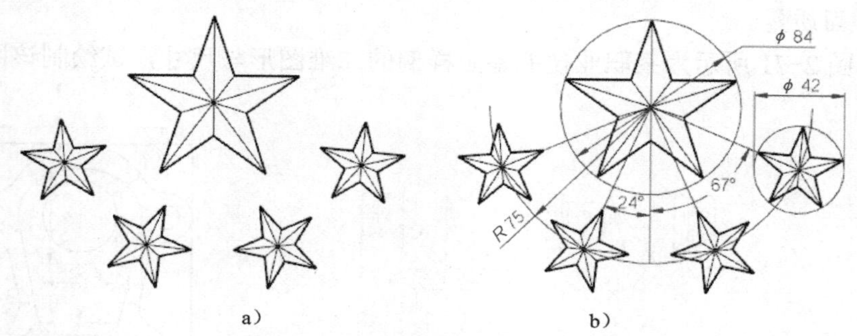

图 2-68　国徽五角星布局示意图

a）五角星布局　b）尺寸测绘

图 2-69 所示为国徽五角星布局绘制过程图示。

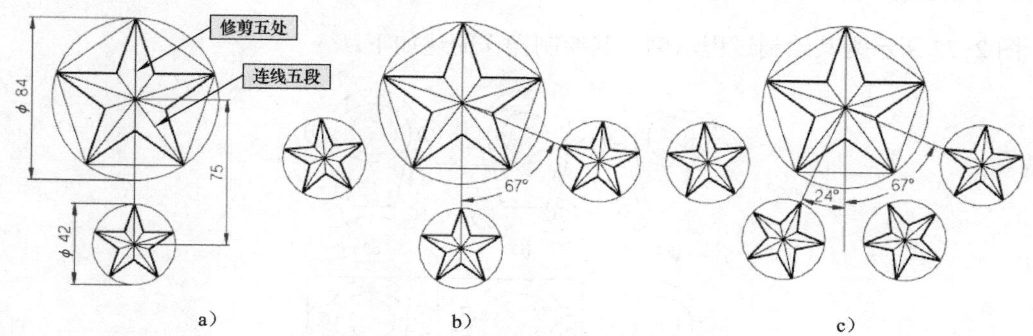

图 2-69　国徽五角星布局绘制步骤

a）绘制基础五角星　b）绘制外侧小五角星　c）绘制内侧小五角星

绘制过程（见图 2-69）简述如下：

1）启动 Mastercam 软件，建立层别—— 粗实线、辅助线、尺寸等。

2）按尺寸绘制大圆、小圆以及大圆的内接五边形（辅助线 层别），绘制大五角星（粗实线），具体是基于“线框→绘线→线端点”功能任意线连续线方式在五边形上隔点绘制五边形，然后运用“线框→修剪→分割”功能修剪中间多余线段（五处），再用“线框→绘线→线端点”功能任意线两端点方式绘制中间的五条线（五段），如图 2-69a 所示。

3）按同样方法和图示尺寸，绘制正下方小五角星。

4）选择下方小五角星，基于“转换→位置→旋转”功能，旋转复制方式绘制两外侧的五角星，旋转参数如下，采用“复制”方式，以大五角星圆心为中心点，旋转角度为 67°，旋转数量为 1，方向选“两者”，旋转结果如图 2-69b 所示。

5）继续第 4 步方法，采用“移动”方式，旋转角度为 24°，旋转下部的小五角星，旋转结果如图 2-69c 所示。

6）隐藏辅助线和尺寸线等层别，可得到如图 2-68a 所示的五角星布局图案。

例 2-5：图 2-70 所示为一个钻石图标的绘制过程，其用到的功能按键依次为，多边形（正五边形）→拉伸→比例（不等比例缩放 0.4 和 0.7）→连续线（直线）→镜像→连续线（光芒直线）→旋转→修改长度（部分光芒线延伸）等。读者可参照图形与功能按键自行尝试练习，检验自己的学习质量。

例 2-6：图 2-71 所示为某职业技能鉴定样例的二维图形与尺寸，试绘制该图样。

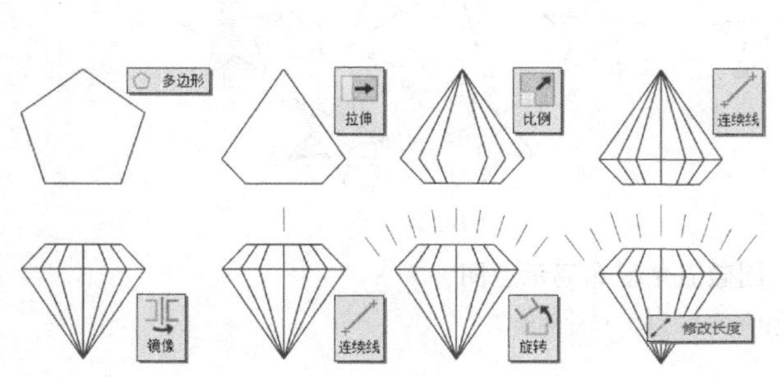

图 2-70 钻石图标的绘制过程与功能提示

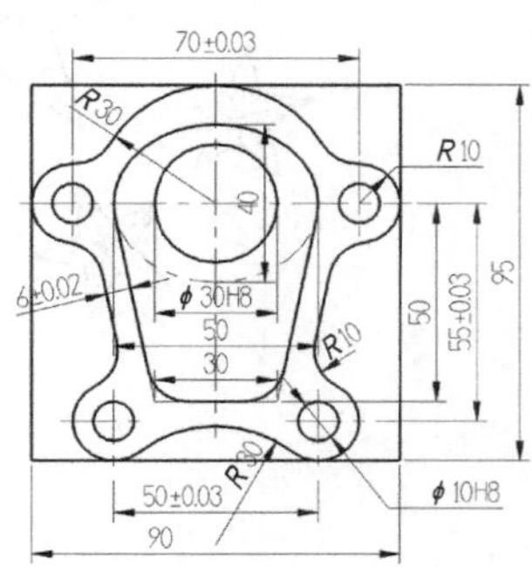

图 2-71 例 2-6 图形及尺寸

图 2-72 所示为其绘制过程示例，其绘制操作简述如下：

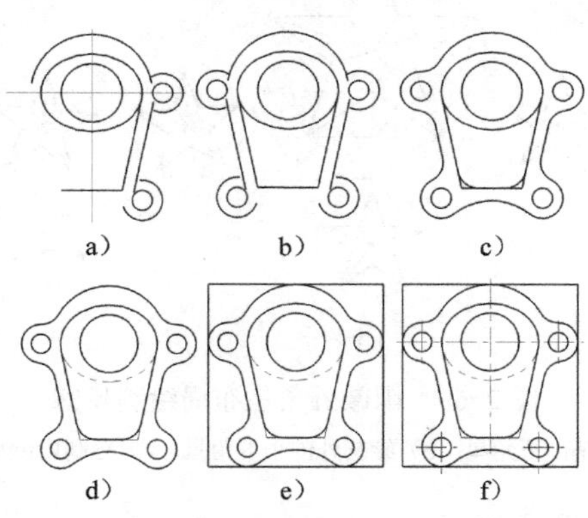

图 2-72 例 2-6 绘制过程示例

a）基本几何要素 b）镜像 c）倒圆角 d）打断 e）绘制边框 f）绘制中心线

1）启动 Mastercam 软件，按 [F9] 键显示坐标线。

2）绘制基本几何图素，如图 2-72a 所示。建立粗实线层别，以坐标系原点为圆心，绘制中上部的整圆与椭圆；“圆心坐标（35，0 和 25，−55）+ 直径（10）”绘制右侧两小圆；端点坐标（−15，−50 和 15，−50）绘制梯形下部直线；捕抓直线右端点和椭圆切点绘制梯形右侧边线，图素偏移 6mm 绘制右侧外轮廓边直线；“圆心 + 半径 + 起始角 + 终止角”极坐标绘制上、右三段圆弧。

3）镜像对称图素。再次按 [F9] 键隐藏坐标线，镜像图中对称部分，如图 2-72b 所示。

4）倒圆角，如图 2-72c 所示。包括外轮廓的四个 R10mm 修剪倒圆角，梯形底部两个 R10mm 不修剪倒圆角，下部 R30mm 不修剪倒圆角然后修剪多余圆弧。

5）打断椭圆与梯形下圆角交点并改变相关图素属性。建立双点画线和细实线层别，基于“在交点打断”功能打断梯形侧边与椭圆交点以及侧边和底边与倒圆角交点，选中椭圆下半部分，单击右键，弹出快捷菜单，单击“设置全部”按键，在弹出的“属性”对话框中设置为双点画线线型、双点画线层别和最细的线宽。同理，设置下部圆角外部的两角线（共四根线）为连续线线型、细实线层别和最细的线宽。结果如图 2-72d 所示。

6）绘制边框。常规的边框绘制是根据边框尺寸绘制直线获得的，但该图的边框特点是与前述绘制图形的外轮廓相切的矩形边框，因此，这里尝试用“线框→形状→边界框”功能按键绘制，具体操作如下：单击功能按键，弹出操作提示和“边界框”操作管理器，设置形状为立方体，尺寸为 X=90、Y=95 和 Z=0，单击“确认”按键完成边框绘制，如图 2-72e 所示。

7）绘制中心线，如图 2-72f 所示。建立点画线层别，先捕抓四等分点绘制基本的中心线，然后延伸两端点获得所需中心线。

8）标注尺寸。建立尺寸线层别，标注相关尺寸（这一步也可在学完第 4 章内容后练习），结果如图 2-71 所示。注意，Mastercam 的尺寸标注仅供参考，如不方便做直径四个孔 ϕ10H8 前的“4×”标注。

例 2-7： 图 2-73 所示为某数控车削加工零件图，试绘制数控车削自动编程所需零件轮廓。

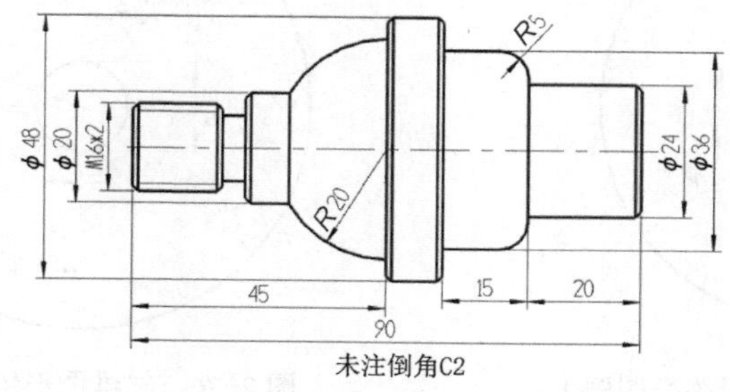

图 2-73　例 2-7 零件图

Mastercam 数控车削加工编程仅需要零件的半边轮廓线即可，如图 2-74c 所示。

图 2-74 所示零件图数控车削加工编程零件轮廓等绘制过程：

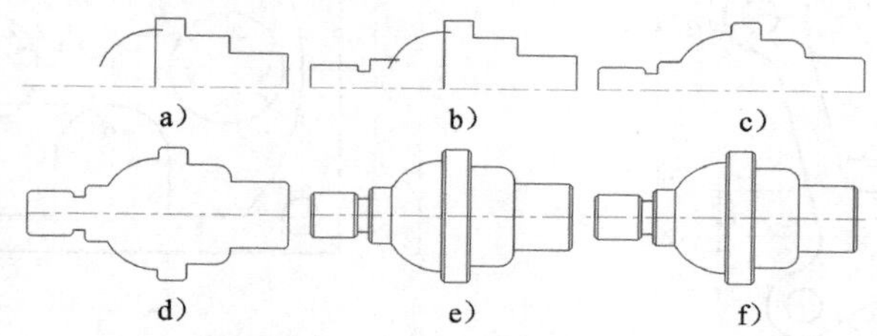

图 2-74　例 2-7 零件绘制过程示例

a）绘制圆弧　b）绘制左侧零件轮廓线　c）修剪　d）镜像　e）直线连接　f）延伸中心线

1）启动 Mastercam 软件，建立层别——粗实线、点画线等。

2）选中点画线层别，绘制长度为 90mm 的中心线，建议右端点取坐标系原点（否则，编程前要用“移动到原点”功能按键将其移动到坐标原点）。切换至粗实线层别，先应用连续任意线功能绘制右侧轮廓，然后应用极坐标画圆功能绘制 R20mm 圆弧，如图 2-74a 所示。

3）继续以线端点方式绘制左侧零件轮廓线，如图 2-74b 所示。

4）修剪圆弧端多余线，完成所需倒角与倒圆角，完成数控车削编程零件轮廓线的绘制，如图 2-74c 所示。

说明：作为数控车削编程，绘制至图 2-74c 状态或延伸中心线两端适当距离即可。下面作为学习练习，可继续图 2-74d ～ f 的绘图练习。

5）镜像上半部轮廓，如图 2-74d 所示。

6）连接中间的直线，如图 2-74e 所示。

7）延伸中心线两端适当距离，如图 2-74f 所示。

注意

第 5 ～ 7 步绘制的形状在编程前可方便地应用“范围内 + 相交”窗选方式 内+相交 快速选择而删除。

2.5.2 练习图例

图 2-75 ～图 2-82 给出部分二维图例供学习参考。

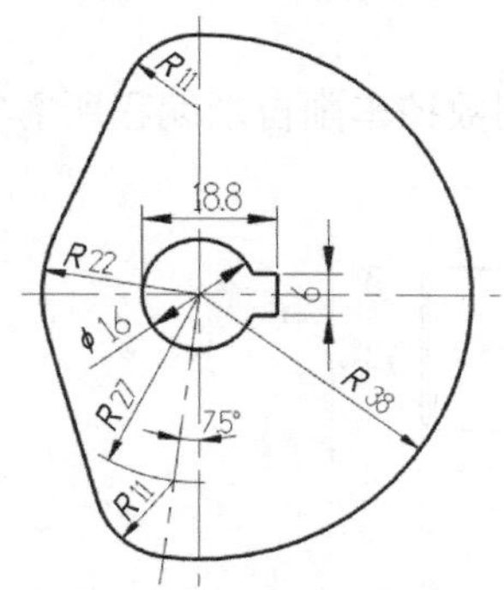

图 2-75 二维图形练习图例 1

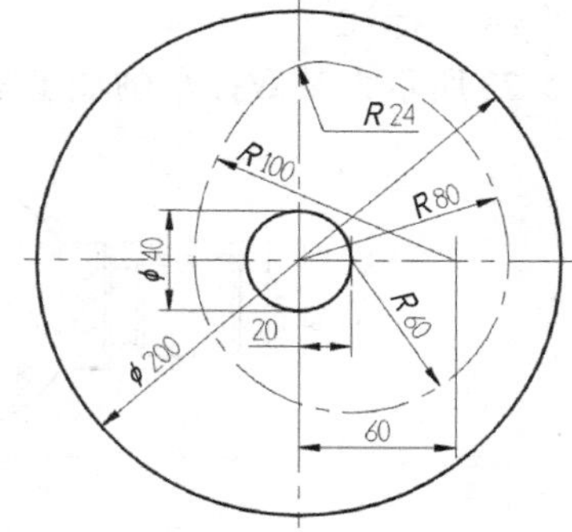

图 2-76 二维图形练习图例 2

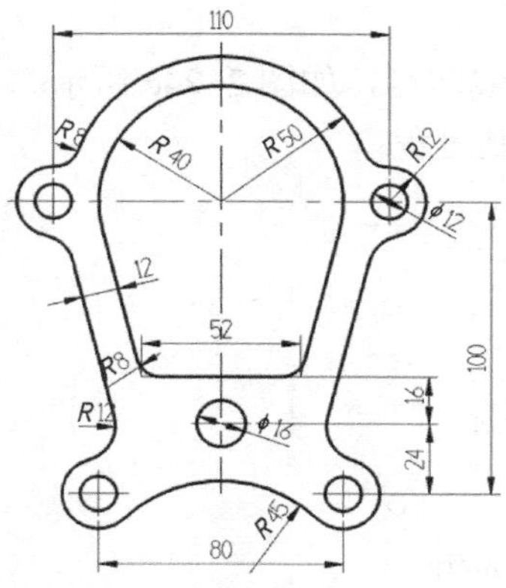

图 2-77 二维图形练习图例 3

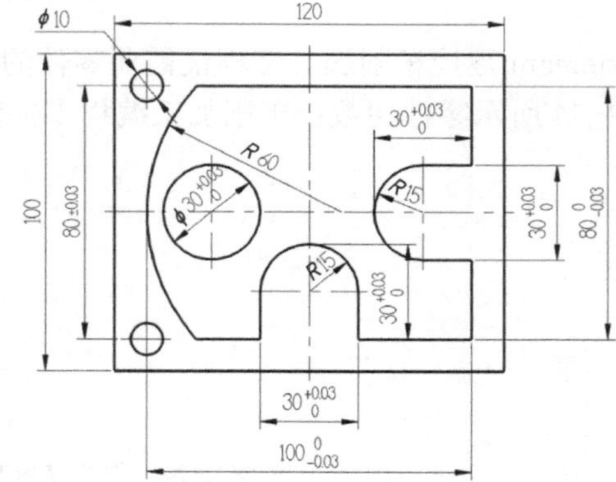

图 2-78 二维图形练习图例 4

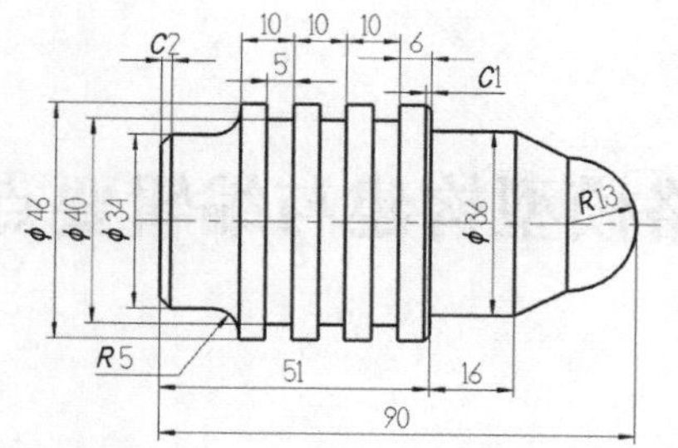

图 2-79　二维图形练习图例 5

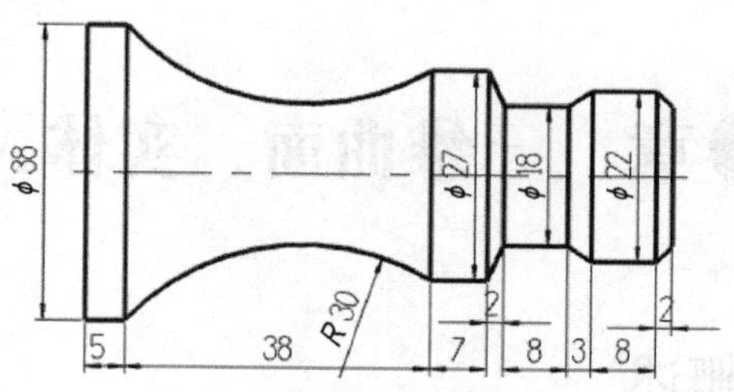

图 2-80　二维图形练习图例 6

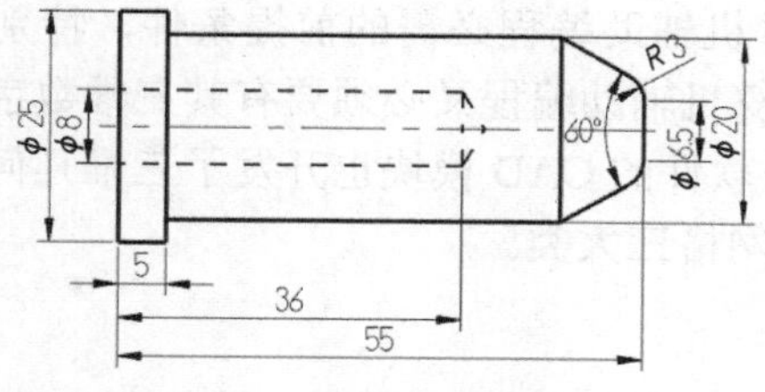

图 2-81　二维图形练习图例 7

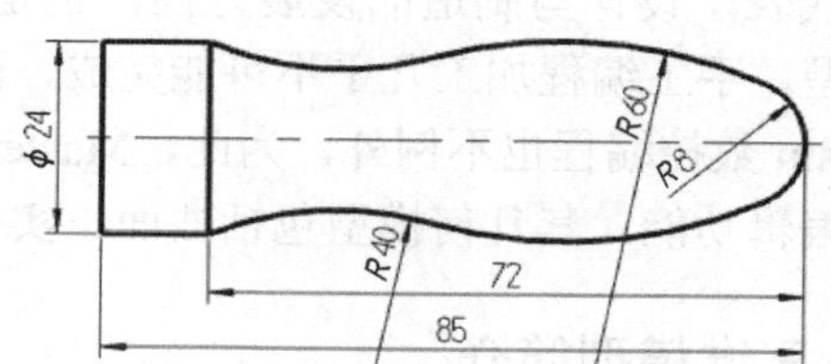

图 2-82　二维图形练习图例 8

本 章 小 结

本章主要介绍了 Mastercam 2022 软件二维绘图功能以及二维绘图过程中常用的转换功能操作，最后安排了一节操作示例与练习图例，旨在通过操作示例练习，掌握二维图形的绘制操作，而练习图例是检测读者学习该软件的掌握程度。二维绘图相对老版本的 Mastercam 软件而言，功能大部分均有，但从 Mastercam 2017 版开始，转化为了 Ribbon 风格功能区操作界面，到现今的 Mastercam 2022 版基本统一为了基于“操作管理器”设置的操作方法，对老用户而言，逐渐熟悉操作界面方法也是有必要的。当然，对于新用户，全面系统的学习与熟悉是必要的。

另外，在学习过程中会发现，随着软件版本的不断发展，智能化程度越来越高，以二维绘图为例，任何时候，只要选择一个线性图素，视窗上部的功能选项区就会临时弹出一个“线框选择→工具”选项卡，其中优化集成了其他功能选项卡中绘制二维图形常用的功能分区与功能按键，避免了切换其他功能选项卡的烦琐。实际上，后续曲面、实体、网格、标注等操作时，也会有类似的“……→工具”选项卡临时弹出，读者可逐渐体会其智能化优点。

第3章 三维曲面、实体、网格模型构建与编辑要点

3.1 概述

三维几何模型是CAD/CAM技术的重要内容之一，其改变了传统二维投影视图的表达方式，代表了设计与制造的发展方向，也是计算机辅助编程必需的前提条件，特别是三维几何模型，手工编程加工几乎不可能完成，而计算机辅助编程又必须要有其三维数字模型，Mastercam数控编程也不例外，为此，Mastercam软件的CAD模块也开发了三维几何模型的建模与编辑功能，其几何模型包括曲面、实体与网格三大类。

3.1.1 三维模型简介

三维模型是三维实体零件的数字化表述，与传统工程三视图二维投影图形描述三维实体有着本质的区别，其包含了三维实体的完整信息，数控加工自动编程时，可通过编程系统自动提取加工表面几何信息，然后按一定的规则生成刀具轨迹等，并最终后处理为相应的数控加工代码。因此，三维模型是数控加工自动编程的基础，几乎所有的数控加工编程软件均具有三维模型建模功能。

Mastercam三维模型的数字化表述常见的有三维曲面与实体两种主要方式，Mastercam 2022版增加了网格模型。作为三维实体的建模过程，其相应的编辑功能是必须具备的，Mastercam 2022的三维实体建模功能主要集中在“曲面、实体与网格”功能选项卡中，其中的修剪功能可认为是曲面与实体的编辑功能。而“模型准备”和“转换”功能选项卡也是三维模型建模与编辑常用的手段。

3.1.2 三维模型造型基础

三维几何模型与二维模型的差异是增加了一维空间，二维模型表述的图形一般在一个平面中，这在三维造型中称之为绘图平面，三维造型是在二维图形的基础上增加了一维——构图深度，该维坐标轴的方向是垂直于构图平面的。这些概念在第1章关于平面管理器中亦谈到，这里将更为系统地讲解。

绘图平面的两垂直坐标轴加上与之垂直的构图深度坐标轴构成了三维模型造型的笛卡儿直角坐标系。

1. 绘图平面

绘图平面（又称构图平面）是为简化或规范三维模型的构建而提出的一个概念，也是构图深度概念的参照。选中的绘图平面是当前用户使用的构图平面，在其上可依据前述二维图形绘制的方法构建三维模型的截面、投影线框或平面等。

绘图平面的选择除可在“平面”管理器中操作外（参见1.2.4相关内容），还可在下部状态栏中单击“绘图平面”字样弹出的绘图平面菜单中设置，如图3-1所示。

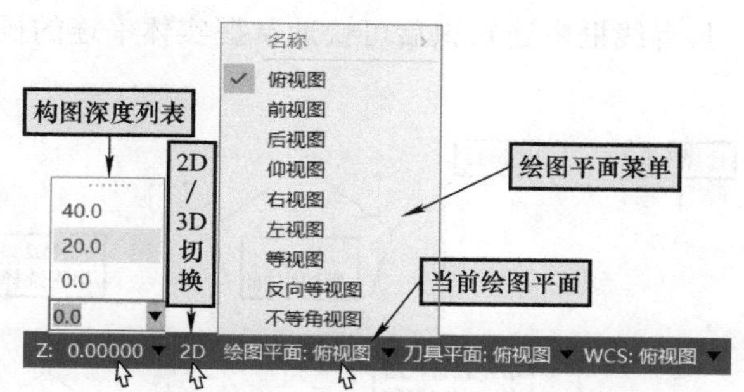

图 3-1　绘图平面、构图深度和 2D/3D 切换操作

2．构图深度

构图深度的概念在 1.2.4 节中亦谈到，构图深度是三维线框图以及三维曲面与实体等构建常用的参数。构图深度除可在状态栏中设置，还可在“主页”功能选项卡和快捷菜单的“图素属性”工具栏中设置，如图 3-2 所示。

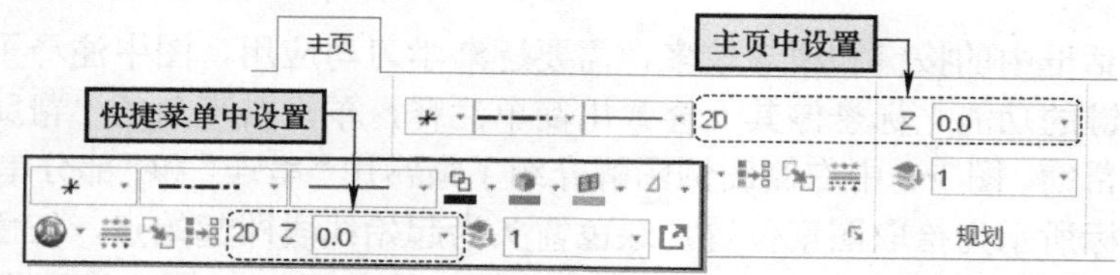

图 3-2 “主页”功能选项卡和“图素属性”工具栏中的构图深度设置

构图深度的设置方法基本相同，以图 3-1 为例，单击状态栏中构图深度右侧的深度数值，弹出构图深度文本框，可在其中输入深度值，也可单击右侧的下拉列表按键▼，会弹出最近使用过的深度值列表，可用光标点取选择。用的更多的是单击深度字母“Z”，在图样中选择一点定义构图深度。

3．2D/3D 绘图模式切换

2D/3D 绘图模式是两种绘图模式，单击其可相互切换。

在 3D 模式下，若用输入坐标点方式，则只需输入构图平面内的 X、Y 坐标值，Z 坐标由构图深度确定。若同时输入 X、Y、Z 三个坐标值，则直接指定了空间点。若用捕抓方式确定点，则捕抓点不受构图深度的影响。而在 2D 模式下，不管捕抓点的 Z 坐标是否等于构图深度 Z 值，均以构图深度 Z 值作为 Z 坐标，因此，实际若需要在构图平面中绘制二维图形，则在设定构图深度后，一般将其切换为 2D 模式绘图。

另外，在三维模型设计中，第 1 章介绍图形的外观设置、屏幕视图等也是经常用到的操作。还有，2.4 节中介绍的“转换”功能同样适用于三维模型。

4．线框串连对话框

串连是选择和连接几何图形的过程或是选择为一个整体的首尾相连的线段，在实体、曲面创建以及加工轮廓选择等中常用，多段线性图素串连时包括串连图素、起始点和结束点、方向等属性，其与图素选择的位置有关，也可在串连对话框中编辑。图 3-3 所示为“线框串连”对话框及图例，图中激活的是“线框”模式，“实体”模式多用于加工编程实体模型的操作等，其可直接在实体模型上选择串连，虽然功能按键略有差异，但串连选择的目的和概念基本相同，具有线框串连知识后可快速掌握实体串连的操作，此处仅讨论线框模式。

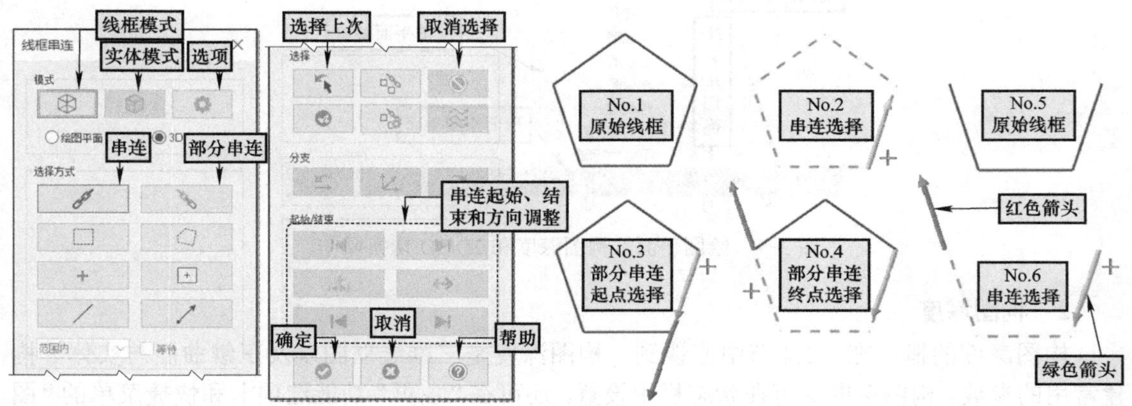

图 3-3 “线框串连”对话框及图例

线框串连对话框中的按键和概念较多，需要逐渐学习与应用，图中注释了的按键较为常用，对于未尽按键的功能光标悬停其上会弹出简单注释，单击右下角的“帮助”按键会弹出较为详尽的英文帮助。图 3-3 中右侧图例图解介绍了最常用“串连”和“部分串连”按键应用，图 3-3 中十字光标所示为拾取图素位置，绿色箭头为起始线段即起始点，红色箭头为结束线段结束点，箭头的方向为串连方向。No.1 图为封闭多边形；No.2 图为串连选择方式拾取串连；No.3 和 No.4 为部分串连方式分别选择起始和结束线素得到的部分串连，注意图示的选择位置；部分串连方式选择是需要两步完成的，若线框本身不封闭，则可用串连方式一次性选择，如图 No.5 和 No.6 所示。

3.2 三维曲面设计

3.2.1 三维曲面功能选项卡简介

单击“曲面”标签，进入“曲面”功能选项卡，如图 3-4 所示，包含有基本曲面、创建、修剪、流线和法向五个功能区，其中，修剪功能区中还有四个下拉菜单功能按键。

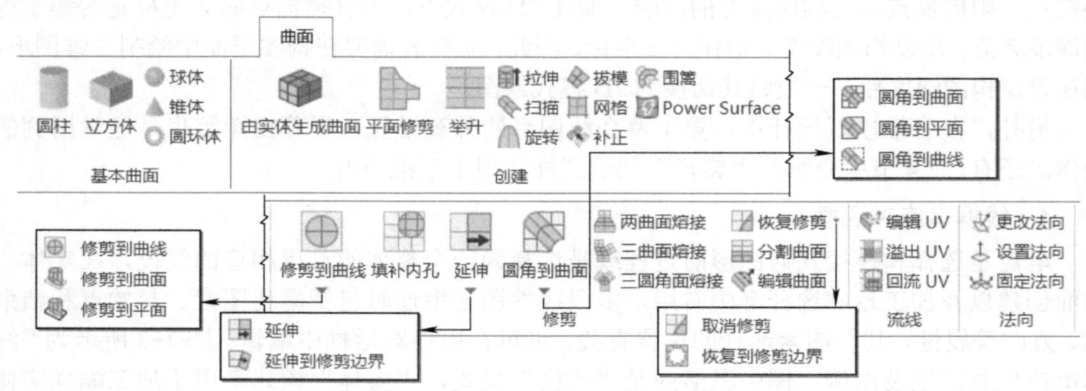

图 3-4 “曲面”功能选项卡

3.2.2 基本曲面的创建

在“曲面→基本曲面”功能区中包含五个功能按键——圆柱、立方体、球体、锥体和圆环体。基本曲面是典型曲面，系统预定义了基本曲面几何参数快速创建功能。

单击“曲面→基本曲面→圆柱”功能按键，会弹出操作提示与“基本 圆柱体”管理器，如图 3-5 所示，按照操作提示操作，在管理器中设置预定参数，可得到所需圆柱曲面。图中可见管理器还有一个“高级”标签，其设置较简单，图中未示出。

图示管理器参数第一项图素类型有“实体”“曲面”和“网格”三个单选项，由于是曲面按键激活的管理器，因此默认选项是曲面。后续学习时可见到基本圆柱体的实体、曲面和网格模型的参数设置是相同的，只是得到的图素类型不同，其与实体或网格功能按键激活的管理器默认图素类型是对应的。关于“轴向”选项中，还有一项“向量”选项与选择按键，激活“向量”单选按键后，可选择直线或两点确定圆柱体坐标轴。

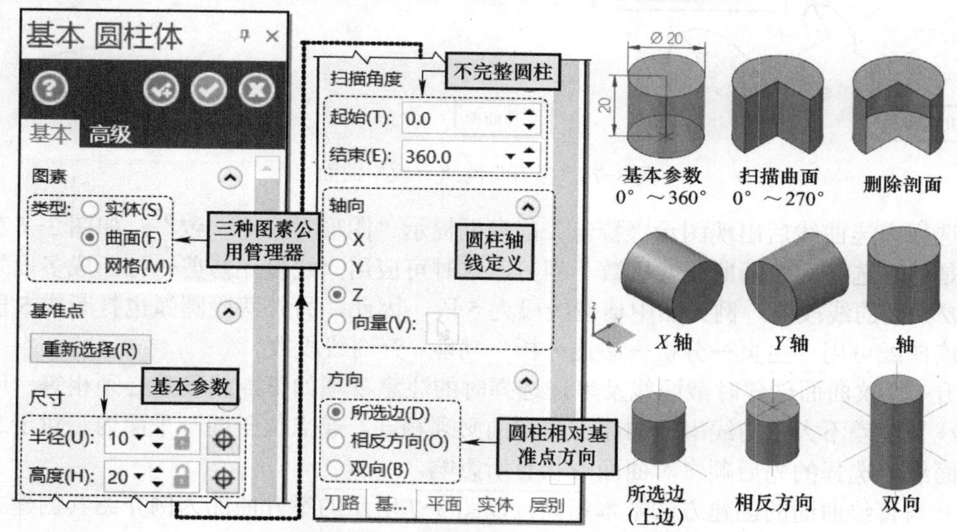

图 3-5 “基本 圆柱体”管理器与示例

其他基本曲面的绘制方法类似，读者可参照操作提示与对话框设置尝试，图 3-6 所示给出了部分立方体、球体、锥体和圆环体曲面创建示例供参考。

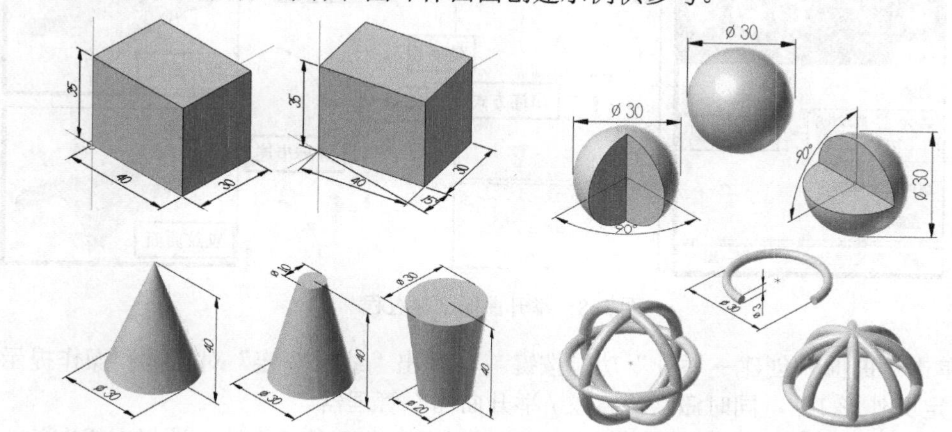

图 3-6 部分立方体、球体、锥体和圆环体曲面示例

3.2.3 常见曲面的创建

仅仅依靠以上基本曲面的创建，还不足以满足实际需求，为此，系统还提供了其他曲面的创建方法，主要集中在“曲面→创建”功能区，参见图 3-4。

1．举升 / 直纹曲面

“举升 / 直纹”曲面是将指定两个或两个以上的截面曲线，按选择的先后顺序和一定规则拟合生成的平滑熔接曲面。若两两相邻曲线之间创建的曲面平滑熔接为一个完整的曲面则为举升曲面，否则为直纹曲面，如图 3-7 所示。

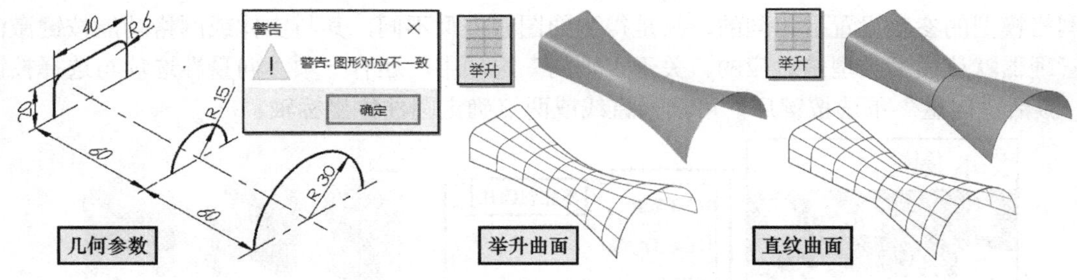

图 3-7 “举升”与“直纹”曲面

若选择串连曲线后出现图示“警告”信息框提示“图形对应不一致”，如图 3-7 左图所示，则是提示选择的截面曲线线段数不相等，这时可应用“线段→修剪→打断成多段”命令打断成相同的线段数，例如图中槽型线段为 5 段，因此，另外两段圆弧也打断成 5 段。注意：串连曲线可用“主页→分析→串连分析”功能查询线段数。

举升 / 直纹曲面创建时截面线及串连选择时的注意事项如下：线段数必须相等，同一截面线内线长度差不大，曲线串连的起点与方向必须相同，起点位于同一平面内，对于二段以上的截面线，选择的先后顺序对曲面形状有所影响。

举升与直纹曲面的创建方法基本相同，以图 3-7 所示的举升曲面为例介绍其创建方法，创建过程如图 3-8 所示。

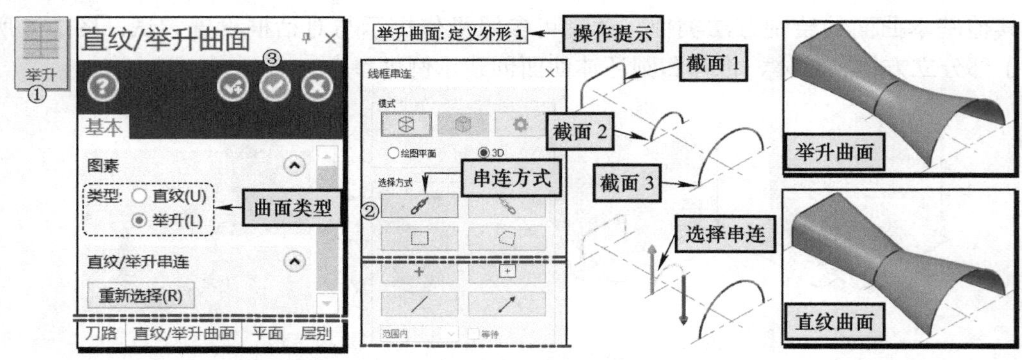

图 3-8 举升曲面创建过程

1）单击“曲面→创建→举升”功能按键，弹出“线框串连”对话框和操作提示“举升曲面：定义外形 1”，同时激活“直纹 / 举升曲面”管理器。

2）确认图素类型为“举升”单选项有效（默认的），确认“串连”选择方式有效，按操作提示依次选择大、小圆弧和槽线截面，单击“确认”按键完成截面曲线选择。注意串连的方向与起点必须相同。注意：若管理器的图素类型选择为“直纹”，则结果如图右下角所示。

3）单击“确定”按键，生成举升曲面，如图右上角所示。

注意

举升 / 直纹曲面创建时截面线串连选择时的顺序、方向与起点等对曲面的生成有很大的影响。以下给出几例供学习参考。

图 3-9 所示为某举升 / 直纹曲面示例。图 3-9 ①为截面曲线几何参数，由于圆的起点默认为右象限点，因此上方框右侧直线必须中点打断，考虑线段长度差问题，另外三个直线也中点打断，因此线段总数为 12 段；为保证截面线段数相等，下面的两个圆也打断为 12 段。结果分析如下：序号③和⑥分别为举升曲面的着色与线框显示，序号⑤和序号⑦为起点不一致造成的曲面扭曲现象，序号④为直纹曲面中部显示曲面边框，表示上、下两个曲面没有熔接平滑过渡。

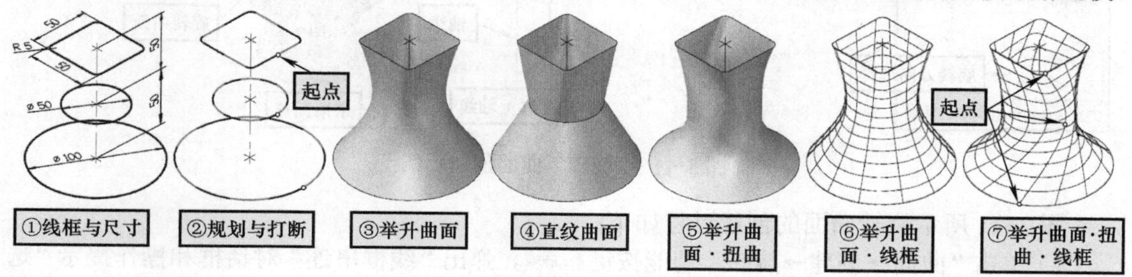

图 3-9　举升 / 直纹曲面示例

图 3-10 所示为三个举升 / 直纹曲面图例，供学习时参考。

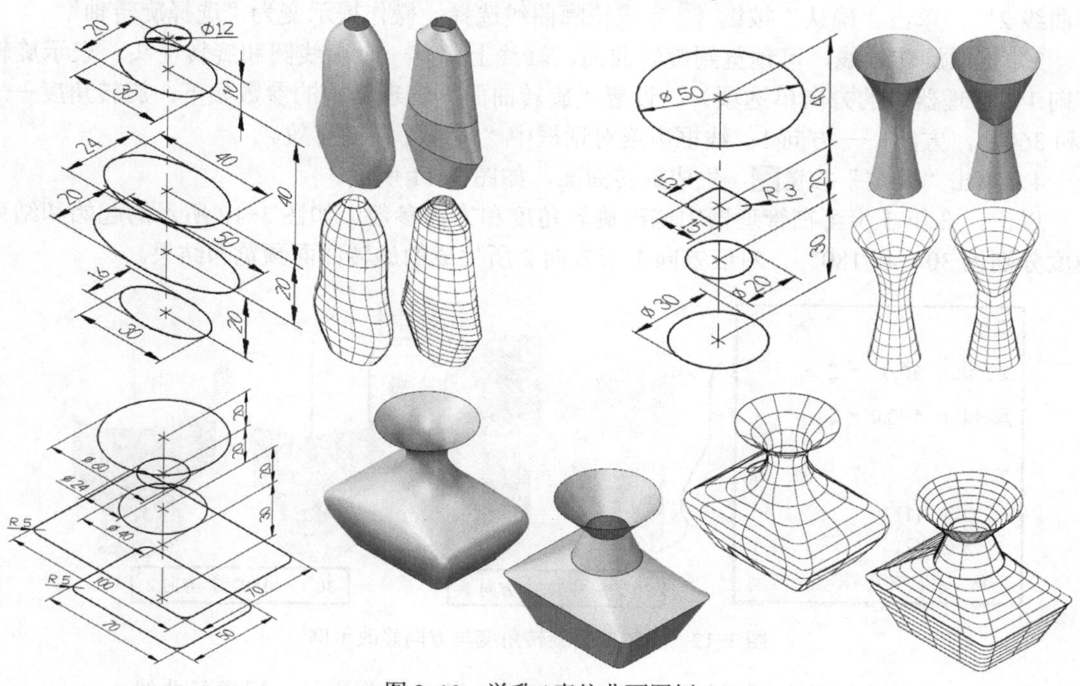

图 3-10　举升 / 直纹曲面图例

2. 曲面旋转

“旋转”曲面指将选择的串连轮廓线绕指定的轴线旋转一定的角度生成的曲面，如图 3-11 所示。

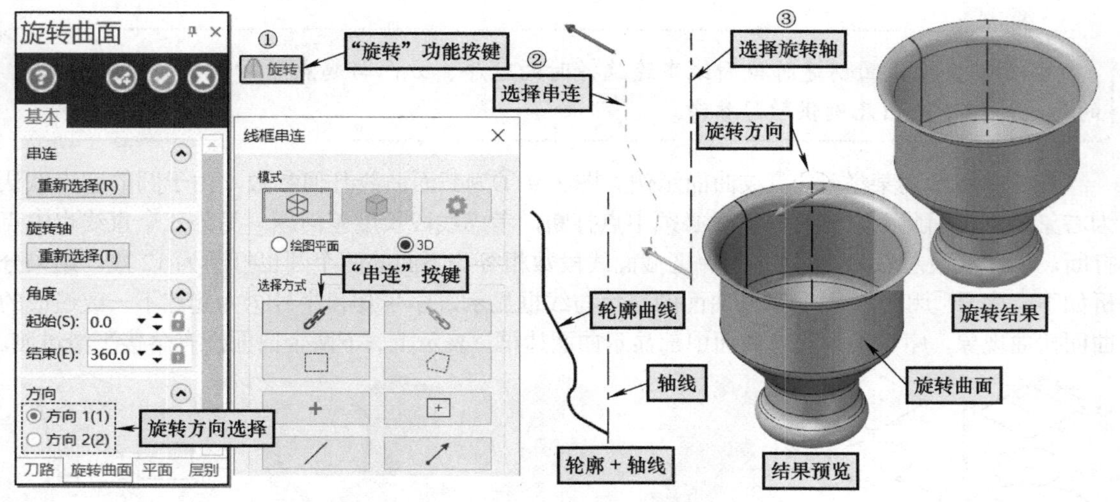

图 3-11 “旋转”曲面创建示例

图 3-11 所示旋转曲面的创建过程如下：

1）单击“曲面→创建→旋转”功能按键，弹出“线框串连”对话框和操作提示“选择轮廓曲线 1”，同时弹出“旋转曲面”管理器。

2）拾取旋转轮廓曲线下部位置选择串连曲线，如图所示，同时操作提示变为“选择轮廓曲线 2”，单击“确认”按键完成轮廓曲线选择。操作提示变为“选择旋转轴”。

3）拾取旋转轴线，可预览到旋转曲面，轴线上部有一个虚线圆和旋转箭头，表示旋转方向 1（管理器中的方向单选项）。设置“旋转曲面”管理器中的参数如下：旋转角度——0 和 360°，方向——方向 1；线框串连对话框中“串连”按键有效。

4）单击“确定”按键，生成旋转曲面，如图 3-11 所示。

以上，在第 3 步可在管理器中修改旋转角度和方向参数，如图 3-12 所示的起始和结束角度分别为 30° 和 180°，对应方向 1 或方向 2 所生成的旋转曲面预览和结果。

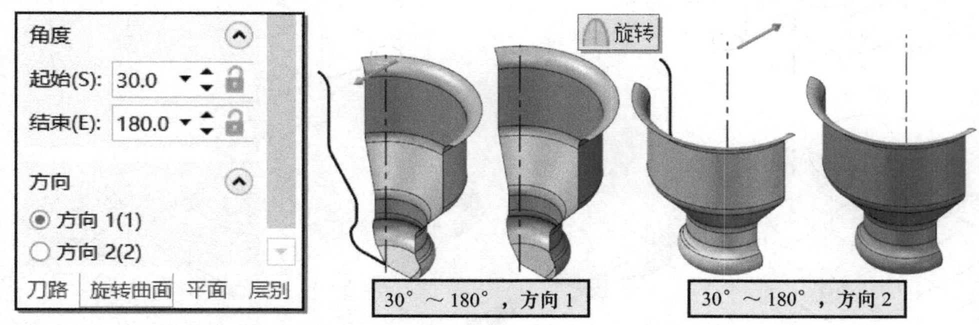

图 3-12 旋转曲面旋转角度与方向修改示例

图 3-13 所示为旋转曲面图例，供学习时参考，其轮廓曲线是一根样条曲线。

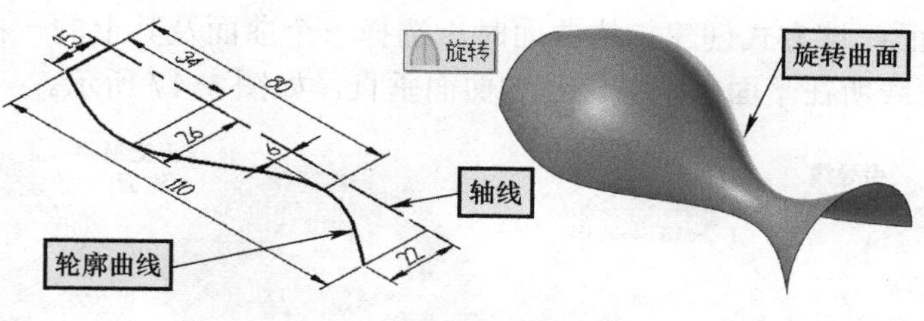

图 3-13　旋转曲面图例

3．曲面扫描

“扫描”曲面指将截面曲线沿引导线平移扫略所生成的曲面。扫描曲面有三种生成方式：一条截面曲线＋一条引导线，两条（或多条）截面曲线＋一条引导线，一条截面曲线＋两条引导线。其中，截面线一般为平面曲线，而引导线可为二维平面或三维空间曲线。

扫描操作图形转换方式有四种（参见图 3-20 的“扫描曲面”管理器）：

1）旋转：该方式创建扫描曲面时，截面曲线沿引导线扫描时方位随引导线变化，并出现旋转与扭曲变化。由于旋转的作用，所获得扫描曲面的截面始终为截面形状（例图示为圆截面）。

若引导线是平面曲线，则仅出现旋转变化，即截面曲线平面与引导线保持垂直，如图 3-14 所示。

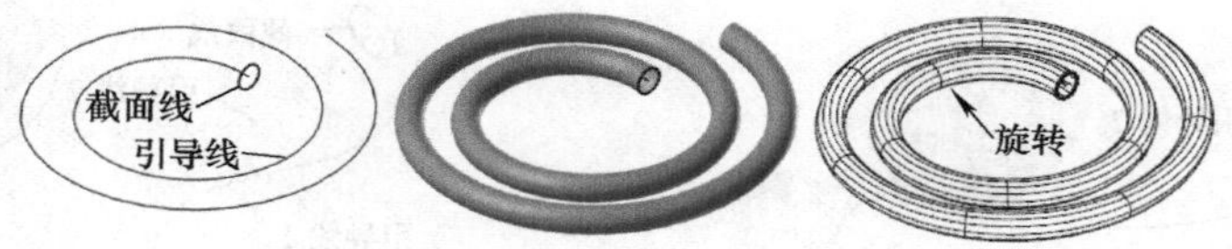

图 3-14　平面引导线旋转方式扫描曲面

若引导线是三维空间曲线，则不仅会出现旋转变化，且截面曲线还会出现扭曲变形，如图 3-15 所示。当出现扭曲变化时，可勾选“依照平面”选项后，在“平面”管理器中选择适当的绘图平面以避免扭曲变形。

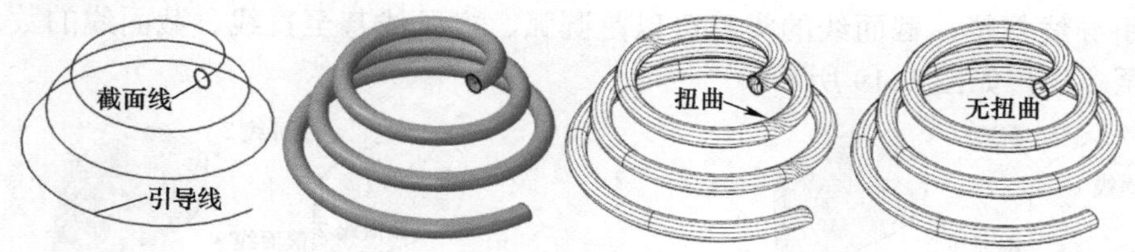

图 3-15　三维引导线旋转方式扫描曲面

2）转换：该方式创建扫描曲面时，截面曲线沿引导线扫描过程中方位固定，不出现旋转和扭曲变化，即截面曲线仅做平移运动，如图 3-16 所示，圆管出现了截面变形的情况。

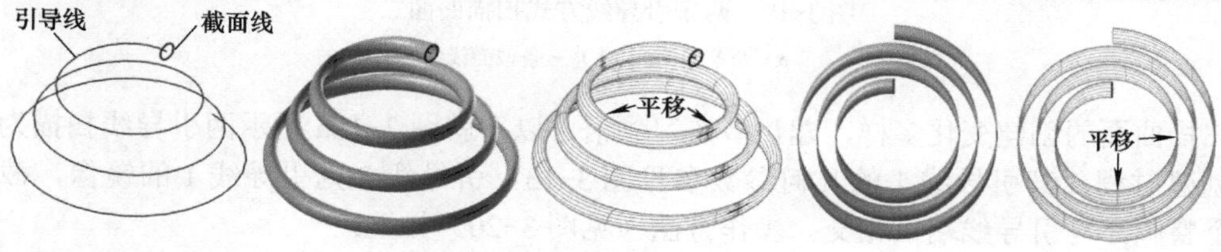

图 3-16　转换方式扫描曲面

3）正交到曲面：该方式创建扫描曲面时，选择一个曲面及其上的一根轮廓引导线，扫描过程中截面轮廓线所在平面保持与该已知曲面垂直，如图 3-17 所示。

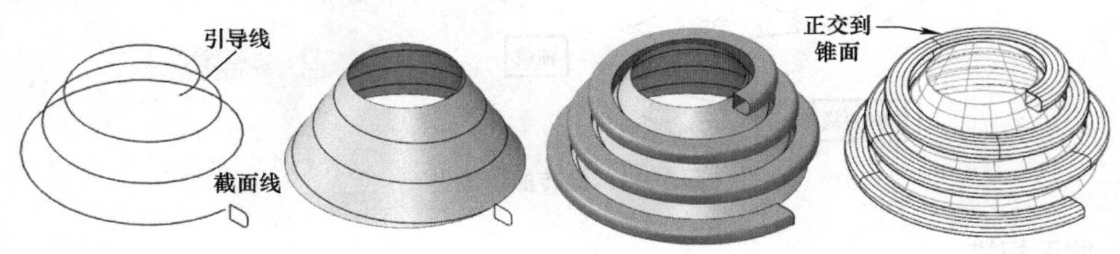

图 3-17　正交到曲面方式扫描曲面

4）两条引导线：以该方式创建扫描曲面时，使用两条引导曲线控制一条截面曲线扫描生成曲面。

若截面线与引导线的端点相交，则扫描过程中截面线将始终与引导线保持接触，如图 3-18a 所示。

若截面线与引导线的端点不相交，则扫描过程中不能与引导线保持接触，只能引导截面曲线扫描的规律，如图 3-18b 所示。

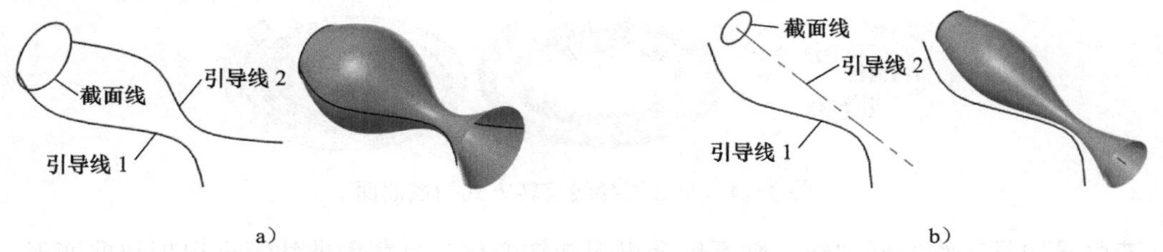

图 3-18　两条引导线方式扫描曲面一

a）截面线与引导线端点相交　b）截面线与引导线端点不相交

两条引导线扫描，截面线的类型可以是圆弧、多段线甚至直线。截面线的数量也可以是两条甚至多条，如图 3-19 所示。

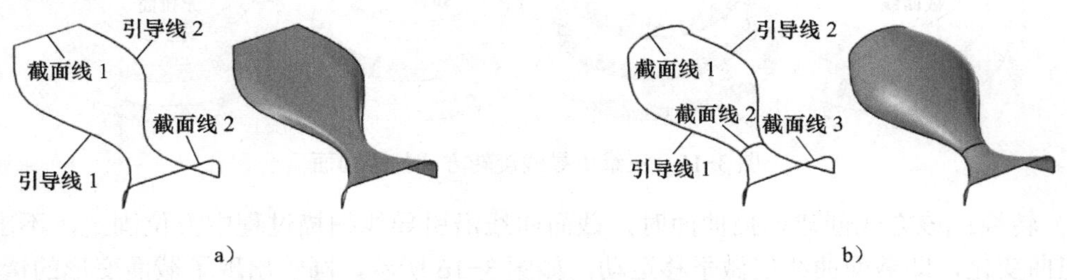

图 3-19　两条引导线方式扫描曲面二

a）两条截面线　b）三条截面线

扫描曲面的创建变化多样，建议多研习领悟。以下就图 3-18a 所示两引导线扫描为例介绍其创建过程，其引导线 1 的几何参数参见图 3-13，引导线 2 为引导线 1 的镜像，截面线为一个整圆，与引导线端点相交。操作方法（见图 3-20）如下：

1）单击“曲面→创建→扫描”功能按键扫描，弹出“线框串连”对话框和操作提示“扫描曲面：定义 截面外形”，同时激活“扫描曲面”管理器。

2）光标拾取截面线，可见到串连箭头。单击“线框串连”对话框的“确认”按键，完成截面线选择。操作提示转为“扫描曲面：定义 引导方向的外形”。

3）在“线框串连”对话框中单击“单体”按键，光标拾取引导线 1 靠近截面线处，确保引导线串连的方向向外。此时操作提示转为“扫描曲面：定义 引导方向串连 2”。

4）在单体方式下继续拾取引导线 2 靠近截面线处，选择引导线 2。

5）单击“线框串连”对话框的“确认”按键，完成引导线的选择，可预览扫描曲面，单击管理器的“确定”按键，生成扫描曲面。

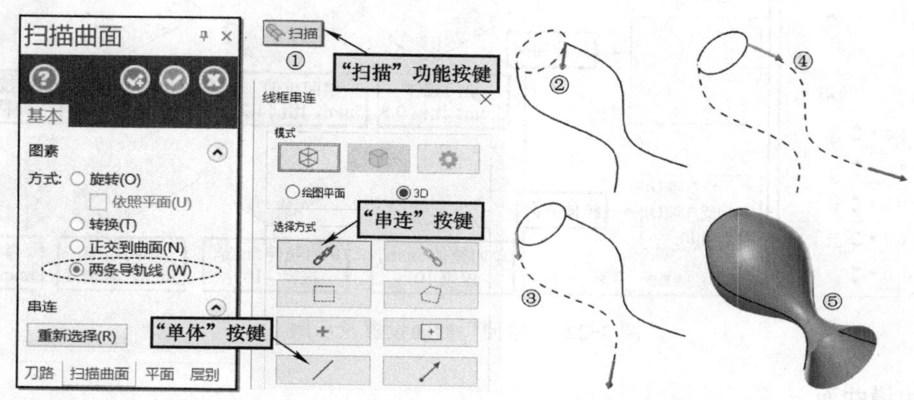

图 3-20 “两条导轨线”方式创建扫描曲面操作示例

图 3-21 所示为两个扫描曲面图例，供研习时参考。

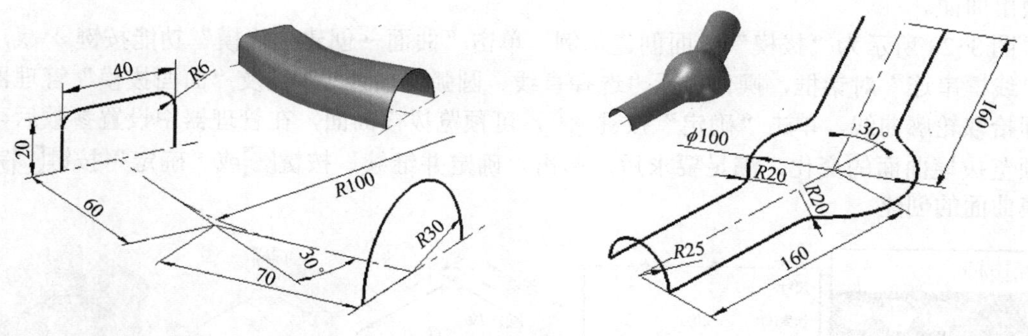

图 3-21　扫描曲面图例

4．拉伸曲面

“拉伸”曲面是指将一个封闭的外形轮廓拉伸出一个封闭的外轮廓表面曲面模型。

单击“曲面→创建→拉伸”功能按键，弹出“线框串连”对话框、操作提示“选择由直线及圆弧构成的串连，或封闭曲线 1”，以及“拉伸曲面”管理器，光标拾取封闭轮廓曲线，可预览到拉伸曲面，在管理器中设置参数后可看到预览拉伸曲面的变化，满足要求后，单击“确定并继续”按键可继续拉伸操作，单击“确定”按键完成拉伸曲面的创建，如图 3-22 所示。

图 3-22 为“拉伸”曲面设置及示例。其中，串连和基准点的“重新选择”按键重新选择(R)

用于图形预览状态下的重新编辑，一般不用。其他参数修改时预览图形会即刻更新，直至满足要求为止，图中未示出向量为轴的图解。

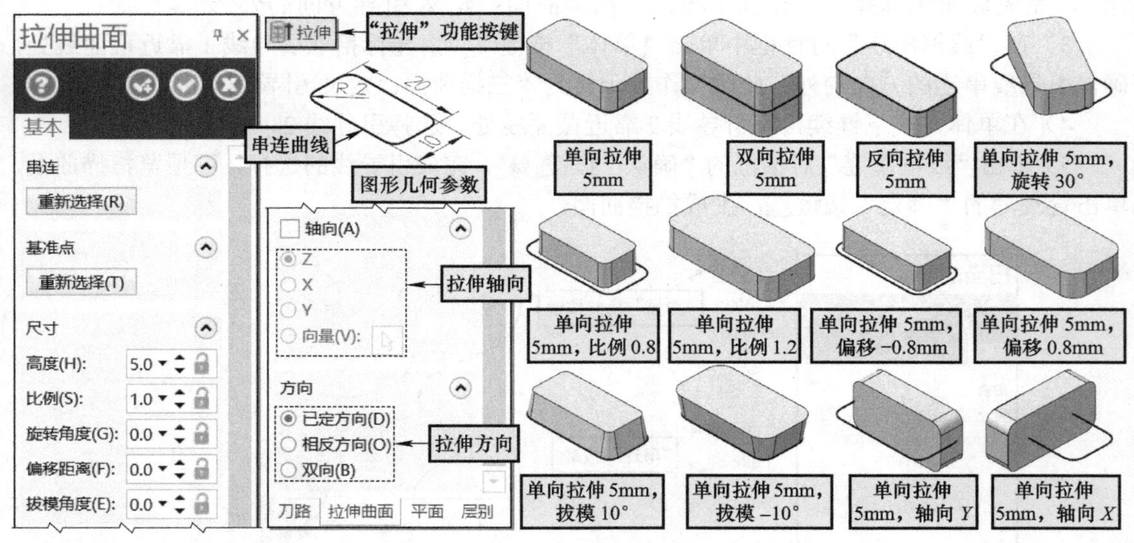

图 3-22 “拉伸”曲面设置及示例

5．拔模曲面

“拔模”曲面（又译为牵引曲面）指以当前的构图面为拔模平面，或按指定平面为拔模平面，将一条或多条曲线（直线、圆或圆弧、样条曲线等）轮廓按指定的高度（或长度）拔模出曲面。

图 3-23 所示为“拔模”曲面创建示例，单击“曲面→创建→拔模”功能按键，弹出“线框串连”对话框，操作提示“选择直线、圆弧或曲线 1”以及“曲面拔模”管理器，光标拾取轮廓曲线，单击“确定”按键，可预览拔模曲面，在管理器中设置参数后可看到预览拔模曲面的变化，满足要求后，单击“确定并继续”按键或“确定”按键完成拔模曲面的创建。

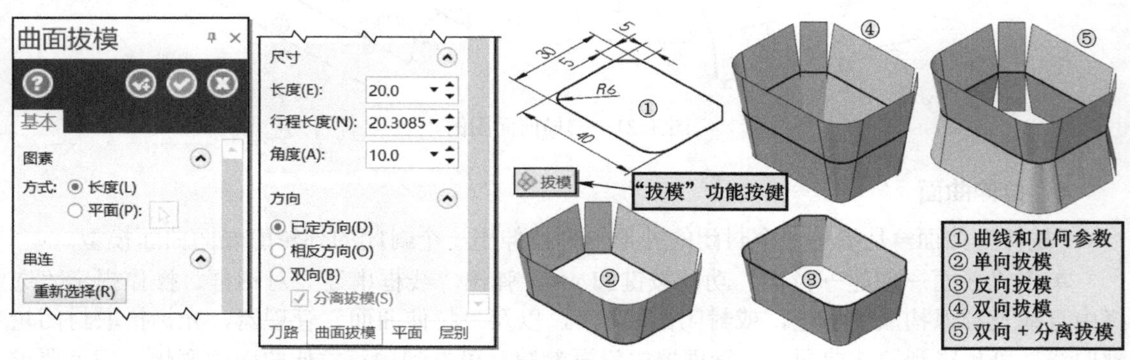

图 3-23 “拔模”曲面创建示例

若点选“曲面拔模”管理器图素转换方式的“平面”单选按键，则可激活“选择平面”对话框，进行按指定平面拔模曲面操作，读者可尝试自行研习。

6. 网格曲面

“网格”曲面指通过选择若干相交或交叉（不相交）的网格串连曲线生成的一种特殊曲面。这组相交或交叉的串连图素一般分别包含两条相交或交叉的截断曲线与引导曲线，即四根相交或交叉的曲线，实际最常见的是相交曲线。另外，若把一个点看作是一根长度为零的曲线，则最少可用三根曲线生成网格曲面，参见图 3-26b。

图 3-24 所示为某网格曲面的创建示例，创建过程如下：

1）单击“曲面→创建→网格”功能按键，弹出“线框串连”对话框和操作提示“选择串连 1”，同时激活“网格曲面”管理器（软件中翻译为“平面修剪”不准确）。

2）按图所示依次串连选择 L_1、L_2、L_3、L_4 曲线，单击“确认”按键，生成网格曲面预览。

3）如有必要，在管理器中选择图素生成方式。相交串连曲线可以不考虑这一步。

4）单击“确定”按键，完成网格曲面的创建。图中分别示出着色和线框两种外观图形。

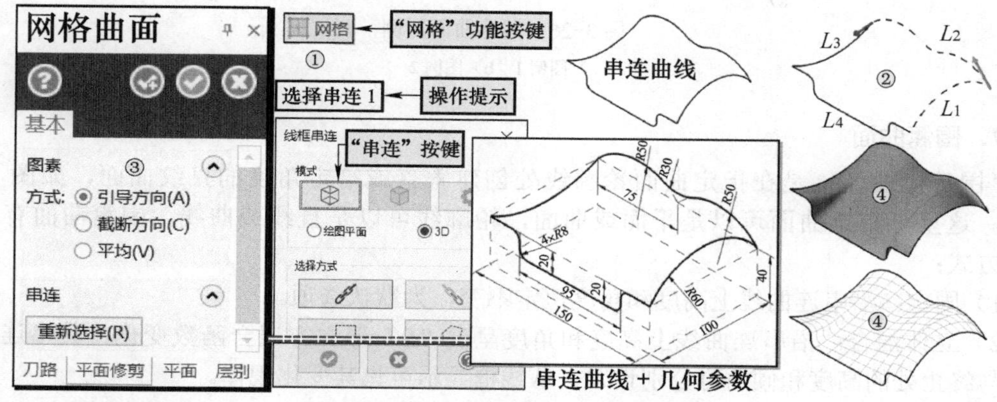

图 3-24　“网格”曲面创建示例

注意

在第 2 步选择时系统自动按选择的先后顺序定义为“截断线—引导线—截断线—引导线”，即 L_1、L_2 和 L_3、L_4 分别为一组截断线与引导线。

在“网格曲面”管理器中，图素生成方式选项主要用于交叉曲线创建网格曲面时选用，图 3-25 所示为图 3-24 中串连曲线修改为交叉曲线后不同选项的含义及图解，各选项含义如下：

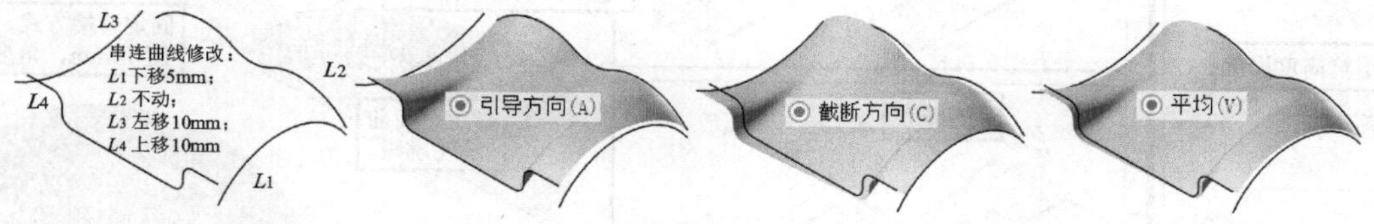

图 3-25　网格曲面创建其他选项图解

1）引导方向：曲面的 Z 轴位置取决于两根引导线。图中可见曲面与 L_2、L_4 接触。

2）截断方向：曲面的 Z 轴位置取决于两根截断线。图中可见曲面与 L_1、L_3 接触。

3）平均：曲面的 Z 轴位置为截断线与引导线的中间位置。图中可见曲面与串连线均不接触。

图 3-26 所示为网格曲面图例，供学习时参考。图 3-26a 为图 3-19 的扫描曲面线架创建的网格曲面，图 3-26b 中顶点代表一根曲线，注意曲线选择的先后顺序对曲面构成的影响（在线框模式下可清晰地看出）。

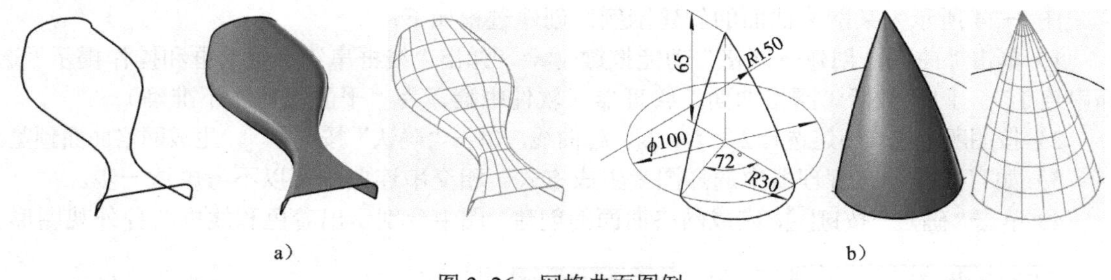

图 3-26　网格曲面图例

a）图例 1　b）图例 2

7．围篱曲面

“围篱”曲面是在指定曲面轮廓线处创建垂直或给定角度的直纹曲面，如图 3-27 所示。这里，指定曲面可以是平面或曲面，轮廓线可以是直线或曲线。围篱曲面有三种熔接方式：

1）固定：沿串连曲线上高度和角度恒定不变，为默认选项。

2）立体混合：沿串连曲线上高度和角度呈现“S”形立方混合函数变化，其串连曲线起始与终止处的高度和倾角可分别设置，从线框显示可见其变化规律。

3）线性锥度；沿串连曲线上高度和角度呈线性变化。

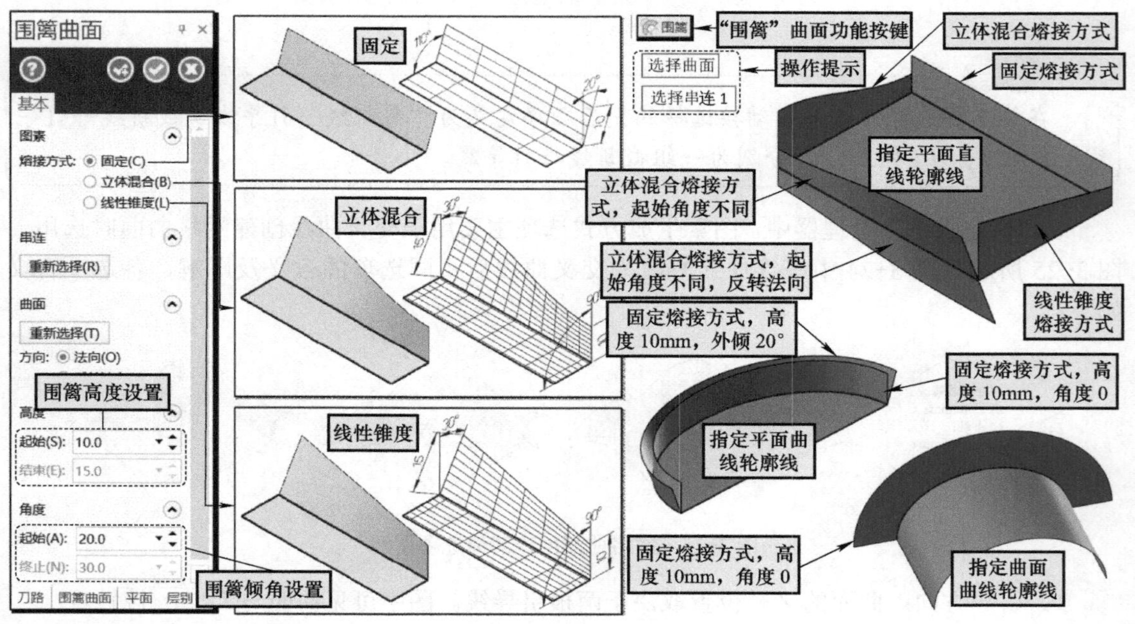

图 3-27　“围篱”曲面示例

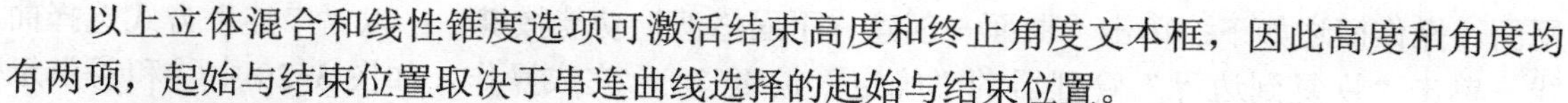

以上立体混合和线性锥度选项可激活结束高度和终止角度文本框，因此高度和角度均有两项，起始与结束位置取决于串连曲线选择的起始与结束位置。

围篱曲面创建步骤如下：

1）单击“曲面→创建→网格→围篱”功能按键，弹出“围篱曲面”管理器和操作提示“选择曲面”。

2）选择指定曲面，弹出线框串连对话框（图中未示出），同时操作提示转为“选择串连 1”。

3）光标拾取曲面轮廓曲线，单击“确认”按键，生成预览围篱曲面。

4）在管理器中设置围篱曲面参数，单击“确定”按键，完成围篱曲面的创建。

8. 补正曲面

“补正”曲面指对一个或多个指定曲面，按设定距离和方向偏移的曲面。图 3-28 所示为“补正”曲面示例。图中偏移方向有三个按键，“单一切换”按键用于单个操作改变曲面偏移方向，单击其会在曲面模型上激活偏置方向箭头，单击箭头可使偏移曲面反向。单击“循环 / 下一个”按键，会激活按键下面的“反转”偏移方向按键，同时显示当前可反转方向的曲面，单击“反转”按键改变其方向，继续单击“循环 / 下一个”按键，依次显示当前可反转方向的曲面，并可反转平移方向。

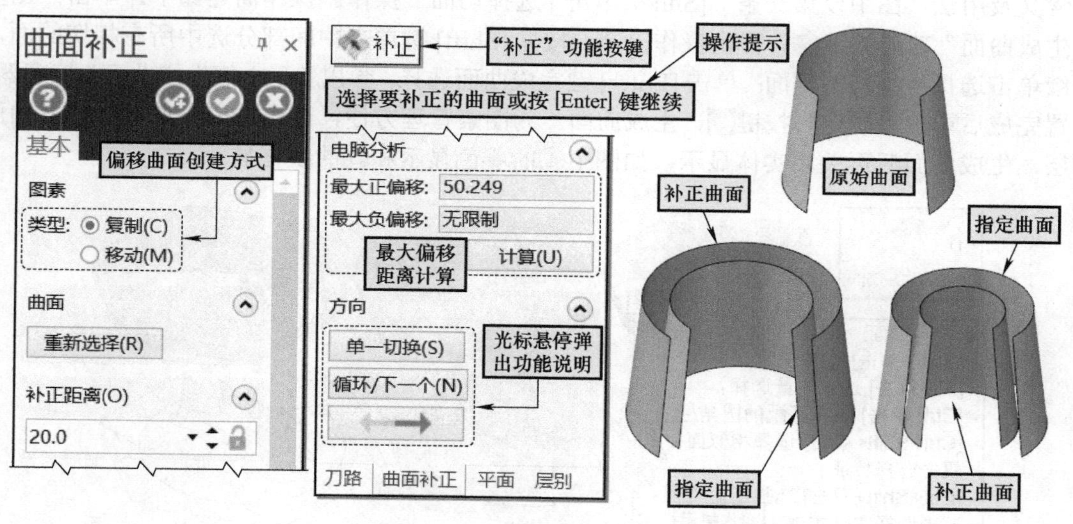

图 3-28　“补正”曲面示例

补正曲面操作一般按操作提示进行即可，操作时注意两点：选择要补正的曲面可按 [Enter] 键或按“结束选择”按键完成；补正操作结束后要单击快捷菜单中的清除颜色按键恢复曲面本色。

9. 其他曲面的创建

（1）单一平面的创建　前述线框曲线绘制封闭图形时（如圆、多边形等），对话框下部均有一个“创建曲面”复选框，勾选复选框后绘制的封闭图形均包含内部曲面。

（2）“平面修剪”功能　通过任意封闭的平面串连曲线作为边界线，创建所需平面。读者可任意绘制一个封闭的平面图形，按提示完成平面修剪操作，如图 3-29 所示的五角星平面，操作简述如下：单击“曲面→创建→平面修剪”功能按键；以“串连”方式选择曲线；单击“恢复到边界”管理器的“确定”按键，完成操作，如图 3-29 中③和④所示的着色和线框显示。提示：读者可尝试一下两条、三条封闭且嵌套的曲线平面修剪的效果。

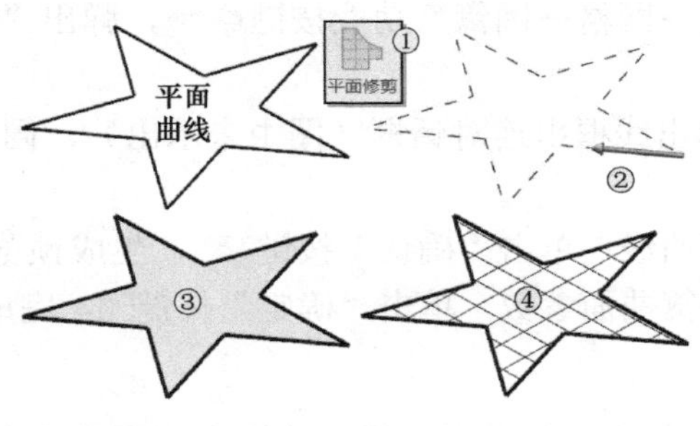

图 3-29 “平面修剪”示例

（3）“由实体生成曲面”功能 基于选择的实体或实体表面生成曲面。广泛用于外部导入的 STP 格式实体模型，提取的曲面可较好地用于后续的数控加工编程，实际应用广泛。值得一提的是 Mastercam 2022 对实体表面的选择比过去的版本方便得多，这个功能会减少使用。图 3-30 所示为“由实体生成曲面”示例，学习时重点体会曲面选择操作提示中各项的含义及用法。图中以第一条“[Shift+ 单击] 选择切面”操作。操作简述如下：单击“由实体生成曲面”功能按键，弹出操作提示；按住 [Shift] 键单击中间部分选中所有相切的面，继续单击选择不相切的平面；单击 [Enter] 键完成曲面选择，弹出“由实体生成曲面”管理器，设置完成后单击“确定”按键，生成曲面。为图素管理方便，建议在操作前单独建立曲面图层，生成曲面后再关闭实体显示，如图中④的着色显示和⑤的线框显示。

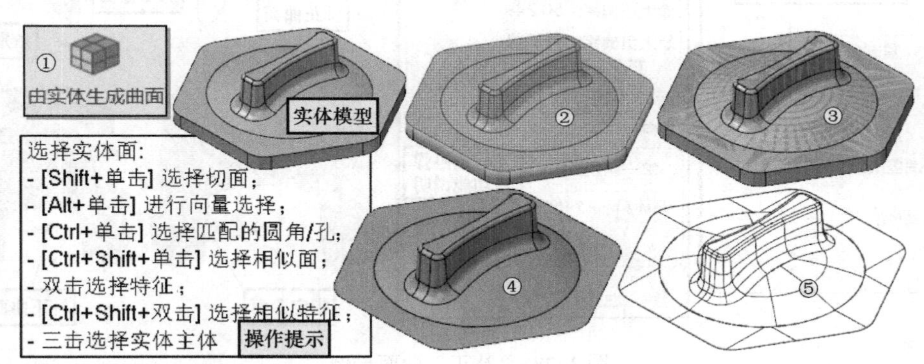

图 3-30 “由实体生成曲面”示例

以上三种创建曲面较为简单，请读者自行尝试研习。

3.2.4 曲面的编辑修剪

创建实际曲面模型时，曲面的编辑与修剪等是常用的操作，这些功能主要集中在“曲面→修剪”功能选项区，参见图 3-4。

1. 曲面的修剪

曲面“修剪”是指将选定的曲面沿选定的边界（如曲线、曲面和平面等）进行修剪。

曲面修剪有三个功能按键——“修剪到曲线”按键、“修剪到曲面”按键和“修剪到平面”按键，三个按键集成在一个下拉菜单中。

（1）修剪到曲线 将选定的曲面沿指定的封闭曲线边界进行修剪。修剪时的边界为指定曲线在选定曲面上的投影曲线。“修剪到曲线”示例如图 3-31 所示。

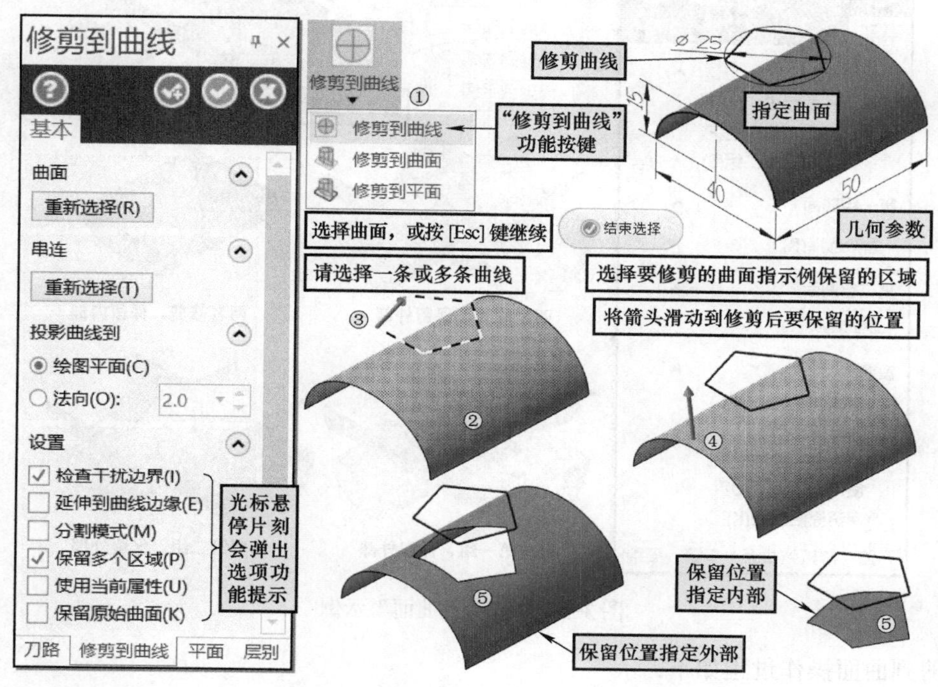

图 3-31 “修剪到曲线”示例

修剪到曲线操作过程如下：

1）单击“曲面→修剪→修剪到曲线”功能按键，弹出“修剪到曲线”管理器和操作提示“选择曲面，或按 [Esc] 键继续”。

2）选择指定待修剪曲面，按 [Enter] 键或单击“结束选择”按键结束选择完成曲面选择，弹出“线框串连”对话框（图中未示出），继续操作提示“请选择一条或多条曲线”。

3）“串连”方式选择修剪曲线，单击“确认”按键，继续操作提示“选择要修剪的曲面指示要保留的区域”（从继续操作提示可看出修剪曲线可选择多条曲线）。

4）鼠标拾取待修剪曲面，出现随光标移动的法线箭头，继续操作提示“将箭头滑动到修剪后要保留的位置”。箭头移动至曲面上待保留位置，单击左键，生成预览的修剪结果。

5）在操作管理器中设置必要选项，单击“确定”按键，完成曲面修剪操作，图中示出了两种修剪结果。

注意

此功能的选定曲面允许为平面；修剪曲线可以为不封闭曲线，甚至不完全贯穿曲面（此时必须勾选“延伸到曲线边界”选项）。

（2）修剪到曲面 将曲面修剪或延伸至另一个曲面的边界。图 3-32 所示为“修剪到曲面”示例。

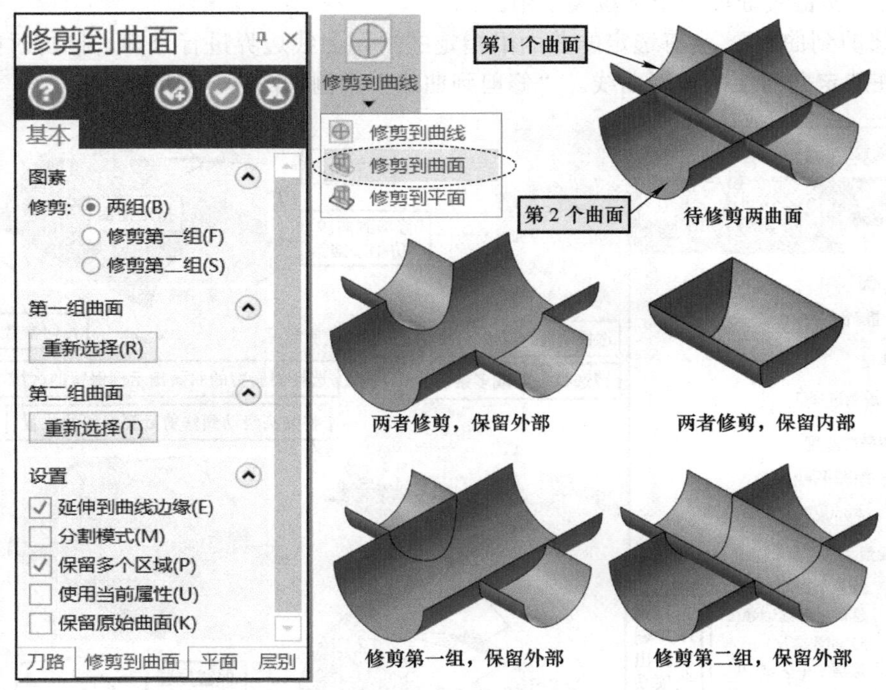

图 3-32 “修剪到曲面”示例

修剪到曲面操作过程如下：

1）单击“曲面→修剪→修剪到曲面”功能按键，弹出“修剪到平面”管理器和操作提示“选择第 1 个曲面集，然后按 [Enter] 键继续”。

2）选择第 1 个曲面，按 [Enter] 键，继续提示“选择第 2 个曲面集，然后按 [Enter] 键继续”。

3）选择第 2 个曲面，按 [Enter] 键，继续提示“通过选择要修剪的曲面指示要保留的区域”。

4）指定第 1 个曲面，显示出随光标移动的法线箭头，继续提示“将箭头滑动到修剪后要保留的位置”。箭头移动至曲面上待保留位置，单击左键，继续提示“将箭头滑动到修剪后要保留的位置”。

5）按照第 4）步方法，选择第 2 个曲面待保留部分，单击左键，生成预览的修剪结果。

6）在操作管理器中设置必要选项，单击“确定”按键，完成曲面修剪操作，图 3-32 中示出了四种修剪结果供研习参考。

（3）修剪到平面 将曲面修剪或延伸至某平面边界。图 3-33 所示为“修剪到平面”示例。

修剪到平面操作过程如下：

1）单击“曲面→修剪→修剪到平面”功能按键，弹出“修剪到平面”管理器和操作提示“选择曲面，或按 [Enter] 键继续”。

2）选择待修剪曲面，按 [Enter] 键，继续操作提示“选择平面”，并弹出“选择平面”对话框。平面选择对话框提供了多种定义平面的方法，参见图 3-33 右图图解。

3）按平面“选择平面”对话框中的选项定义修剪平面。

图 3-33 “修剪到平面”示例

图 3-33 中为基于直线定义平面，具体如下：单击选择“直线”按键，继续提示“选择绘图平面上的直线”，光标拾取图中平面上部的边框线（事先要创建一根边线），可见平面符号，其法线方向可单击按键翻转。

4）单击“确认”按键，生成预览的修剪结果。

5）在管理器中设置必要选项，单击“确定”按键，完成曲面修剪操作，注意：图 3-33 中的修剪平面仅供选择平面时参考，因此修剪完成后不会删除，必须手工去除。

图 3-33 中的平面可以作为曲面看待，采用“修剪到曲面” 功能，进行曲面修剪，读者可尝试修剪操作，领悟异同点。

2. 填补内孔

“填补内孔”功能指对修剪曲面中指定的内孔或外孔边界进行重新填充，恢复至修剪曲面前的状态，如图 3-34 所示（其填补前曲面为图 3-31 修剪后的曲面），应当注意的是填补出的曲面与原曲面是两个曲面。单击“曲面→修剪→填补内孔”功能按键，可激活填补内孔操作。填补内孔操作较为简单，一般按操作提示即可完成，这里不赘述。

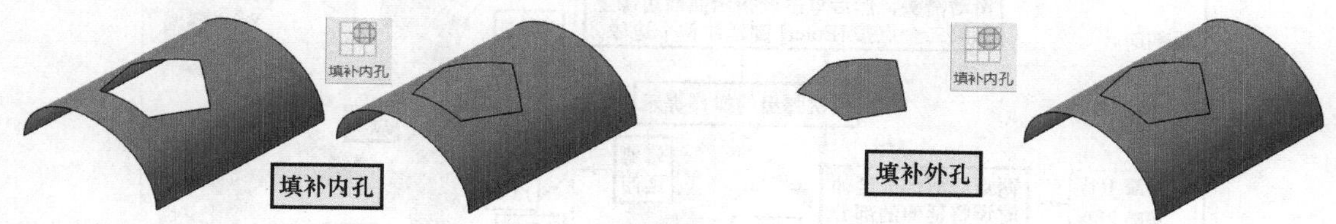

图 3-34　填补内孔前、后示例

3. 曲面的延伸

曲面“延伸”是指将指定的曲面或平面延伸指定长度或延伸至指定边界。“曲面→修剪”功能选项区中“延伸”与“延伸到修剪边界”集成在一个下拉菜单中，参见图 3-4。

1）“延伸”功能是将指定曲面或平面线性或非线性延伸指定长度或延伸到指定平面。

图 3-35 所示为曲面延伸指定长度示例，若选择“到平面”方式，则会弹出平面选择对话框，设置延伸平面（图中未示出）。曲面延伸操作过程较为简单，这里不赘述。

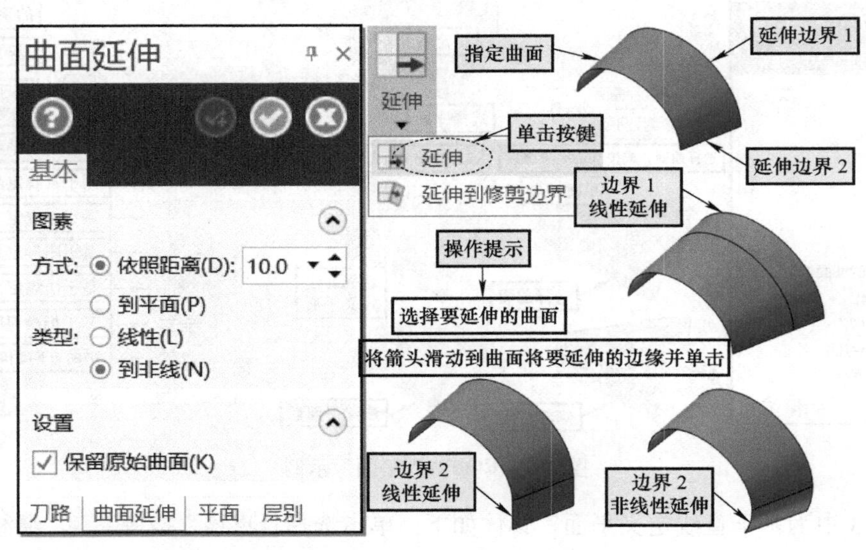

图 3-35　曲面延伸指定长度示例

2）“延伸到修剪边界”功能是将指定曲面沿边界不修剪延伸（指定边界按回车，即整个边界延伸）或修剪形式延伸（指定两点，即两点之间边界延伸）获得一个新的曲面。该曲面与原始曲面是分离、独立的，其转角有“斜接”或“圆形”两种类型，修剪边界时用方向“策略”调整延伸部分。图 3-36 所示为延伸到修剪边界示例（管理器名称翻译不准）。

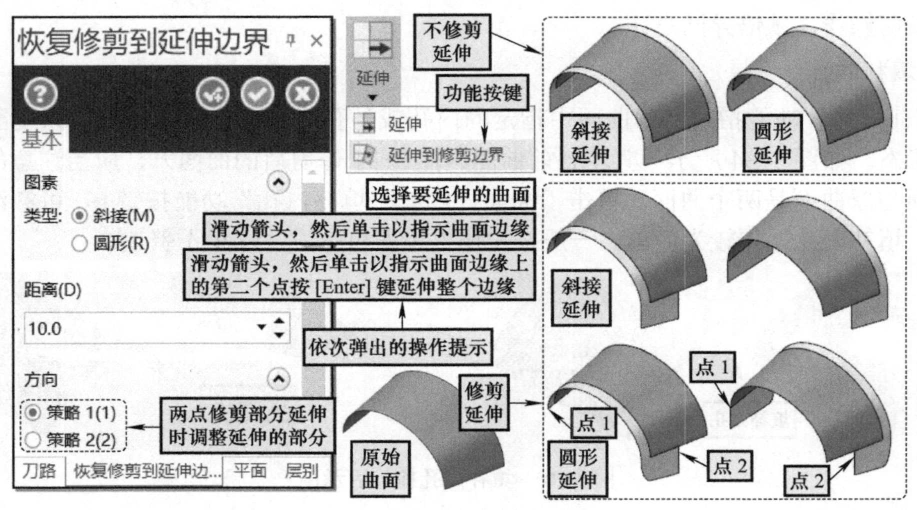

图 3-36　延伸到修剪边界示例

4．曲面倒圆角

曲面倒圆角是指将指定的曲面与其他的曲面、指定平面或曲线倒圆角，获得倒圆角曲面。曲面倒圆角功能按键包括三个功能按键，集成在一个下拉菜单中，默认显示曲面与曲面倒圆角功能按键，参见图 3-4。

（1）曲面与曲面倒圆角 将指定的两个（或组）曲面（含平面）之间倒圆角，所选的两个（或组）曲面的法向必须同向指向圆角圆心侧。图 3-37 所示为两个曲面之间相贯线处倒圆角示例。

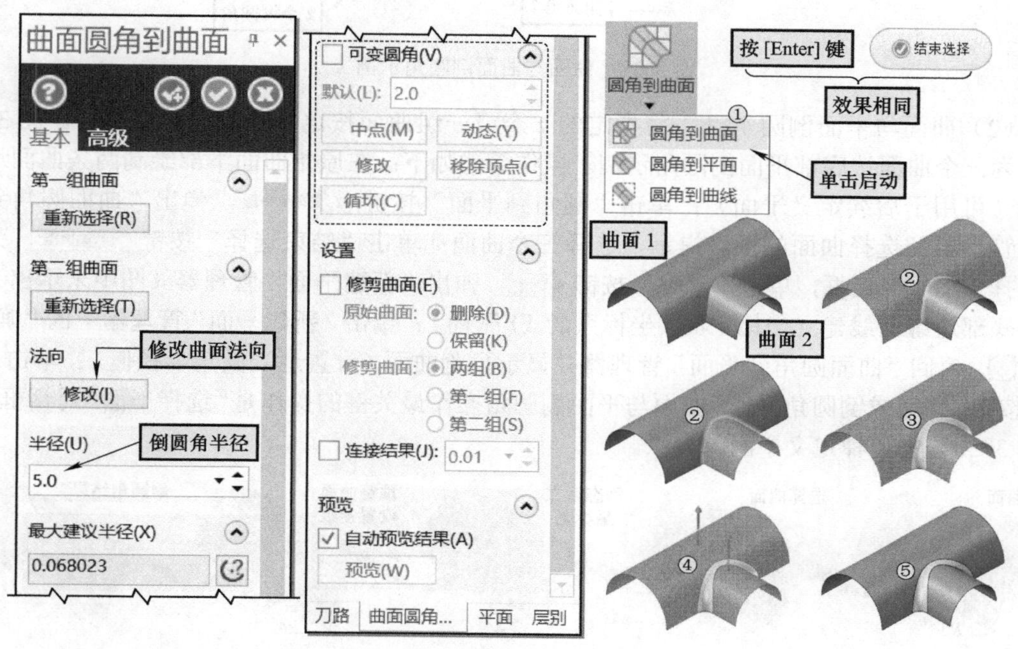

图 3-37　曲面与曲面倒圆角示例一

曲面与曲面倒圆角操作过程如下：

1）单击“曲面→修剪→圆角倒曲面”功能按键，弹出“曲面圆角到曲面”管理器以及操作提示“选择第 1 个曲面集，然后按 [Enter] 键继续”。

2）鼠标选择曲面 1，按 [Enter] 键或单击结束按键 结束选择 完成曲面 1 选择，继续操作提示“选择第 2 个曲面集”，然后按 [Enter] 键继续，鼠标选择曲面 2。

3）按 [Enter] 键，可预览到倒圆角并激活“曲面圆角到曲面”管理器。

4）在管理器中设置圆角半径 5mm。在单击管理器确定按键前均可修改管理中的选项设置，如单击法向的“修改”按键 修改(I) 会显示曲面法向箭头。另外，图中可变圆角选项默认是折叠的，单击右侧的展开按键可展开设置，用于可变半径倒圆角设置，其余选项按文字提示设置。

5）单击“确定”按键，完成曲面与曲面倒圆角操作。

注意

曲面与曲面倒圆角时，曲面法向的调整非常重要，必须确保曲面法向方向指向倒圆角圆心方向。

另外，这里说的曲面包含平面，如图 3-38 所示。其是接着图 3-37 构造出两平面，然后将曲面组 1 与曲面组 2 进行倒圆角操作。

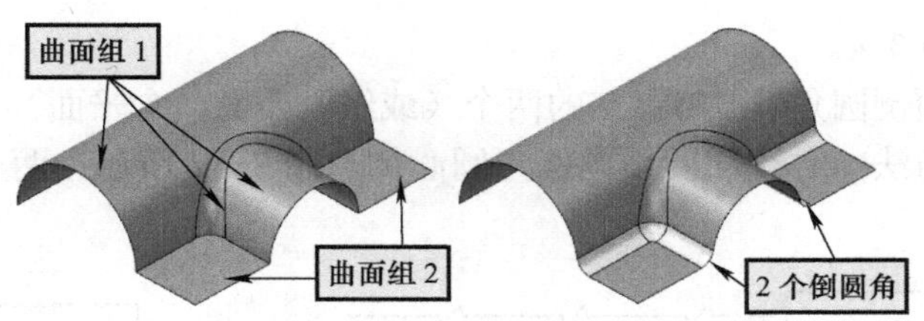

图 3-38　曲面与曲面倒圆角示例二

（2）曲面与平面倒圆角　将指定的一个或一组曲面按定义平面进行倒圆角。图 3-39 所示为三个曲面按底部平面倒圆角示例。操作简述如下：在原始曲面下部绘制两条曲面边缘曲线（可用于后续定义平面）；单击“圆角到平面”按键 圆角到平面，弹出“曲面圆角到平面”管理器和选择曲面的操作提示，选择三个曲面；单击“结束选择”按键 结束选择，弹出“选择平面”对话框，单击“动态”按键，弹出“新建平面”管理器（图中未示出），捕抓底部边缘曲线建立坐标平面（坐标系的 *XY* 平面）；单击“新建平面”管理器上的“确定”按键，返回“曲面圆角到平面”管理器并显示预览曲面（设置适当圆角半径值）；单击“确定”按键，完成倒圆角操作。曲面与平面倒圆角操作最关键的操作是“选择平面”对话框（参见图 3-33）中各种定义平面的方法。

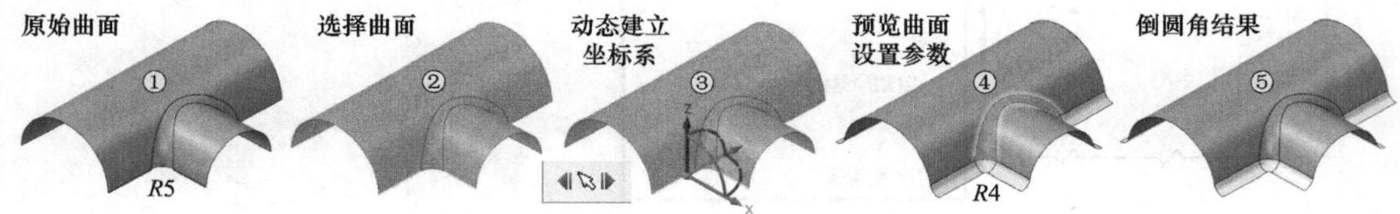

图 3-39　三个曲面按底部平面倒圆角示例

图 3-40 所示是单曲面与平面倒圆角示例，倒角平面分别为圆柱上、下两圆的虚拟平面，为后续定义平面方便，可事先提取曲面上边缘曲线。

（3）曲面与曲线倒圆角　是将指定曲面与曲线之间进行倒圆角。如图 3-41 所示，图中曲面为圆柱面，曲线为椭圆，倒圆角时注意圆角半径必须大于或等于曲面与曲线之间的最大距离。

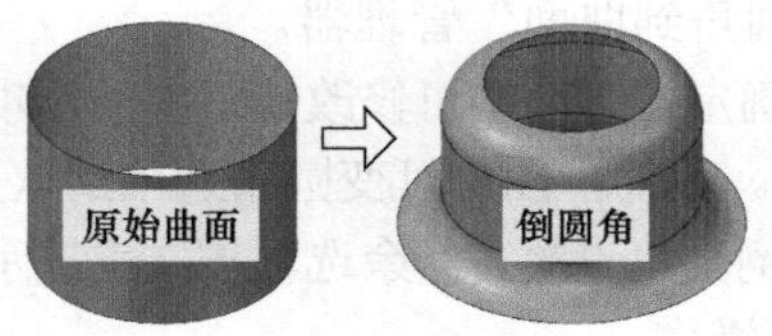

图 3-40　单曲面与平面倒圆角示例

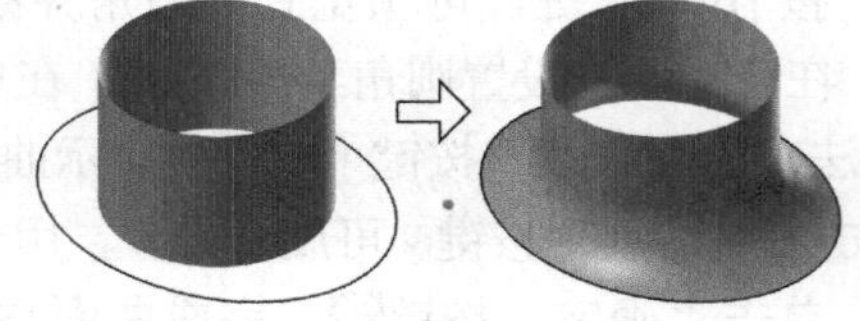

图 3-41　曲面与曲线倒圆角示例

5．曲面熔接

曲面“熔接”指两曲面或三曲面指定位置间创建出一个光顺过渡的单一曲面。系统提供了三种曲面熔接方式——两曲面熔接、三曲面熔接和三圆角面熔接，参见图 3-4。

（1）两曲面熔接　将指定的两曲面按选定点的纵和 / 或横断面线处平顺熔接而获得一个熔接曲面，如图 3-42 所示。

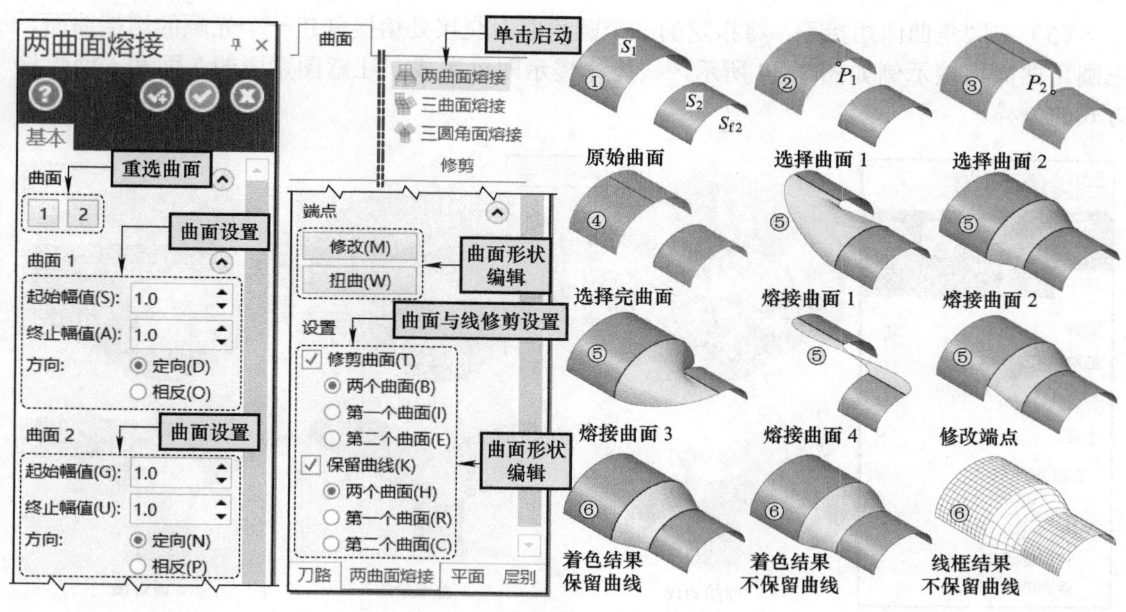

图 3-42　两曲面熔接示例

两曲面熔接操作过程如下：

1）单击“曲面→修剪→两曲面熔接”功能按键，弹出操作提示“选择曲面”。

2）鼠标拾取曲面 S_1，曲面高亮显示选中，并出现动态移动箭头，继续操作提示“滑动箭头并在曲线上按相切位置”，移动箭头至熔接相切点 P_1，单击左键，继续操作提示“按 [F] 键翻转样条曲线方向。按 [Enter] 键或选择下一个熔接曲面。”图中选择了纵熔接线。

3）依上法选择曲面 S_2。选择后按 [Enter] 键。图中选择了横熔接曲线。

4）曲面与熔断线选择结果。

5）按 [Enter] 键，显示预览的熔断曲面。这一步可在曲面参数设置选项区点选方向选项调整熔接曲面的结果，如图中的熔断曲面 1 ～ 4。可在端点选项区单击“修改”按键调整曲面端点位置。还可选择是否修剪曲面和是否保留熔断线。

6）单击“确定”按键，完成熔接曲面的创建。

（2）三曲面熔接　将指定的三个曲面按选定点的纵或横断面线处平顺熔接而获得一个熔接曲面。三曲面熔接示例如图 3-43 所示，①为功能按键；②为三个原始曲面 S_1 ～ S_3 和对应的三个点 P_1 ～ P_3；③为选定的曲面与熔接线，注意熔接线为过点横截面线；④为熔接结果着色图；⑤为熔接结果线框图。三曲面熔接操作较为简单，一般按操作提示进行即可。

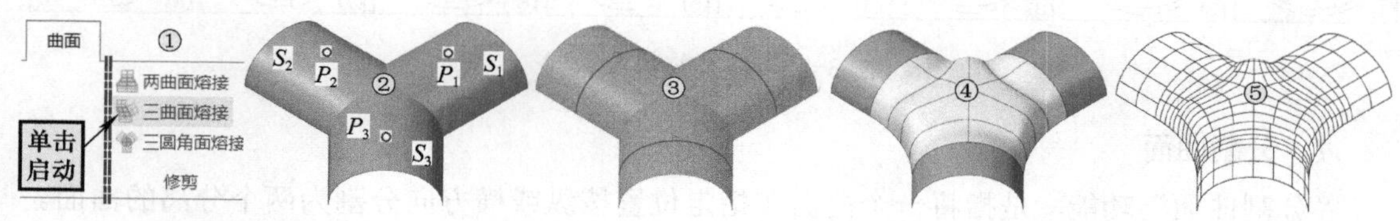

图 3-43　三曲面熔接示例

（3）三圆角曲面熔接 将指定的三个圆角曲面交接处熔接创建一个光顺的熔接曲面。三圆角曲面熔接示例如图 3-44 所示，按操作提示即可完成，注意图素面的 3 面和 6 面熔接方式的差异。

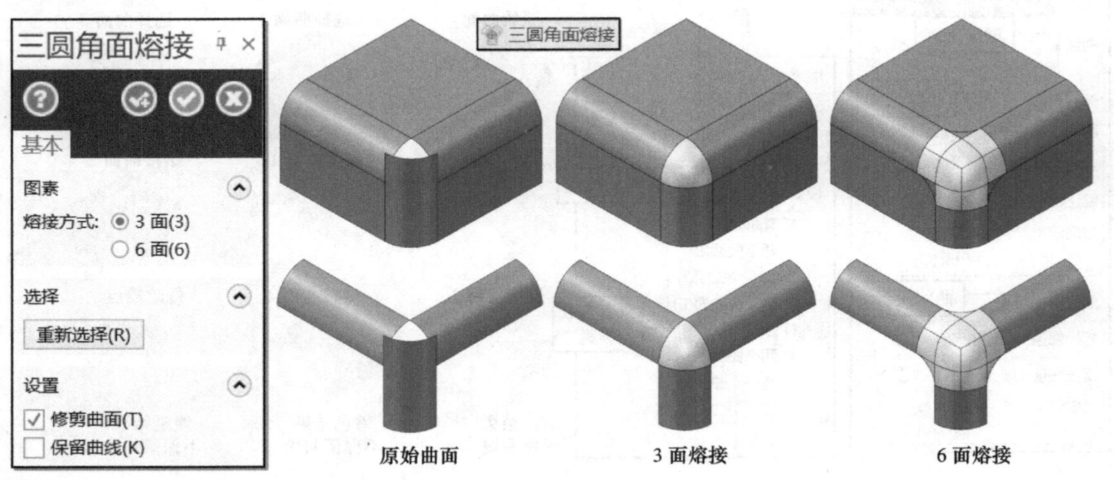

图 3-44　三圆角曲面熔接示例

6．恢复修剪（含恢复到修剪边界）

恢复修剪就是对修剪过的曲面恢复至修剪之前的状况，包括“取消修剪”和“恢复到修剪边界”两功能（和），两按键集成在“曲面→修剪→恢复修剪→……”下拉菜单中，前者是恢复到修剪之前的曲面，即取消修剪；而后者恢复时必须选择修剪边界。对于单封闭曲线修剪后的曲面恢复，其功能的效果是相同的，而对于多个封闭曲线嵌套的曲线修剪的曲面，后者就可能有不同的恢复结果。学习修剪时要注意恢复修剪功能只有一个曲面，这是其与填补内孔功能的差异。

图 3-45 所示为某多个封闭曲线嵌套的曲线修剪的曲面，恢复修剪的示例。图中，序号①为一个矩形平面，中间有两个圆与一个“兵”字，其有多个封闭曲线嵌套；序号②为用“修剪到曲线”功能，一次性选择 6 根串连修剪出的图形；序号③～⑦为用“恢复到修剪边界”功能选择不同的修剪边界恢复的结果（图中小圆圈所示为修剪边界拾取位置）；序号⑧为“取消修剪”功能恢复的结果，此时不管鼠标点任意曲面均具有相同的恢复结果。

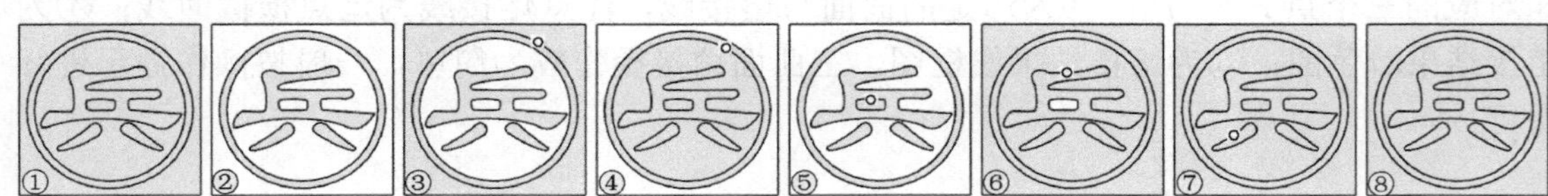

图 3-45　恢复修剪的示例

7．分割曲面

“分割曲面”功能是指将一个曲面在指定位置按纵或横方向分割为两个分离的曲面。分割曲面示例如图 3-46 所示。分割曲面功能可连续操作，操作时，选择曲面和分割点后可预览分割图形，这时可在操作管理器中点选分割方向，满意后单击“确定”按键完成操作。图中曲面为二维平面，对三维空间曲面同样有效。

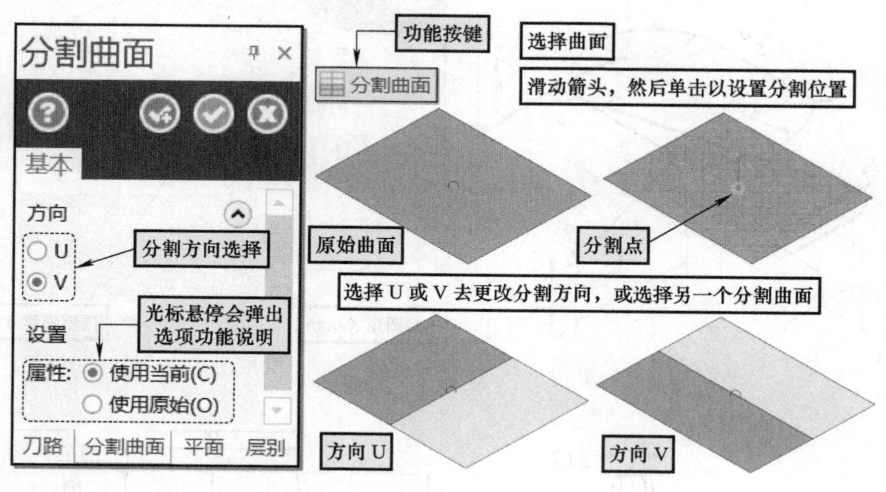

图 3-46　分割曲面示例

8．曲面创建示例与图例

图 3-47 所示为一个球头旋钮外表面曲面模型的创建示例，读者可按顺序练习。其大致步骤如下：绘制三维线框图；球头旋转曲面；手握部分扫描曲面，共两个；镜像扫描曲面；修剪到曲面（第一组 4 个扫描面，第 2 组旋转曲面）；曲面与曲面倒圆角 R1mm。

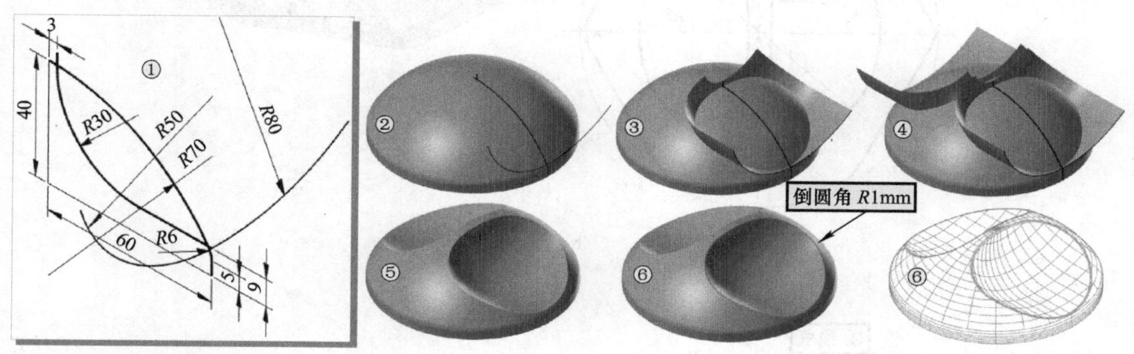

图 3-47　曲面创建示例——球头旋钮

图 3-48 所示为四个曲面模型创建图例，供学习参考。图 3-48a 所示为扣盖曲面模型，要求依据图中几何参数利用曲面的旋转、拔模、扫描、倒圆角和修剪到曲线等功能完成模型的创建。图 3-48b 所示为六角台旋钮曲面模型，图中给出了旋钮的三视图，其三维线架图参见图 3-77，用到的曲面创建与修剪功能包括拉伸、旋转、修剪到曲面、曲面与曲面倒圆角等。图 3-48c 所示为五角星三维曲面创建图例，用到网格曲面（三根直线创建网格曲面，为一个平面）、镜像、旋转（复制）等曲面创建功能。图 3-48d 所示为图 3-26b 所示的网格曲面旋转复制 4 个以后的曲面模型。

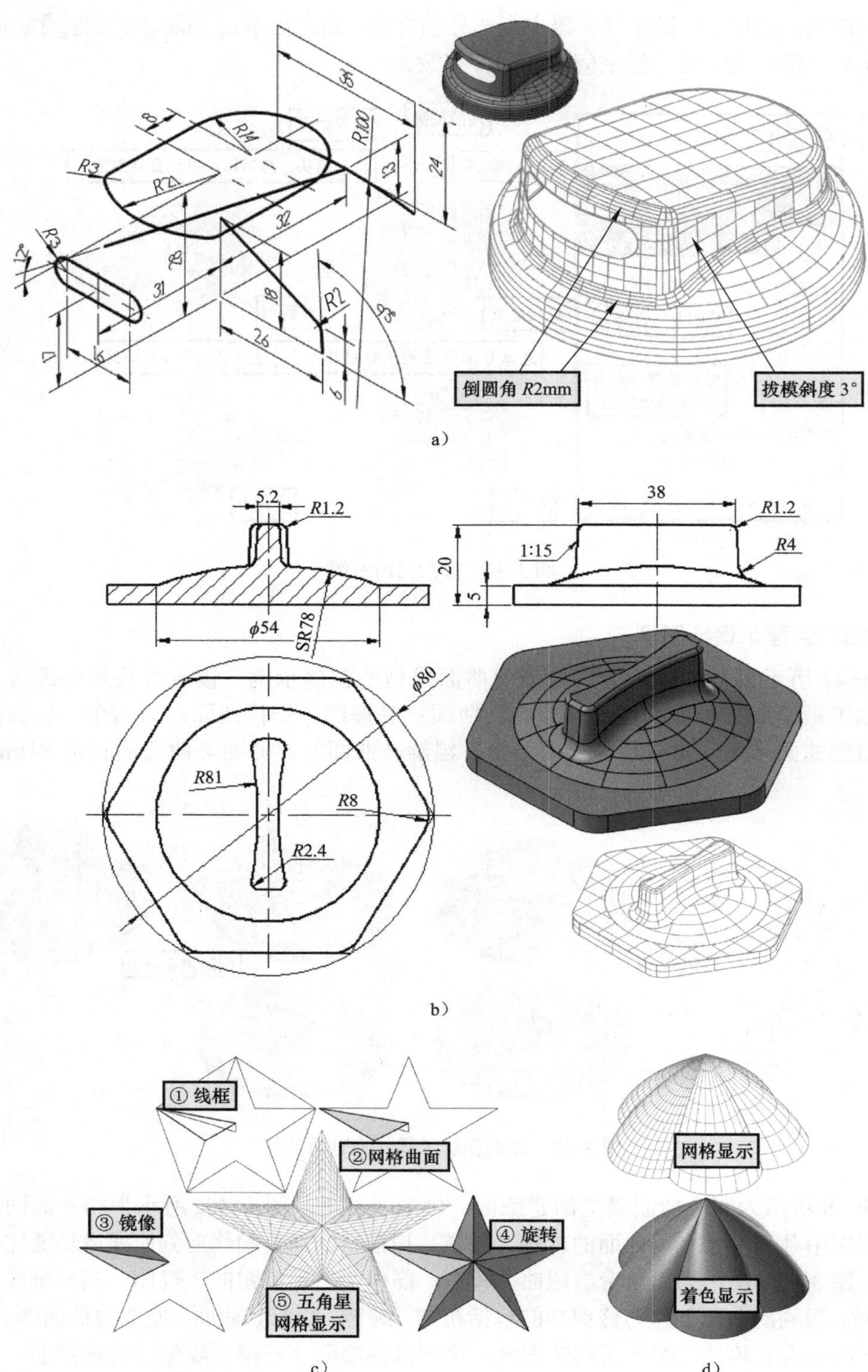

图 3-48　四个曲面模型创建图例

a）扣盖　b）六角台旋钮　c）五角星　d）佛手指

3.3　三维实体的构建

3.3.1　三维实体造型基础

实体模型是三维模型常见的表达方式之一，应用广泛，其包含的信息量多于曲面模型。

1．实体功能选项卡

Mastercam 2022 的三维实体造型功能集中在“实体”和“模型准备”两功能选项卡中，图 3-49 所示为“实体”功能选项卡，包括基本实体、创建和修剪等功能选项区。“模型准备”功能选项卡参见图 3-79。

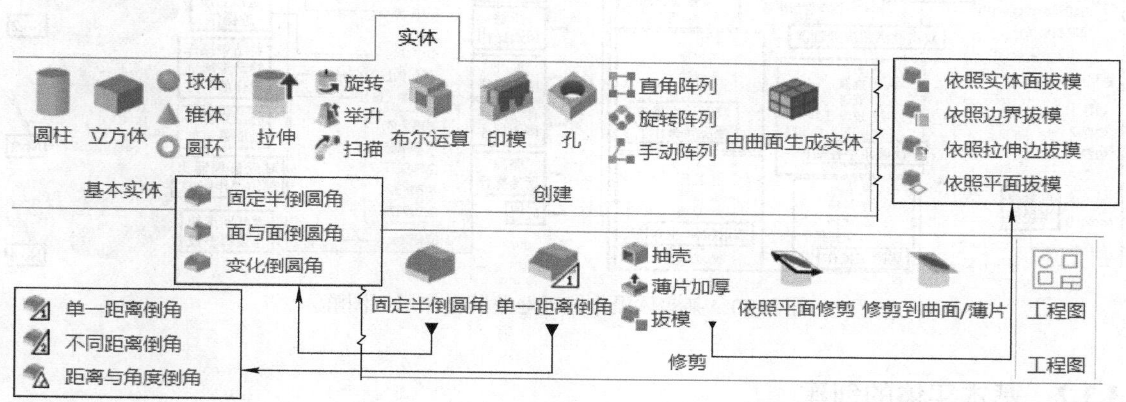

图 3-49　实体功能选项卡及其下拉菜单

2．实体操作管理器

“实体”操作管理器（简称实体管理器）用于查看、管理和编辑实体操作。实体管理器中以历史记录树的形式记录了实体模型的造型操作过程，根记录操作是一个独立的操作历史总记录，记录了一个独立的几何模型。总记录下可记录多个增加凸台或切割主体等实体的操作子记录。右键单击子记录可弹出快捷菜单进行操作，双击子记录操作（或快捷菜单中的“编辑参数”命令）可激活相应操作的管理器进行相关参数的编辑。子目录的相关操作图标显示的不同图形表达了不同的含义，如删除子目录或修改子目录操作参数时，图标会变为图标☒，需要单击“重生成”按键或重建模型。

图 3-50 所示为某实体操作管理器及其操作示例图解，管理器上部各按键的功能如图所示，大部分也可用快捷菜单操作。图中根记录“实体”操作是 No.1 旋钮模型操作记录，其可利用快捷菜单“重新命名”命令修改；选中某子记录操作其文字会出现淡蓝色底色（如图中选中下面的“固定圆角半径”操作），若“自动高亮”按键激活或快捷菜单中的“自动高亮”选中有效，则窗口中模型对应子记录部分高亮显示，如图中 No.2 高亮显示的圆角；双击该子记录操作会激活“固定圆角半径”管理器，若编辑修改半径值后会出现图标☒，需要重生成更新；某些操作激活后，窗口中的模型会出现变化，如图中 No.3 为激活“拉伸 主体”操作后的图形显示；“结束操作”操作〔结束操作〕可用快捷菜单中的“移动停止操作到此处”命令移动，如图中移动至“旋转”操作处，这个操作也可用光标拖动执行，拖动后的“结束操作”操作可用激活的“重置停止操作”命令重设至最下部的原始位置；快捷菜单中的“禁

用”命令可隐藏某操作及其相关的操作，如图中禁用“拉伸 主体”操作，此时禁用的操作图标变化为，且窗口的模型也隐藏了相应操作，如图中 No.4 所示；删除某些操作，窗口中的模型也会变化，如图中 No.4 也可是删除了“拉伸 主体”及其下面的操作，并重生成后的模型。实体管理器在实体造型时应用较多，读者可渐进式研习。

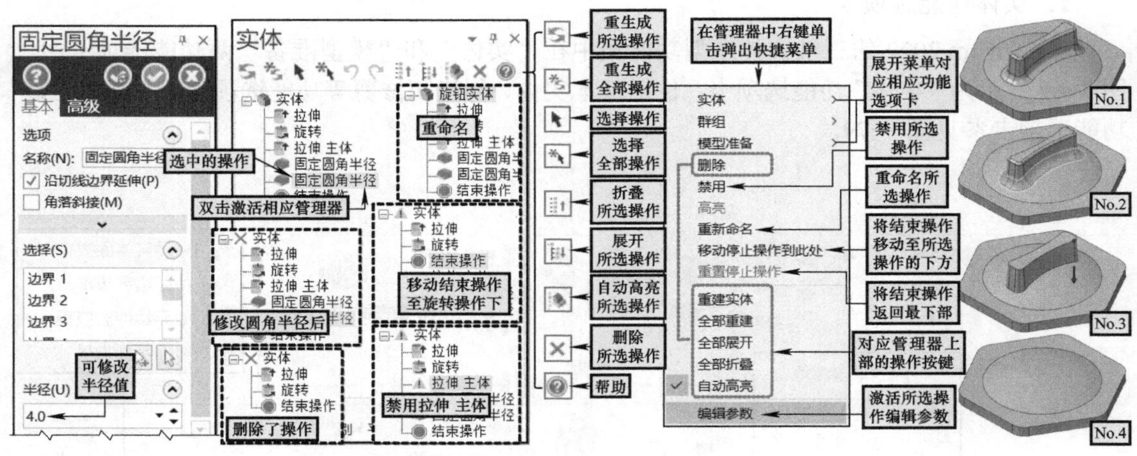

图 3-50　某实体操作管理器及其操作示例图解

3.3.2　基本实体的创建

基本实体与基本曲面的类型和操作基本相同，同样包括五个功能——圆柱体、立方体、球体、锥体和圆环体实体。基本实体与基本曲面的创建操作方法基本相同，差异仅在相应管理器中上部图素类型的单选按键，若选中“实体”单选项 ◉ 实体(S) 时，则为基本实体创建，参见图 3-5。由于基本实体的创建操作与前述基本曲面创建基本相同，限于篇幅，这里不赘述，读者直接上手一试便可轻松掌握。

3.3.3　常见实体的构建

常见实体是指“实体→创建”功能选项区相应各功能按键创建的实体模型。

1．拉伸实体

“拉伸”实体指将一个或多个串连轮廓图线沿指定的方向和距离拉伸构建的实体模型。

图 3-51 所示为拉伸实体操作及示例，其串连线框几何尺寸参见图 2-78。拉伸实体基本操作步骤如图 3-51 左侧所示，步骤简述如下：

1）单击“实体→创建→拉伸”功能按键，弹出“线框串连”对话框和操作提示（图中未示出）。

2）“串连”方式选择要拉伸的封闭轮廓曲线（可单个或多个），单击“确定”按键，弹出“实体拉伸”管理器（有“基本”和“高级”两个选项卡），并显示拉伸实体预览和拉伸方向箭头等。

3）在管理器中进行相关设置，如拉伸距离、是否反向拉伸、拔模、薄壁等。

4）单击“确定”按键，生成拉伸实体。图中分别显示多种拉伸方案的着色图供研习。

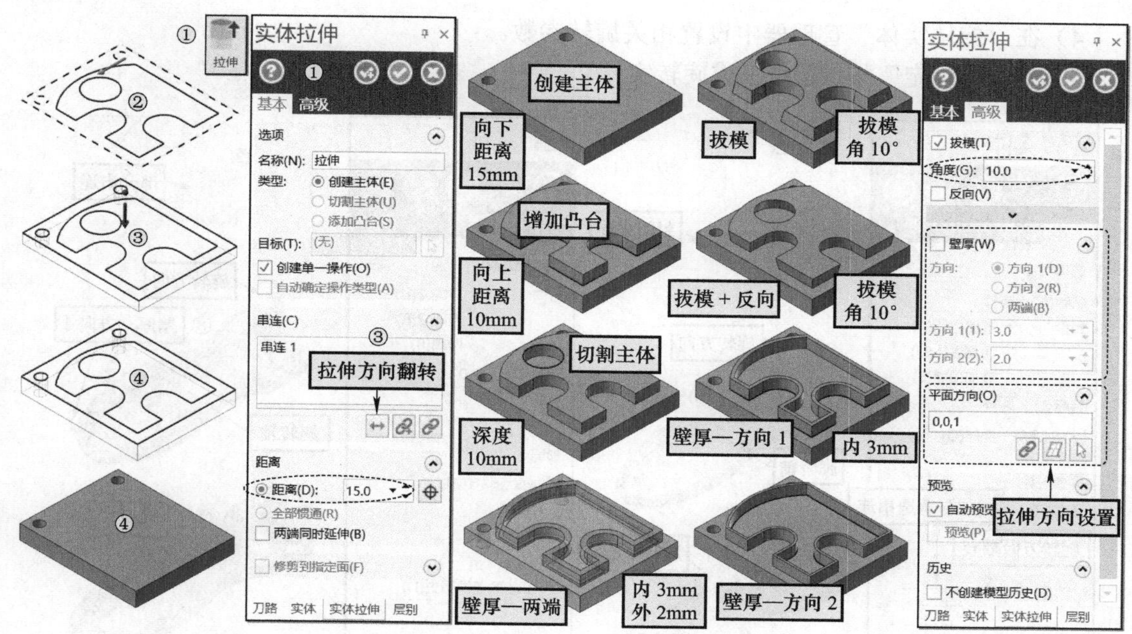

图 3-51　拉伸实体操作及示例

拉伸类型有三种，“创建主体”一般用于实体造型的第一步，后续的拉伸实体一般采用“增加凸台”（相当于同时做了一个布尔结合运算）或“切割主体”（相当于同时做了一个布尔切割运算）两选项。后续若仍然采用创建主体，则与前面的实体是分离的实体，必须要用布尔运算进行处理。

在“串连”列表框中单击鼠标右键会弹出快捷菜单，可编辑串连（图中未示出）。

“平面方向”文本框中的数字“0，0，1”对应“X，Y，Z”，因此“0，0，1”的“1”表示 *Z* 轴为拉伸方向。

串连选择可依次选择多个封闭形状，但这些串连应位于同一个平面内，且拉伸参数相同，否则必须单独拉伸。若选择非封闭串连曲线，则只能拉伸出薄壁实体。

未尽说明按图中的文字说明即可理解，光标悬停在操作按键上会临时弹出按键说明。

2．旋转实体

“旋转”实体指特征截面线绕旋转中心轴线旋转一定角度产生的实体模型，如图 3-52 所示。

旋转实体模型包括实心与薄壁两种模式，前者选择的特征截面串连线必须是封闭的，而后者则必须是非封闭的（即部分串连），因此，编辑实体时常常用到“重选串连”按键。薄壁实体的壁厚方向有三种选项——方向 1、方向 2 和两端，两方向可设置不同的壁厚值。

旋转实体的操作过程如下：

1）单击“实体→创建→旋转”功能按键，弹出“线框串连”对话框（图中未示出）、“旋转实体”管理器和操作提示。

2）在弹出的“线框串连”对话框中设置串连选项（“串连”按键与“部分串连”按键），选择截面串连线。

3）选择旋转轴，可看到旋转实体预览。

4）在“旋转实体”管理器中设置相关旋转参数。

5）单击“确定”按键，生成旋转实体。

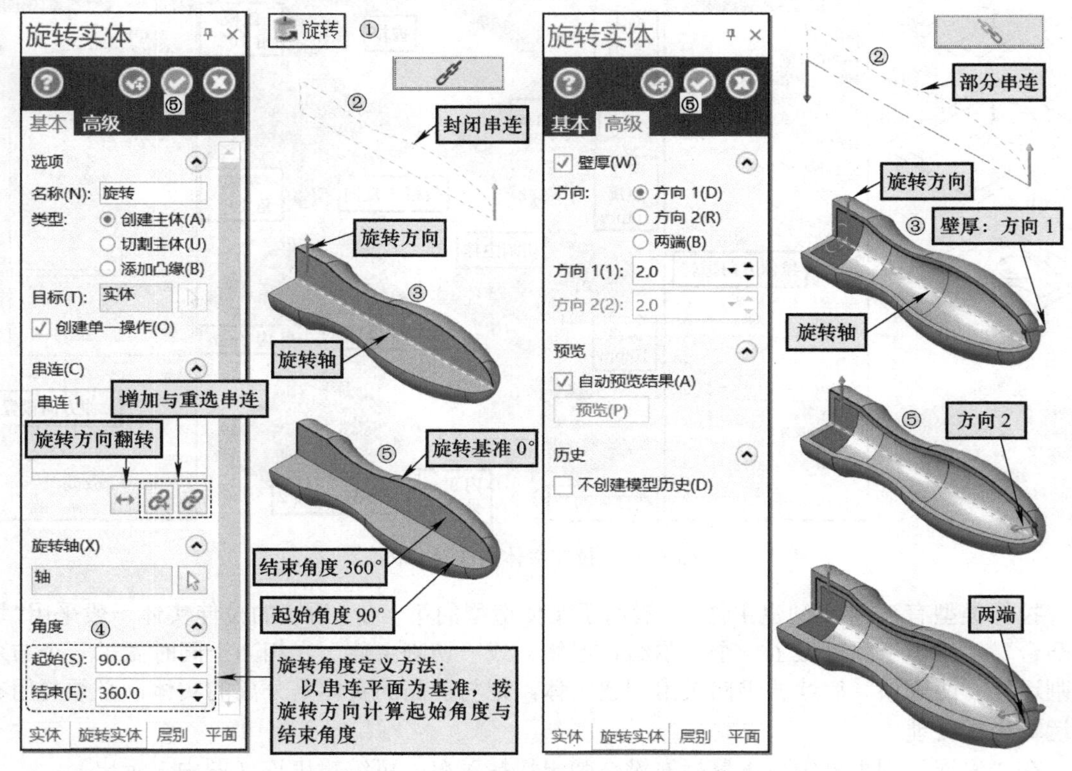

图 3-52 “旋转”操作步骤与示例

若封闭截面线与旋转轴分离，则旋转出的实体为环状结构，依据截面线的形态不同可得到不同的旋转实体，如图 3-53 所示。

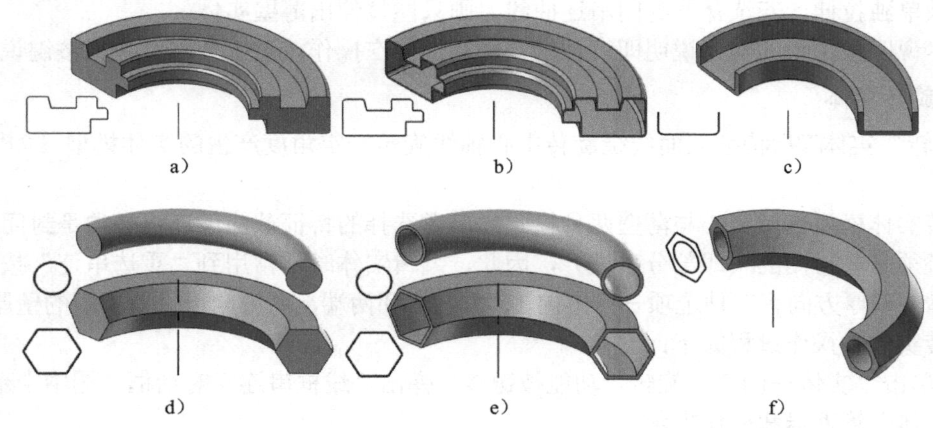

图 3-53 截面线与旋转轴分离的旋转实体示例

a）单个封闭截面线实心体 b）单个封闭截面线薄壁体 c）开放截面线仅能为薄壁体
d）两分离截面线实心体 e）两分离截面线薄壁体 f）两嵌套截面线旋转体

3. 举升实体

“举升”实体是将指定的两个或两个以上的封闭截面曲线，按选择的先后顺序和一定规则在外形之间拟合成平滑曲面的实体模型。

举升实体与举升曲面操作与外形表面基本相同，仅模型的类型不同，分别为“实体”和“曲面”的差异。另外，举升实体时线框截面线的要求是相同的，如线段数相等，串连起点与方向相同等。图 3-54 所示为举升实体创建示例，其操作管理器“高级”选项卡中的“自动预览结果”选项是默认的。举升实体创建时串连的选择顺序、起点、方向等对生成的举升实体形状有较大的影响，图中若整圆打断为四段，则方框截面线的起点与圆截面线的起点不能重合，如图中的 P_1—Q_2—Q_3—P_4 所示，举升的实体出现扭曲。但如果将圆打断为八段，则可以做到起点在同一个平面内，如图中的 P_1—P_2—P_3—P_4 所示，此时实体就不出现扭曲现象。

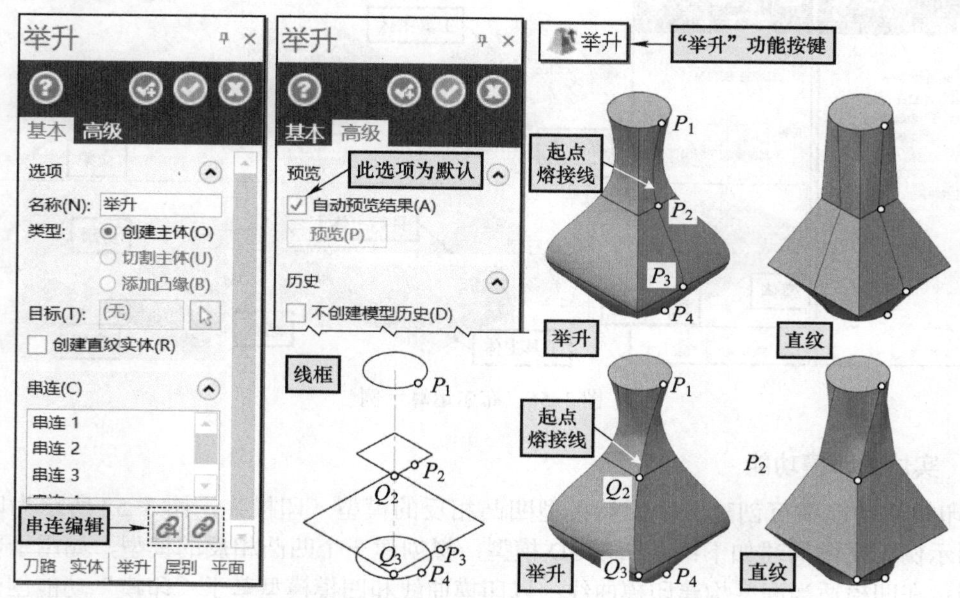

图 3-54　举升实体创建示例

4. 扫描实体

“扫描”实体是将共面的一个或多个外形轮廓沿某一曲线轨迹移动所生成的实体模型，如图 3-55 所示。扫描实体操作较为简单，按操作提示即可完成操作，这里不赘述。

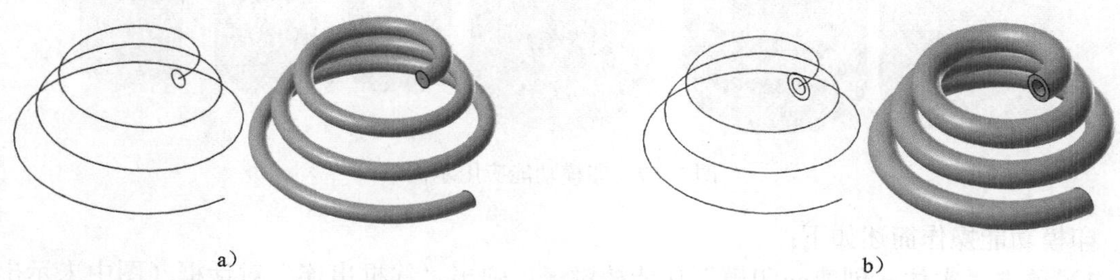

图 3-55　扫描实体示例

a）单个截面轮廓线　b）两个嵌套的截面轮廓线

5. 实体的布尔运算

“布尔运算”功能（Boolean）可将多个独立的实体模型，通过结合、切割与交集等布尔运算转化为一个实体模型。操作时第一个选择的实体为“目标主体”，其余为“工具主体”，在切割运算时是用目标主体减去工具主体后的实体，故此时选择实体的先后顺序会影响布尔运算后的结果。

图 3-56 所示为布尔运算示例。图中可见选择不同的目标主体时，其切割运算的结果有差异，另外，布尔运算后实体的颜色取决于目标主体的颜色。布尔运算的操作较为简单，按操作提示即可完成。

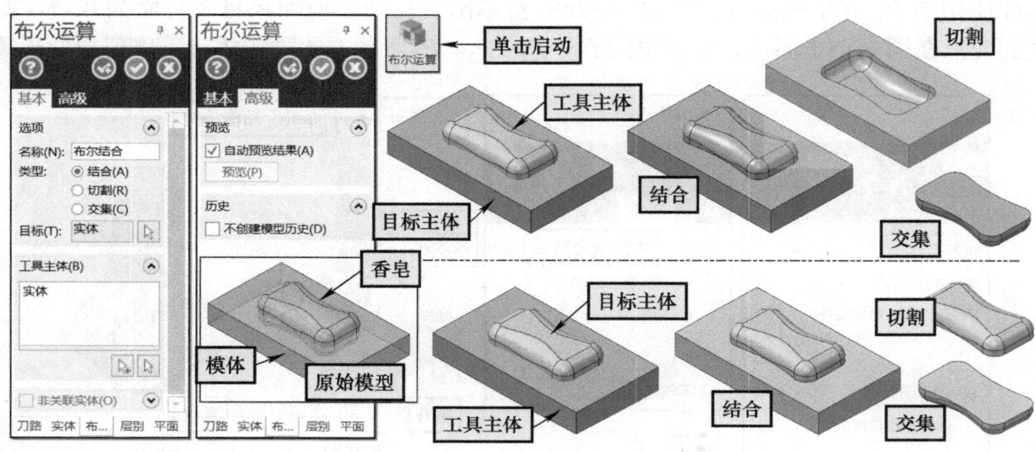

图 3-56 布尔运算示例

6. 实体的印模功能

“印模”功能可创建一个原始模型凹凸相反的模型（印模），图 3-57 所示为印模功能应用示例。插图简述如下：某凹模 3D 模型，拟创建一个凹凸相反的模型，如用于电加工的电极；在凹模适当高度构建印模曲线；以印模曲线和凹模模型基于“印模”功能创建印模模型；关闭或隐藏原模型；修改模型为电极。操作提示：整体缩小获得放电间隙，阶梯面适当向上推拉，防止电加工伤到模型平面，顶面中心打一个 M8 螺纹的底孔。

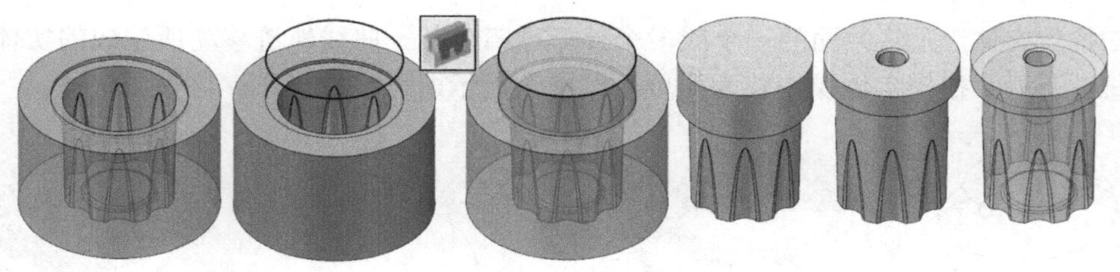

图 3-57 印模功能应用示例

印模功能操作简述如下：

1）单击“实体→创建→印模”功能按键，弹出“线框串连”对话框（图中未示出）和操作提示“选择串连进行实体印模”。

2）“串连”方式拾取印模曲线，弹出“实体选择”对话框，继续操作提示“选择实体主体或面。印模操作将挤压到此位置”。

3）“实体”方式拾取凹模 3D 模型，单击“确定”按键，创建印模模型。

4）关闭或隐藏凹模 3D 模型，可清晰看出印模模型。

5）按电极要求编辑修改模型，包括实体缩放、阶梯面推拉和装夹螺纹底孔。图示显示了着色模型和着色半透明模型。注：实体缩放操作基于“转换→尺寸→比例”功能；推拉操作参见图 3-81；螺纹底孔创建参见图 3-58。

7．实体孔创建

在实体表面指定位置创建孔特征，孔样式中的类型有多种，选择不同的孔类型其孔参数项目存在差异，按文字操作即可完成实体的孔创建。

图 3-58 所示为“孔”创建功能管理器及示例，创建操作简述如下：

1）单击“实体→创建→孔”功能按键，弹出操作提示“选择目标主体将孔添加到”。

2）选择待创建孔实体，继续操作提示“使用面板修改孔设置”（面板即管理器）。

3）基于管理器创建孔，常见操作有孔位置选择、孔类型及其参数设置、孔口是否倒角等，如图右上角示例为简单钻孔，孔径 8.5mm、孔深 20mm、孔口是否倒角及倒角参数设置等，设置过程中可以同时预览，确定后也可从实体管理器中激活修改。选择孔位置后操作提示转为“选择孔位置顶部，完成后按 [Enter]”键。

4）孔样式与参数预览满意后，按 [Enter] 键结束。

5）单击“确认并继续”按键，重复上述步骤创建孔。单击“确定”按键，完成孔创建操作。

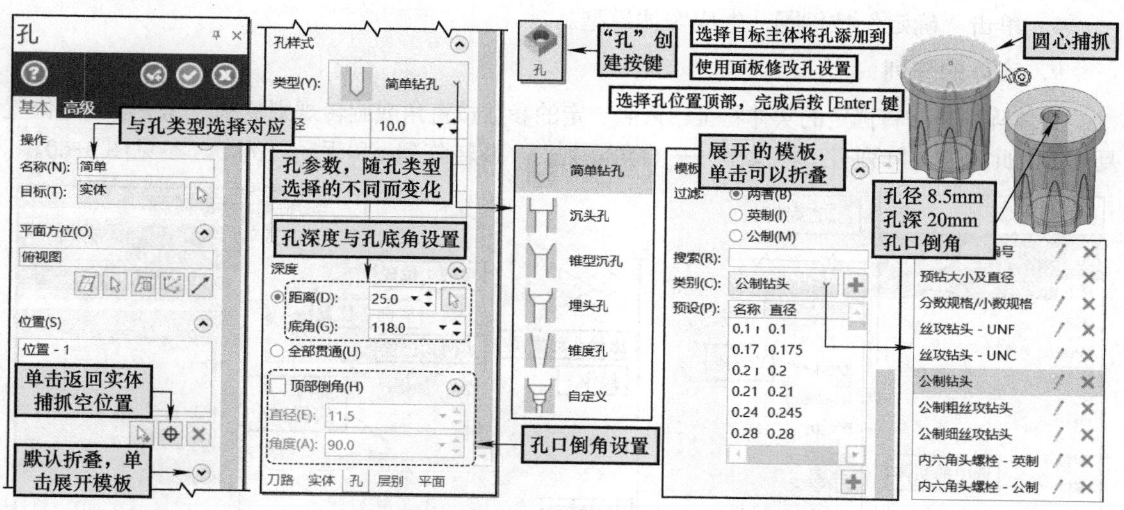

图 3-58 实体上“孔”创建功能管理器及示例

管理器中的“模板”默认为折叠状态，单击“展开”按键可展开模板（如图右边所示），不用时可单击“折叠”按键折叠。

8．由曲面生成实体

“由曲面生成实体”功能可将开放或封闭的曲面模型转换为实体模型。其中，开放曲面转化的实体称为薄片实体，虽然其看不到厚度，但却具有实体属性，配合后续的薄片加厚功能可创建具有一定壁厚的实体。

图 3-59 所示为“由曲面生成实体”示例，其原始曲面模型为图 3-48a 所示的曲面模型，其操作过程如下：首先，利用“恢复到修剪边界”功能取消前窗口孔（也可用“填补内孔”功能填补前窗口孔）；其次，封闭底面，具体是先用“单一边界”功能提取底边缘轮廓线，然后用“平面修剪”功能创建底面；第三，单独建立一个实体图层，用“由曲面生成实体”功能生成实体。注意：图示为着色模式，线框模型下可看出曲面与实体模型的显示差异。

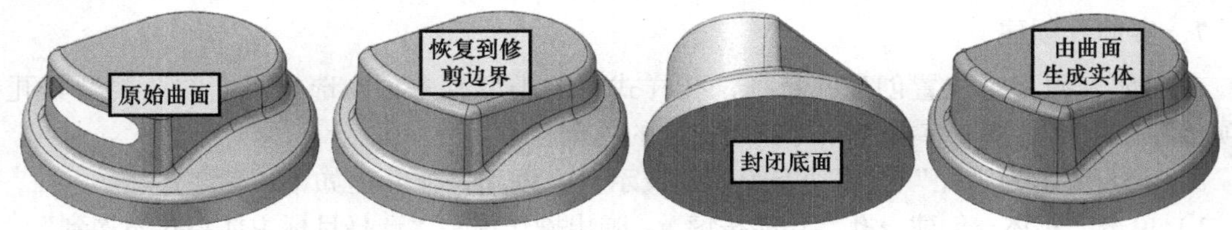

图 3-59 “由曲面生成实体”示例

由曲面生成实体操作简述如下：

1）单击“实体→创建→由曲面生成实体”功能按键，弹出操作提示。

2）选择曲面，按 [Enter] 键，弹出“由曲线生成实体”管理器。选择曲面的方法有多种，包括操作提示显示按 [Ctrl+A] 键选择全部，单击选择视窗右侧的“全部曲面”按键左上半部，常规的鼠标窗选等。同样，结束选择的曲面的方法除了 [Enter] 键外，还可以单击“结束选择”按键 结束选择。

3）在操作管理器中设置相关参数或选项。

4）单击“确定”按键，生成实体模型。

9．实体的阵列

实体阵列是指将选定的实体特征，依照一定的参数按直角或旋转规则复制，或手动指定位置复制。因此，实体阵列有三种操作——直角阵列、旋转阵列和手动阵列，参见图 3-60。

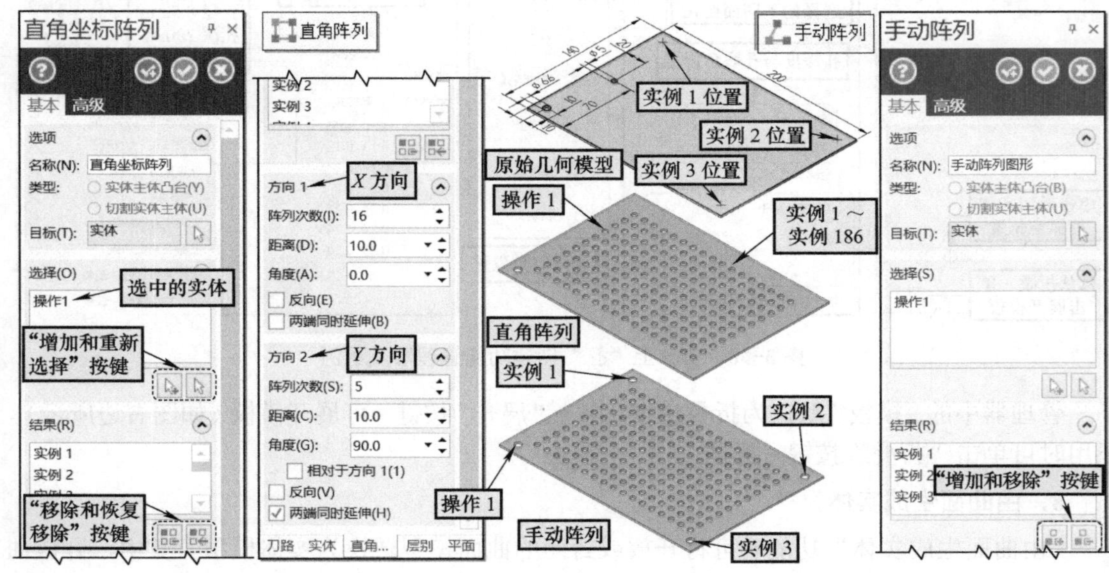

图 3-60 直角阵列与手动阵列示例

（1）直角阵列与手动阵列　图 3-60 所示为直角阵列和手动阵列示例。图中要求在一块 200mm×160mm 薄板上对 ϕ5mm 通孔按间距 10mm 的距离进行直角复制（共复制了 186 个孔）。同时，练习将 ϕ6.6mm 的通孔手动复制到另外三个角边距 10mm 的位置上。

“直角阵列”功能可将指定的特征实体（管理器中称操作 1）按直角坐标方式（默认方向 1 为 0°，即 X 方向，方向 2 为 90°，即 Y 方向）阵列（操作管理器中称实例 1 ～ n），两方向阵列的次数、距离和角度可设置，并可反向或双向阵列。

直角阵列的操作步骤如下：

1）单击“实体→创建→直角阵列”功能按键，弹出“直角坐标阵列”管理器、“实体选择”对话框和操作提示（图中未示出）。

2）按操作要求选择要复制的实体特征或操作，单击“确定”按键，激活“直角坐标阵列”管理器，并提示在管理器中进行设置，同时可看到默认参数阵列的预览图形。

3）在操作管理器中设置相关参数，如方向 1 和方向 2 的阵列次数、距离、角度等，并根据阵列的预览图形确定是否需要反向和双向阵列等。图 3-60 中的参数设置与图形是对应的。

4）单击“确定”按键，完成直角阵列操作。

注意

“直角坐标阵列”管理器中的操作 1 指的是指定的特征实体 ϕ5mm 通孔。实例 1 ～实例 186 为阵列出的 ϕ5mm 通孔，单击结果列表框中的某一实例，图中高亮显示是选中的哪一个孔，单击“移除”按键可以删除该实例，若移除的实例不满意，则可用“恢复移除”按键全部恢复，然后重新移除。

“手动阵列”功能是将指定的实体特征（操作管理器中称操作 1，如图中的 ϕ6.6mm 孔），通过手工的方式，复制（这里称阵列）到光标指定的位置，如图 3-60 中原始几何模型上三个角处指定点，手动阵列的实体在手动阵列操作管理器中称为实例，其序号对应光标拾取的顺序。

手动阵列操作步骤如下：

1）单击“实体→创建→手动阵列”功能按键，弹出“手动阵列”管理器、“实体选择”对话框和操作提示。

2）按要求选择要复制的实体特征或操作，单击“确定”按键，激活管理器，并提示单击“添加”按键进行手工阵列。注意：此时的结果列表框红色框显示。

3）单击结果列表框右下角的“增加”按键，系统提示选择基准位置，光标捕抓图形中左下角 ϕ6.6mm 孔（操作 1）上边缘孔中心，然后依次选取实例 1 ～ 3 的位置点，完成实例 1 ～ 3 孔的手工阵列。

4）单击“确定”按键，完成手动阵列操作。

手动阵列的孔是靠光标拾取位置确定结果中的实例，这一点与直角阵列等不同。

（2）旋转阵列　是将指定的实体特征（操作管理器中称操作，可多选）按圆弧（即旋转）方式阵列，阵列方式有整圆阵列（完整循环选项）、按角度递增（圆弧选项）和在指定角度范围内阵列（圆弧选项＋限制总扫描角度选项）。

旋转阵列的操作步骤如下：

1）单击“实体→创建→旋转阵列”功能按键，弹出“旋转阵列”管理器、“实体选择”对话框和操作提示。

2）按要求拾取要复制的实体特征，单击“确定”按键，激活“旋转阵列”管理器，并提示在管理器中进行设置，同时可看到默认参数阵列的预览图形。

3）在管理器中分别设置旋转阵列参数，包括阵列次数、分布参数等，若原模型的圆心不在系统坐标圆心上，则需单击“圆心选择”按键重新指定。

4）单击“确定”按键，完成旋转阵列操作。

图 3-61 所示为旋转与直角阵列示例。旋转阵列几何参数及模型如图 3-61a 所示，其中 ϕ11mm 沉孔深度为 6.5mm。图 3-61b 为阵列前模型。图 3-61c 所示为直角阵列原始模型，阵列参数为，间距 7mm，在 ϕ100mm 范围内布局，因此，要用到“移除”按键进行删除操作。图 3-61d 所示为删除后的模型。图 3-61e 所示为螺钉沉孔旋转阵列结果模型，其操作参数参见图 3-61a 中管理器的设置，注意其操作有两个，包括 ϕ6.6mm 通孔与 ϕ11mm 沉孔。

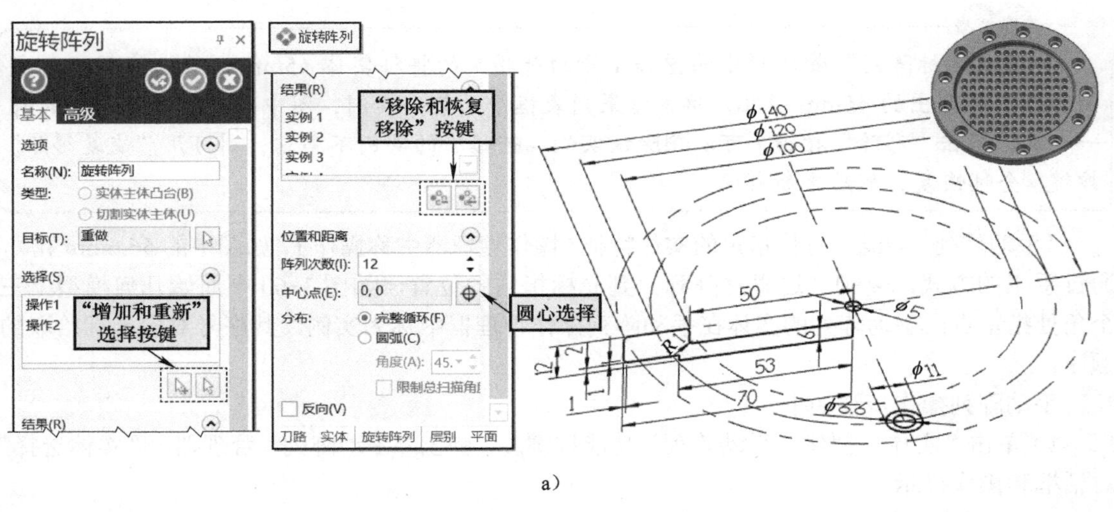

a）

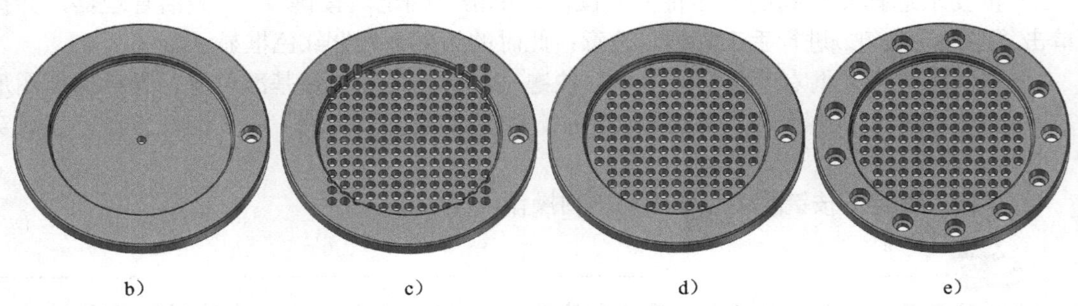

b）　c）　d）　e）

图 3-61　旋转与直角阵列示例

a）旋转阵列几何参数及模型　b）阵列前模型　c）直角阵列未删减　d）直角阵列删减　e）旋转阵列

3.3.4　实体的修剪

实体的修剪又称编辑，是实体模型构建中、后期常见的操作，包括倒圆角与倒角，抽壳、薄片加厚、拔模、平面与曲面修剪实体等。

1．实体倒圆角

实体倒圆角指在实体的边缘处按指定的圆弧参数倒出圆角，包括最基本的固定半径倒圆角、面与面倒圆角和变半径倒圆角三种，它们集成于一个下拉菜单中，参见图 3-49。

（1）固定半径倒圆角　是基本的倒圆角操作，其是基于所选择的边界线、面或实体等倒圆角，如图 3-62 所示。固定半径倒圆角操作较为简单，这里不赘述，但要注意以下内容：

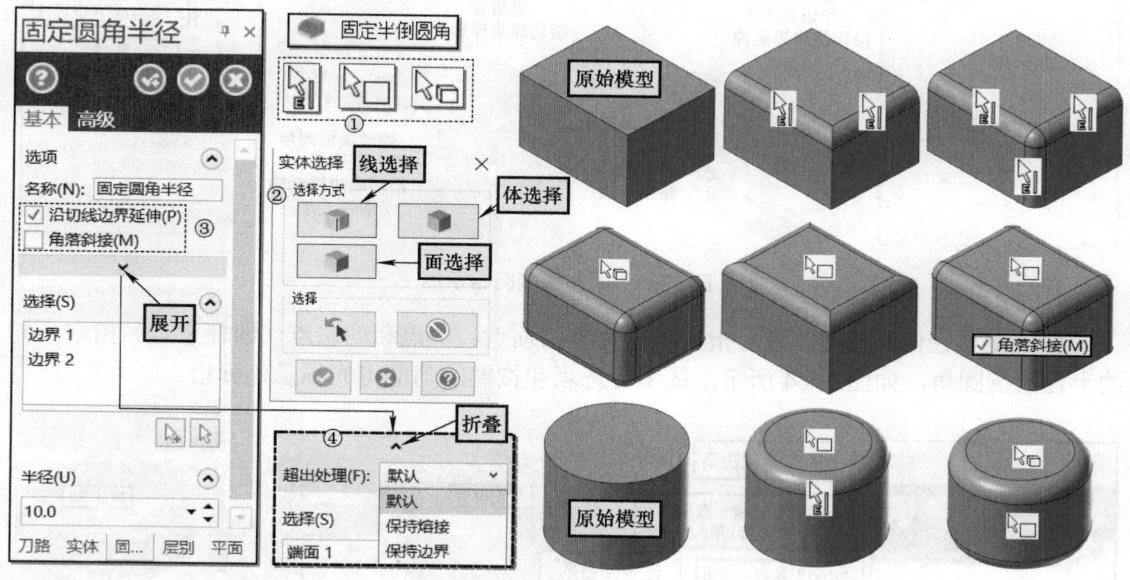

图 3-62　固定半径倒圆角示例

1）注意光标悬停移动时光标的变化，帮助选择线、面和体，参见图中框线①各种光标变化。

2）弹出的“实体选择”对话框可对线、面和体等进行过滤选择，可逐渐体会学习。

3）注意管理器中线框③标出的选项对倒圆角转角处的影响。

4）碰到倒圆角报错时，可展开超出处理的选项进行尝试，如图中标识④处。

（2）面与面倒圆角　通过指定的第一面与第二面之间，基于半径、宽度与比率、控制线三种方式倒圆角，如图 3-63 所示。

1）半径倒圆角，两面之间倒圆角的半径值不变。

2）宽度倒圆角，通过控制不同的宽度和比率倒圆角，所谓比率指倒出的圆角在第一、二组面上的弦高比值，默认为 1，此时倒出的圆角同半径方式倒圆角。

3）控制线倒圆角，分单控制线与双控制线两种。单控制线方式将选定的控制线与另一面之间倒圆角，其圆角半径多是变化的。双控制线方式将选定的两控制线之间倒圆角，其圆角半径也多是变化的。其中，沿切线边界延伸和曲线连续等选项会对倒出的圆角面曲率产生影响，读者可自行尝试，光标悬停在选项上会弹出帮助提示，有助于理解。

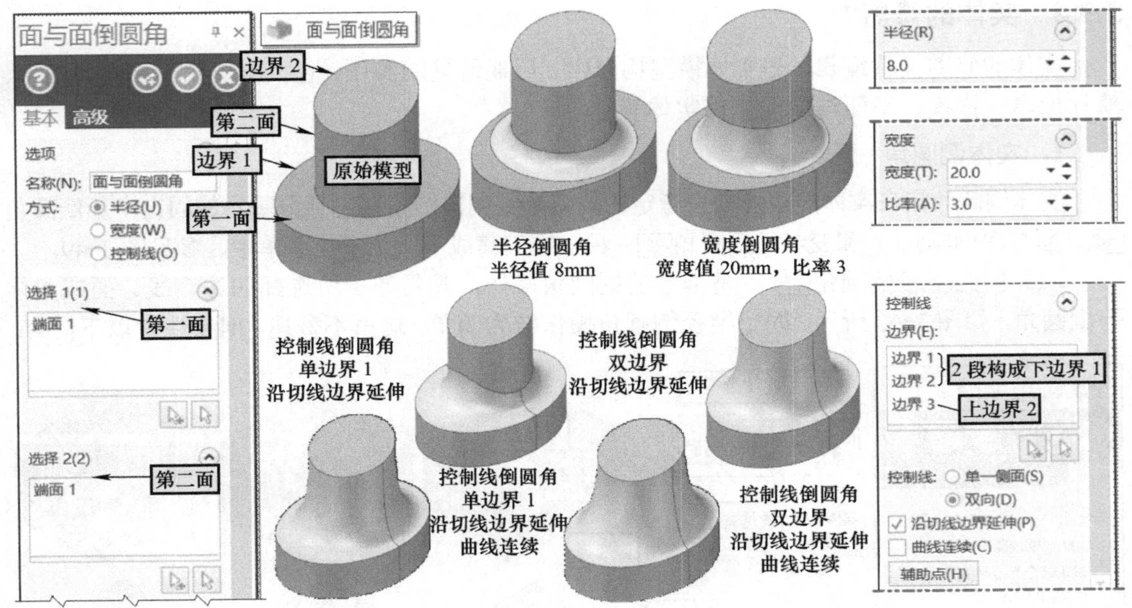

图 3-63 面与面倒圆角示例

（3）变半径倒圆角 可对指定实体边界的顶点、中点和动态点（即任意点）指定不同的半径值倒圆角，如图 3-64 所示。图中各选项和按键的功能可光标悬停弹出。

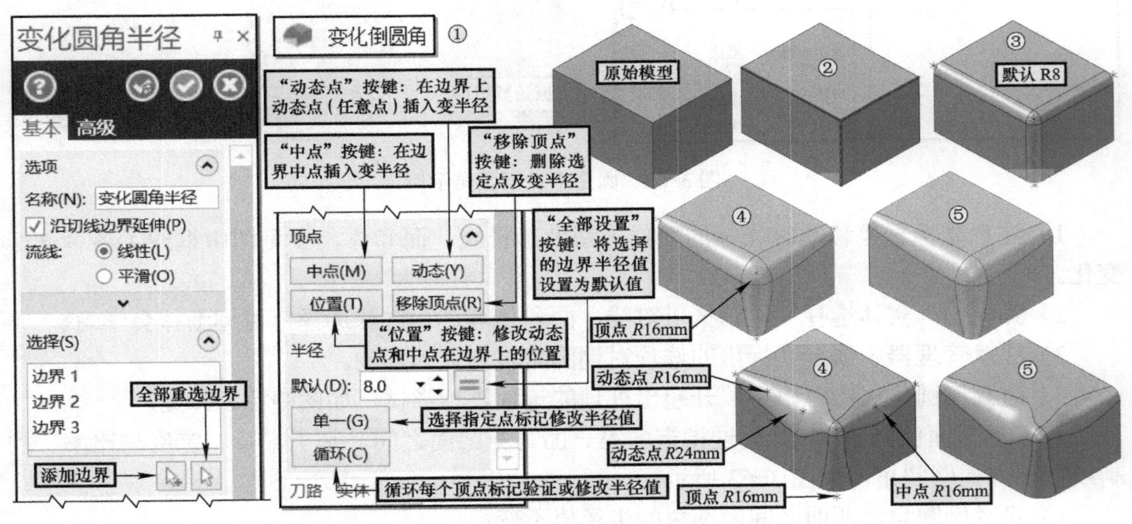

图 3-64 "变化圆角半径"管理器及变半径倒圆角示例

变半径倒圆角的操作通用的操作步骤简述如下（参照图 3-64 研习）：

1）单击"实体→修剪→变化倒圆角"功能按键，弹出"实体选择"对话框、"变化圆角半径"管理器和选择边操作提示。

2）以"边界"方式选择需倒圆角的边界。

3）单击"确定"按键激活管理器，并可看到默认半径值倒圆角的预览图形与默认定点标记，并提示在管理器中设置。

4）基于操作管理器设置与编辑倒圆角参数。如修改默认半径值并单击“全部设置”按键更新；单击“单一”按键选择顶点标记修改半径值；单击“中点”按键选择倒圆边界插入中点及半径值；单击“动态”按键选择倒圆边界插入动态点及半径值。读者可尝试各按键并按操作提示操作，领悟其作用。

5）单击“确定”按键，完成变半径倒圆角操作。

图3-65中给出了一个香皂模型的造型过程，其核心操作是变半径倒圆角，读者可尝试创建模型。

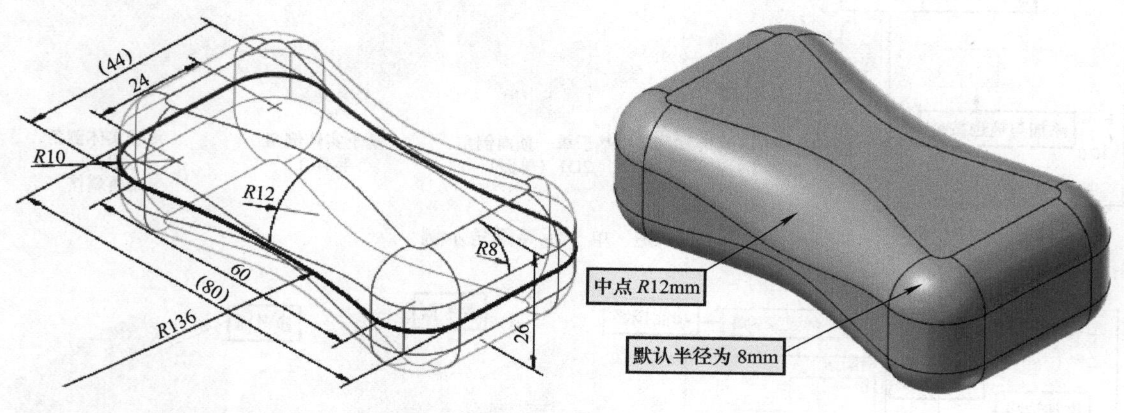

图3-65 香皂模型几何尺寸与模型图例

2. 实体倒角

实体倒角指在实体的边缘处按指定的倒角参数进行倒角，包括最常用的单一距离倒角、不同距离倒角和距离与角度倒角三种，它们集成于一个下拉菜单中，参见图3-49。

（1）单一距离倒角 是常用的倒角操作，其是基于所选的边界线、面和实体等按统一边距创建倒角，图3-66所示为单一距离倒角示例，倒角值均为10mm。单击“单一距离倒角”功能按键，弹出操作提示，同时弹出“实体选择”对话框，显示可选择边界、面和实体，也可设置为仅选择边界、面和实体，也可将光标移至预选择边界、面和实体附件待出现基于边界、面和实体的捕抓选择（提示符号参见表2-1），确定后会出现倒角预览，在“单一距离倒角”管理器中设置和修改相关参数，单击“确定”按键即可完成倒角操作。练习时注意不断改变参数，根据预览图形领悟设置内容。

（2）不同距离倒角 其倒角的边距为不相等的两个值，如图3-67中指定的参考面上的距离1为20mm，而距离2为5mm的倒角。不同距离倒角只能基于边界和面创建。为确定长边距的位置，基于边界倒角操作过程中需要指定一个参考面作为长边距的位置，而基于面倒角时，选择的面就是参考平面。

（3）距离与角度倒角 其倒角的参数为距离与角度，只能基于边界和面创建，为确定边距位置，操作过程中也必须指定参考面。如图3-68中，倒角参数为距离20mm，相对参考面的角度为30°，基于面倒角时指定面即为参考面。

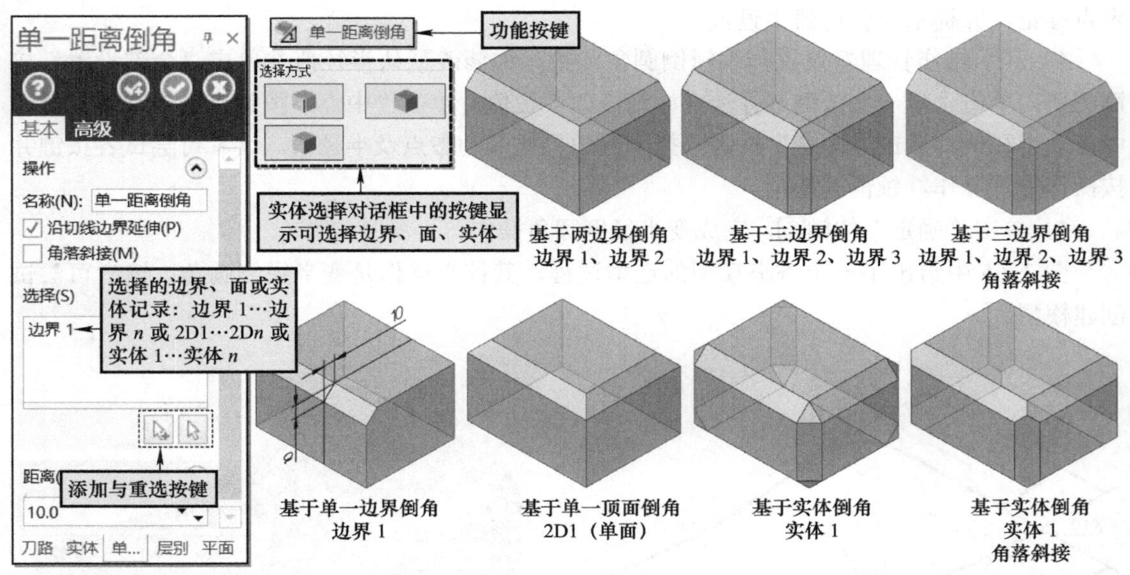

图 3-66　单一距离倒角示例

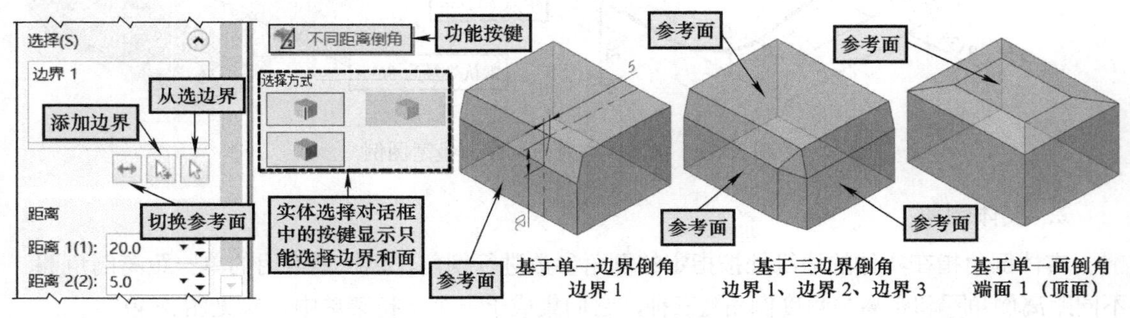

图 3-67　不同距离倒角示例

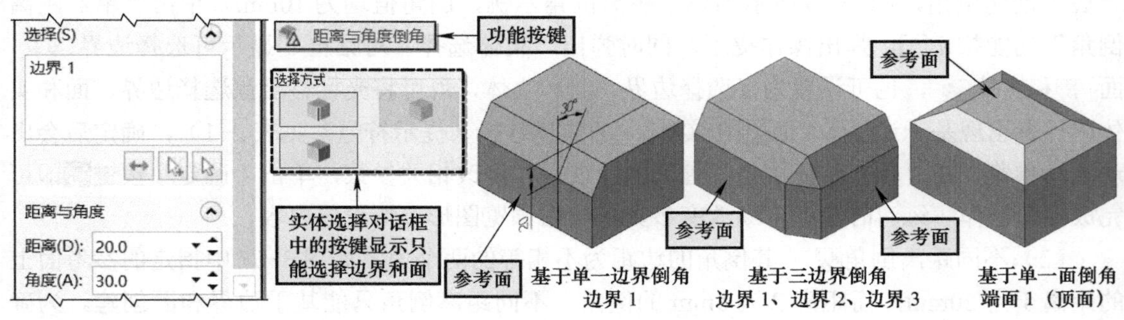

图 3-68　距离与角度倒角示例

3. 实体抽壳

实体抽壳指将实体抽去部分材料以获得一定厚度的壳体模型。抽壳方式多为开放式抽壳，包括单面开放与多面开放，也可封闭式抽壳。图 3-69 所示为实体抽壳示例，启动“实体→修剪→抽壳”功能后会弹出“实体选择”对话框，可设置快速选择抽壳方式，默认有面与实体两选项。也可直接用光标捕抓面、实体等。抽壳加厚实体方向有方向 1、方向 2 和两端三个，预览方式下可看到方向箭头，方向 1 与方向 2 可用“翻转加厚反向”按键反向操作。“选择”列表框中显示当前选择的面（如图中的端面 1）或实体等，可用“添加”按键或“重选”按键编辑。抽壳厚度值分别对应抽壳方向设置。操作过程按操作提示进行可方便掌握。

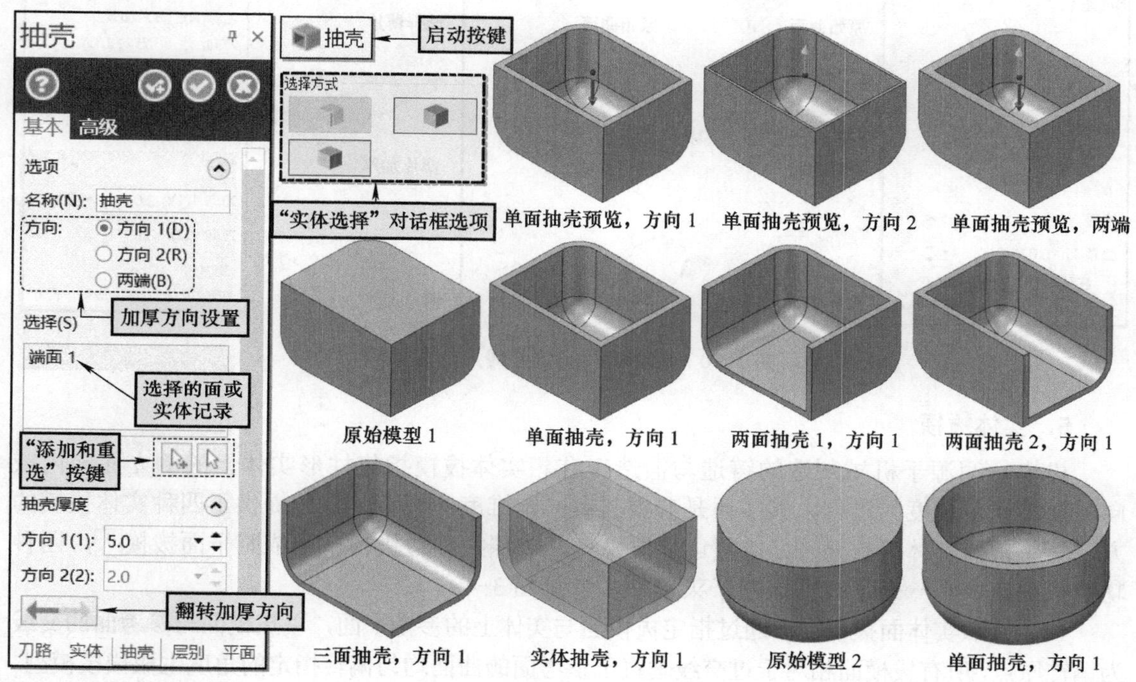

图 3-69　实体抽壳示例

4．薄片实体的创建与薄片加厚

薄片又称薄片实体，是开放曲面经过“实体→创建→由曲面生成实体”功能生成的一种具有实体属性但无厚度的实体模型。“实体→修剪→薄片加厚”功能是针对薄片实体专设的功能，其可以将薄片实体按一定的方向与厚度加厚为具有一定厚度的实体模型。薄片实体与曲面模型在着色模式下无明显差异，但在线框模式下差异明显。

图 3-70 所示为图 3-7 中所示的举升曲面先用“由曲面生成实体”功能生成薄片实体，然后，再用“薄片加厚”功能生成有一定厚度的实体模型示例。

创建薄片实体操作步骤简述如下：

1）单击“实体→创建→由曲面生成实体”功能按键启动该功能。

2）选择曲面并设置相关参数和选项。

3）单击“确定”按键，生成薄片实体模型。

接上述薄片实体模型加厚为 2mm 厚度的实体模型，操作步骤简述如下：

1）单击“实体→修剪→薄片加厚”功能按键，启动薄片加厚功能。

2）选择前述的薄片实体，可看到薄片加厚预览，在管理器中设置相关参数和选项。

3）单击“确定”按键，生成加厚实体模型。

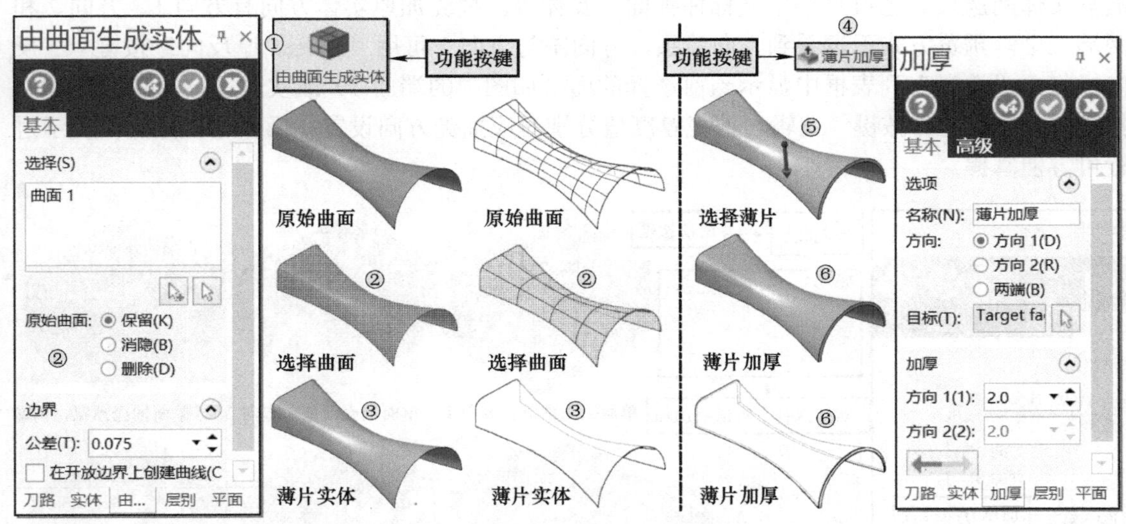

图 3-70　创建薄片实体并薄片加厚示例

5．实体拔模

拔模一词源于机械制造的铸造与锻造工艺。实体拔模指将柱形实体上的侧立面向内或向外翻转一定角度的过程，其实质是获得具有一定锥度的模型。系统提供了四种实体拔模的方法——依照实体面拔模、依照边界拔模、依照拉伸边拔模及依照平面拔模，四种功能按键集成于一个下拉式拔模子菜单中，参见图 3-49。

（1）依照实体面拔模　通过指定拔模面与实体上的参考平面，以拔模面与参考面的交线为偏转原点，所有拔模面相对于过交线垂直于参考面的曲面均匀偏转指定的角度生成拔模模型。

图 3-71 所示为依照实体面拔模示例，其操作步骤如下：

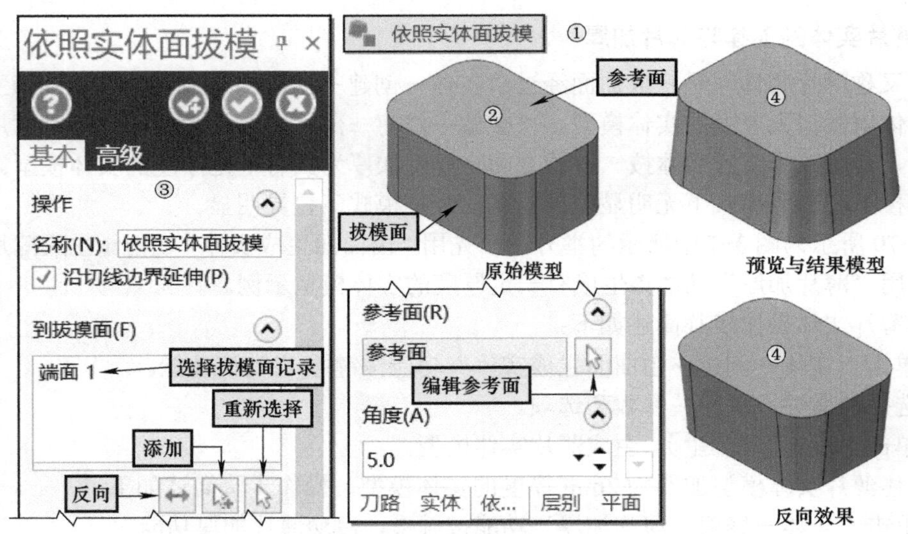

图 3-71　依照实体面拔模示例

1）单击“实体→修剪→拔模▼→依照实体面拔模”功能按键，启动拔模功能，弹出“依照实体面拔模”管理器、“实体选择”对话框和选择拔模面操作提示。

2）按操作提示选择拔模面，单击“确认”按键，依照提示再选择参考面，可预览拔模模型，并激活管理器。

3）在管理器中设置拔模参数和选项，如拔模角度5°，勾选“沿切线边界延伸”选项，单击“反向”按键实现拔模方向的翻转等。通过图形预览观察拔模模型。

4）拔模模型满意后，单击“确定”按键，完成依照实体面拔模操作。

注：对于图示的拔模面相切的模型，若在操作管理器中勾选“沿切线边界延伸”复选框，则仅需选择一个拔模面，其相切的面均会自动选择并拔模。另外，对完成的拔模不满意时，可进入“实体”操作管理器，双击该拔模记录重新激活管理器，利用“增加”、“重新选择”和“选择面”等按键重新编辑拔模模型。

（2）依照边界拔模　通过依次指定每一个拔模面与参考边缘（即边界），再指定实体上的参考平面，所有拔模面均以参考边缘偏转轴，相对于过边界垂直于参考面的曲面均匀偏转指定的角度生成拔模模型。

图3-72所示为依照边界拔模示例，依照边界拔模的优势是可以对同一实体不同侧面设置不同的拔模角度，但为保证拔模面的连续性，建议相切面采用相同的拔模角度，并可以作为一组拔模面选择操作。

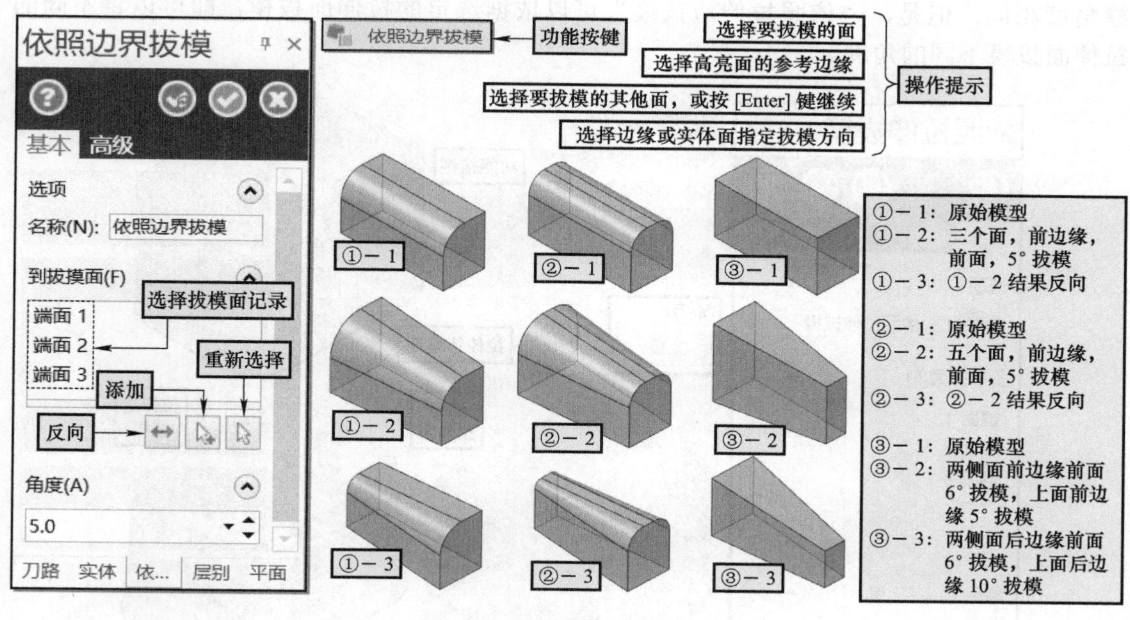

图3-72　依照边界拔模示例

依照边界拔模操作步骤如下（以序号②－2的拔模模型结果为例）：

1）单击“实体→修剪→拔模▼→依照边界拔模”功能按键，启动拔模功能，弹出“实体选择”对话框、“依照边界拔模”管理器和选择拔模面操作提示。

2）按操作提示选择拔模面1，实体选择对话框暂时退出，提示选择拔模面1上的参考边缘；选择边界1，又弹出提示选择其他拔模面与参考边缘，重复选择拔模面和参考边缘操作；选择完拔模后，按 [Enter] 键，弹出选择参考面操作提示，按提示选择参考面，可看到拔模预览，并激活管理器。

3）在管理器中设置拔模参数和选项，如设置拔模角度 5°，“反向”按键等设置，通过图形预览观察拔模模型。

4）拔模模型满意后，单击“确定”按键，完成实体拔模操作。

（3）依照拉伸边拔模 前提条件是实体模型必须是拉伸功能生成的实体。通过指定拔模面，系统以拉伸操作时的串连曲线（即指令名称中的拉伸边）为转轴点控制拔模面偏转指定的角度生成拔模模型。对于拉伸实体，这种拔模方式非常方便。

图 3-73 所示为依照拉伸边拔模示例，其操作步骤如下：

1）单击“实体→修剪→拔模▼→依照拉伸边拔模”功能按键，启动拔模功能，弹出“实体选择”对话框、“依照边界拔模”管理器和选择拔模面操作提示。

2）按操作提示选择拔模面，单击“确定”按键，激活管理器，并可看到默认角度值的预览图形。

3）在管理器中设置拔模参数和选项。通过图形预览观察拔模模型。

4）拔模模型满意后，单击“确定”按键，完成依照拉伸边拔模操作。

“依照拉伸边拔模”与“拉伸”相似。若所有拉伸面都均匀拔模，则“依照拉伸边拔模”的效果与实体操作管理器中激活相应“拉伸”操作管理器并在“高级”选项卡中设置拔模角度相同。但是，“依照拉伸边拔模”可以依据选定的拉伸面拔模，即可以将不同的拉伸面拔模不同的角度。

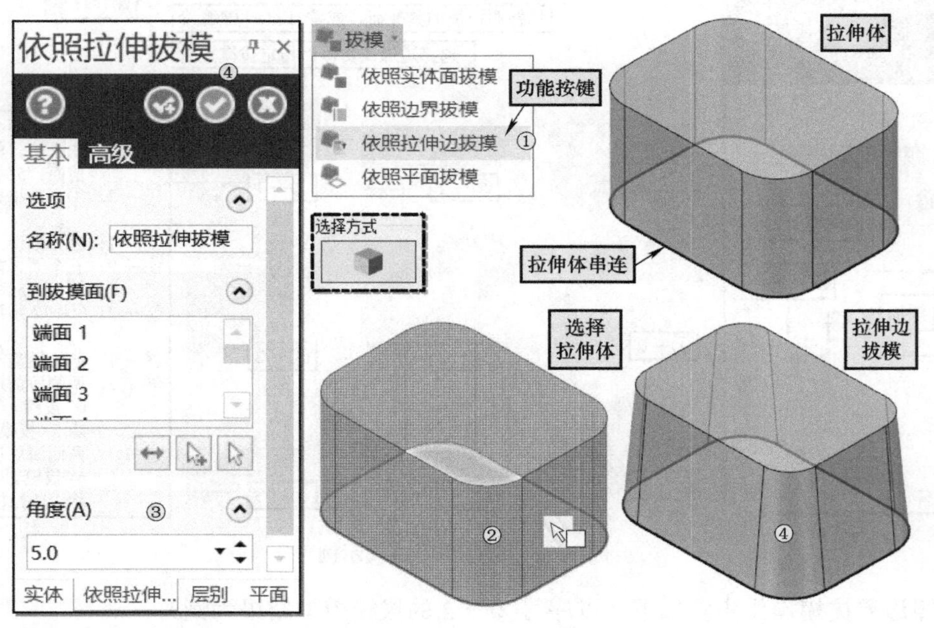

图 3-73　依照拉伸边拔模示例

（4）依照平面拔模 指定拔模面，然后指定一个平面，这个平面与拔模面的交线为拔模面偏转轴线点，而这个平面就类似前述的参考平面，拔模面通过这些轴线点偏转指定的拔模角度生成拔模模型。

操作管理器中平面的指定方式有以下三种：

1）依照直线定义平面。通过选择直线，以其所在的绘图平面为平面。

2）依照图素确定平面。通过选择可以确定平面的图素确定平面，如一个现存的平面、两条直线、三个点、一个圆弧等。这种方式最为实用。

3）依照标准视图或预定义视图定义平面。该方式激活后会弹出“选择平面”对话框选择标准视图平面等。

图 3-74 所示为依照平面拔模示例图解，图中序号④、⑤和⑥、⑦分别为定义底面和顶面为平面的拔模模型及其反向模型，底面定义可单击“依照图素确定平面”按键，捕抓图示序号③所示的底面或顶面圆弧确定。图中下部底面边界处的粗实线为拉伸操作的串连曲线。

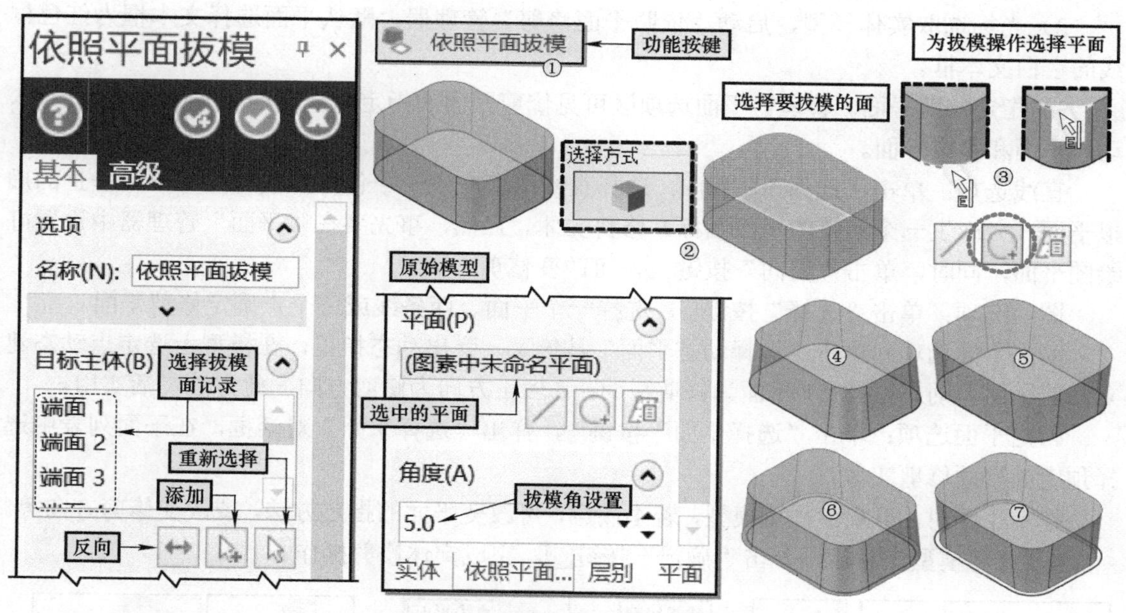

图 3-74　依照平面拔模示例图解

依照平面拔模操作步骤简述如下：

1）单击“实体→修剪→拔模▼→依照平面拔模”功能按键，启动拔模功能，弹出“依照平面拔模”管理器、“实体选择”对话框和选择拔模面操作提示。

2）按操作提示选择拔模面，单击“确认”按键，激活“依照平面拔模”管理器，同时弹出选择平面操作提示。

3）在管理器中单击“依照图素确定平面”按键，基于序号③所示捕抓圆弧实体边线确定平面（也可用其他方式确定平面），窗口模型出现拔模预览图示，继续在管理器中设置拔模角度、反向拔模等设置。

4）拔模模型满意后，单击“确定”按键，完成依照平面拔模操作。

6．实体的修剪

实体的修剪是将指定的实体，按照指定的平面、曲面或薄片实体去剖切，获得所需的半边或分割为两部分实体。实体修剪包括“依照平面修剪”和“修剪到曲面 / 薄片”两种，集成于一个下拉菜单中，参见图 3-49。

（1）依照平面修剪 可将实体按指定的平面进行修剪。指定平面的定义包括：按直线构成平面，该平面与构图平面有关，实质包含直线的构图平面的垂直面；按图素构成平面，这些图素是能构成平面的图素，如平面、两平行直线或两相交直线，三个不在一条直线上的点，一段圆弧等。视图平面，单击该按键会弹出“选择平面”对话框，可选择“平面”管理器中的标准或新建的平面。

图 3-75 所示为依照平面修剪示例。其原始模型为一抽壳模型（图 3-65 的实体模型抽壳获得的模型）。依照平面修剪操作步骤如下：

1）单击“实体→修剪→依照平面修剪▼→依照平面修剪”功能按键，启动“依照平面修剪”功能，弹出相应管理器、“实体选择”对话框和操作提示。

2）光标选取实体模型，启动“依照平面修剪”管理器，默认平面选择文本框为红色框线的空白文本框。

3）指定修剪平面。管理器平面选项区可见修剪平面的指定方式有四种——直线、图素、动态平面和指定平面。

直线选项：单击“选择”按键，选择直线图素产生一个包含直线与绘图平面垂直的虚拟平面（会产生一个淡淡的平面图标）修剪实体。显然，事先要在“平面”管理器中设置好绘图平面，同时，单击“反向”按键，可改变修剪方向。

图素选项：单击“选择”按键，选择一个平面、两条线或三个点确定修剪平面。

动态平面选项：单击“选择动态平面”按键，弹出动态指正，在模型上选定点动态建立修剪平面，动态指针 *XY* 平面为修剪平面，*Z* 轴正方向为修剪方向。此方法灵活实用。

指定平面选项：单击“选择平面”按键，弹出“选择平面”对话框，在平面列表中选择预定的平面修剪实体。

指定平面时，可观察预览模型，若不满意，可改变平面的指定方法，或改变修剪方向等。

4）修剪模型满意后，单击“确定”按键，完成实体修剪操作。

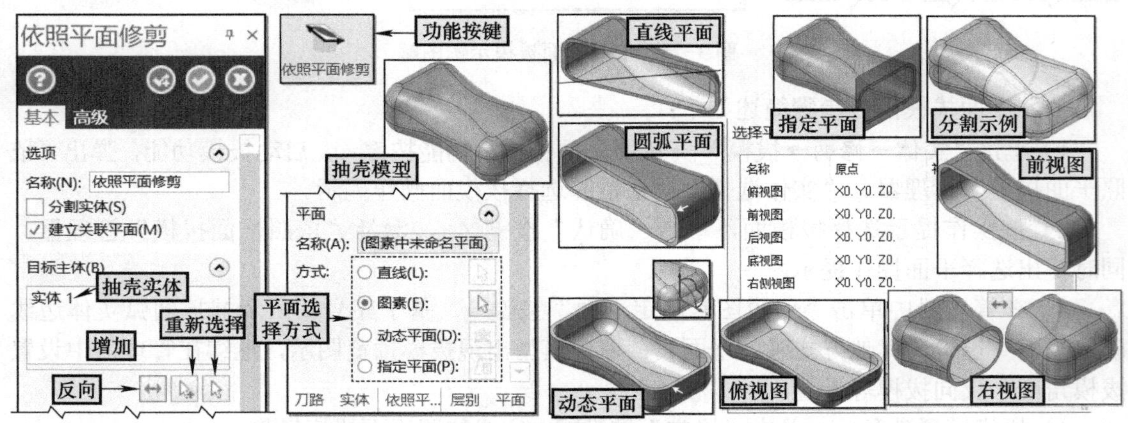

图 3-75 依照平面修剪示例

（2）修剪到曲面 / 薄片 可将实体按指定的曲面或薄片实体进行修剪。图 3-76 所示为一五角星实体凹模模型创建过程，原始条件为五角星曲面模型（序号①）。其创建过程简述如下：

1）创建分模曲面（序号②）。将五角星模型水平面镜像，然后绘制一个矩形曲面，再基于五角星轮廓线修剪完成（五角星模型水平面镜像是为了后续模型观察方便，若不做该操作，则可旋转模型观察）。

2）创建薄片实体模型（序号③）。用“由曲面生成实体”功能操作完成。

着色模式下曲面与薄片实体模型基本无区别，但切换至线框模型可看出明显差异，参见序号②、③左上角小图。

3）创建一个圆柱实体模型（模体），如序号④。

4）基于“修剪到曲面/薄片”功能，将圆柱实体按指定的薄片实体修剪，保留下半部实体（序号⑤）。

5）隐藏（或删除）薄片实体，获得五角星实体凹模模型（序号⑥）。注意：若薄片实体分别创建在不同图层上，则用关闭图层操作，否则只能用删除或隐藏操作。

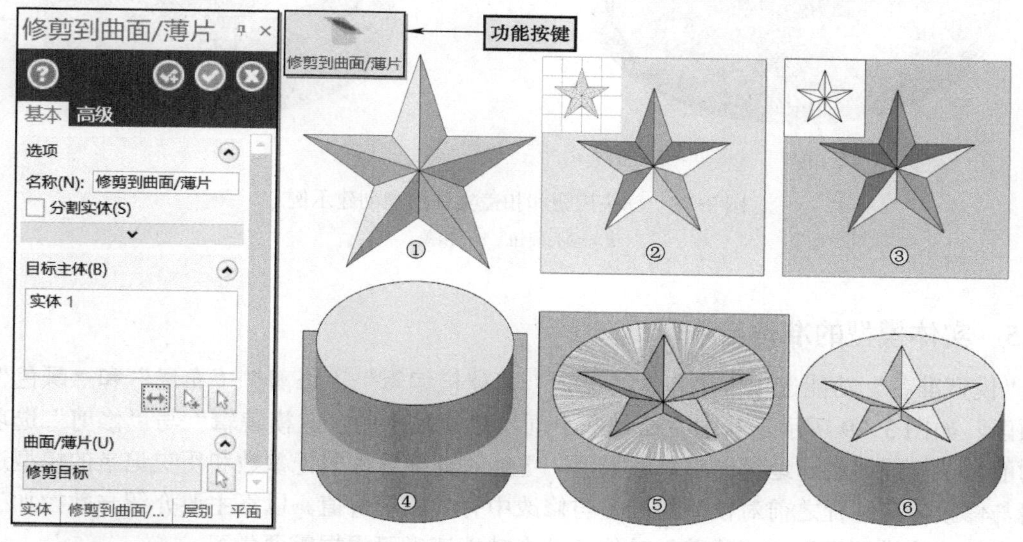

图 3-76 修剪到薄片示例——五角星实体凹模模型创建过程

7．实体模型创建示例与图例

图 3-77 所示为六角台旋钮实体模型创建示例，工程图及几何参数参见图 3-48b，读者可按顺序练习。其大致步骤如图所示。

图 3-78 所示为球头旋钮和扣盖实体模型创建示例，供学习参考。图 3-78a 所示为基于图 3-47 中所示尺寸创建的实体模型。图 3-78b 所示为基于图 3-48a 中所示尺寸按实体相关功能创建的壁厚为 1mm 的扣盖实体模型。

这里对相同零件分别用曲面和实体方式创建三维模型，读者通过实践会找到自己适合或习惯用的创建三维模型方式，不同的人有不同的结论，但都不影响后续的加工编程。

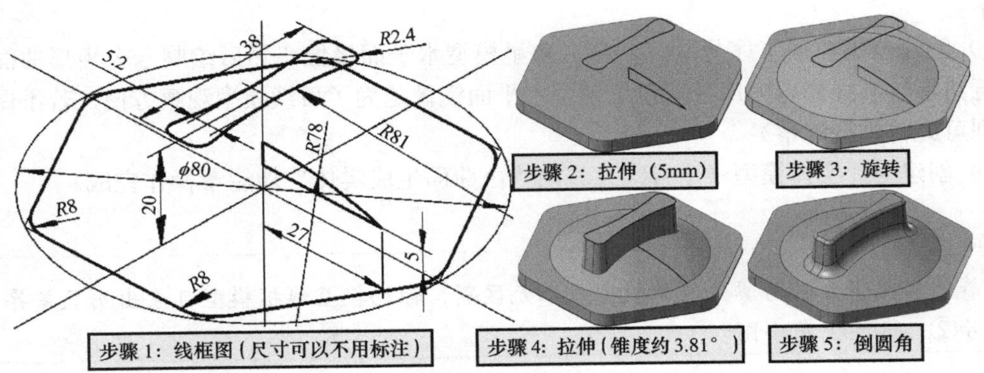

图 3-77　六角台旋钮实体模型创建示例

图 3-78　球头旋钮和扣盖实体模型创建示例

a）球头旋钮　b）扣盖

3.3.5　实体模型的准备与编辑

“模型准备”功能选项卡中包含“创建”“建模编辑”“修剪”“布局”和“颜色”等选项区，如图 3-79 所示，其中主要是基于同步建模技术的“建模编辑”与“修剪”选项区的功能，不仅能够快速地编辑与修改模型，更能对外部导入的无参数和历史记录的模型进行编辑与修改，在编程之前对模型的准备与修改中有其应用价值。以下主要介绍与数控加工联系紧密的“建模编辑”与“修剪”功能，其余功能读者可根据需要学习。

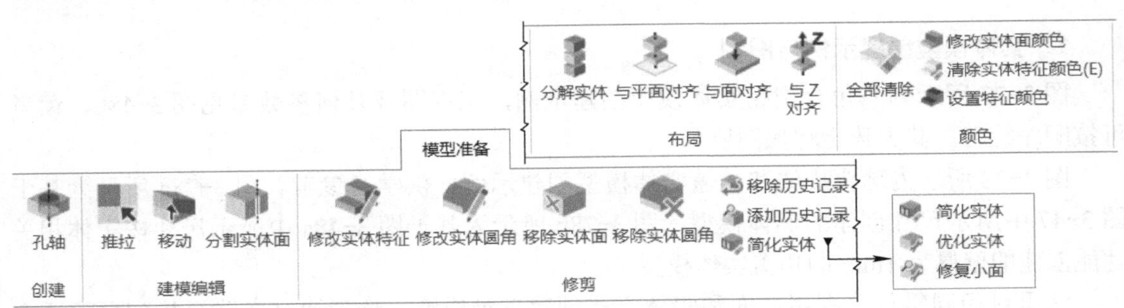

图 3-79　“模型准备”功能选项卡及其下拉菜单

1．创建孔轴线

创建孔轴线指创建指定实体孔的轴线及其相关图素，其轴线可设置两端的延伸、端点、圆等并可显示提示圆柱面孔径和轴线方向等，所创建轴线等的属性使用当前系统属性设置。创建孔轴线的操作较简单，直接按操作提示操作即可，如图 3-80 所示。该操作属于同步建模功能指令，可对无参数模型以及有参数和历史记录的模型进行操作。

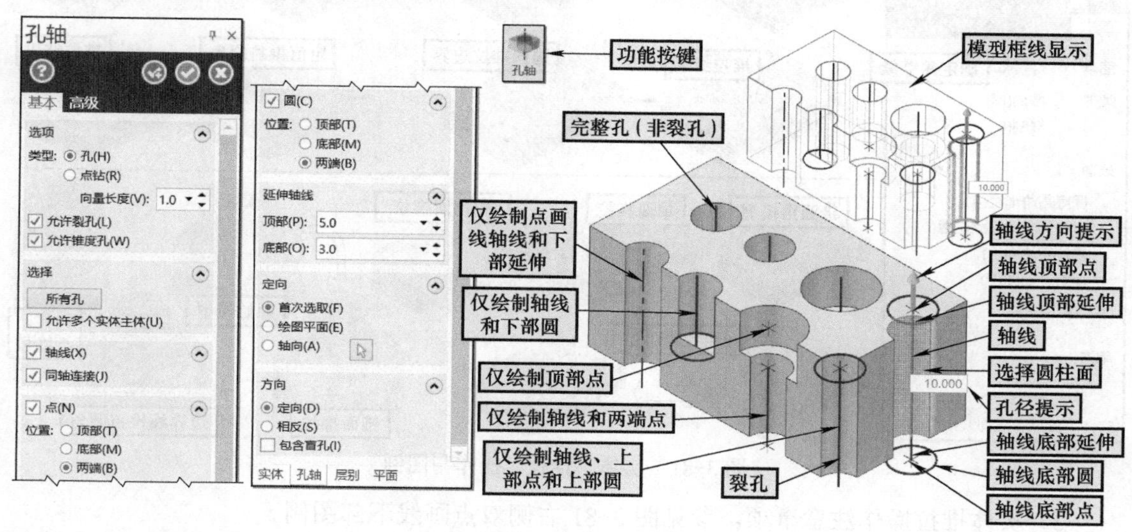

图 3-80　创建孔轴线示例

2．实体模型的无参数编辑

“模型准备→建模编辑→推拉/移动/分割实体面”等功能是同一类同步建模功能指令，适用于无参数模型的编辑，即使是一个有参数和历史记录的实体模型，在进行操作之前也要求去除历史记录而成为一种无参数模型，因此在使用前要考虑好是否还需继续操作。

（1）实体“推拉”功能　能够将实体的指定面或特征拉伸或缩短，也能够对指定的锐边创建圆角或将圆角特征推拉至锐边。常见操作为动态指针的几何体推拉操作，可自由或定值推拉操作。

1）实体推拉操作简述。图 3-81 所示为实体“推拉”操作与图例。右双点画线上部为操作图解。“推拉”可理解为一个名词，也可理解为两个动词——推（缩短）和拉（拉长）。

实体推拉操作步骤如下：

① 单击“模型准备→建模编辑→推拉”功能按键，弹出“推拉”管理器和选择推拉面操作提示。

② 按操作提示选择欲推拉的面，可看到选择面高亮显示，并出现一个推拉箭头。

③ 单击箭头激活推拉箭头，可拖动箭头带动推拉面移动，并出现推拉标尺和推拉值文本框，可参照推拉面位置和文本框值自由推拉，也可在文本框输入推拉值定值推拉，按 [Enter] 键完成数值的输入。

④ 单击“确定并继续”按键，完成一次拉伸操作，并重复第②～④推拉操作。单击“确定”按键，完成推拉操作，参见序号④模型。

图中第⑤～⑦为序号④模型同时推拉两条边为圆角的操作图解，图中序号⑥显示为定值推拉圆角，具体叙述略。

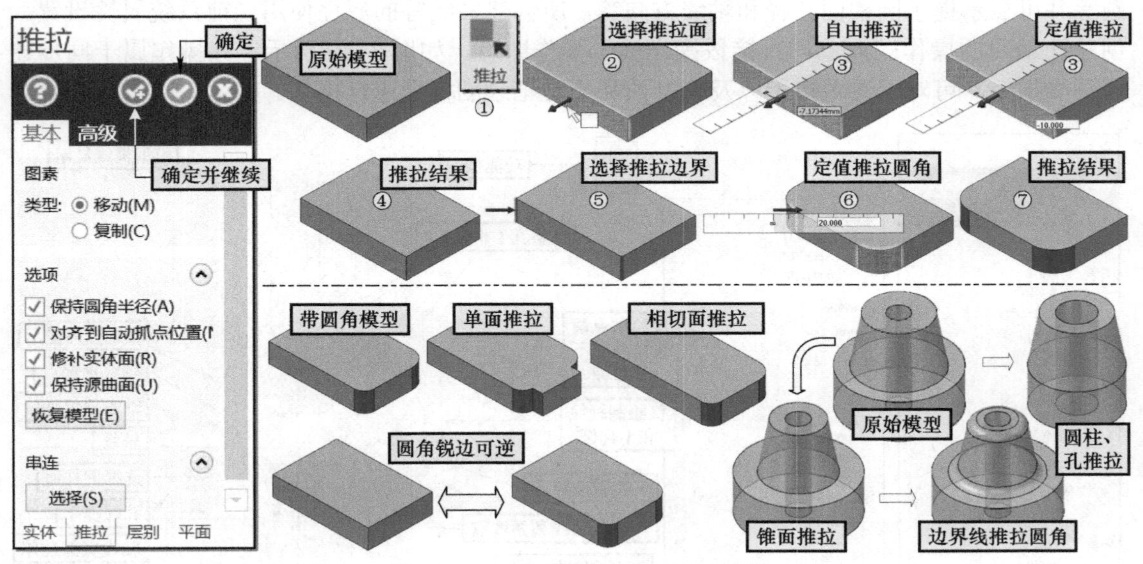

图 3-81　实体“推拉”操作与图例

2）实体推拉操作注意事项。参见图 3-81 右侧双点画线下部图例。

①相切推拉面应同时选择一次性拉伸，否则可能出现相切面不相切连续的问题。

②锐边与圆角的推拉是可逆的，即圆角也可推拉至锐边。

③推拉操作同样适用于圆锥面、外圆柱面和内圆孔面。

④锐边推拉同样适用于圆边界，凸、凹圆角推拉。

（2）实体“移动”功能 能够平移、旋转和复制实体特征与曲面。实体移动功能主要基于动态坐标指针操作，涉及动态指针的坐标系操作以及几何体操作。以下通过示例进行讲解。

1）实体特征的平移操作。图 3-82 所示为一实体特征移动操作（平移、复制）示例，要求用实体移动功能将原始模型中间的圆锥实体平移复制到四个圆角圆心处。操作步骤如下：

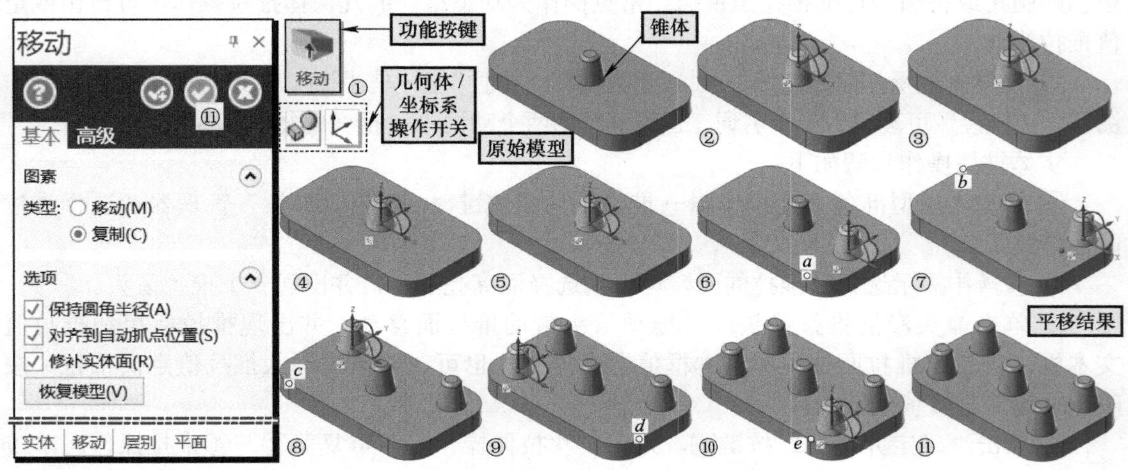

图 3-82　移动操作（平移，复制）示例

① 单击“模型准备→建模编辑→移动”功能按键，弹出操作提示和“移动”管理器。

② 按操作提示双击选择锥体特征，选择后按 [Enter] 键，选中后锥体高亮显示，并弹出动态指针，光标移至指针左下角可看到几何体操作图标（选择面的方式较多，如用光标逐一单选，或操作提示中的“按住 [Shift] 键选择圆弧相切面”等）。

③ 单击几何体操作图标开关，转换至坐标系操作图标，进入坐标系操作状态。

④ 单击坐标系原点，激活坐标系平移操作，捕抓锥体底圆圆心，将坐标系移至底圆圆心。

⑤ 单击坐标系操作图标开关，转换至几何体操作图标，返回几何体操作状态。

⑥ 单击选中图形复制模式，单击 X 坐标轴，移动锥体捕抓圆弧圆心或端点 a。

⑦ 单击选中图形移动模式，单击 Y 坐标轴，移动锥体捕抓圆弧圆心或端点 b。

⑧ 单击选中图形复制模式，单击 X 坐标轴，移动锥体捕抓圆弧圆心或端点 c。

⑨ 保持图形复制模式，单击 X 坐标轴，移动锥体捕抓圆弧圆心或端点 d。

⑩ 保持图形复制模式，单击 Y 坐标轴，移动锥体捕抓圆弧圆心或端点 e。

⑪ 单击“确定”按键，完成平移操作并退出，平移结果如图中序号⑪所示。

注意

第⑥～⑩步也可直接单击动态坐标系原点移动，通过捕抓四个角圆弧圆心实现。第⑨和⑩步也可合并，一次选择两个实体特征移动实现。

2）实体特征的旋转操作。图 3-83 ～图 3-85 所示为移动操作（旋转）复制凸台孔示例，其要求将图 3-83 中原始模型上的凸台与圆孔利用实体移动（旋转）复制的方式按 90° 增量角复制三个，如图 3-85 旋转结果④的模型所示。具体操作步骤简述如下：

第 1 步：凸台特征的旋转复制，如图 3-83 所示。

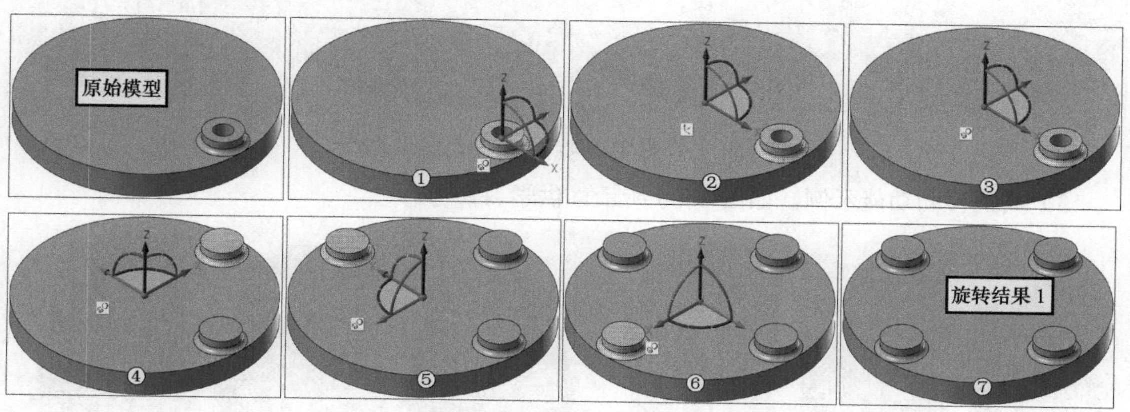

图 3-83 移动操作（旋转）复制凸台孔示例一

① 启动“模型准备→建模编辑→移动”功能指令，选择凸台顶面、外圆柱面和倒圆角面，按 [Enter] 键。

② 转化为坐标系操作，将坐标系移动至底板圆心。

③ 再次转回实体操作状态。

④ 基于动态指针旋转坐标操作实体旋转 90° 复制一次。

⑤ 再次操作实体旋转 180° 复制一次。

⑥ 再次操作实体旋转 270° 复制一次。

⑦单击“确定”按键，完成移动（旋转）操作，获得凸台旋转复制结果。

第 2 步：凸台孔的拉伸贯通，如图 3-84 所示。图 3-83 所示的旋转复制结果缺少凸台中间的孔。旋转复制前先须做以下工作。

① 切换至线框模式，可看到孔仍然在底板上。

② 翻转模型视角，启动“模型准备→建模编辑→推拉”功能，选中孔底面。

③ 返回视角显示，光标向上拉伸成通孔。

④ 单击“确定”按键，完成推拉通孔操作，获得凸台通孔。

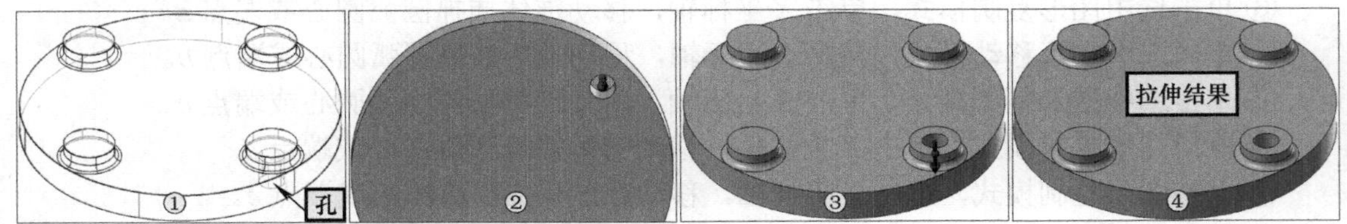

图 3-84　移动操作（旋转）复制凸台孔示例二

第 3 步：凸台孔的旋转复制，如图 3-85 所示。操作方法类似第 1 步，操作步骤简述如下：

① 选择孔内表面，按 [Enter] 键。

② 切换至坐标系操作，移动坐标系至底板中心。

③ 返回实体操作状态。

④ 参照第 1 步的方法复制三次，获得孔旋转复制结果。

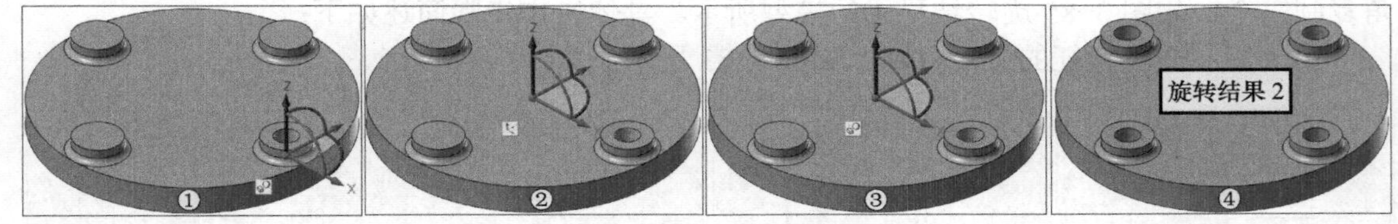

图 3-85　移动操作（旋转）复制凸台孔示例三

3）其他移动功能示例，如图 3-86 所示，供学习参考。

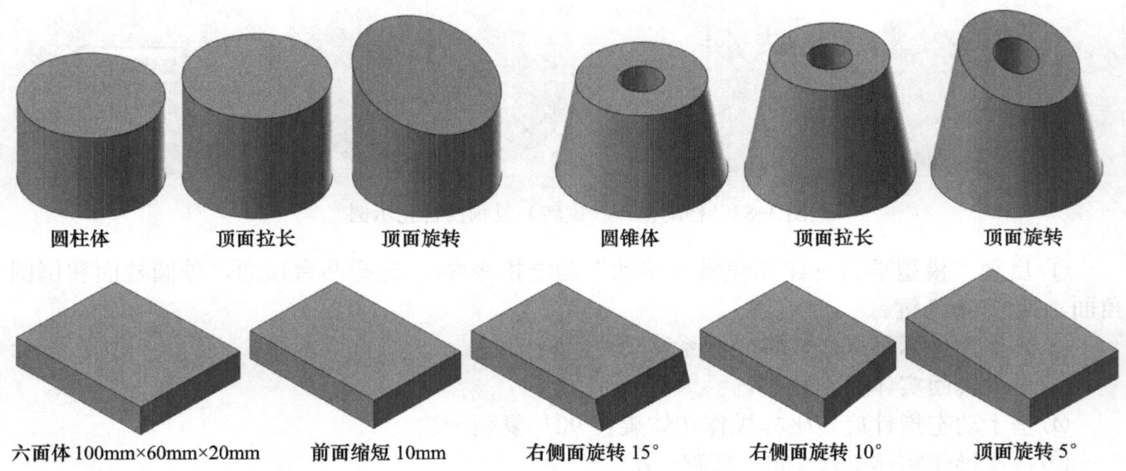

图 3-86　其他移动功能示例

（3）“分割实体面”功能　能够对指定的单一实体面按指定的分割图线分割为多个实体面，这里图线与实体面可共面或不共面。这些分割的实体面能够应用推拉功能进行模型编辑等。图 3-87 所示为分割实体面及应用示例，指定曲面是六面体顶面，图线分别有与顶面共面的圆和顶面之上的六边形。

分割实体面操作步骤如下：

1）单击“模型准备→建模编辑→分割实体面”功能按键，启动分割实体面功能，弹出“分割实体面”管理器和操作提示。

2）按操作提示选择实体面和分割图线。其中分割图线可用窗选方式快速选择。同时在管理器中修改设置等，可预览分割边界与实体面等（序号②）。

3）单击“确定”按键，完成分割实体面操作并退出（序号③）。

序号④为隐藏分割边界，光标移至外分割区触发的分割面显示。六面体顶面被分割为三个实体面，这些实体面可用推拉功能进行操作。序号⑤为推拉圆柱体，序号⑥为推拉六棱柱体，序号⑦为推拉圆柱体与六棱柱体，序号⑧所示为向下推拉模型，序号⑨为外分割面向下推拉减薄六面体厚度的模型。

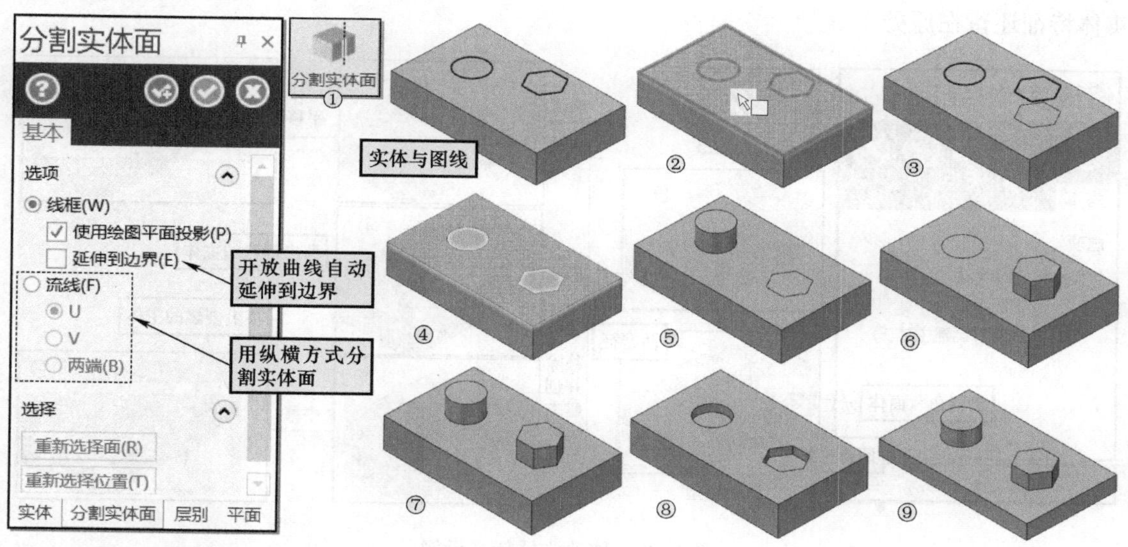

图 3-87　分割实体面操作与应用示例

3. 实体局部的修改

实体局部的修改主要集中在“模型准备→修剪”功能选项区，具体内容如下所述。

（1）修改实体特征　能够从实体模型上选择一个或多个实体特征，实现创建主体，以及删除或移除并创建主体特征。

创建主体：将选择的实体特征创建出新的、独立的实体主体，原始实体模型保持不变。若选择的特征是凸特征，则新创建的实体与原始实体重叠。若选择的特征是凹特征，则新创建的实体填补凹特征。

删除；将选择的实体特征从原始模型中删除。

移除并创建主体：首先将选择的实体特征删除，然后在原位置上创建出独立于删除特征后实体模型之外的实体特征。若选择的特征是凸特征，则新创建的实体占据删除特征的位置。若选择的特征是凹特征，则新创建的特征与删除特征后的实体模型重叠。

图 3-88 所示为修改实体特征示例，其原始模型是一个倒圆角的六面体，上表面包含一个凸实体特征（圆锥体）和一个凹实体特征（圆锥孔）。序号②所示为同时选择了凸实体特征和凹实体特征操作（按操作提示双击选定实体）。若选项类型为“创建主体”，则确定后的实体模型如序号③所示，新创建的实体与原实体重叠，查询实体特征管理器可看到多出两个独立的实体。若选项类型为“移除”，则确定后的实体模型如序号④所示，仅剩下倒圆角的六面体实体。若选项类型为“移除并创建主体”，则确定后的实体模型如序号⑤所示，凸实体和凹实体与下部的倒圆角六面体是分离的，查询实体特征管理器可看到其变化。

对于序号③的模型，若选中原始模型，然后沿 Y 轴移动一段距离，则可看到的画面如序号⑥所示，新创建的凸实体和凹实体特征仍然在原处。

对于序号⑤的模型，若选中倒圆角的六面体实体模型，并沿 Y 轴移动一段距离，则可看到移出的模型是删除了凸实体和凹实体特征的六面体实体模型，同时新创建的凸实体和凹实体特征还留在原处。

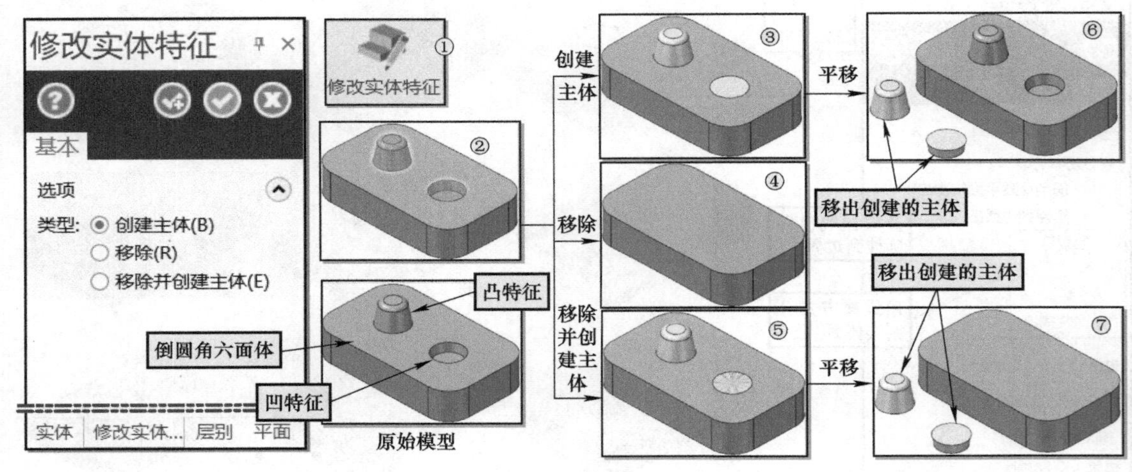

图 3-88　修改实体特征示例

修改实体特征操作步骤如下：

1）单击“模型准备→修剪→修改实体特征”功能按键，启动修改实体特征功能，弹出“修改实体特征”管理器和操作提示。

2）按操作要求选择要修改或移除的实体特征。单击选择单一实体面，双击选择一个特征，可选择多个特征。如选中图 3-88 中的凸实体特征和凹实体特征。

3）在管理器中单击选择所需要的选项类型（创建主体、移除、移除并创建主体），单击“确定”按键，完成修改实体特征操作并退出。图中序号③、④、⑤分别为创建主体、移除、移除并创建主体三选项对应的模型。

（2）修改实体圆角　可快速修改实体圆角半径。图 3-89 所示为修改实体圆角示例。操作步骤如下：

1）单击“模型准备→修改实体→修改实体圆角”功能按键，弹出“修改实体圆角”操作管理器和操作提示。

2）按操作要求选择要修改的圆角。如图中“修改实体圆角”管理器的半径 6.0。

3）修改圆角半径值，同时可预览圆角的变化，图中修改半径值为 10.0。

4）单击“确定”按键，完成修改实体圆角并退出。

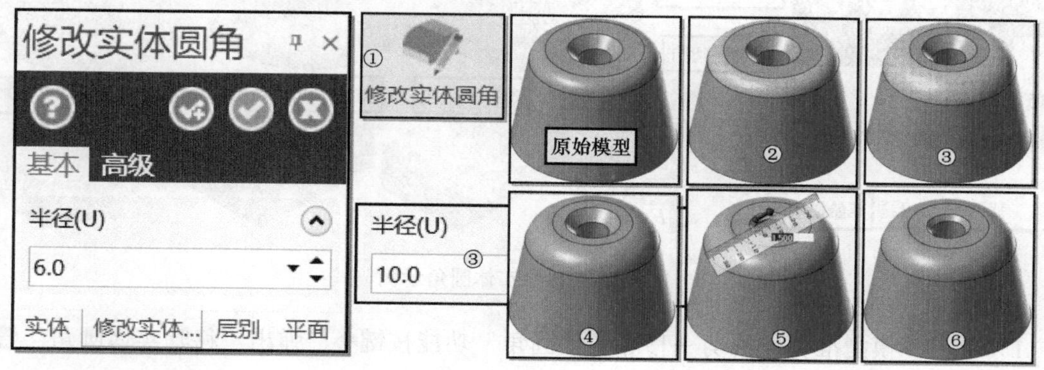

图 3-89　修改实体圆角示例

注意

修改实体圆角功能同样适用于凹圆弧的修改。修改圆角操作的第 2 步显示该功能可用于测量实体圆角。若将圆角值设置为“0”则相当于删除圆角。在“模型准备”功能选项卡中似乎没有见到倒圆角的孪生兄弟实体倒角修改，但仔细分析可知推拉功能可用于实体倒角的修改，图 3-89 序号⑤和序号⑥显示将内孔倒角拉伸 1.5mm 的操作与结果。

（3）移除实体面　能够将实体上指定的一个或多个实体表面删除。删除后的模型是一个没有厚度的薄片实体模型，可进行加厚操作等。图 3-90 所示为移除实体面示例，其中增加了薄片实体加厚示例供参考。操作时“实体选择”对话框显示仅能选择模型的前面。移除实体操作较简单，操作方法不赘述。

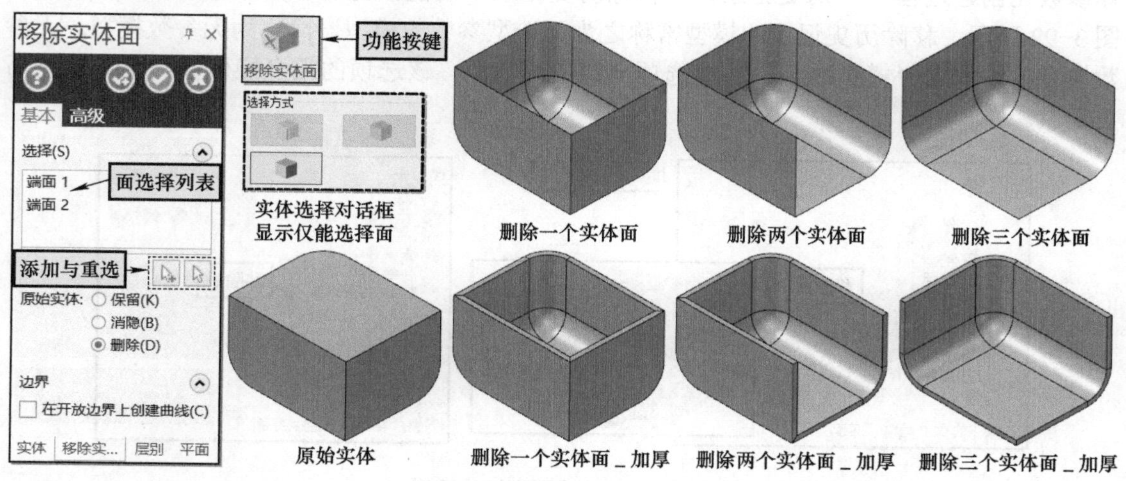

图 3-90　移除实体面示例

（4）移除实体圆角 能将实体上指定的圆角及倒角删除。

图 3-91 上图所示为移除实体圆角示例，以原始模型 1 为例，其操作步骤如下：

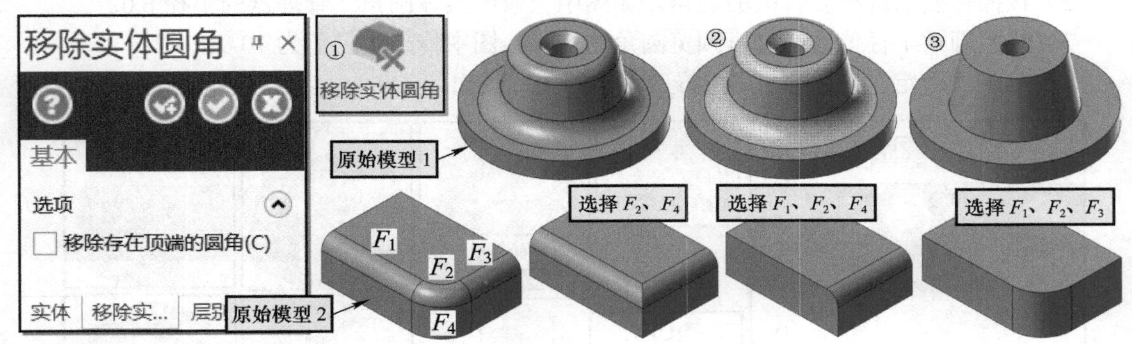

图 3-91　移除实体圆角示例

1）单击“模型准备→修剪→移除实体圆角”功能按键，弹出“移除实体圆角”管理器和操作提示（序号①）。

2）按操作要求选择要移除的圆角。可选择单个或多个圆角面和倒角面，序号②所示为同时选择了凹、凸圆角面和倒角面。

3）单击“确定”按键，完成移除实体圆角操作并退出（序号③）。注意：管理器中的复选项“移除存在顶端的圆角”尽量少用。

利用“推拉”功能将倒圆角半径或倒角值推拉至零也具有删除圆角与倒角功效。

图 3-91 下图所示为一包含四个圆角的原始模型 2，右侧依次示出了第 2 步选择不同圆角时移除实体圆角的操作示例，供学习参考。

（5）移除历史记录与添加历史记录　历史记录即“实体”操作管理器中显示的实体参数化创建过程—— 历史记录，“移除历史记录”功能按键可去除这些历史记录，如图 3-92 所示。移除历史记录的模型常称之为无造型参数的模型，简称为无参数模型。无参数模型的编辑是“模型准备”功能选项卡的主要功能，该选项的很多操作会提示并移除历史记录。

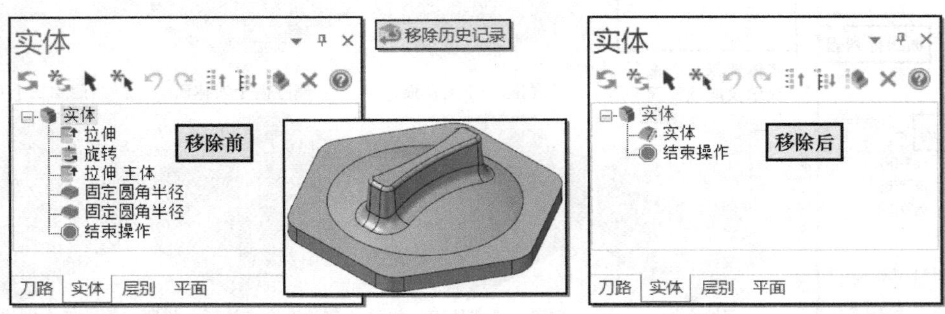

图 3-92　移除历史记录示例

与移除历史记录功能逆向的是“添加历史记录”功能按键，虽然其功能还不完善，仅能添加孔和圆角的历史记录，但对无参数模型的编辑也是有所帮助的。

（6）实体模型的简化、优化与小面修复 具体内容如下所述。

1）简化实体：从整个实体主体或个别表面和边界移除冗余的面和边界。

2）优化实体：自动修复导入的实体（整个实体或个别面），通过改善边界的精度并识别优化和混合。修复的刀路将维持相关关联的面。

3）修复小面：分析实体模型（无操作历史记录）上可修复的小面，并可预览、显示结果和修复。这些可修复的小面可以在修复小面操作管理器中通过设置适当的公差值进行搜索。

4. 实体的装配

实体的装配与布局主要集中在“模型准备→布局→……”功能选项区，具体内容如下所述。

（1）分解实体 主要用于分解装配实体并组织在指定的平面上，类似于3D装配图的爆炸图操作。图3-93所示为某机夹式数控车刀分解实体示例。

分解实体操作简述如下：

1）单击“模型准备→布局→实体分解”功能按键，弹出“分解”管理器和操作提示。

2）窗选刀头部待分解的实体部件，可预览到分解实体，在管理器中单击起始点图标，在窗口中点取适当起始点确定分解图位置，其中配合“方向”和“间距”等设置。

3）单击“确定”按键，完成分解实体操作。图中给出了“移动”与“复制”类型的分解实体示例。

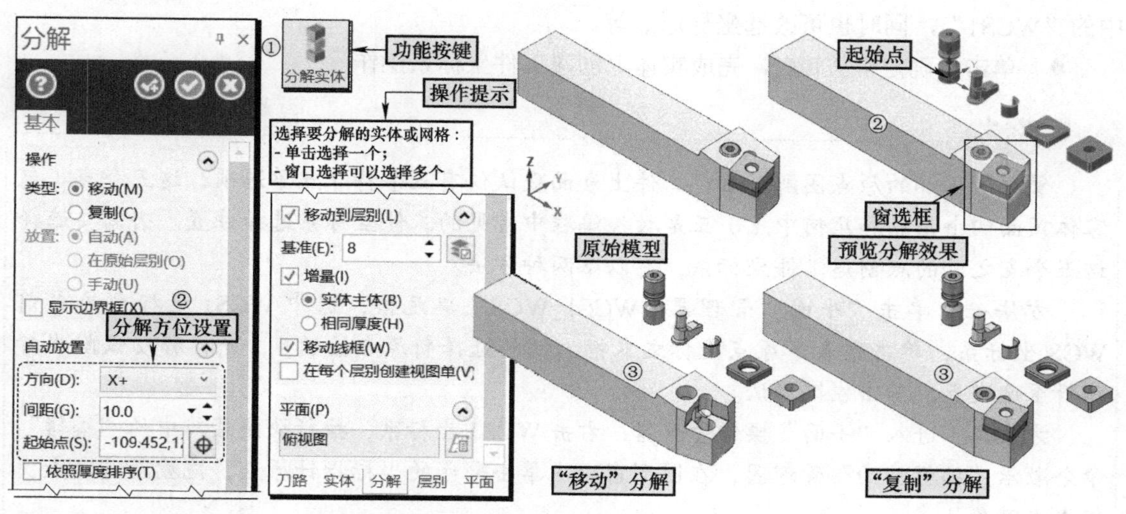

图3-93 某机夹式数控车刀分解实体示例

（2）与平面对齐功能 在现有的实体模型上创建新的工件坐标系（WCS）或将现有实体模型移动至现有的绘图平面（实质亦为WCS），其实质是为后续加工编程加工创建工件坐标系，当然亦可作为3D造型的绘图平面。

1）在实体上创建新的工件坐标系。其可不考虑实体模型与基础平面之间的位置关系，直接在实体上创建 WCS，注意其创建的坐标系原点仅有五个特定点，与数控编程工件坐标系选择的思路是一致的。图 3-94 所示为在实体上表面几何中点创建工件坐标系 WCS1 示例。

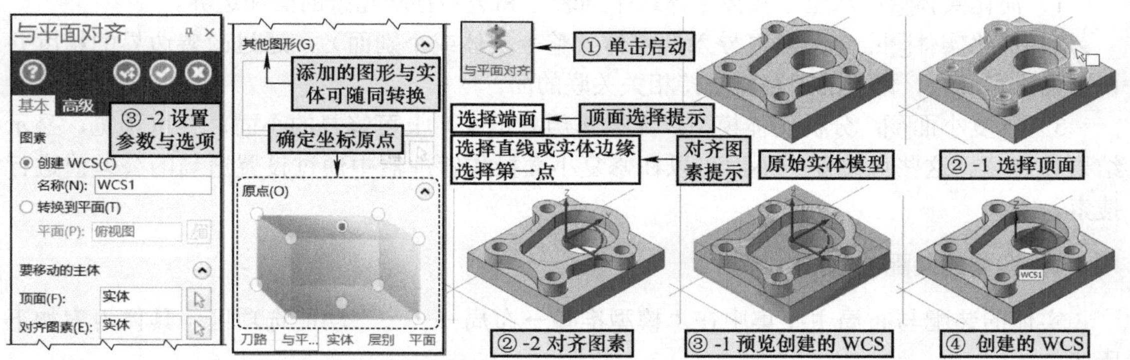

图 3-94　在实体上表面几何中点创建工件坐标系 WCS1 示例

操作步骤简述如下（图中预先按下 [F9] 键，显示坐标轴线，便于观察）：

- 单击“模型准备→布局→与平面对齐”功能按键，弹出“与平面对齐”管理器和选择端面操作提示。
- 光标拾取顶面，出现灰色的坐标系指针，位置与管理器中默认的原点选项对应，同时提示选择边缘直选或选取两点对齐图素，确定坐标系方位。
- 对齐图素后，可预览毛坯实体边界框和确定的坐标系指针，同时激活管理器可进行相关设置，这里默认为“创建 WCS”单选项，可在名称文本框中命名 WCS 的名称，如图中的“WCS1”，同时也可改选坐标原点等。
- 单击“确定”按键，完成实体上创建工件坐标系操作。

注意

管理器下部的原点图解显示，工件上表面默认仅有五个特殊点单选项，这五个点（包容体顶面四个角点和几何中点）正是数控编程中常见的工件坐标系选择位置。若需要选择这五个点之外的点创建工件坐标系，有以下两种方法。

方法一：单击“平面”管理器“WCS1-WCS”单元格，选中 WCS1 坐标系为当前 WCS 坐标系，单击列表下原点坐标文本框右侧的选择新原点按键，光标移动吸附坐标指针至选定点，单击左键确认。

方法二：进入“平面”操作管理器，右击 WCS1 坐标系，执行快捷菜单中的“编辑”命令激活“编辑平面”管理器，在图形窗口中单击彩色的坐标指针原点，拖放至选定点，单击左键确认。

当然，也可借助“平面”操作管理器的“创建新平面”按键创建新的工件坐标系。

2）将实体模型转换到平面。其可将实体指定平面转换到以系统坐标系为原点的默认平面上，数控铣削默认转换到俯视图平面，其实质是建立了以系统坐标系俯视图为 *XY* 工作平面的工件坐标系。图 3-95 所示为实体模型转换到平面示例。

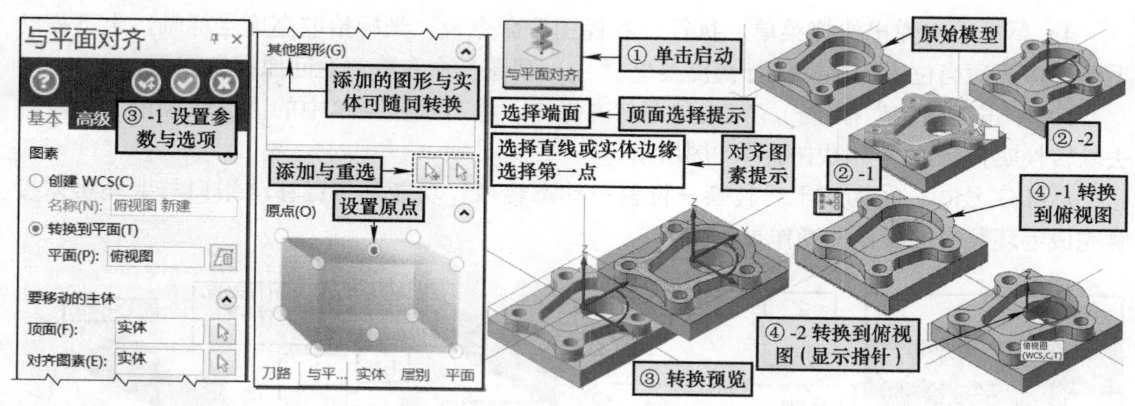

图 3-95　实体模型转换到平面示例

操作步骤简述如下（先按下 [F9] 键，显示坐标轴线，便于观察）：

前两步操作同 1）。

- 对齐图素后，可预览毛坯实体边界框和坐标系指针，同时激活“与平面对齐”管理器进行相关设置。单击图素选项“转换到平面”单选按键，可预览转换至平面的图形，在管理器中设置原点选项，如图中的几何中心点。需要多个实体随同转换时，可单击“添加”按键，将其添加到“其他图形”文本框中。
- 单击“确定”按键，完成实体模型转换到平面的操作。由于模型转换后会有红色标识，因此，需要单击“快捷菜单→图形属性工具栏→清除颜色”命令去除显示颜色。

注意

图示显示的是平移操作，实际上实体六面体的任意面均可转换至指定平面。转换结果可见其实质是通过转换实体至世界坐标系的适当位置建立工件坐标系。若仅仅是图示的平移方式，可在上表面做一条对角线，然后，基于“转换→位置→移动到原点”功能，可快速实现图 3-95 的操作。当然，若要将侧面转换至俯视图平面，需要先旋转实体，还是图 3-95 的操作更快。

（3）与面对齐功能　可将选择实体的指定面与目标实体的指定面配对并对齐，可用于多个实体零件的装配操作。显然，这不是 Mastercam 的优势，但其可在编程时将毛坯安装到工装上实现防碰撞检测还是有优点的。图 3-96 所示为某六面体毛坯实体安装到平口钳操作示例。

操作步骤简述如下：

1）单击“模型准备→布局→与面对齐”功能按键，弹出“与面对齐”管理器和选择要移动的实体面操作提示。

2）按住中键旋转模型，选择毛坯实体后面，继续操作，提示选择原始参考点等。单击右键弹出快捷菜单，执行“上一视图”命令，返回原视角视图。单击 [Enter] 键结束要移动实体面选择，继续操作，提示选择目标实体上的平面。

3）拾取平口钳定钳口装夹面，显示毛坯实体指定面配对对齐装配预览，此时的实体可用动态指针调整位置。

4）单击右键弹出快捷菜单，执行“右视图”命令，光标拾取高度坐标轴，上下拖动毛坯实体至适当位置，再次执行快捷菜单“上一视图”命令，返回原视角视图。

5）单击“确定”按键，完成与面对齐操作。单击快捷菜单中的“清除颜色”命令去除转换实体颜色，如图中序号⑤图所示。

后续序号⑥～⑧为基于“转换→位置→动态转换”功能按键移动钳口与毛坯实体接触完成毛坯装夹的操作。操作过程略。

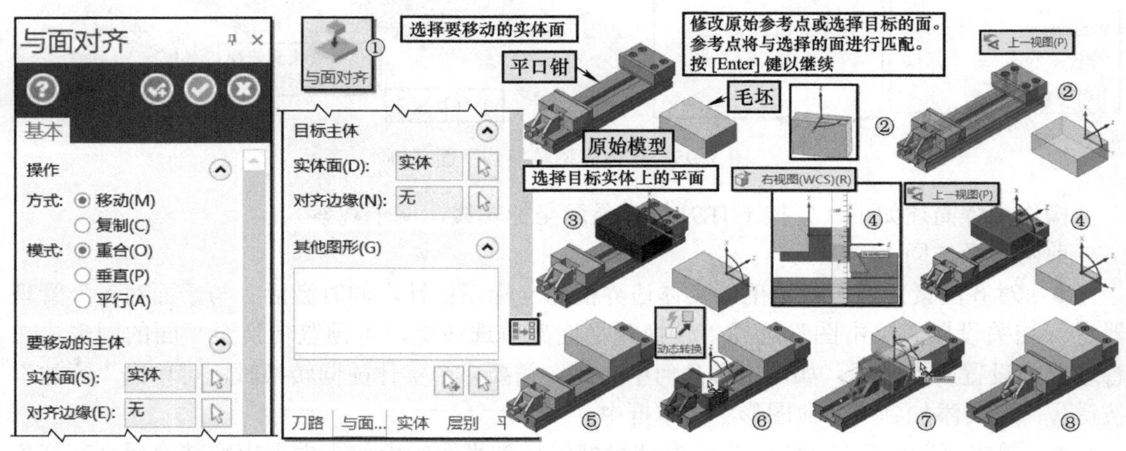

图 3-96 某六面体毛坯实体安装到平口钳操作示例

（4）与 Z 对齐功能 用于车削加工编程操作时，在实体模型上创建新的工件坐标系（WCS）或沿 *Z* 轴移动转换但位置与绘图平面平行。该功能可用于数控车削编程建立工件坐标系。读者可按操作提示学习，此处略。

3.3.6 实体模型创建示例与练习图例

1. 实体模型创建示例

例 3-1：图 3-97 所示为一个果冻杯实体模型的创建示例，读者可按顺序练习。其大致步骤如下：①绘制三维线框图；②旋转杯体实体；③扫描圆柱体；④旋转复制 7 个圆柱体（共 8 个圆柱体）；⑤布尔切割运算构造杯体凹槽；⑥凹槽边界及底外圆边界倒圆角 *R*0.5mm；⑦上表面抽壳，向内 1mm。

例 3-2：图 3-98 所示为某连杆凹模与电火花加工电极构造练习。

原始条件为一 STP 格式的连杆模型，凹模外形与电极底座尺寸自定。

凹模创建步骤如下：①导入连杆，此时模型为无参数模型；②构建凹模型（两杆分型面外廓曲线向外偏置 30mm，并以其为极限尺寸构建矩形线框，然后向下拉伸 50mm 创建主体）；③布尔切割运算，获得所需凹模实体，图中隐藏了第 2 步的线框。

电火花加工电极创建步骤如下：①导入连杆；②依照平面沿分型面平面修剪连杆，然后 *X* 方向和 *Y* 方向比例缩放 99.5%，留出放电间隙；③推拉功能向下拉长 5mm；④拉伸功能，构建最小边距 5mm、厚度 15mm 的底座。

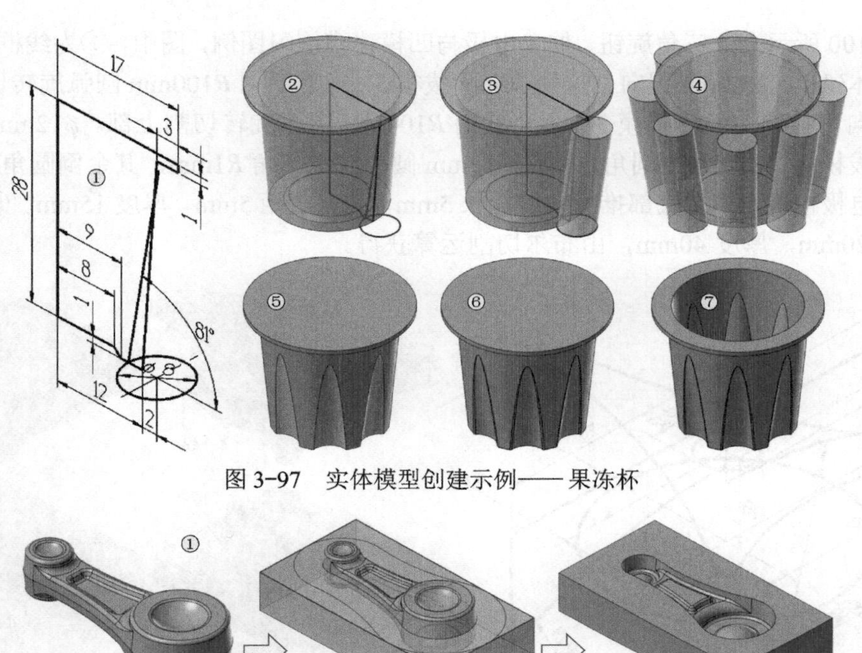

图 3-97　实体模型创建示例—— 果冻杯

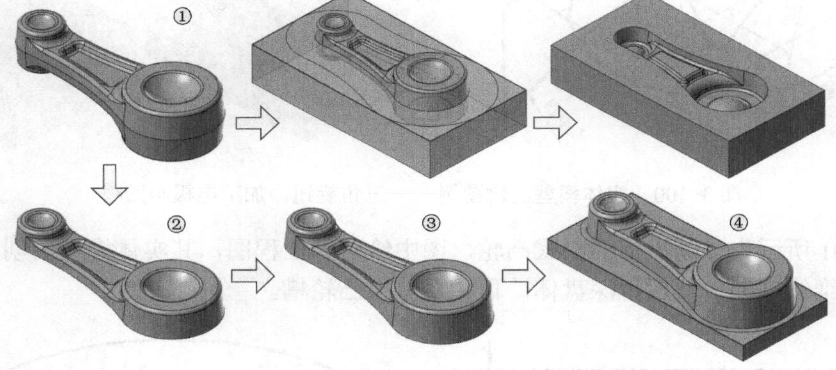

图 3-98　实体模型创建示例—— 连杆凹模与电火花加工电极

2．实体模型练习示例

图 3-99 ～图 3-103 所示为部分实体模型练习示例，供学习参考。

图 3-99 所示为某职业技能鉴定样例，图中给出了二维线框及尺寸，并提示其实体模型的创建过程。

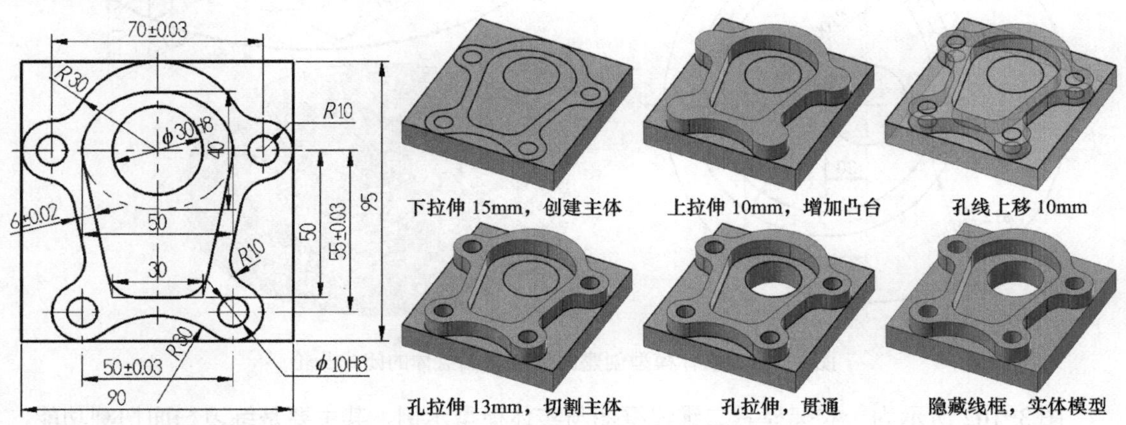

图 3-99　实体模型创建图例—— 技能鉴定样例

图 3-100 所示为一三角旋钮、加工电极与凹模建模练习图例，图中，①为线框图及尺寸。②为基本体建模。ϕ52mm 圆向上拉伸 20mm 拔模 3°，然后用 R100mm 圆弧旋转切割上部。三角把手向下拉伸 20mm 拔模 3°，然后用 R104mm 圆弧旋转切割上部。ϕ12mm 圆向下拉伸 20mm 拔模 3°。③为倒圆角。顶部 ϕ12mm 圆凸台倒圆角 R1mm，其余倒圆角 R1.5mm。④为加工电极模型，模型底部推拉功能拉长 5mm，底座边距 5mm，厚度 15mm。⑤为凹模，模体边距 20mm，厚度 40mm，由布尔切割运算获得。

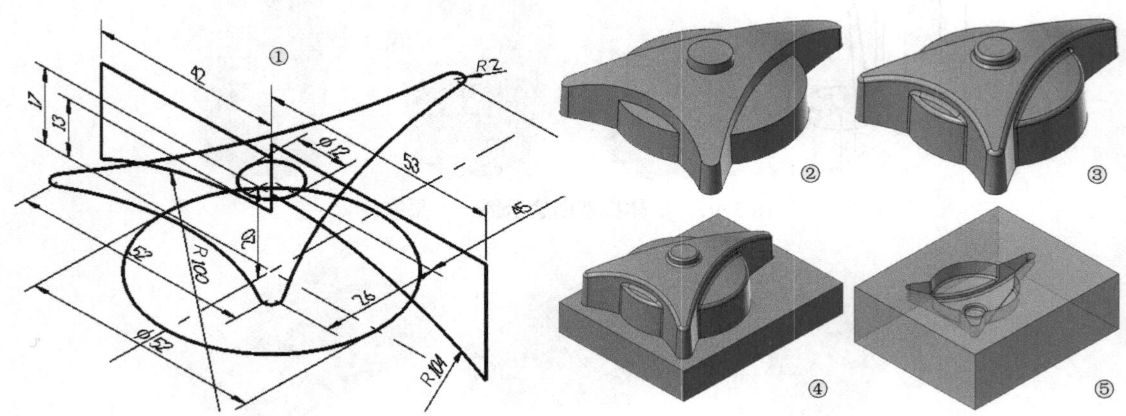

图 3-100　实体模型创建图例——三角旋钮、加工电极与凹模

图 3-101 所示为一圆盘体的闭式凸轮，图中给出了工程图，其实体模型的创建过程是，首先绘制三维线框图；然后拉深盘体，再扫描获得凸轮槽。

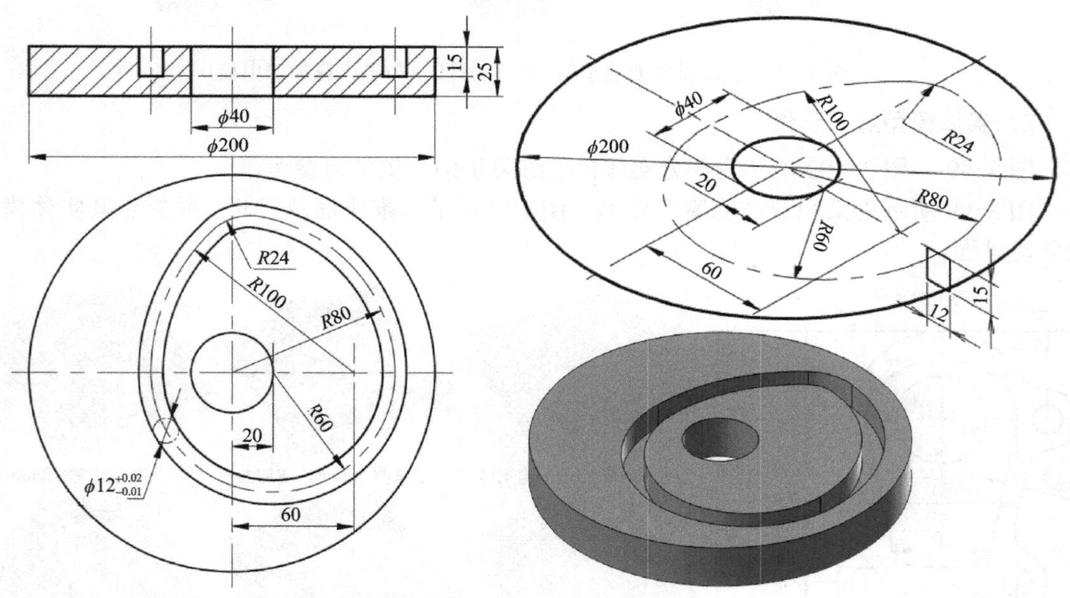

图 3-101　实体模型创建图例——圆盘体的闭式凸轮

图 3-102 所示为一衣架模具二维线框图与实体模型示例，其主要是练习扫面切割功能，端头采用旋转切割功能实现。

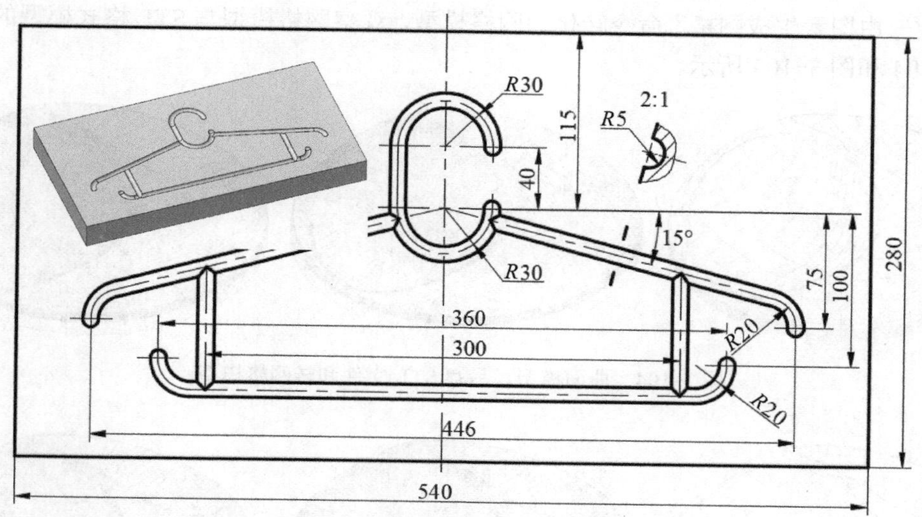

图 3-102　实体模型创建图例—— 衣架模具

图 3-103 所示是将图 3-48c 的曲面模型通过实体选项卡中的“由曲面生成实体”功能创建一个五角星的实体模型。

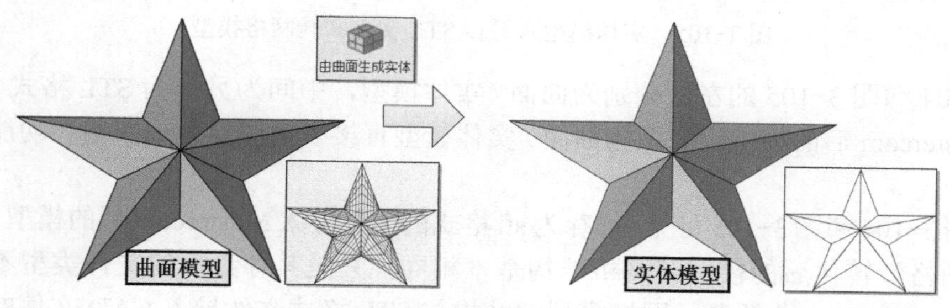

图 3-103　实体模型创建图例—— 五角星实体模型

3.4　网格模型简介

启动 Mastercam 2022，在功能区单击“网格”标签，可看到网格功能选项卡，这是 2022 版新增的模型功能，好奇的读者一定有兴趣了解。

3.4.1　网格模型的认识

在 Mastercam 2022 新功能介绍中，首先一句话点中了主题，“在 Mastercam 2022 中，您不再需要将实体或曲面保存到光固化成型（STL）文件中，然后将其合并回零件文件来创建网格。所有基本功能现在都可以创建网格主体。”这句话可理解为 Mastercam 2022 软件能够以 Mastercam 的文件格式（*.mcam）保存 STL 格式（*.stl）的文件。以下几个示例可更为直观地理解这句话。

以前面介绍的球头旋钮为例，图 3-47 所示为其尺寸及其曲面模型，图 3-78 所示为实体模型，先做两个实验，分别将曲面模型和实体模型另存为 STL 格式（*.stl）文件和执行“网格→创建→由图素生成网格”命令转化为网格模型，观察网格模型与 STL 格式模型的结果，如图 3-104 和图 3-105 所示。

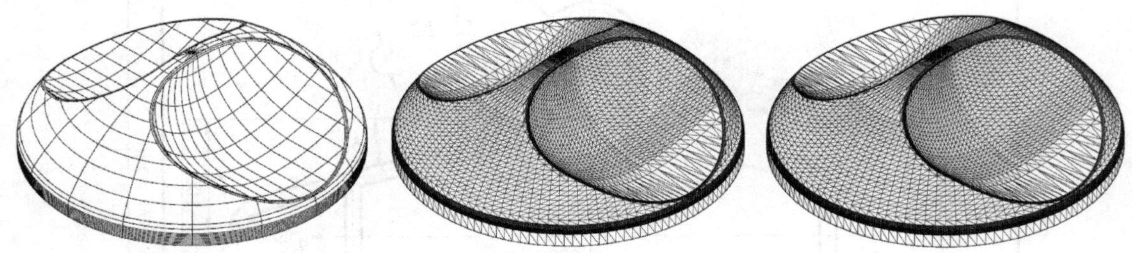

图 3-104　曲面模型，另存 STL 文件和转网格模型

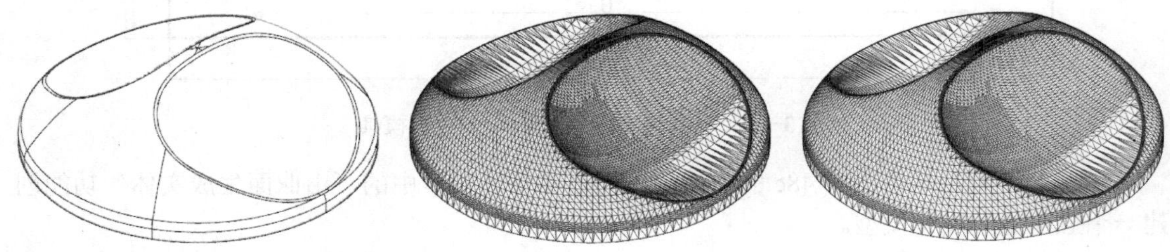

图 3-105　实体模型，另存 STL 文件和转网格模型

图 3-104 和图 3-105 的左图分别为曲面 / 实体模型，中间为另存为 STL 格式（*.stl）文件导入 Mastercam 后的模型，右图为曲面 / 实体模型直接“由图素生成网格”功能转化后的模型。

观察图 3-104 和图 3-105 可见，另存为 stl 格式的文件导入 Mastercam 后的模型与直接“由图素生成网格”转化后的模型其网格结构基本相同，只是其存盘后的文件类型不同，分别为 *.stl 和 *.mcam。由此解释了网格模型的结构与 STL 格式文件导入 CAD 文件的模型结构是相同的。

那为什么要做出一个与 STL 格式文件相同的网格模型文件呢？先来看看 STL 格式文件。

STL 文件格式（光固化立体造型术，stereolithography 的缩写）是由 3D SYSTEMS 公司于 1988 年制定的一种为快速原型制造技术服务的三维图形文件格式。STL 文件用三角形网格来表现 3D CAD 模型，只能描述三维物体的几何信息，不支持颜色材质等信息。因其数据简化，格式简单，得到较为广泛的应用，已成为快速原型系统常用的数据文件标准。

以上分析可见，Mastercam 2022 新增的“网格”功能，是为适应增材制造（Additive Manufacturing，AM，俗称 3D 打印）领域而准备的，“另存为”对话框保存类型列表中“3D 制造格式文件（*.3mf）”选项也可看出其适应增材制造领域的目的。因此，若编程过程中用不到需要导入 STL 格式文件或不需要导入扫描曲面数据，可以跳过“网格”功能的学习。

3.4.2　网格模型学习引导

启动 Mastercam，单击“网格”标签即可进入网格功能模块，功能选项卡（图略）包括“简单”“创建”“修改”“分析”和“颜色”五个选项区。

1. 创建网格基本模型

在“网格→简单→……”功能区，包括圆柱体、块、球形、锥体、圆环体五个功能按键，对应立体功能选项卡基本实体选项区的五个功能按键，用于生成这五种典型基本形状网格模型的创建。

2. 由图素生成网格模型

“网格→简单→由图素生成网格”功能按键，可基于曲面或实体模型生成网格模型，这个功能应用灵活，如图3-104、图3-105所示。

3. 修改网格模型

“网格→修改→……”功能区中较多的网格模型修改功能，能够修改导入的扫描网格模型。

（1）“细化”功能　通过控制面板设置相关参数，控制琢面的大小和边缘，修改数据点（琢面）重新生成网格曲面，改善用于3D打印的网格模型，以获得符合需求的结果。

（2）“抽取”功能　导入或扫描的网格主体包含的信息通常要多于Mastercam中需要使用的信息。这导致文件过大，处理速度变慢。“抽取”功能减少了网格模型中的琢面数量，同时让用户可以控制修改后的网格与原始网格的匹配程度。这将减小网格图素的文件大小、简化网格主体。

（3）修剪网格模型功能　“修剪到平面”和“修剪到曲面/薄片”功能按键和，可移除模型中不需要的区域或分割网格主体。选择线、平面图素、平面或曲面来修剪选定的网格模型。

（4）“填充”和“平滑自由边”功能　扫描或导入的网格模型可用于创建刀路，但网格模型的质量直接影响编程质量，如扫描时测头遗漏某一部位出现缺孔或边缘参差不齐等缺陷，这时可用“填充孔”和“平滑自由边”功能和进行修改。

“填充孔”和“平滑自由边”功能都包括自动预览、改变结果颜色和/或将其置于选定层别的功能。

（5）“修改网格啄面”功能　可以创建、编辑、移除啄面并创建啄面和修复网格模型的网格啄面。

（6）“平滑区域”功能　通过平滑整个网格图素或图素的特定部分，为加工或3D打印准备网格模型。“平滑区域”功能最多可以应用到以下平滑方法的十次迭代：

1）保留曲率：通过最小的曲率变化实现平滑。这种方法的处理时间最长。

2）最小化曲率：通过压平相邻啄面实现平滑。

3）最小化区域：通过减少网格的总体区域实现平滑。这种方法效果最为突出，可以显著减少网格的体积。

4）平均值：通过将相邻啄面的平均顶点位置应用到每个顶点实现平滑。这种方法的处理时间最短。

5）“平滑区域”不会更改网格中的啄面数量，但会修改啄面顶点的位置，以减少啄面顶点之间的不规则性。

（7）“分解网格”功能　可将多零件复杂的网格模型分解为单独的网格模型，以便于特定零件或区域的处理。生成的主体数量由功能面板中设置的参数决定。

4．网格模型的检查

“检查网格”功能可对网格模型进行识别检查，并在“结果”列表框中列出存在的问题，包括非流形边、翻转面和退画面三种。

5．更改和全部清除啄面颜色

在“网格→颜色→……”功能区有“更改啄面”和“全部清除”功能和，可以对网格图素设置所需的形状，也可快速全部清除设置的颜色，重置为其原始的颜色。

本章小结

本章主要介绍了 Mastercam 2022 软件三维曲面与实体模型的创建功能以及基于同步建模技术的实体模型准备与编辑（模型准备功能选项卡），并相应安排了适当数量的曲面与实体模型示例与图例，旨在通过操作示例练习掌握三维曲面与实体模型的创建思路，并检验读者对该部分内容掌握的程度。最后还简单介绍了网格模型及其学习引导。曲面和实体 3D 模型的创建与编辑功能在老版本的 Mastercam 软件中基本都有，因此，对于老用户来说，更多的是熟悉 Mastercam 2022 版软件的操作界面及其使用。当然，对于新用户来说，全面系统的学习与熟悉是必要的。

第4章 尺寸标注与编辑要点

4.1 概述

尺寸标注是图样表达的一个重要方面，可详细记录加工模型的几何特征参数，直观表达几何参数值及其公差要求等。Mastercam 2022 设置了专门的标注功能选项卡及其尺寸标注和编辑功能按键，为加工模型提供了记录与测量几何参数的手段。

对于重点偏重数控加工编程的应用软件，是否要学习其尺寸标注？笔者的观点是看您如何应用。若是为了输出工程图，Mastercam 软件的功能似乎不能完全满足现行机械制图国家标准的要求，那学习尺寸标注的意义何在呢？答案是记录与测量加工模型的几何特征参数。我们在绘制几何图形，完成加工模型后，及时利用 Mastercam 标注功能，在单独的图层中记录几何图形与模型的几何参数，会对后续应用时的参数回溯查询带来极大的方便。因此，建议读者学习 Mastercam 时从记录加工模型几何参数的角度出发学习标注功能，尽可能按照制图的标准表达尺寸标注，对无法达到标准要求格式标注的情况，做到能记录加工模型的几何参数即可。

4.2 Mastercam 的尺寸标注

4.2.1 尺寸的组成

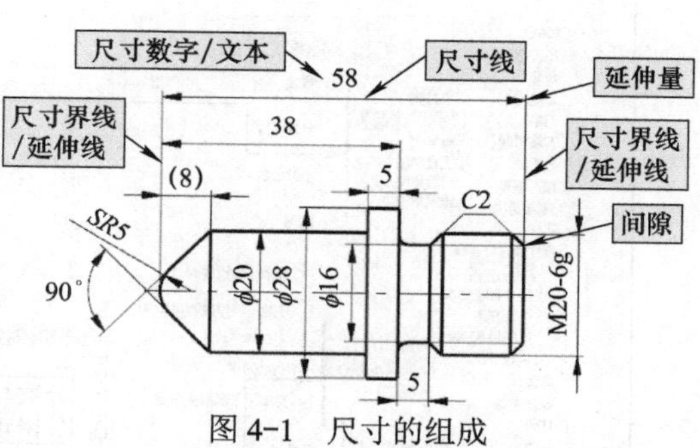

图 4-1 尺寸的组成

组成尺寸的基本要素是尺寸界线、尺寸线和尺寸数字，如图 4-1 所示，Mastercam 中分别称为延伸线、引导线和文本。以图中总长 58mm 的尺寸标注为例，其两侧有两条引自图形总长轮廓的尺寸界限，标示的 58 尺寸指的是图形中的总长参数；尺寸线是两端带有指向尺寸界线箭头的直线；尺寸数字一般是放置在尺寸线之上的一组阿拉伯数字，默认单位为 mm，表示尺寸界线指示的几何模型尺寸参数。

按几何图形与模型特征的不同，尺寸标注有线性尺寸标注、角度尺寸标注、圆与圆弧尺寸标注等多种类型，学习尺寸标注必须具有机械基础知识，并熟悉机械制图国家标准。

4.2.2 “标注”功能选项卡

标注是尺寸标注的简称，单击“标注”标签，进入“标注”功能选项卡，如图 4-2 所示，其包含“尺寸标注”“纵标注（坐标标注）”“注释”“重新生成”和“修剪”五个功能区，注意，在“尺寸标注”功能区右下角有一个“尺寸标注设置”功能按键，单击弹出关于尺寸标注与注释的“自定义选项”对话框，可对标注与注释进行全面设置。

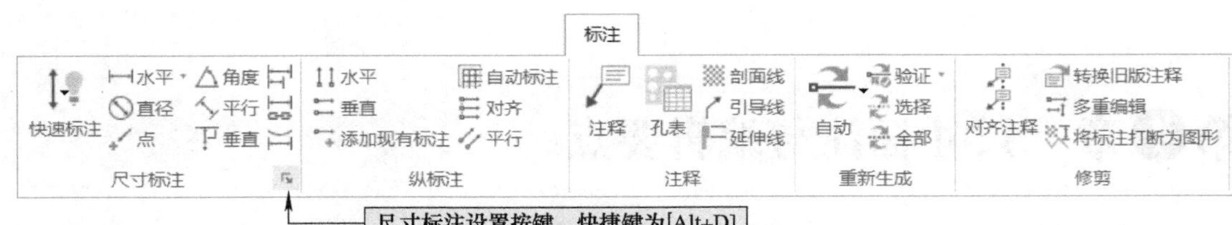

图 4-2 “标注”功能选项卡

4.2.3 尺寸标注的设置

尺寸标注的设置包括尺寸标注的系统配置、尺寸标注的自定义选项设置、尺寸标注操作管理器设置与编辑，以及当前尺寸的编辑等，合理使用与设置有助于合理、快捷地管理尺寸标注中众多的设置选项。

1. 尺寸标注的系统配置

尺寸标注的“系统配置”选项设置会修改系统配置文件，因此，不仅当前启动的系统及文件有效，下一次启动 Mastercam 软件也会有效，即修改了开机环境设置。因为这些设置为系统开机默认设置，故适合于通用性选项的设置。

执行“文件→配置”命令，弹出“系统配置”对话框，单击“尺寸标注与注释”前的“展开”按键⊞或双击“尺寸标注与注释”文字，展开尺寸标注与注释选项，如图 4-3 所示，包括“尺寸属性”“尺寸标注文本”“注释文本”“引导线 / 延伸线”和“设置”五个选项设置，熟练掌握这些选项设置的含义对尺寸标注有极大的帮助。

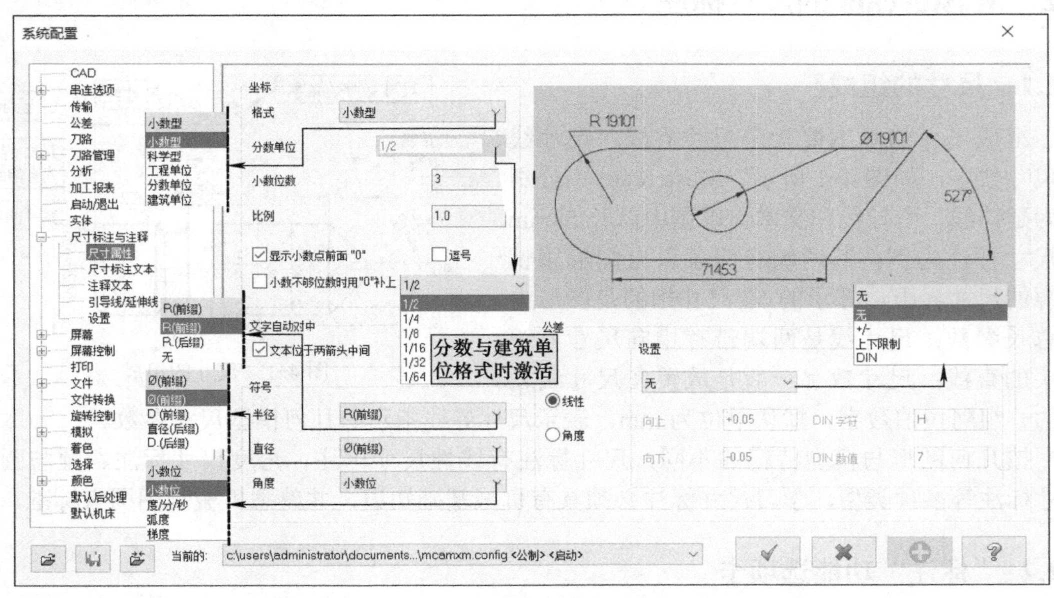

图 4-3 “系统配置”对话框→“尺寸属性”选项页

（1）“尺寸属性”选项设置 如图 4-3 所示，分为“坐标”“文字自动对中”“符号”“公差”选项区和右上角的设置样例图解。一般情况下看图即可理解和掌握参数选项设置，例如直径符号设置，默认为“ϕ（前缀）”选项，可看到样例图中直径尺寸为“ϕ19.101”，若改为“D（前缀）”选项，则图中的尺寸变为“D19.101”。关于公差设置，默认为“无”，其下拉列表中的选项可分别设置尺寸或角度的公差，设置形式有±公差（+/–）、极限尺寸（上下限制）、公差代号（DIN）等。

（2）“尺寸标注文本”选项设置　即尺寸数字设置，如图 4-4 所示。读者可改变各参数与选项观察标注的变化。

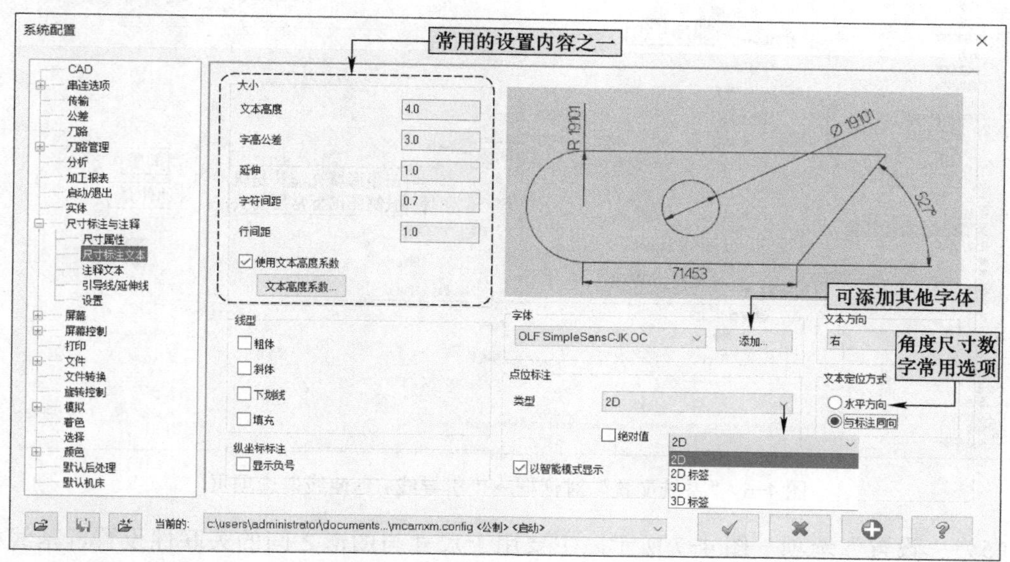

图 4-4　“系统配置”对话框→“尺寸标注文本”选项页

（3）“注释文本”选项设置　如图 4-5 所示，用于注释文字的设置，为保持标注风格的一致性，建议字体大小与字型等与尺寸文字设置相同。读者可改变各参数与选项观察注释的变化。

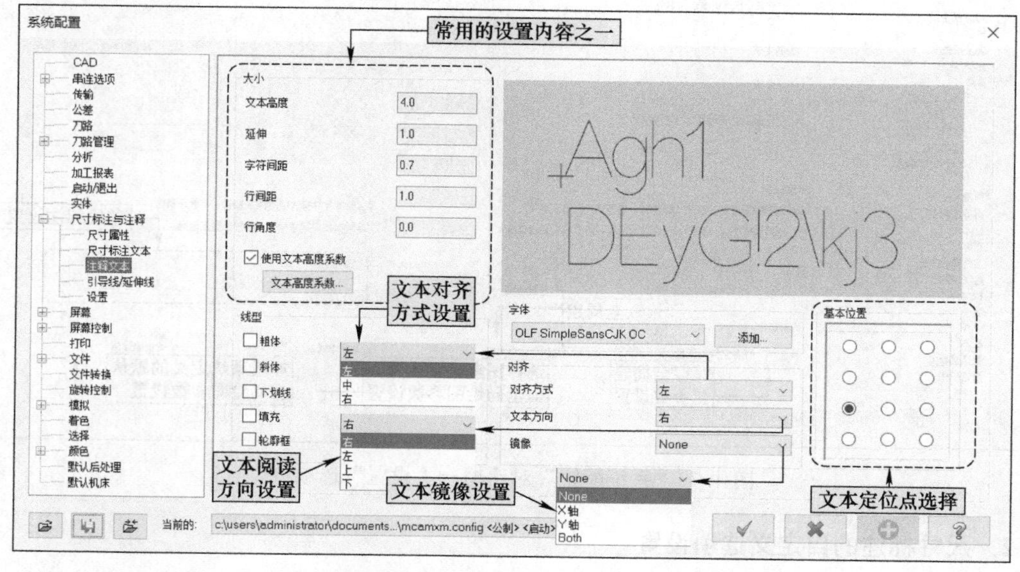

图 4-5　“系统配置”对话框→“注释文本”选项页

（4）“引导线 / 延伸线”选项设置　即尺寸线与尺寸界限的设置，如图 4-6 所示，注意箭头设置的内容要尽可能符合机械制图国家标准。

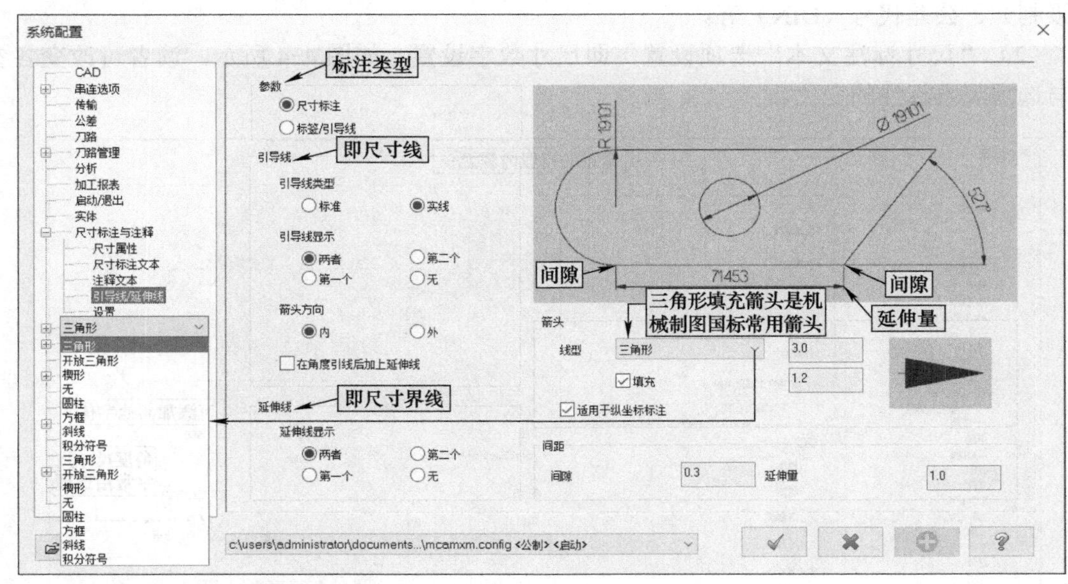

图 4-6　“系统配置”对话框→“引导线 / 延伸线”选项页

（5）“设置”选项　图 4-7 所示。主要用于尺寸与图形之间的关联性设置、基线标注自动间距的设置，以及全局图形参数设置的存盘和读取等。

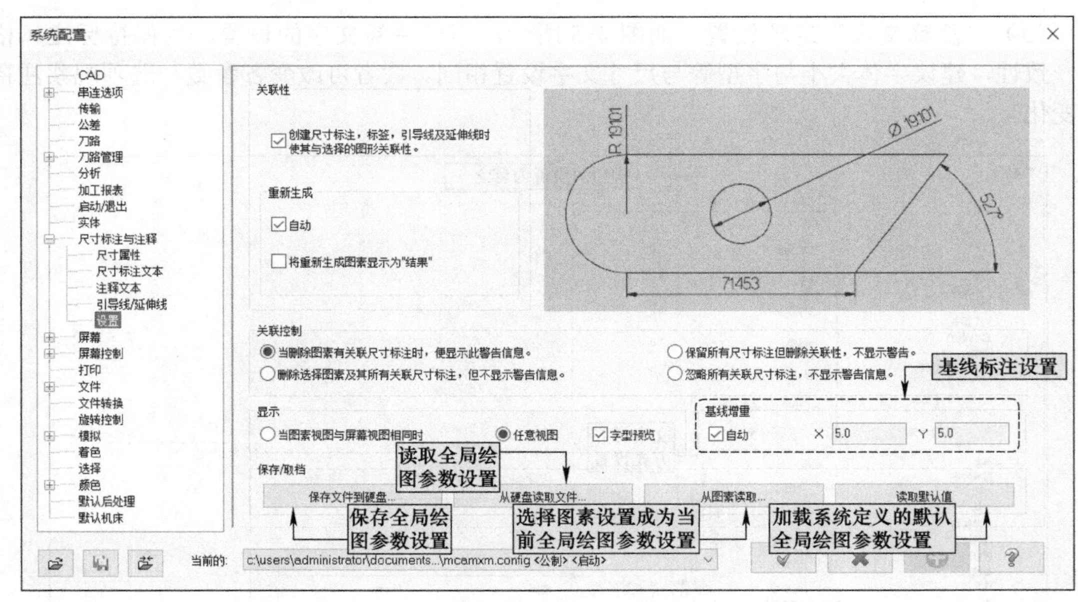

图 4-7　“系统配置”对话框→“设置”选项页

2. 尺寸标注的自定义选项设置

单击“标注→尺寸标注”选项区右下角的“尺寸标注设置”按键，弹出“自定义选项”

的对话框，其仅具有系统配置对话框中的标注与注释的五个选项设置，设置内容基本相同，其与“系统配置”设置的差异是其设置不会修改系统配置文件，因此仅适用于当前运行的文件。

3．尺寸标注管理器

激活尺寸标注功能时，会临时弹出“尺寸标注”管理器，其分为“基本”与“高级”两个选项卡，如图 4-8 所示，所做设置可对当前未确定的标注以及后续的标注有效。选项卡中除列出了常见的标注设置选项外，还可单击“高级”选项卡下部的“选项”按键 选项(O) ，弹出“自定义选项”对话框，对全部选项与参数进行一次性设置，所做的设置仅对当前文件的后续标注有效。“尺寸标注”管理器也是现有尺寸编辑常用的区域。

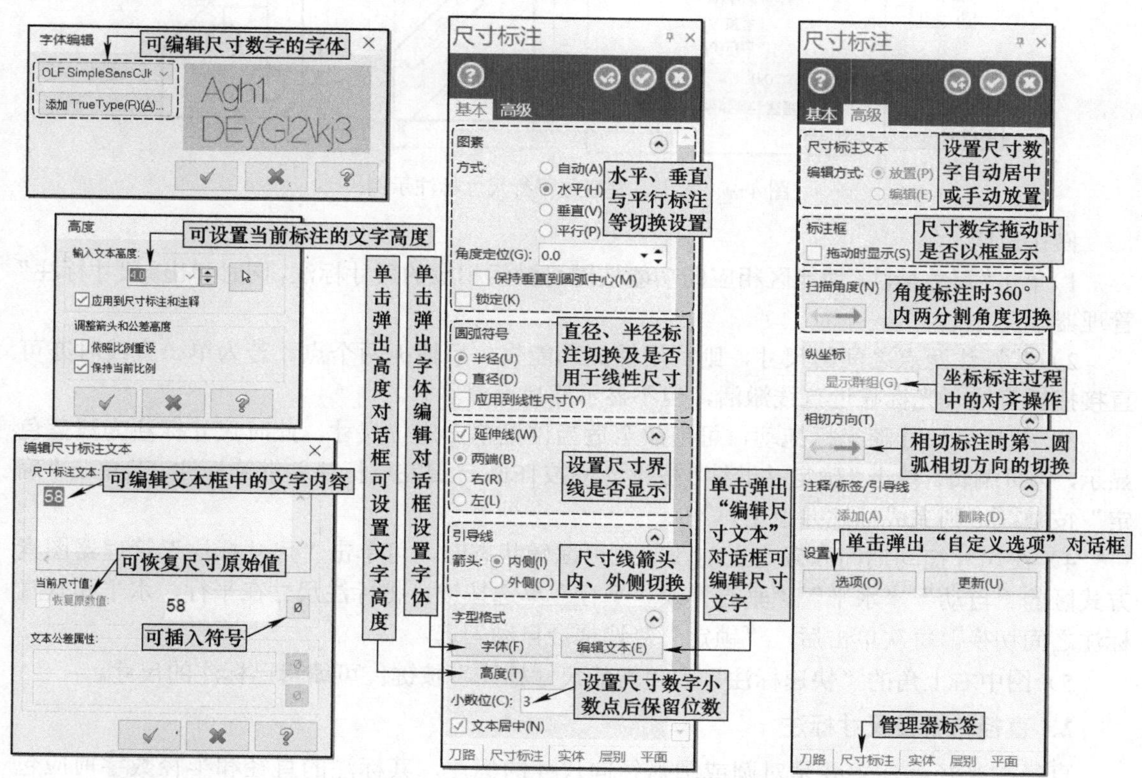

图 4-8 “尺寸标注”管理器及其设置

4．已标注尺寸的修改与编辑

单击“标注→尺寸标注→快速标注”功能按键，选择已存在的尺寸标注，可激活标注尺寸并弹出“尺寸标注”管理器，重新编辑与修改尺寸标注相关参数与选项。另外，先选中待修改的尺寸，系统会智能地临时出现一个“工具”选项卡，包括选中尺寸可能的操作，其中“尺寸标注→智能尺寸标注”功能按键也可修改和编辑选中尺寸。

4.2.4　尺寸标注

此节内容主要讨论“尺寸标注”功能区相关标注功能按键的应用与操作。

1．水平、垂直与平行尺寸标注

水平、垂直与平行尺寸标注是基本的线性尺寸标注，如图 4-9 所示。

水平标注是指标注两点之间水平距离尺寸或单一直线的水平方向投影长度尺寸。

垂直标注是指标注两点之间垂直距离尺寸或单一直线的垂直方向投影长度尺寸。

平行标注是指标注两点之间距离尺寸或单一直线的长度尺寸。水平尺寸的方向取决于两点之间连线的方向。

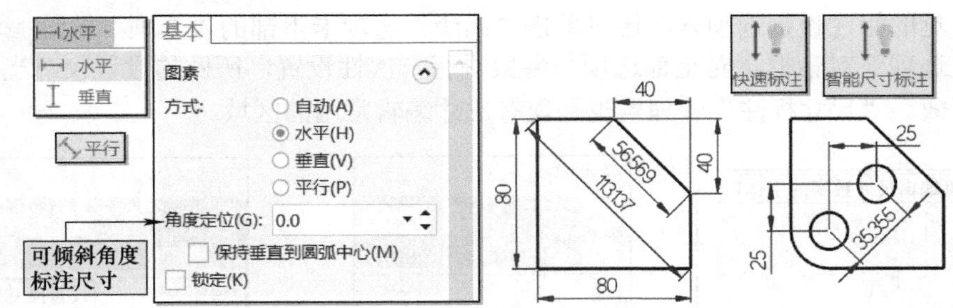

图 4-9　水平、垂直与平行尺寸标注示例

操作说明：

1）单击“尺寸标注”功能区相应的功能按键可激活相应的尺寸标注，同时弹出“尺寸标注”管理器。

2）若标注两点之间的尺寸，则利用捕抓功能先、后捕抓两个点。若为单一直线时亦可直接捕抓直线（光标靠近直线激活，但不显示捕抓点提示）。

3）捕抓后尺寸随光标拖动，可拖放至适当位置单击定位尺寸，此时尺寸标注为浅蓝色显示，仍可编辑。单击“确定并继续”按键或按 [Enter] 键完成标注并继续标注。若单击“确定”按键，则完成标注并退出。

4）在尺寸拖动期间和确定之前浅蓝色可编辑状态时，可单击“尺寸标注”管理器图素方式区的“自动”“水平”“垂直”或“平行”单选按键，将标注尺寸在平行、水平和垂直标注之间切换。每次单击后，“锁定”复选框会自动勾选。

5）图中右上角的“快速标注”和“智能尺寸标注”按键可编辑已标注的尺寸。

2．直径与半径尺寸标注

直径与半径标注主要是对圆或圆弧径向尺寸的标注，其标注的直径和半径数字前应包含前缀 ϕ 或 R。直径与半径标注共用一个功能按键，功能管理器也相同，图 4-10 所示为直径与半径标注示例。

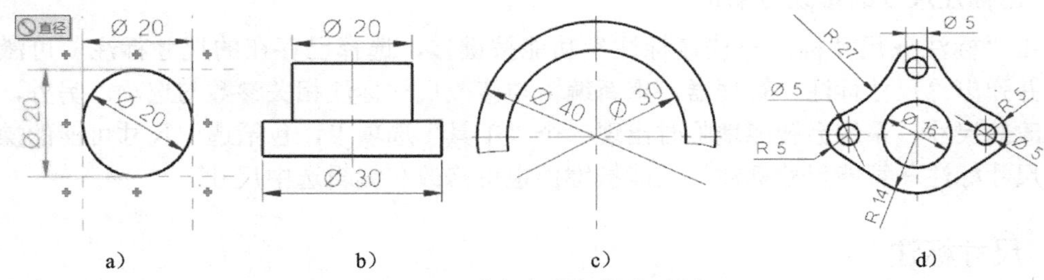

图 4-10　直径与半径标注示例

a）切线与圆弧标注转换　b）线性直径标注　c）优弧标注　d）标注图例

图 4-10a 表示标注圆或圆弧时会触发八个十字形触发点✚，当光标悬停在四个中点时触发转化为切线标注，而光标悬停在四个角点时则触发转化为圆弧标注。

图 4-10b 表示直径符号 ϕ 应用于线性尺寸。

图 4-10c 表示大于 180° 圆弧（优弧）标注时必须用直径标注，且悬空端不需箭头，这是机械制图国标的规定，读者可尝试单击“尺寸标注”功能区右下角的“尺寸标注设置”功能按键，在弹出的“自定义选项”对话框中的“引导线 / 延伸线”选项页中修改。

图 4-10d 为一直径与半径标准图例，供练习，练习时不用考虑尺寸的重复标注。

3．角度标注

角度标注是指两条不平行直线间夹角的标注，如图 4-11 所示。角度标注的操作方法有两种——选择两直线或选择三个点（先选顶点再选夹角线上的点，如图中的顶点 1 和点 2、点 3。角度标注时注意，按照机械制图标准的规定，角度数字一般水平放置。另外，若将引导线类型设置为标准（参见图 4-6），则可将角度数字设置在打断的尺寸线中间。

同线性尺寸标注一样，角度标注也有触发点，如图 4-12 所示，图中标注夹角 60° 角度时，在激活状态下尺寸随十字光标移动，并触发内、外四个象限角触发点——蓝色的十字图标。当光标移动至内触发点时，触发较小角度（小于 180° 的劣角）的标注，若触发外触发点，则触发其共轭的优角（大于 180° 的角）标注，读者可尝试触发各触发点，领悟各触发点标注的角度。

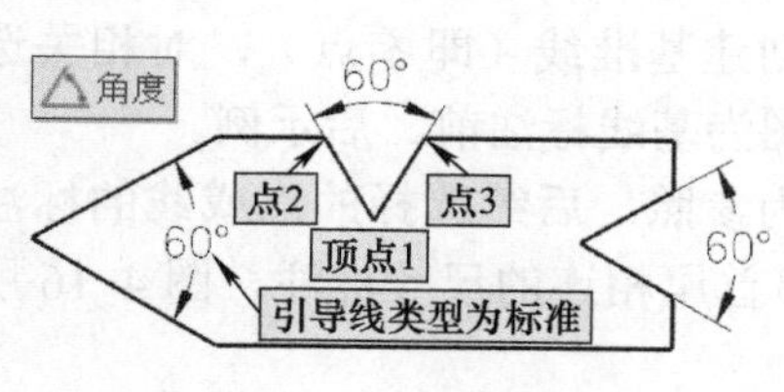

图 4-11　角度标注示例

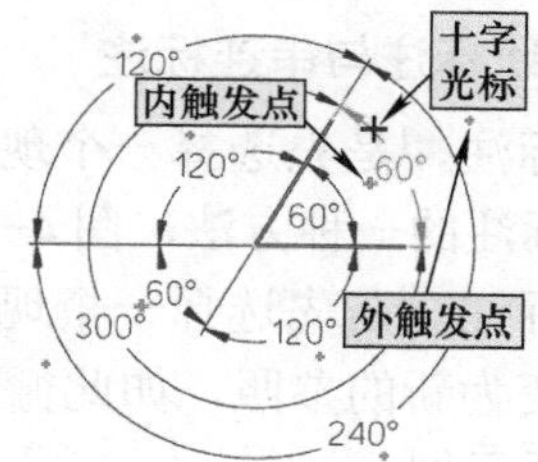

图 4-12　角度触发点及应用

4．相切标注

相切标注又称切线标注，是指一个圆或者圆弧与另外的点、直线、圆（或圆弧）特征点之间的水平或垂直距离标注，图 4-13 所示为可能的相切标注及其应用示例。

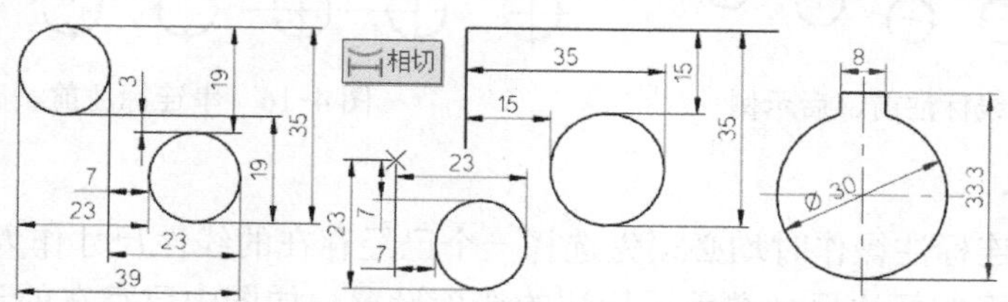

图 4-13　可能的相切标注及其应用示例

操作说明如下：

1）标注时，首先必须选择圆或圆弧。

2）光标拖动至不同位置会切换至不同的相切方向与位置，借助“尺寸标注”管理器“高级”选项卡中的“相切方向”按键，或快捷键 [T] 有助于相切位置的切换。

5. 垂直标注

垂直标注是指直线外一点与直线之间的垂直距离的标注，若点在直线上，则可以标注两条平行线之间的距离，如图 4-14 所示。

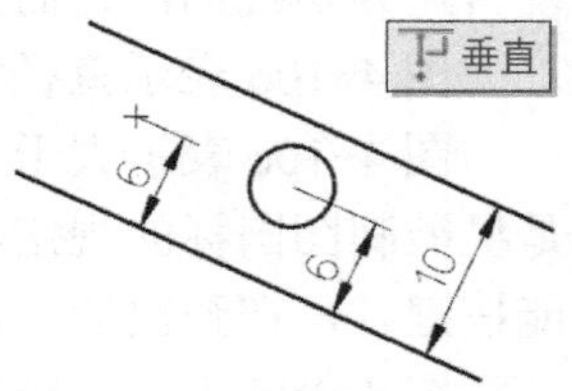

图 4-14 垂直标注示例

操作说明如下：

1）操作时必须先选择直线。

2）若尺寸拖放摆放方向和位置不能兼顾合适时，可先满足摆放方向确定标注，然后再激活快速标注进行位置拖放标注编辑。

6. 快速标注与智能尺寸标注

快速标注又称智能标注，可动态创建和编辑尺寸标注，其尺寸标注功能几乎涵盖以上六种尺寸的标注功能。激活“标准→尺寸标准→快速标注”功能键，会弹出“尺寸标注”管理器，选择已存在的尺寸标注后，可对其进行标注编辑与修改。快速标注与编辑时，以上谈到的操作说明均有效，读者可基于快速标注功能完成图 4-9 ～图 4-14 中示例的标注练习，学好快速标注对尺寸标注是非常有益的。

Mastecam 2022 提高了标注的智能化，如选择一个已存在的尺寸标注后，系统会临时组合出一个“工具”选项卡，其中的尺寸标注功能区有一个“智能尺寸标注”按键，其与快速标注功能基本相同，只是这里是先选尺寸。

7. 基线标注与串连标注

基线标注是先选择一个现有的线性标注创建基准线（即零点），对相关选择点或线进行线性标注的一种方法，图 4-15 所示上、下图为基线标注前、后示例。

串连标注是先选择一个现有的线性标注为参照，后续选择的点或线的标注与其串连相连并转变为新的参照，如此循环标注出一连串首尾相连的尺寸标注，图 4-16 所示为串连标注前、后示例。

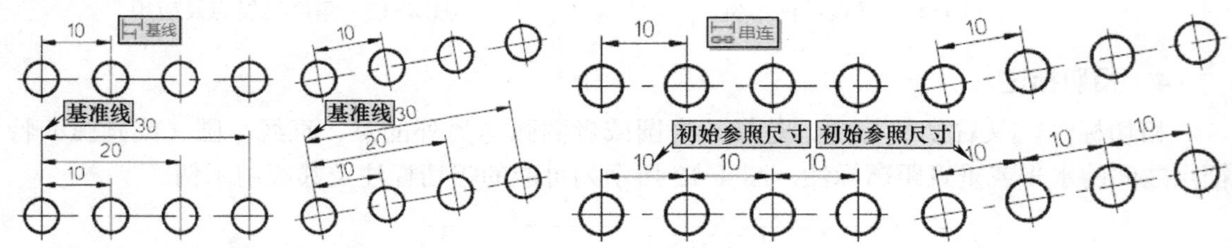

图 4-15 基线标注前、后示例　　图 4-16 串连标注前、后示例

操作说明如下：

1）基线与串连标注操作时均必须先选择一个已经存在的线性尺寸作为基准。

2）基线与串连的标注尺寸继承原标注的选项设置，如图中已存在的尺寸为水平或平行标注，则新标注的尺寸仍然为水平或平行标注，且尺寸数字高度、箭头大小等均继承。

3）基线标注尺寸之间的距离可在“文件→配置→系统配置→标注与注释→设置”选项页右下角的“基线增量”参数中定值设置（参见图 4-7），或“尺寸标注”管理器“高级”选项卡下部“设置”区的“选项”按键调出的“自定义选项”对话框中设置（参见图 4-8），或快捷键 [Alt+D] 调出（参见图 4-2）。

8．点坐标标注

点标注是点坐标标注的简称，可直接标注出图素中指定点的坐标值，如图4-17所示四个圆心坐标点的标注。

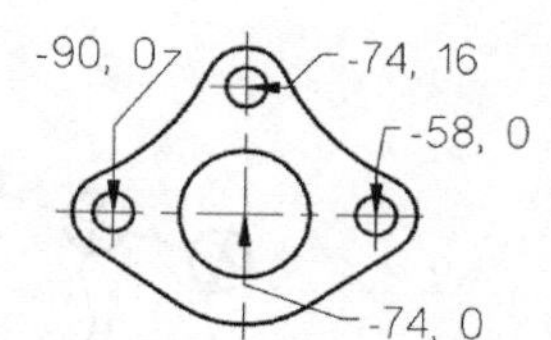

图4-17　四个圆心坐标点的标注

操作说明如下：

1）点标注标出的坐标默认为世界坐标系的绝对坐标。

2）为观察方便，可利用“转换→位置→移动到原点”功能将点标注图形的基准点移至世界坐标系原点。

4.2.5　坐标标注

坐标标注是以初始选择点为零点，以水平、垂直或平行方向标注指定点坐标的尺寸标注方式。坐标标注不同于前述的线性标注，其是以引导线的形式标注坐标尺寸，因此标注时的位置、对齐等操作更为灵活方便。坐标标注功能按键主要集中在“纵标注”功能选项区（所谓纵标注是翻译的误解，应该为坐标标注，Ordinate Dimensions）。

1．水平与垂直坐标标注

水平与垂直坐标标注（与）分别是指水平方向与垂直方向距离的坐标标注，如图4-18和图4-19所示。注意：实际标注时不包含右上角孔的标注，其是后续添加标注练习用的。

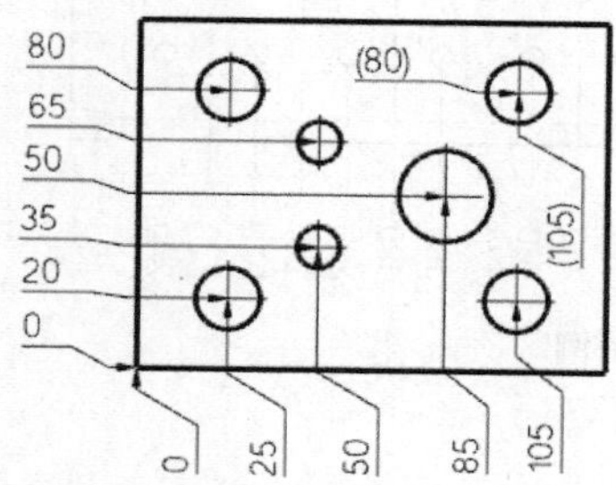

图4-18　水平与垂直坐标标注示例一

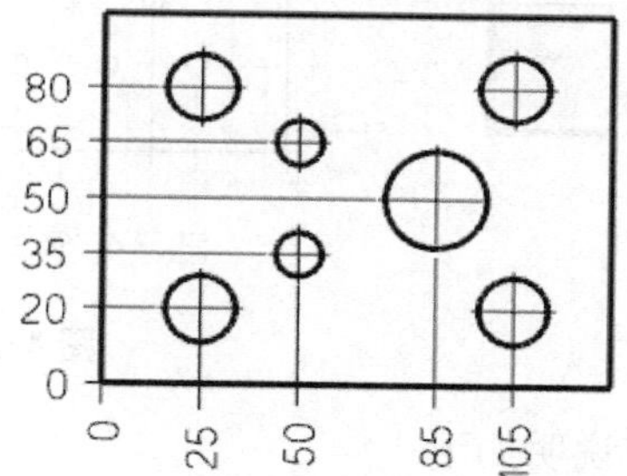

图4-19　水平与垂直坐标标注示例二

操作说明如下：

1）第一选择点即为坐标零点。

2）操作时可在第一点标注拖动状态下在操作管理器中对标注选项与参数进行设置，也可先标注完所有坐标尺寸，然后单击视窗右侧的“仅选择尺寸标注图素”快速选择按键，窗选多个尺寸标注，单击“标注→修剪→多重编辑”功能按键，弹出“自定义选项”对话框，一次性对所选标注进行编辑与设置。

3）引导线是否带箭头，可在“自定义选项”对话框“引导线/延伸线”选项页的“箭头→线型”下拉列表框中选择“无”，并勾选“适用于纵坐标标注”复选框，参见图4-6，若不勾选，则为图4-19所示的无箭头引导线形式。

4）在“自定义选项”对话框“引导线/延伸线”选项区“引导线类型”中若选择“标准”单选按键，则尺寸数字是在引导线中间的，如图4-19所示，笔者认为这种表达更美观。

2．平行坐标标注

平行坐标标注是与标注对象平行的，既非水平也非垂直方向的坐标标注，如图4-20

所示。

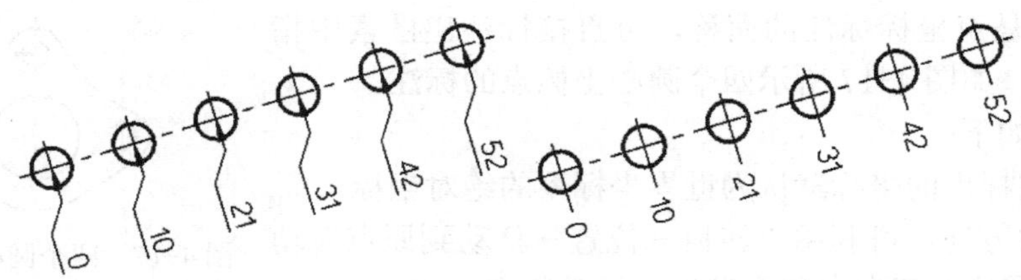

图 4-20　平行坐标标注示例

操作说明：仅第一点选择时需要选择两点，第一点确定零点位置，第二点确定平行方向，后续操作会继承，即同前述的水平与垂直坐标标注。

3. 自动坐标标注

对于坐标点较多的坐标标注来说，逐点选取非常烦琐，故系统为常用的水平与垂直坐标标注提供了自动坐标标注。图 4-21 所示为自动坐标标注示例。

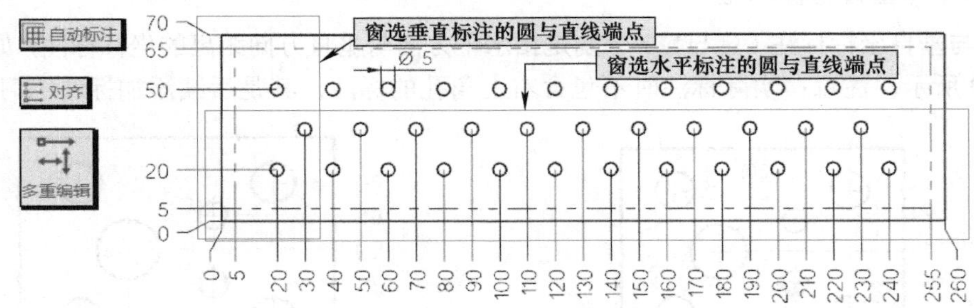

图 4-21　自动坐标标注示例

操作说明如下：

1）单击“标注→纵坐标→自动标注”功能按键，会弹出“纵坐标标注 / 自动标注”对话框，如图 4-22 所示。首先单击原点区的“选择”按键设置坐标原点。若按图示设置，则选择的圆弧圆心点、端点为标注点，下面的创建区仅勾选“水平”或“垂直”选项，分别用于水平或垂直坐标标注。单击“确认”按键，会退出对话框，按提示窗选所需图素（参见图 4-21），则选中图素的圆心和端点均会选中，并显示这些点的水平或坐标标注。

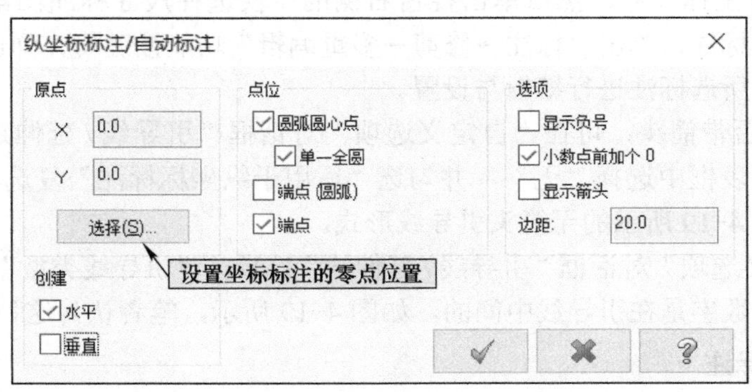

图 4-22　“纵坐标标注 / 自动标注”对话框

2）对第 1 步标注的坐标位置不满意时，可单击“对齐”按键，选择第 1 步的标注，拖动尺寸至适当位置，在拖动期间，还可在同步弹出的“尺寸标注”管理器中设置标注的形式。图 4-21 所示设置为无箭头数值中置的形式。

3）还可单击视窗右侧的“仅选择尺寸标注图素”按键窗选所有尺寸标注，单击“多重编辑”按键，在弹出的“自定义选项”对话框中修改标注的形式。

4．添加现有标注的坐标标注

“添加现有标注”功能 添加现有标注 是指对现有的坐标标注增加新的坐标标注。其操作较简单，首先选择零点坐标引导线，然后选择需增加点的坐标标注即可，新增坐标标注的修改与编辑同上，读者可在图 4-18 中右上角孔的位置练习添加标注。

4.3　注释功能

注释故名思意为解释、介绍等，主要用文字等表达，为了具体指定注释部位，常常还用到引导线和延伸线指定。另外，Mastercam 2022 注释功能区还包含剖面线和孔表功能，参见图 4-2。

4.3.1　注释

注释功能是指能够创建和编辑文本注释、引线标签或引线的标注，单击“标注→注释→注释”功能按键，会弹出输入文本操作提示和“注释”管理器，如图 4-23 所示，输入文本后拖动光标，可看到文本注释随着光标移动。在管理器中设置后，在视窗中适当位置单击可看到可移动编辑的文本，单击“确定”按键完成注释操作。

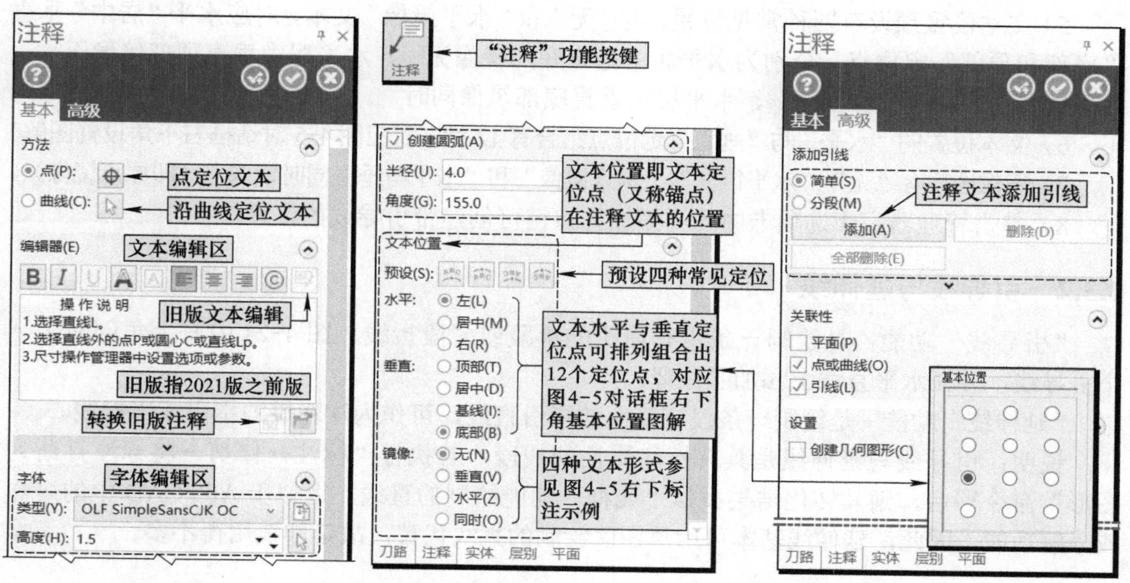

图 4-23　“注释”管理器示例

图 4-24 所示给出了注释标注编辑与部分注释示例供研习使用。

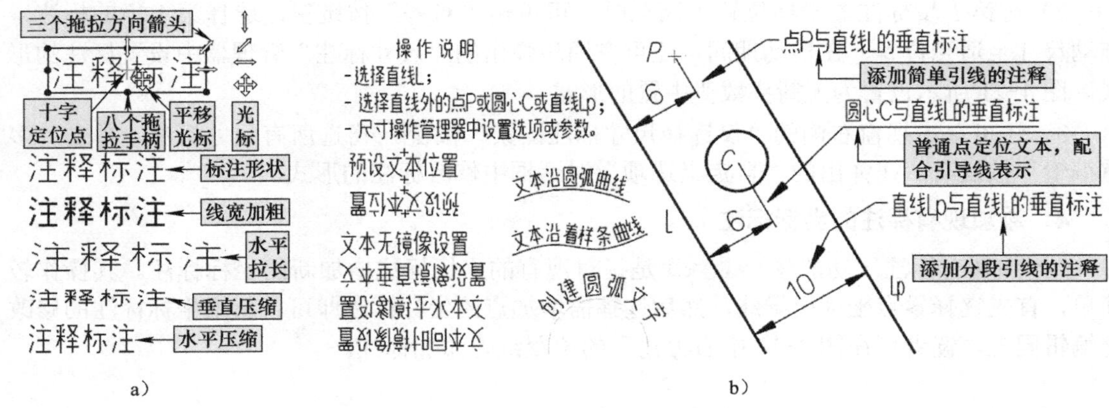

图 4-24　注释标注编辑与部分注释示例

a）注释文本形状编辑　b）注释示例

1）注释文本在得到确定之前，屏幕上显示的是淡蓝色的带有八个圆形拖拉手柄和一个十字定位点的带框文字，当光标放到四个角上手柄出现双向 45° 方向箭头时，按住鼠标可拖拉文本放大或缩小；当光标放到左、右中间手柄出现水平双向箭头⇔时，可横向拉长或缩短；同理，上、下中间手柄可上下拉高和压缩文本框；当光标移至文本框出现平移箭头时，可拖放平移文本框。同时文本的粗细可按线框一样改变线宽、颜色等。

2）文本点定位方法是常见的注释标注，也可以曲线（圆弧或样条曲线）定位文本，即文本沿着曲线分布。

3）勾选“创建圆弧”复选框，可创建沿圆弧布局的文字。

4）文本位置即文本定位点（又称锚点）在注释文本的位置，用于文本标注时的定位。

5）文本位置预设有四种常见位置，有“无”和“水平镜像”文本，对应水平“居中”垂直“底部和顶部”定位点，分别为水平居中垂直底部镜像无、水平居中垂直顶部镜像无、水平居中垂直顶部镜像同时、水平居中垂直底部镜像同时。

6）文本位置的“水平”与“垂直”定位点组合有 12 种，对应图 4-5 对话框右下角设置图解。

7）镜像选项有“无”“水平镜像”“垂直镜像”和“水平与垂直同时镜像”（即原点镜像）。

8）单击管理器高级选项卡中的“添加”按键可创建带引导线的注释。

4.3.2　引导线与延伸线

“引导线”功能是绘制一条带有箭头的单段或多段折线，图 4-24 中右上角创建了一个引导线，并在水平直线上添加了注释。

“延伸线”功能是绘制一条没有箭头的指引直线，可作为注释等的指引或连接线。

说明：引导线与延伸线是具有标注属性的线段，若执行“标注→修剪→将标注打断为图形”命令后，则其转化结果类似“线框”功能绘制的直线，近似于 AutoCAD 中的爆炸或分解功能。因此，延伸线基本可用草图区绘制的直线代替，故延伸线用得不多。

4.3.3　剖面线

剖面线是对图形的封闭区域进行图案的填充，如图 4-25 所示。剖面线在机械零件图中应用广泛。

剖面线操作说明如下：

1）单击“标注→注释→剖面线”功能按键，会弹出“线框串连”对话框和“交叉剖面线”管理器，选择构成剖面区域的串连轮廓线，确定后可看到剖面线预览，再在管理器中选择“图案”并设置间距和角度，单击“确定”按键即可。

2）串连选择时可选择多条串连，但“窗选”方式更快。图案选择“铁”，45°角，适当间距较为接近机械制图金属的填充。

4.3.4　孔表

“孔表”功能可创建一个文本表，显示有关所选孔的信息，包括孔标记（参考）、直径、数量，如图4-26所示。孔表操作较为简单，读者按操作提示研习即可。注意：孔表功能同样适用于三维立体模型不同面上所选孔功能。

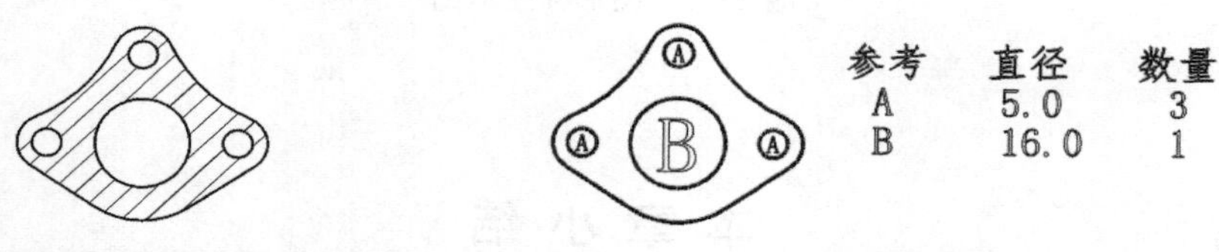

图4-25　剖面线示例　　　图4-26　孔表示例

4.4　其他标注功能

1. 重建

当图形做了修改后，某些相关联的尺寸标注等可能需要重建修正。在重建功能选项区有四个相关的重建按键——“自动”“验证”“选择”和“全部”（参见图4-2），光标停留在这些按键上会弹出按键功能说明，按提示操作即可完成重建操作。

2. 多重编辑

“多重编辑”功能可通过选择全部尺寸标注一次性快速地将所有标注设置为相同的选项与参数。一般可利用视窗右侧的快速选择按键中的“选择全部尺寸标注”一次性选择所有标注，然后单击“多重编辑”功能按键，弹出“自定义选项”对话框，对所有标注一次性地设置与修改。

3. 将标注打断为图形

“将标注打断为图形”功能近似于AutoCAD软件中的爆炸或称打散功能，可将尺寸标注、注释引线、引导线、延伸线、剖面线、文字等分解，类似草图绘制功能绘制的直线、圆弧或样条曲线。例如，注释中写的空心汉字，打断后与草图绘制文字功能创建的文字一样。

4.5　图形标注示例

例4-1：图4-27中给出了一个图形标注示例，建议读者自行绘制二维图形并完成全部标注操作。另外，有兴趣的读者可以以第 2 章和第 3 章中某些带尺寸的图形与模型为例自行练习绘图、建模与标注，全面掌握标注功能。

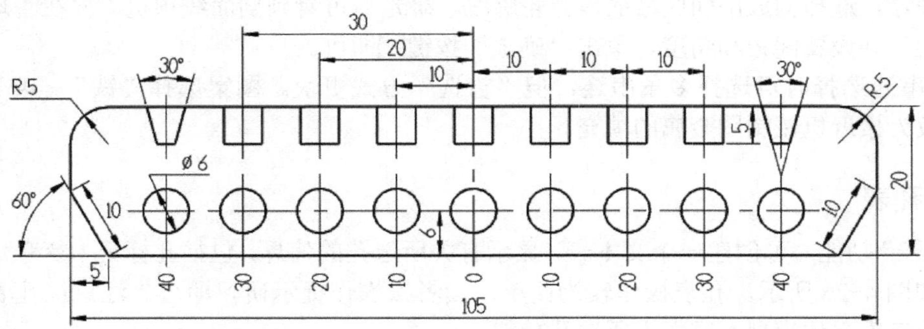

图 4-27　图形标注示例

本 章 小 结

本章主要介绍了 Mastercam 2022 软件标注功能选项卡中的各种标注功能。学习这些功能是为了记录和测量图样或模型的几何参数，虽然其与加工编程没有直接的联系，但笔者仍然建议读者仔细研读这部分内容。本章的标注讲解主要在平面中操作，对于三维线框图，只要借助构图平面与构图深度的知识就可以方便地掌握其标注方法。

第5章 Mastercam 数控加工编程基础要点

与其他编程软件类似，Mastercam 编程软件同样包含 CAD 与 CAM 模块，前述介绍的内容属于 CAD 模块，主要包括二维线框的绘制以及三维曲面、实体与网格模型的创建等。本章开始进入 CAM 模块，主要基于前述的 CAD 模型，借助软件提供的编程功能进行计算机辅助编程工作。本章主要介绍 Mastercam 2022 软件编程的一般流程，通过一个实例展开介绍。

5.1 Mastercam 数控加工编程一般流程

Mastercam 数控加工编程一般流程如图 5-1 所示，以下就编程过程中的通用问题进行讨论。

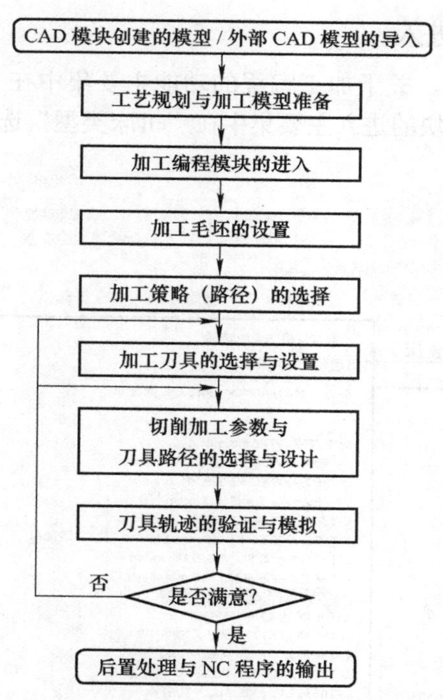

图 5-1　Mastercam 数控加工编程一般流程

5.1.1 工艺规划与加工模型的准备

拿到一个零件的加工任务，首先必须规划好加工工艺，作为计算机辅助编程，Mastercam 软件与其他 CAM 软件类似，必须基于加工模型提取加工几何体——加工曲线串连与 3D 模型型面等，因此编程之前必须要有一个加工模型。加工模型主要来自于 CAD 阶段的设计模型，故现有的 CAM 软件一般均有 CAD 功能，另外，由外部导入其他软件设计的数字加工模型也是经常用到的方法。

加工模型时，由于加工的需要，必须考虑加工余量、定位夹紧方案、工艺增加部分等，因此，加工模型可以与设计模型相同，也可以略有改进。工艺模型的修改可以基于设计模块的线框、曲面、实体与网格功能选项卡中的相关功能操作，也可应用基于同步建模功能的“模型准备”模块。由于其可无参数操作，且建模速度快，故对外部导入的加工模型的修改是一个不错的方法。

作为数控加工编程，工件坐标系原点及其方位、程序起 / 退刀点位置、安全平面高度、工件上表面、加工底面及高度等也是编程时必须确定的参数。

Mastercam 软件编程常用的工件坐标系原点及其方位的设定方法是以世界系统坐标系为基准，将加工模型通过移动与旋转等方式移动至与世界坐标系重合而设定工件坐标系，其中，将工件坐标系平移至世界坐标系原点有一个专用的“移动到原点”功能按键，可快速将加工模型上工件坐标系原点移至世界坐标系原点。另外，“模型准备→布局→……”选项区的“与平面对齐”和“与 Z 对齐”等功能可基于模型上指定点建立工件坐标系而不用移动工件，只是出于习惯的原因，这种方法目前为止用的人不多。

5.1.2 加工编程模块的进入

Mastercam 2022 软件中，关于加工编程的功能主要集中在“机床”功能选项卡中，如图 5-2 所示，其中，加工模块的进入主要集中在“机床类型”选项区。

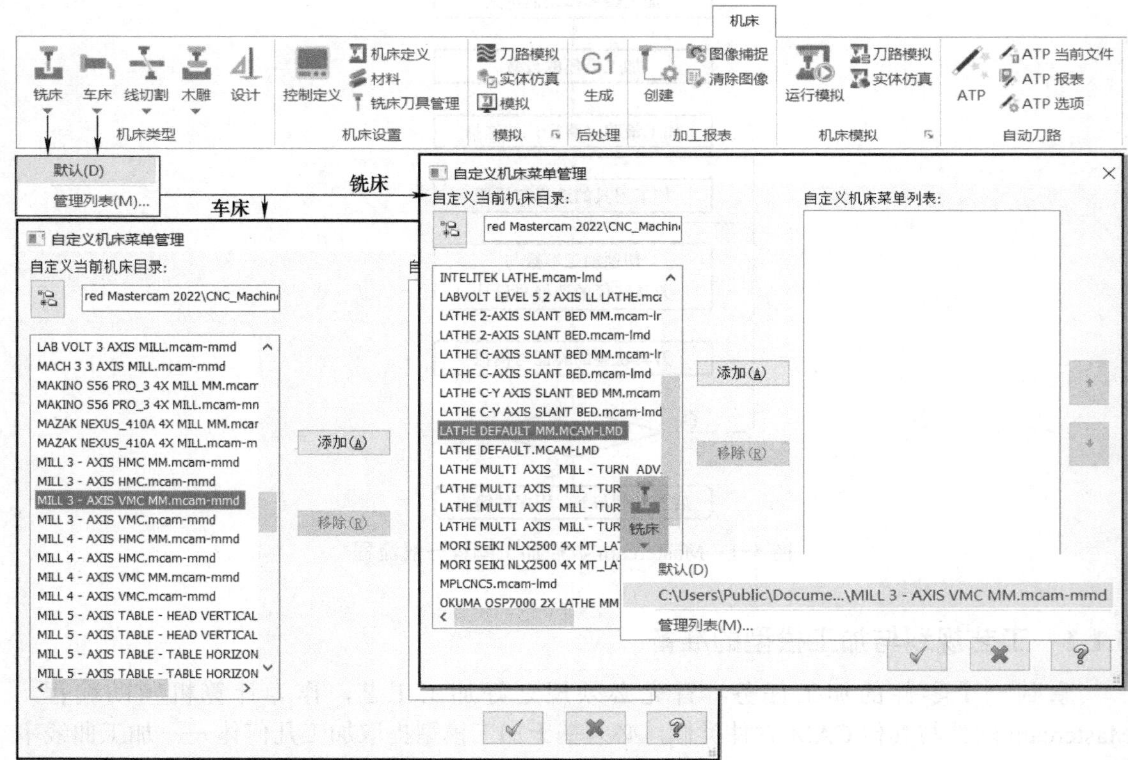

图 5-2 “机床”功能选项卡及“铣床”“车床”类型列表

图 5-2 中主要显示了铣床与车床加工编程模块的进入示例。以铣床为例，单击“铣床”功能按键下的下三角形符号▼，展开下拉菜单，包含“默认”与“管理列表”两命令，“默认”命令默认(D)是系统设置的一个基本机床类型，如无特殊需求，可直接单击该命令进入加工模块。若单击“管理列表”命令管理列表(M)...，则会弹出一个“自定义机床菜单管理”对话框，左侧显示系统提供可供选择的 CNC 机床列表与来源目录地址。选中左则列表中某机床类型，中间的“添加”按键添加(A)可用，单击后可将选中的机床类型加入右侧的自定义机床菜单列表中，单击“确定”按键，完成自定义机床的设置。之后单击“铣床”功能按键，下拉列表中可看见该选中的机床，单击其可快速进入该机床加工编程环境中，如图 5-2 右下角的铣床下拉菜单所示。

进入某加工模块后，系统自动加载该加工模块的“刀路”功能选项卡，并在“刀路”操作管理器中加载一个“机床群组 -1”，参见图 5-3。

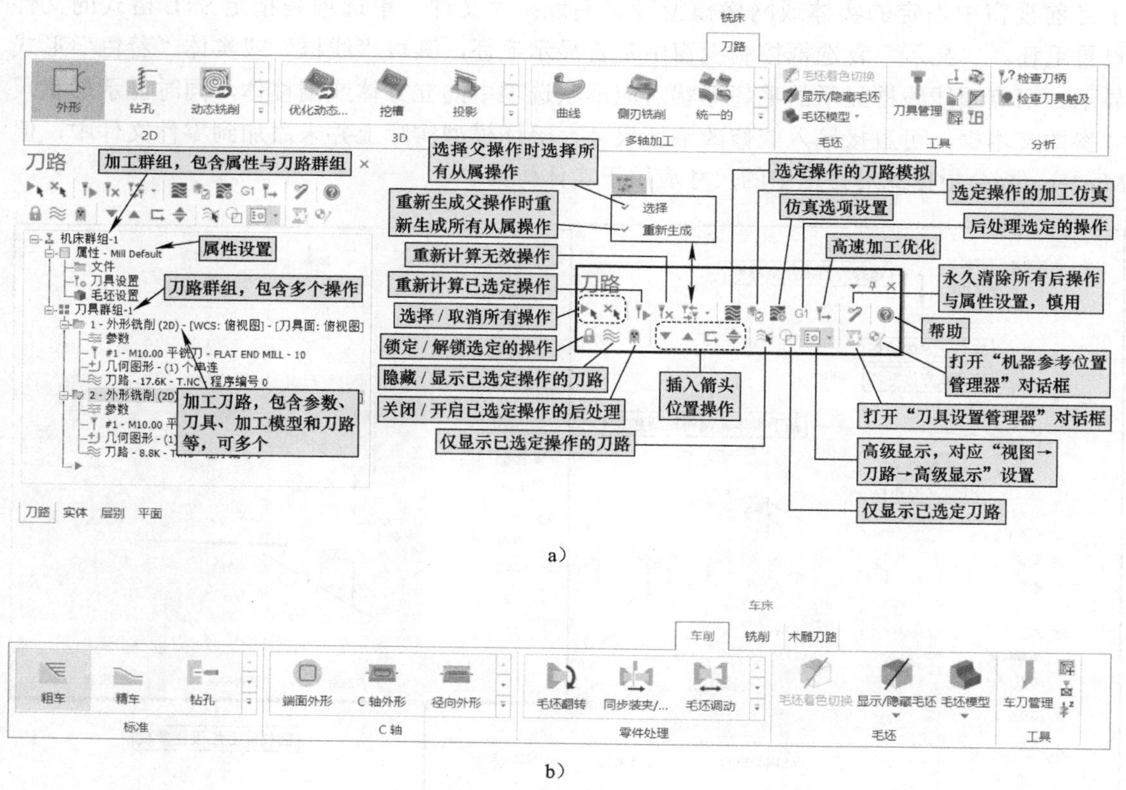

图 5-3　加工编程模块的进入与显示

a）铣床模块及其“刀路”功能选项卡和“刀路”管理器　b）车床模块及其“刀路”功能选项卡

图 5-3a 所示为进入铣床加工模块后的“铣床”刀路功能选项卡和“刀路”管理器。铣床刀路功能选项卡中包含“2D”“3D”“多轴加工”“毛坯”“工具”和“分析”等多个功能选项列表区。“刀路”管理器中默认加载了一个“机床群组 -1”，这个加工群组下包含一个默认的铣削“属性”目录节点（属性 -Mill Default）和一个“刀具群组 -1”，展开属

性节点可看到“文件”“刀具设置”和“毛坯设置”三个选项，默认的刀具群组下是空的，由用户根据加工需要逐渐添加所需刀路（又称加工策略）。光标悬停在刀路管理器上方的操作按键上，会弹出相应的按键功能说明，图中标出了各按键说明。

图 5-3b 所示为进入“车床”模块后的“刀路”功能选项卡。

5.1.3　加工毛坯的设置

在“刀路”管理器中单击“毛坯设置”选项[毛坯设置]，系统弹出“机器群组属性”对话框“毛坯设置”选项卡，如图 5-4 所示。“毛坯平面”选项区是确定建立毛坯的坐标系，默认的俯视图是系统默认的工件坐标系平面 WCS，若建立了新的工件坐标系 WCS 平面，则必须单击“选择平面”按键[选择平面]选择新的工件坐标系平面。“形状”选项区的“立方体”和“圆柱体”单选项用于设置规则的立方体和圆柱体毛坯；而“实体 / 网格”单选项是基于当前视窗中指定的实体或网格模型设置毛坯；“文件”单选项是指定 STL 格式的文件设置毛坯。“显示”复选框控制视窗中是否显示毛坯，其可“线框”或实体“着色”形式显示。双点画线线框显示的毛坯形状对应形状选项中的立方体或圆柱体，同时显示形状尺寸参数文本框，可直接输入或修改毛坯尺寸，毛坯模型实际上并未添加到零件文件中，但 Mastercam 会根据此对话框中的尺寸应用于实体仿真中。

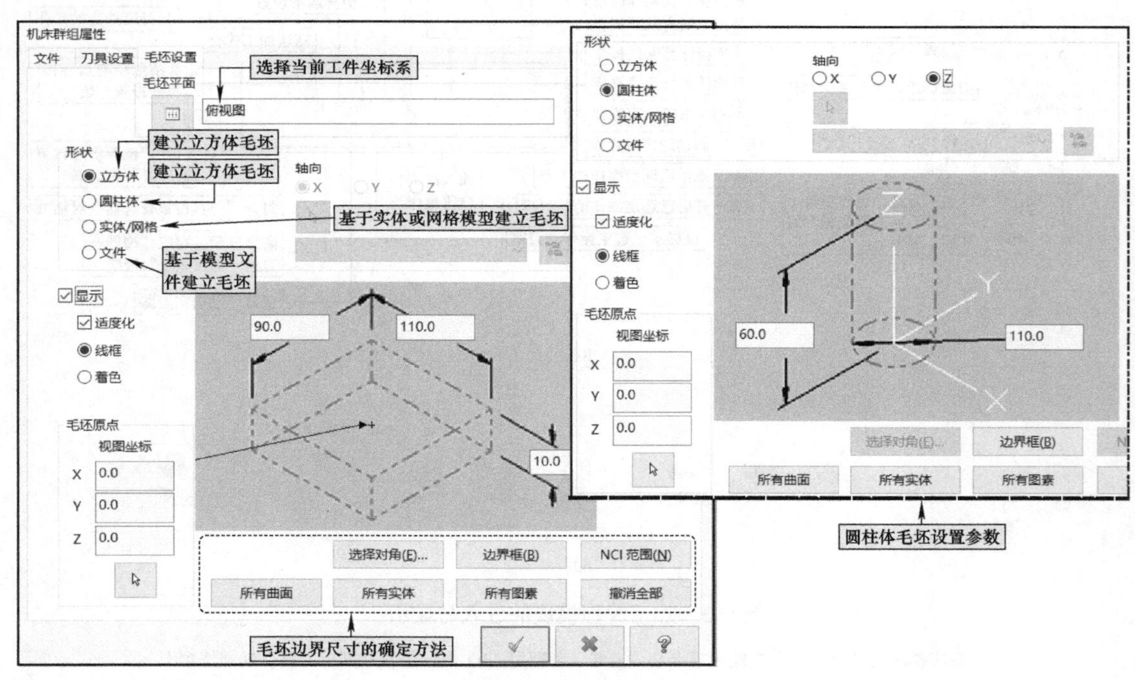

图 5-4　机器群组属性对话框

毛坯边界尺寸确定方法，一般按操作提示操作即可，但基于“边界框”的操作会弹出“边界框”管理器进行进一步的设置。图 5-5 所示为“边界框”管理器创建立方体与圆柱体示例。单击“机器群组属性”对话框中“毛坯设置”选项卡下部的“边界框”按键[边界框(B)]，会激活“边界框”操作管理器，同时预览包含模型的透明边界实体模型，默认的毛坯边界实体是不包含加工余量的，可在毛坯边界尺寸“大小”文本框中直接修改，也可按推拉实体的设置方法对毛坯进行推拉编辑操作，如图中推拉箭头值设置为“增量”并勾选“双向”选项，激活推拉指针后输入拉伸长度 5mm，单击 [Enter] 键，将指定的面及其对面同时拉伸出 5mm 的加工余量。选择圆柱体毛坯边界时，其圆柱体直径的推拉只能采用绝对值操作，但上、下平面可以采用增量值推拉操作。

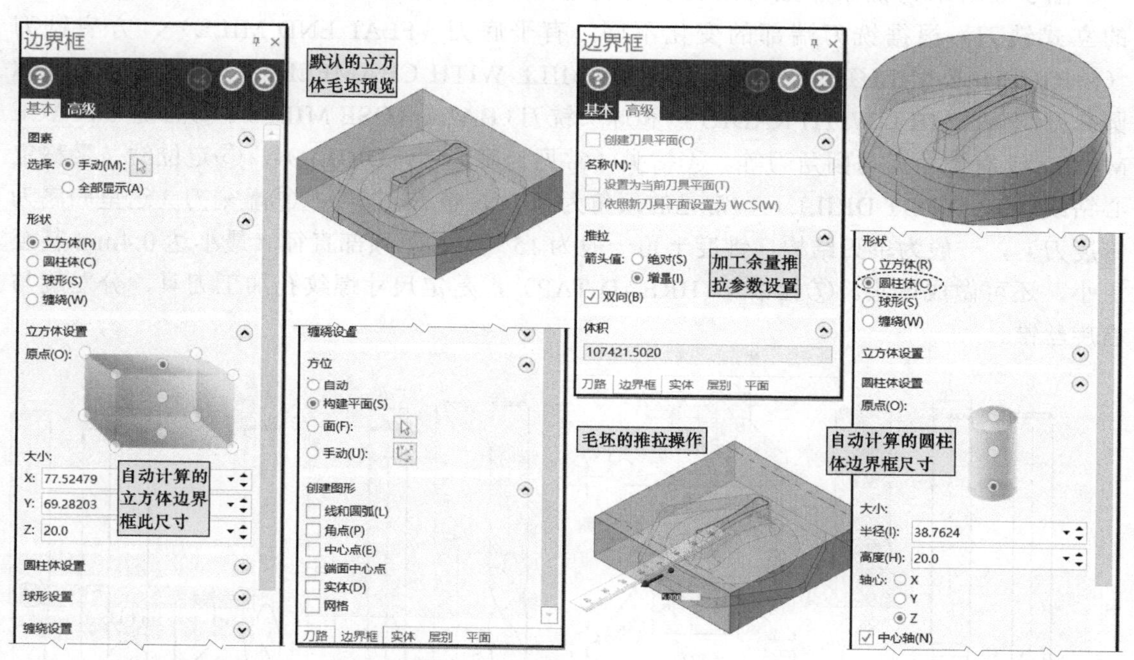

图 5-5 “边界框”管理器创建立方体与圆柱体示例

5.1.4　加工策略的选择

加工策略的实质是加工刀路，简称刀路，在 Mastercam 中又称操作，相当于加工模板，针对不同的加工特征，给出一个典型加工刀路，然后通过修改相关参数和设置，生成具体加工的刀路。加工策略的多少与优劣，是判断一款自动编程软件好坏的标准之一。Mastercam 2022 的铣削加工刀路主要分为 2D、3D 和多轴加工三大类。车削加工刀路主要有基于普通二轴车削的粗车、精车、车槽等和车削加工中心等用到的“C 轴”功能刀路，“零件处理”功能选项列表中的功能有助于提高车削加工程序的编程质量。各种加工刀路的参数设置相差较大，也是学习自动编程的重点之一，在后续的介绍中会逐渐展开。

5.1.5　加工刀具的选择与设置

加工刀具是所有数控加工编程必备的选项，其选择与应用涉及较深的机械加工工艺基础与金属切削加工原理知识，限于篇幅所限，这里不展开讲解，仅就 Mastercam 编程中涉及的操作知识进行介绍，有兴趣深入了解刀具知识的读者可查阅参考文献 [4] 和 [5]。

1. 数控铣床加工刀具

使用时必须了解铣刀的类型、编程所需基本参数、切削用量、刀具号、刀具长度补偿号与刀具半径补偿号等。

图 5-6 所示为铣床加工常用的铣刀类型与编程所需的基本参数。①和②是最常用的立式铣刀，根据铣刀端部的变化不同，有平底刀（FLAT END MILL）、方肩铣刀（SHOULDER MILL）、倒角铣刀（END MILL WITH CHAMFER）、圆角铣刀（又称圆鼻刀，END MILL WITH RADIUS）和球头铣刀（BALL NOSE MILL）。③面铣刀（FACE MILL），有倒角刀与圆角刀等。④钻头（常见为麻花钻，DRILL）。⑤定位钻（又称定心钻或点钻，SPOT DRILL），常见的顶角为 90°，也有 120°。⑥雕刻刀（这里归属为锥度刀），一般为单刃结构，锥度半角一般为 15°，加工顶部直径 d 最小达 0.4mm 甚至更小，还可做成球头。⑦丝锥（THREAD TAP），是定尺寸螺纹孔加工刀具，分左旋与右旋丝锥。

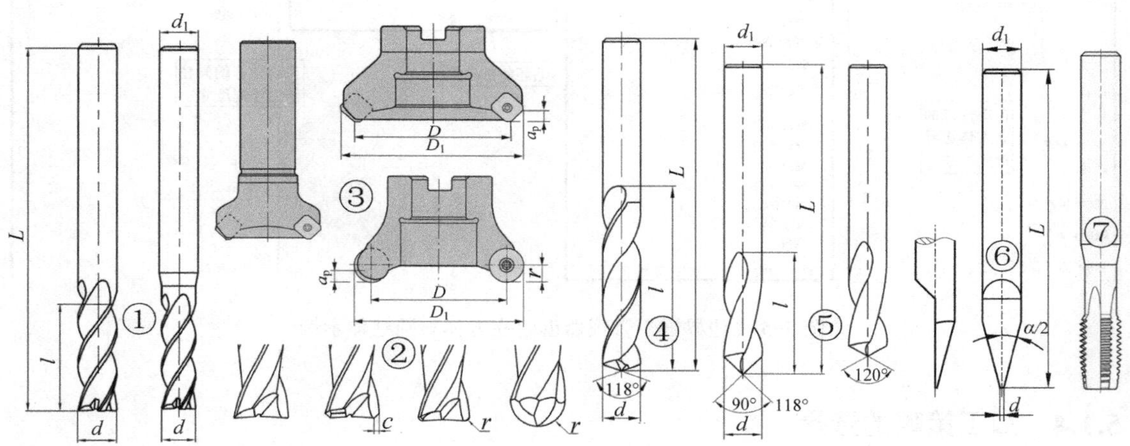

图 5-6 铣床加工常用铣刀类型与基本参数

具有以上刀具知识后，可方便地学会 Mastercam 中的铣削刀具选择与设置操作。图 5-7 所示为铣床刀具选择与设置操作示例。最常用的刀具选择方式是从刀库选择刀具，单击刀具列表左下角的“选择刀库刀具”按键 选择刀库刀具...，会弹出“选择刀具”对话框，刀具列表中显示的是系统自动筛选出的适合当前加工的刀具列表。单击刀具列表右下角的“刀具过滤”按键 刀具过滤(F)...（选择刀具对话框右侧也有该按键），会弹出“刀具过滤列表设置”对话框，设置过滤条件，可调出所需刀具；执行快捷菜单“创建刀具”命令，会弹出“定义刀具”对话框，按刀具类型、基本参数等逐步进行即可。另外，若将光标放在已有的刀具上右击，在弹出的快捷菜单中执行“编辑刀具”命令，可进入编辑刀具对话框，类似于定义刀具对话框，只是没有选择刀具类型选项。关于切削用量等的设置，涉及专业知识，这里不多讨论。

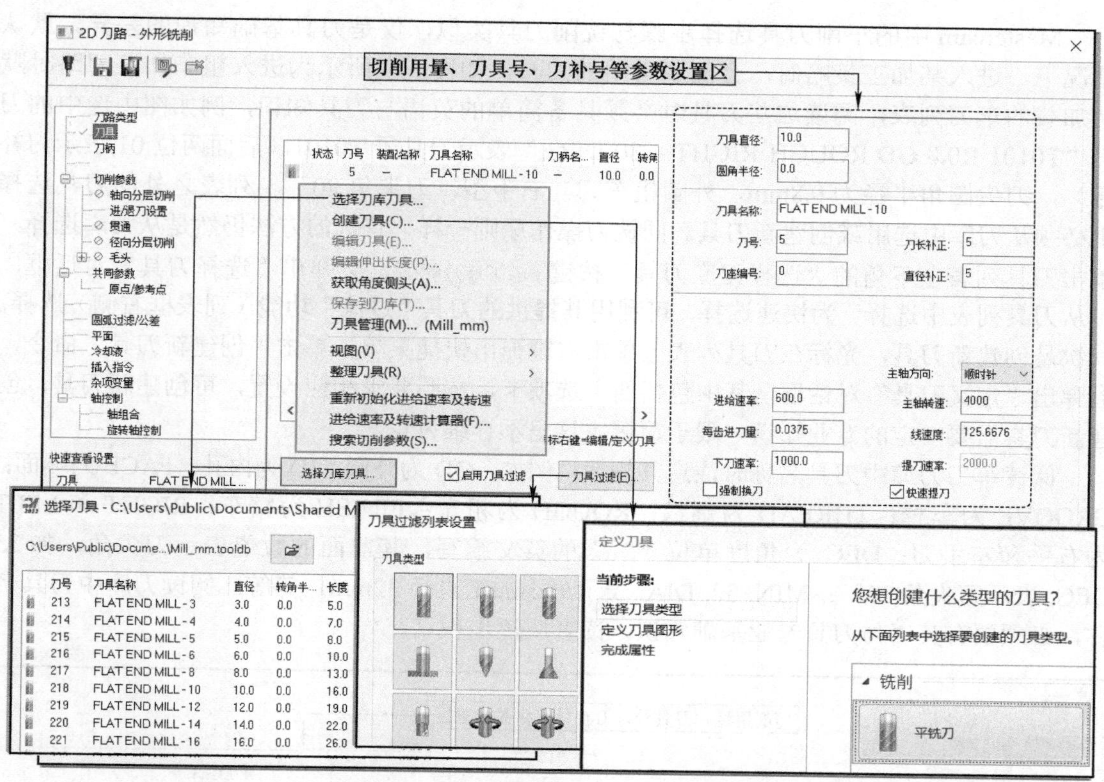

图 5-7　铣床刀具的选择与设置操作示例

2. 数控车床加工刀具

车床加工刀具的选择与铣床操作类似，仅是车削刀具的类型与参数不同。图 5-8 所示为常见车刀的结构类型，按加工表面特征不同一般分为外圆与端面车刀、内孔车刀（又称镗刀）、切断与切槽刀（切槽刀也可车外圆）和螺纹车刀（含内、外螺纹车刀）。

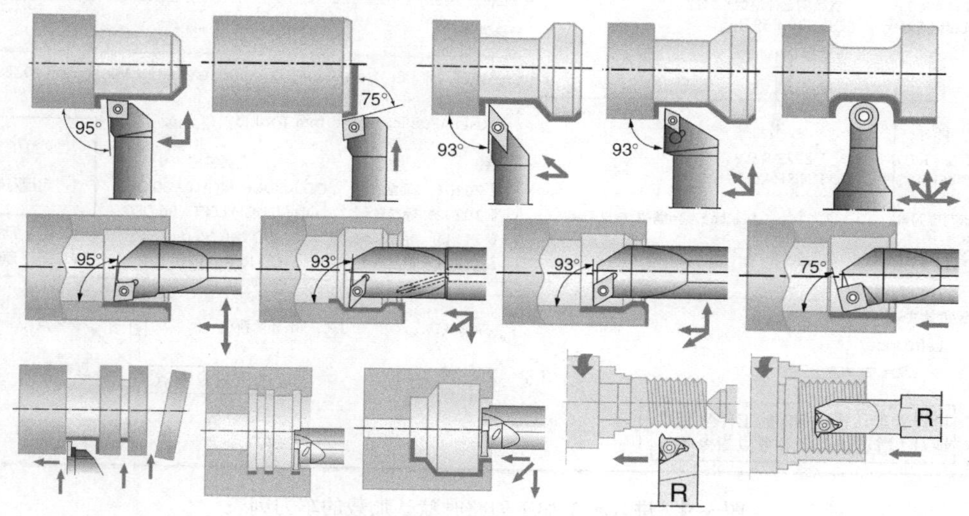

图 5-8　常见车刀的结构类型

Mastercam 中的车削刀具选择步骤与铣削刀具类似，仅是刀具基础知识的差异。默认情况下，进入某加工策略时，会加载常用的刀具，如图 5-9 所示为进入粗车加工刀路时默认加载的车刀列表，阅读这些刀具时必须具备简单的英语与刀具知识，例如图中选中的刀具“T0101 R0.8 OD ROUGH RIGHT – 80 DEG.”表示刀具号 T0101（后面两位 01 表示刀补号），刀尖圆角半径为 0.8mm，外圆粗车刀，右手型，刀尖角 80°。列表之外的刀具选择则必须从刀库中选用或创建新刀具。同铣刀操作原则一样，首选的方法仍然是从刀库选择，单击刀具列表左下角的“选择刀库刀具”按键 选择刀库刀具... ，会弹出“选择刀具”对话框，可从刀具列表中选择。为快速选择，可利用其提供的刀具“过滤”功能（列表框右侧）选择。其次是创建新刀具，光标在刀具列表区单击右键弹出快捷菜单，单击“创建新刀具”命令，会弹出“定义刀具”对话框，其中包括四个选项卡，按照要求相应设置，可创建新刀具，创建新刀具需要一定的专业知识，限于篇幅，这里不详细讨论。

阅读车刀刀库中刀具名称时注意其规律，例如，OD 为外圆；ID 为内孔；FACE 为端面；GROOVE 为车槽；THREAD 为螺纹；ROUGH 为粗车；FINISH 为精车；RIGHT 和 LEFT 为右手和左手刀；DEG. 为角度单位“°”的英文缩写，其前面的数值表示刀尖角，如 35 DEG. 表示刀尖角 35°；MIN. 32. DIA. 表示最小加工直径 32mm，等等。阅读刀库中刀具名称，必须要有英语与刀具专业基础知识，读者应逐步积累。

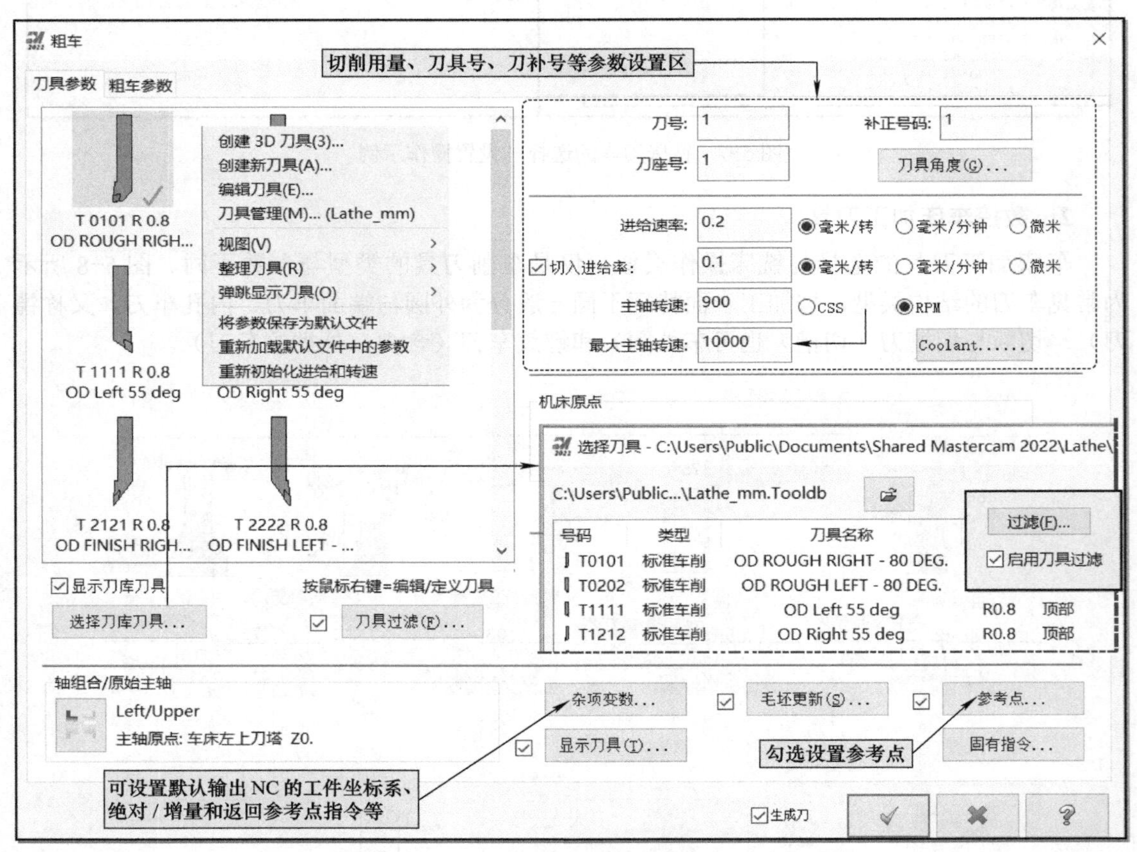

图 5-9　进入粗车加工刀路时默认加载的车刀列表

刀具选项卡中切削用量、刀具号与刀补号设置注意事项：

1）刀具号与补正号码对应刀具指令 T △△□□，前两位为刀具号，后两位为刀补号，每一把刀均应该设置。

2）进给速率一般选择“毫米 / 转”选项（转进给），主轴转速一般选择“RPM”选项（恒转速），精车时可考虑选择“CSS”选项（恒线速度）。

3）若主轴转速选择“CSS”选项，还要配套设置合适的最大主轴钳制转速参数，在“最大主轴转速”文本框设置。

4）“Coolant”按键 Coolant...... 用于设置冷却液指令等，如 Flood 设置 On，则程序中会出现 M08 和 M09 代码。

5）“杂项变数”按键 杂项变数... 可设置后置处理 NC 代码中的工件坐标系、绝对 / 增量坐标和返回坐标参考点指令，默认为 G54、G90 和 G28，这些参数满足大部分要求。

6）勾选“参考点”复选框可设置参考点参数，参考点一般应设置在足够远的安全距离处。注意：本书的示例因为输出刀轨的插图布局需要而设置的比较小。

5.1.6　共同参数设置

“共同参数”是每一个加工刀路均必须设置的参数，如图 5-10 所示。

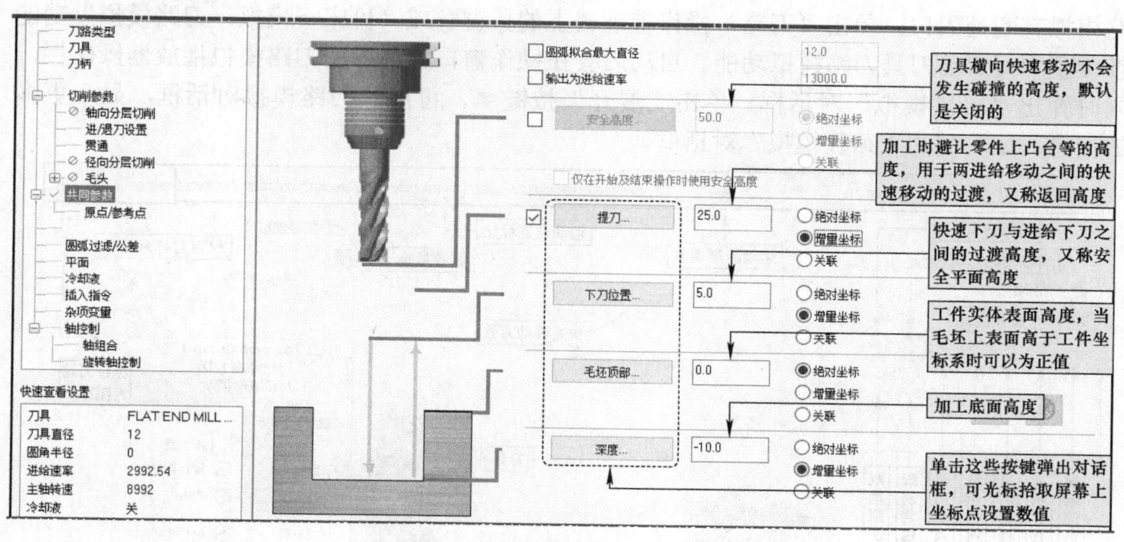

图 5-10　“共同参数”设置说明

5.1.7　参考点设置

“参考点”是加工程序的起始点 / 结束点，其设置如图 5-11 所示。参考点的选择必须确保工件的装夹、测量等操作方便，且为了简化设置，一般将起始点与结束点设置为同一点，数值传送按键可将两者数值互送，快速设置。光标捕抓按键可进入屏幕捕抓起始 / 结束点。

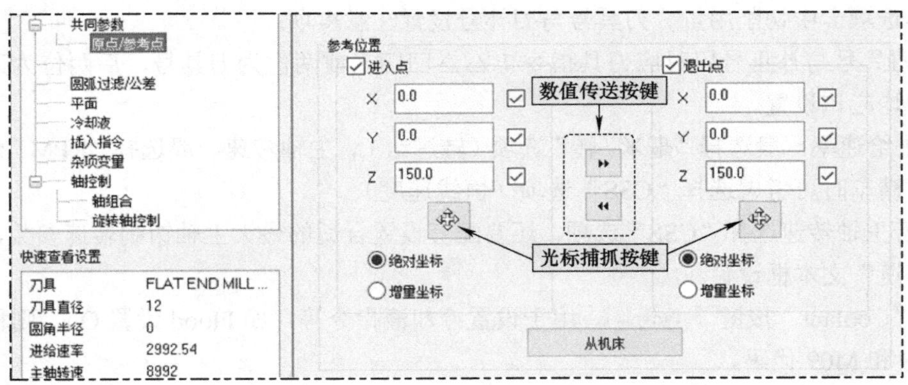

图 5-11 “参考点”设置说明

5.1.8 刀具轨迹的路径模拟与实体仿真

刀具轨迹的刀路模拟（又称路径模拟）与实体仿真是系统提供的动态观察刀具轨迹与加工效果的功能，几乎是编程过程中必不可少的手段。

1. 刀具轨迹的刀路模拟

刀具轨迹的刀路模拟主要用于观察刀具的刀路（即加工路径），如图 5-12 所示。刀路模拟有两处入口，单击“刀路”操作管理器上的按键或“机床→模拟→刀路模拟”功能按键均可启动刀具刀路模拟功能。启动后会在操作窗口上部弹出刀路模拟播放器操作栏，同时弹出“路径模拟”对话框。单击“展开”按键，可展开刀路模拟对话框，显示更多的信息，如右侧的“路径模拟”对话框。

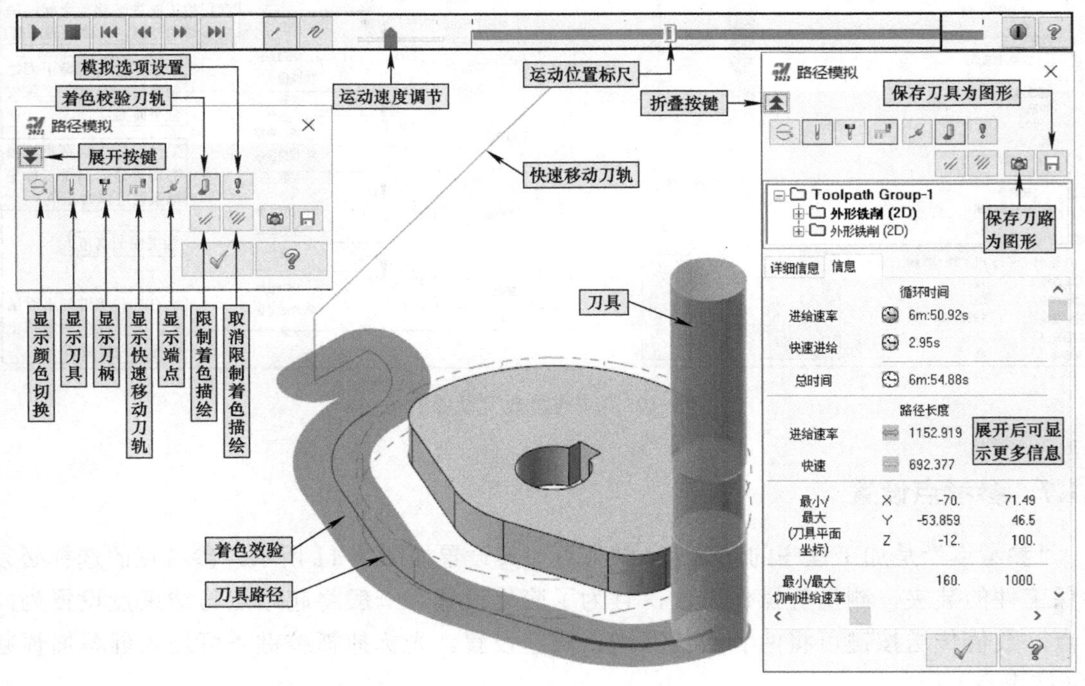

图 5-12 铣削加工“刀路模拟”操作示例

2. 刀具加工的实体仿真

刀具加工的实体仿真又称加工仿真，是以实体形式仿真加工过程，其入口同样有两处。“刀路”管理器上的按键和“机床→模拟→实体仿真”功能按键均可启动模拟软件——Mastercam 模拟器。实体加工仿真可较为真实地验证实际加工效果，是后处理输出程序前检验编程质量的有效手段。图 5-13 所示为“实体仿真”操作界面，其功能较为强大，操作按键较多，读者应多加研究。

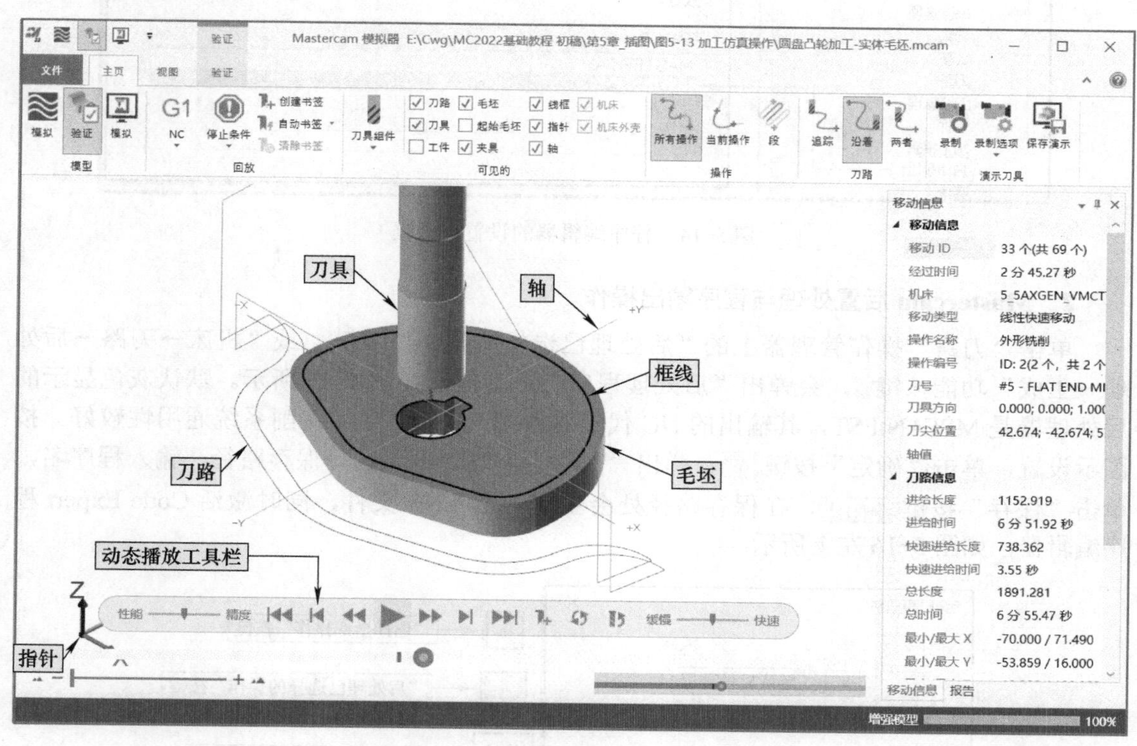

图 5-13 “实体仿真”操作界面示例

5.1.9 后置处理与 NC 程序的输出

后置处理是将系统的刀路文件（*.NCI）转换成数控加工程序文件（*.NC）的过程。后置处理首先必须要有一款适合加工机床数控系统的后处理程序，此处采用系统默认的后处理程序 MPFAN.PST。其次，需要一款适用的程序编辑器，用于 NC 程序的阅读、检查与修改。

1. 程序编辑器的设置

在系统配置对话框（见图 5-14）的“启动 / 退出”选项中，单击编辑器下拉列表，可看到多个选项，第一项是 MASTERCAM，这是系统安装时的默认选项，其激活的是系统自带的 Code Expert 编辑器（图 5-16 左上所示），是大部分使用 Mastercam 软件初始用户常用的编辑器；第二项 CIMCO 选项可激活 CIMCO Edit 编辑器（要求计算机上事先安装该软件，如图 5-16 右下角所示），该软件是 CIMCO 系列软件中的一个模块，主要用于数控程序的阅读、编辑与修改等，其与 Code Expert 最显著的区别是具有刀具路径动态模拟仿真功能，在数控编程技术人员中应用广泛；第三项记事本是 Windows 系统自带的一款通用文本编辑器，若选择该选项，则输出程序时激活的是“记事本”软件编辑程序。熟悉 CIMCO Edit 软件的用户可尝试一下第二项，会带给您满意的效果。

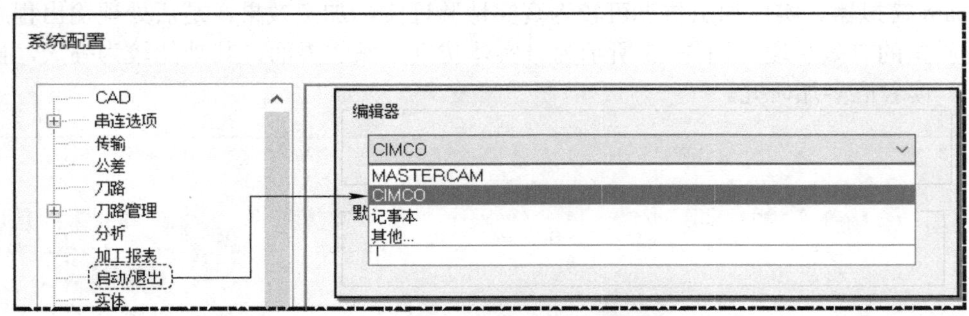

图 5-14　程序编辑器的设置对话框

2. Mastercam 后置处理与程序输出操作

单击“刀路”操作管理器上的“后处理已选择的操作”按键G1或“机床→刀路→后处理→生成”功能按键G1生成，会弹出“后处理程序”对话框，如图 5-15 所示。默认灰色显示的后处理器是 MPFAN.PST，其输出的 NC 代码对各型 FANUC 数控铣削系统通用性较好。按图示设置，单击“确定”按键✓，弹出“另存为”对话框，选择保存路径，输入程序名，单击“保存”按键保存(S)，在保存路径处会生成一个 *.NC 文件，同时激活 Code Expert 程序编辑器，如图 5-16 左上所示。

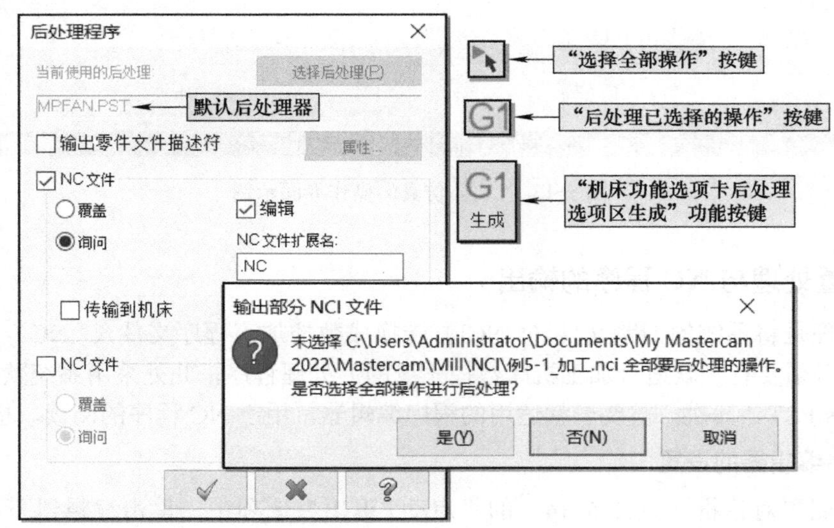

图 5-15　后处理操作按键与“后处理程序”对话框

后处理操作时，建议先单击“选择全部操作”按键选中全部操作，若未单击该按键，且当前选中的可能是部分操作，则会弹出“输出部分 NCI 文件”对话框，如图 5-15 所示，单击“是”按键是(Y)，则系统自动选中全部操作并输出 NC 程序，若单击“否”按键否(N)，则仅输出当前选中操作的 NC 程序。

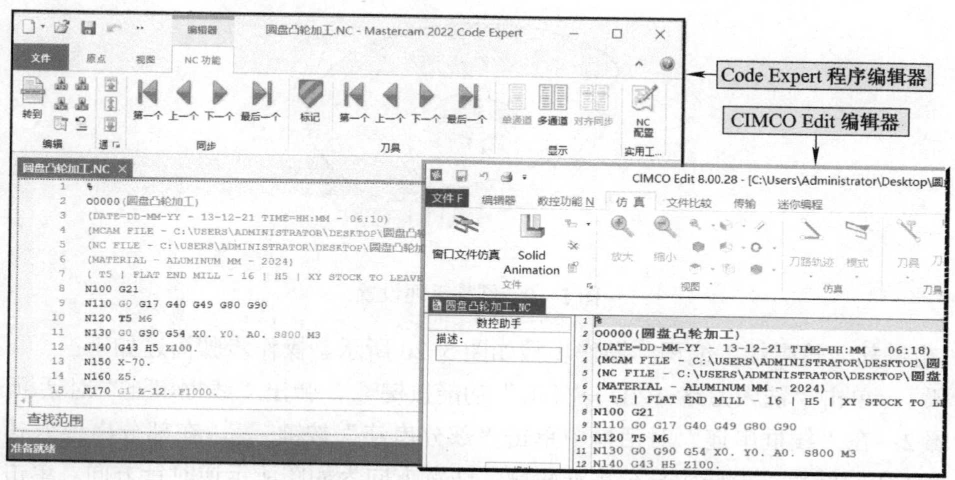

图 5-16　程序编辑器示例

5.2　Mastercam 数控加工编程示例

例 5-1：图 5-17 所示为某圆盘凸轮及其几何参数，凸轮厚度 10mm，拟采用数控加工方法加工外凸轮曲线。

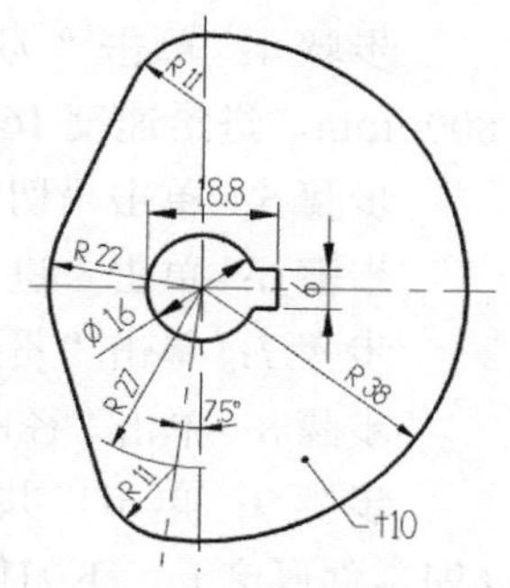

图 5-17　圆盘凸轮

编程步骤如下：

1）工艺规划与加工模型的准备。根据凸轮结构特点，拟采用 ϕ16mm 圆孔与底面定位装夹，工件坐标系设置在圆孔上表面中心，将零件的长边旋转至 X 轴方向，单击“视图→显示”功能区的“显示轴线”按键（快捷键 [F9]）以及“显示指针”按键（快捷键 [Alt+F9]）可显示坐标系轴线与工件坐标系指针，如图 5-18 所示。

圆盘凸轮外轮廓加工属二维外轮廓加工，Mastercam 编程仅需轮廓曲线即可，图中实体模型可增强观察效果，建议实体模型单独建立图层，便于编程时隐藏方便。加工模型按图 5-17 所示尺寸绘制二维轮廓或进一步创建实体模型。

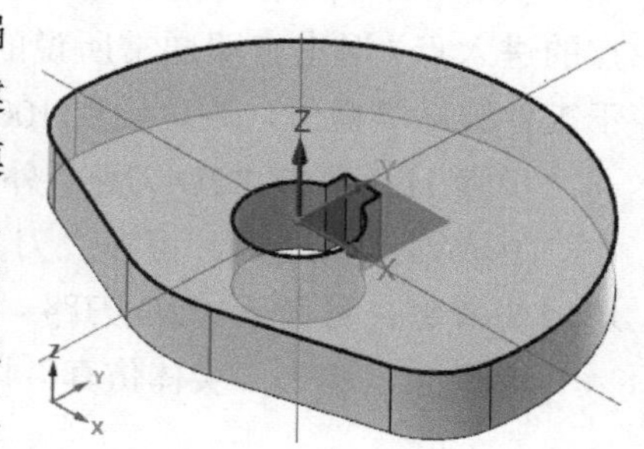

图 5-18　工艺处理

本例凸轮外廓加工选用 ϕ16mm 平底铣刀，毛坯选用 ϕ82mm×10mm 的半成品圆盘料，上、下表面以及中间孔已加工完成。首先，粗铣部分轮廓，逆铣加工，留单面加工余量 3mm。然后，分粗铣与精铣两步顺铣加工轮廓，精铣单面加工余量 0.5mm。粗铣时，主轴转速 800r/min，进给速度 160mm/min；精铣时，主轴转速 1200r/min，进给速度 120mm/min，深度一次加工完成。精铣时要求采用刀具半径补偿功能，交接处重叠量 2mm。

2）铣床加工编程模块的进入与毛坯设置。单击“机床→铣床→默认”命令 默认(D)，激活铣床“刀路”管理器，进入铣床加工模块。

在激活的“刀路”管理器中，展开“属性”节点，单击“毛坯设置”选项 毛坯设置，设置圆柱毛坯 ϕ82mm×10mm，如图 5-19 所示。

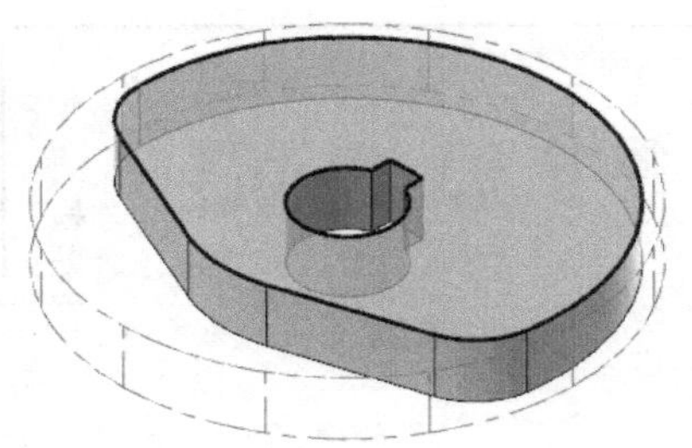

图 5-19　圆柱毛坯设置

3）粗铣部分轮廓加工编程。操作步骤如图 5-20 所示。操作步骤简述如下：

步骤 1：单击“铣床刀路→ 2D →外形”功能按键，弹出“线框串连”对话框。

步骤 2：在“线框串连”对话框中单击“部分串连”按键，在部分串连方式下依次选择起始线段与结束线段选中部分串连轮廓，注意方向为如图所示逆时针方向。单击对话框下的“确定”按键，弹出“2D 刀路 - 外形铣削”对话框。

步骤 3：确认刀路类型为“外形铣削”。

步骤 4：单击“刀具”选项。首先从刀库中选择 ϕ16mm 平底刀，其次设置主轴转速 800r/min，进给速度 160mm/min，刀具号、长度补正和半径补正均为 1。

步骤 5：单击“切削参数”选项。设置壁边预留量 3.0mm，其余采用图示默认设置。

步骤 6：单击“进 / 退刀设置”选项。按图设置相关参数。

步骤 7：单击“贯通”选项。设置贯通量 2.0mm。

步骤 8：单击“径向分层切削”选项。设置粗铣次数 2，间距 5，其余采用图示默认设置。

步骤 9：单击“共同参数”选项。注意毛坯顶面为 0.0mm，故设置深度等于 –10.0mm（即零件厚度），下刀位置 5.0mm（相当于安全平面高度），取消安全高度与提刀参数设置。

步骤 10：单击“原点 / 参考点”选项。设置参考点在原点上方 100.0mm。注意：参考点的进入点 / 退出点即通常所说的起 / 退刀点，此高度根据机床的结构应适当取高一点，便于工件装卸等操作，这里设置 100.0 是为了后续刀轨的快速移动路径图示不要太长。

步骤 11：单击“2D 刀路 - 外形铣削”对话框下的“确定”按键，自动生成刀轨。

生成刀具轨迹后，可在“刀具群组”节点下看到外形铣削操作。双击其中的“参数”选项 参数，可激活“2D 刀路 - 外形铣削”对话框进行再编辑。

步骤 12：单击“实体仿真”按键，进行实体加工仿真验证。刀路模拟可参阅图 5-12。

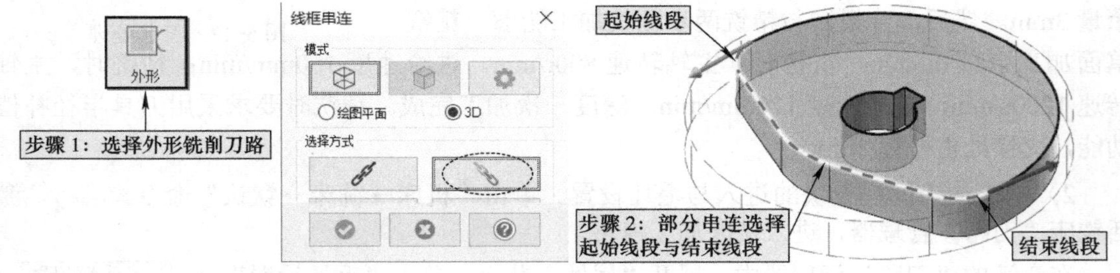

图 5-20　粗铣部分轮廓加工编程操作步骤

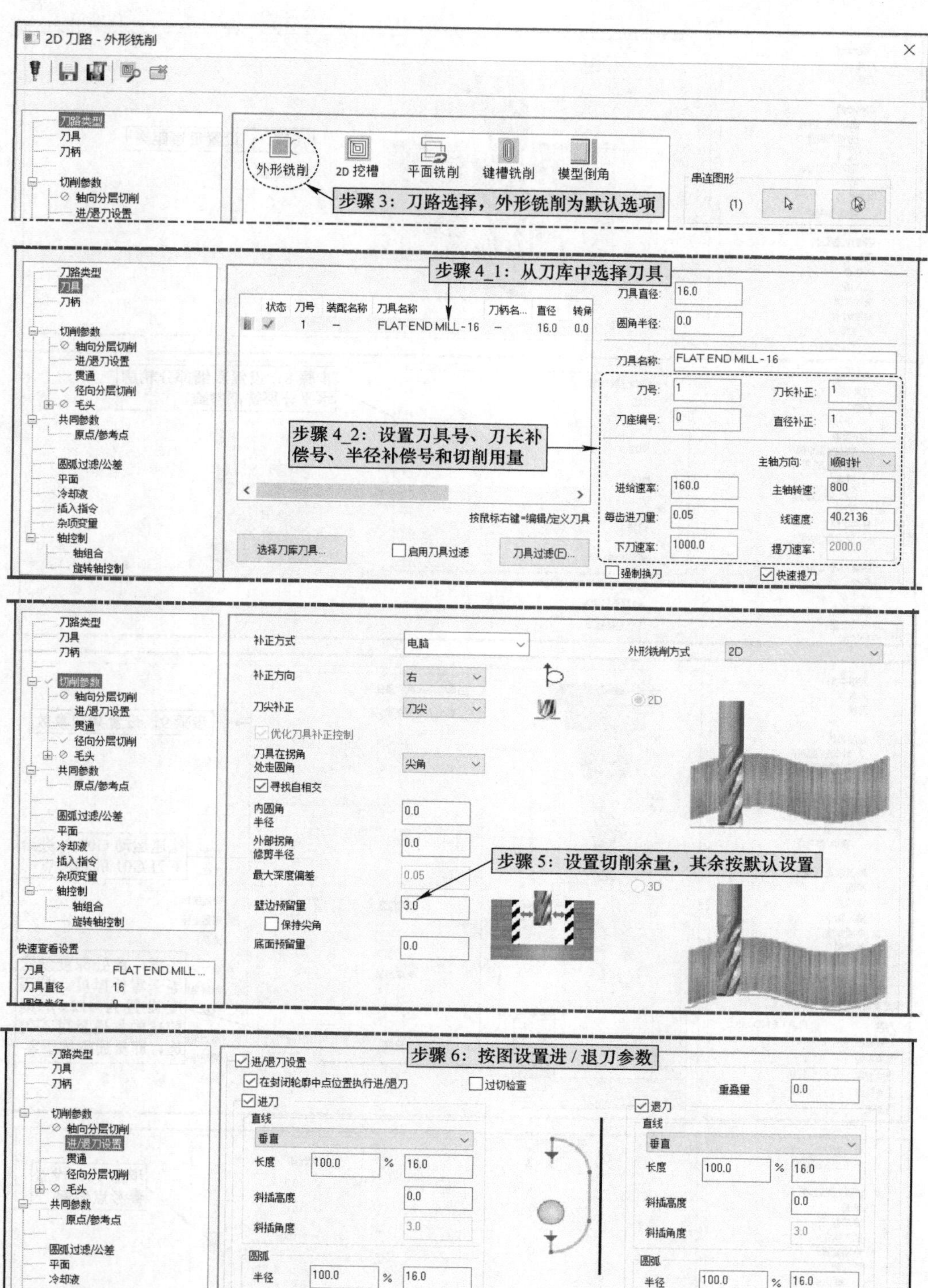

图 5-20　粗铣部分轮廓加工编程操作步骤（续）

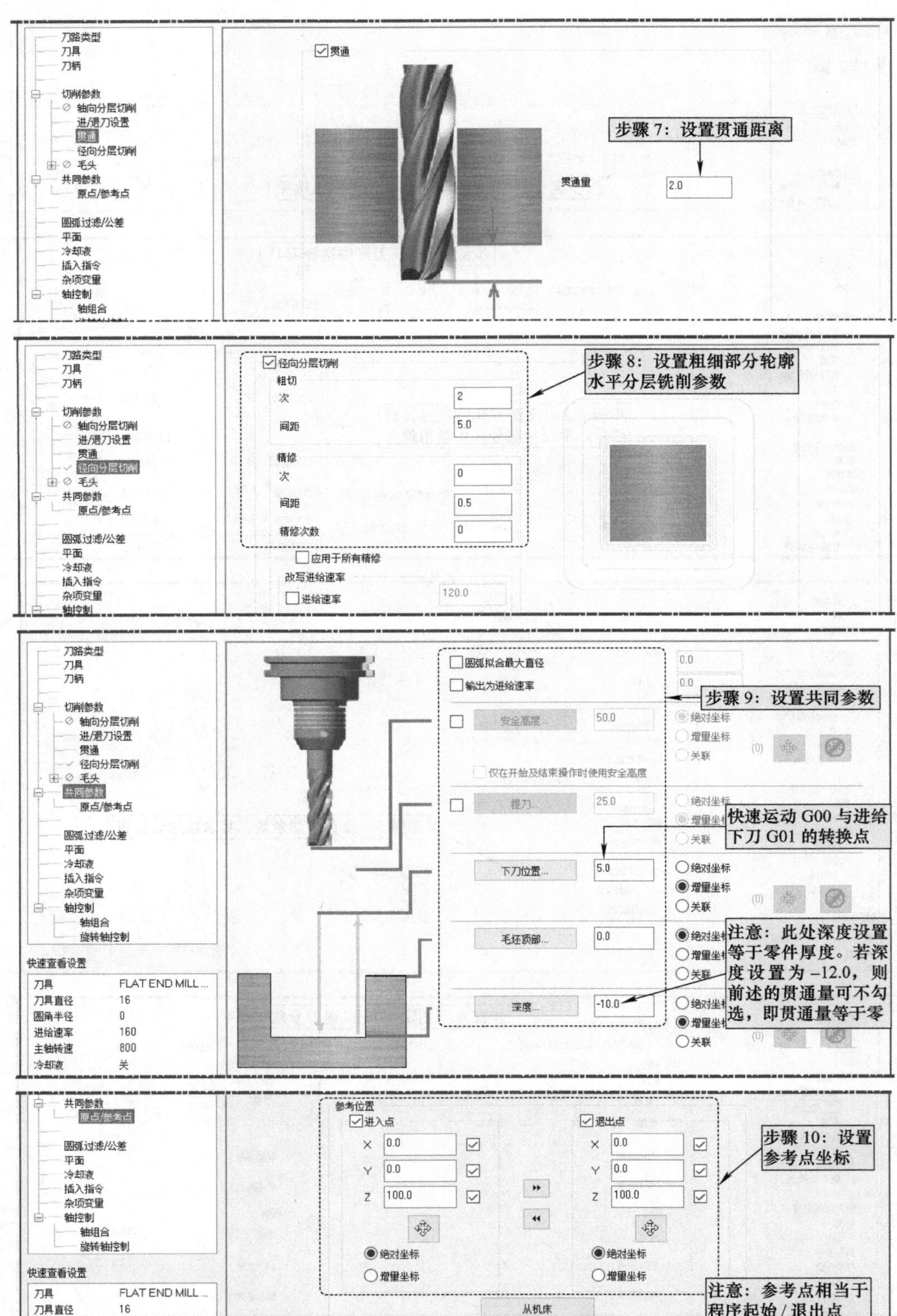

图 5-20　粗铣部分轮廓加工编程操作步骤（续）

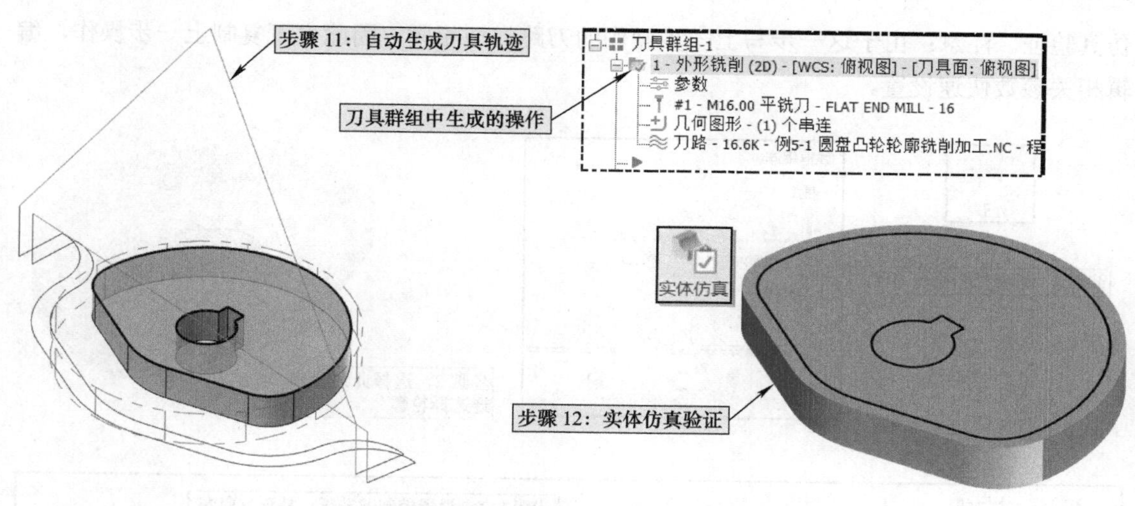

图 5-20　粗铣部分轮廓加工编程操作步骤（续）

4）粗、精铣轮廓加工编程。操作步骤如图 5-21 所示。操作过程简述如下：

为简洁编程轨迹界面，一般在新的编程操作前，可先单击“选择全部操作”按键，然后单击“隐藏 / 显示已选择操作的刀路”按键，隐藏已有操作的刀具路径。

步骤 1：单击“铣床刀路→ 2D →外形”功能按键，弹出“线框串连”对话框。

步骤 2：在“线框串连”对话框中单击“串连”按键，如图所示选择轮廓串连，注意串连的方向及起点如图中选择，使后续切入 / 切出点在直线段上。单击对话框下的“确定”按键，弹出“2D 刀路 - 外形铣削”对话框。

步骤 3 和步骤 4：刀路类型与刀具设置同上一操作。

步骤 5：单击“切削参数”选项。设置补正方式为“控制器”，补正方向为“左”，壁边预留量为 0.0。

步骤 6：单击“进 / 退刀设置”选项。设置重叠量为 2.0，进刀 / 退刀直线为“相切”。

步骤 7：“贯通”选项设置同上一操作。

步骤 8：单击“径向分层切削”选项。设置粗铣次数 1，间距 5.0，精修次数 1，精修间距为 0.5mm，精修进给速率为 120.0mm/min，精修主轴转速为 1200r/min，最终深度执行精修，不提刀。其余采用图示默认设置。

步骤 9 和步骤 10：共同参数和参考点选项设置同上一操作。

步骤 11：单击“2D 刀路 - 外形铣削”对话框的“确定”按键，自动生成加工刀路。注意联系刀具半径补偿原理体会图中指定的补正刀轨（紫色显示的刀轨）。

生成刀具轨迹后，可在刀具路径群组（刀具群组 -1）节点下的第 1 个操作下看到本次生成的第 2 个操作。双击其中的“参数”选项 参数 可进行再编辑。

步骤 12：单击“实体仿真”按键，进行实体加工仿真验证。

若编程本操作前隐藏了之前操作的刀具路径，则需单击“选择全部操作”按键，单击“隐藏 / 显示以选择操作的刀路”按键，显示已有所有操作的刀具路径，然后再进行实体仿真验证。注意：由于这一步与上一步操作的刀路类型相同，因此也可复制上一步操作，编辑相关参数快速设置。

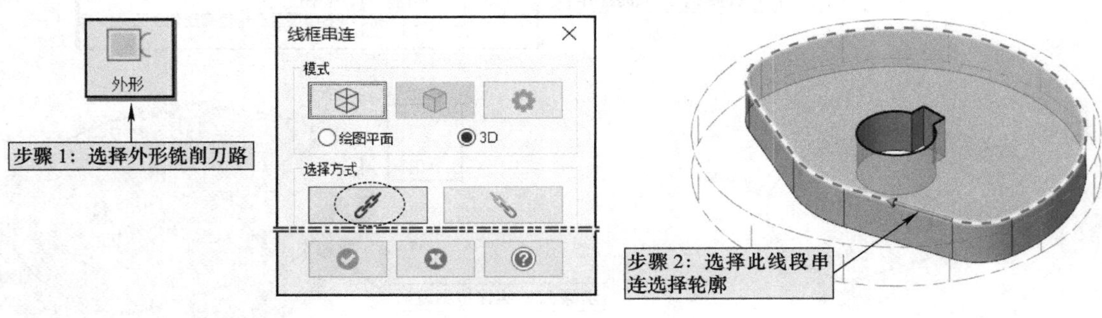

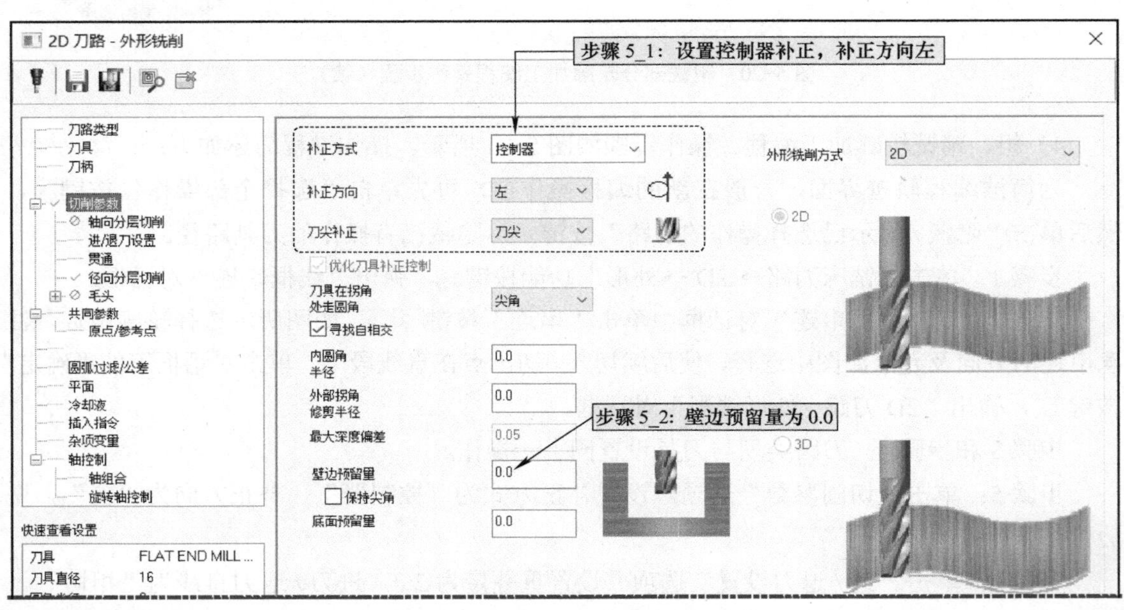

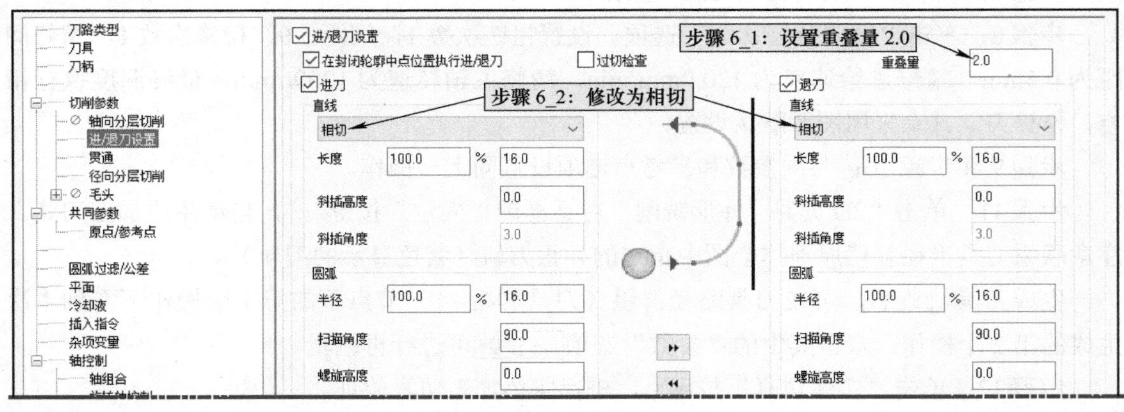

图 5-21　粗、精铣轮廓加工编程操作步骤

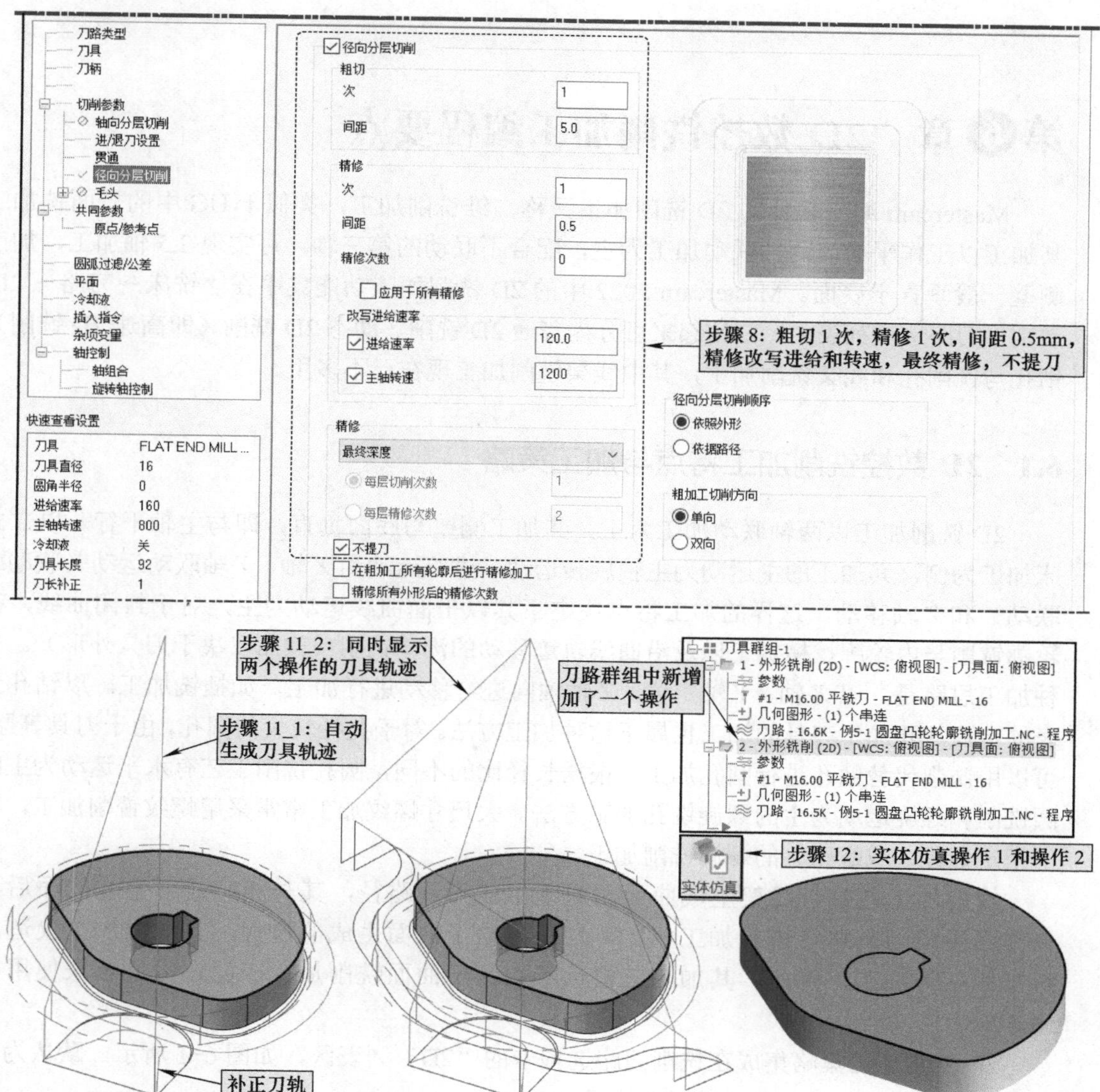

图 5-21　粗、精铣轮廓加工编程操作步骤（续）

5）后置处理与 NC 程序输出。参照图 5-14 和图 5-15 中方法输出加工程序。

本 章 小 结

本章主要介绍了 Mastercam 2022 软件编程流程，并重点介绍了 Mastercam 编程加工中的通用性问题。最后以一个简单零件的数控编程为例，介绍了 Mastercam 编程加工的全过程。

第❻章　2D 数控铣削加工编程要点

Mastercam 编程软件的 2D 铣削加工又称二维铣削加工，类似于 UG 中的平面铣加工，其加工以工作平面内两轴联动加工为主，配合不联动的第三轴，可实现 2.5 轴加工，加工的侧壁一般垂直于底面。Mastercam 2022 中的 2D 铣削加工功能集中在“铣床→刀路→ 2D →铣削”刀路选项列表中，归结起来可分为普通 2D 铣削、动态 2D 铣削（即高速 2D 铣削）、钻孔与铣削孔和线架铣削加工，其中线架铣削加工现在已不多用。

6.1　2D 数控铣削加工特点与加工策略

2D 铣削加工以两轴联动加工为主，其加工侧壁与底面垂直，即与主轴平行。以立式铣床加工为例，其加工的主运动为主轴旋转运动，进给运动为 X 轴、Y 轴联动运动（联动或不联动）和 Z 轴移动，这样的加工特点决定了其以平面曲线运动为主，对于封闭曲线，有外轮廓铣削与内轮廓挖槽加工以及沿曲线轨迹移动的沟槽铣削（截面取决于刀具外形）。另一种加工思路是，以 X 轴、Y 轴定位，Z 轴轴向进给移动进行加工，如插铣加工。以钻孔为代表的定尺寸孔加工刀具的加工也属于这种加工方法。对于孔径较大的圆孔，由于刀具等原因，可以用铣削代替钻孔进行圆孔加工，根据长径比的不同，圆孔铣削工艺有水平运动为主的全圆铣削和螺旋运动为主的螺旋铣孔加工方法。大尺寸螺纹加工常常采用螺纹铣削加工，其属于指定导程（或螺距）的螺旋铣削加工。

线架加工是基于线架生成曲面的原理生成刀具路径，其与相应线架生成曲面后再选择曲面生成刀具路径进行加工相比，仅是省略了曲面生成的过程，且线架加工仅适用于特定线架的加工，因此，其加工范围远不如基于曲面铣削加工广泛，故近年来使用的人逐渐减少。

2D 铣削加工策略集成在铣削刀路选项卡的“2D”列表区，如图 6-1 所示。默认为折叠状态，需要时可上、下滚动或展开使用。

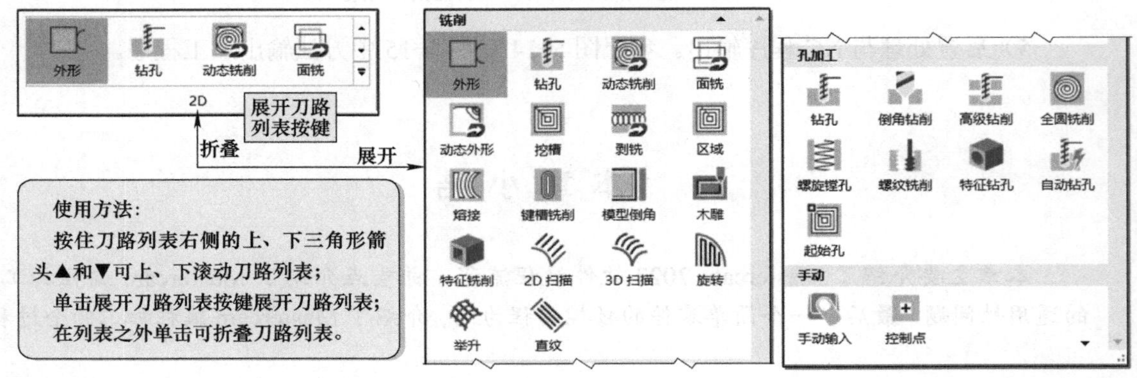

图 6-1　刀路选项卡的“2D”列表区

6.2 普通 2D 数控铣削加工编程

普通 2D 铣削加工是相对后续介绍的动态 2D 高速铣削加工而言的，其切削用量的应用多表现为低转速、大切深、小进给的特点，多用于普通型数控铣床加工。刀具路径的转折常见锐角转折，若高速切削加工必然出现切削力的突变现象，很容易出现打刀问题。普通 2D 铣削在早期的 Mastercam 软件中就已存在，是经典的加工策略。

6.2.1 外形铣削加工

“外形”铣削加工可沿着选取的串连曲线的左、右侧或中间进行加工，对于封闭的串连曲线，则常称作外形（外轮廓）铣削和内侧（内孔或凹槽轮廓）铣削，沿着串连路线正中铣削则属于沟槽加工。常规的外形铣削刀具偏离串连曲线的距离等于刀具半径，其偏置方法可以是计算机或控制器补正，控制器补正在程序输出时有刀具半径补偿指令 G41 或 G42，其实际偏置距离取决于输入数控机床刀具半径补偿存储器的补偿值，这种方法可以精确地控制二维铣削加工件的轮廓精度，从而用于 2D 轮廓的精铣加工。

经典的 2D 铣削加工仅有一条加工路径，但将这条加工路径水平扩大或缩小生成刀路，上下逐层增加刀路，则可实现 2D 铣削的粗加工。2D 铣削主要使用立式圆柱平底铣刀，也可选用倒角刀、圆角铣刀、球头刀等进行特定加工。

“外形”铣削功能入口为“铣削刀路→ 2D →铣削→外形”功能按键，铣削加工的几何参数主要是轮廓串连曲线和深度值（编程时指定），但为了确定侧吃刀量（又称行距）以及横向切削次数，还需要毛坯轮廓参数。当深度太大时，在深度方向要考虑多刀加工。

图 6-2 所示为 2D 铣削几何参数及实体模型，显示了 2D 铣削加工所需的轮廓串连与毛坯轮廓参数（该图尺寸参见图 2-71），以及随之可能变换的外形铣削轮廓与凹槽挖槽轮廓加工零件，其中，凹槽内部的岛屿高度可以小于槽深，其参考基准是岛屿串连曲线的高度。

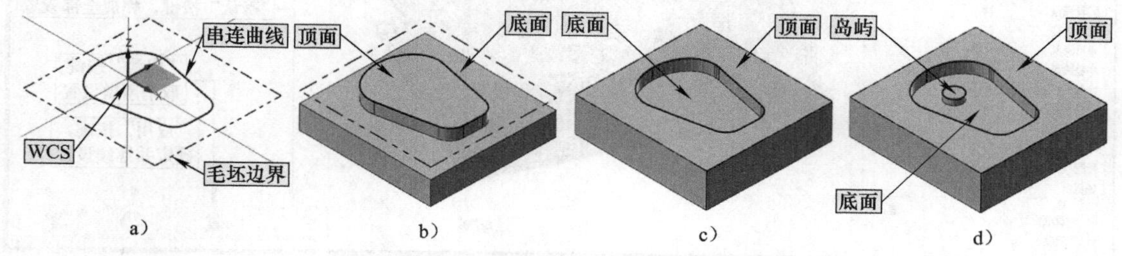

图 6-2　2D 铣削几何参数及实体模型

a）2D 铣削几何参数　b）2D 凸台　c）2D 凹槽　d）2D 凹槽 +2D 岛屿

外形铣削加工编程可简化为三大块。首先，从模型前期准备到创建毛坯这一段，与第 5 章介绍的编程流程基本相同。其次，加工策略到路径模拟与实体仿真之前，这部分内容属于外形铣削加工自有的内容，这是本小节主要讨论的内容。第三，从路径模拟与加工仿真以及后处理输出程序，其操作方法与第 5 章介绍的编程流程基本相同。为此，进一步的学习仅需重点学习中间部分。

1. 外形铣削主要参数设置说明

外形铣削参数设置主要集中在“2D 刀路 - 外形铣削”对话框中，参见图 6-3，其刀具的创建和参考点的设置操作与大部分加工基本相同，因此，如无特殊情况，一般不予详细说明。

这里以 2D 凸台外形铣削加工编程为例介绍外形铣削主要参数的设置。

（1）串连曲线的选择　串连曲线可以是封闭曲线或开放曲线（部分串连选择参见图 5-20），串连曲线拾取的线段确定了刀具切入与切出的位置，光标拾取点较近的线段端点是串连曲线的起点，串连曲线的方向决定了刀具切削移动的方向。方向的确定与外 / 内侧轮廓铣削、顺铣 / 逆铣、左 / 右补偿等有关，必须事先规划。

（2）“刀路类型”等选项设置　“2D 刀路 - 外形铣削”对话框的第一项设置，由于选择的刀路是外形铣削，所有刀路类型选项列表框中默认也是外形铣削，如图 6-3 所示。对话框左上角的“保存参数到默认文件”按键可将自己所做的设置保存，下次使用时可直接调用，简化操作。其余按键作用参见图中说明。

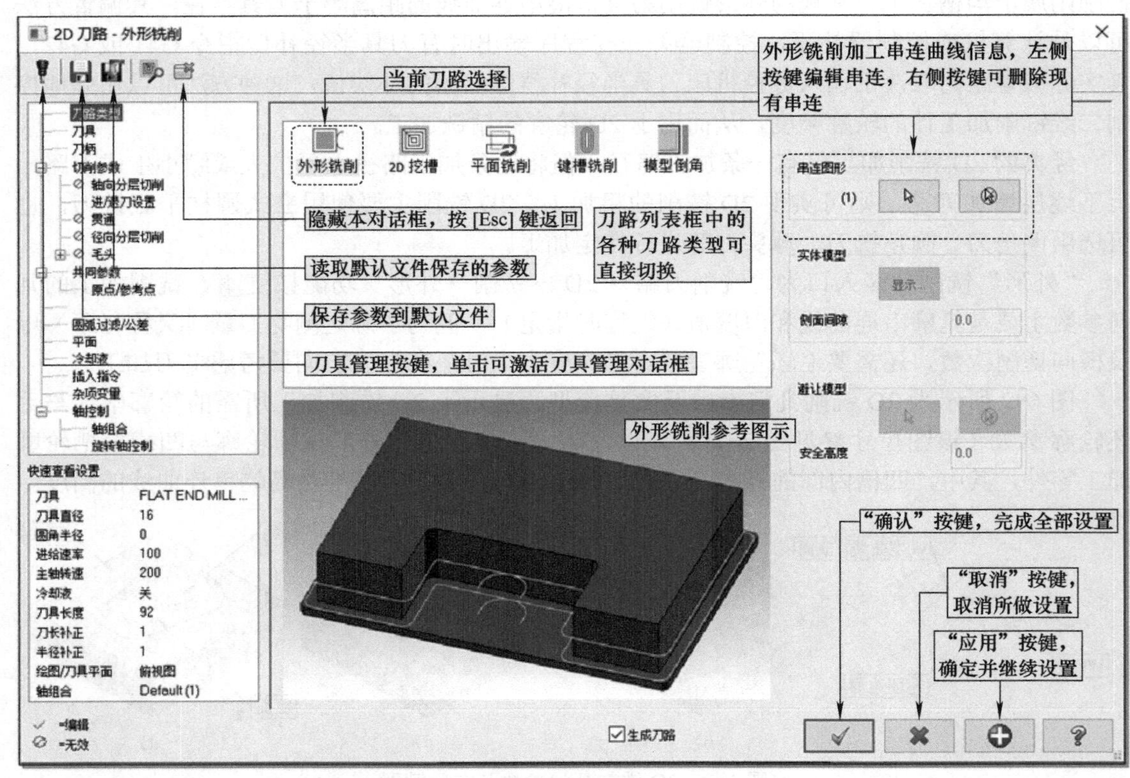

图 6-3　“2D 刀路 - 外形铣削”对话框→“刀路类型”选项设置

（3）“切削参数”选项　其设置如图 6-4 所示，说明如下；

1）补正方式。补正在数控加工中称之为补偿或偏置。系统提供了 5 种补正方式。

电脑：由计算机按所选刀具直径直接计算出补正后刀具轨迹，程序输出时无 G41/G42 指令。

控制器：在机床的 CNC 系统上设置半径补偿值，程序轨迹按零件轮廓编程，程序输出时有 G41/G42 指令与补偿号等。这种方法特别适用于 2D 轮廓精铣加工。该选项在 CNC 系统设置时，几何补偿设置为刀具半径值，磨损补偿设置刀具磨损值。

磨损：刀具轨迹同“电脑”补正，程序输出时与控制器补正一样有 G41/G42 指令与补偿号等。其应用时在 CNC 系统上仅需设置磨损补偿值。该选项在 CNC 系统设置时，几何补偿设置为 0，磨损补偿设置刀具磨损值。

反向磨损：与磨损补正基本相同，仅输出程序时的 G41/G42 指令相反。

关：无刀具半径补偿的刀具轨迹，且程序输出时无 G41/G42 指令等。适合于刀具沿串连曲线进给的沟槽加工。

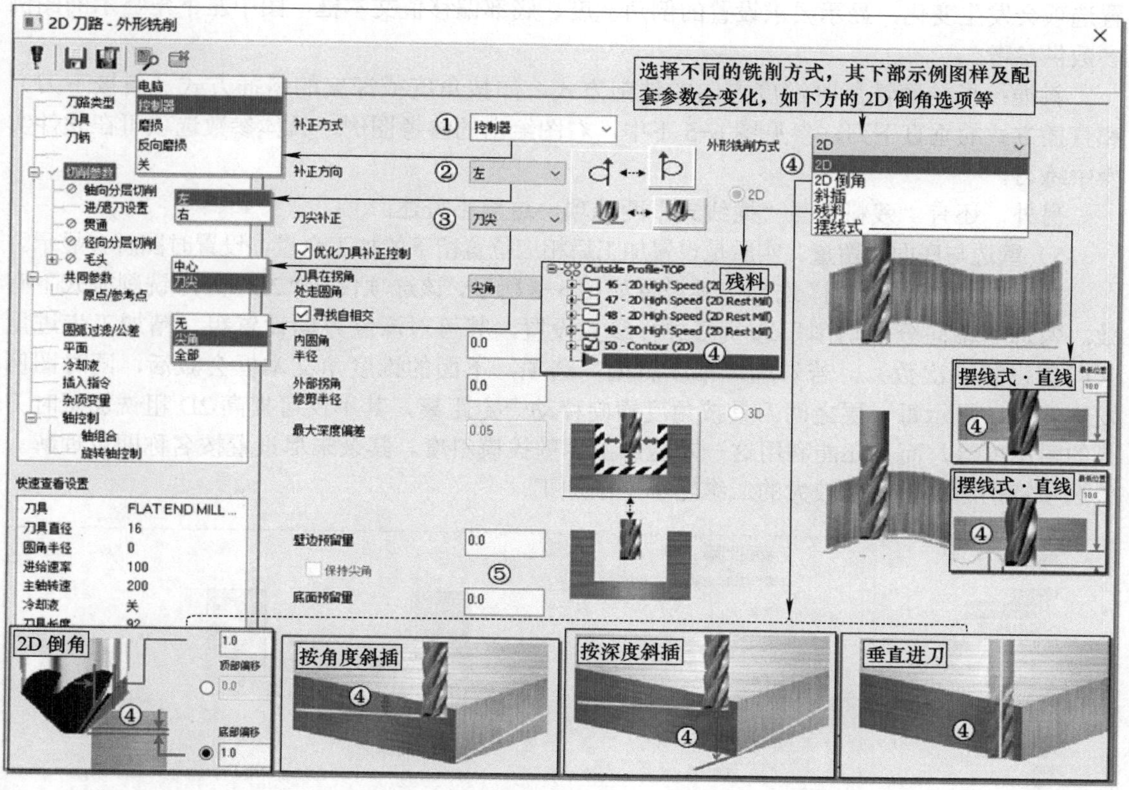

图 6-4 “2D 刀路 - 外形铣削”对话框→“切削参数”选项设置

2）补正方向。指刀具沿编程轨迹的左侧或右侧偏置移动，即左与右两选项，如图 6-5 所示，程序输出时对应 G41 与 G42 指令。选择补正方向时文本框右侧的图标会发生变化。若补正方式选择关，则刀具沿编程轨迹移动。

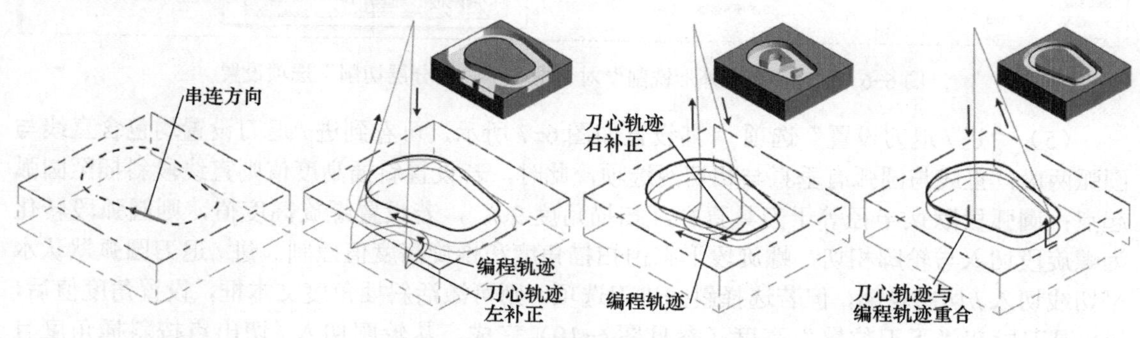

图 6-5 补正方向与编程轨迹的关系

3）刀尖补正。该选项实质是设置刀具上刀位点位置（描述刀具轨迹的点），有中心与刀尖两选项，选择时右侧的图标会发生变化提示，默认且常用的为刀尖。

4）外形铣削方式。下拉列表中显示 5 个选项，说明如下：

2D：是默认选项，属常规的 2D 铣削加工。

2D 倒角：是利用倒角铣刀对轮廓进行倒角加工，选择该选项时，下面的图例及参数设置选项会发生变化，显示要求设置的倒角宽度、底部偏移值文本框，图中左下角显示的图例参数供参考。

斜插：指轮廓铣削时深度方向的铣削方式，如按角度或深度的斜插方式（斜坡下刀）和直插方式的垂直下刀，参见图 6-5 下中、右图给出的参考图例，具体参数选项可在软件实操中练习。

另外，还有“残料”与“摆线式”两选项，这里不赘述。

5）壁边与底面预留量。实质是设置加工后相应位置留下的加工余量，设置时图解会显示。

（4）“轴向分层切削”选项　其设置如图 6-6 所示，该选项仅在“2D”外形铣削方式下有效。勾选“轴向分层切削”选项可进行参数设置，其可对深度方向设置粗、精加工步进量（间接设置了次数）。若勾选“锥度斜壁”选项，下面的锥度角文本框会激活，同时图例发生变化，显示每一层之间刀具按角度横向移动一定距离，其不仅可提高 2D 粗铣加工时刀具的耐用度等，而且还能利用这一功能加工侧壁拔模斜度。其余未尽设置按名称即可理解。该选项特别适用于深度较大的二维轮廓铣削加工。

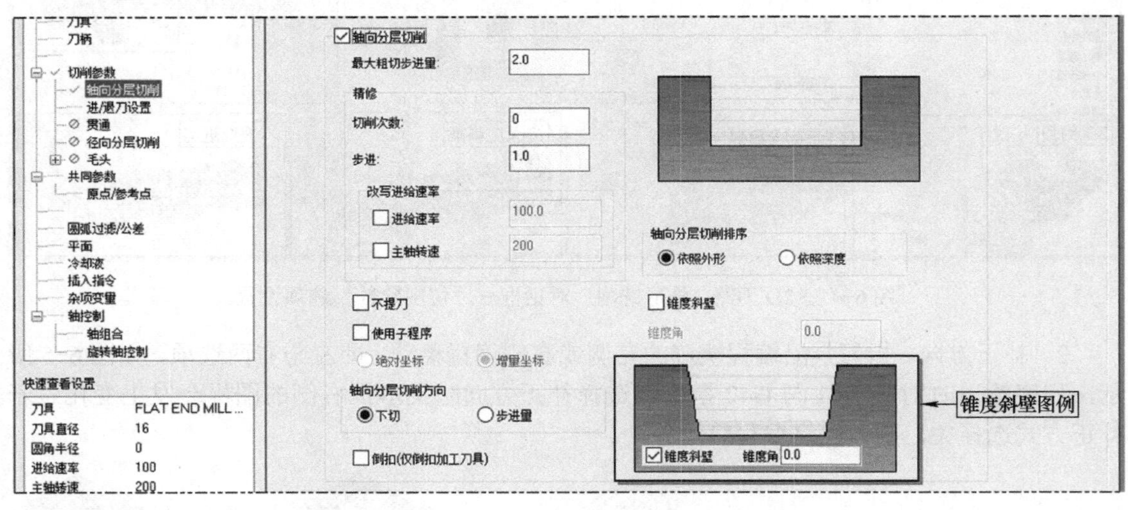

图 6-6 “2D 刀路 - 外形铣削”对话框→“轴向分层切削”选项设置

（5）“进 / 退刀设置”选项　其设置如图 6-7 所示，可看到进 / 退刀设置均包含直线与圆弧两段，直线与圆弧有垂直与相切两选项，此时，若设置斜插高度值则直线段斜插至圆弧起点；圆弧段默认半径等于刀具直径，扫描角度 90°，若设置螺旋高度值，则圆弧段转化为螺旋段切入与轮廓相切，螺旋段形态由扫描角度和螺旋高度值控制。进 / 退刀圆弧默认水平切线切入 / 切出轮廓，但若选择斜插进刀选项，则可激活斜插角度文本框，设置角度值后，进 / 退刀段在“下刀位置”高度（参见图 6-10）完成，从轮廓切入 / 切出点按斜插角度且斜插切入切出。下面的“调整轮廓起始 / 结束位置”选项可对轮廓切入点延长或缩短，若延长轮廓则与右上角的重叠量设置有异曲同工之效果。在勾选“进 / 退刀设置”选项时，设置重叠量有利于提高切入 / 切出点轮廓的加工质量。注意：当选用了控制器补正方式时，进 / 退刀段的直线长度不得为零，一般在刀具直径的 0.5 倍以上。

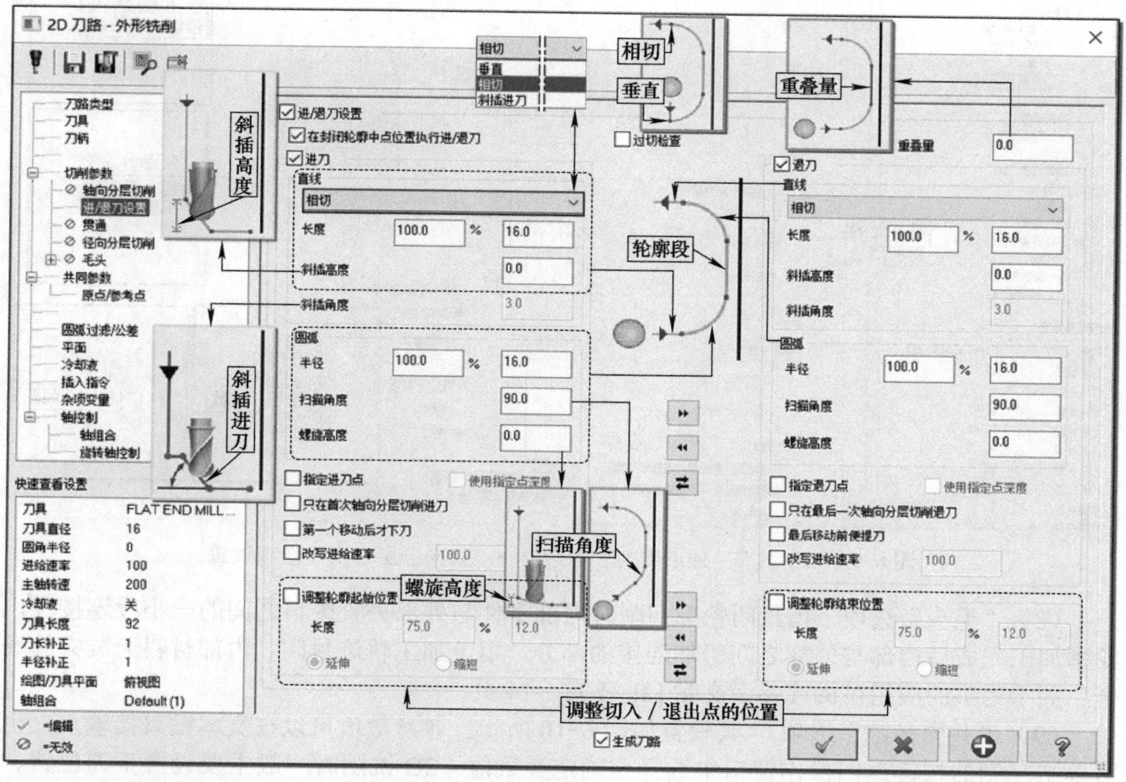

图 6-7 “2D 刀路 - 外形铣削”对话框→“进 / 退刀设置”选项设置

（6）“贯通”选项　指纯 2D 铣削，类似例 5-1 所示纯侧壁加工，此时若共同参数中的深度设置为下表面，可用贯通量将刀具向下延伸一段距离，确保外廓侧壁的完整切削，如图 6-8 所示。当然，若深度设置考虑了贯通超出量，则该项可不设置。

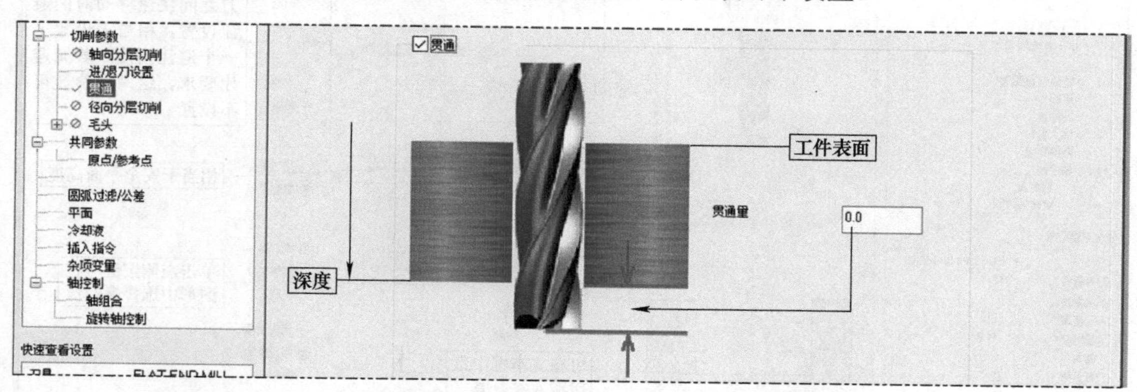

图 6-8 “2D 刀路 - 外形铣削”对话框→“贯通”选项设置

（7）“径向分层切削”选项　其设置如图 6-9 所示，用于横向加工余量较大场合的加工，主要设置按对话框图示即可理解与设置。

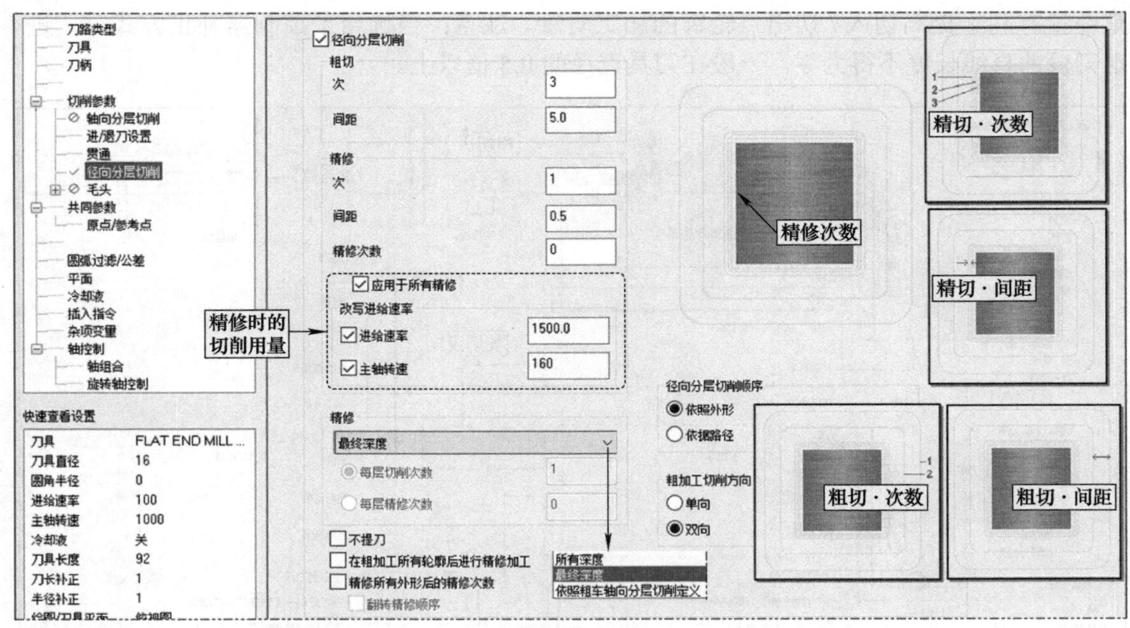

图 6-9 “2D 刀路 - 外形铣削”对话框→“径向分层切削”选项设置

（8）“毛头”选项　指封闭轮廓切削时内部零件与外部夹紧废料之间的一小段连接段，轮廓加工完成后内部与外部之间仍然连接的部分。用于加工轨迹封闭、内部材料无装夹的场合。关于毛头的应用可阅读参考文献 [2] 第 73、74 页。

（9）“共同参数”选项　其设置如图 6-10 所示。各参数值可以在文本框直接输入，也可单击左侧的按键返回操作窗口中选择点确定参数值。2D 铣削时一般主要设置下刀位置、工件表面和深度三个参数。

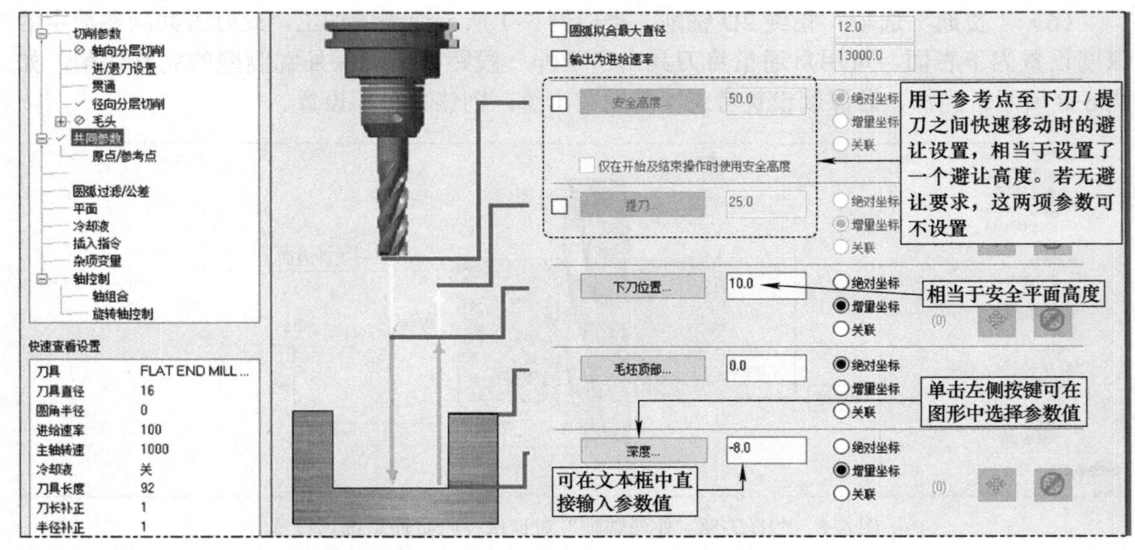

图 6-10 “2D 刀路 - 外形铣削”对话框→“共同参数”选项设置

（10）“原点 / 参考点”选项　其设置如图 6-11 所示，一般仅需设置参考点坐标即可，若进入点与退出点重合，则只需设置一个点参数，然后按相应的传送按键复制到另一点。

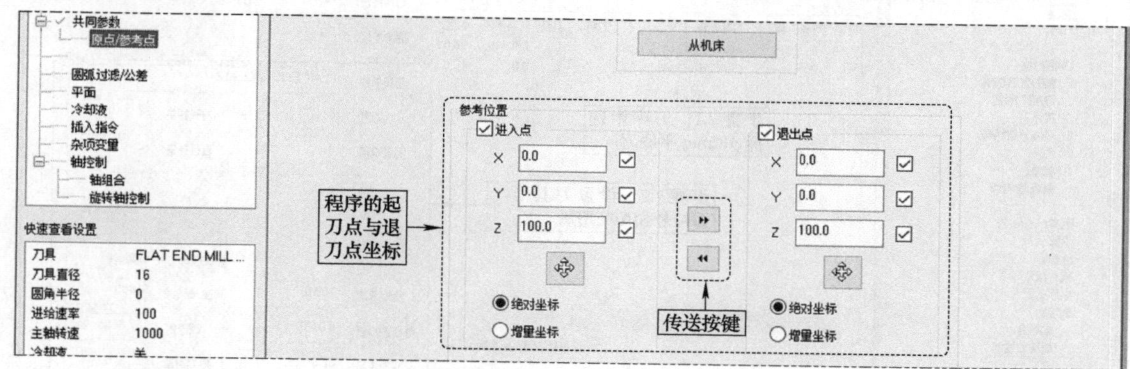

图 6-11　“2D 刀路 - 外形铣削”对话框→“原点 / 参考点”选项设置

2．外形铣削设置例题与示例

（1）外形铣削设置例题　以下给出一外形铣削设置例与操作步骤。

例 6-1：已知图 6-2a 所示的串连曲线与毛坯边界，试应用外形铣削功能铣削图 6-2c 所示 2D 凹槽轮廓。假设凹槽深度 8mm，其余原始条件参见以下图解的统一要求。本例也可先用下一小节的 2D 挖槽粗铣，凹槽侧壁留加工余量 1.0mm，然后再进行本例的精铣加工。

加工编程操作过程如图 6-12 所示，操作步骤如下；

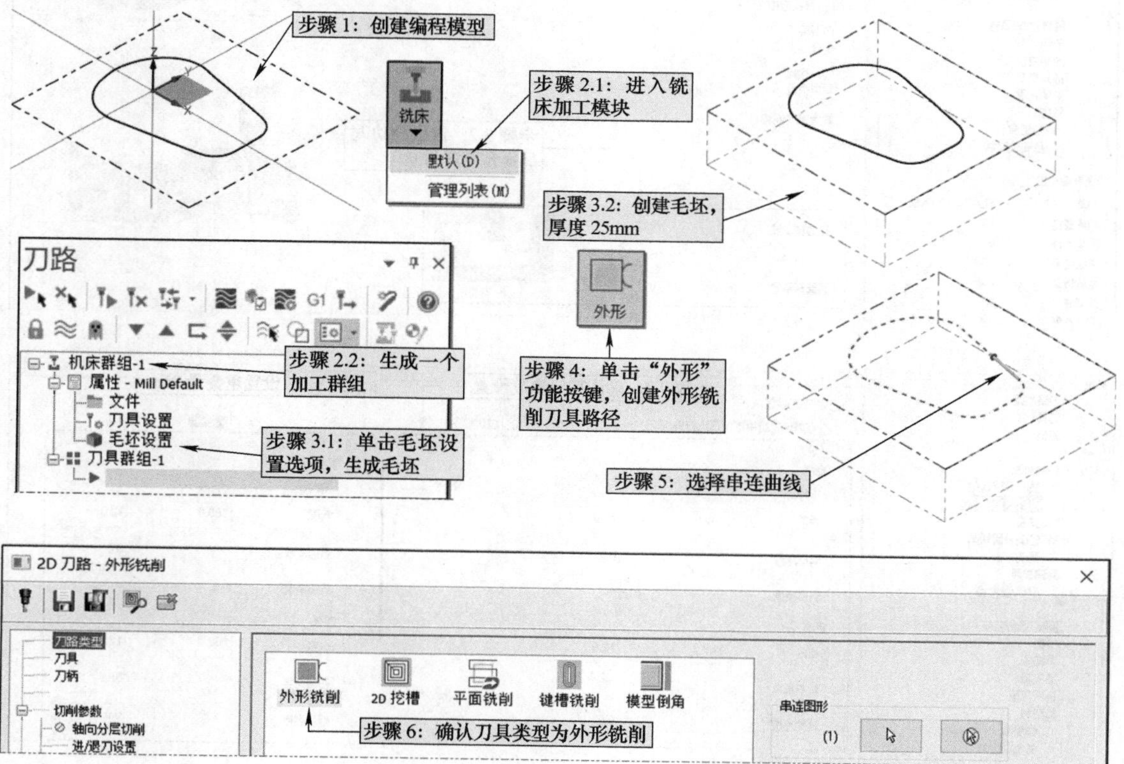

图 6-12　例 6-1 加工编程操作过程

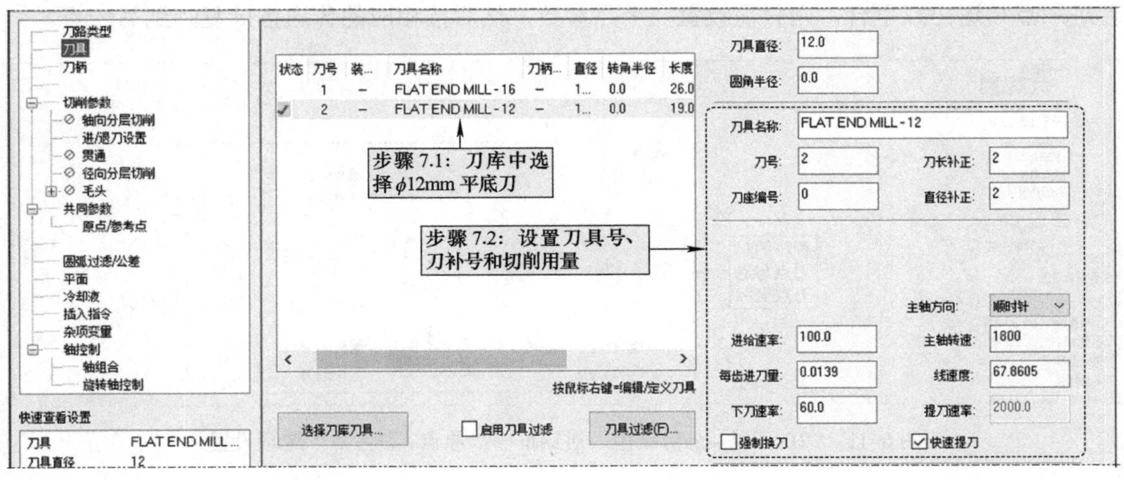

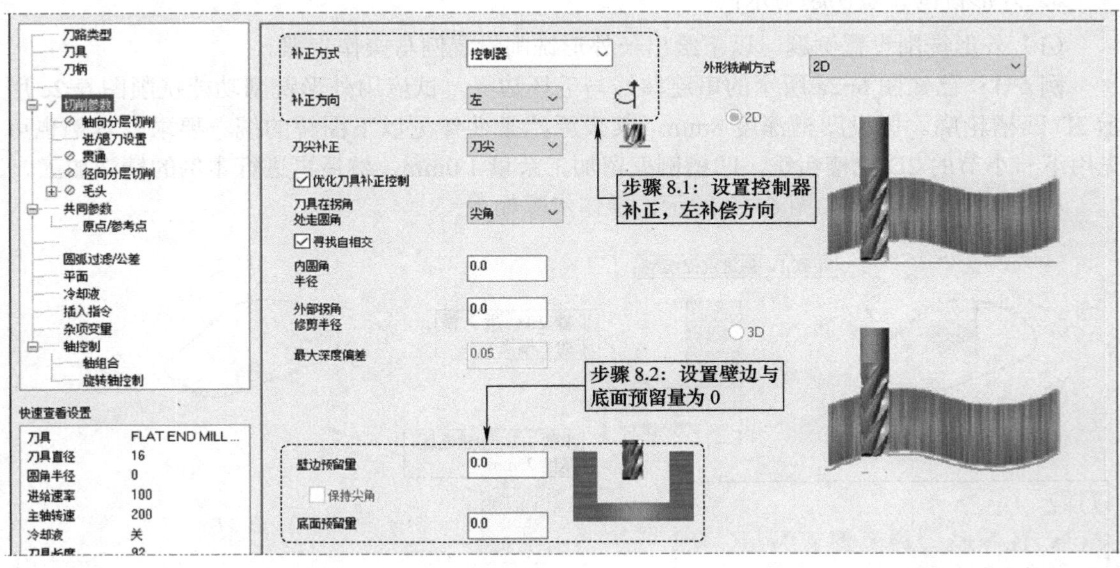

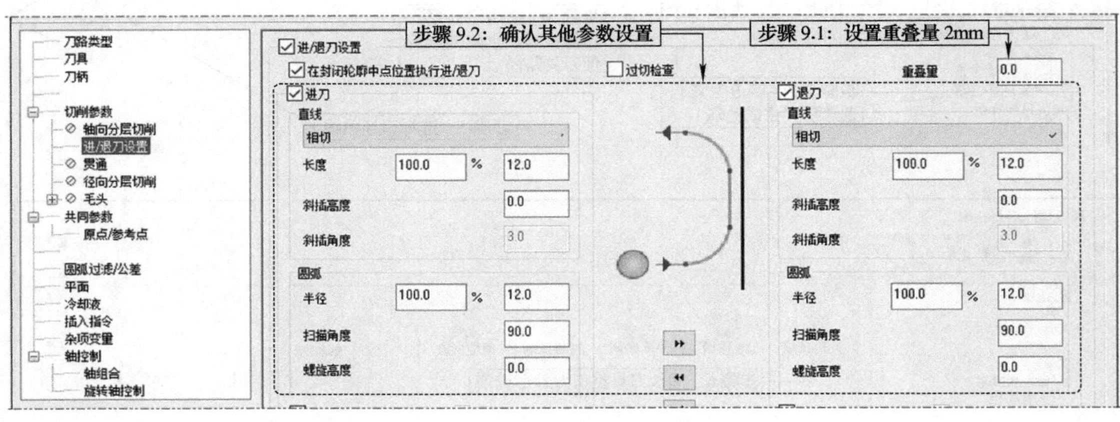

图 6-12　例 6-1 加工编程操作过程（续）

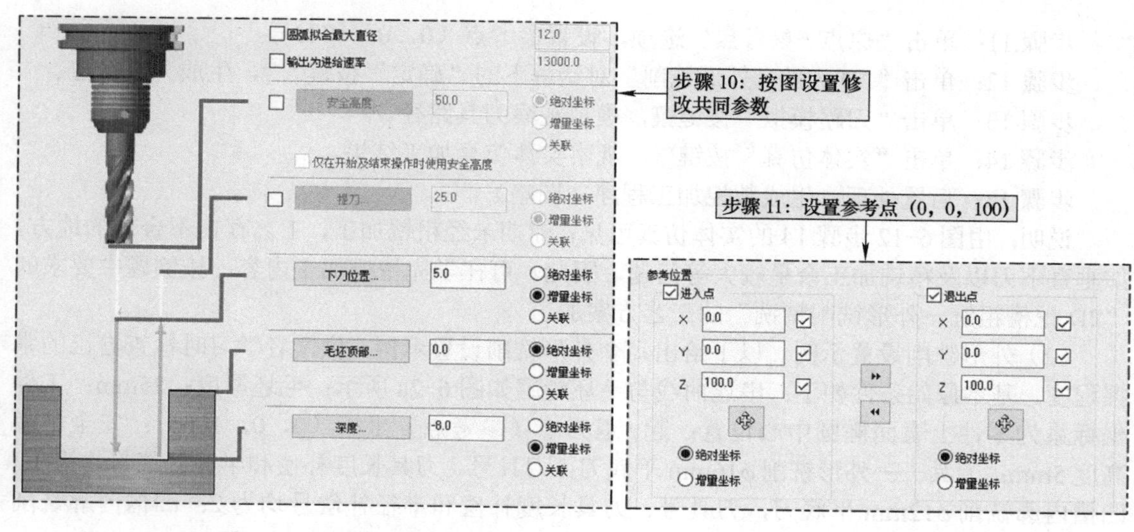

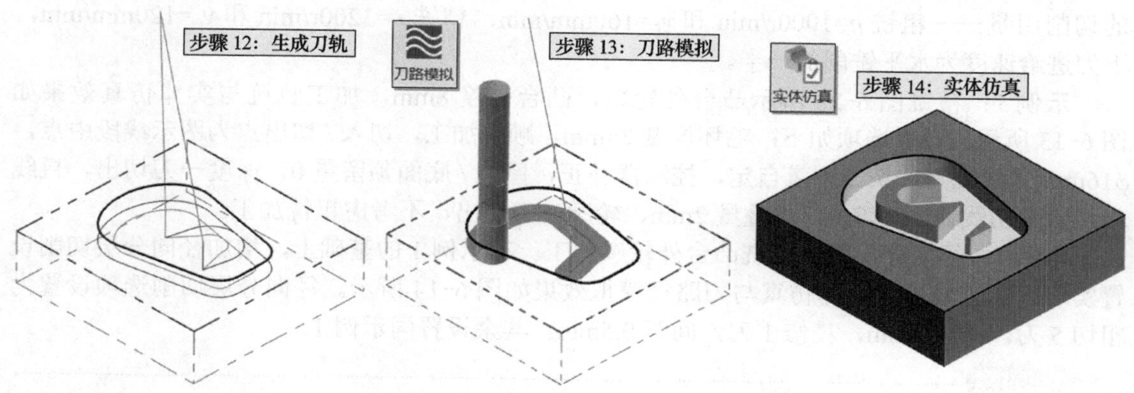

图 6-12　例 6-1 加工编程操作过程（续）

步骤 1：在 Mastercam 设计模块中创建编程模型，或读入图 6-2a 所示的串连曲线与毛坯边界的模型。并假设椭圆中心位于世界坐标系原点位置。

步骤 2：单击“机床→机床类型→铣床▼→默认”命令，进入铣床加工模块，同时在“刀路”管理器中自动生成一个加工群组——机床群组 -1。

步骤 3：单击“毛坯设置”选项 毛坯设置，创建一个包含边界曲线、厚度 25mm 的毛坯。

步骤 4：单击“铣床刀路→ 2D →铣削→外形”功能按键，弹出“线框串连”对话框。

步骤 5：按图选择串连曲线，注意起点和方向对加工路径与切入 / 切出点有较大的影响。注意分析与理解图中选择与最后刀轨的关系。单击串连选项对话框中的“确定”按键，弹出“2D 刀路 - 外形铣削”对话框。

步骤 6：在“刀路类型”选项下，确认刀路类型为“外形铣削”。

步骤 7：单击“刀具”选项，从刀库中创建一把 ϕ12mm 的平底刀，按图设置刀具号、刀具长度补偿、刀具半径补偿和切削用量等。

步骤 8：单击“切削参数”选项，设置控制器补正，左补正方向，壁边与底面预留量为 0。

步骤 9：单击“进 / 退刀设置”选项，按图所示设置进刀、退刀参数以及重叠量。

步骤 10：单击“共同参数”选项，设置深度 −8mm，下刀位置 5mm 等。

步骤 11：单击“原点 / 参考点”选项，设置参考点（0，0，100）。

步骤 12：单击“2D 刀路 - 外形铣削”对话框下的“确定”按键，生成刀具轨迹。

步骤 13：单击“刀路模拟”按键，模拟观察刀具路径。

步骤 14：单击“实体仿真”按键，观察实体仿真加工结果。

步骤 15：后置处理，生成数控加工程序（图略）。

说明：由图 6-12 步骤 14 的实体仿真可见，前期未经粗铣加工，工艺存在不合理的地方，如垂直下刀以及精铣加工余量较大等问题，因此，可在学完挖槽加工内容，按例题中要求的“2D 挖槽粗铣－外形铣削精铣”的工艺方案加工。

（2）外形铣削设置示例　以下给出几个外形铣削设置示例，供读者学习时检查自己的掌握程度。基本原始条件如下：串连曲线与毛坯轮廓如图 6-2a 所示；毛坯厚度：25mm；工件坐标系为零件上表面椭圆中心位置；起 / 退刀点（参考点）坐标（0，0，100）；安全平面高度 5mm；刀具——外形铣削 ϕ16mm 平底刀，刀具号、刀具长度补偿和半径补偿号均为 1；凹槽内廓铣削 ϕ12mm 平底刀，刀具号、刀具长度补偿和半径补偿号均为 2；凹槽内廓铣削的切削用量——粗铣 n=1000r/min 和 v_f=160mm/min，精铣 n=1200r/min 和 v_f=120mm/min，下刀进给速度为水平铣削的一半。

示例 1：精铣图 6-2b 所示凸台外轮廓，凸台高度 8mm，加工轨迹与实体仿真效果如图 6-13 所示。设置选项如下：毛坯厚度 25mm，顺铣加工，切入 / 切出点为图示线段中点，ϕ16mm 平底铣刀，切削用量自定，控制器补正，壁边 / 底面预留量 0，深度一刀切出，直线相切圆弧切线切入 / 切出，重叠量 2mm，轮廓一刀切出，不考虑粗铣加工。

示例 2：径向分层粗、精铣凸台外轮廓加工。在示例 1 的基础上，增加径向分层切削设置实现，加工轨迹、实体仿真与刀路径模拟效果如图 6-14 所示。径向分层切削选项设置为粗切 5 刀，间距 8mm，精修 1 刀，间距 0.5mm。其余设置同示例 1。

注意

外形铣削刀路粗铣外轮廓时，存在很多空刀加工，加工效率受影响。利用刀路修剪功能修剪刀路可适当提高加工效率，图 6-15 所示为外轮廓外偏置 4mm 的修剪线修剪刀路后的刀具路径。“刀路修剪”功能按键 刀路修剪 布置在“刀路→工具”选项区。

示例 3：轴向、径向分层粗、精铣凸台外轮廓，图 6-16 所示，凸台高度 16mm，其余几何参数同示例 1。加工轨迹与实体仿真效果如图 6-16 所示。轴向分层切削选项设置为最大粗切步进量 5mm，精修 1 次，精修量 1mm，不提刀，轴向分层切削排序为“依照外形”。其余设置同示例 2。

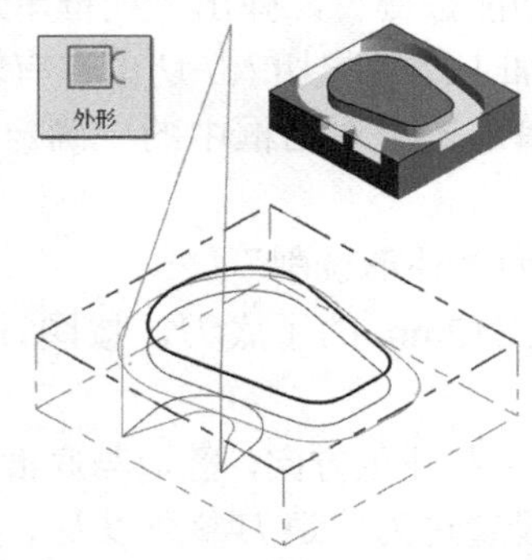

图 6-13　示例 1——外形精铣削

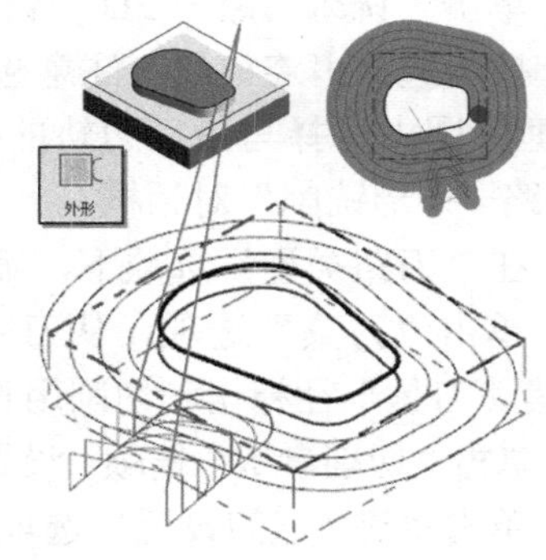

图 6-14　示例 2——外形粗、精铣削

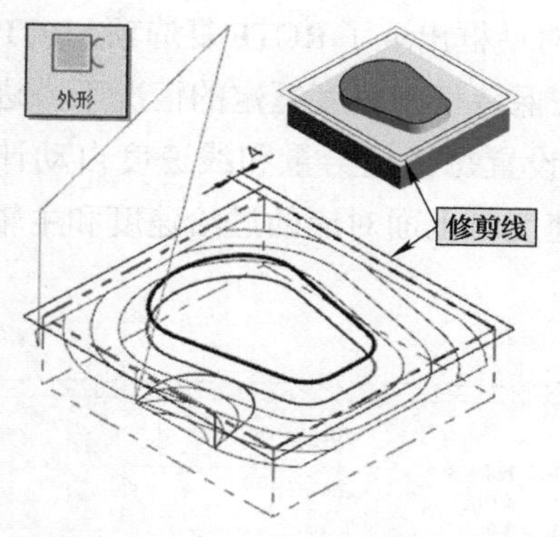

图 6-15　对示例 2 的刀路修剪

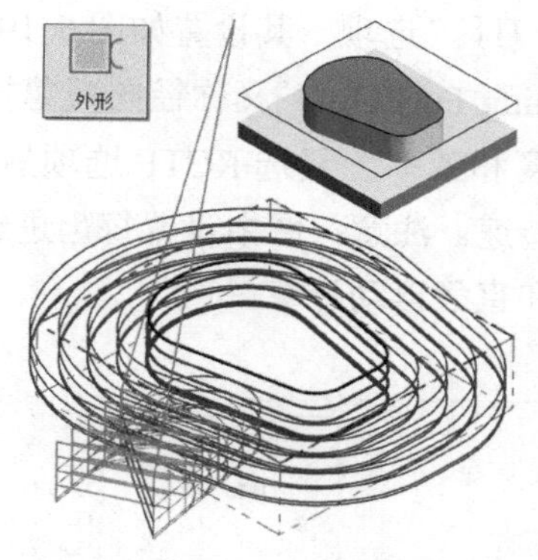

图 6-16　示例 3——外形粗、精铣削

6.2.2　2D 挖槽加工

“2D 挖槽”加工顾名思义是指将工件上指定串连曲线内部一定深度的材料挖去，如图 6-17 所示，非常适用于凹槽内壁精铣削（即轮廓精铣）之前的凹槽粗加工。2D 挖槽允许同时选择两条嵌套的封闭串连曲线，其中内曲线围绕区域的材料称为“岛屿”，挖槽过程中会给予保留，利用这一特点，挖槽加工也可用于图 6-2b 所示的 2D 凸台粗加工。“2D 挖槽”的功能按键布局在“铣床刀路→ 2D →铣削”选项区。

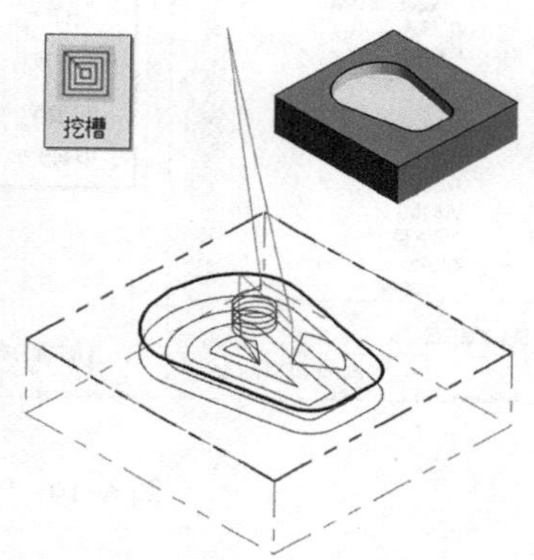

图 6-17　2D 挖槽加工

1. 2D 挖槽加工主要参数设置说明

2D 挖槽加工编程的操作与外形铣削类似。以下介绍外形铣削的“2D 刀路 -2D 挖槽”对话框中，与“2D 刀路 - 外形铣削”对话框不同部分参数的设置。以图 6-17 所示 2D 挖槽加工编程为例对相关选项设置进行说明。

（1）“刀路类型”等选项　选项卡和增加串连操作如图 6-18 所示。默认挖槽加工时仅选择一条串连曲线，若要增加串连数量，可单击“选择串连”按键，在弹出的“串连管理”对话框中设置。当然，一般在弹出“2D 刀路 - 外形铣削”之前的操作就已经选定了所需的串连曲线。

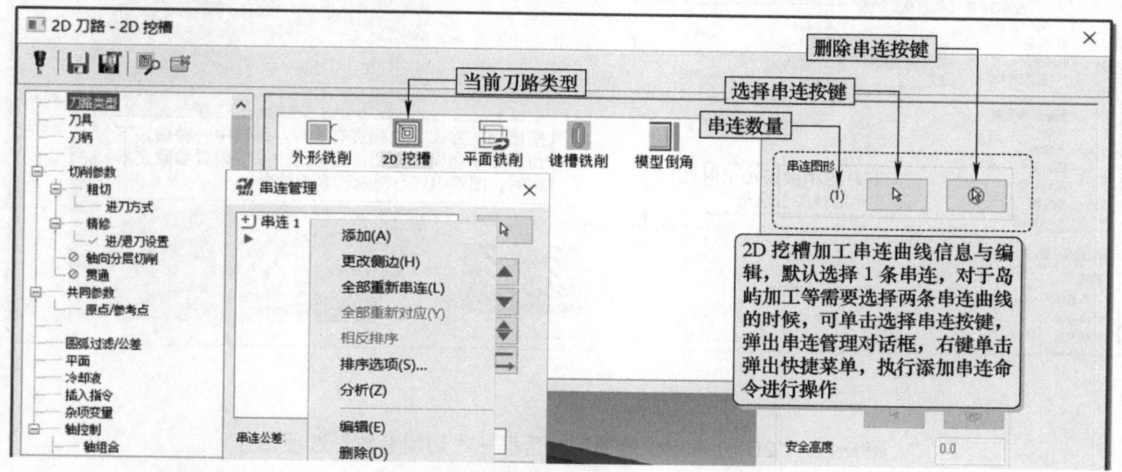

图 6-18　“2D 刀路 -2D 挖槽”对话框→“刀路类型”选项卡和增加串连操作

（2）“刀具”选项　其设置如图 6-19 所示。该对话框出现了 RCTF 复选项，RCTF（Radical Chip Thinning Function）又称径向减薄技术，可在保持切削厚度恒定的情况下，进一步提高进给的速度和效率。复选 RCTF 选项后，可通过设置每齿进给量和线速度自动计算进给速度和主轴转速。注意：图中设置每齿进给量和线速度时上面对应的进给速度和主轴转速会按刀具齿数和直径自动计算。

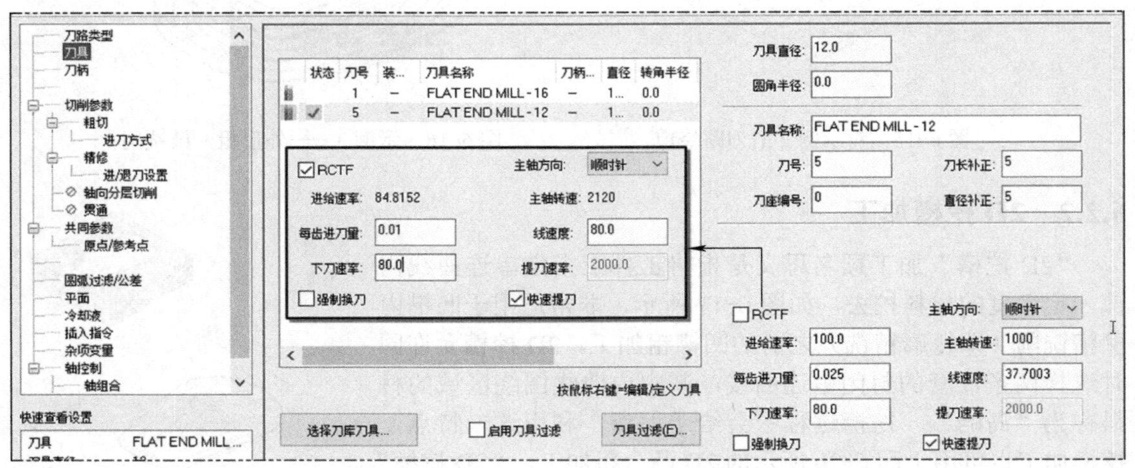

图 6-19　“2D 刀路 -2D 挖槽”对话框→“刀具”选项设置

（3）“切削参数”选项　其设置如图 6-20 所示。挖槽加工方式有 5 种，说明如下：

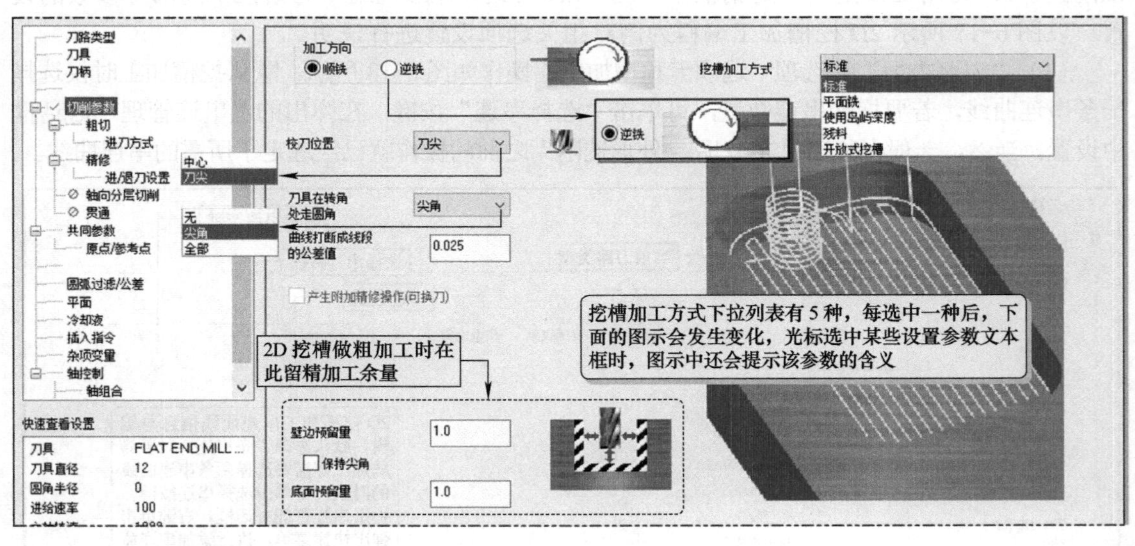

a）

图 6-20　“2D 刀路 -2D 挖槽”对话框→“切削参数”选项设置

a）标准挖槽加工方式

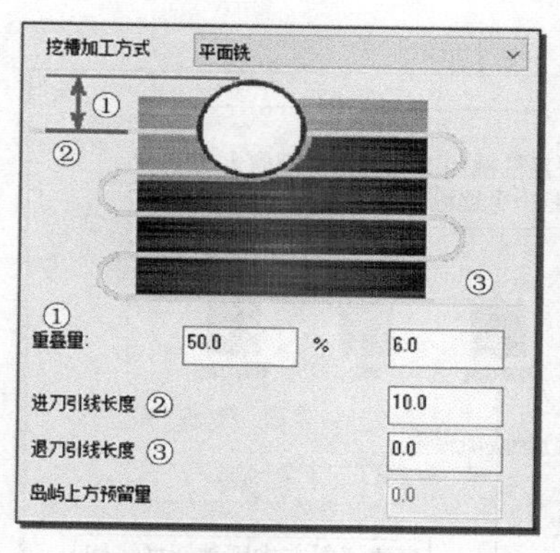

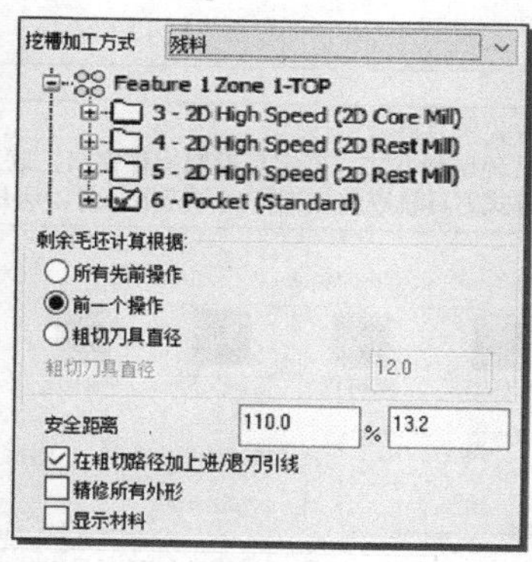

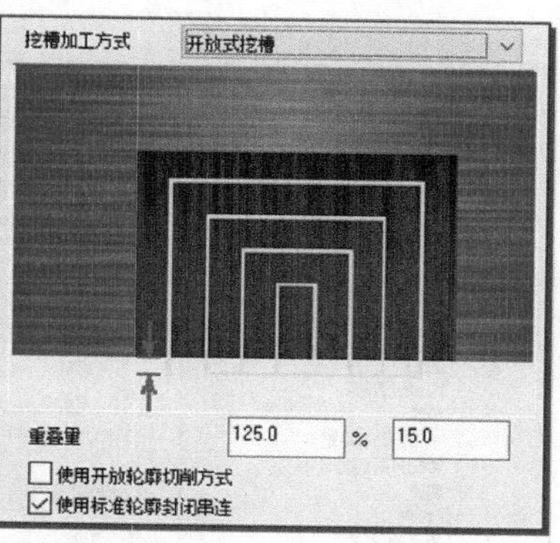

b）

图 6-20 “2D 刀路 -2D 挖槽”对话框→“切削参数”选项设置（续）

b）平面铣、残料、开放式挖槽及其图解

1）标准：系统默认的挖槽方式，其加工串连仅仅一条曲线，仅铣削串连曲线内部区域的材料，如图 6-21a 所示。

2）平面铣：参见图 6-20b 左图，适用于 2D 凸台外廓粗铣加工，加工时需选择两根串连曲线，其外边的串连曲线是毛坯边界曲线，如图 6-21b 所示。加工时可将刀具路径向外侧的毛坯边界外延伸，以达到对挖槽底平面的铣削加工。

3）使用岛屿深度：适用于槽内部具有岛屿的挖槽加工，加工时也需选择两根串连曲线，如图 6-21c 所示，系统设定内部曲线为岛屿串连曲线，串连曲线高度坐标是岛屿高度参考基准，若岛屿曲线与顶面等高，则可设置负值确定岛屿顶面深度。

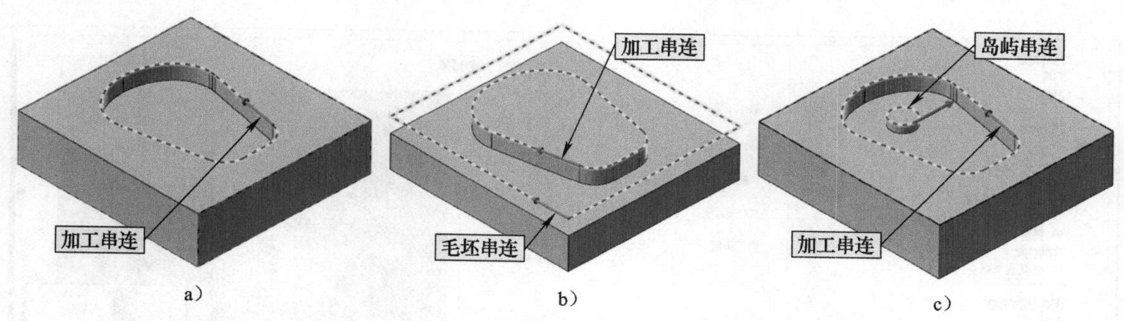

图 6-21　挖槽方式与串连曲线的选择

a）标准挖槽　b）平面铣　c）使用岛屿深度

4）残料：参见图 6-20b 中图，可对之前加工留下的残料进行加工。之前的残料包括所有先前操作、前一个操作和粗切刀具直径（需设置粗切刀具直径）三项。

5）开放式挖槽：参见图 6-20b 右图，适用于轮廓串连没有封闭、部分开放的槽形零件的加工。为挖出开放式槽，必须设置超出量，确保开放凹槽符合要求。

（4）“粗切”选项与“进刀方式”选项　图 6-22 所示为“粗切”选项，这里重点研习的内容是“切削方式”中的各种切削方式（即刀具路径），学习时可选择不同方式生成刀路轨迹，观察其特点，领悟其用途，其中高速切削方式会激活摆线切削方式及其对应参数。

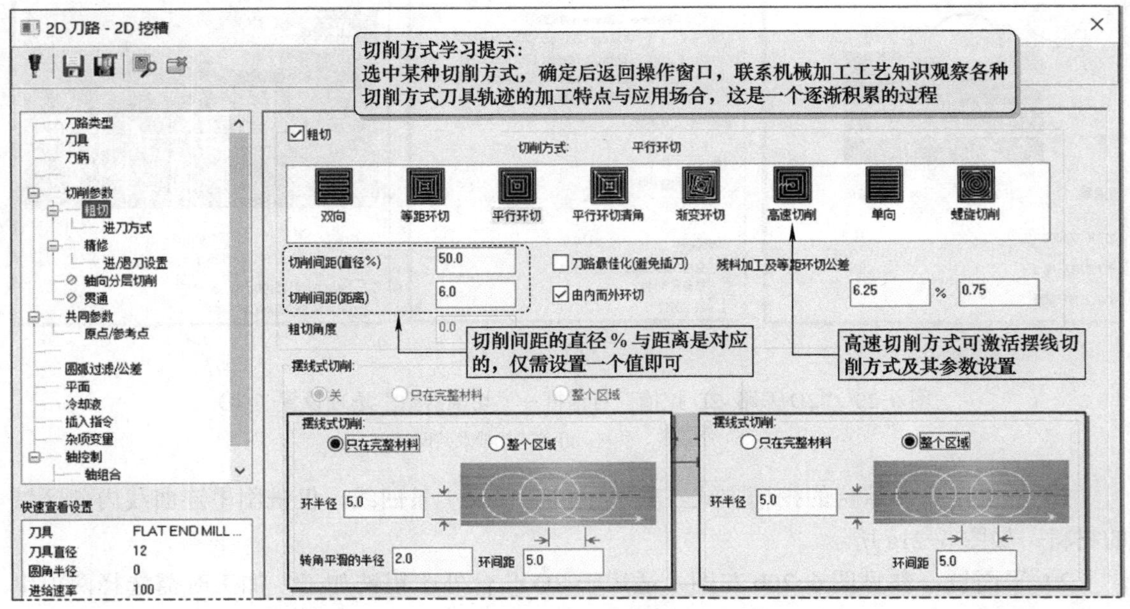

图 6-22 “2D 刀路 -2D 挖槽”对话框→“粗切”选项

图 6-23 所示为粗切选项下的“进刀方式”选项，有“关”“斜插”与“螺旋”三种方式，每种方式参数选择时，对应的图解会显示参数的含义，如图中的 Z 间距对应的图解表明 Z 间距的含义。

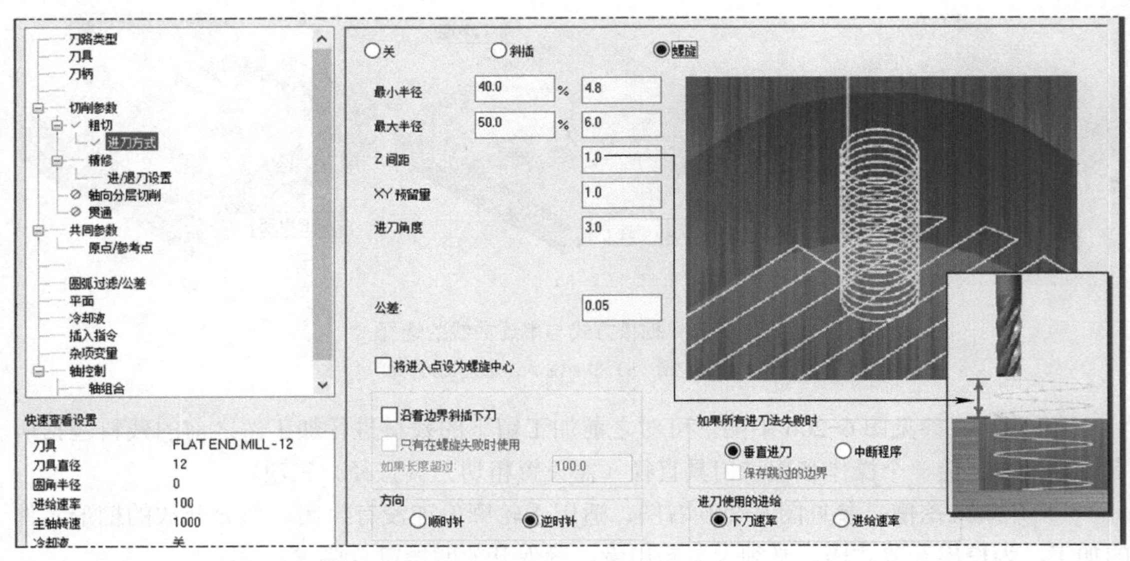

a）

图 6-23 “2D 刀路 -2D 挖槽”对话框→粗切加工的“进刀方式”选项

a）螺旋进刀与参数

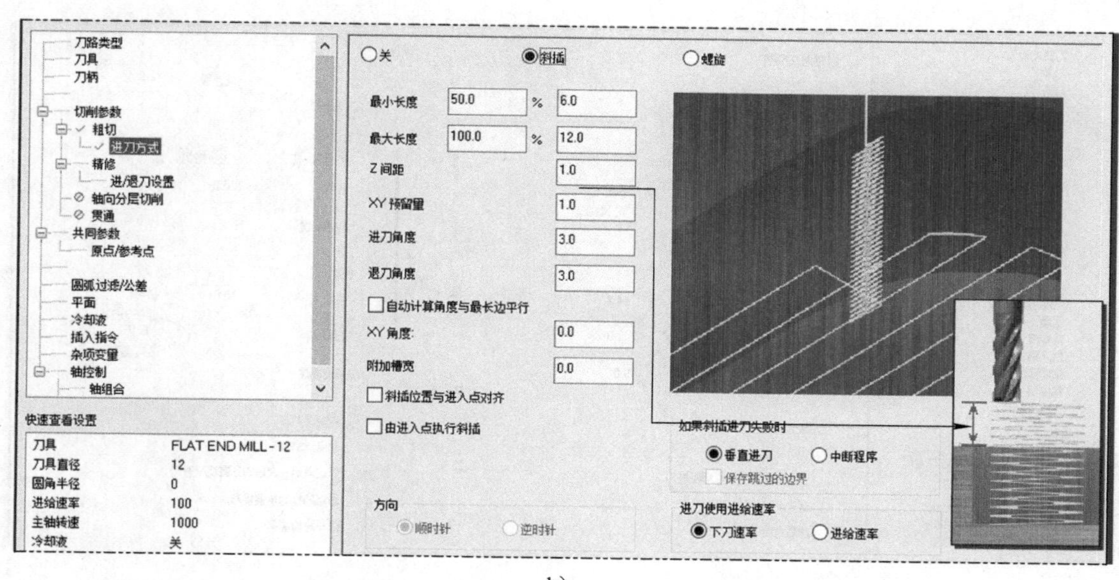

b）

图 6-23 “2D 刀路 -2D 挖槽”对话框→粗切加工的“进刀方式”选项（续）

b）斜插进刀与参数

（5）“精修”选项与“进 / 退刀设置”选项　图 6-24a 所示为“精修”选项，刀具补正方式选项若选择控制器补正，由于空间限制，常常出错，因此建议选用“电脑”补正，此原因也提示挖槽加工一般用于粗铣加工，另外再配合外形铣削、控制器补正进行精铣加工效果较好。

图 6-24b 所示为“精修”加工时的“进 / 退刀设置”选项，其与外形铣削基本相同，但针对挖槽时内部空间较小的特点，建议切入 / 切出直线与圆弧设置为垂直，圆弧的扫描选择 45°，见图中的四个圈出部分，切入 / 切出刀具轨迹在图 6-17 中可看出其类似一个扇形。

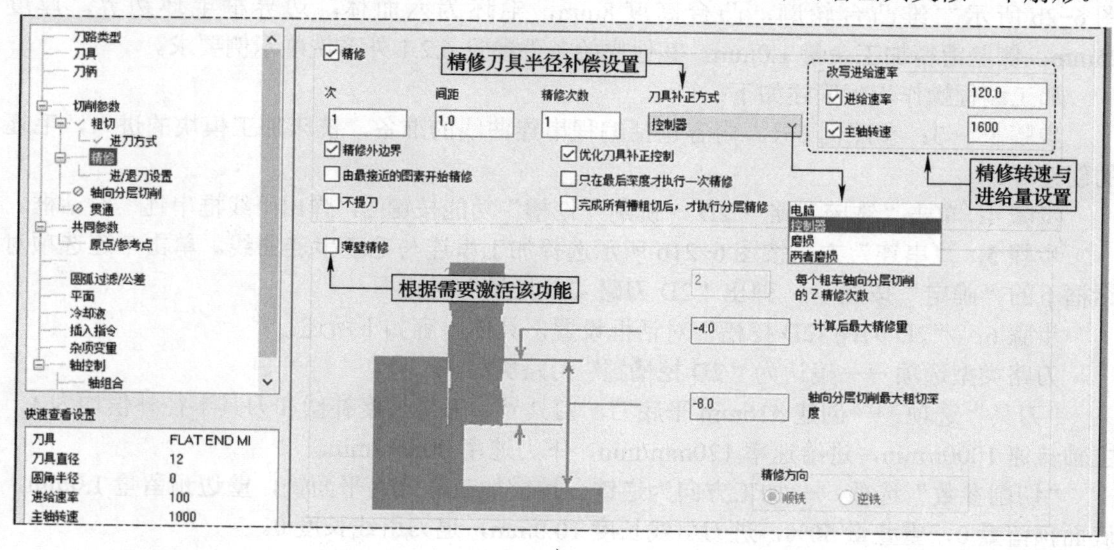

a）

图 6-24 “2D 刀路 -2D 挖槽”对话框→“精修”加工的“进 / 退刀设置”选项

a）螺旋进刀与参数

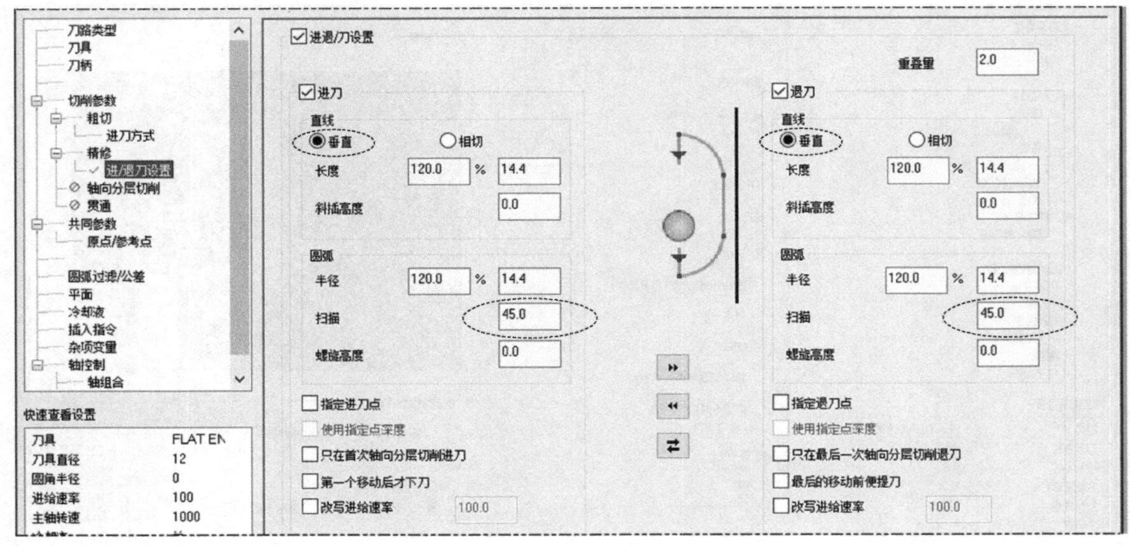

b）

图 6-24 “2D 刀路 -2D 挖槽”对话框→“精修”加工的“进 / 退刀设置”选项（续）

b）斜插进刀与参数

后续的“轴向分层切削”“贯通”“共同参数”和“原点 / 参考点”选项设置与外形铣削基本相同。

2. 2D 挖槽加工设置例题与示例

（1）2D 挖槽加工设置例题　如下所示。

例 6-2：已知图 6-2a 所示的串连曲线与毛坯边界，试应用 2D 挖槽加工功能粗铣削图 6-2b 所示二维凸台轮廓，凸台高度 8mm，毛坯为六面体，边界框毛坯边界，厚度 25mm，侧壁留精加工余量 1.0mm。其他原始条件参见 6.2.1 外形铣削示例要求。

加工编程操作步骤简述如下：

步骤 1 ～ 3：参照例 6-1。内容包括编程串连曲线的准备，铣床加工模块的进入，毛坯的创建等。

步骤 4：单击“铣床刀路→ 2D →铣削→挖槽”功能按键，弹出“线框串连”对话框。

步骤 5：“串连”方式按图 6-21b 所示选择加工串连与毛坯串连曲线。单击串连选项对话框下的“确定”按键，弹出“2D 刀路 -2D 挖槽”对话框。

步骤 6：“2D 刀路 -2D 挖槽”对话框设置，具体内容如下所述。

刀路类型选项——确认为“2D 挖槽”刀路类型。

“刀具”选项——创建 ϕ16mm 平底刀，刀具号、刀具长度补偿和刀具半径补偿均为 1，主轴转速 1000r/min，进给速率 120mm/min，下刀速率 80mm/min。

“切削参数”选项——加工方向为逆铣，挖槽加工方式为平面铣，壁边预留量 1.0mm，底面预留量 0，重叠量 50%，进刀引线长度 10.0mm，退刀引线长度 0。

“粗切”选项——切削方式选“渐变环切”，切削间距（直径 %）为 50%。

“进刀方式”选项——本例的“渐变环切”为外部切入，因此可以不考虑本选项设置。

“精修”选项——无（即不勾选精修）。

“进 / 退刀设置”选项——无。

“轴向分层切削”和“贯通”选项——无。

“共同参数”选项——下刀位置 5.0mm，工件表面 0，深度 –8.0mm，其余不勾选。

“原点 / 参考点”选项——进入点与退出点相同，均为（0，0，100）。

步骤 7：单击“2D 刀路 -2D 挖槽”对话框的“确定”按键，生成刀具轨迹，如图 6–25 所示。

步骤 8：实体切削仿真参见图 6–25 右上角。路径模拟、后置处理等略。

（2）2D 挖槽加工设置示例　以下给出几个 2D 挖槽示例，供学习时检查自己的掌握程度。

示例 1：2D 挖槽加工图 6–2c 所示凹槽，凹槽深度 8mm，加工轨迹与实体仿真效果如图 6–17 所示。设置选项为，厚度 25mm 的毛坯，ϕ12mm 平底刀，顺铣加工，标准挖槽加工方式，加工余量为 0；粗切方式为平行环切、螺旋下刀，精修 1 次，间距 1.0mm，控制器补正，安全平面高度 5.0mm，程序起始 / 结束点（0，0，100），未尽参数自定。

示例 2：2D 挖槽加工图 6–2d 所示带岛屿凹槽，岛屿位于椭圆中心，直径为 6mm，高度 4mm，加工轨迹与实体仿真效果如图 6–26 所示。设置选项为，厚度 25mm 的毛坯，ϕ12mm 平底刀，顺铣加工，挖槽加工方式选择使用岛屿深度，加工余量为 0，粗切方式为平行环切、螺旋下刀，精修 1 次，间距 1.0mm；勾选精修，1 次间距 1.0mm，控制器补正，进退刀设置为垂直进刀，扫描角 45°，安全平面高度 5.0mm，程序起始 / 结束点（0，0，100），未尽参数自定。

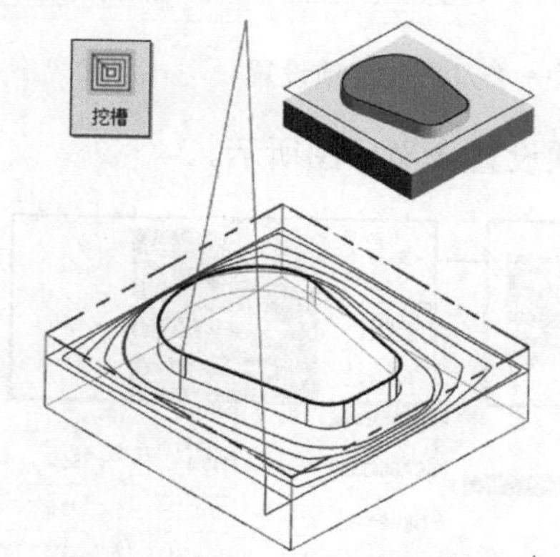

图 6–25　例 6–2 刀具路径与实体仿真

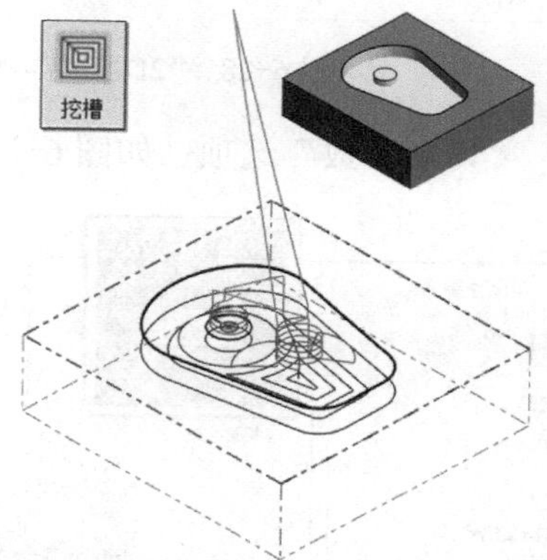

图 6–26　2D 挖槽加工示例 2

6.2.3　面铣加工

面铣加工即平面铣削加工，是对工件的平面特征进行铣削加工。面铣加工一般采用专用的面铣刀，对于较小平面也可考虑用直径稍大的平底立铣刀。面铣加工一般选择一个或多个封闭的外形边界进行加工。平面铣削加工策略功能的入口为“铣削刀路→ 2D →铣削→面铣”按键。

1．面铣加工主要参数设置说明

面铣加工参数主要集中在“2D 刀路 - 平面铣削”对话框中，以下介绍主要选项。

（1）“刀路类型”选项　如图 6–27 所示，确认当前为“平面铣削”类型。

（2）“刀具”选项　如图 6–28 所示，从刀库中选择一把面铣刀，设置切削用量等。

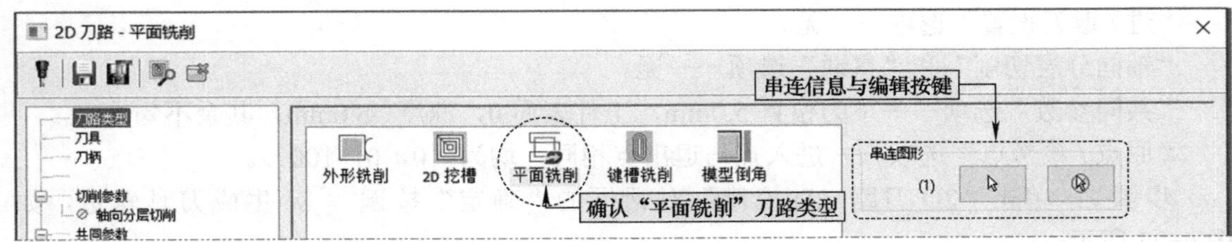

图 6-27 "2D 刀路 - 平面铣削"对话框→"刀路类型"选项设置

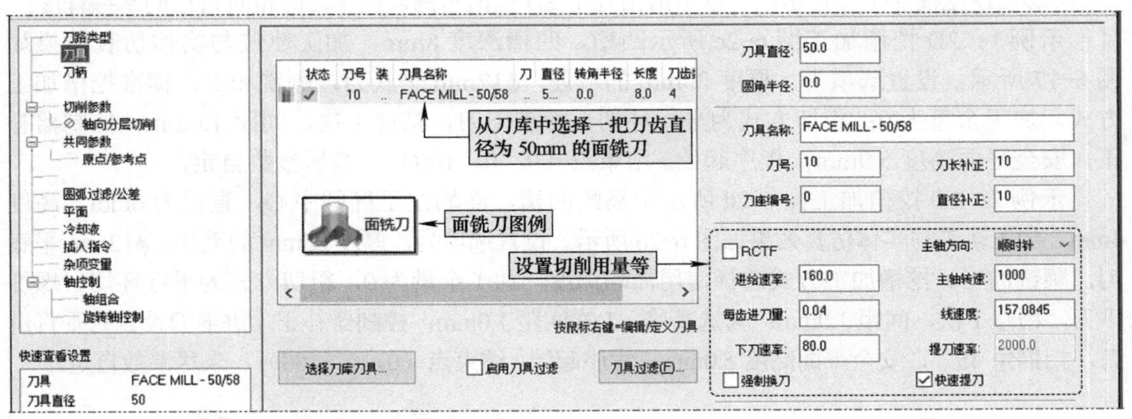

图 6-28 "2D 刀路 - 平面铣削"对话框→"刀具"选项设置

（3）"切削参数"选项　如图 6-29 所示，各选项设置含义如图所示。

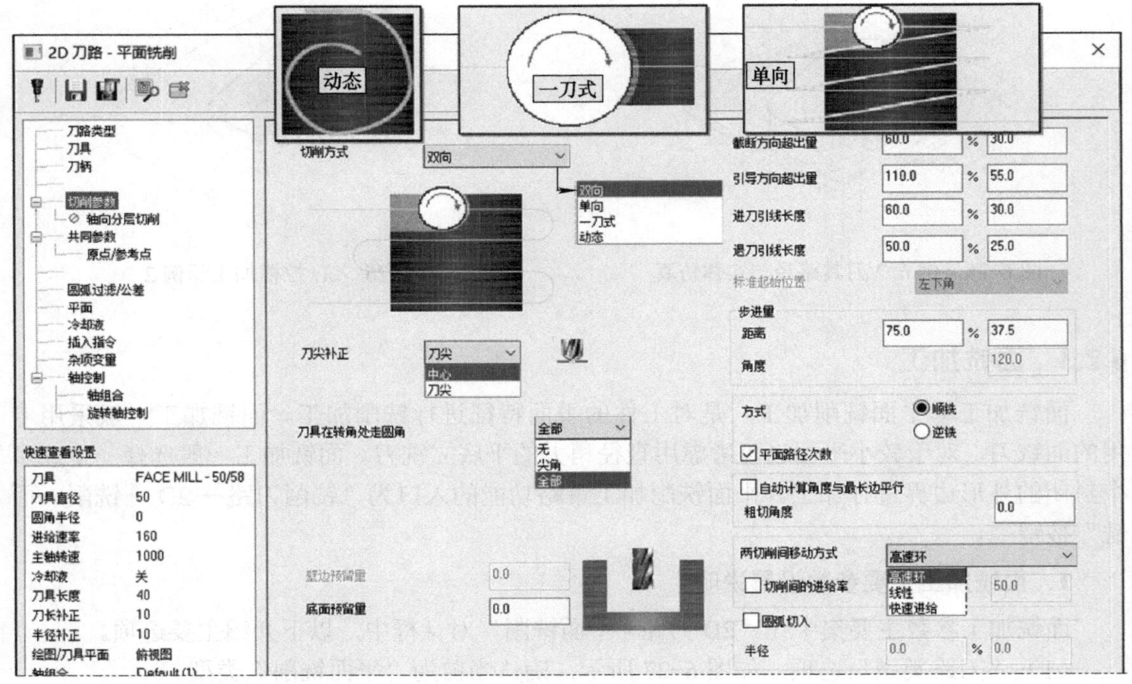

图 6-29 "2D 刀路 - 平面铣削"对话框→"切削参数"选项设置

（4）“轴向分层切削”选项　与外形铣削等基本相同。

（5）“共同参数”与“原点 / 参考点”选项　与前述设置基本相同。

2．面铣加工操作举例

例 6-3：某平面铣削串连曲线，总体尺寸为，长 × 宽 =340mm×160mm，毛坯边界外延 10mm，厚度 12mm，如图 6-30 所示，试编程加工。

操作步骤如下：

步骤 1：模型准备。在 Mastercam 中绘制轮廓曲线，进入铣削加工模块。

步骤 2：创建毛坯，毛坯厚度 12mm，上表面留 2mm 加工余量，如图 6-30 所示。

步骤 3：单击“铣床刀路→ 2D →铣削→面铣”功能按键，选择串连，参见图 6-30。

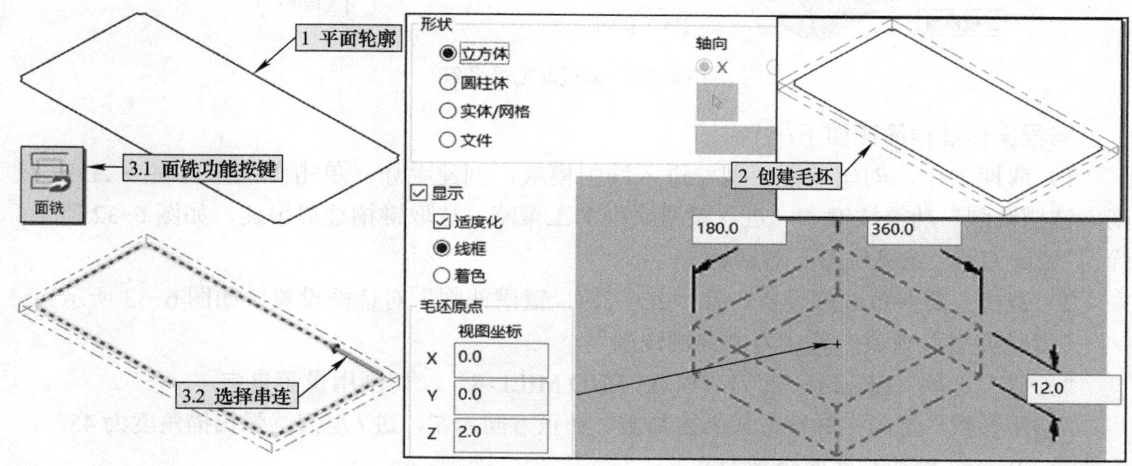

图 6-30　模型准备、创建毛坯与选择串连

步骤 4：“2D 刀路 - 平面铣削”对话框选项设置。

1）“刀路类型”选项：确认“平面铣削”刀路有效，参见图 6-27。

2）“刀具”选项：从刀库中选择一把刀齿直径为 50mm 的面铣刀，设置切削用量，参见图 6-28。

3）“切削参数”选项：双向切削方式，两切削间移动方式为“高速环”，其余参见图 6-29。

4）“轴向分层切削”选项：由于余量较小，一层切完，因此此项不勾选。

5）“共同参数”选项：提刀 25.0mm，下刀位置 10.0mm，毛坯顶部 2.0mm，深度 0.0。

6）“参考点”选项：进入点 / 退出点重合，坐标点（0，0，150）。

步骤 5：刀具路径与实体仿真如图 6-31 所示。后处理输出数控程序略。

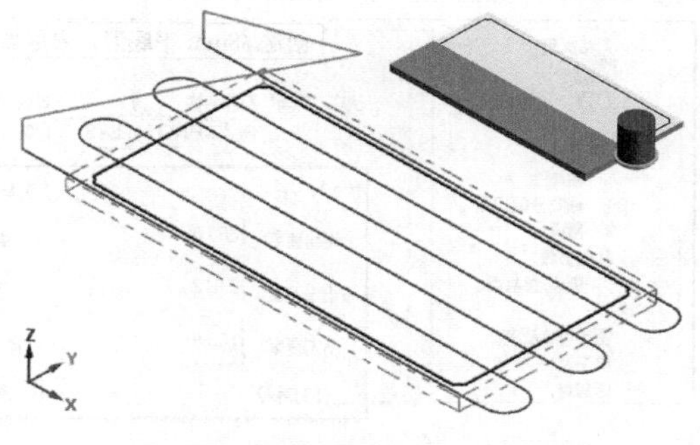

图 6-31　刀具路径与实体仿真

6.2.4 键槽铣削加工

“键槽”铣削加工是专为腰子形平键槽开发的加工策略，可认为是挖槽的特例。键槽加工操作较为简单，以下通过实例来讨论。

例 6-4：加工长度为 52mm、宽度为 12mm、深度为 5mm 的键槽，如图 6-32 所示。

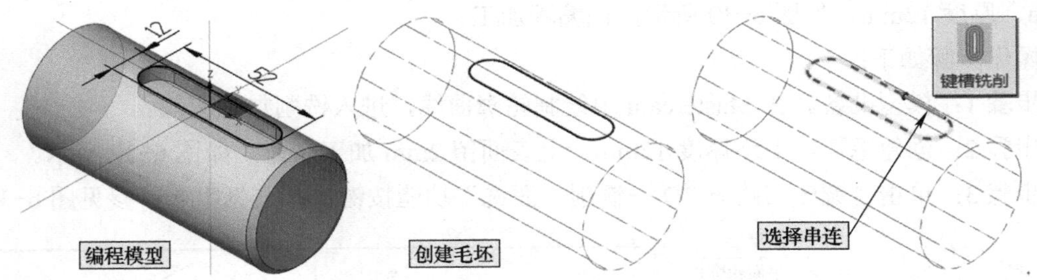

图 6-32 编程前期准备等

编程操作过程简述如下：

1）前期工作。创建编程模型，进入铣削模块，创建毛坯，单击“铣床刀路→ 2D →铣削→铣槽铣削”功能按键，进入键槽铣削加工策略，选取键槽边界串连，如图 6-32 所示。弹出“2D 刀路 - 铣槽铣削”对话框。

2）铣槽主要参数选项设置。在“2D 刀路 - 键槽铣削”对话框设置，如图 6-33 所示。

“刀路类型”选项：确认为“键槽铣削”。

“刀具”选项：ϕ8mm 平底刀（FLAT END MILL-8），切削用量等自定。

“切削参数”选项：补正方式为控制器，补正方向为左，进 / 退刀圆弧扫描角度为 45°，重叠量 1.0mm，壁边与底面余量为零。

“粗 / 精修”选项：斜插下刀，进刀角度为 2°，粗切步进量取刀具直径的 50%，精修 1 次，余量 0.5mm，如图 6-33 所示。

“共同参数”选项：下刀位置 5.0mm，工件表面 0，深度 −5.0mm。

“参考点”选项：程序进入点与退出点重合，坐标（0，0，100）

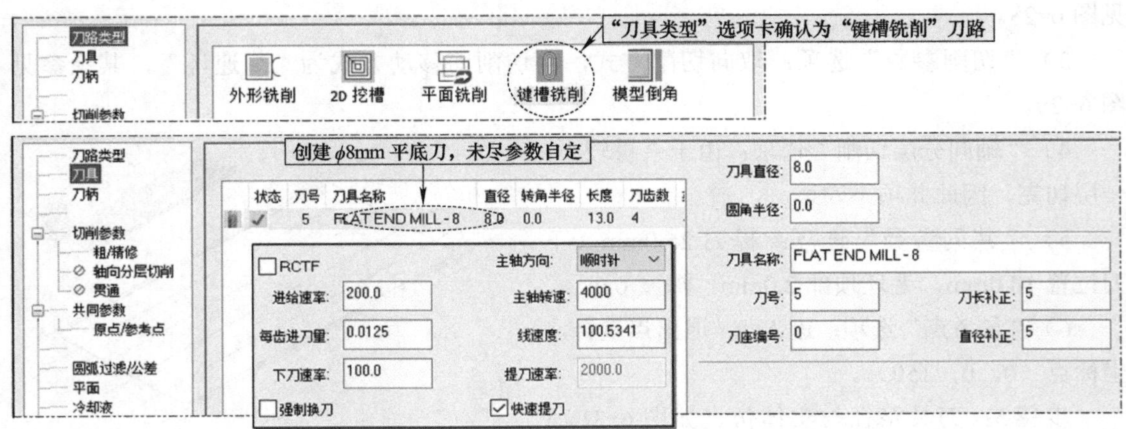

图 6-33 “2D 刀路 - 键槽铣削”对话框主要参数设置

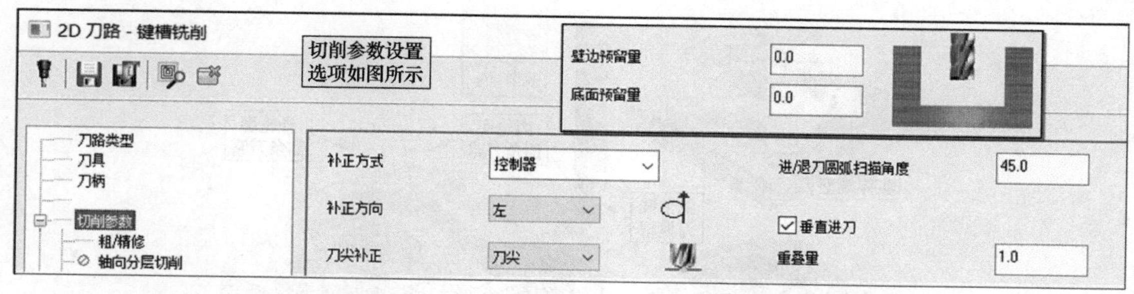

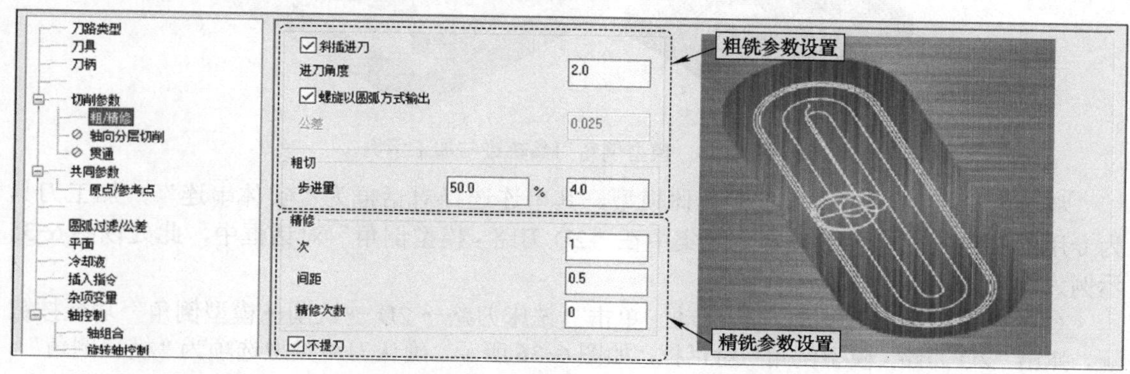

图 6-33 “2D 刀路 - 键槽铣削”对话框主要参数设置（续）

3）生成刀路，实体仿真等。单击“2D 刀路 - 键槽铣削”对话框下的“确定”按键，生成刀具轨迹，实体仿真等来观察效果，如图 6-34 所示。

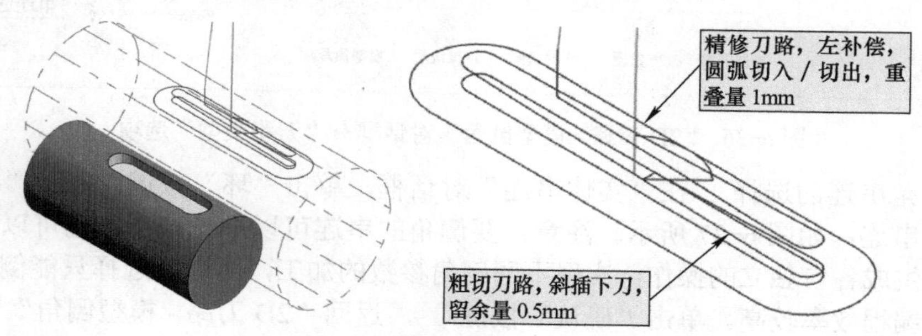

图 6-34 生成刀路、实体仿真与刀路分析

键槽铣削刀路如图 6-34 右图所示（刀具轨迹放大图），其粗铣刀路是以斜插方式沿键槽边界坡度下刀，且下刀角度可设，效果较好。精铣采用外形铣削刀路，一般设置为控制器补正，可较好地控制加工精度。

6.2.5 模型倒角加工

传统加工中非圆异形模型倒角更多的是基于手工锉刀倒角，主要目的是锐边倒钝，其倒角一致性较差，数控加工为规范性倒角提供了可能。早期的 2D 倒角功能在外形铣削中进行，参见图 6-4 中的外形铣削方式下拉列表。在 Mastercam 2022 的 2D 加工策略中设置了一个独立的“模型倒角”功能按键，模型倒角示例如图 6-35 所示，实体模型参见图 3-99，刀具轨迹类似于外形铣削刀路，采用专用的倒角铣刀。

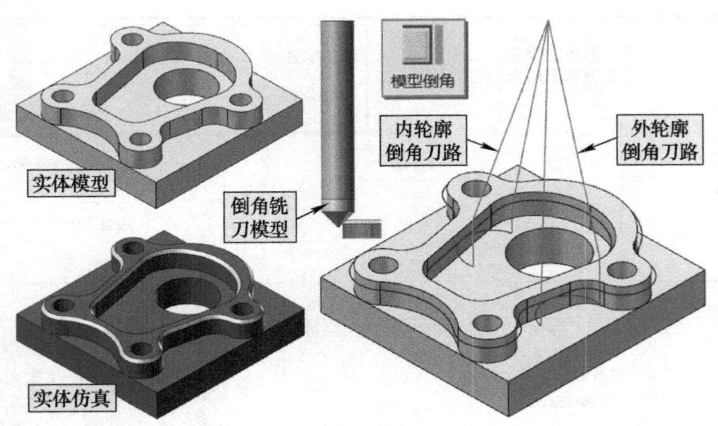

图 6-35　模型倒角刀具轨迹与加工示例

模型倒角的加工模型要求为实体模型，其串连选择对话框为“实体串连”，加工刀具为专用的倒角铣刀，参数设置主要集中在“2D 刀路 - 模型倒角”对话框中，此处以图 6-35 示例为例来讨论。

（1）“模型倒角”功能的启动　单击“铣床刀路→ 2D →铣削→模型倒角”功能按键，弹出“2D 刀路 - 模型倒角”对话框，如图 6-36 所示，确认刀路类型选项为“模型倒角”。单击“串连选择”按键，弹出“实体串连”对话框。

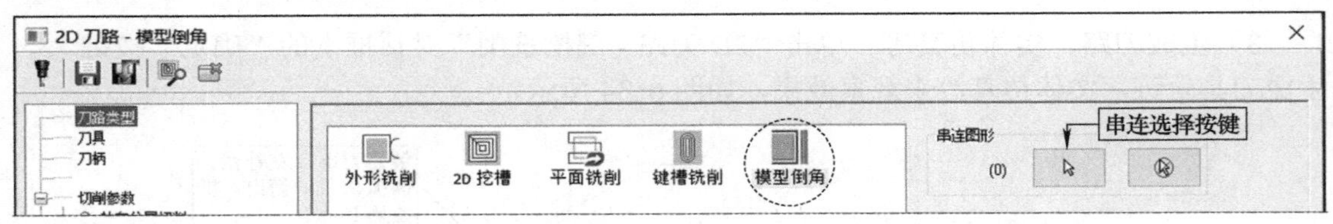

图 6-36　“2D 刀路 - 模型倒角”对话框→“刀路类型”选项

（2）倒角串连的选择　在“实体串连”对话框，单击“环”按键，基于“环”选择方式选择实体串连，如图 6-37 所示。注意：要倒角的串连可以单独选择，也可以同时选择，单独选择可生成各自独立的操作，实现不同倒角参数的加工，而同时选择只能倒出同样参数的倒角，但编程效率较高。单击“确认”按键，返回“2D 刀路 - 模型倒角”对话框。

（3）刀具选择　“刀具”选项可用于定义刀具和设置切削参数，如图 6-38 所示，按图示步骤从刀库中选择直径 12.0-45 倒角刀，并设置切削参数。

（4）“切削参数”选项　其设置如图 6-39 所示，按图设置倒角参数，注意补正方向的选择与前述串连选择的方向有关。

（5）“进 / 退刀设置”选项　各参数含义与前述外形铣削基本相同，此处略。

模型倒角加工一般可不设置轴向分层切削与径向分层切削的参数。

（6）“共同参数”和“原点 / 参考点”的设置方法与前述基本相同　此示例共同参数设置为，安全高度、提刀和下刀位置均设置为 10.0mm，原点 / 参考点参数设置为（0，0，100）。

说明：此处讨论的 2D 模型倒角加工在加工直线与圆弧外轮廓倒角时的刀路不甚理想，此时可转用前述的外形铣削倒角功能进行，首先选择倒角刀具，然后参见图 6-4 在“外形铣削方式”下拉列表选择“2D 倒角”，即可完成倒角加工编程。读者可尝试将本示例改用外形铣削功能进行模型倒角编程。

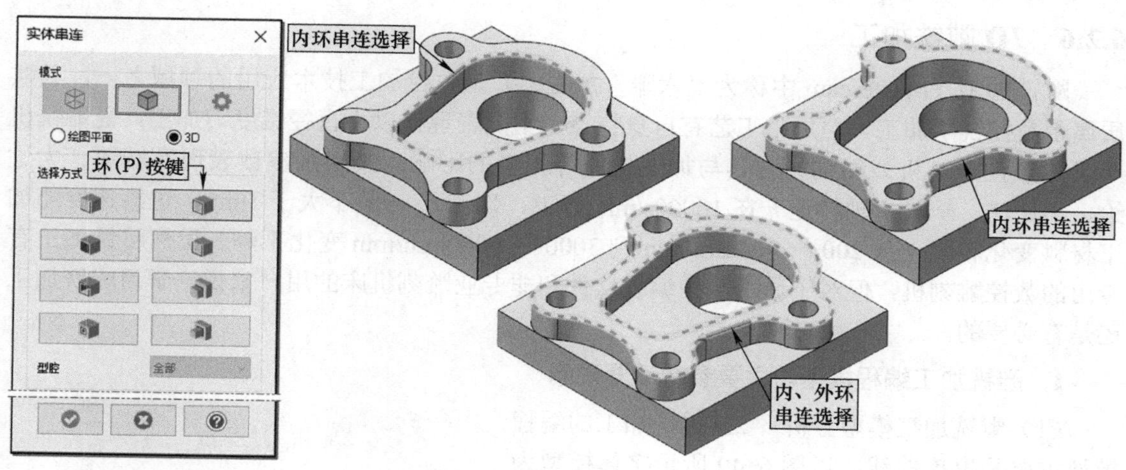

图 6-37　实体串连的选择

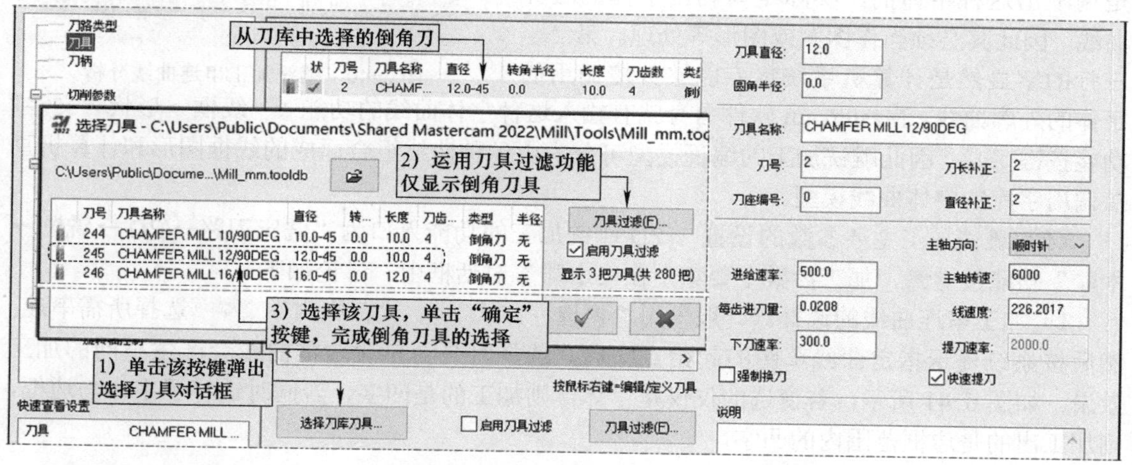

图 6-38　“2D 刀路 - 模型倒角”对话框→“刀具”选项设置

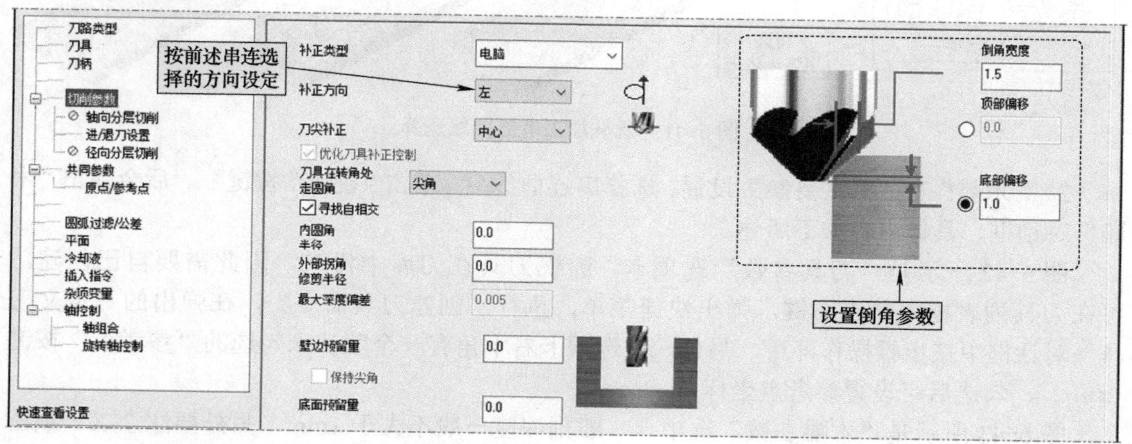

图 6-39　“2D 刀路 - 模型倒角”对话框→“切削参数”选项设置

6.2.6 2D 雕铣加工

雕铣加工（Mastercam 中称为“木雕”加工）是数控加工技术应用的领域之一，其实质属于数控铣削加工，但加工工艺有自身特点，主要表现在以小直径锥度刀加工，受雕铣机（又称数控雕刻机）结构、刀具与加工材料等因素的影响，其切削参数表现高转速、大进给、小切深，一般主轴转速 n 在 10000r/min 以上，切深 a_p 一般不大于 1mm，进给速度随加工材料变化较大，从 200 ～ 300mm/min 到 3000 ～ 5000mm/min 变化不等。虽然雕铣加工有专用的数控雕刻机，但对于通用数控编程软件和非专业雕刻机床的用户来说，学习雕铣加工还是有必要的。

1. 雕铣加工编程模型与主要参数设置说明

（1）雕铣加工模型分析　2D 雕铣加工的编程模型主要是串连曲线，以图 6-40 所示字体模型为例，第一行的字显然是手书汉字，计算机字库中是调不出这种字体的，实际是勾勒出字体的边界曲线，因此其必须当作图案或图形等处理。第二、三行的字显然是计算机系统字库能够直接调用的字体的外廓曲线，Mastercam 软件自身就有输入这种字体曲线的功能（“线框→形状→文字”功能按键）。因此雕铣加工的编程模型可分为由各种曲线组合而成的线框图形和计算机直接调用字库的字体曲线模型。

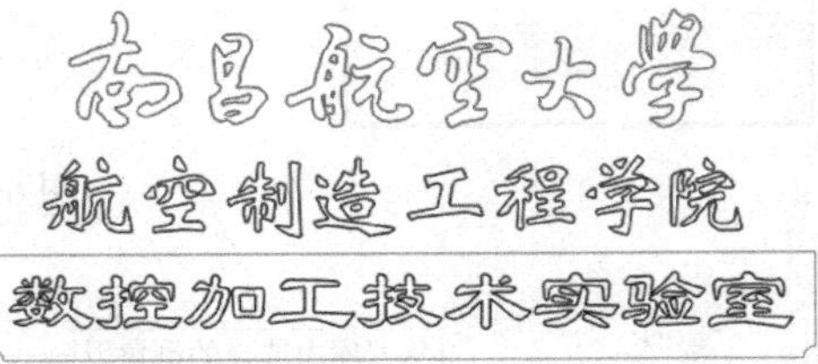

图 6-40　雕铣加工串连曲线分析

（2）雕铣加工主要参数的设置　2D 雕铣加工的功能入口为“铣床刀路→ 2D →铣削→木雕”功能按键，加工参数主要集中在“木雕”对话框中。讨论如下：

1）加工串连曲线的选择。一般采用“窗选”方式、“范围内”选择所需串连，然后按系统提示指定曲线草图的起始点即可，选择时是否包含边框曲线会产生不同的加工效果。如图 6-41 所示，若窗选的仅仅是字体，则加工的是凹字，若同时选择了字体与边框，则加工出的是边框范围内的凸字。

图 6-41　雕铣加工串连曲线选择

2）“木雕”对话框主要参数设置。选择串连曲线后，单击“确定”按键，后会弹出“木雕”对话框，具体内容如下所述。

图 6-42 所示是“刀具参数”选项卡。雕铣刀具在刀库中没有，因此需要自己创建，可在刀具列表框中单击右键，弹出快捷菜单，执行“创建刀具命令”，在弹出的“定义刀具”对话框中按步骤操作即可。另外，该选项卡右下角有一个默认未勾选的“参考点”按键，勾选后可设置参考点坐标。

图 6-43 所示是“木雕参数”选项卡。雕刻深度一般不大于 1mm，另外要注意 XY 预留量一般设置为 0。

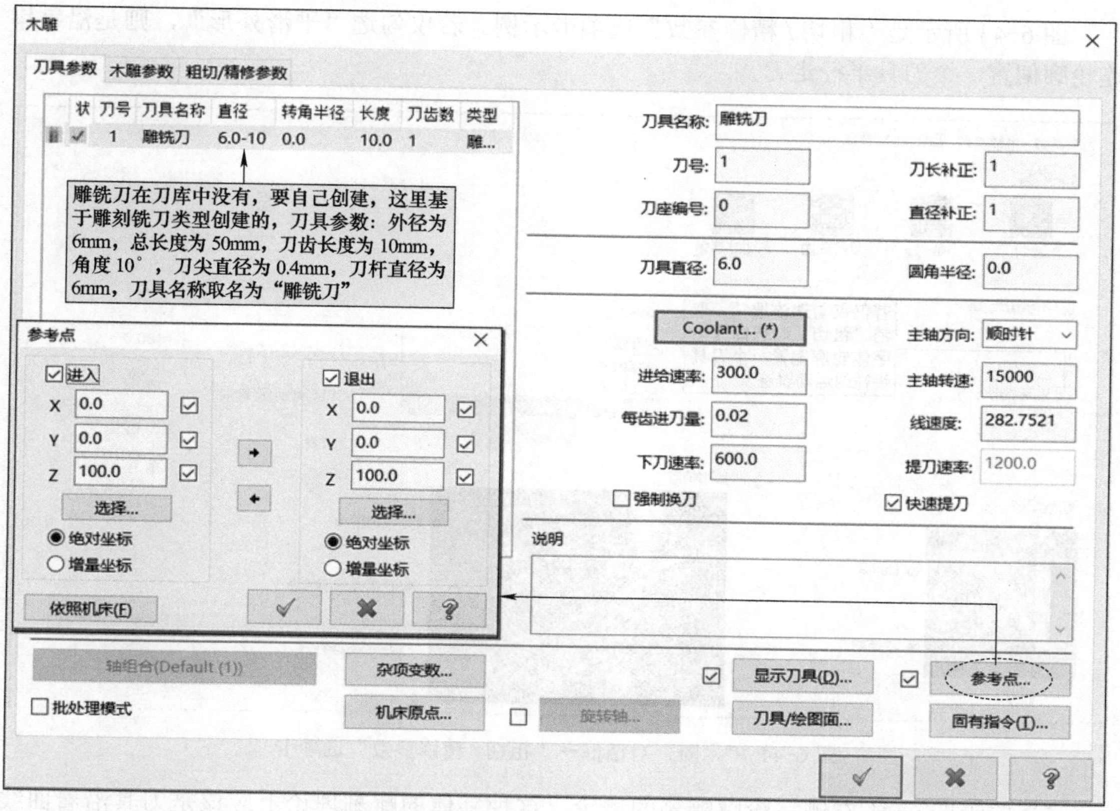

木雕

刀具参数　木雕参数　粗切/精修参数

状	刀号	刀具名称	直径	转角半径	长度	刀齿数	类型
✓	1	雕铣刀	6.0-10	0.0	10.0	1	雕...

雕铣刀在刀库中没有，要自己创建，这里基于雕刻铣刀类型创建的，刀具参数：外径为6mm，总长度为50mm，刀齿长度为10mm，角度10°，刀尖直径为0.4mm，刀杆直径为6mm，刀具名称取名为“雕铣刀”

刀具名称: 雕铣刀
刀号: 1　刀长补正: 1
刀座编号: 0　直径补正: 1
刀具直径: 6.0　圆角半径: 0.0
Coolant... (*)　主轴方向: 顺时针
进给速率: 300.0　主轴转速: 15000
每齿进刀量: 0.02　线速度: 282.7521
下刀速率: 600.0　提刀速率: 1200.0
强制换刀　快速提刀
说明

参考点
进入　X 0.0　Y 0.0　Z 100.0　选择...　绝对坐标　增量坐标
退出　X 0.0　Y 0.0　Z 100.0　选择...　绝对坐标　增量坐标
依照机床(F)

轴组合(Default (1))　杂项变数...　显示刀具(D)...　参考点...
批处理模式　机床原点...　旋转轴...　刀具/绘图面...　固有指令(T)...

图 6-42 “木雕”对话框→“刀具参数”选项卡

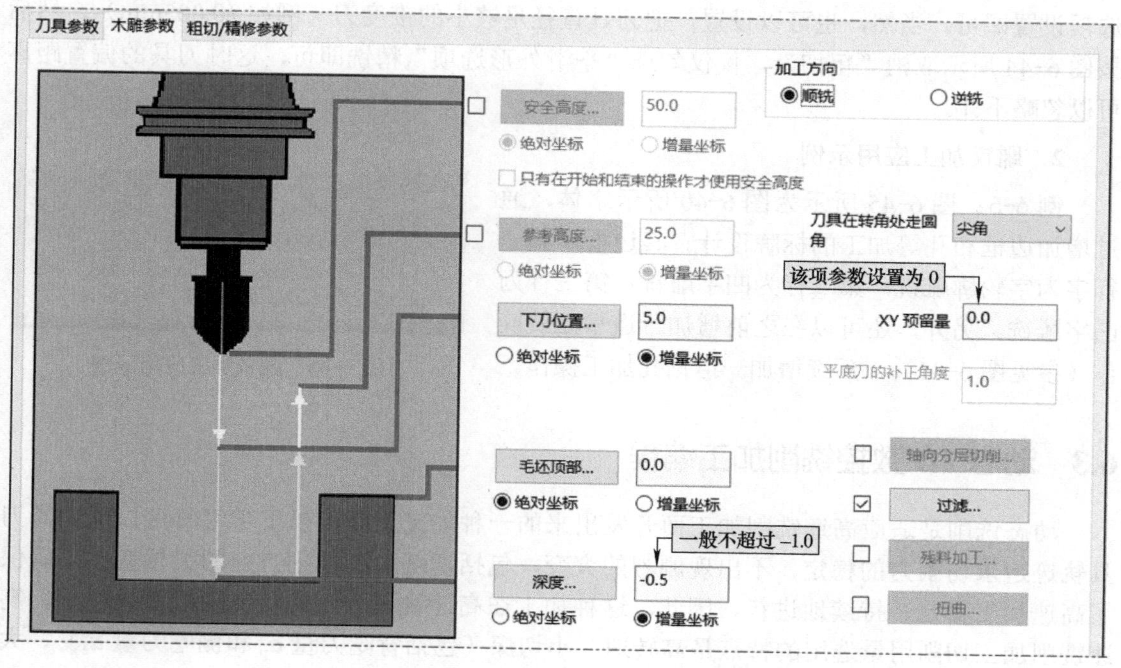

图 6-43 “木雕”对话框→“木雕参数”选项卡

图 6-44 所示是“粗切 / 精修参数”选项卡示例。若仅勾选“平滑外形”，则是沿字串连轮廓偏置一个刀具半径走刀。

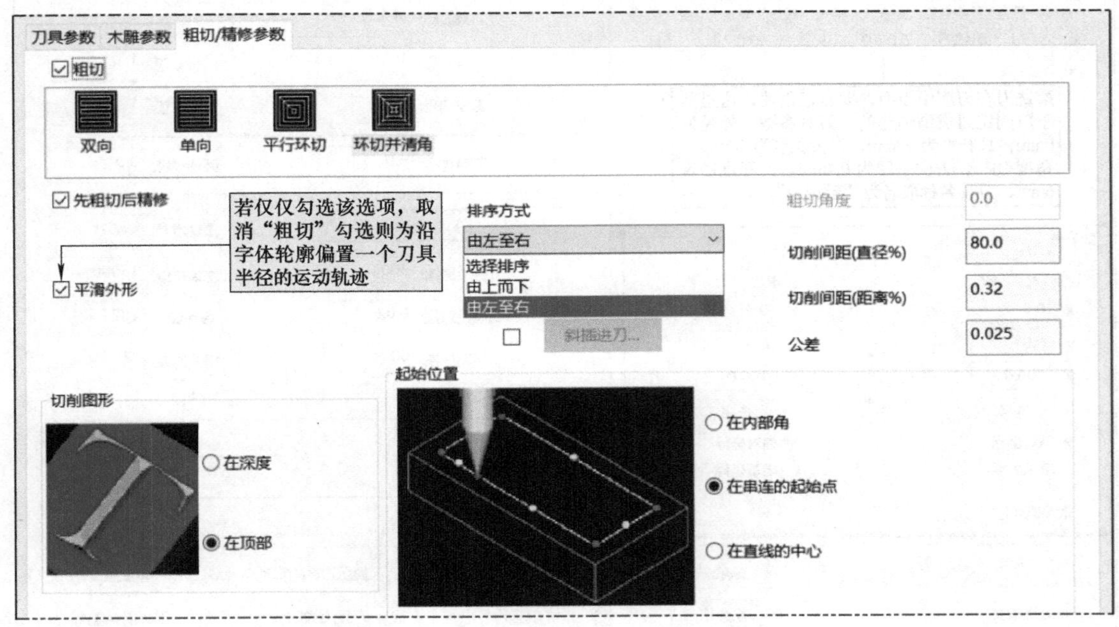

图 6-44 “木雕”对话框→“粗切 / 精修参数”选项卡

3）关于图 6-41 右侧字轮廓雕刻的讨论。这种字体的雕刻理论上应该是刀具沿着曲线轮廓轨迹走刀移动，因此，可用前述的外形铣削加工策略，关闭刀具补正，取消进刀 / 退刀选项设置即可。当然，也可以设置一把刀具直径足够小的锥度刀（例如 ϕ0.005mm），然后按图 6-44 所示取消“粗切”，仅仅勾选“平滑外形选项”精铣即可，这时刀具的偏置距离可以忽略不计。

2. 雕铣加工应用示例

例 6-5：图 6-45 所示为图 6-40 所示字体，通过增加边框和孔等加工的标牌设计。其边框和第一行字为字轮廓雕铣，第二行为凹字雕铣，第三行为凸字雕铣。另外，还可以在之前增加一道平面铣操作（参见图 6-31），后续增加一道钻孔加工操作。

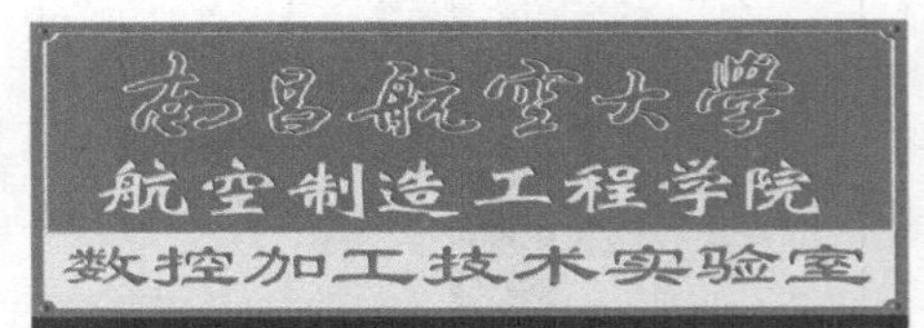

图 6-45 雕铣加工应用示例

6.3 动态 2D 数控铣削加工编程

动态铣削是适应高速铣削加工而开发出来的一种加工策略，以下学习时可以看到其刀具轨迹追求切削力的稳定，不出现剧烈的突变，包括切削力和切削方向的突然变化，确保了高速加工稳定、持续地进行，因此，这种加工在高速铣削加工的粗铣阶段效果明显。高速铣削加工切削用量选用的特点是高转速、小切深（包括背吃刀量 a_p 和侧吃刀量 a_e）、大进给。

6.3.1　动态铣削加工

“动态”铣削是基本与常用的高速铣削加工策略之一。可进行 2D 的凹槽挖槽粗铣削、凸台外形粗铣削，还能对开放的部分串连曲线进行阶梯铣削，如图 6-46 所示。

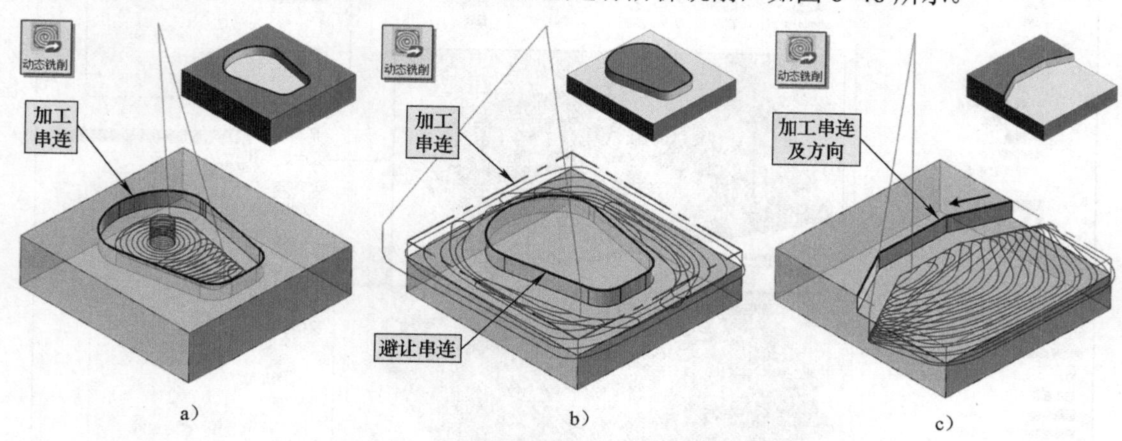

图 6-46　动态铣削刀具轨迹与加工示例

a）挖槽内轮廓　b）凸台外轮廓　c）开放串连

1．动态铣削主要参数设置说明

动态铣削参数设置主要集中在“2D 高速刀路 - 动态铣削”对话框中，其刀具的创建、贯通、共同参数与参考点等的设置操作与前述介绍基本相同，因此，如无特殊情况，一般不予详细说明。

（1）串连曲线的选择　参见图 6-46 中的加工串连。动态铣削串连曲线仅需选择一条曲线即可，但允许是部分串连（开放串连曲线）等，部分串连选择时串连方向会影响加工区域。

（2）“刀路类型”选项　其设置如图 6-47 所示。刀路列表中的 5 种刀路均属高速铣削加工策略。加工区域策略选项区选择“开放”选项时适用于图 6-46b、c 示例。关联到毛坯的三个选项主要用于设置开放型加工区域加工时刀路是否扩展延伸或延伸多少，如图 6-46c 所示刀轨选择了关联到毛坯相切，使刀路延伸到底面边界外部。加工区域设置区域的四项设置如下：“避让范围”可选择串连限制加工区域，如图 6-46b 凸台外轮廓铣削就是选择毛坯轮廓为加工串连曲线，然后选择凸台边界为避让串连曲线，如此得到凸台轮廓的外廓加工范围。“空切区域”可串连选择没有材料，允许刀具加工时穿过的区域。“控制区域”可在加工范围基础上，进一步交叉串连控制加工区域。“加工串连”用于加工区域中选择刀具进入加工区域的位置，人工干预加工区域的起始处。“预览串连”和“颜色”按键仅限于动态铣削和区域铣削刀路，选择预览当前的加工范围、空切区域、控制区域等，并用颜色区分。

（3）“刀具”选项　与前述介绍基本相同。

（4）“毛坯”选项　一般不用设置。也可设置之前操作的剩余毛坯，进行清角加工等，参见图 6-50。

（5）“切削参数”选项　其设置如图 6-48 所示。该选项中的设置内容多且重要，但大部分选项在光标单击文本框时右上角的样例图解会相应显示提示，读者可按样例理解并设置，图中带圈的数字选项与图例对应。需要说明的是，对图 6-46b、c 所示的凸台外廓铣削时，刀路向外延伸的多少与第一刀补正量有关，具体根据需要设置，而对图 6-46a 则不需设置该值（默认 0 即可）。关于步进量距离（即侧吃刀量 a_e），高速铣削与普通切削不同，一般取 20% ～ 30% 即可。

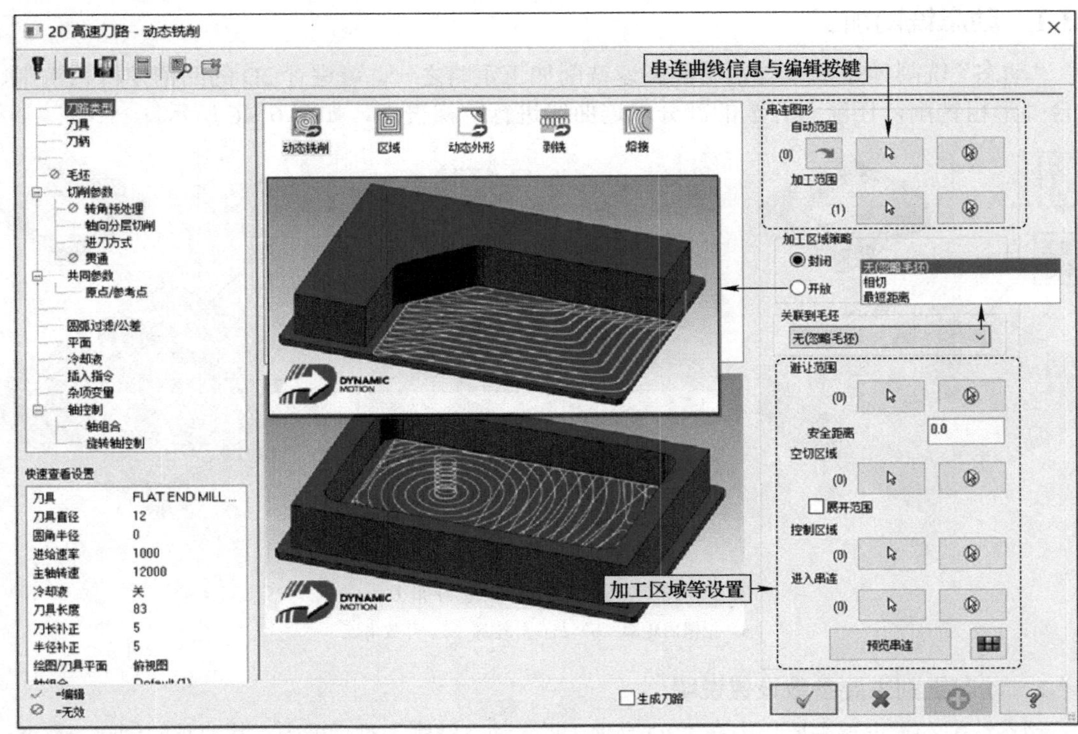

图 6-47 “2D 高速刀路 - 动态铣削”对话框→“刀路类型”选项设置

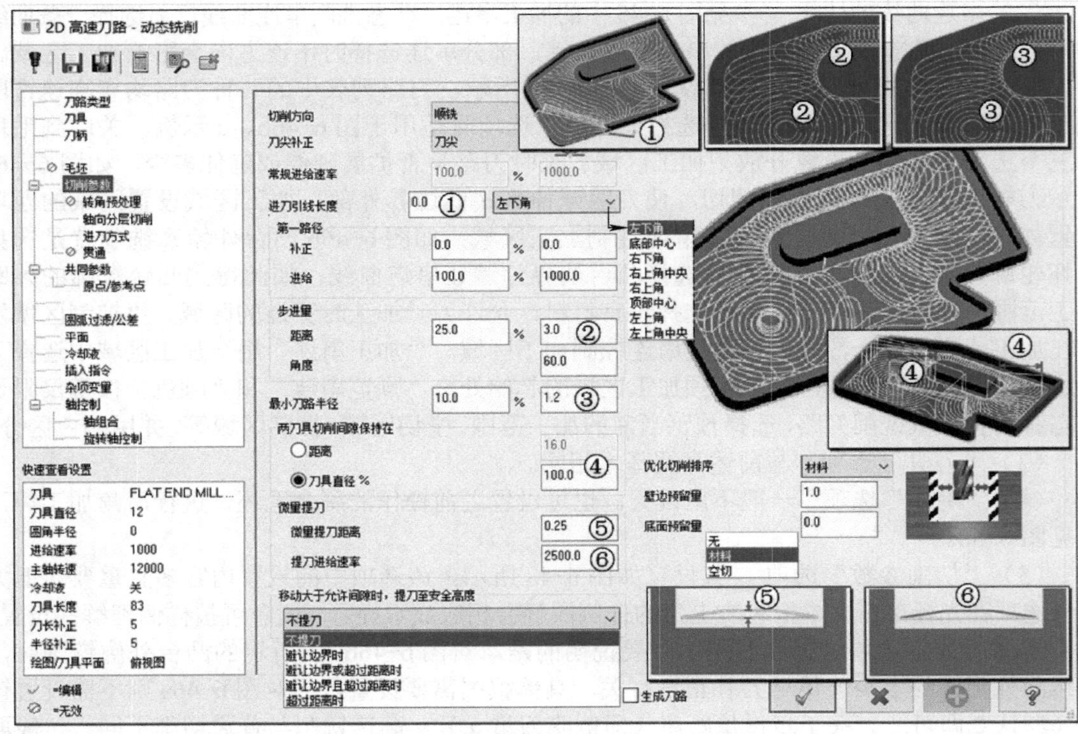

图 6-48 “2D 高速刀路 - 动态铣削”对话框→“切削参数”选项设置

（6）“轴向分层切削”选项　对于深度较大的2D铣削时，可进入该选项，勾选“轴向分层切削”并设置相关选项与参数，其设置方法与前述基本相同。

（7）“进刀方式”选项　实质是图6-46a中挖槽加工时的下刀方式设置，如图6-49所示。每种进刀方式会激活下面相应的参数设置项，且可激活并设置下刀进给速度与主轴转速。

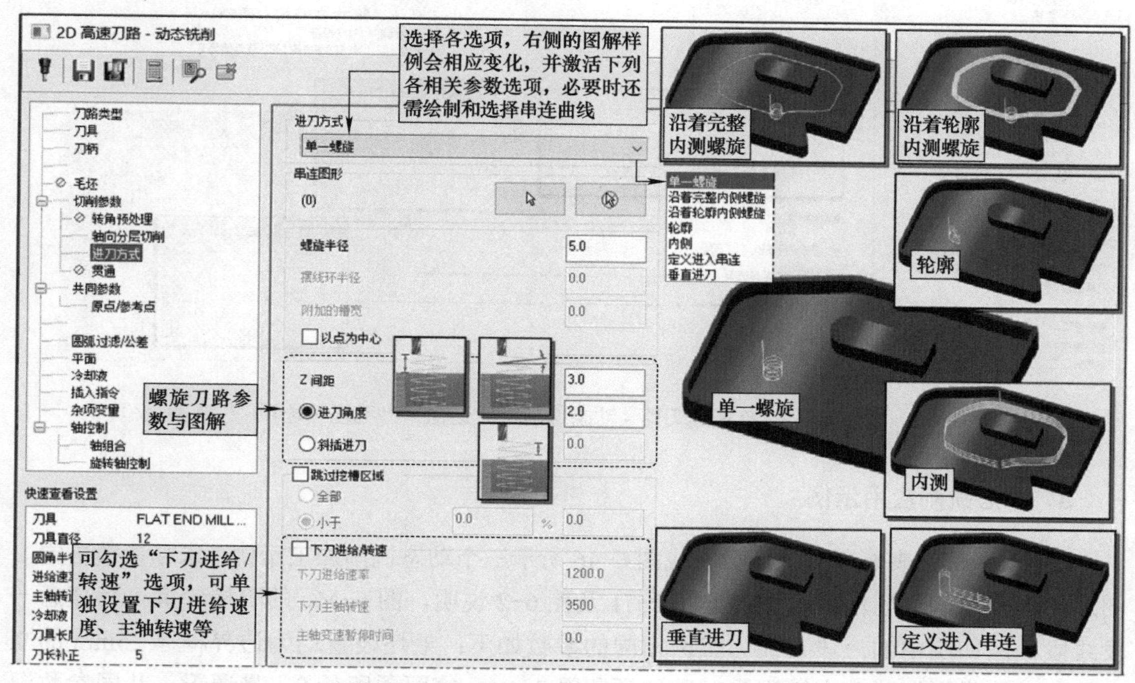

图6-49　“2D高速刀路 - 动态铣削”对话框→“进刀方式”选项设置

（8）“贯通”选项　与前述介绍基本相同。

（9）“共同参数”与“参考点”选项　与前述介绍基本相同。

2. 2D动态铣削清角加工

在“2D高速刀路 - 动态铣削”对话框中，有一项“毛坯”选项，如图6-50所示，进入并激活“剩余毛坯”复选框后可以进行清角加工设置。

剩余毛坯加工余量的计算依据有以下三种：所有先前的操作，可用下拉列表进一步指定；指定操作，可指定右侧之前的列表操作，如图中指定上一道工序ϕ16mm平底刀的操作；也可直接指定粗切刀具，如图中指定ϕ16mm平底刀具。另外，下部还可以调整剩余毛坯的余量。

由于清角加工刀具一般直径较小，因此，多要激活并设置“轴向分层切削”选项，参见图6-52。

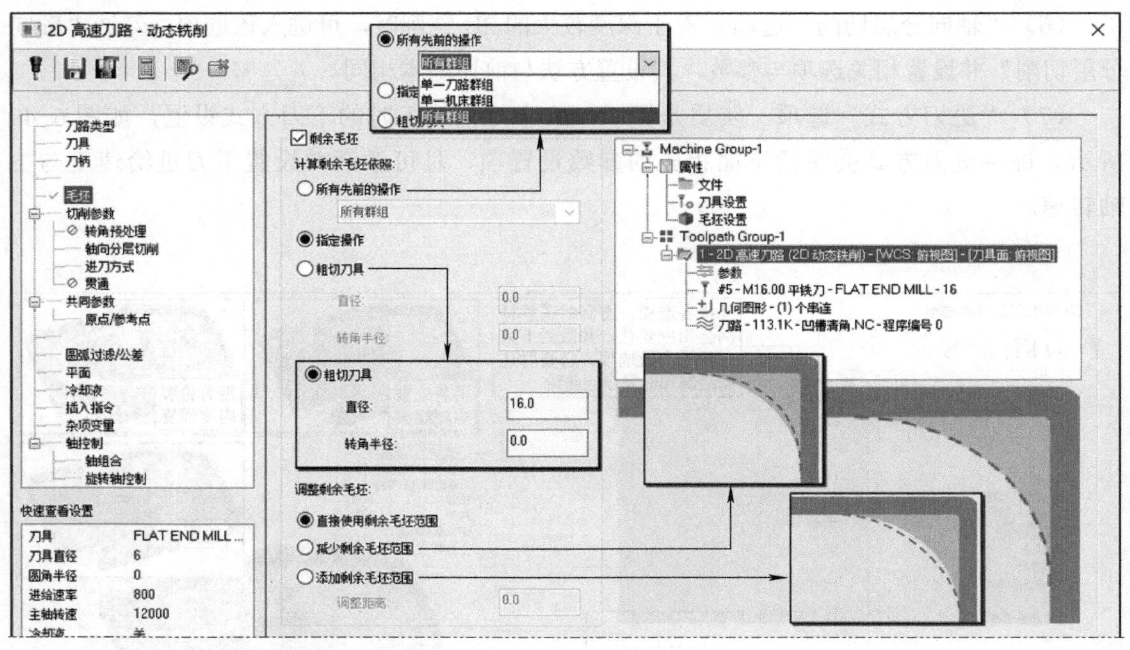

图 6-50 “2D 高速刀路 - 动态铣削”对话框→“毛坯”选项

3. 动态铣削应用示例

例 6-6：试按表 6-1 所示参数完成图 6-46 所示三个动态铣削加工示例，未尽参数自定。图形轮廓串连与毛坯轮廓参数参见图 2-71 及图 6-2 说明，图 6-46c 的阶梯轮廓可为任意一段线段，例如图中的三段直线。三例相同的参数如下：毛坯设置均为边界框厚 25mm 的立方体，刀路类型为“动态铣削”，壁边预留量 1mm，底面预留量 0，贯通无，共同参数深度 -8mm、工件表面 0、下刀位置 3mm、参考高度 6mm，参考点为进入 / 退出点相同，均为（0，0，100）。

表 6-1 动态铣削练习参数设置

主要参数名称	图 6-46a 挖槽内轮廓铣削	图 6-46b 凸台外轮廓铣削	图 6-46c 开放串连轮廓铣削
毛坯设置	包含毛坯边界，厚 25mm	同左	同左
串连曲线	图 6-46a 所示的加工串连	图 6-46b 所示的加工串连	图 6-46c 所示的加工串连
刀路类型	加工区域策略为“封闭”，关联到毛坯为“无”	加工区域策略为“开放”，关联到毛坯为“无”，凸台边界为避让串连曲线	加工区域策略为“开放”，关联到毛坯为“相切”
刀具	ϕ12mm 平底刀，刀具号、刀具长度补偿号、刀具半径补偿号均为 2	ϕ16mm 平底刀，刀具号、刀具长度补偿号、刀具半径补偿号均为 1	ϕ16mm 平底刀，刀具号、刀具长度补偿号、刀具半径补偿号均为 1

（续）

主要参数名称	图 6-46a 挖槽内轮廓铣削	图 6-46b 凸台外轮廓铣削	图 6-46c 开放串连轮廓铣削
切削参数	逆铣，进刀引线长度为 0，左下角，第一刀补正为 0，步进量为 25%，最小刀路半径为 10%，允许的间隙为 100%，微量提刀距离为 0.25mm，提刀进给速率为 2500mm/min	逆铣，进刀引线长度为 0，左下角，第一刀补正为 25mm，步进量为 25%，最小刀路半径为 10%，允许的间隙为 100%，微量提刀距离为 0.25mm，提刀进给速率为 2500mm/min	逆铣，进刀引线长度为 0，左下角，第一刀补正为 0，步进量为 25%，最小刀路半径为 10%，允许的间隙为 100%，微量提刀距离为 0.25mm，提刀进给速率为 2500mm/min
轴向分层切削	无（可尝试分层切削练习）	无	无
进刀方式	单一螺旋（可尝试其他方式，观察进刀刀路变化情况）	单一螺旋	单一螺旋

例 6-7：2D 动态铣削清角加工示例，如图 6-51 所示。加工模型与尺寸参数，其转角半径为 4mm，加工工艺为 ϕ16mm 平底刀动态铣削粗铣，然后用 ϕ6mm 平底刀清角铣削；清角刀路；清角加工前 ϕ16mm 平底刀实体仿真模型；ϕ6mm 平底刀清角中途实体仿真局部放大模型；ϕ6mm 平底刀清角实体仿真模型。

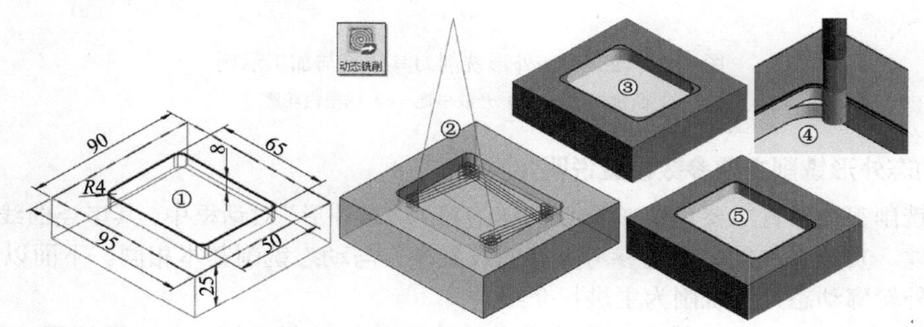

图 6-51　2D 动态铣削清角加工示例

其加工选项参数设置主要包括“毛坯”选项（参见图 6-50）和“轴向分层切削”选项，如图 6-52 所示，图中步进量取 2.0mm，则深度分 4 层加工。

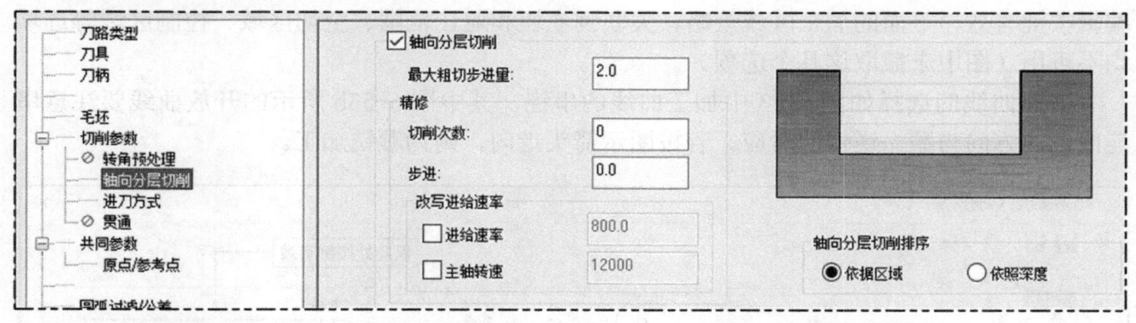

图 6-52　“2D 高速刀路 - 动态铣削”对话框“轴向分层切削”选项设置（清角加工）

6.3.2　动态外形铣削加工

“动态外形”铣削适用于模型偏置毛坯（如铸造、锻造类零件）2D 轮廓曲线的粗、精铣削加工，其加工余量沿铣削轮廓是均匀的，如图 6-53 所示各图的加工余量均为 3mm，因此也可用于粗铣加工后模型的精铣加工。动态外形铣削与前述动态铣削相比，其不仅有粗切刀轨，而且还可设置一条具有控制器补正的精修刀轨，可较好地控制精铣轮廓的尺寸精度。但粗切刀轨少了一个下刀选项，只能生成垂直下刀的刀路。

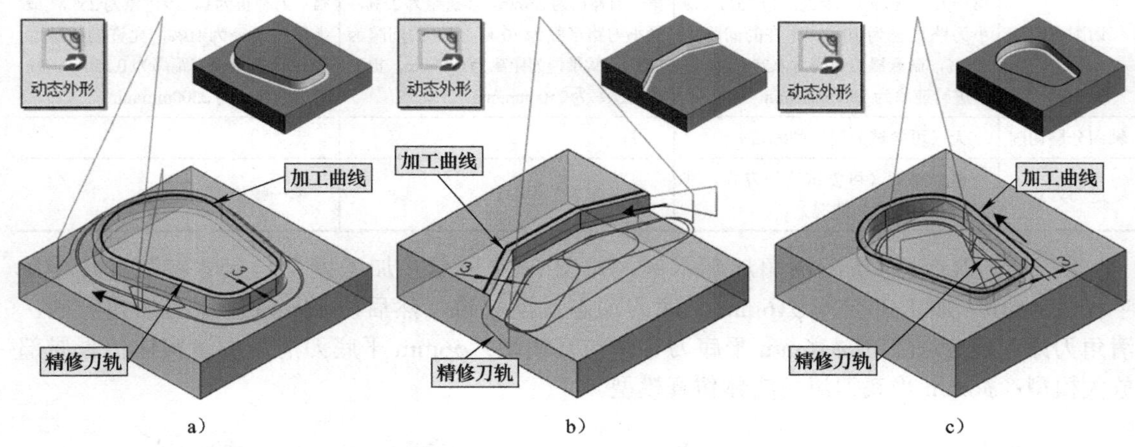

图 6-53　2D 动态外形铣削刀具轨迹与加工示例

a）凸台外轮廓　b）开放串连　c）挖槽内轮廓

1. 动态外形铣削主要参数设置说明

动态铣削参数设置主要集中在“2D 高速刀路 - 动态外形”对话框中，其串连曲线的选择，刀具的创建、贯通、共同参数与参考点等的设置操作与动态铣削基本相同。下面以图 6-53a 所示凸台外轮廓动态外形铣削为主进行介绍。

（1）模型偏置毛坯（如铸造、锻造类零件）设置　这类毛坯一般可采用图 5-4 对话框中的基于“实体 / 网格”模型或 STL 格式“文件”方式设置。例如图 6-53 所示设置的是加工面偏置 3mm 的实体模型毛坯

（2）“刀路类型”选项　如图 6-54 所示，与动态铣削相比，仅加工范围的串连信息与编辑按键有效，下面的加工区域策略、关联到毛坯和避让范围、空切区域、控制区域等选项均不可用（图中未截取这几个选项）。

串连曲线的选择如图 6-53 中加工曲线的串连，其中图 6-53b 所示的开放曲线要注意串连曲线的方向与顺、逆铣的对应。若按图示箭头走向，则为顺铣加工。

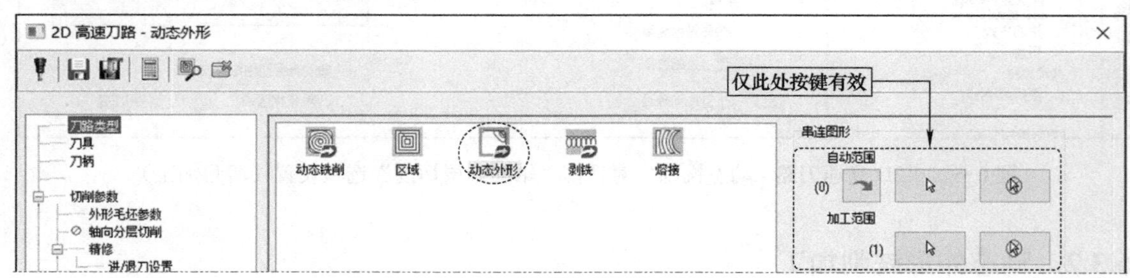

图 6-54　“2D 高速刀路 - 动态外形”对话框→“刀路类型”选项

（3）“刀具”选项　与前述介绍基本相同。图 6-53a、b 为 ϕ16mm 平底刀，图 6-53c

为 ϕ12mm 平底刀。

（4）“切削参数”选项　其设置如图 6-55 所示。补正方向设置为“左”，确保顺铣加工，第一路径（即第一刀）补正 3mm 针对加工余量 3.0mm 设置，步进量为刀具直径的 10% 是考虑其可为半精加工，壁边与底面预留量 0 考虑其包含精加工，其余参数如图所示。

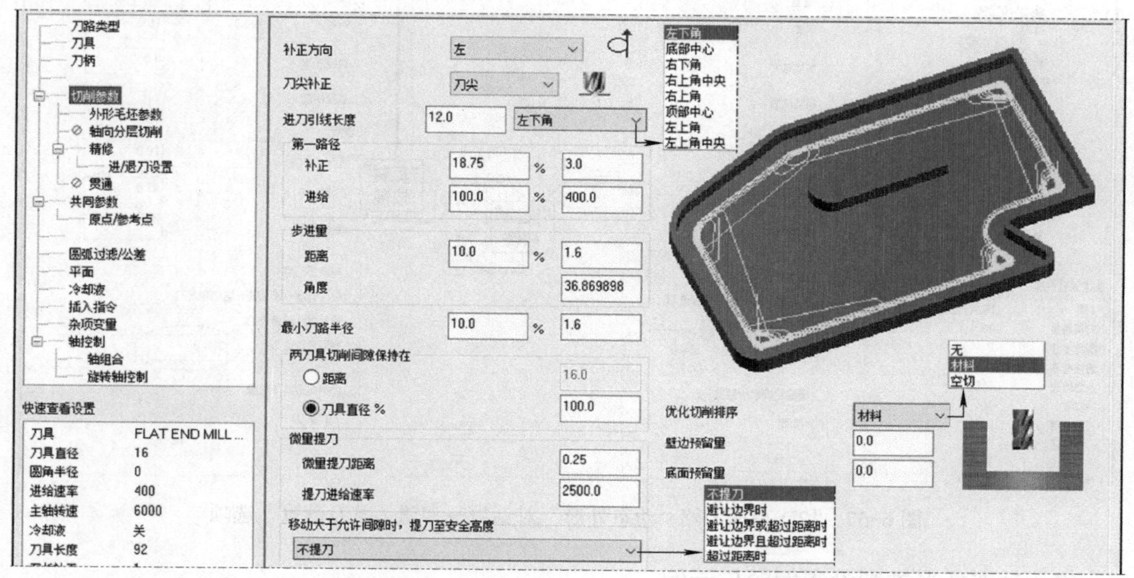

图 6-55 “2D 高速刀路 - 动态外形”对话框→“切削参数”选项

（5）“外形毛坯参数”选项　采用系统默认设置。

（6）“轴向分层切削”选项　用于深度较大需要深度分层加工的场合，此处未设置。

（7）“精修”选项　其设置如图 6-56 所示。精修 1 刀，间距 0.5mm，控制器补正。注意精修进给速度与主轴转速可以与粗切不同。

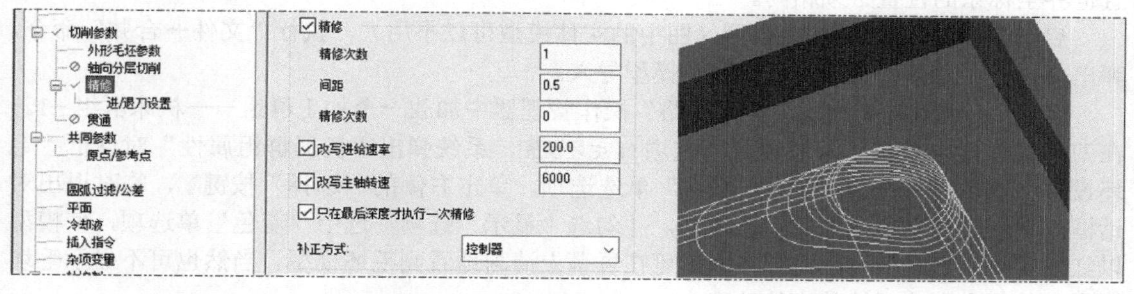

图 6-56 “2D 高速刀路 - 动态外形”对话框→“精修”选项

（8）“进 / 退刀设置”选项　如图 6-57 所示。注意图中圈出的垂直、扫描角度等设置与图 6-53 精修刀路切入 / 退出刀路的关系，另外，对于进 / 退刀参数相同的情况，可填写完左侧的进刀参数，然后利用上面的“复制”按键▸▸快速复制到右侧的退刀参数中。

（9）“贯通”选项　图 6-53 所示的阶梯模型不需设置贯通参数。

（10）“共同参数”和“参考点”选项　根据需要设置。图 6-53 中的设置如下：共同参数是

深度 -8mm、工件表面 0、下刀位置 3mm、提刀 6mm，参考点进入 / 退出点是（0，0，100）。

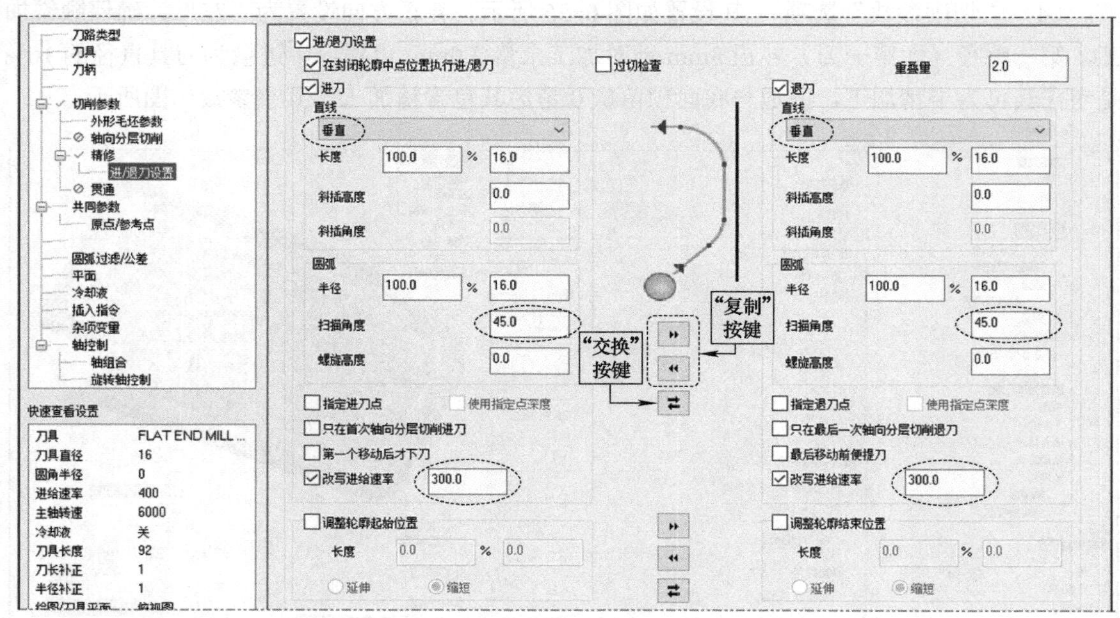

图 6-57 “2D 高速刀路 - 动态外形”对话框→“进 / 退刀设置”选项

2．动态外形铣削设置例题与示例

例 6-8：以图 6-53a 所示的凸台外轮廓动态外形铣削为例，图形轮廓串连与毛坯轮廓参数参见图 2-71 及图 6-2 说明，要求顺铣加工，图示位置直线中点切入 / 切出，重叠量 2.0mm。

操作步骤简述如下：

步骤 1：毛坯模型的准备。图 6-53a 所示的毛坯是模型加工侧立面偏置 3mm 加工余量的模型，如图 6-58 所示。毛坯模型创建时注意其模型图层必须与加工模型当前图层不同，且世界坐标系的位置必须相同。

启动图 6-2b 所示的加工模型（图中的实体模型可以不用），执行“文件→合并”命令，弹出“打开”对话框，选择毛坯实体模型导入。

步骤 2：进入铣床模块，在“刀路”操作管理器中加载一个加工群组——机床群组 -1。在刀路管理器中单击“毛坯设置”选项“毛坯设置”，系统弹出“机器群组属性”对话框“毛坯设置”选项卡，选中“实体 / 网格”单选选项，单击右侧的“选择”按键，临时退出对话框，然后选择刚才导入的毛坯模型，并勾选“显示”选项，选中“着色”单选项，使模型以红色实体的形式显示，设置完成后可在屏幕上清晰地看到毛坯模型。当然也可不显示毛坯模型，其不会影响后续的实体仿真。

步骤 3：单击“铣床刀路→ 2D →铣削→动态外形”功能按键，弹出“2D 高速刀路 - 动态铣削”对话框，以下是对话框主要参数设置。

1）串连曲线的选择。选择图 6-53a 中的加工曲线，串连方向与拾取位置如图 6-59 所示。

2）“刀路类型”选项。参见图 6-54，确认为“动态外形”铣削类型。

3）“刀具”选项。从刀库中选择一把 ϕ16mm 平底刀，修改刀具号、刀长补正和半径补正号为 1，设置进给速率 400mm/min，主轴转速 6000r/min，下刀速率 200mm/min。

4）“切削参数”选项。参见图 6-55 设置。

5）“精修”选项。参见图 6-56 设置。

6）“进 / 退刀设置”选项。参见图 6-57 设置。

7）“共同参数”和“参考点”选项。共同参数是深度 -8mm、工件表面 0、下刀位置 3mm、提刀 6mm，参考点进入 / 退出点为（0，0，100）。

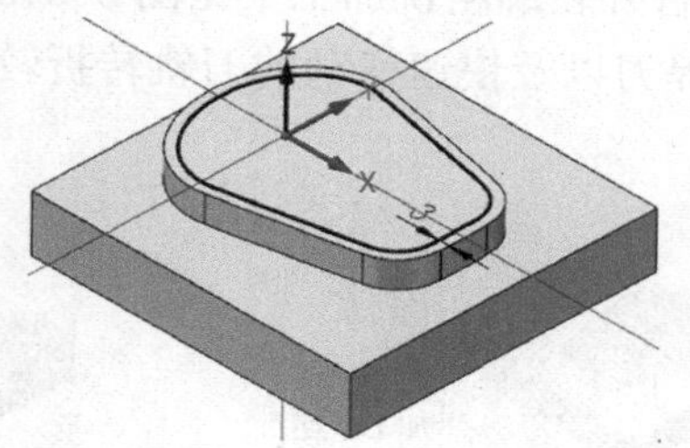

图 6-58　毛坯实体模型

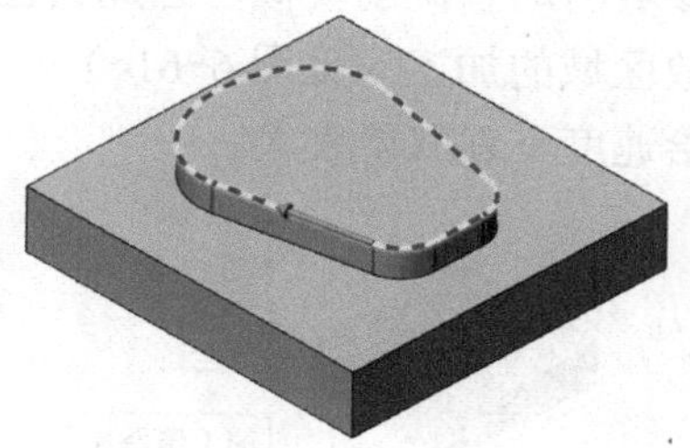

图 6-59　加工串连的选择

步骤 4：生成刀轨与实体仿真等，如图 6-60 所示。图中标号①为刀路三维视图，标号②为刀路俯视图，标号③为刀路模拟中途截图，标号④为实体仿真切削前状态，标号⑤为实体仿真切削中途状态，标号⑥为实体仿真切削结束状态。

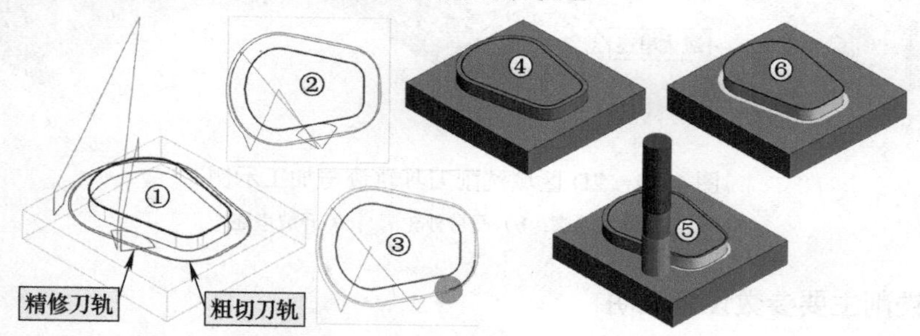

图 6-60　生成刀轨、路径模拟与实体仿真

示例 1：图 6-53c 所示动态外形铣削挖槽内轮廓的加工。将例 6-6 中的挖槽内轮廓动态铣削示例的壁边预留量修改为 3mm，作为本示例的毛坯模型，接着开始本示例动态外形铣削加工。与例 6-8 不同的设置选项有，刀具选项中 ϕ12mm 平底刀，修改刀具号、刀长补正和半径补正号为 2；切削参数选项中步进量 15%，最小刀路半径 10%。

示例 2：图 6-53b 所示动态外形铣削开放串连曲线侧壁动态外形铣削加工。将例 6-6 中的开放串连轮廓动态铣削模型的壁边预留量修改为 3mm，作为本示例的毛坯模型，接着开始本示例动态外形铣削加工。与例 6-8 不同的设置选项有，切削参数选项中步进量 10%，最小刀路半径 50%。

注意

读者也可尝试参照例 6-8 的方式创建模型加工面偏置 3mm 加工余量的毛坯模型，合并后指定其为毛坯，进行外形动态铣削加工。另外，还可尝试将图 6-58 所示的毛坯实体模型另存为 *.stl 格式文件，然后尝试练习用“文件”方式调用 STL 格式的毛坯文件进行毛坯的设置。通过这些毛坯的创建，也许会形成您对毛坯创建的新认识与习惯。还可以基于“铣床刀路→毛坯→毛坯模型→导出为 STL”功能按键，将加工前道工序的加工结果作为后道工序的毛坯，见参考文献 [2] 第 200、201 页。

6.3.3 区域铣削加工

“区域”铣削▣是一种粗铣为主的刀路，特别适合于挖槽粗铣加工，如图 6-61a 所示，其刀具路径与 2D 挖槽相比的主要不同是切削在转折处增加了部分圆弧刀轨的过渡，提高了高速切削的稳定性，因此，Mastercam 将其归类为 2D 高速铣削类。由于其刀路类型选项部分的设置参数与动态铣削类似，因此其也可用于凸台外轮廓粗铣加工（见图 6-61b）以及开放串连开放区域的加工（见图 6-61c），但其刀轨提刀以及快速移动的刀轨转折较多，建议加工的进给速度不宜取得太大。

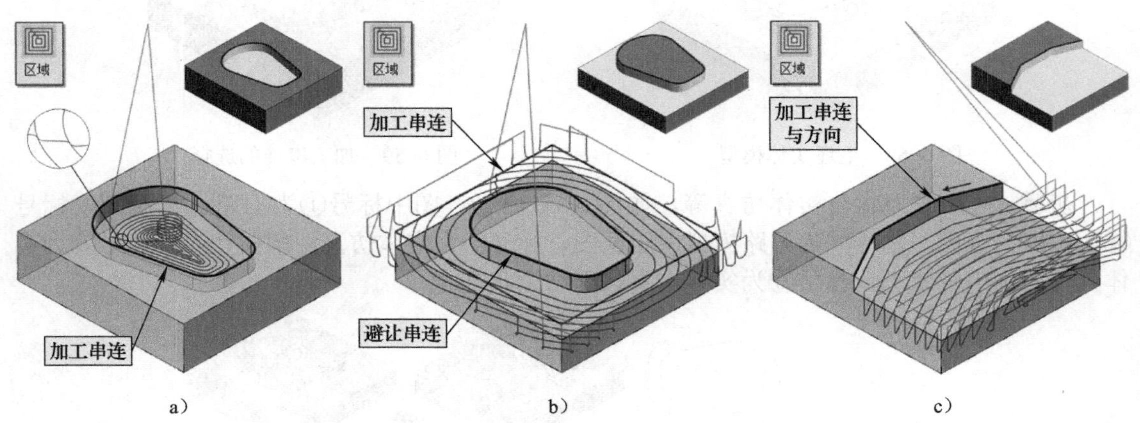

图 6-61 2D 区域铣削刀具轨迹与加工示例

a）挖槽内轮廓 b）凸台外轮廓 c）开放串连

1. 区域铣削主要参数设置说明

“区域”铣削参数设置主要集中在“2D 高速刀路 - 区域”对话框中，其串连选择、刀具的创建、贯通、共同参数与参考点等的设置操作与前述介绍基本相同。

（1）串连曲线的选择 图 6-61a、c 中的加工串连的选择要求同动态铣削加工。图 6-61b 所示的凸台轮廓选择外轮廓作为加工串连，内轮廓作为避让串连避开内轮廓曲线内部的加工。

（2）“刀路类型”选项 与图 6-47 所示动态铣削基本相同，仅刀路类型中的选中项为“区域”刀路类型▣。

（3）“刀具”选项 与前述介绍基本相同。图 6-61a 为 ϕ12mm 平底刀，图 6-61b、c 为 ϕ16mm 平底刀。

（4）“切削参数”选项 其设置如图 6-62 所示。

（5）“轴向分层切削”选项 用于深度较大，需要深度分层加工的场合，此处未设置。

（6）“摆线方式”选项 其设置如图 6-63 所示。摆线刀路可使侧吃刀量尽可能均匀，有效保证切削力的平稳，是高速铣削加工常见的刀轨。摆线方式选项默认是关闭的，图 6-63 中显示了该选项开启前后的刀路俯视图，开启后在转折处出现了大量的摆线刀轨，读者可通过路径模拟体会其作用。注意：光标激活各参数时右侧图解会以红色显示该参数的含义。

（7）“进刀方式”选项 实质是下刀切入的方式，其设置如图 6-64 所示，有斜插进刀与螺旋进刀两种。螺旋进刀半径设置建议不大于刀具半径。

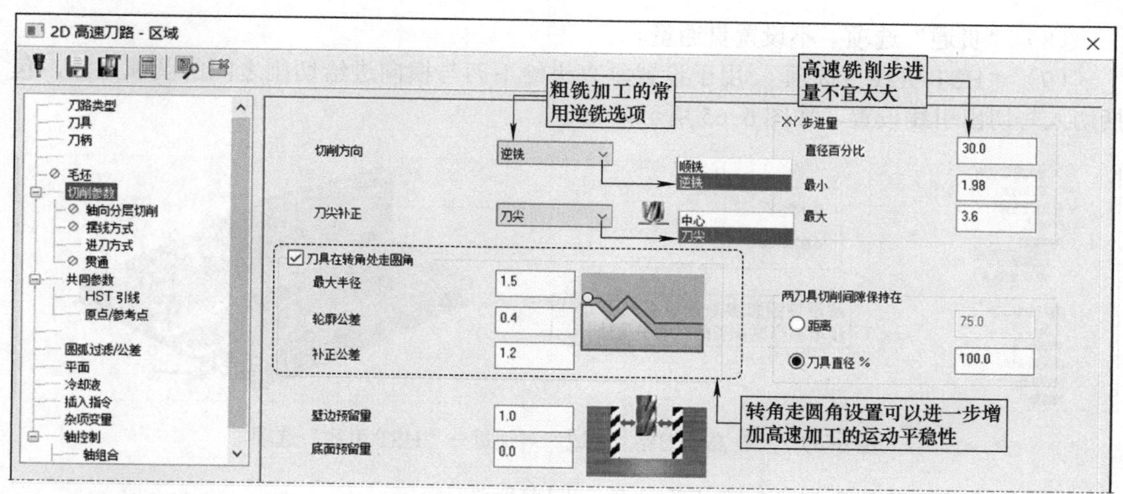

图 6-62　“2D 高速刀路 - 区域”对话框→“切削参数”选项

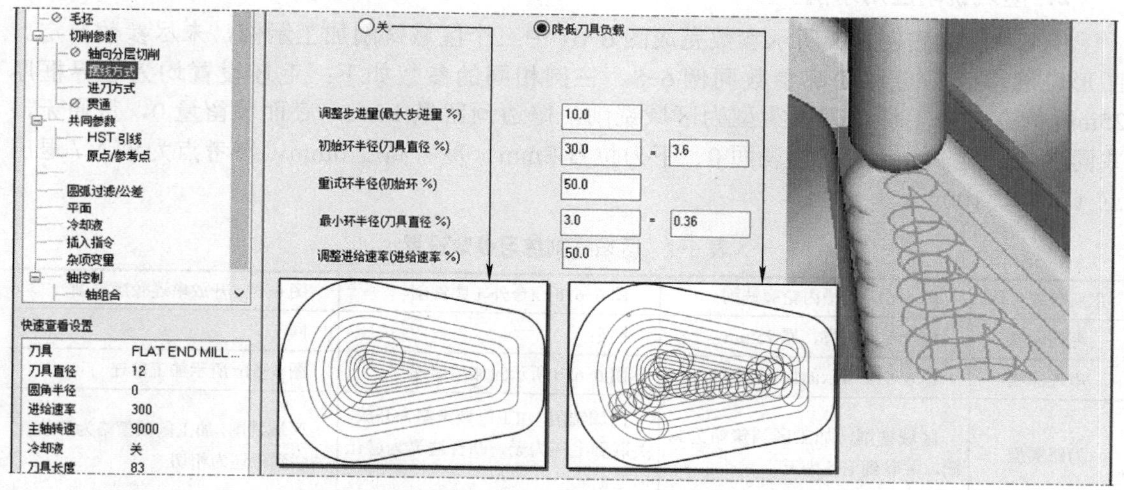

图 6-63　“2D 高速刀路 - 区域”对话框→“摆线方式”选项

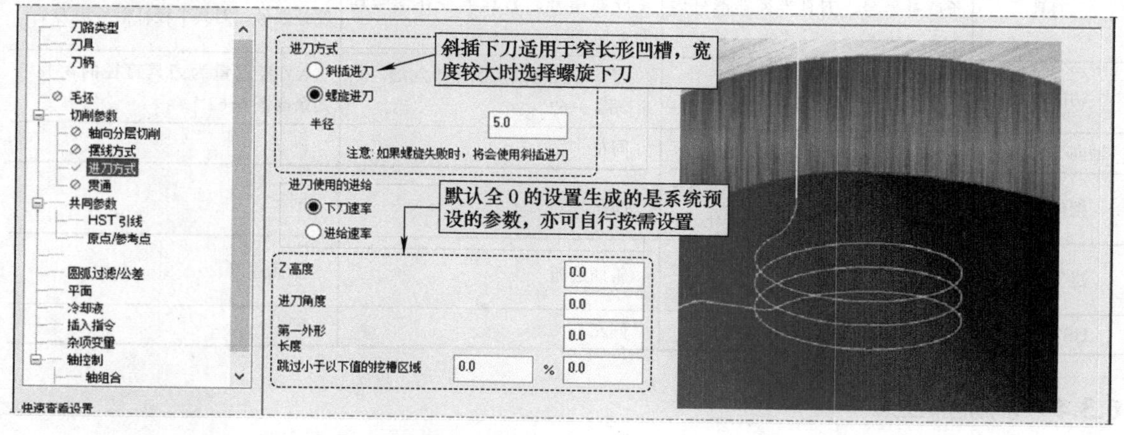

图 6-64　“2D 高速刀路 - 区域”对话框→“进刀方式”选项

（8）“贯通”选项　不设置贯通量。

（9）“HST 引线”选项　用于设置垂直进给下刀与横向进给切削之间的圆弧过渡，包括切入与切出引线设置，如图 6-65 所示。

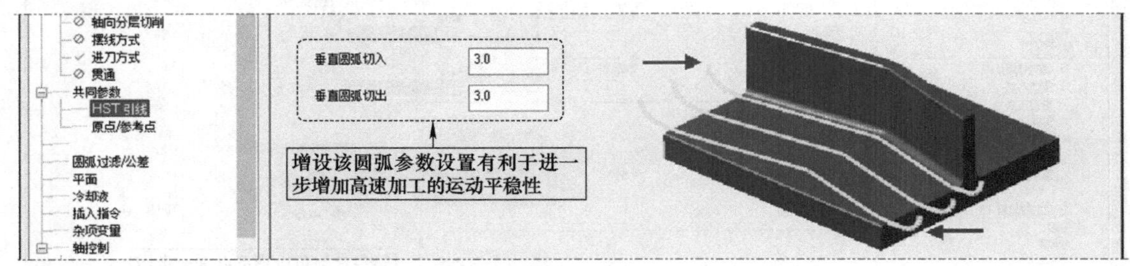

图 6-65 “2D 高速刀路 - 区域”对话框→“HST 引线”选项

（10）“共同参数”与“参考点”选项　同前所述。

2．区域铣削应用示例

例 6-9：试按表 6-2 所示参数完成图 6-61 中三个区域铣削加工示例，未尽参数自定。图形轮廓串连与毛坯轮廓参数同例 6-8。三例相同的参数如下：毛坯设置均为边界框厚 25mm 的立方体毛坯，刀具类型为区域铣削，壁边预留量 1mm，底面预留量 0，贯通无，共同参数深度 -8mm、工件表面 0、下刀位置 3mm、参考高度 6mm，参考点为进入 / 退出点（0，0，100）。

表 6-2　区域铣削练习参数设置

主要参数名称	图 6-61a 挖槽内轮廓铣削	图 6-61b 凸台外轮廓铣削	图 6-61c 开放串连轮廓铣削
毛坯设置	包含毛坯边界，厚 25mm	同左	同左
串连曲线	图 6-61a 所示的加工串连	图 6-61b 所示的加工串连	图 6-61c 所示加工串连
刀路类型	区域铣削，加工区域策略为封闭，关联到毛坯为无	区域铣削，加工区域策略为开放，关联到毛坯为无，凸台边界为避让串连曲线	区域铣削，加工区域策略为开放，关联到毛坯为相切
刀具	ϕ12mm 平底刀，刀具号、刀具长度补偿号、刀具半径补偿号均为 2	ϕ16mm 平底刀，刀具号、刀具长度补偿号、刀具半径补偿号均为 1	ϕ16mm 平底刀，刀具号、刀具长度补偿号、刀具半径补偿号均为 1
切削参数	参数设置参见图 6-62	刀具在转角处走圆角不勾选，其余同图 6-62	XY 步进量为刀具直径的 45%，其余同图 6-62
轴向分层切削	无（可自行尝试分层切削）	同左	同左
摆线方式	关（可尝试图 6-63 中降低刀具负载参数设置，观察刀轨变化）	同左	同左
进刀方式	螺旋进刀（可尝试斜插进刀，观察进刀刀路变化情况）	斜插进刀	斜插进刀
HST 引线	垂直圆弧切入 / 切出均为 3	同左	同左

6.3.4　剥铣加工

“剥铣”加工是以摆线刀路加工凹槽的一种专用高速加工刀轨，其还配有精修刀轨，可一次性完成粗、精铣槽的加工，如图 6-66 所示。剥铣加工凹槽的两条加工串连曲线不能封闭，必要时可采用部分串连的方式选择加工串连。图 6-66a 所示是典型的剥铣加工示例，其定义凹槽的串连曲线有两根；图 6-66b 阶梯面本身只有一根串连曲线，但可通过轮廓边线偏置大于壁边预留量的距离构建一根辅助曲线，从而满足剥铣加工曲线的要求，实现开放凹槽的剥铣加工。

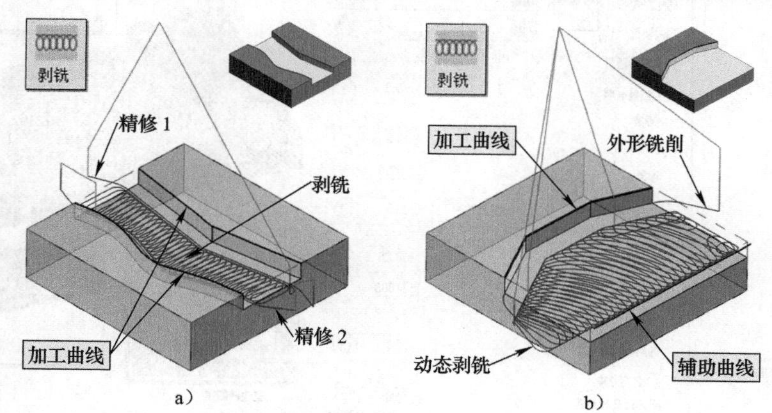

图 6-66　剥铣加工刀具轨迹与加工示例

a）凹槽剥铣　b）开放凹槽剥铣

1. 剥铣加工主要参数设置说明

“剥铣”加工参数设置主要集中在“2D 高速刀路 - 剥铣”对话框中，其刀具的创建、贯通、共同参数与参考点等的设置操作与前述介绍基本相同。

（1）串连曲线的选择　如图 6-66 中的加工曲线和辅助曲线，在选择时要求串连方向相同，同时注意串连方向决定了剥铣的进入方向。

（2）“刀路类型”选项　其设置如图 6-67 所示，与动态外形铣削相似，仅加工范围的串连信息与编辑按键有效，下面的加工区域策略、关联到毛坯和避让范围、空切区域、控制区域等选项均不可用。

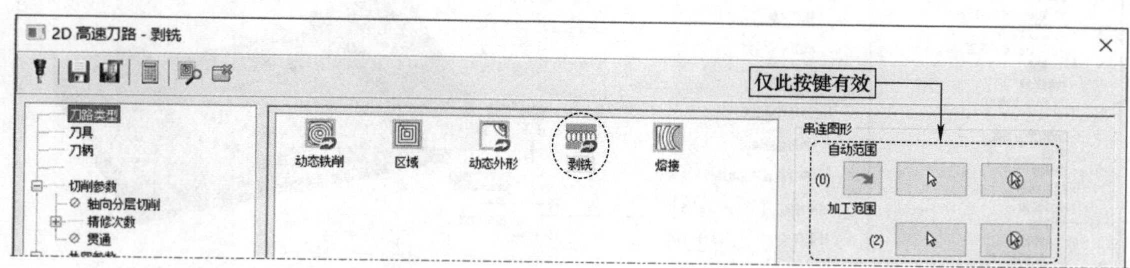

图 6-67　“2D 高速刀路 - 剥铣”对话框→“刀路类型”选项

（3）“刀具”选项　与前述介绍基本相同。图 6-66a 为 ϕ12mm 平底刀，图 6-66b 为 ϕ16mm 平底刀。

（4）“切削参数”选项　其设置如图 6-68 所示。切削类型中的动态剥铣更适合高速铣削。粗铣时切削方向一般选逆铣。高速铣削的步进量不宜太大，切削类型为剥铣时最小刀路半径必须大于步进量。注意：当光标激活某参数文本框时，右侧图解会相应变化，以红色显示，如图中文本框与图解的对应数字处。

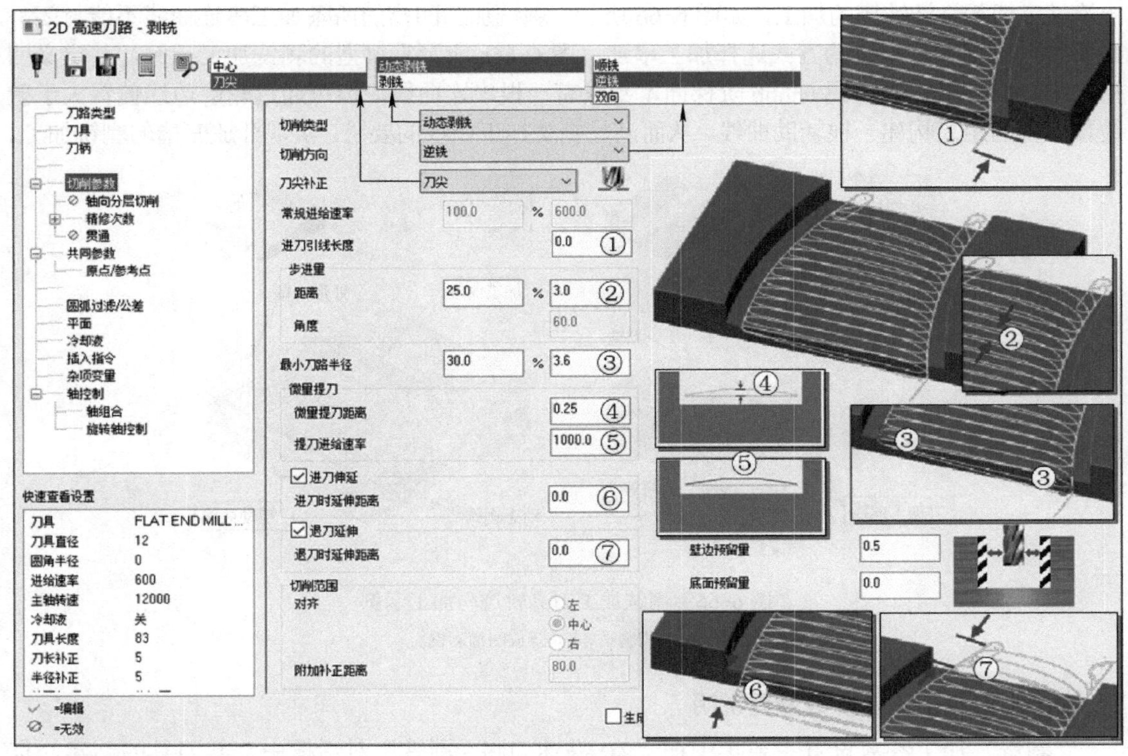

图 6-68 “2D 高速刀路 - 剥铣”对话框→“切削参数”选项

（5）“轴向分层切削”选项　用于深度较大，需要深度分层加工的场合，用法与前述相同。

（6）“精修次数”选项　其设置如图 6-69 所示。精修即精铣加工，间距即精加工余量，一般取 0.5 ～ 1.0mm，精铣加工切削方向一般选顺铣，补正方式采用控制器补正可较好地控制加工精度。另外，精铣加工时的转速高于粗铣，进给量小于粗铣。

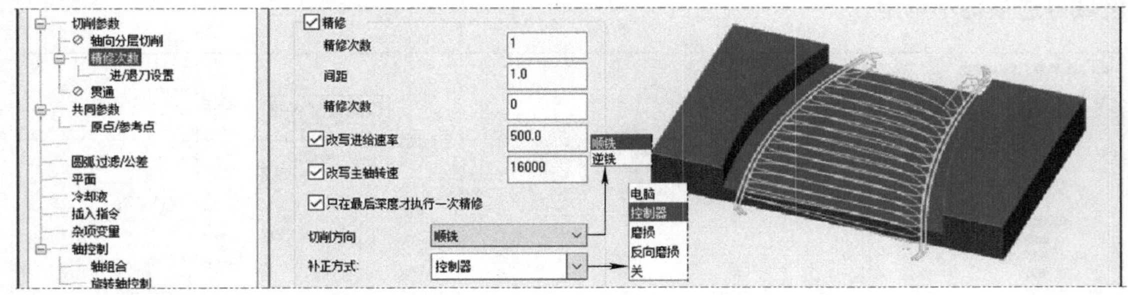

图 6-69 “2D 高速刀路 - 剥铣”对话框→“精修次数”选项

（7）“进 / 退刀设置”选项　设置方法同前。精铣加工，控制器补正时必须设置此选项。图 6-66a 中刀路的扫描角度设置为 30°，其余为默认设置。

（8）“贯通”选项　同前所述。

（9）“共同参数”与“参考点”选项　同前所述。

2．剥铣加工例题与示例

例 6-10：图 6-70 所示为一槽宽 12mm、深度 5mm 的 S 曲线槽，拟用剥铣方式加工。

操作步骤如下：

步骤 1：加工模型的准备（见图 6-70）。首先，准备好加工模型与毛坯模型，毛坯模型与加工模型不要建立在同一个图层上；其次，打开加工模型，提取出加工曲线，并将圆弧处中点打断。第三，执行“文件→合并”命令，导入毛坯模型。

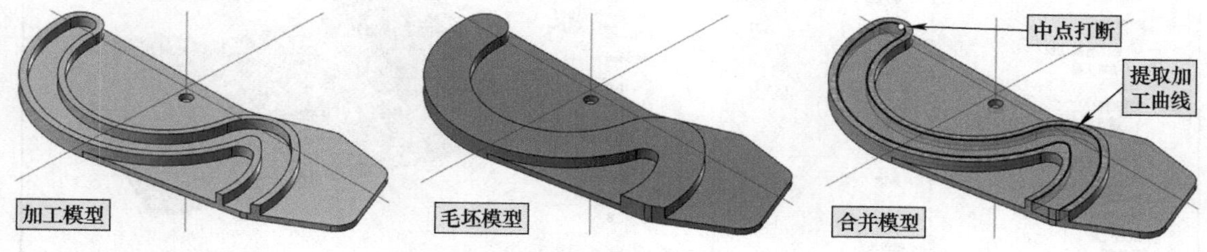

图 6-70　加工模型的准备

步骤 2：进入铣床模块，在默认加载的加工群组（机床群组 -1）中，单击“毛坯设置”选项 毛坯设置，在弹出的“机器群组属性”对话框“毛坯设置”选项卡中，应用“实体 / 网格”方式建立毛坯模型。建立后可在“层别”管理器中隐藏毛坯模型。

步骤 3：单击“铣床刀路→ 2D →铣削→剥铣”功能按键，创建一个“2D 高速刀路”操作，会弹出“2D 高速刀路 - 剥铣”对话框。以下是对话框主要参数的设置。

1）串连曲线的选择。在“线框串联”对话框中，应用“线框”模式、“部分串连”方式按图 6-71 所示依次选择串连曲线 1 和串连曲线 2。

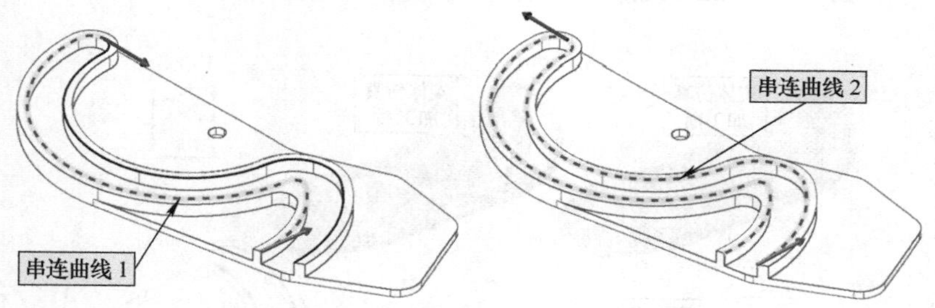

图 6-71　串连曲线的选择

2）“刀路类型”选项。确认为“剥铣”。

3）“刀具”选项。从刀库中创建一把 ϕ8mm 平底刀，修改刀具号、刀长补正和半径补正号为 1，设置进给速率 600mm/min、主轴转速 6000r/min、下刀速率 300 mm/min。

4）“切削参数”选项。按图 6-72 进行设置。注意这里将剥铣作为粗铣加工，所以壁边预留量大于零。

5）“轴向分层切削”“精修”“贯通”等选项。由于槽不深，因此不分层加工；由于两串连曲线中点相交，无法设置退刀段刀轨，所以拟后续采用外形铣削，以控制器补正方式精铣；“贯通”不设置。

6）“共同参数”和“参考点”选项。共同参数是深度 -5mm、工件表面 0、下刀位置 3mm、参考高度 6mm，参考点是进入 / 退出点（0，0，100）。

步骤 4：“外形”铣削方式，控制器补正，顺铣加工，创建一个槽侧壁精铣加工操作，其加工余量为 0。过程略。

步骤 5：生成刀轨，实体仿真，如图 6-73 所示。

步骤 6：后置处理，输出加工程序，略。

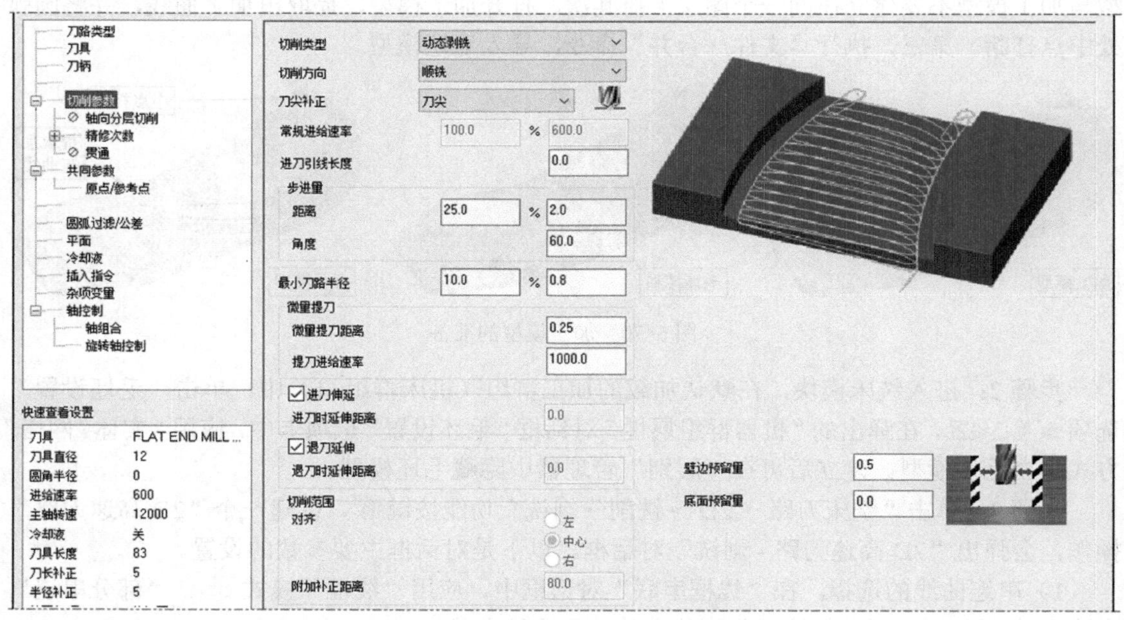

图 6-72 “2D 高速刀路 - 剥铣”对话框→“切削参数”选项设置

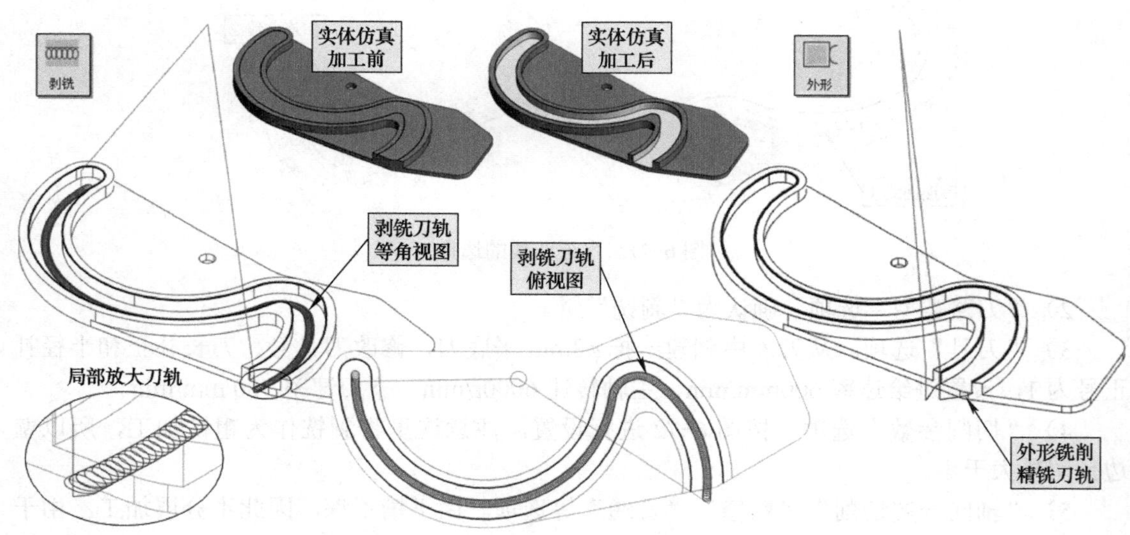

图 6-73 刀具轨迹与实体仿真

示例 1：完成图 6-66a 所示凹槽剥铣加工编程。要求用剥铣操作完成轮廓的粗、精铣加工，精铣加工用控制器补正，顺铣加工。毛坯模型边界框厚度 25mm，两条槽边界分别为样条曲线和两段直线，槽宽大约 35mm 左右，槽深 8mm，其余参数自定。刀具为 ϕ12mm 平底刀，切削类型选剥铣，步进量为刀具直径的 25%，最小刀路半径为刀具直径的 30%，精修一次，余量 0.5mm，其余参数自定。

示例 2：完成图 6-66b 所示开放凹槽剥铣加工编程。加工模型参见例 6-6c。要求动态剥铣粗切，外形铣削精铣轮廓，控制器补正。刀具为 ϕ16mm 平底刀，切削类型选动态剥铣，步进量为刀具直径的 25%，最小刀路半径为刀具直径的 10%，不精修。外形铣削精铣轮廓，控制器补正，顺铣加工，其余参数自定。

6.3.5 熔接铣削加工

“熔接”铣削是基于熔接原理在两条边界串连曲线之间按截断方向或引导方向生成均匀过渡的刀具轨迹加工，如图 6-74 所示，在图 6-74b 中可见靠近两边边界的刀轨形状与边界形状接近，中间为逐渐过渡的刀具轨迹。若将开放凹槽的毛坯边构建一条虚拟的边界曲线，则同样可生成熔接刀轨，如图 6-75a 所示为引导线方向熔接铣削刀轨示例。熔接铣削加工的边界曲线亦可以是封闭串连曲线，因此可用于凸台外廓铣削加工，如图 6-75b 所示。

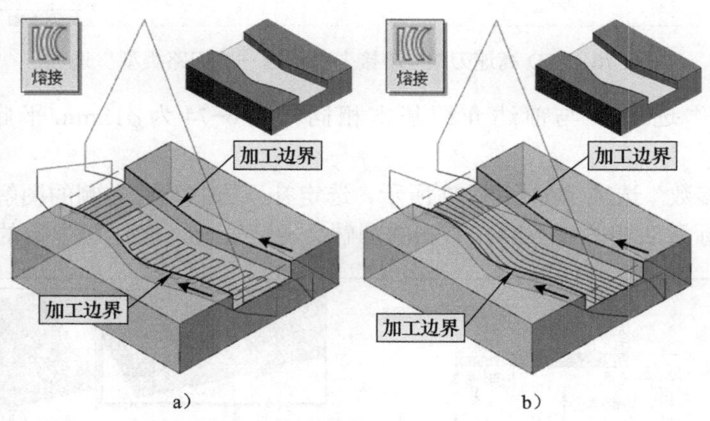

图 6-74 熔接铣削加工刀具轨迹与加工示例

a）截断方向刀轨 b）引导方向刀轨

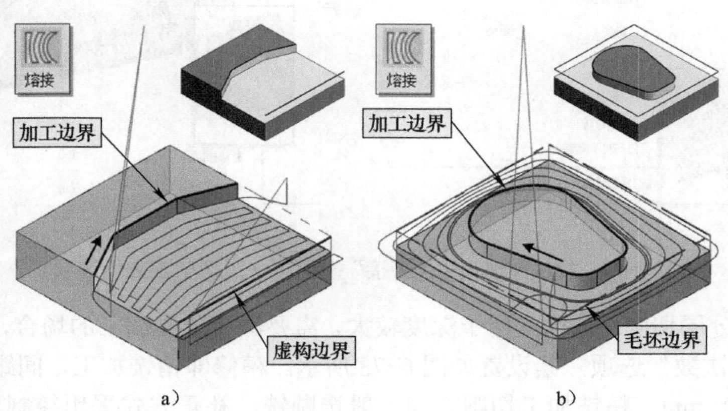

图 6-75 开放凹槽与凸台外廓刀具轨迹与示例

a）开放凹槽 b）凸台外廓

1．熔接铣削加工主要参数设置说明

“熔接”铣削加工参数设置主要集中在“2D 高速刀路 - 熔接”对话框中，其刀具的创建、贯通、共同参数与参考点等的设置操作与前述介绍基本相同。

（1）串连曲线的选择　选择时要求串连方向相同，起点尽可能一致，串连方向决定了铣削加工的进给方向。

（2）“刀路类型”选项　其设置如图 6-76 所示，与剥铣加工相同，仅加工范围的串连信息与编辑按键有效。

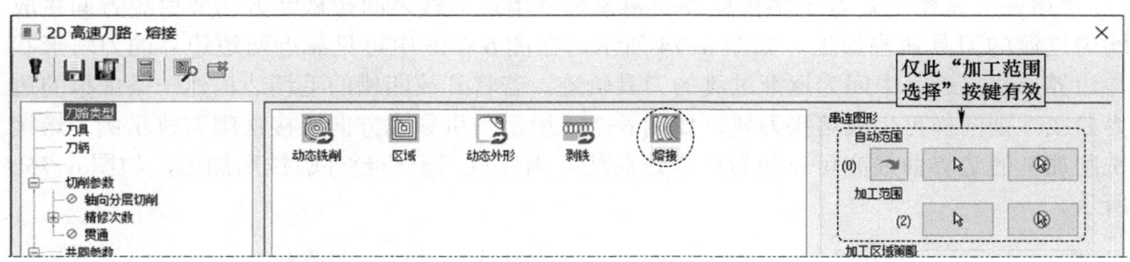

图 6-76 “2D 高速刀路 - 熔接”对话框→“刀路类型”选项

（3）“刀具”选项　与前述介绍基本相同。图 6-74 为 ϕ12mm 平底刀，图 6-75 为 ϕ16mm 平底刀。

（4）“切削参数”选项　如图 6-77 所示，选定补正方式后，右侧的图解会相应变化（图中未示出），光标激活相关参数时，右侧的图解会相应变化，表达出参数的含义。

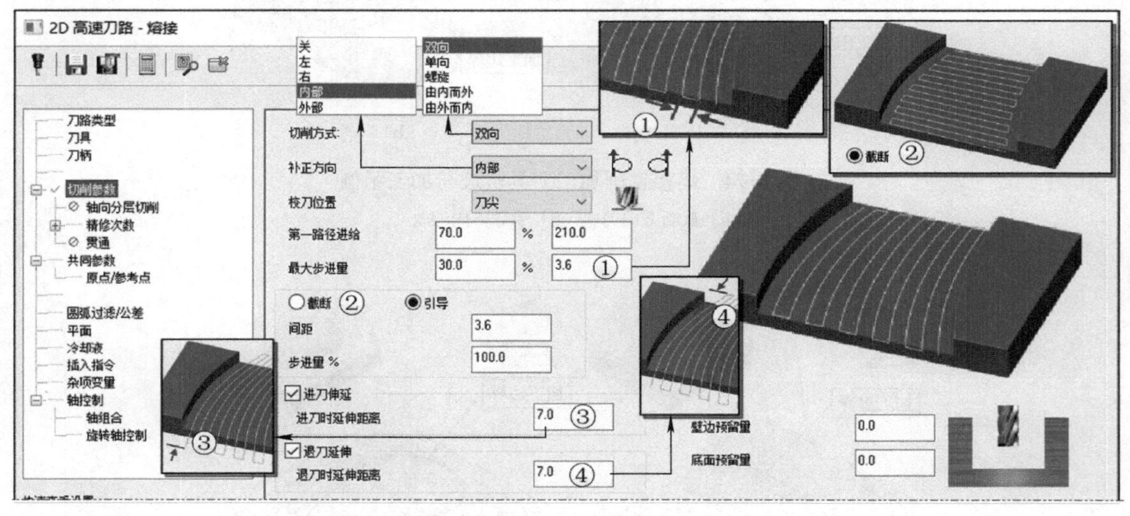

图 6-77 “2D 高速刀路 - 熔接”对话框→“切削参数”选项

（5）“轴向分层切削”选项　用于深度较大，需要深度分层加工的场合，设置方法同前。

（6）“精修次数”选项　其设置如图 6-78 所示。精修即精铣加工，间距即精加工余量，一般取 0.5 ～ 1.0 mm，精铣加工切削方向一般选顺铣，补正方式采用控制器补正可较好地控制加工精度。另外，精铣加工时的转速高于粗铣，进给量小于粗铣。

（7）“进 / 退刀设置”选项　设置方法同前。精铣加工，控制器补正时必须设置此选项。

图 6-74 中的扫描角度设置为 30°，其余为默认设置。

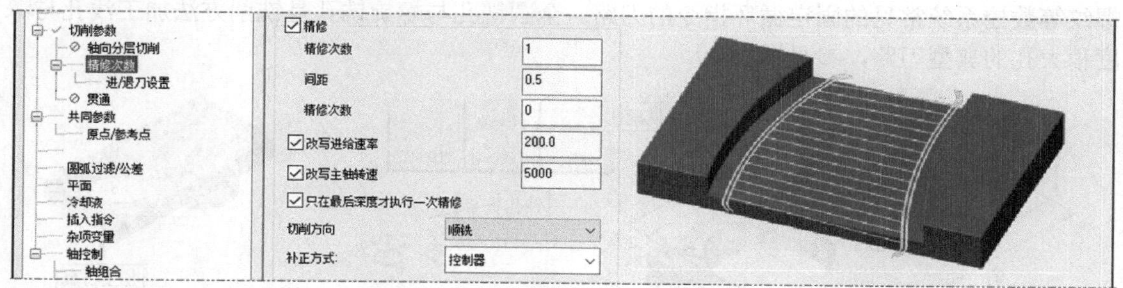

图 6-78 “2D 高速刀路 - 熔接”对话框→“精修次数”选项

（8）“贯通”选项　同前所述。

（9）“共同参数”与“参考点”选项　同前所述。

2．熔接铣削应用示例

例 6-11：试按表 6-3 所示参数完成图 6-74 与图 6-75 所示四个熔接铣削加工示例，未尽参数自定。图中毛坯外廓尺寸均为 95mm×90mm×25mm，加工边界曲线及方向见图。刀路类型为“熔接”铣削，进 / 退刀参数仅修改扫描角度为 30°，其余默认，共同参数深度 −8mm、工件表面 0、下刀位置 3mm、参考高度 6mm，参考点为进入 / 退出点（0，0，100）。

表 6-3　熔接铣削练习参数设置

主要参数名称	图 6-74a、b 通槽熔接铣削	图 6-75a 开放凹槽熔接铣削	图 6-75b 凸台外廓熔接铣削
毛坯设置	毛坯边界，厚 25mm	同左	同左
串连曲线	曲线串连及方向参见图 6-73 中的两根加工边界	曲线串连及方向参见图 6-74a 中的加工边界与虚构边界	曲线串连及方向参见图 6-74b 中的加工边界与毛坯边界
刀路类型	熔接	熔接	熔接
刀具	ϕ12mm 平底刀，刀具号、刀具长度补偿号、刀具半径补偿号均为 2，进给率为 300mm/r，主轴转速为 4000r/min	ϕ16mm 平底刀，刀具号、刀具长度补偿号、刀具半径补偿号均为 1，进给率为 300mm/r，主轴转速为 3500r/min	ϕ16mm 平底刀，刀具号、刀具长度补偿号、刀具半径补偿号均为 1，进给率为 300mm/r，主轴转速为 3500r/min
切削参数	顺铣，双向切削，内部补正，最大步进量为 30%，图 6-74a 为截断，图 6-74b 为引导，间距为 3.6mm，进刀与退刀延伸不勾选，壁边与底面预留量为 0	顺铣，双向切削，内部补正，最大步进量为 50%，引导选项，间距为 6.0mm，进刀与退刀延伸不勾选，壁边与底面预留量为 0	顺铣，双向切削，内部补正，最大步进量为 50%，引导选项，间距为 4.8mm，进刀与退刀延伸不勾选，壁边与底面预留量为 0
轴向分层切削	无	无	无
精修次数	精修 1 次，间距为 0.5mm，精修进给率为 200mm/r，主轴转速为 6000r/min，顺铣，控制器补正	精修 1 次，间距为 1mm，精修进给率为 200mm/r，主轴转速为 5000r/min，顺铣，控制器补正	精修 1 次，间距为 1mm，精修进给率为 200mm/r，主轴转速为 5000r/min，顺铣，控制器补正
进 / 退刀设置	扫描角度 30° 其余默认	扫描角度 45° 其余默认	默认

6.4　孔加工编程

对于孔加工编程，这里主要介绍钻孔、全圆铣孔和螺旋铣孔三个典型的数控加工刀路。

钻孔加工属定尺寸刀具加工，Mastercam 软件在钻孔加工刀路中集成了钻、铰、锪、镗、攻螺纹等数控系统常见的固定循环指令的刀路。全圆铣孔与螺旋铣孔是铣削方法加工浅孔与深度稍大孔的典型刀路，参见图 6-79。

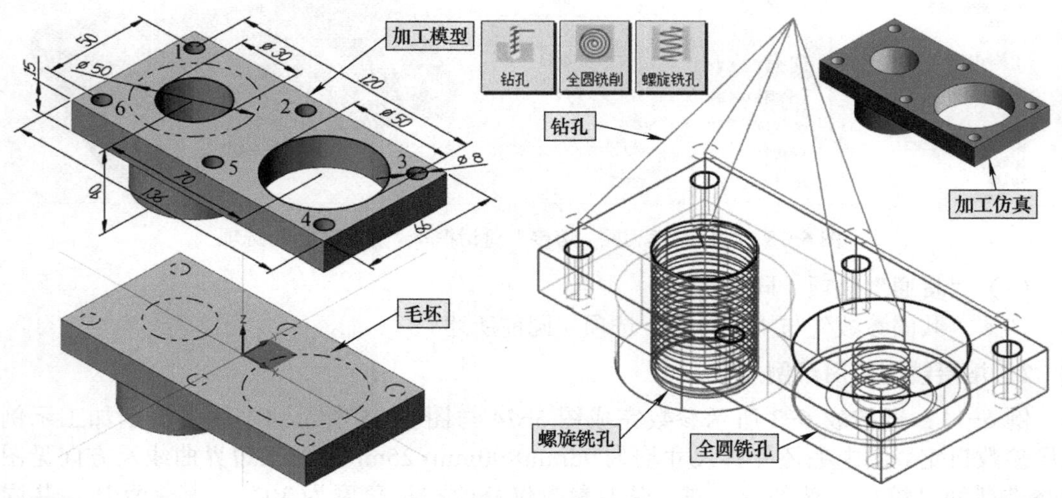

图 6-79　孔加工综合练习示例模型与刀轨参考

为集中介绍，三种加工刀路拟采用一个综合的模型示例（见图 6-79）集中练习，要求工件坐标系建立在长方体上表面几何中心。读者首先按加工模型参数创建实体模型，同时创建一个不包含待加工孔的毛坯模型，并将该毛坯模型“合并”至加工模型中。然后进入铣削模块，在加工群组的属性选项中的“毛坯设置”中，采用“实体”方式建立毛坯。练习中的刀具选择包括 ϕ8mm 的麻花钻和 ϕ16mm 的平底铣刀（全圆与螺旋铣孔用）。

6.4.1　钻孔加工

钻孔加工功能集成在“铣床刀路”功能选项卡“2D”选项列表的“孔加工”刀路区，参见图 6-1。单击“钻孔”功能按键可进入钻孔操作。

1. 钻孔加工主要参数设置说明

单击“铣床刀路→ 2D →孔加工→钻孔”功能按键，弹出操作提示（图中未示出）和“刀路孔定义”操作管理器（见图 6-80），选择完成单击“确定”按键后，弹出“2D 刀路 - 钻孔 / 全圆铣削 深孔钻 - 无啄孔”对话框（参见图 6-83，其中“深孔钻 - 无啄孔”为默认的钻孔循环方式，编辑激活时会随着最近以一次的循环方式选择而变化），其中刀具的创建、共同参数与参考点等的设置操作与前述介绍基本相同。以下就操作管理器设置进行介绍。

（1）孔选择方式　Mastercam 提供线框与实体模型等多种孔位置的选择方法。

对于线框图，可基于视窗右侧的“圆弧图素的快速选择”按键选择圆孔，亦可基于视窗上部选择工具栏中的临时捕抓和自动捕抓功能选择圆孔。

对于实体模型，除了可直接选择实体孔，还可配合操作提示高效率地选择孔，如按操作提示“[Ctrl+ 单击] 选择所有匹配的半径实体特征”，按住 [Ctrl] 键单击某孔可选择所有直径相同的孔。

基于孔特征列表框下部的“参照圆弧”按键快速选择孔，具体操作为，单击按键激活该功能，光标拾取孔的圆弧框线作为参照，然后“窗选”或按 [Ctrl+A] 快捷键系统自动选择所有匹配的孔。

快速选择孔时会显示垂直于孔的法向柱体箭头，孔钻削方向与箭头相反，箭头的初始方向取决于选取实体特征或线框圆弧靠近的末端，也可通过单击箭头更改箭头的方向。

另外，还可基于“选择之前点”按键快速选择前一操作创建的孔；或基于“选择之前的操作”按键快速选择之前创建的刀具路径并将新操作应用于其点。

选中的孔会在孔特征列表中以“类型 + 直径”的参数列表显示，如“圆弧 n+8.0”或“实体特征 n+8.0”（n=1，2，3，…）；新选择的孔会按“插入点”选项插入列表中；孔特征列表中选定的孔可应用“上、下移动”按键调整在列表中的顺序；列表中选择孔可在图形窗口中看到黄线连接的加工顺序，起始孔用红色点标志显示，结束点用绿色点标志显示，其余点用黄色点标志显示，单击“反向排序”按键可对调起始孔与结束孔排序。

在孔列表中选择单个或多个孔，单击“修改点参数”按键，会激活“选择 > 修改点参数”管理器，可对选定的单个或多个孔单独设置相关参数，具体设置略。

在孔列表中选择单个或多个孔，单击鼠标右键，弹出的快捷菜单基本包含上述大部分按键的功能。

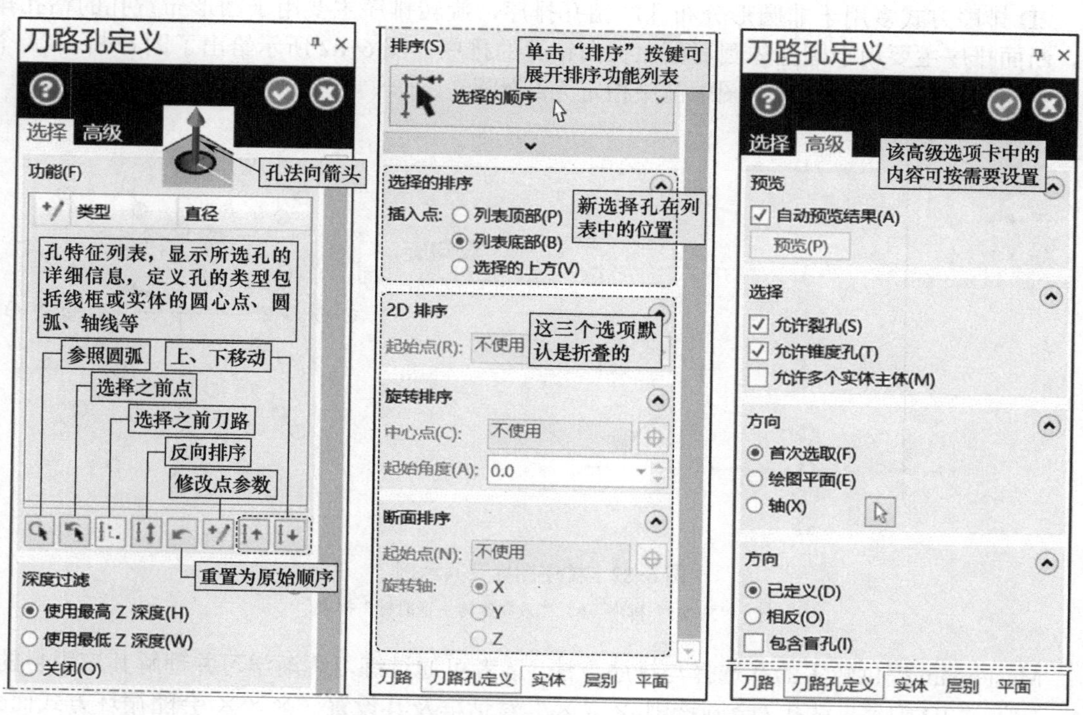

图 6-80　“刀路孔定义”操作管理器

（2）选择孔的排序　所谓排序即孔钻削加工的顺序，单击“刀路孔定义”管理器“选择”选项区的“排序”按键，可展开“排序”列表，参见图 6-81，拖动列表框右侧的滚动条可看到三组图标排序按键，如“2D 排序”“旋转排序”和“断面排序”组，每个排序图标红色十字显示起始孔，箭头表示排序方向，图标下部的坐标轴及方向进一步表达排序的顺序，也可作为排序图标按键的名称、如 2D 排序区的“X−Y+”排序。由于空间限制，部分名称包含省略号，但光标悬浮其上时会弹出完整名称，如旋转排序区的“双向旋转 + 逆时针”图标按键。

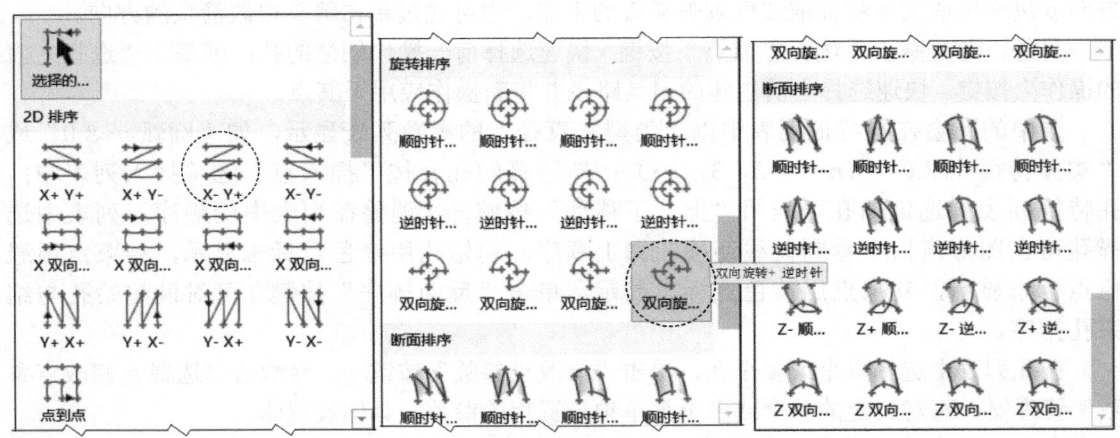

图 6-81　孔排序功能列表

2D 排序方式多用于非圆形分布孔的钻孔排序，旋转排序主要用于圆形布置孔的钻孔排序，断面排序主要用于圆柱体圆周面上径向钻孔的排序。图 6-82 所示给出了图 6-81 中两个圈出刀路的排序示例供参考，图中箭头指定为起始孔。

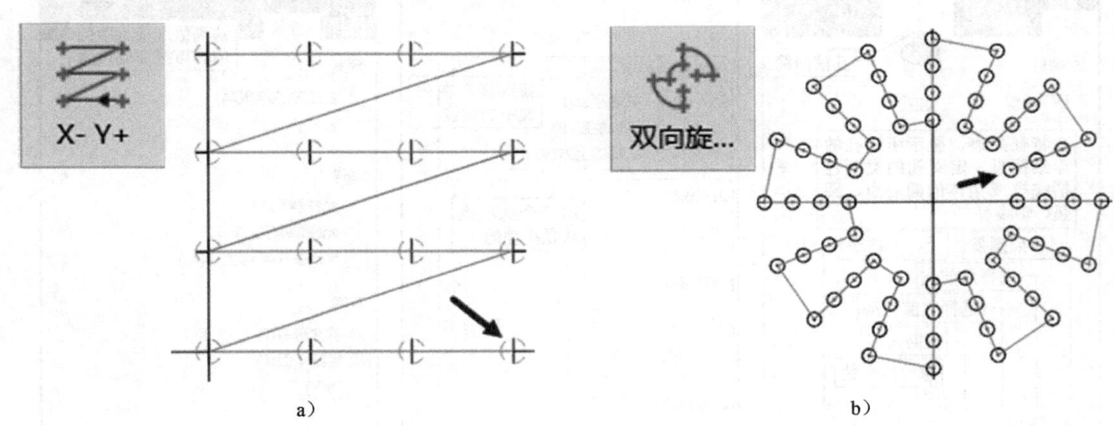

图 6-82　排序图标及其示例

a）“X−Y+”排序　b）“双向旋转 + 逆时针”排序

Mastercam 提供较多的孔选择与排序方法，读者可通过练习逐渐学习并理解其应用目的。

（3）“2D 刀路 - 钻孔 / 全圆铣削 ×××”对话框及其设置（××× 会随循环方式而变化）　单击“刀路孔定义”管理器右上角的“确定”按键，会弹出“2D 刀路 - 钻孔 / 全圆铣削 深孔钻 - 无啄孔”对话框，其主要设置如下：

1）“刀路类型”选项，如图 6-83 所示，默认“钻孔”类型有效。单击加工图形区的“选择点”按键，会激活“刀路孔定义”管理器，可再次编辑钻孔定义相关参数。

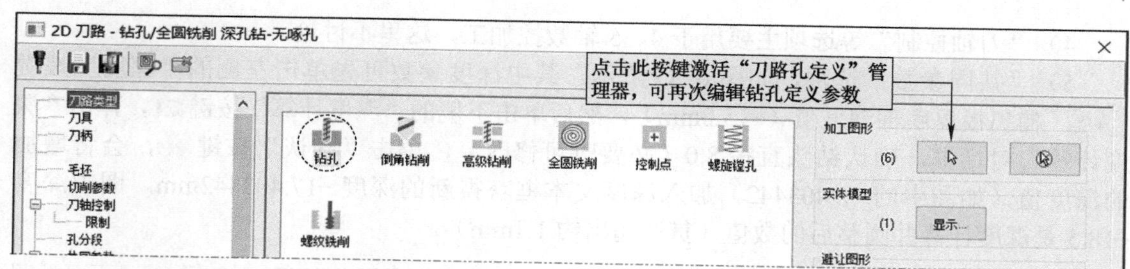

图 6-83　“2D 刀路 - 钻孔 / 全圆铣削　深孔钻 - 无啄孔”对话框→“刀路类型”选项

2）“刀具”选项，与前述介绍基本相同。此处单击右键执行快捷菜单中的“创建新刀具”命令创建一根 ϕ8mm 麻花钻。

3）“切削参数”选项，如图 6-84 所示。其循环方式下拉列表提供了 8 种预定义的钻孔循环指令和 11 种自定义的循环方式。其中 8 种预定义的钻孔循环指令选项是钻孔操作的关键，读者必须对照 FANUC 系统孔加工固定循环指令的格式学习，并注意其与自己使用的 CNC 系统指令的差异，以便于输出 NC 程序后快速手工修改。以下给出 8 种预定义的钻孔循环指令选项对应的 G 指令并简单介绍。

Drill/Counterbore：默认暂停时间为 0，输出基本钻孔指令 G81，若设置孔底暂停时间则输出 G82。

深孔啄钻（G83）：排屑式深孔钻循环指令，可更好地排屑、断屑与冷却。

断屑式（G73）：断屑式深孔钻循环指令，较好地实现断屑。

攻牙（G84）：默认主轴顺时针旋转输出指令 G84，设置主轴逆时针旋转输出指令 G74。

Bore#1（feed-out）：默认暂停时间为 0，输出指令 G85，设置时间后输出指令 G89。

Bore#2（stop spindle, rapid out）：镗孔指令 G86。

Fine Bore（shift）：镗孔指令 G76。

Rigid Tapping Cycle：输出带刚性攻螺纹 M29 的攻螺纹指令 G84/G74（主轴设置反转）。

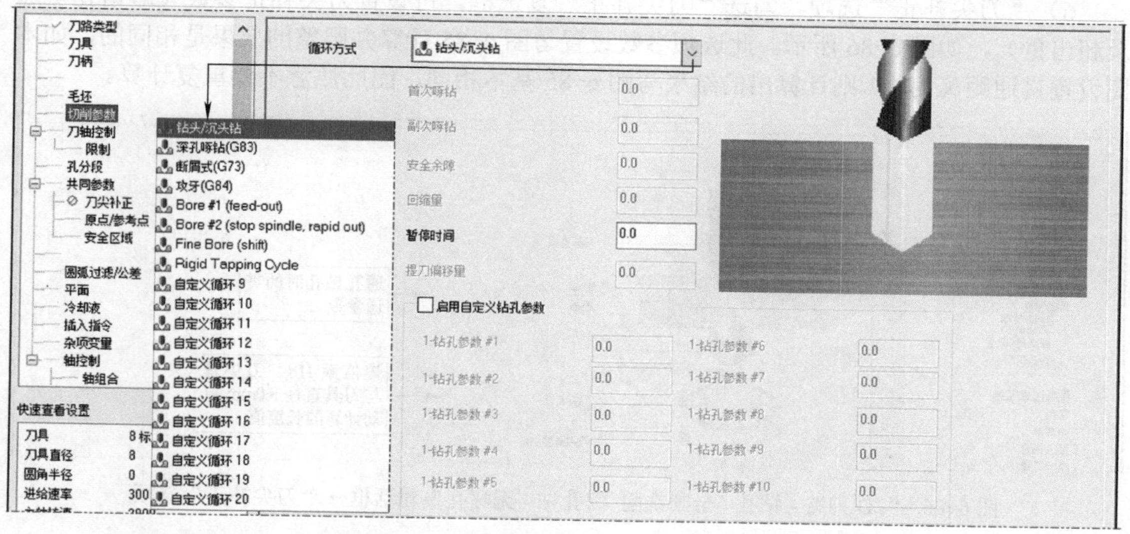

图 6-84　“2D 刀路 - 钻孔 / 全圆铣削　深孔钻 - 无啄孔”对话框→“切削参数”选项

4）“刀轴控制”等选项主要用于 4、5 轴数控加工，这里不讨论。

5）“共同参数”选项，如图 6-85 所示。其中深度参数可先单击左侧的“深度”按键 深度... 捕抓板厚底部深度值（−15.0mm），然后单击下侧的“深度计算”按键，弹出“深度计算”对话框，确认钻头直径 8.0（必要时可修改），单击“确认”按键，会将增加的深度值（如图中的 −2.403442）加入深度文本框获得新的深度 −17.403442mm。图中深度 −18.5 是深度计算并圆整后的数值（贯通超出约 1.1mm）。

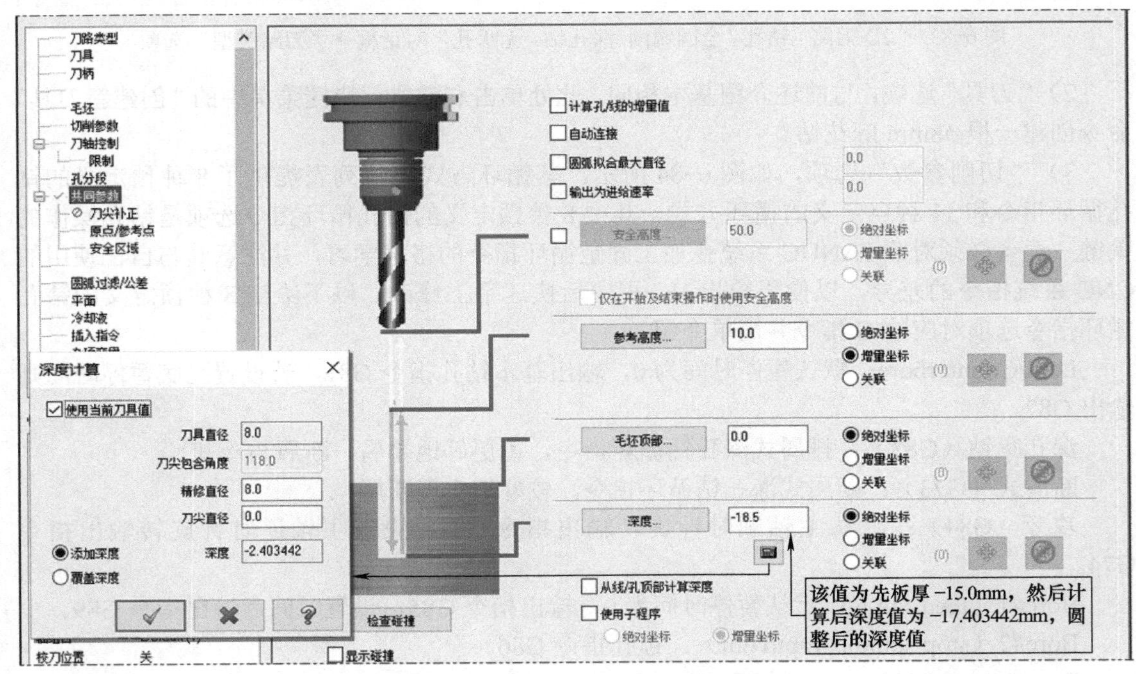

图 6-85 “2D 刀路 - 钻孔 / 全圆铣削 深孔钻 - 无啄孔”对话框→“共同参数”选项

6）“刀尖补正”选项。勾选“刀尖补正”复选框，可设置刀尖补正参数（即钻孔贯通及超出量），如图 6-86 所示。此选项参数设置与图 6-85 计算并圆整的效果是相同的，如本图设置贯通距离为 1.1 则计算出的结果与图 6-85 基本相同，因此注意不要重复计算。

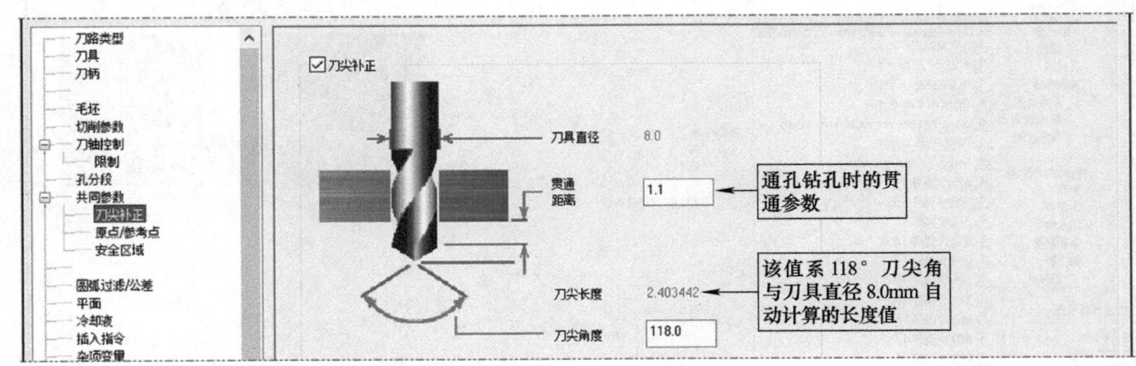

图 6-86 “2D 刀路 - 钻孔 / 全圆铣削 深孔钻 - 无啄孔”对话框→“刀尖补正”选项

7）“原点 / 参考点”选项。同前所述。

2．钻孔加工设置示例

例 6-12：完成图 6-79 所示模型中 6 个 ϕ8mm 通孔加工设置。要求钻孔顺序为数字顺序号 1 ～ 6，必要时可用排序功能。循环方式选用“Drill/Counterbore”，参考点设置（0，0，100）。刀具轨迹和实体仿真参见图 6-79。

6.4.2　全圆铣削加工

全圆铣削是基于圆弧插补指令整圆铣削，逐渐横向移动扩大至既定尺寸；对于盲孔，可启用螺旋方式下刀；对于孔精度要求稍高的圆孔，可启用半精铣与精铣工步；对于深度稍大的圆孔，可启用深度分层铣削。因此，全圆铣削加工是一种加工精度略逊于镗孔，但灵活性较大的孔加工工艺，适合长径比不大的大圆孔加工。

1．全圆铣削加工主要参数设置说明

“全圆铣削”◎加工参数设置主要集中在“2D 刀路 - 全圆铣削”对话框中，以下以图 6-78 中右侧 ϕ50mm 圆孔为例展开讨论。与前述相同部分仅简述。

（1）圆孔位置的指定　参照前述方法操作。

（2）“刀路类型”选项　与钻孔对话框基本相同，仅默认的功能按键是“全圆铣削◎”。

（3）“刀具”选项　与前述介绍基本相同。此处从刀库中选择一把 ϕ16mm 平底铣刀。

（4）“切削参数”选项　其设置如图 6-87 所示。可设置补正方式与方向、刀尖补正（即刀位点设置）、起始角度、壁边与底面预留量等。其中起始角度选项是控制圆弧切入 / 切出的位置，其余与前述基本相同。

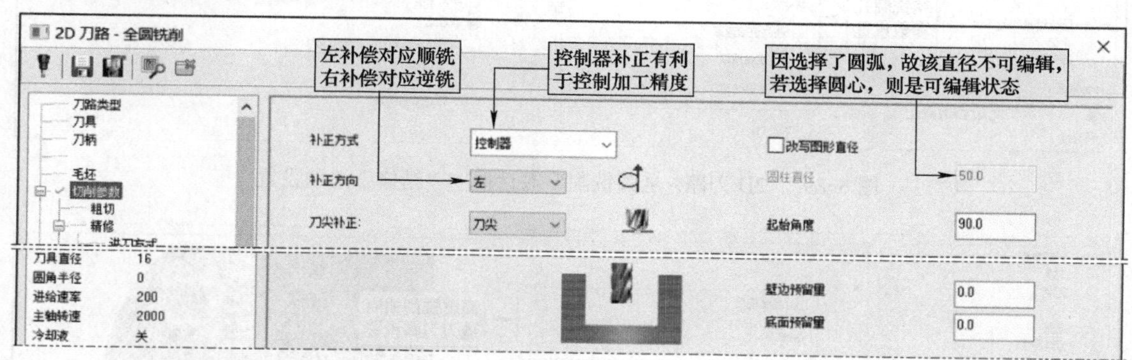

图 6-87　“2D 刀路 - 全圆铣削”对话框→“切削参数”选项设置

（5）“粗切”选项　其设置如图 6-88 所示。可设置全圆铣削的步进量（即侧吃刀量）、螺旋下刀等参数。注意：光标设置某参数时，右侧的图解会相应变化提示。

（6）“精修”选项　其设置如图 6-89 所示。可对全圆孔进行半精铣和精铣的设置。适合于精铣圆孔使用。

（7）“进刀方式”选项　其设置如图 6-90 所示。高速进刀设置适当角度可使径向尺寸扩大段刀路更为平稳。进 / 退刀设置部分主要设置精修时圆弧切线切入 / 切出部分刀轨的设置。

（8）“轴向分层切削”选项　与前述的介绍基本相同。

（9）“贯通”选项　通孔加工时刀具端面超出底面的长度，与共同参数选项卡中深度参数等存在一定的联系。设置方法与前述的介绍基本相同。

（10）“共同参数”与“原点 / 参考点”选项　同前所述。

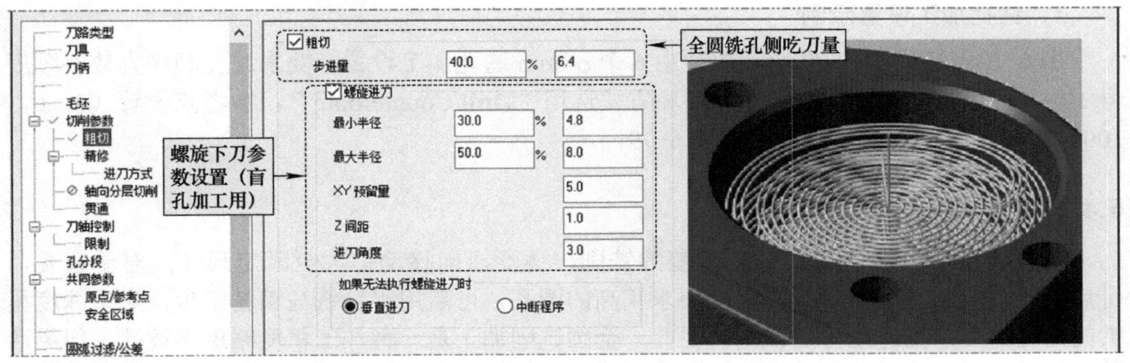

图 6-88 “2D 刀路 - 全圆铣削”对话框→“粗切”选项设置

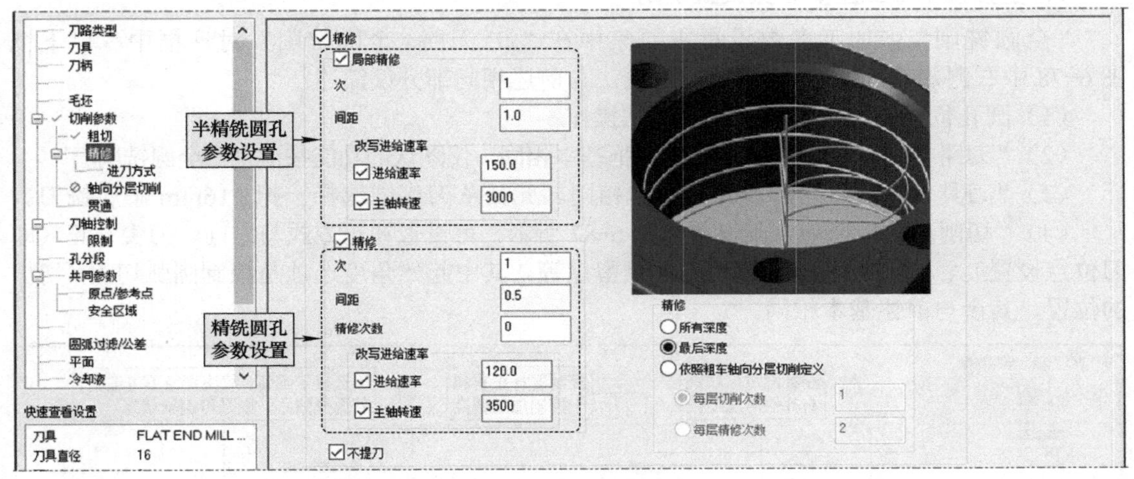

图 6-89 “2D 刀路 - 全圆铣削”对话框→“精修”选项设置

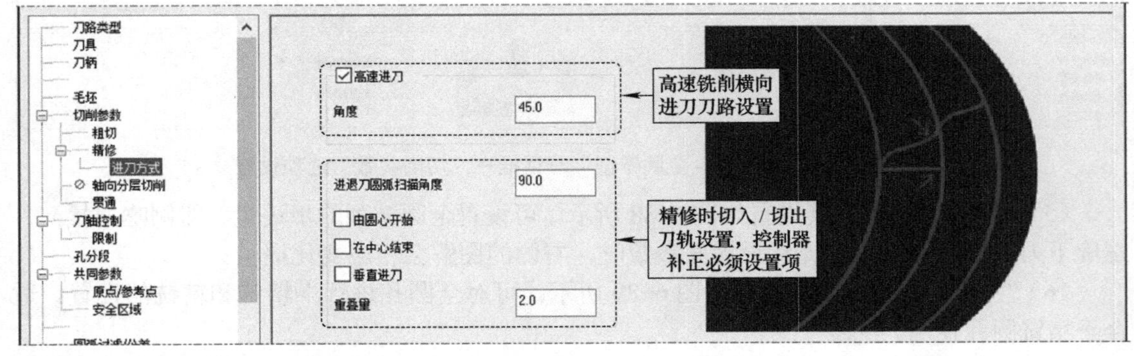

图 6-90 “2D 刀路 - 全圆铣削”对话框→“进刀方式”选项设置

2．全圆铣削加工设置示例

例 6-13：完成图 6-79 所示模型中右侧 ϕ50mm 圆通孔加工设置。要求为，顺铣加工，控制器补正，粗铣参数设置参见图 6-88，精铣参数设置见图 6-89，参考点设置（0，0，100），其余参数自定，刀具轨迹参见图 6-79。

6.4.3　螺旋铣孔加工

螺旋铣孔加工以螺旋插补指令为主，轴向螺旋切削为主铣削圆孔。通过改变粗切次数，多次螺旋铣削扩大孔径。另外，还可启动精修加工，提高孔的加工精度。螺旋铣孔加工适合于长径比较大的大圆孔加工。

1. 螺旋铣孔加工主要参数设置说明

“螺旋铣孔”加工参数设置主要集中在“2D 刀路 - 螺旋铣孔”对话框中，以下以图 6-78 中左侧 ϕ30mm 圆孔为例展开讨论。与前述相同部分仅简述。

（1）圆孔位置的指定　同钻孔位置指定方法。

（2）“刀路类型”选项　与钻孔对话框基本相同，仅默认的刀路选项是“螺旋铣孔”。

（3）“刀具”选项　与前述全圆铣削相同，共用一把 ϕ16mm 平底铣刀。

（4）“切削参数”选项　如图 6-91 所示，相关参数设置见图。

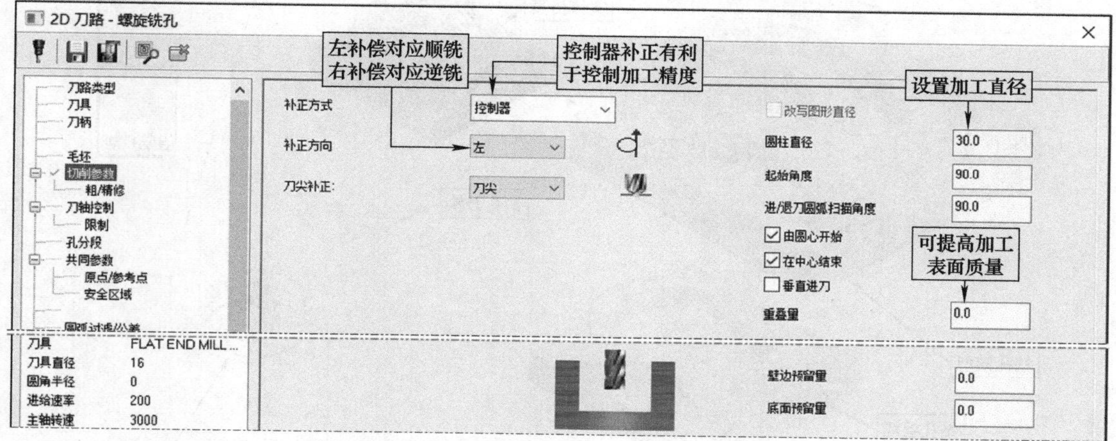

图 6-91　“2D 刀路 - 螺旋铣孔”对话框→“切削参数”选项

（5）“粗 / 精修”选项　如图 6-92 所示。可设置粗、精铣加工，其中精铣为可选项，精修选项区域中的精修方式下拉列表中的“圆形”选项结果是精铣时为整圆圆弧插补方式。注意：光标设置某参数时，右侧的样例图会相应变化提示。

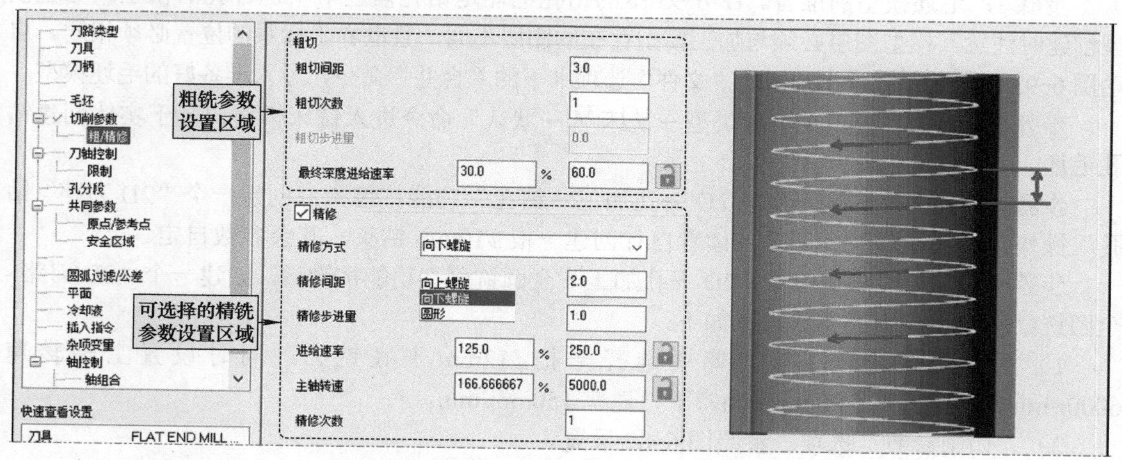

图 6-92　“2D 刀路 - 螺旋铣孔”对话框→“粗 / 精修”选项

（6）“共同参数”与“原点 / 参考点”选项　同前所述。

2. 螺旋铣孔加工设置示例

例 6-14：完成图 6-79 所示模型中 ϕ30mm 圆通孔加工设置。要求为，顺铣加工，控制器补正，切削参数设置参见图 6-91，粗 / 精铣参数设置见图 6-92，参考点设置（0，0，100），其余参数自定，刀具轨迹参见图 6-79。

6.4.4 孔加工综合举例

例 6-15：图 6-93 所示为图 2-71 中二维平面图形拉伸获得的三维实体模型，图中给出了厚度方向的尺寸及孔径参数。现不考虑孔加工精度要求，直接钻 ϕ10mm 通孔至既定尺寸，全圆铣削 ϕ30mm 通孔至既定尺寸。

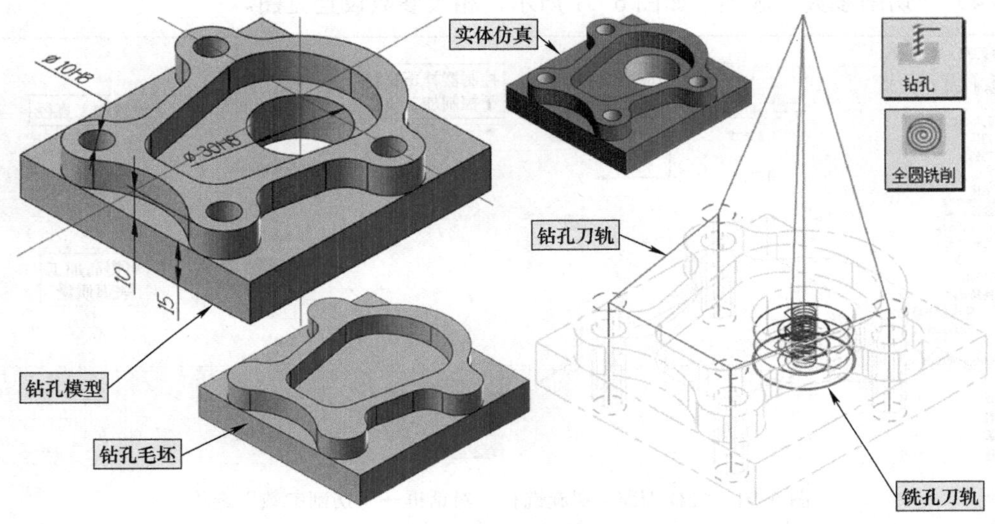

图 6-93　孔加工三维实体模型与刀路

以下是操作步骤简述。

步骤 1：毛坯模型的准备。图 6-93 中的钻孔毛坯是钻孔模型中不包含孔的模型。毛坯模型创建时注意其模型图层必须与加工模型存在的图层不同，且世界坐标系的位置必须相同。启动图 6-93 所示的钻孔模型，单击“文件”选项卡下的“合并”命令，导入准备好的毛坯模型。

步骤 2：单击“机床→机床类型→铣床▼→默认”命令进入铣床模块，基于实体创建钻孔毛坯。

步骤 3：单击“铣床刀路→ 2D →孔加工→钻孔”功能按键，创建一个“2D 刀路 - 钻孔”操作。钻孔操作较为简单，读者自行创建一根 ϕ10mm 钻头，其余参数自定。

步骤 4：单击“铣床刀路→ 2D →孔加工→全圆铣削”功能按键，创建一个“2D 刀路 - 全圆铣削”操作。主要参数设置如下：

1）“刀具”选项。从刀库中选择一把 ϕ12mm 平底铣刀，同时设置主轴转速 6000r/min，进给速率 300mm/min，下刀速率 150mm/min。

2）“切削参数”选项。参照图 6-87 设置。

3）“粗切”选项。其设置如图 6-94 所示。

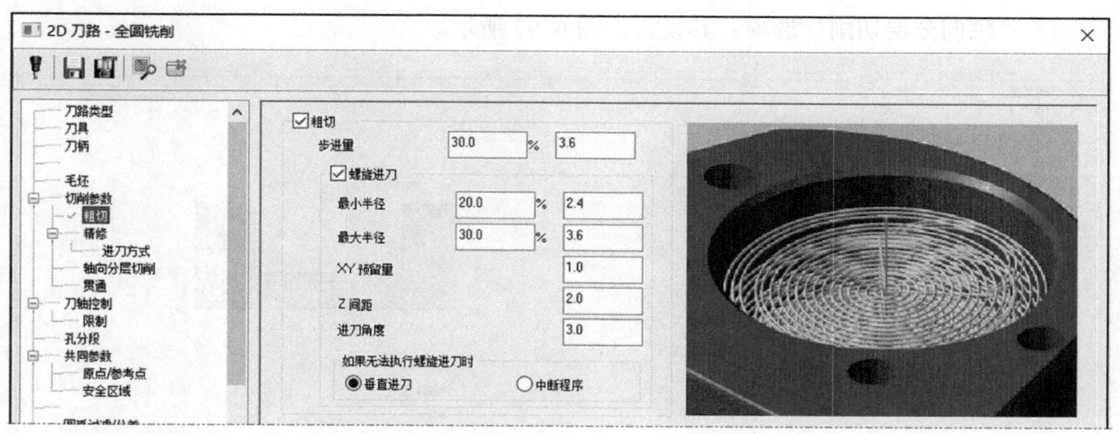

图 6-94　“2D 刀路 - 全圆铣削”对话框→“粗切”选项设置

4）“精修”选项。其设置如图 6-95 所示。

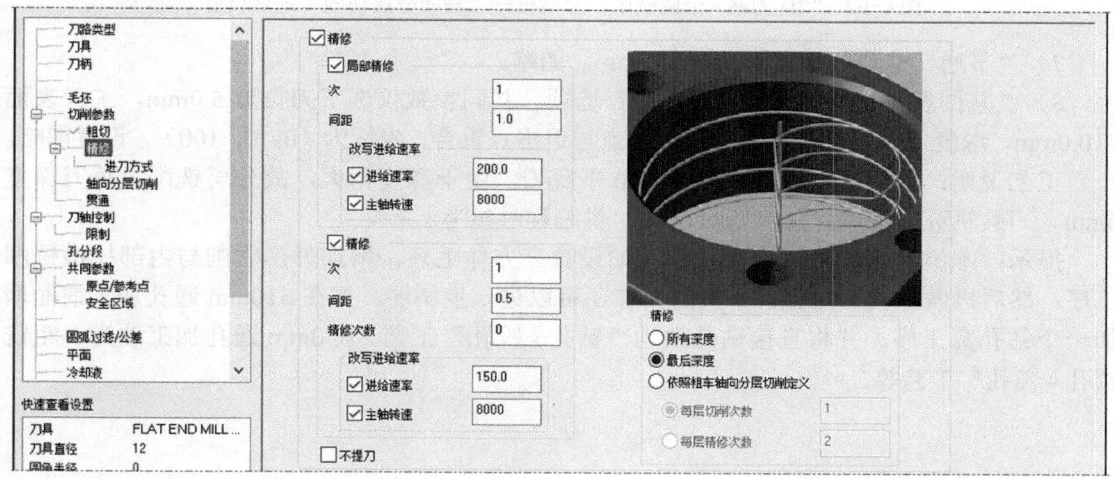

图 6-95　“2D 刀路 - 全圆铣削”对话框→“精修”选项设置

5）“进刀方式”选项。其设置如图 6-96 所示。

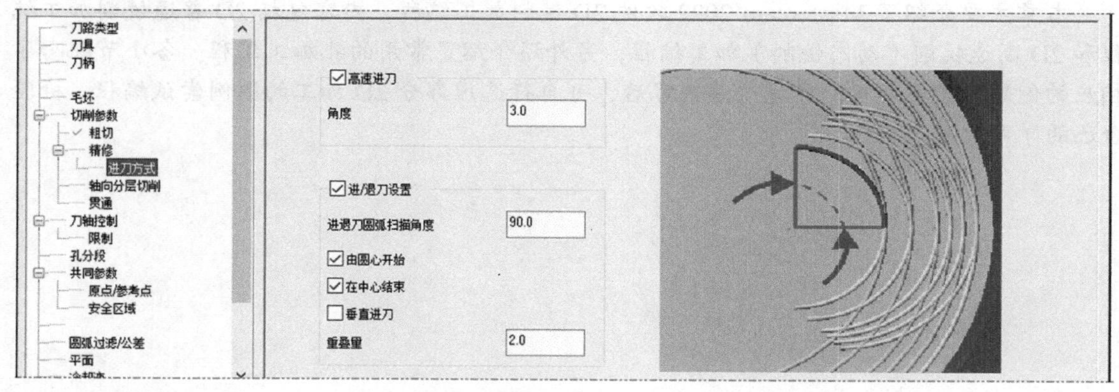

图 6-96　“2D 刀路 - 全圆铣削”对话框→“进刀方式”选项设置

6）“轴向分层切削”选项。其设置如图 6-97 所示。

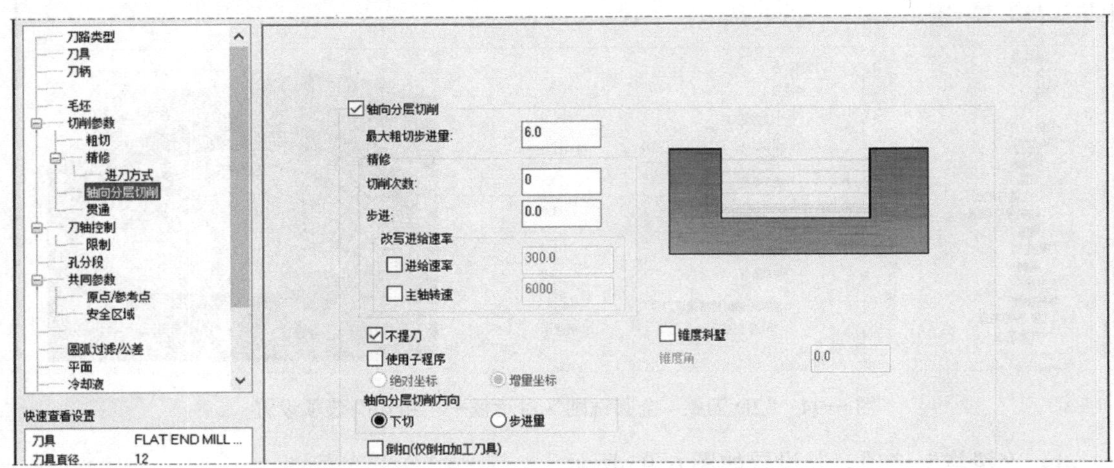

图 6-97 “2D 刀路 - 全圆铣削”对话框→“轴向分层切削”选项设置

7）“贯通”选项。设置贯通距离 2mm，图略。

8）“共同参数”与“原点 / 参考点”选项。共同参数仅选下刀位置 5.0mm，工件表面 –10.0mm，深度 –25.0mm。参考点中进入点与退出点重合，坐标为（0，0，100）。设置图略。

工艺说明：铣削 ϕ30mm 选用 ϕ12mm 平底刀，由于深度稍大，故分层铣削，每刀深度 6mm。刀具轨迹与实体仿真参见图 6-93，供编程时参考。

提示：本例题读者可进一步发挥，如设置立方体毛坯，增加外形铣削与内部挖槽铣削工序，然后再做本例的内容。本例的内容还可以进一步拓展，如在 ϕ10mm 通孔加工前面增加一个钻孔窝工序，并将直接钻孔改为“钻孔 - 铰孔”工艺。ϕ30mm 通孔加工改为“粗铣圆孔 - 镗孔”工艺等。

本 章 小 结

本章主要介绍了 Mastercam 2022 软件 2D 铣削加工编程，内容包括 2D 普通铣削加工编程和 2D 高速铣削（动态铣削）加工编程，另外还介绍了常用的孔加工编程。各小节配套了相应的例题供学习参考。学完这些内容后，可自行选用部分 2D 加工的图例尝试编程，检验自己的学习效果。

第7章 3D数控铣削加工编程要点

Mastercam 编程软件的 3D 铣削加工即三维铣削加工，类似于 UG 中的轮廓铣加工。为选择加工模型的方便，3D 铣削的加工模型一般为曲面，所以又称为三维曲面加工，随着 3D 实体模型表面选择的方便性，三维曲面加工更应称为三维型面加工。Mastercam 2022 中的三维铣削加工功能集中在铣床刀路功能选项卡 3D 选项列表中，归结起来可分为粗切与精切加工两大类，即机械制造中常说的粗铣削与精铣削加工。

7.1 3D 铣削加工基础、加工特点与加工策略

3D 铣削加工主要用于三维复杂型面的加工，依据加工工艺要求，常分为粗铣削与精铣削加工两类工序，粗铣削主要用于高效率、低成本地快速去除材料，其刀具选择原则是尽可能选择直径稍大的圆柱平底铣刀。精加工主要是为了保证加工精度与表面质量，为更好地拟合加工曲面，一般选用球面半径小于加工模型最小的圆角半径的球头铣刀。在粗、精加工之间可根据需要增加半精加工，半精加工是粗、精铣削加工之间的过渡工序，目的是使精加工时的加工余量不要有太大的变化。半精加工的刀具直径一般略小于粗铣加工，刀具可以是圆柱平底铣刀或圆角铣刀，其中刀尖圆角稍大的圆角铣刀还可作为小曲率曲面的精铣削加工刀具。同 2D 铣削类似，传统的 3D 铣削加工中，切削用量的选择也是遵循低转速、大切深、小进给的原则，但随着机床、刀具技术的进步，近年来的高速铣削加工中，切削用量的选择多采取高转速、小切深（包括背吃刀量 a_p 和侧吃刀量 a_e）、大进给的原则。高速铣削加工要求切削力不能有太大的突变，包括刀具轨迹不能有尖角转折，这在 Mastercam 高速铣削加工策略的刀具轨迹上可见一斑。

3D 铣削加工策略（3D 刀路）集成在“铣削刀路→ 3D →粗切 / 精切”选项列表区，分为粗切与精切两部分。默认为折叠状态，需要时可上、下滚动或展开使用，如图 7-1 所示。

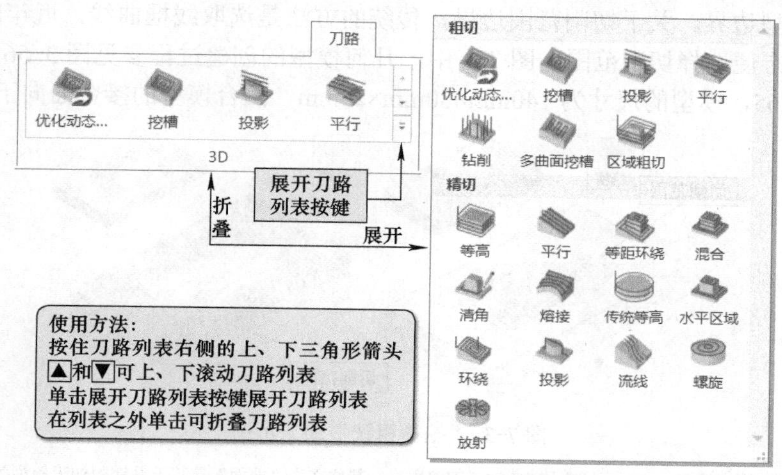

图 7-1 3D 刀路列表的展开与折叠

Mastercam 软件中选取加工型面是必要操作，如何快速选择型面？系统给出了多种方法。传统的方法是基于“曲面→创建→由实体生成曲面”功能按键，将实体模型提取出独立的曲面模型，或直接创建曲面模型。最近版本的 Mastercam 软件做了很大的改进，可方便地直接选择实体模型的加工型面，并且提供了很多快速选择加工型面的方式，最基本的选择是鼠标单击逐个选取型面，选中的型面再次单击可取消选择。另外，选择曲面时会弹出操作提示，如图 7-2 所示，图中图解说明了整个相切的型面快速选取，四个相似转角相似凹曲面快速选取，两个匹配的相同孔快速选取和窗选多个曲面示例，第 2 条向量选取实质上是折线选取，具体为按住 [Alt] 键绘制折线，折线接触的曲面即可快速选中。各选择方法可调用前言中二维码提供的练习文件研习。

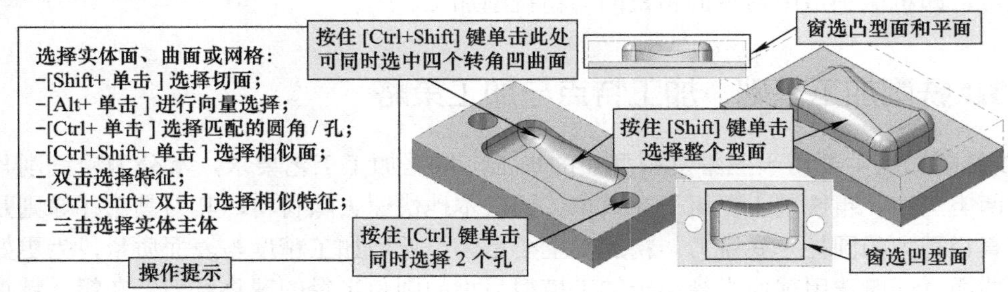

图 7-2　实体加工型面选择示例

7.2　3D 铣削粗加工

3D 铣削粗加工主要用于高效率、低成本地快速去除金属材料，Mastercam 2022 软件提供了 7 种 3D 粗铣加工策略，参见图 7-1。

7.2.1　挖槽粗铣加工㊀

挖槽粗铣加工的字面含义似乎是指凹槽的粗加工，实际上，其对凸台件粗铣加工同样适用，如图 7-3 所示。凹槽粗铣加工要求选择切削范围，对于凹槽类模型一般选择凹槽边界，对于凸台类模型则选择模型的最大边界。对于复杂型面不便提取边线的模型，可以自行绘制一个矩形的模型边界。关于切削范围边界，传统的方法是选取线框曲线，近年的版本中可选取实体边缘，方便选择切削范围。图 7-3 中，几何模型的创建过程参见图 3-56，中间香皂的尺寸参见图 3-65，模型的尺寸为 140mm×80mm×20mm，凸台模型的接合面向下推拉 5mm。

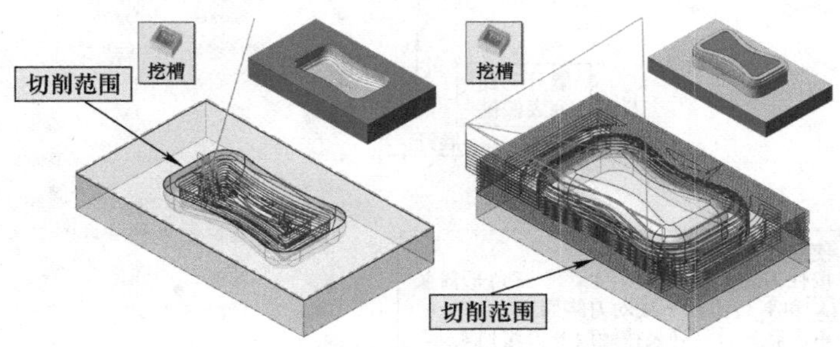

图 7-3　“挖槽粗铣”加工示例

㊀ 挖槽粗铣加工策略是 Mastercam 经典的 3D 加工刀路之一，其称之为“曲面”是基于早期版加工模型为曲面模型的缘故，近年来的版本可直接选择实体模型的加工型面。

关于切削范围的边界选择，实质上是“串连”的选择，Mastercam 软件操作中大量使用，串连对话框包括“线框串连”与“实体串连”两个，在对话框上部的“模式”选项区切换按键，单击“线框”按键即转为“线框串连”对话框，用于线框曲线串连的选择，单击“实体”按键即切换为“实体串连”对话框，可基于实体边缘选择串连。

1．挖槽粗铣加工主要参数设置说明

“挖槽粗铣”加工参数设置主要集中在“曲面粗切挖槽”对话框中，下面以图 7-3 中凸台类模型挖槽粗铣加工编程为例，对其主要参数的设置进行讨论。

加工前的准备工作与前述相同，如加工模型准备，对挖槽加工还需准备好图 7-3 中的切削范围串连曲线；建立工件坐标系，简单的方法是通过“移动至原点”功能按键，这里以工件上表面几何中心为工件坐标系原点并移至世界坐标系原点；进入铣削加工模块，并设置毛坯，本例设置立方体毛坯，上表面留 1mm 加工余量。

（1）加工曲面与切削范围的选择　单击“铣床→刀路→ 3D →挖槽”功能按键，弹出选择加工面操作提示，按图 7-2 介绍的方法选择加工型面（型芯曲面和分模面），选择结束后弹出“刀路曲面选择”对话框，可看到加工面已选择了 18 个。单击加工面区域中的“选择”按键，弹出选择曲面操作提示（见图 7-2 左侧），可再编辑所选加工型面；单击切削范围选项区的“选择”按钮，弹出“线框串连”对话框（亦可切换为“实体串连”对话框），串连方式选择切削范围串连曲线，单击“确定”按钮，弹出“曲面粗切挖槽”对话框，以下是各选项卡及参数设置。

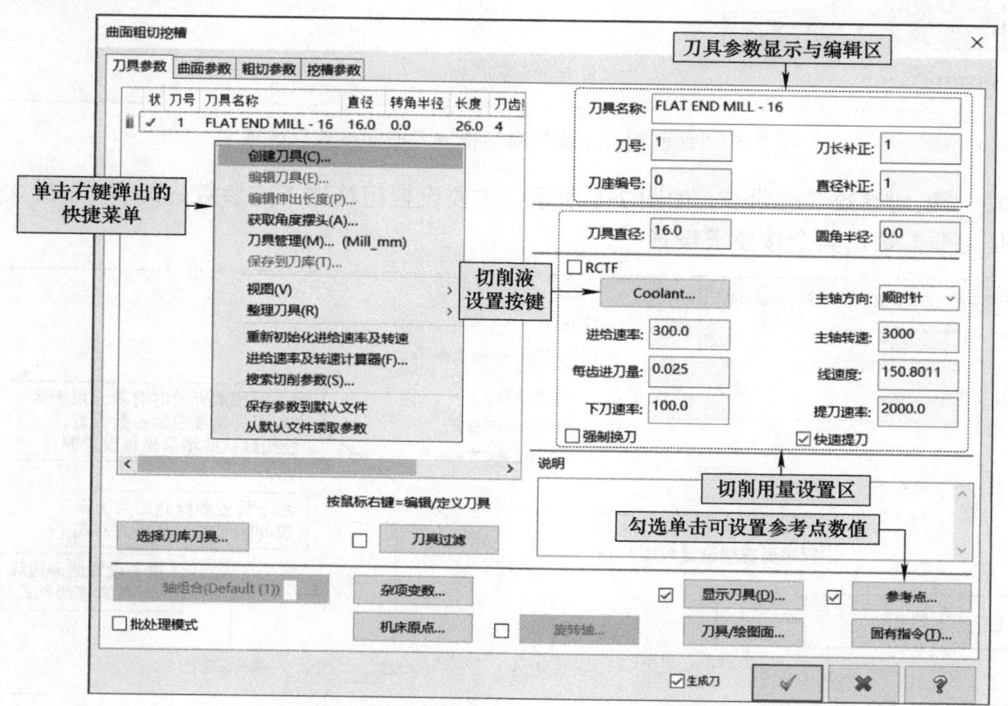

图 7-4　“曲面粗切挖槽”对话框→“刀具参数”选项卡

1）“刀具参数”选项卡。如图 7-4 所示，这是 Mastercam 传统对话框界面的风格。其刀具的创建方法基本相同（如从刀库创建、快捷菜单中的创建新刀具和编辑刀具等），刀具参数与切削用量参数设置内容等看图即可操作。右下角的“参考点 ...”按键默认是不可用的，但勾选后单击，可弹出“参考点”对话框进行设置。图中设置了一把 ϕ16mm 平底铣刀，参考点设置为（0，0，100）。

2）“曲面参数”选项卡。如图 7-5 所示，类似于 2D 铣削的共同参数设置。其中，安全高度在工件上表面以上无太多障碍物时一般可以不设，若不设置参考高度，则刀具返回高度与下刀位置相同；工件表面加工余量不多（小于下刀位置）时，工件表面参数可以不设置。加工面预留量是粗铣加工的必设参数，其是后续精加工的加工余量。

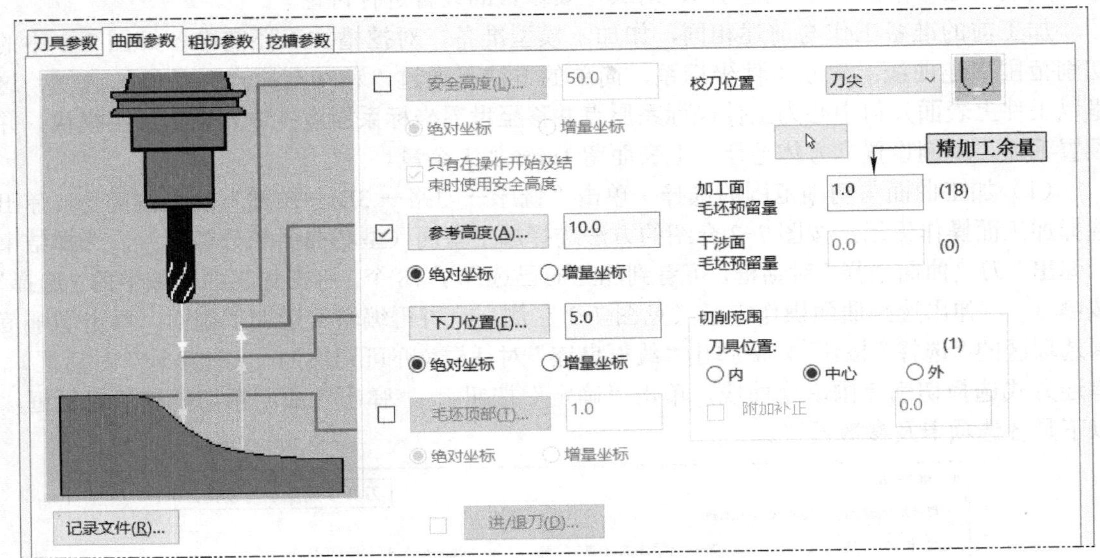

图 7-5 “曲面粗切挖槽”对话框→“曲面参数”选项卡

3）“粗切参数”选项卡。如图 7-6 所示，主要设置粗铣加工的参数。其中“Z 最大步进量”是主要参数，其余按要求设置。

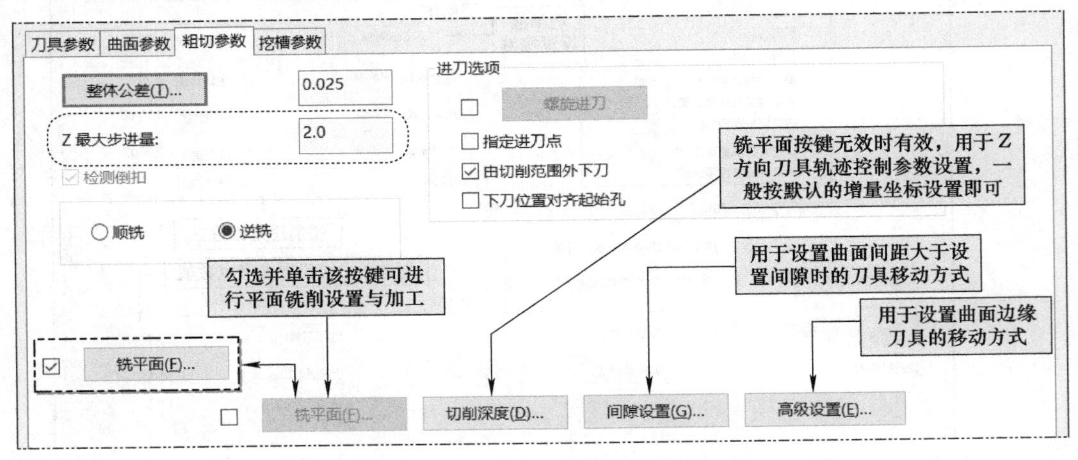

图 7-6 “曲面粗切挖槽”对话框→“粗切参数”选项卡

值得一提的是图 7-6 中默认无效的“铣平面”按键的应用。勾选后，可进行平面铣削加工设置，这里的平面铣削加工仅铣削加工模型中的平面区域，如图 7-7 所示中图。单击“铣

平面 ...”按键 铣平面(F)... 会弹出“平面铣削加工参数”对话框，进行平面铣削参数设置，如图 7-7 左图所示。图中刀路为操作 2 刀路，其主要参数设置为，“曲面参数”选项卡中设置加工预留量 0，“挖槽参数”选项卡中设置“高速切削”粗切方式，切削间距（直径 %）50%，精修 1 次。这种工序安排后续只需再安排一道曲面精加工即可。

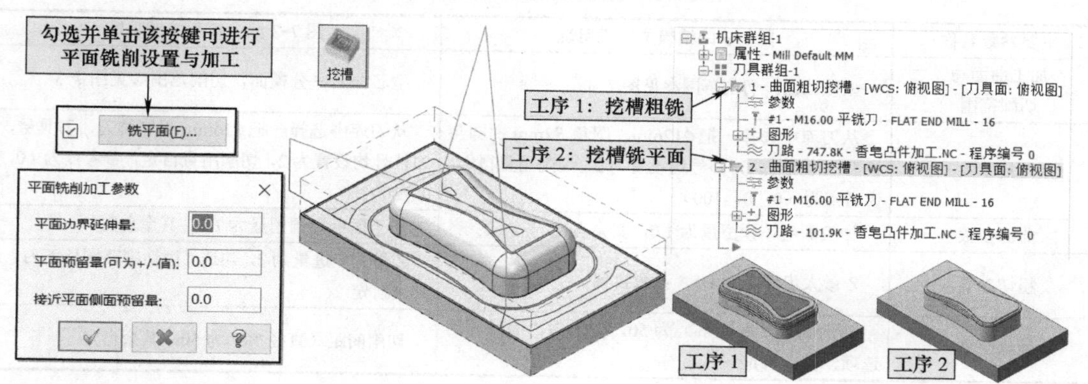

图 7-7 “曲面粗切挖槽”对话框→“粗切参数”选项卡→铣平面加工

4）“挖槽参数”选项卡。其设置如图 7-8 所示。主要设置参数是粗切加工策略（即切削方式）和对应的切削间距（直径 %），普通铣削时切削间距可取得稍大，但不超过 75%，高速铣削时不宜太大，一般取 20% ~ 40% 即可。若不勾选精修选项，可提高加工效率，但可能会留有较多的未切除材料，是否选择可通过实体仿真观察与经验等来确定。

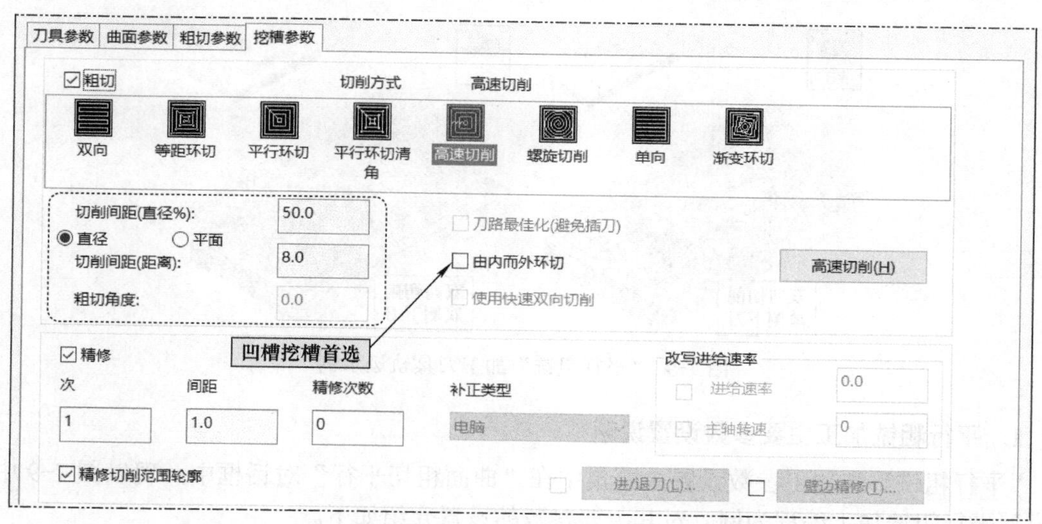

图 7-8 “曲面粗切挖槽”对话框→“挖槽参数”选项卡设置

（2）“刀路模拟”与“实体仿真” 以上工作完成后，可进行刀具路径模拟和实体加工仿真，观察和判断刀路是否满意，若不满意可返回重新编辑。

2. 挖槽粗铣加工设置示例

例 7-1：试按表 7-1 所示参数完成图 7-3 所示凹槽模型与凸台模型件挖槽粗铣加工，并在凸台挖槽粗铣之后，参照图 7-7 自定参数完成平面铣削加工编程。

毛坯模型参见图 7-3 说明。毛坯设置为立方体，上表面留加工余量 1mm，工件坐标系设置在工件上表面几何中心，切削范围曲线参见图 7-3。

表 7-1 挖槽粗铣练习参数设置

主要参数名称	图 7-3 凹槽模型挖槽粗铣	图 7-3 凸台模型挖槽粗铣
加工曲面与切削范围	型腔曲面，切削范围参见图 7-3	型芯曲面 + 分模面，切削范围参见图 7-3
刀具参数	从刀库中选择一把 ϕ12mm、圆角 R2mm 的圆角铣刀，刀具号、刀补号均设置为 2，切削用量自定，参考点为（0，0，100）	从刀库中选择一把 ϕ16mm 平底铣刀，刀具号、刀补号均设置为 2，切削用量自定，参考点为（0，0，100）
曲面参数	加工面毛坯预留量为 1.0，其余自定	加工面毛坯预留量为 1.0，其余自定
粗切参数	Z 最大步进量为 1.5，其余自定	Z 最大步进量为 2，勾选“由切削范围外下刀”，其余自定
挖槽参数	切削间距（直径 %）为 50，勾选由内而外环切选项，其余自定	切削间距（直径 %）为 50，其余自定

7.2.2 平行粗铣加工

平行粗铣加工是在一系列间距相等的平行平面中生成的在深度方向（Z 向）分层逼近加工模型轮廓切削的刀路。这些生成刀路的平面垂直于 XY 平面且与 X 轴的夹角可设置。“平行粗铣”加工的刀具轨迹示例如图 7-9 所示。平行粗铣加工适合细长零件的加工，平行粗铣加工后留下的余料较多。

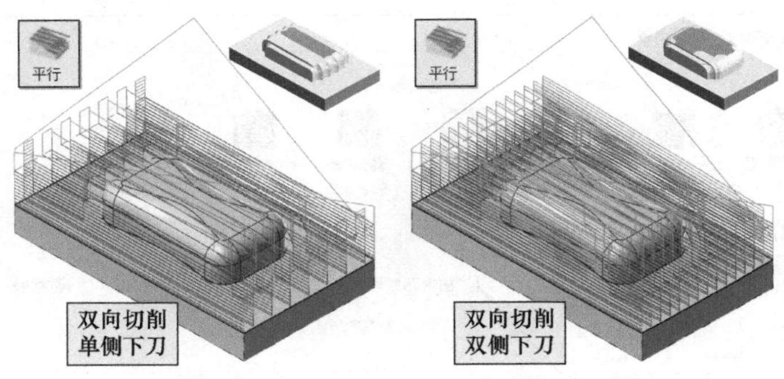

图 7-9 “平行粗铣”加工刀具轨迹示例

1. 平行粗铣加工主要参数设置说明

“平行粗铣”加工参数设置主要集中在“曲面粗切平行”对话框中，现以图 7-9 中凸台模型平行粗铣加工编程为例，对其主要参数的设置介绍如下。

加工前的准备工作包括加工模型、工件坐标系、铣削模块的进入与毛坯的设置、加工曲面的选择等，与挖槽粗铣加工基本相同。

（1）“刀具参数”选项卡　与挖槽粗铣基本相同，此处刀具为 ϕ16mm 平底铣刀，参考点设置为（0，0，100），其余未尽参数自定。

（2）“曲面参数”选项卡　同挖槽粗铣基本相同，仅多一个“干涉面毛坯预留量”参数设置，如图 7-10 所示。所谓干涉面即是避让加工的面，可单击“曲面参数”选项卡中的干涉面选择按键，在弹出的“刀路曲面选择”对话框（参见图 7-62）中设置。

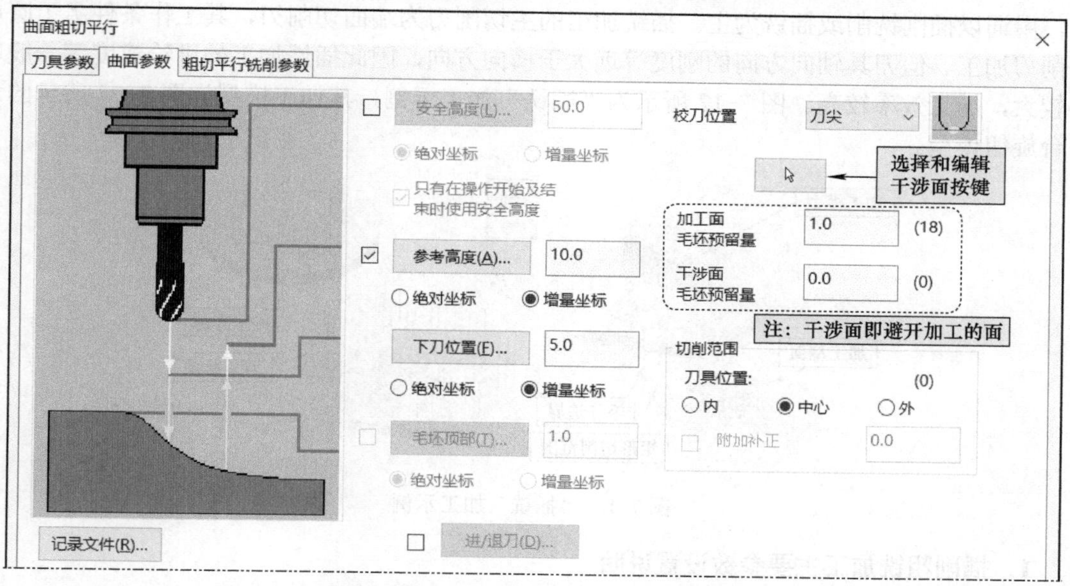

图 7-10 “曲面粗切平行”对话框→“曲面参数”选项卡

（3）“粗切平行铣削参数”选项卡　该选项卡中的参数是专为粗切平行铣削加工设置的，如图 7-11 所示，虚线框出的部分为平行粗铣加工主要的参数设置区域。

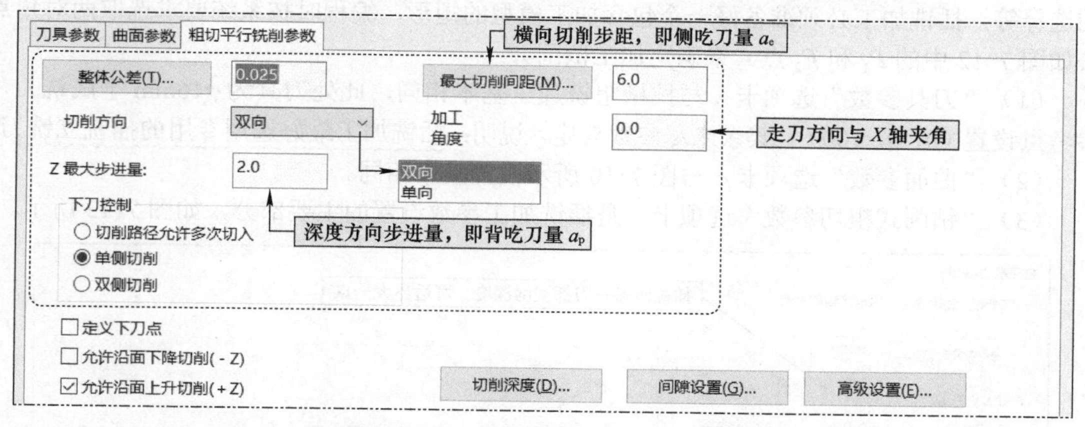

图 7-11 “曲面粗切平行”对话框→“粗切平行铣削参数”选项卡

2．平行粗铣加工设置示例

例 7-2：设置完成图 7-9 所示的平行粗铣加工编程。已知：毛坯为立方体，上表面留加工余量 1mm，ϕ16mm 平底铣刀，参考点设置（0，0，100）。加工面预留量 1mm，未选择干涉面。曲面参数设置参见图 7-10。“粗切平行铣削参数”选项卡按图 7-10 设置，并体会下刀控制区域中“单侧切削”与“双侧切削”两选项对刀具路径的影响。

7.2.3　插削（钻削）粗铣加工

插削铣削（简称插铣）的刀具进给运动为轴向方向，类似于钻孔，所以 Mastercam 中称之为钻削加工，但在钻削加工语境中选择刀具时容易误认为选择钻头，因此本书回归加工工艺，用词以插削铣削或插铣为主。插铣加工的主切削刃为端面切削刃，其工作条件劣于圆周切削刃加工。但刀具轴向方向的刚度等远大于横向方向，因此插铣加工的进给速度等一般取得较大，加工效率较高。图 7-12 所示为“插铣”加工示例，其加工模型为图 3-77 所示的六角台旋钮模型。

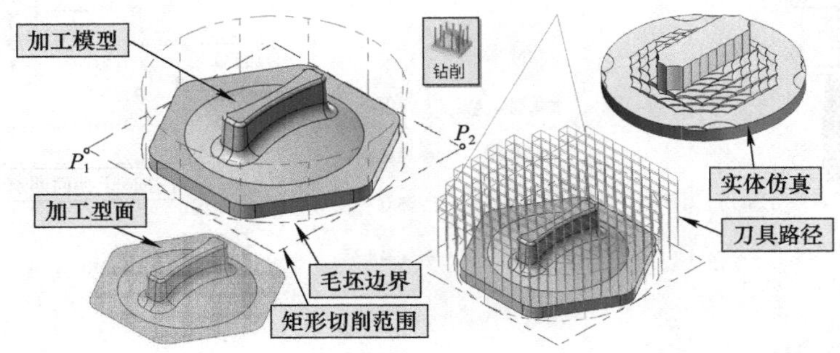

图 7-12 “插铣”加工示例

1. 插削粗铣加工主要参数设置说明

“插铣粗铣” 加工参数设置主要集中在“曲面粗切钻削”对话框中，以图 7-12 所示六角台旋钮模型为例介绍插铣粗铣加工。

模型的准备，除了加工模型、工件坐标系、铣削模块的进入与毛坯的设置，加工型面的选择等，插铣加工必须准备好一个包含加工模型的矩形，编程时按系统要求选取两对角点（如图 7-12 中的 P_1 和 P_2 点）来确定加工范围。

（1）“刀具参数”选项卡　与挖槽粗铣加工基本相同，此处刀具为 ϕ16mm 平底铣刀，参考点设置（0，0，100），其余未尽参数自定。说明：插铣加工最好选用专用的插铣立铣刀。

（2）“曲面参数”选项卡　与图 7-10 所示设置基本相同。

（3）“钻削式粗切参数”选项卡　是插铣加工参数设置的主要部分，如图 7-13 所示。

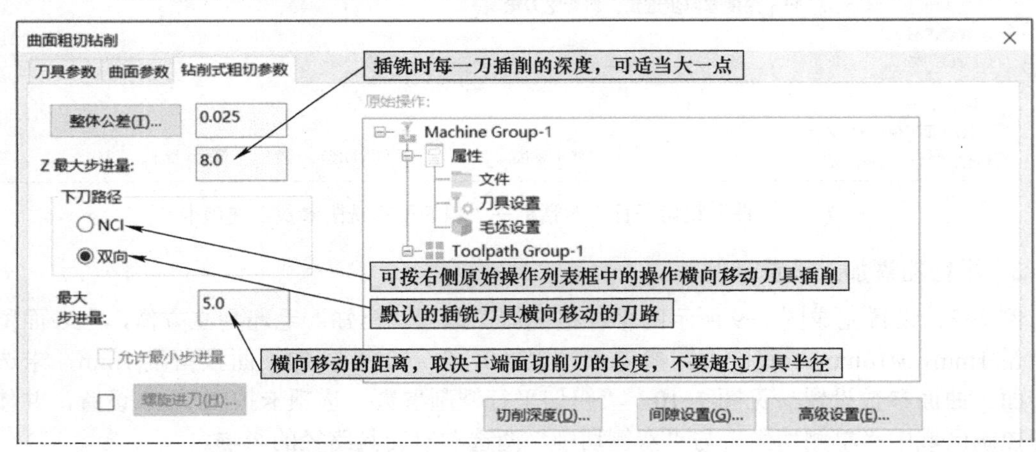

图 7-13 “曲面粗切钻削”对话框→“钻削式粗切参数”选项卡

2. 插削粗铣加工设置示例

例 7-3：设置完成图 7-12 所示插削粗铣加工编程。已知毛坯为圆柱体，上表面留加工余量 2mm，ϕ16mm 平底铣刀，参考点设置（0，0，100）。加工面预留量 1mm，未选择干涉面。“曲面参数”选项卡设置参见图 7-10（“参考高度”选“绝对坐标”）。钻削式粗切参数设置见图 7-13。切削范围点选图 7-12 中的 P_1 和 P_2 点。

7.2.4　优化动态粗铣加工

优化动态粗铣加工是充分利用刀具圆柱切削刃去除材料的粗铣加工策略，而且是一种动态高速铣削刀路，除可进行粗铣加工外，通过设置还能进行半精加工。具体是首先根据刀具圆柱切削刃允许的背吃刀量 a_p 分层铣削逼近工件表面，然后再依据步进量逐层向上逼近工件表面，完成一层加工。如此循环直至达到模型所需深度。这种加工策略可最大效率地去除工件材料。如图 7-14 所示，其加工模型的基本几何参数参见图 3-26b，其网格曲面旋转复制 5 个，如图 3-48d 所示。从刀具轨迹的前视图可见，其按 16mm 分层，共 4 层，切削时先按 16mm 深度从外向内切削至模型曲面，然后按 2mm 步距逐层向上切削，粗切 7 刀逼近模型曲面，图中第三层正在按层深度 16mm 向内切削，其上已切完两层共 16 刀。另外，注意优化动态粗铣加工刀路是一种高速动态铣削刀路，适合高速铣削加工。

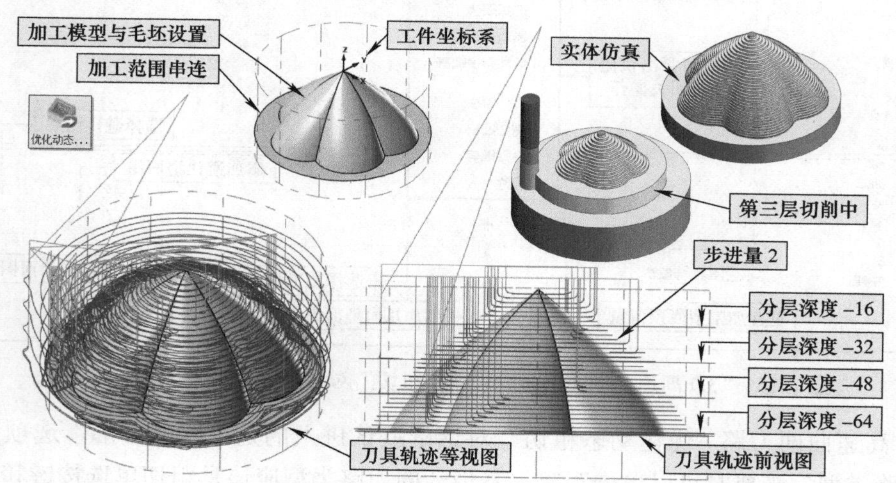

图 7-14　“优化动态粗铣”加工示例

1．优化动态粗铣加工主要参数设置说明

“优化动态粗铣”加工参数设置主要集中在“3D 高速曲面刀路 - 优化动态粗切”对话框中，以图 7-14 所示加工示例为例。

首先是模型的准备，包括加工模型、工件坐标系、铣削模块的进入与毛坯的设置等。这里的加工模型为曲面模型，因此构建圆柱毛坯时总高度取了 85mm，顶面留 0.5mm 的加工余量，底部留有适当的装夹高度，工件坐标系建立在顶点处，如图 7-14 所示。

然后单击“铣床→刀路→ 3D →粗切→优化动态粗切”功能按键，弹出“3D 高速曲面刀路 - 优化动态粗切”对话框的“模型图形”选项页，参考图 7-15。

（1）“模型图形”选项　如图 7-15 所示，这里模型图形的英文为 Model Geometry，应该理解为模型几何图素，即模型型面，包括加工和避让型面。该选项主要设置加工型面和避让型面的属性与参数，各加工图素以组的形式列表显示，以加工图素为例，每组图素包括颜色、名称、图素数量、壁边预留量和底面预留量等属性，双击各单元格可激活并编辑或设置，右键单击各组可弹出快捷菜单，可选择、添加、修剪和粘贴单元格内容。列表下部分别有“重置”（单击会清零预留量值）、“添加几何型面组”和“选择加工型面图素”三个操作按键。下面勾选的“显示剩余图素”选项有一个颜色显示与编辑框，默认显示 15，表示其是 Mastercam“系统配置”对话框中的颜色编号，15 是“白色”，这个勾选项说的是选择几何图素时，未选中的面是白色。避让图素的操作基本相同，用于设置避让加工的表面及其余量等，类似于图 7-10 中的干涉面毛坯预留量设置。注意图示新型对话框的“模型图形”设置中的余量设置可将壁边与底面设置为不同的预留量，这是一个进步。

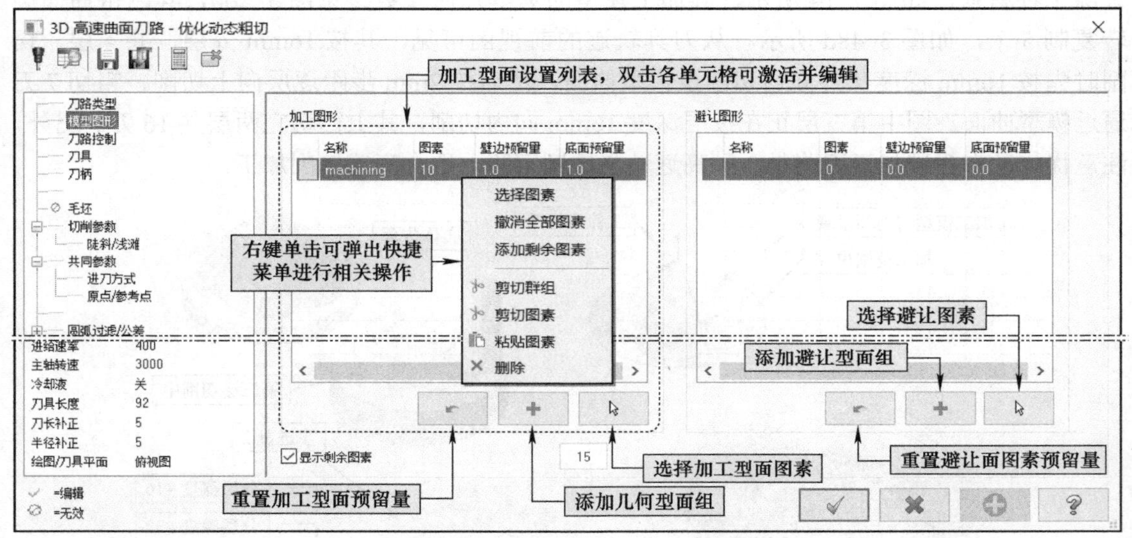

图 7-15 “3D 高速曲面刀路 - 优化动态粗切”对话框→“模型图形”选项

“3D 高速曲面刀路 - 优化动态粗切”对话框默认进入的是“模型图形”选项页，而第 1 项“刀路类型”必要时可以单击观察，其激活的刀路类型应该是粗切单选按键和“优化动态粗切”刀路，因为该对话框是通过单击“优化动态粗切”功能按键进入的，必要时可以浏览并确认，如图 7-16 所示的“粗切→优化动态粗切”类型。

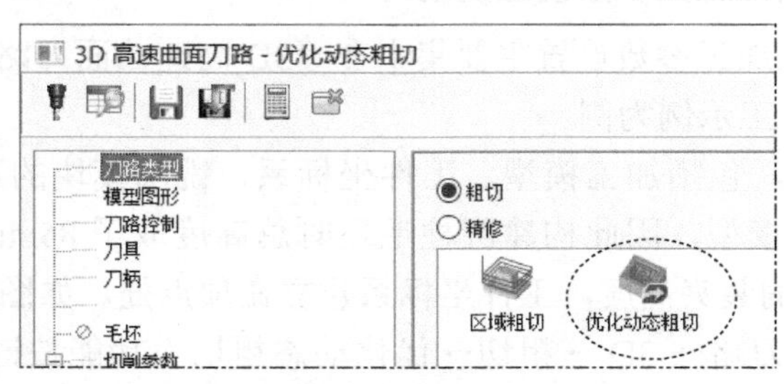

图 7-16 “优化动态粗切”选项确认

（2）“刀路控制”选项　如图 7-17 所示，主要设置切削范围，刀具相对切削范围的内、外偏置，是否跳过挖槽区域（即空切区域）等，参见图解研习。注意：边界串连曲线可以是模型上的最大边界，也可以自行绘制边界曲线，其 Z 轴高度不受限制。

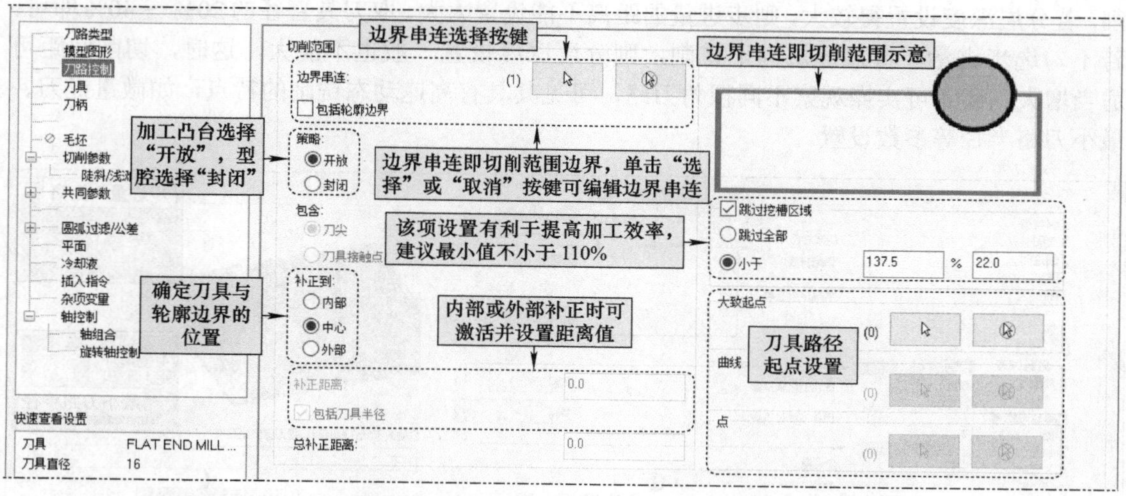

图 7-17　“3D 高速曲面刀路 - 优化动态粗切”对话框→“刀路控制”选项

“刀具”选项用于刀具及其切削参数设置，其与前述的介绍基本相同。“刀柄”设置主要用于碰撞检测，初学者可暂不学习。

（3）“毛坯”选项　默认是未激活状态（参见图 7-17），单击“毛坯”选项并勾选“剩余材料”复选框，可进行半精加工设置，包括对所有先前的操作、指定的操作或粗切刀具等方式加工的表面进一步进行半精加工等，如图 7-18 所示。读者可复制一个“优化动态粗铣”操作，并激活“毛坯”选项，进行半精加工刀路设置。

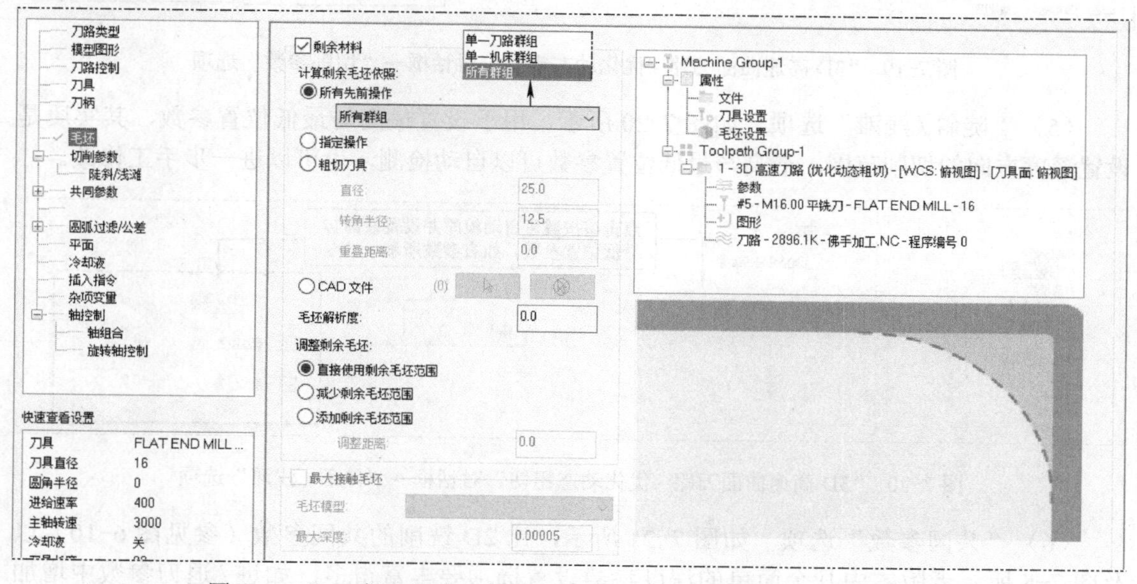

图 7-18　“3D 高速曲面刀路 - 优化动态粗切”对话框→“毛坯”选项

（4）“切削参数”选项　是优化动态粗铣加工设置的主要部分，如图 7-19 所示。看图设置即可。图中的分层深度与步进量与图 7-14 刀路对应。若不勾选步进量，则刀路按分层深度逐层往下切，这时的分层深度不宜设置得太大。步进量是将分层深度进一步向上逐层切削。若分层深度设置得较大，则步进量的距离不能设置太大，取刀具直径的 20%～40% 即可。若不勾选步进量，直接逐层向下铣削，则分层深度设置一般也不能大，这时，切削间距可适当增大。读者可实操观察不同视角刀路，可见其具有高速动态铣削的特点，如微量提刀、最小刀路半径等参数设置。

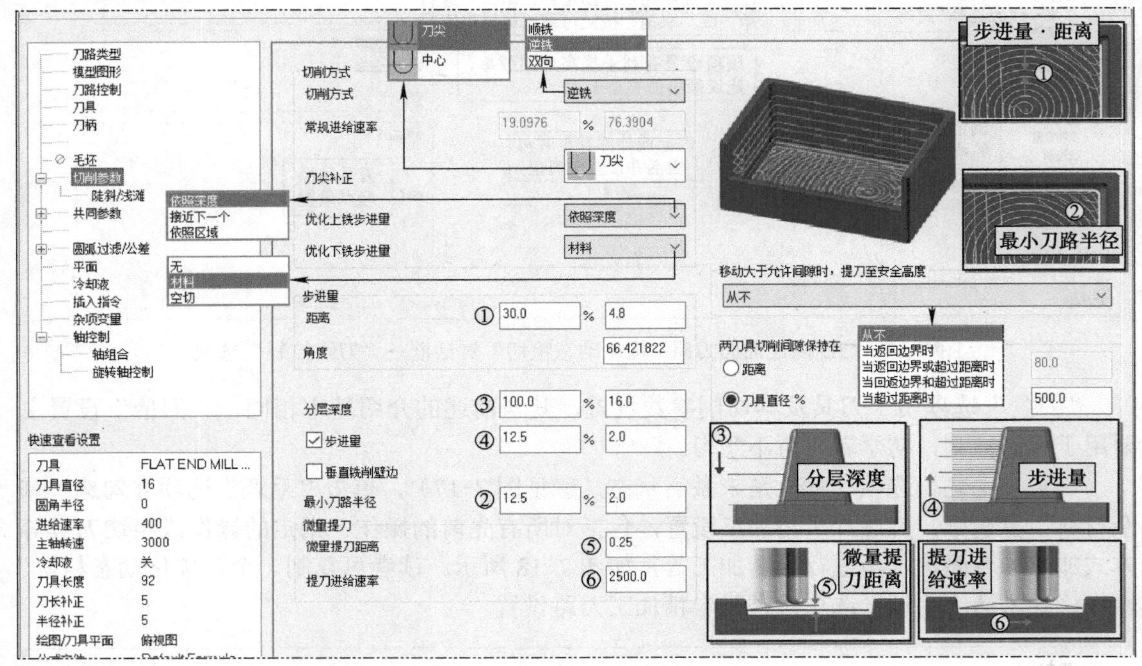

图 7-19 “3D 高速曲面刀路 - 优化动态粗切”对话框→“切削参数”选项

（5）“陡斜 / 浅滩”选项　如图 7-20 所示，用于设置最高与最低位置参数，其实质是设置深度方向的切削范围。最高与最低位置参数可以自动检测，也可以进一步手工修改。

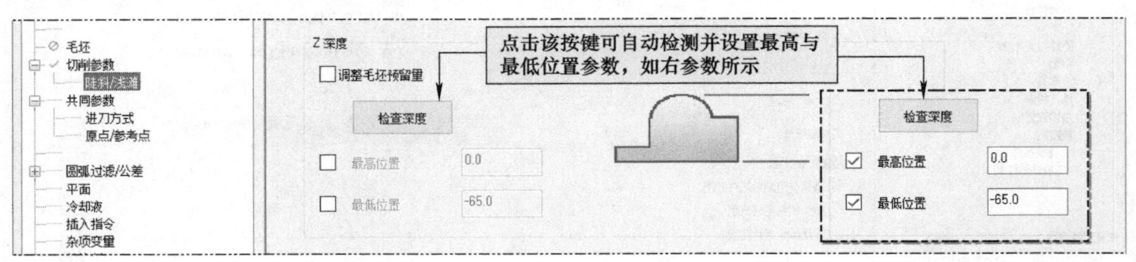

图 7-20 “3D 高速曲面刀路 - 优化动态粗切”对话框→“陡斜 / 浅滩”选项

（6）“共同参数”选项　如图 7-21 所示，比 2D 铣削的共同参数（参见图 6-10）以及图 7-5 所示老版本中几个简单的深度参数设置选项要丰富得多，如进 / 退刀参数中增加了垂直进刀 / 退刀圆弧设置参数等。

（7）“进刀方式”选项　如图 7-22 所示，其实质是下刀方式。选择不同选项，其参数与图解会相应变化，一般看图即会操作，2D 铣削加工时已经介绍过（参见图 6-49）。

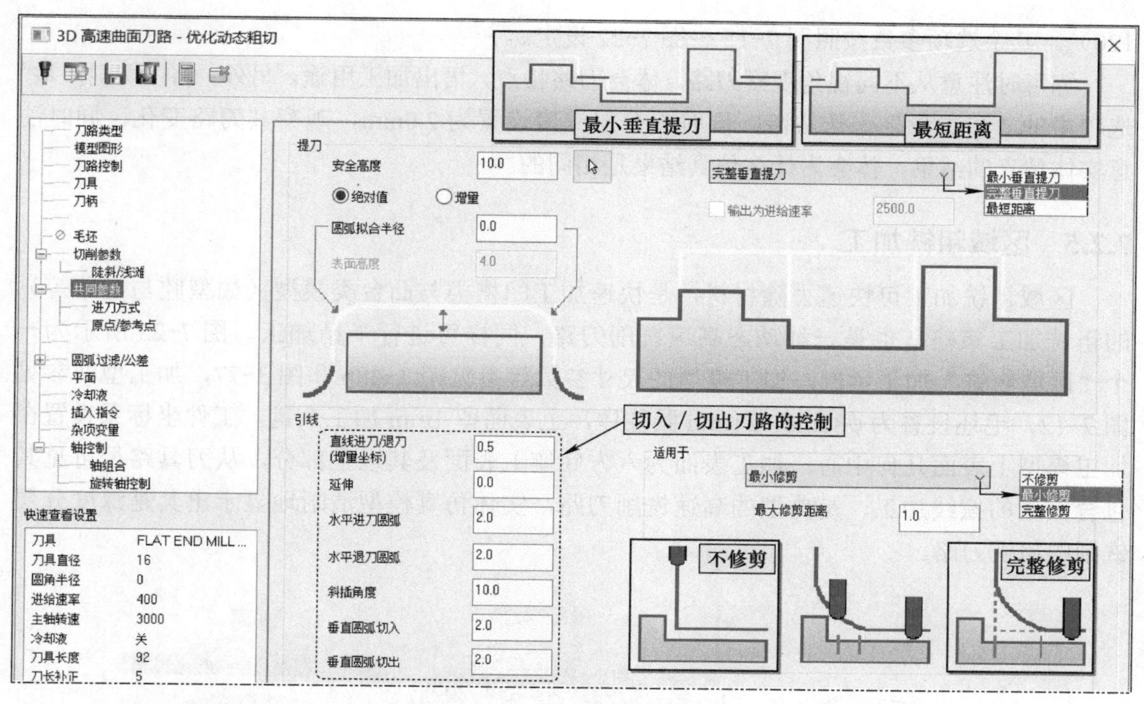

图 7-21 “3D 高速曲面刀路 - 优化动态粗切”对话框→“共同参数”选项

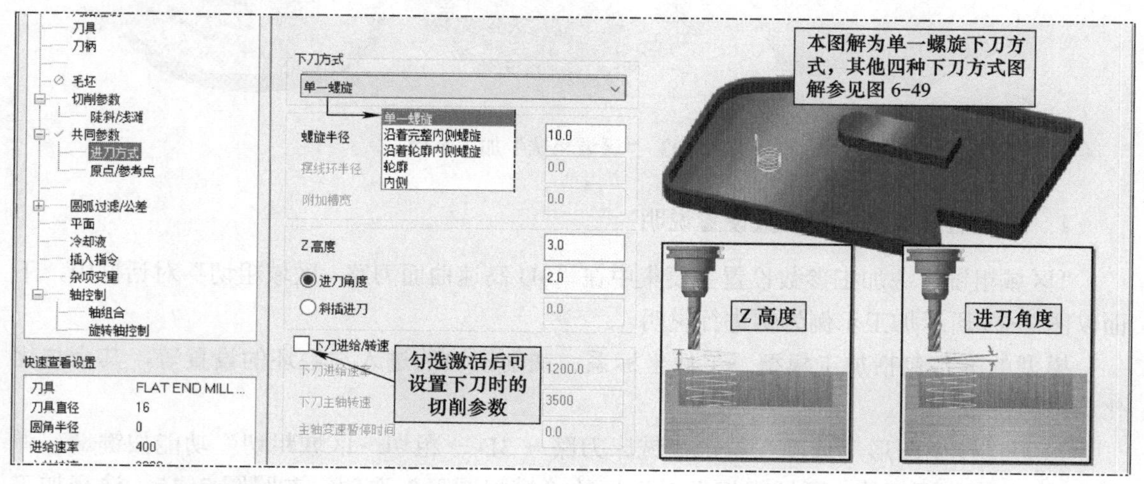

图 7-22 “3D 高速曲面刀路 - 优化动态粗切”对话框→“进刀方式”选项

（8）“原点 / 参考点”选项　与前述介绍基本相同。

2．优化动态粗铣加工设置示例

例 7-4：参照图 7-14 练习优化动态粗铣加工设置。加工型面参数参见图 3-26b 与图 3-48d，底面用“线框→圆形→已知点画圆”功能按键构建一个 ϕ150mm 的圆平面构成整个加工曲面。工件坐标系设置在曲面顶点，毛坯设置为圆柱体，顶面留 0.5mm 余量，底面多余部分（夹位）高度自定。加工刀具为 ϕ16mm 平底铣刀。参考点设置为（0，0，

120）。其余选项参数按照图 7-15 ～图 7-22 设定。

练习时注意从不同视角观察刀路，体会刀路特点，悟出加工用途。另外，将“切削参数”选项中的“步进量”勾选去除，同时将分层深度设置为 2.0mm，观察其刀路变化，同时注意实体仿真的结果，体会为什么仿真结果是相同的。

7.2.5 区域粗铣加工

区域粗铣加工可快速去除材料，是快速加工凹槽类与凸台类模型（如型腔与型芯等）的粗铣加工策略，也是一种动态高速铣削刀路，同样可进行半精加工。图 7-23 所示为一个“区域粗铣”加工示例，加工模型的尺寸参数等参见图 3-48b 和图 3-77，加工型面参见图 7-12，毛坯设置为 ϕ80mm×21mm 圆柱体，上表面留 1mm 加工余量，工件坐标系设置在加工模型上表面几何中心。加工表面为六方底座上表面及其以上部分，从刀具路径可见其包含大量的摆线加工，是典型的高速铣削刀路，实体仿真模型清晰地显示出其是深度分层铣削的粗铣刀路。

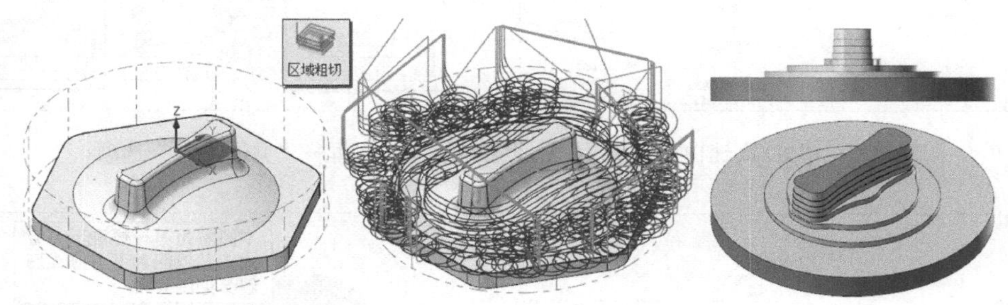

图 7-23 “区域粗铣”加工示例

1. 区域粗铣加工主要参数设置说明

“区域粗铣”加工参数设置主要集中在“3D 高速曲面刀路 - 区域粗切”对话框中，下面以图 7-23 所示加工示例为例进行说明。

模型的准备包括加工模型、工件坐标系、铣削模块的进入与毛坯的设置等，其余与优化动态粗铣相似。

（1）“模型图形”选项　单击“铣床刀路→ 3D →粗切→区域粗切”功能按键，弹出“3D 高速曲面刀路 - 区域粗切”对话框的“模型图形”选项，参照图 7-15，选择加工和避让型面。

由于是单击“区域粗铣”按键创建的操作，故刀路类型默认为“粗切”→“区域粗铣”，必要时可以单击“刀路类型”确认与设置。

（2）“刀路控制”“刀具”“毛坯”等选项　与前述的优化动态粗铣加工基本相同。

（3）“切削参数”选项　是区域粗铣加工设置的主要部分，如图 7-24 所示。默认仅设置深度分层切削深度，图中的“2.0”对应的刀路如图 7-23 所示。由于区域粗切的切削深度（a_p）一般不大，故“XY 步进量”可取得比优化动态粗铣稍大。

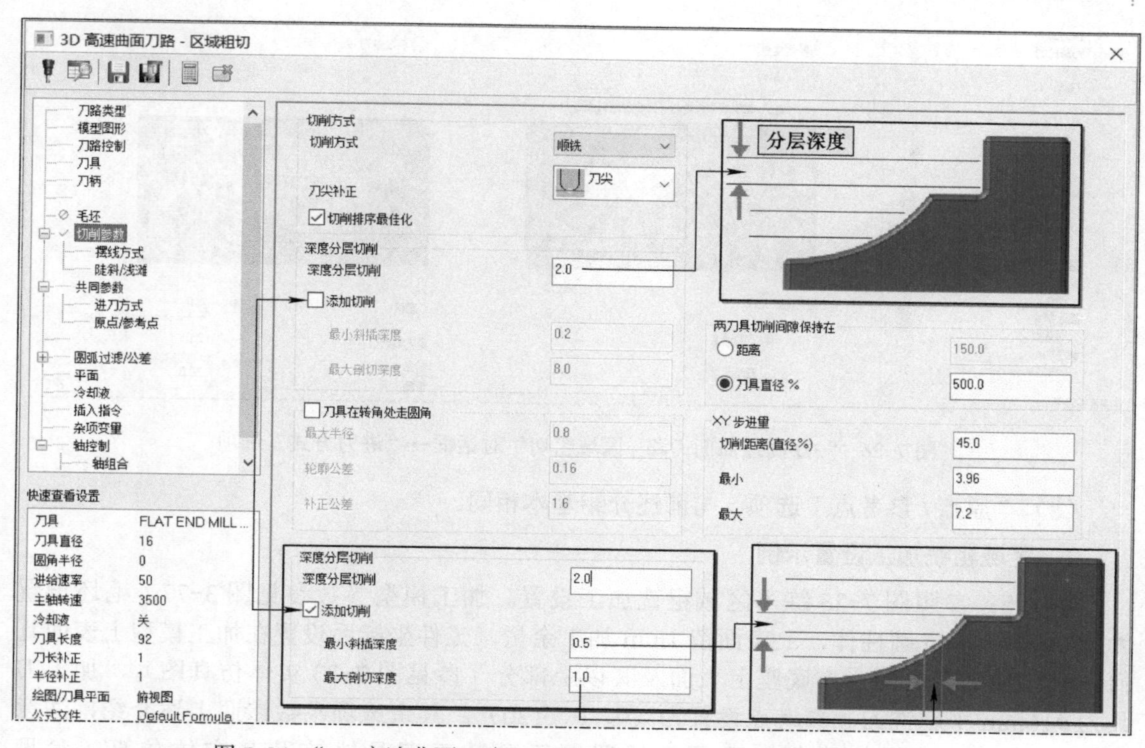

图 7-24 “3D 高速曲面刀路 - 区域粗切”对话框→“切削参数”选项

图 7-24 中，若勾选“添加切削”选项，并设置适当的深度值，如图中设置“最小斜插深度”为 0.5，“最大剖切深度”为 1，则生成刀路时在平坦部分会增加刀路，如图 7-25 所示。

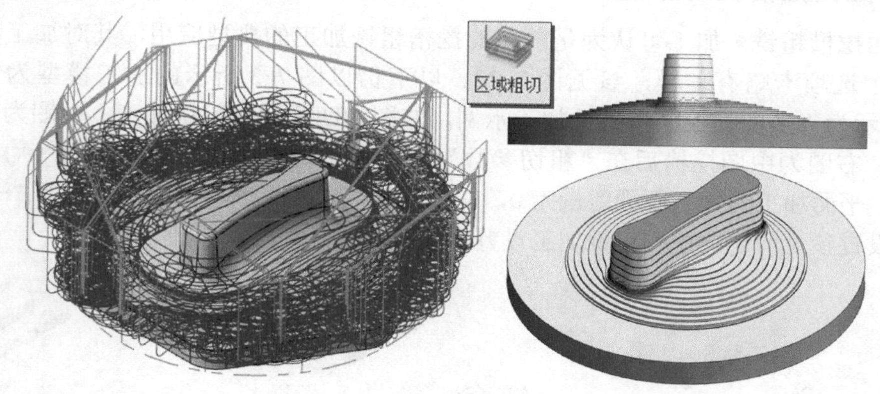

图 7-25 “区域粗铣”加工示例增加切深示例

（4）“摆线方式”选项　主要是为了降低刀具负荷，并使切削过程的切削力更为平稳，这是高速加工的必要条件。图形界面参见图 6-63。

（5）“陡斜 / 浅滩”选项　与优化动态粗铣类似，参见图 7-20。

（6）“共同参数”选项　与优化动态粗铣类似，参见图 7-21。

（7）“进刀方式”选项　其实质是下刀方式，如图 7-26 所示，系统提供了“螺旋进刀”与“斜插进刀”两种方式。

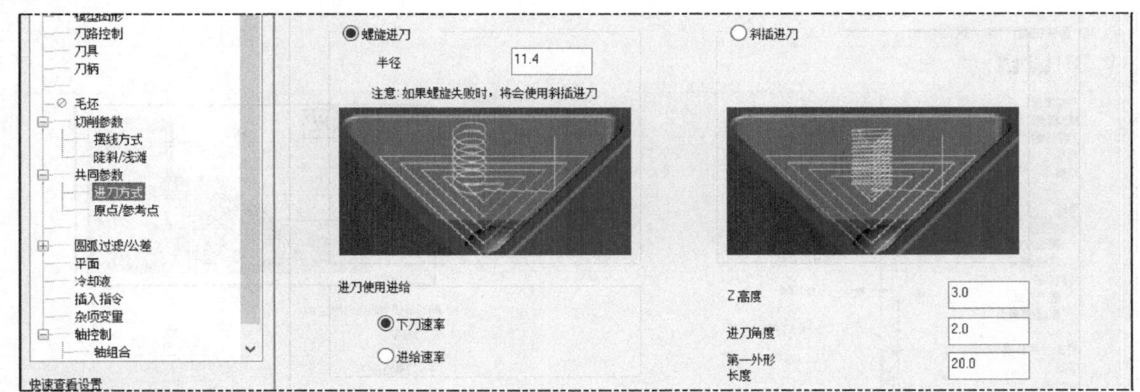

图 7-26 “3D 高速曲面刀路 - 区域粗切”对话框→“进刀方式”选项

（8）“原点 / 参考点”选项　与前述介绍基本相同。

2. 区域粗铣加工设置示例

例 7-5：参照图 7-23 练习区域粗铣加工设置。加工模型参数参见图 3-77。毛坯设置为 ϕ80mm×21mm 圆柱体，上表面留 1mm 加工余量，工件坐标系设置在加工模型上表面几何中心。加工表面为六方底座上表面及其以上部分（参见图 7-23 实体仿真图），加工刀具为 ϕ16mm 平底铣刀。参考点设置为（0，0，120）。其余选项参数参照上述介绍，注意图 7-24 中选择“添加切削”选项并设置图示参数后刀具轨迹及其实体仿真（参见图 7-25）的差异，并体会其应用。

7.2.6 多曲面挖槽粗铣加工

多曲面挖槽粗铣加工可认为是前述的挖槽粗铣加工的典型应用，其对加工参数的设置仅有一个选项卡略有差异，参见图 7-28。以下仍以图 7-3 所示的加工模型为例介绍。图 7-27 所示为“多曲面挖槽粗铣”加工示例，左图为凹槽模型粗铣加工，中图为凸台模型粗铣加工，右图为中图挖槽后在“粗切参数”选项卡中勾选“铣平面”选项 铣平面(F)... 后的平面加工，平面加工的加工面预留量为 0，三例“挖槽参数”选项卡设置参见图 7-28，其余选项卡的设置参见前述的挖槽粗铣加工设置。

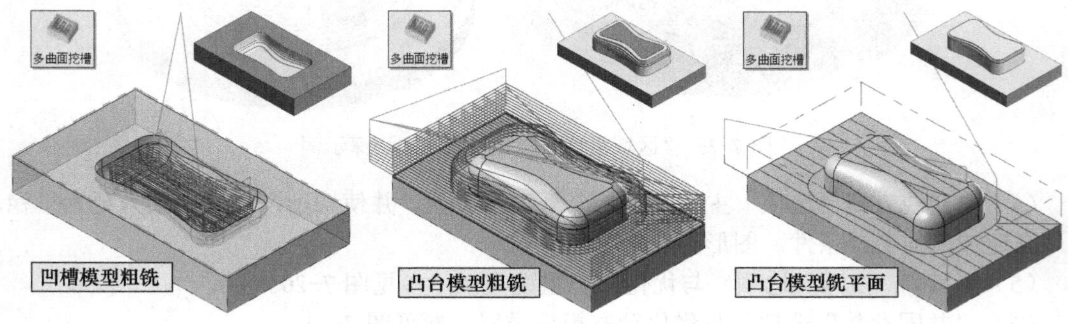

图 7-27 “多曲面挖槽粗铣”加工示例

图 7-28 所示为“多曲面挖槽粗切”对话框→“挖槽参数”选项卡，对照图 7-8 可见差

异部分有两处，一是切削方式列表中的加工方式仅有两项，二是虚线框出的精修部分的设置略有差异，其差异的表现显得更为简化。

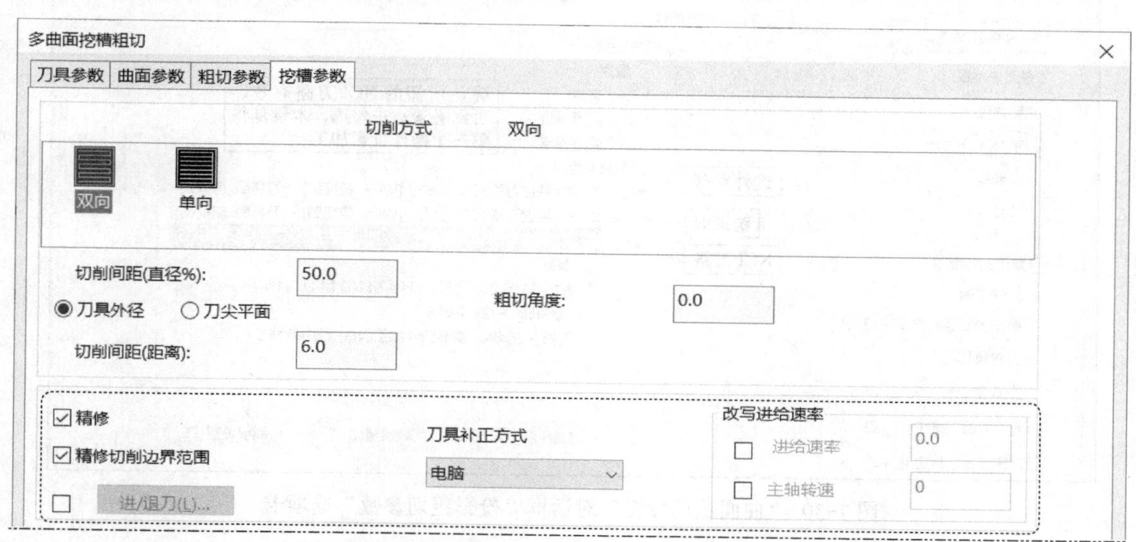

图 7-28 “多曲面挖槽粗切”对话框→“挖槽参数”选项卡

7.2.7　投影粗铣加工

“投影粗铣”加工是指将已有的线、点、刀具路径（NCI）等投影到曲面上进行粗铣加工。图 7-29 所示为一投影粗铣加工示例，其是将已有的一个 NCI 刀路（一个 2D 熔接刀路）投影到图示的加工曲面上的粗铣加工示例（加工余量为 1.0mm），其投影粗铣加工前已用 2D 区域铣削完成铣削轮廓和顶、底平面的加工，如图 7-27 所示。

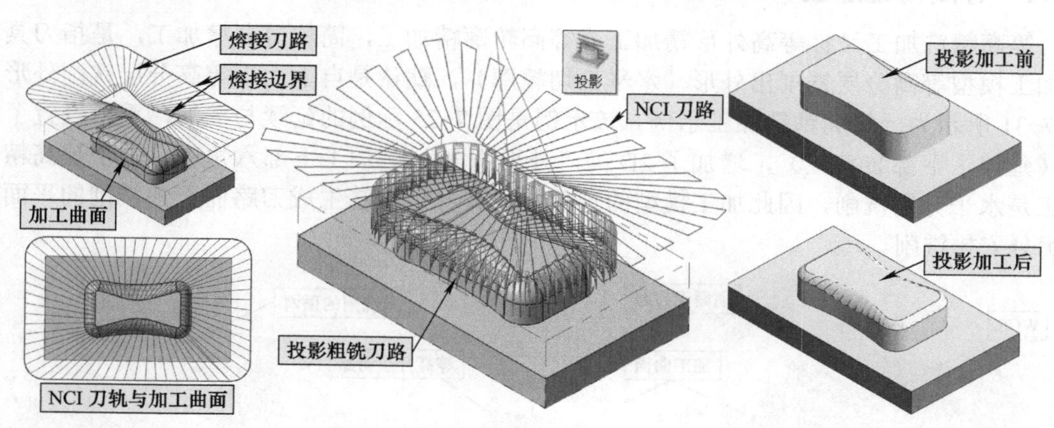

图 7-29 “投影粗铣”加工示例

“投影粗铣”加工的设置主要集中在“曲面粗切投影”对话框的“投影粗切参数”选项卡中，如图 7-30 所示，其投影方式为指定 NCI 刀路投影，“Z 轴最大步进量”为 1.5mm。对话框中的“刀具参数”和“曲面参数”选项卡（设置了加工面预留量为 1.0mm）的设置与前述介绍基本相同。

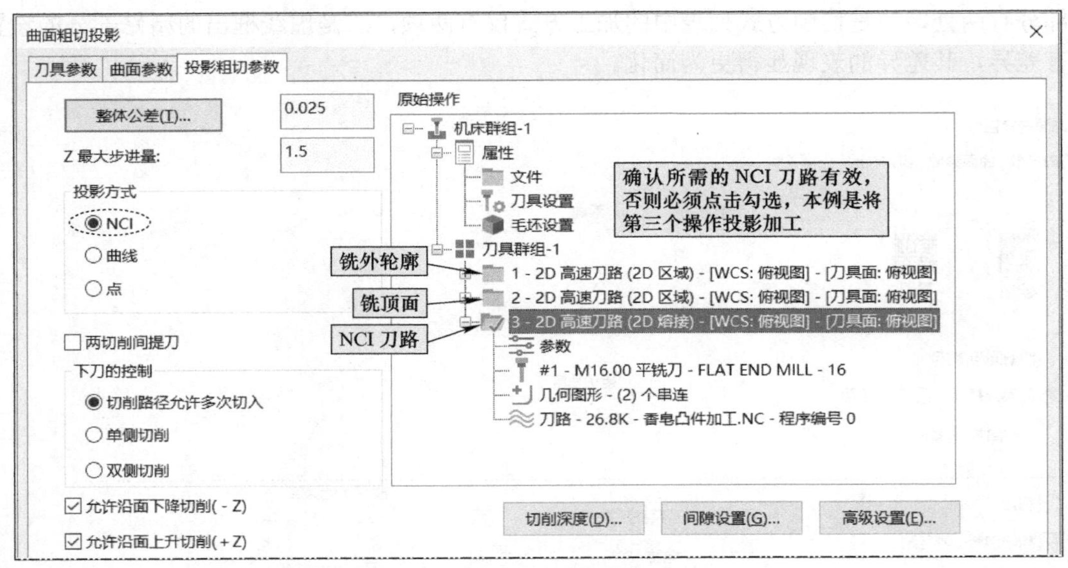

图 7-30 “曲面粗切投影”对话框“投影粗切参数”选项卡

7.3 3D 精铣加工

3D 精铣加工主要用于曲面粗加工之后的进一步加工，以满足所需的加工精度与表面粗糙度要求，因此精加工刀路一般均是一层加工模型表面偏置的刀路。Mastercam 2022 软件提供了 13 种 3D 精加工策略，参见图 7-1。

7.3.1 等高精铣加工

等高精铣加工又称等高外形精加工或等高轮廓精加工，简称等高精加工，是指刀具沿着加工模型等高分层铣削出外形（水平剖切轮廓），默认是自上而下等高分层铣削外形。图 7-31 所示为一等高精铣加工示例。该示例是图 7-25 示例的延续与扩展，重新设置了毛坯（延伸了下部装夹位），增加了 2D 的“外形铣削” 加工下部六角座。由于等高精铣加工是水平分层铣削，因此加工模型的顶部往往有一层无法生成刀路而无法铣削的平面，需另外安排铣削。

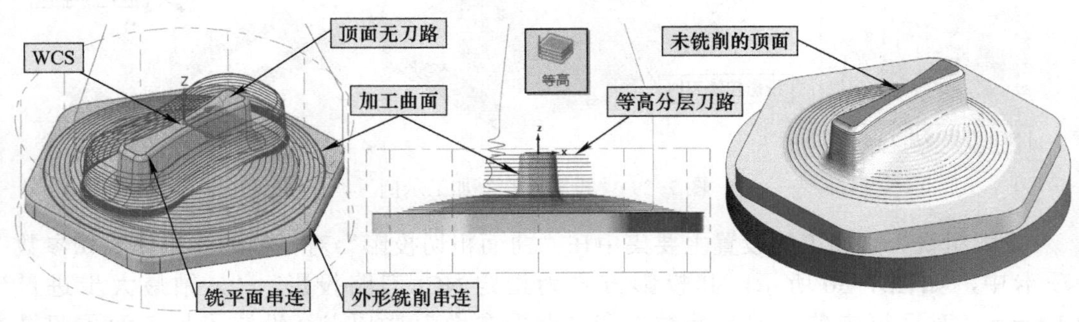

图 7-31 “等高精铣”加工示例

1. 等高精铣加工主要参数设置说明

“等高精铣”加工参数设置主要集中在“3D 高速曲面刀路 - 等高”对话框中，由图 7-32 可见，其与前述的动态高速铣削对话框类似。下面以图 7-31 所示加工示例为例进行说明。

首先是精加工模型的准备，本例精加工之前的工序为，3D 区域粗铣加工→ 2D 外形铣削六边形→ 2D 面铣顶面（一刀式），具体可参见图 7-37。

然后单击“铣床刀路→ 3D →精切→等高”功能按键，弹出“3D 高速曲面刀路 - 等高”对话框的“模型图形”选项页面。

（1）“模型图形”选项　如图 7-32 所示，单击加工图形区下部的“选择图素”按键，选择加工型面（参见图 7-12），设置壁边与底面预留量为 0。

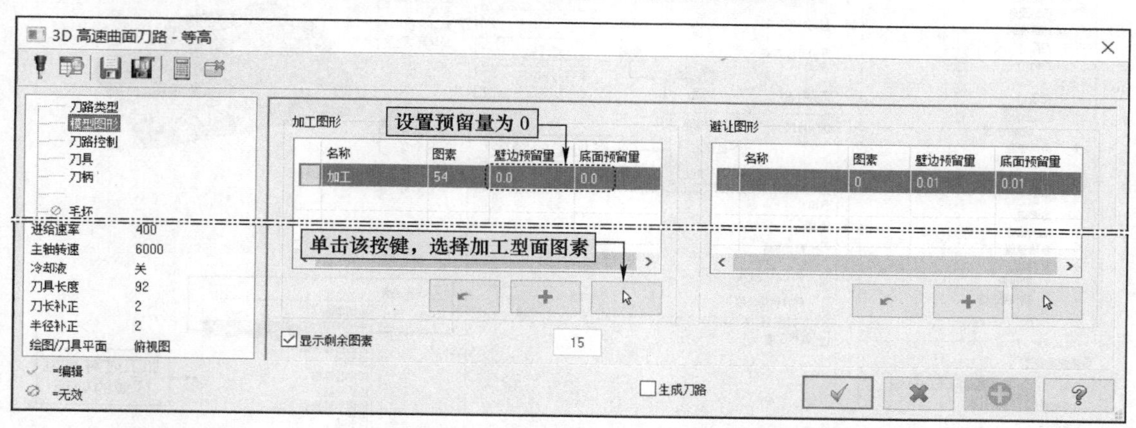

图 7-32　“3D 高速曲面刀路 - 等高”对话框→“模型图形”选项

（2）“刀路类型”选项　单击“3D 高速曲面刀路→等高”对话框左侧项目树“刀路类型”标签进入“刀路类型”选项页，如图 7-33 所示，确认“精修”→“等高”刀路类型有效。

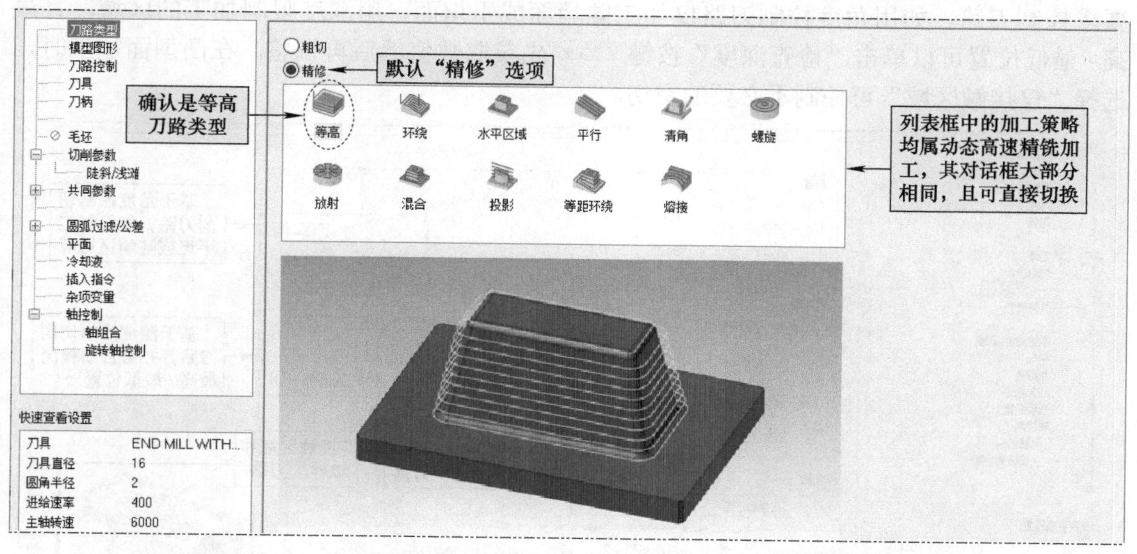

图 7-33　“3D 高速曲面刀路 - 等高”对话框→“刀路类型”选项

（3）“刀路控制”选项　与前述介绍基本相同，参见图 7-17。

（4）“刀具”选项　精铣刀具为一把 D16R2 的圆角立铣刀，另外前三道工序采用的是 ϕ16mm 的平底铣刀。

（5）“切削参数”选项　是等高精铣加工设置的主要部分，如图 7-34 所示。“封闭外形方向”的“顺铣环切”在加工凹面和凸面时的走刀方向正好相反，“逆铣环切”也是如此。“切削排序”默认的“最佳化”可控制刀具保留在某区域加工，直到该区域加工完成后再转到其他区域加工。“下切”部分的参数即深度分层切削的参数，注意，这里勾选了“添加切削”选项设置，所以才会出现图 7-31 所示的刀路，其在平坦球面部分加密了水平分层切削，兼顾陡立面与平坦面的加工。勾选激活“临界深度”选项，可控制平坦区域的加工与处理。

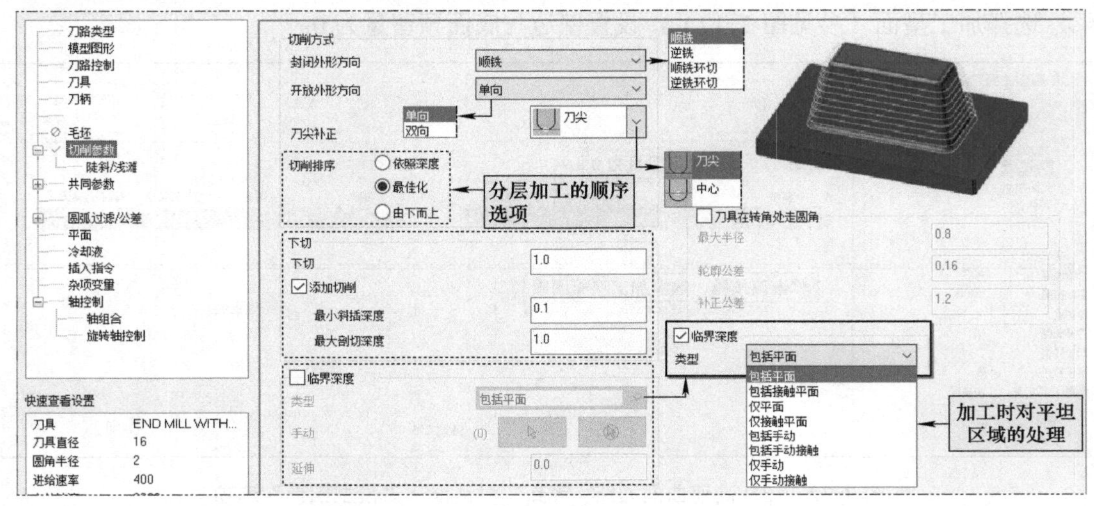

图 7-34 “3D 高速曲面刀路 - 等高”对话框→“切削参数”选项

（6）“陡斜 / 浅滩”选项　其设置如图 7-35 所示。该选项可根据加工型面的特点和要求控制刀路，如用角度控制刀路仅加工陡峭面或平坦面，用深度限制加工的区域，且最高 / 最低位置可以单击“检查深度”按键 检查深度 先获取数值然后再调整。在凸型面加工时，选择“仅接触区域”可控制不必要的空切。

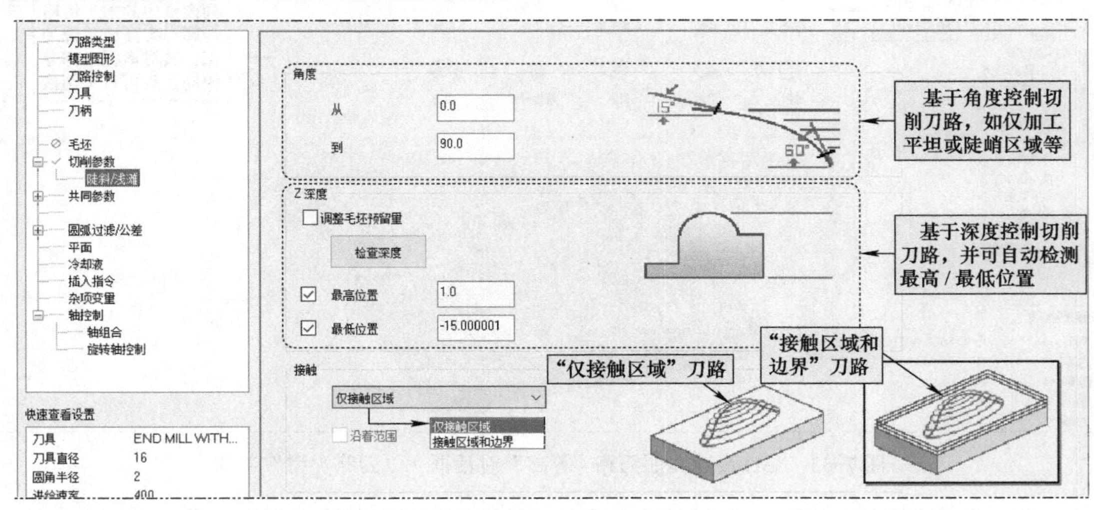

图 7-35 “3D 高速曲面刀路 - 等高”对话框→“陡斜 / 浅滩”选项

（7）“共同参数”选项 其设置如图7-36所示。该共同参数主要用于切削刀路之间的过渡刀路处理，包含的内容较多，读者应多加研习。

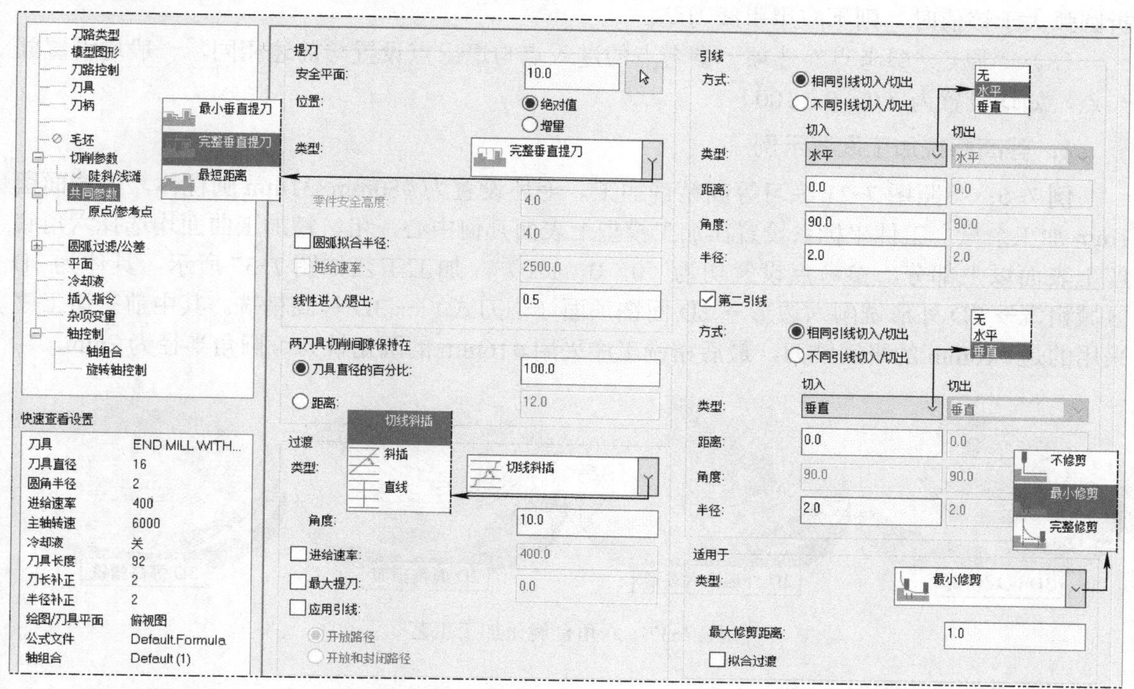

图7-36 “3D高速曲面刀路-等高”对话框→“共同参数”选项设置

“提刀”选项用于控制快速移动与下刀和提刀之间的设置，提刀类型包括“完整垂直提刀”“最小垂直提刀”和“最短距离”三种，其对应的“安全平面”高度参数是刀具横向快速移动不发生碰撞的高度。提刀、下刀、快速移动和进给加工之间可用圆弧过渡，圆弧与圆弧之间可增加适量直线，其参数设置包括圆弧拟合半径和线性进入/退出值。此项设置使得刀具运动简述为，快速移动→圆弧转折→直线→圆弧转折→进给切削……进给切削→圆弧转折→直线→圆弧转折→快速移动，其中过渡段“圆弧转折→直线→圆弧转折”可独立设置进给速度。

“两刀具切削间隙保持在”选项用于控制两个切削刀轨之间的过渡是否提刀，当距离太短时就不提刀直接过渡，参数设置可以是“刀具直径的百分比”或直接“距离”设置。

“过渡”选项用于不同高度切削刀路之间的过渡方式，这段过渡刀路又称为引线，其刀路简述为进给切削→圆弧转折→直线→圆弧转折→进给切削，引线类型有“切线斜插”“斜插”和“直线”三种类型，这个过渡刀路还可独立设置进给速率等。“最大提刀”参数可设定一个数值，当引线高度大于该值时，即用简单退刀替代，不设置圆弧转折，这有助于提高加工效率。过渡引线可适用于开放刀路或开放和封闭刀路。

引线可以切入与切出相同或不同，引线的类型包括“无”“水平”“垂直”三种，其参数设置包括“距离”“角度”和“半径”。引线还可以设置第二组，其类型和参数与第一组相同。

引线刀路还适用于进给侧壁底面之间的转折刀路过渡修剪，包括“不修剪”“最小修剪”和“完整修剪”三种，“不修剪”选项的刀路与轮廓平行，包括垂直→水平直接转折，这种刀路快速加工不稳定，可能出现过切现象。“完整修剪”选项的刀路引用引线参数，出现了圆弧转折，使得高速切削更为平稳。“最小修剪”基于最小修剪距离参数值，当引线转折圆弧大于该值时，则不应用引线刀路。

（8）“原点 / 参考点”选项　参考点的进入点与退出点设置与前述相同，一般均设置同一点，如均设置为（0，0，100）。

2．等高精铣加工设置示例

例 7-6：参照图 7-31 练习等高精铣加工。毛坯设置为 ϕ80mm×31mm 圆柱体，上表面留 1mm 加工余量，工件坐标系设置在加工模型上表面几何中心。粗、精加工曲面均选择六角底座上表面以上部分，参考点设置均为（0，0，120）。加工工艺如图 7-37 所示，具体为 3D 区域粗铣→ 2D 外形铣削六边形→ 2D 面铣顶面（一刀式）→ 3D 等高精铣。其中前三道工序采用的是 ϕ16mm 的平底铣刀，最后精铣工序采用 ϕ16mm 的圆角铣刀，圆角半径为 2mm。

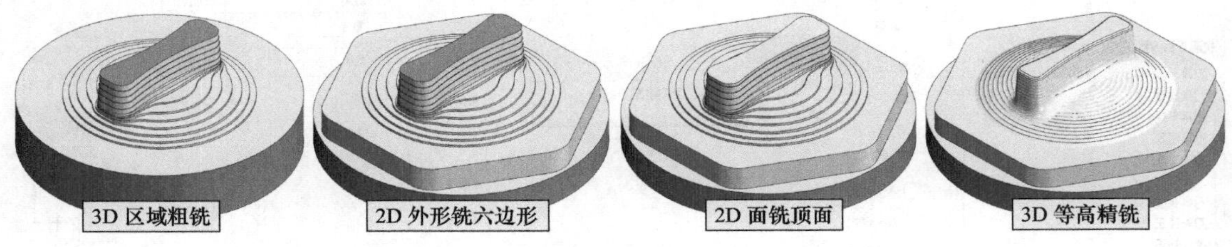

图 7-37　六角台旋钮加工工艺

以下是练习步骤。

1）3D 区域粗铣加工，设置加工至图 7-25 所示状态。

2）2D 外形铣削底部六角台外轮廓，精铣至既定尺寸，贯通 1mm。

3）2D 面铣顶面，注意要从实体模型上提取顶面串连曲线，参见图 7-31。切削参数中的切削类型选择“一刀式”（参见图 6-29），粗切角度 90°。

4）3D 等高精铣加工是本例题的重点，其主要步骤如下：

①“模型图形”选项设置，参见图 7-32。

②“刀路控制”选项设置，控制方式为包含“刀尖”，补正为“中心”，参见图 7-17。

③“刀具”选项设置，设置一把 ϕ16mm 的圆角铣刀，圆角半径为 2mm，其余自定。

④“切削参数”选项设置，参见图 7-34。

⑤“陡斜 / 浅滩”选项设置，参见图 7-35。

⑥“共同参数”选项，安全平面设置为 10.0，其余默认，参见图 7-36。

⑦“原点 / 参考点”选项，设置参考点为（0，0，100）。

设置过程中充分应用不同视角观察刀路，实体仿真、刀路模拟以及最后的程序输出等略。

7.3.2　环绕精铣加工

环绕精铣加工是在加工模型表面生成沿曲面环绕且水平面内等距的刀具轨迹加工。图 7-38 所示为一个“环绕精铣”加工示例。其加工前的粗铣模型为图 7-14 所示的优化动态粗铣加工模型。由于其为外轮廓曲面铣削，其没按常规选择球头铣刀的方式，而是选用了一把 ϕ16mm 圆角铣刀，圆角半径为 2mm。

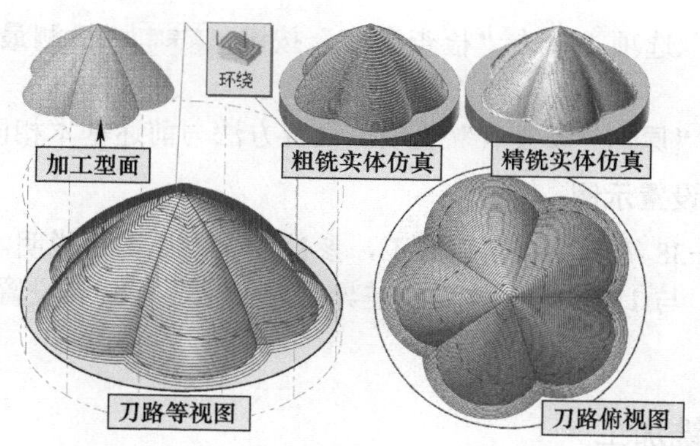

图 7-38　“环绕精铣”加工示例

1. 环绕精铣加工主要参数设置说明

“环绕精铣”加工参数设置主要集中在“3D 高速曲面刀路 - 环绕”对话框中，以图 7-38 所示加工示例为例。

1）单击“铣床刀路→ 3D →精切→环绕”精铣功能按键，弹出“3D 高速曲面刀路 - 环绕”对话框的“模型图形”选项页，参见 7-15。单击加工图形区域右下角的“选择图素”按键，选择图示的加工型面，按 [Enter] 键返回，可看到加工图形列表框中图素数量变为 9，设置壁边预留量和底面预留量为 0（精铣加工常用选项）。注意：由于这里不加工底平面，因此可将上一道优化动态粗铣加工的底面预留量设置为 0。

单击“刀路类型”标签，确认刀路类型为“精修”→“环绕”，由于是单击“环绕”功能按键进入，所以这一步一般不会错，可以省略不做。

2）“刀路控制”选项。主要用于切削范围，刀具相对切削方位的内、外偏置，是否跳过挖槽区域等设置，可参考图 7-17。

3）“刀具”“毛坯”等选项。与前述基本相同。

4）“切削参数”选项。其设置如图 7-39 所示。切削方式有五种，“单向”与“其他路径”分别以顺铣和逆铣方式形成单向加工路径；“双向”每一环绕刀路与上一刀路相反方向切削；“上铣削”或“下铣削”仅在上行或下行方向进行切削；其余设置参见图解。图中残脊高度即切削加工中残留面积高度。其余参数设置参照图解操作。

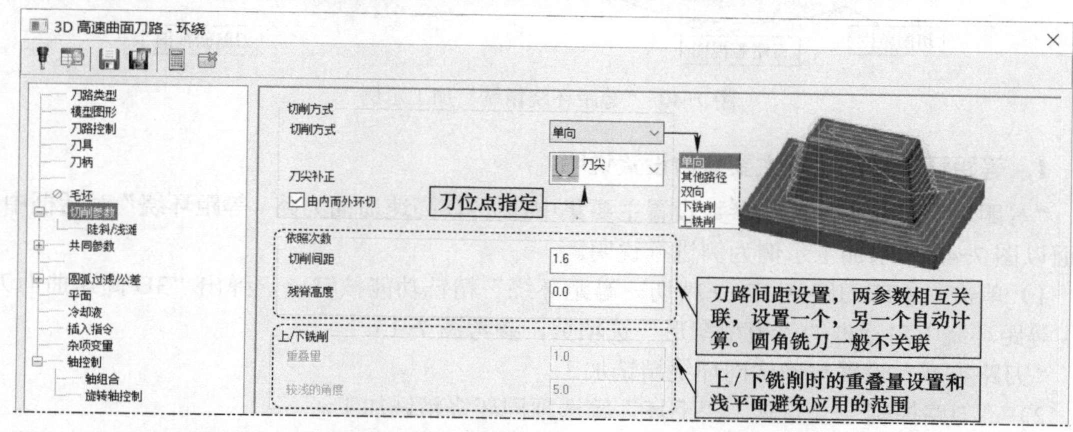

图 7-39　“3D 高速曲面刀路 - 环绕”对话框→“切削参数”选项设置

5）“陡斜 / 浅滩”选项。单击“检查深度”按键[检查深度]，检测最高最低位置，并圆整为 0.0 和 –65.0。

6）“共同参数”“原点 / 参考点”选项。设置方法与前述基本相同。

2．环绕精铣加工设置示例

例 7-7：参照图 7-38 练习环绕精铣加工，参数设置参见上述说明。注意“陡斜 / 浅滩”参数设置为 0°～90°与 1°～90°的刀轨差异，以及是否检测和设置 Z 深度的差异，并分析各自的优缺点。

7.3.3 等距环绕精铣加工

等距环绕精铣加工较环绕精加工的切削参数选项的设置内容更多，更有利于高速铣削加工，图 7-40 所示为其加工示例，其前道工序的粗铣加工亦为优化动态粗铣加工，参见图 7-14。图 7-40 中的刀路切削方式为“顺时针环切”，其刀路可见无不同刀路之间引线的过渡刀路，切削更为平稳，若进一步设置刀路的“平滑处理”，则刀路中的尖角转折转换为曲线平滑过渡，参见图中放大图所示，高速进给时加工稳定，这些都有利于高速铣削加工。

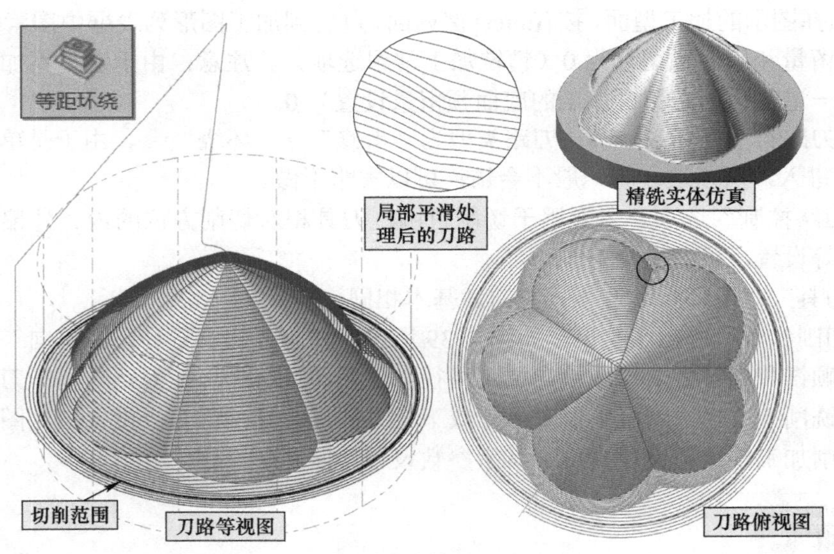

图 7-40 “等距环绕精铣”加工示例

1．等距环绕精铣加工主要参数设置说明

“等距环绕精铣”加工参数设置主要集中在“3D 高速曲面刀路 - 等距环绕”对话框中，下面以图 7-40 所示加工示例为例进行说明。

1）单击“铣床刀路→ 3D →精切→等距环绕”精铣功能按键，弹出“3D 高速曲面刀路 - 等距环绕”对话框的“模型图形”选项页，参考图 7-15。

“刀路类型”设置与确认同环绕精铣加工。

2）“刀路控制”“刀具”“毛坯”等选项同环绕精铣加工。

3）“切削参数”选项。其设置如图 7-41 所示。切削样式分封闭与开放外形方向两类，封闭外形方向有五种，“单向”是以顺铣方式单向切削；“其他路径”是以逆铣方式单向切削，“上铣削”或“下铣削”仅在上行或下行方向进行切削，“顺时针环切”与“逆时针环切”以顺时针和逆时针方向沿螺旋式刀路切削，不存在刀路之间的过渡问题，参见图 7-40。开放外形方向有三种切削方式，“单向”与“其他路径”分别形成顺铣和逆铣的刀路，“双向”则是往复式刀路。刀尖补正实质是设置刀位点，一般选择“刀尖”。“优化切削顺序”复选项是以区域优先原则切削完某个区域后才转入下一个区域加工。“由内向外环切”复选项顾名思义是从内向外切削的刀路。“平滑”复选项可使急剧变化的刀路优化为曲线平滑过渡的刀路，这对高速加工尤为必要，图 7-40 所示放大图为图中圈出部分“平滑”处理后的刀路，读者可具体在软件上尝试观察与理解。其余参数设置参见图 7-41 图解。

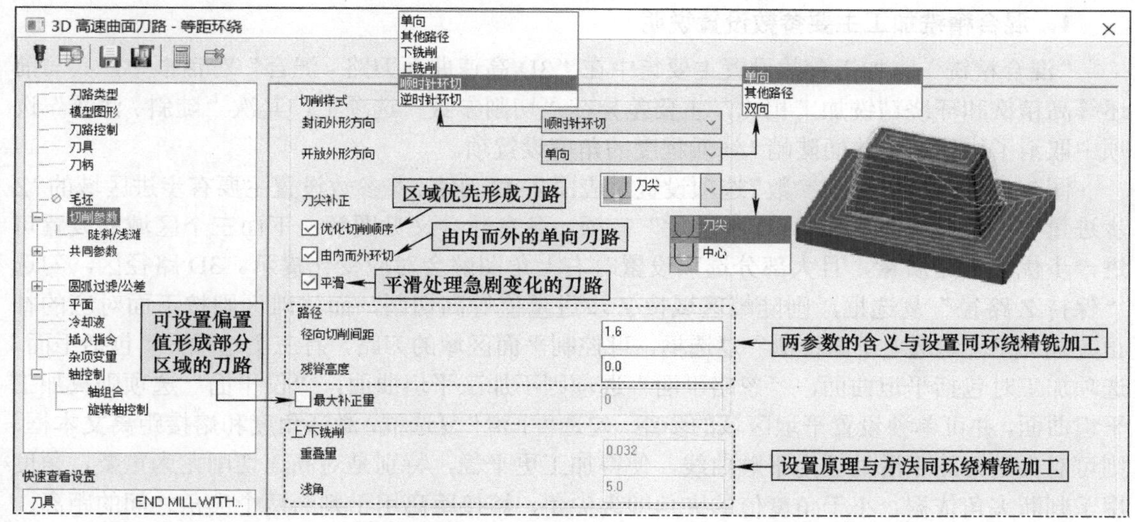

图 7-41　“3D 高速曲面刀路 - 等距环绕”对话框→“切削参数”选项

4）“陡斜 / 浅滩”“共同参数”“原点 / 参考点”选项。设置方法与前述基本相同。

2．等距环绕精铣加工设置示例

例 7-8：参照图 7-40 练习等距环绕精铣加工，参数设置参见上述说明，未尽参数自定。

7.3.4　混合精铣加工

前述的“等高精铣”加工刀路，若在深度分层切削选项中不勾选“添加切削”选项（参见图 7-34），则刀路基于高度分层加工，对于浅滩曲面来说，刀路的水平间距会变得较大。而“环绕铣精”加工的刀路是水平方向间距相等，碰到陡峭曲面，则分层深度会增加。“混合精铣”加工则是这两种刀路的组合，通过设置一个角度分界，陡峭区进行等高精铣，浅滩区则进行环绕精铣，集两者的优势于一身，对于同时具有陡峭与浅滩的加工模型较为适宜。图 7-42 所示为一“混合精铣”加工示例。图中精铣前的加工模型是图 7-37 所示的第二道工序——2D 外形铣六边形。混合精铣加工刀路较好地解决了陡峭与浅滩曲面的加工，一次性将加工模型的整个曲面全部加工出来。

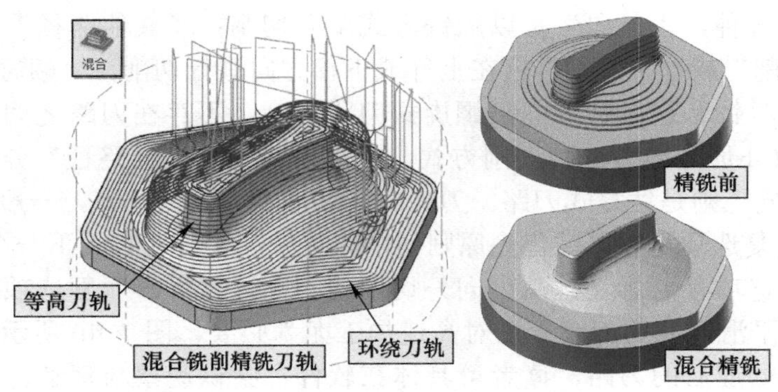

图 7-42 “混合精铣”加工示例

1. 混合精铣加工主要参数设置说明

“混合精铣”加工参数设置主要集中在“3D 高速曲面刀路 - 混合”对话框中，其与前述等高精铣和环绕精铣加工相比，主要差异在“切削参数”选项上，其次“陡斜 / 浅滩”选项中取消了描述加工曲面陡峭 / 浅滩程度的角度设置项。

图 7-43 所示的“切削参数”选项设置对应图 7-42 刀路。其参数设置主要有步进区域的“Z 步进量”“角度限制”和“3D 步进量”三项，各参数含义见图解。下面三个区域的设置可进一步优化刀路质量，且大部分选项设置时右上角图解会对应变化提示。3D 路径区，勾选“保持 Z 路径”复选框，则陡峭区域按 Z 步进量值等高切削，而浅滩区则按下面对应的补正方式加工。勾选“平面检测”复选框，可控制平面区域的刀路，有三个选项，“包括平面”选项加工时包括平坦曲面，“忽略平面”选项则不加工平坦曲面，“仅平面”选项则只加工平坦曲面，并可单独设置平坦区域的步距。勾选“平滑”复选框，激活角度和熔接距离文本框，则可对尖角刀路平滑处理为平顺曲线，使得加工更平稳，特别是对高速切削尤为重要，角度用于判断夹角依据，小于角度值的夹角即为尖角，熔接距离用于判断两个尖角之间的距离，小于这个距离即按平顺曲线处理。

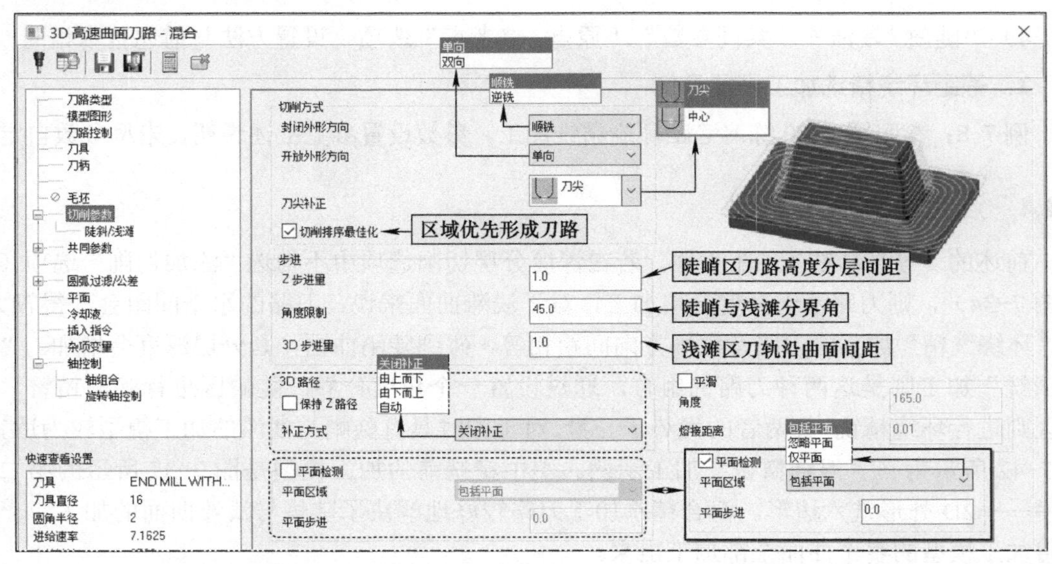

图 7-43 “3D 高速曲面刀路 - 混合”对话框→“切削参数”选项设置

2．混合精铣加工设置示例

例 7-9：参照图 7-42 示例练习混合精铣加工。加工工艺为，区域粗铣加工→ 2D 外形铣削六边形→混合精加工，其中前二道工序与图 7-37 相同。新增加的混合精铣加工采用的是 ϕ16mm 的圆角铣刀，圆角半径为 2mm。参考点设置均为（0，0，120）。

以下是操作步骤。

1）参照例 7-6 的图 7-37 完成区域粗铣与六边形外形铣削加工。

2）进行“混合精铣”加工。加工面的选择与区域铣削粗铣加工相同，主要步骤如下：

① 单击“铣床刀路→ 3D →精切→混合”精铣功能按键，弹出“3D 高速曲面刀路 - 混合”对话框的“模型图形”选项页面。选择加工表面，设置壁边和底面预留量为 0，必要时确认“刀路类型”为“混合”类型。

②“刀路控制”选项，选择边界串连，刀位点单选“刀尖”，补正单选“中心”等。

③“刀具”选项，从刀库中调用一把 ϕ16mm 圆角铣刀，圆角半径为 2mm。

④“切削参数”选项，参照图 7-43。

⑤“陡斜 / 浅滩”选项，采用默认设置即可。

⑥“共同参数”设置，将安全平面高度设置为绝对坐标 10.0mm，其余采用默认设置。

⑦“原点 / 参考点”选项，均设置为（0，0，100）。

后续的刀具轨迹生成与实体仿真等略。

7.3.5　平行精铣加工

平行精铣加工是在一系列间距相等的平行平面中生成一层逼近加工模型轮廓的切削刀路的加工方法，这些平行平面垂直于 *XY* 平面且可设置与 *X* 轴的夹角。其与平行铣削粗加工的差异是深度方向（*Z* 向）不分层。“平行精铣”的加工示例如图 7-44 所示。图中的序号①是图 7-27 右图所示多曲面挖槽粗加工与平面加工的模型，已完成粗铣、两个平面和侧立面精加工。现在用和粗铣加工相同的 ϕ16mm 平底铣刀，基于平行刀路完成精加工。序号②是选择序号③所示加工型面后的加工角度为 0° 的平行精铣加工刀路，实体仿真效果参见序号④，可见其在序号⑥部分的曲面上留有较多的残留余料。序号⑤是选择序号⑥加工曲面和序号⑦干涉面，加工角度为 90° 的平行精铣加工刀路，其实体仿真效果参见序号⑧图形，可见序号④留下的余料基本被去除了。

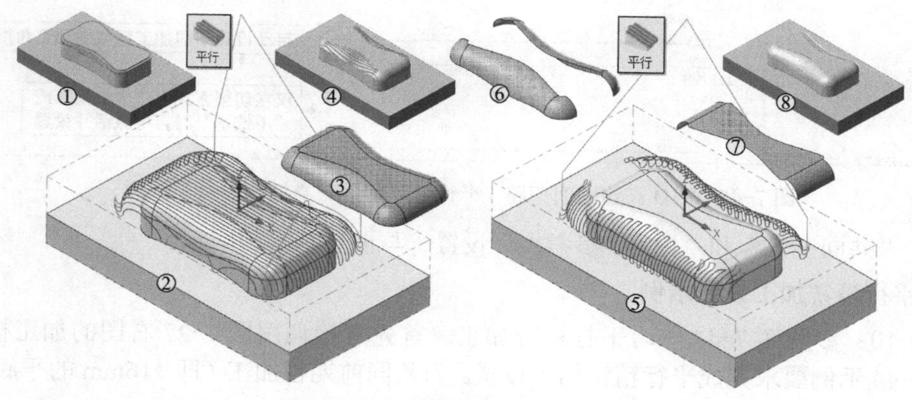

图 7-44　“平行精铣”的加工示例

1. 平行精铣加工主要参数设置说明

“平行精铣”加工参数设置主要集中在“3D 高速曲面刀路 - 平行”对话框中，下面以图 7-44 所示加工示例为例进行介绍。

首先，图 7-44 示例的平行精铣加工是接着图 7-27 右图所示多曲面挖槽粗加工与平面加工的模型进行的。由于加工面的特殊性，这里平底铣刀刀尖轨迹的旋转圆与曲面的接触类似于球头铣刀加工，所以下述的平行精铣加工仍然使用粗铣的平底铣刀。

然后单击“铣床刀路→ 3D →精切→平行”精铣功能按键，弹出“3D 高速曲面刀路 - 平行”对话框的“模型图形”选项页。

（1）“模型图形”选项　参见图 7-15，选择加工面和干涉面，并设置壁边和底面预留量。必要时，再单击“刀路类型”标签进入刀路类型选项页，确认或选择“精修→平行”刀路类型。

（2）“刀路控制”选项　选择边界串连，限制切削范围，刀位点为“刀尖”，补正为“中心”。

（3）“刀具”选项　与前述基本相同，选择 ϕ16mm 平底铣刀。

（4）“切削参数”选项　如图 7-45 所示，切削方式有五种，分别为“单向”（顺铣）、“其他路径”（逆铣）、“双向”“下铣削”和“上铣削”，其与前述基本相同。刀尖补正即刀位点指定，包括刀尖和中心，一般选择默认的“刀尖”选项即可。加工角度的“自定义”单选有效后可在对应的文本框设置刀路与 X 轴的夹角，勾选对应的“垂直填充”复选框，可对垂直侧立面增加垂直的刀路。当选择“下铣削”或“上铣削”切削方式时，会激活“上 / 下铣削”，可设置重叠量和浅平面刀路轨迹。

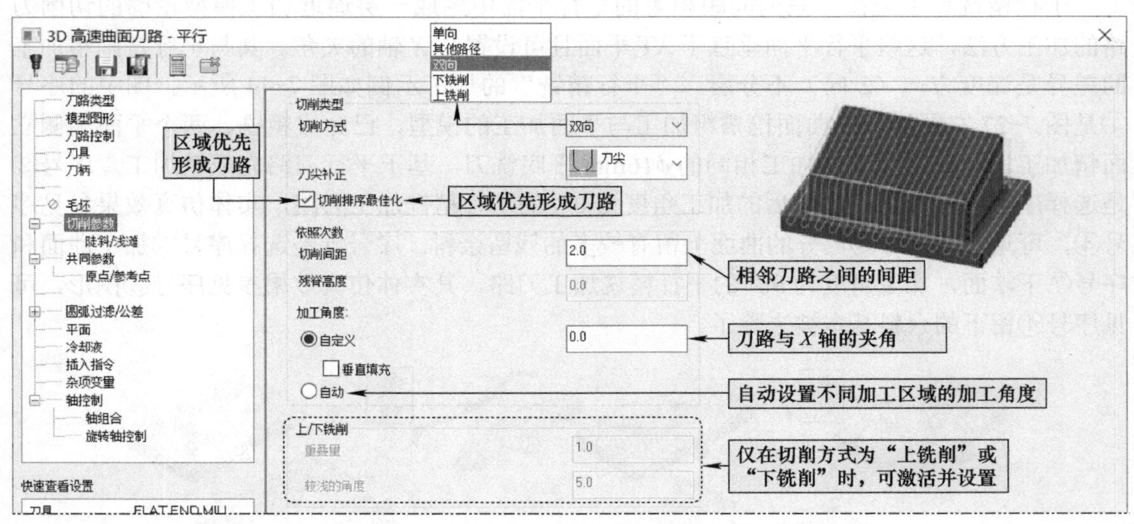

图 7-45 “3D 高速曲面刀路 - 平行”对话框→“切削参数”选项

（5）“共同参数”和“原点 / 参考点”设置　与前述基本相同。

2. 平行精铣加工设置示例

例 7-10：参照图 7-44 练习平行精铣加工。首先直接调用图 7-27 右图的加工模型，然后按图 7-44 示例要求完成平行精铣加工设置。刀具同前期粗加工（即 ϕ16mm 的平底铣刀），参考点均为（0，0，120）。

以下是练习步骤。

1）加工角度为 0° 的平行精铣加工。单击“铣床刀路→3D→精切→平行”精铣功能，弹出“3D 高速曲面刀路 - 平行”对话框的“模型图形”选项页。

①“模型图形”选项。选择型面加工面并设置壁边与底面预留量为 0，选择平面干涉面，并设置壁边与底面预留量为 0.01。

②“刀路控制”选项。本例不设置刀路控制。

③“刀具”选项。借用前述粗铣时的 ϕ16mm 平底铣刀。

④“切削参数”选项。参见图 7-45 设置。

⑤“陡斜 / 浅滩”选项。角度为 0° ～ 90°，其余默认。

⑥“共同参数”选项。提刀安全平面设为 10.0，类型为“最短距离”，零件安全高度为 2.0，过渡类型为“平滑”，其余默认即可。

⑦“原点 / 参考点”选项。进入点与退出点相同，均取（0，0，100）。

设置后的刀具轨迹与实体仿真如图 7-44 序号②与序号④图。

2）加工角度为 90° 的平行精铣加工。主要步骤叙述如下：

① 复制上一个加工角度为 0° 的平行精铣加工操作。

② 在“模型图形”选项页修改加工曲面和干涉面等。具体为单击“重置毛坯值”按键，删除原有加工面，单击“加工面”按键，选择图 7-44 中序号⑥加工曲面。同理，将序号⑦表面设置为干涉面。

③ 修改“切削参数”选项设置，将加工角度设置为 90°。

修改以上设置后，单击“确认”按键，退出“3D 高速曲面刀路 - 平行”对话框。单击“重建全部已选择的操作”按键或“重建全部已失效的操作”按键，重新生成刀路，即可看到图 7-44 序号⑤所示刀路，实体仿真后可看到序号⑧所示图形。

7.3.6　水平区域精铣加工

水平区域精铣加工可在加工曲面中的每个水平平面区域创建加工刀路进行切削加工。前述的挖槽铣削粗加工与多曲面挖槽粗加工策略中也有这种刀路，但这里的水平区域精铣加工更适合现代高速铣削加工。图 7-46 所示为“水平区域精铣”加工示例，其加工前的粗铣示例如图 7-3 所示，水平区域精铣加工时的加工图素与加工范围串连曲线如图 7-46 所示。

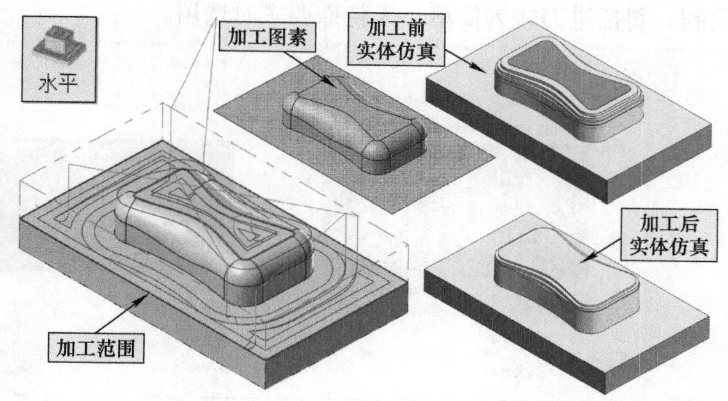

图 7-46 “水平区域精铣”加工示例

1. 水平区域精铣加工主要参数设置说明

“水平区域精铣”加工参数设置主要集中在“3D 高速曲面刀路 - 水平区域”对话框中，其参数选项与前述精加工刀路基本相同，这里仅讨论几项有关的参数选项。

（1）“模型图形”选项　加工图形和避让图形可以是曲面模型的相应曲面或实体模型相应型面，精铣加工壁边与底面预留量一般均为 0。

（2）“刀路控制”选项　选取默认的中心补正。

（3）“刀具”选项　可直接借用粗铣的平底铣刀，如本例的 ϕ16mm 平底铣刀。

（4）“切削参数”选项　如图 7-47 所示，由于此例的加工余量不大，所以分层次数取 1 次，切削间距取得稍大（刀具直径的 40%）。若加工余量较大时，可适当增加分层次数，减小切削间距。高速加工时建议勾选“刀具在转角处走圆角”相关参数设置。较多间断平面铣削时，可适当设置“两刀具切削保持在”选项区的参数。

图 7-47 “3D 高速曲面刀路 - 水平区域”对话框→“切削参数”选项

（5）“摆线方式”选项　摆线方式选项是复杂形状、高速铣削加工模型的选项，水平精铣加工一般可以不用。

（6）“进刀方式”选项　如图 7-48 所示，螺旋进刀较为平稳，高速铣削时选用，但进刀螺旋会受空间限制。斜插进刀较为简单，无特殊要求时选用。

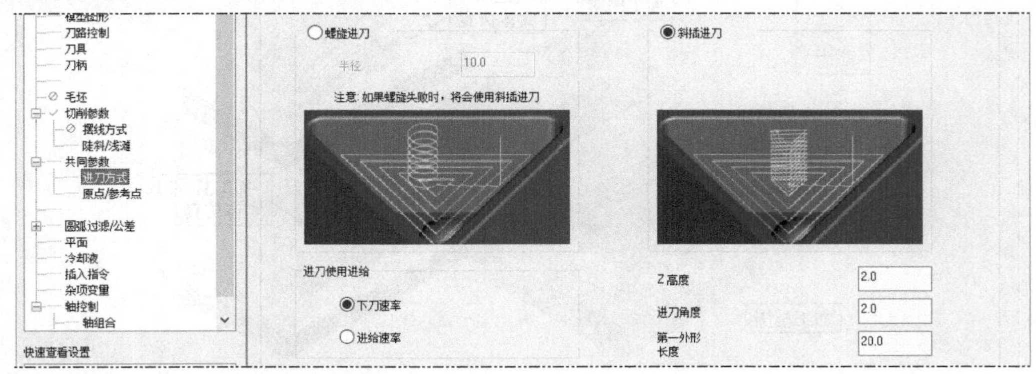

图 7-48 “3D 高速曲面刀路 - 水平区域”对话框→“进刀方式”选项

（7）“共同参数”与“原点 / 参考点”选项　与前述设置基本相同，图 7-46 设置的参考点参数，此处设置为（0，0，100）

2．水平区域精铣加工设置示例

图 7-46 所示的“挖槽铣削粗加工 + 水平区域精铣加工”的工艺方案读者可自行尝试练习。此处给出一个“优化动态粗铣加工 + 水平区域精铣加工”的工艺方案供读者练习。

例 7-11：水平区域精铣加工练习。两工序相同的参数选项为，加工图素与切削范围等如图 7-46 所示，可以是曲面模型相应曲面或实体模型相应型面；刀具均为 ϕ16mm 的平底铣刀；刀具控制均为“中心补正”选项；“陡斜 / 浅滩”选项不选；“共同参数”选项仅修改安全高度为绝对坐标 10mm；参考点均为（0，0，100）。其余选项参见表 7-2，加工刀路与实体仿真如图 7-49 所示，其余未尽参数自定。

表 7-2　水平区域精铣练习参数设置

主要参数名称	优化动态粗铣加工	水平区域精铣加工
刀路类型	粗切，优化动态粗切	精修，水平精铣
毛坯预留量	壁边与底面预留量均为 1.0mm	壁边与底面预留量均为 0.0
切削参数	切削方向为逆铣，切削间距为 25%，分层深度为 10.0mm，步进量为 12.5%，微量提刀距离为 0.25mm，提刀进给速率为 2500.0mm/min，其余默认	参照图 7-47
摆线方式	无	不启用
进刀方式	进刀方式为轮廓，Z 高度为 3.0mm，进刀角度为 2.0°，其余默认	参见图 7-48

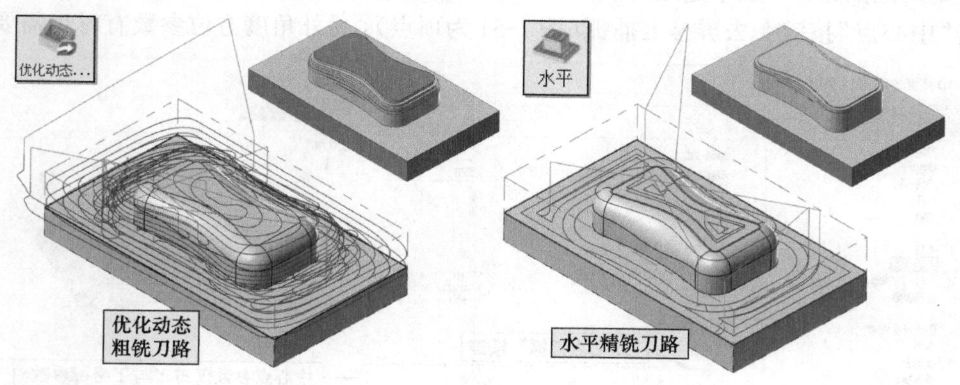

图 7-49　例 7-11 刀具轨迹与实体仿真

7.3.7　放射精铣加工

放射精铣加工又称放射状精加工，是以指定点为中心沿加工曲面径向生成放射状刀路的精加工，从刀路俯视图可见，其可认为是水平面内的放射状刀路投影到曲面后形成的刀路，适合圆形或近似圆形表面的加工。图 7-50 所示为指定点的“放射精铣”加工示例，其上道工序的粗铣加工为图 7-14 所示优化动态粗铣加工。

“放射精铣” 加工参数设置主要集中在“3D 高速曲面刀路 - 放射”对话框中，该对话框与前述 3D 精加工对话框基本相同，以下以图 7-50 所示加工示例为例介绍主要参数选项的设置。

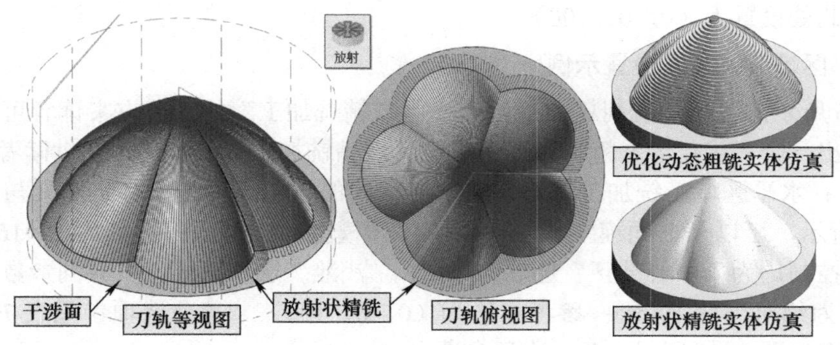

图 7-50 “放射精铣”加工示例

（1）“模型图形”与“刀路类型”选项　启动“铣床刀路→ 3D →精切→放射”精铣命令，弹出“3D 高速曲面刀路 - 放射”对话框，选择加工图素（参见图 7-50），设置壁边和底面预留量，精铣一般预留量为 0，接着选择避让图素——干涉面，设置预留量为 0.01mm。

单击“刀路类型”选项标签，确认为“精修”→“放射”类型。

（2）“刀路控制”选项　选择串连边界，包含“刀尖”，补正为“中心”选项。注意：本例未选边界串连。

（3）“刀具”选项　仍然借用粗铣加工时的 ϕ16mm 平底铣刀。

（4）“切削参数”选项　是放射精铣加工设置的主要部分，如图 7-51 所示，其主要设置参数是切削间距，一般不超过刀具直径的 10%，也可用残脊高度控制。其次是中心点参数，可单击“中心点”按键去屏幕上捕抓（图 7-51 为顶点），另外角度方位参数有时也需要设置。

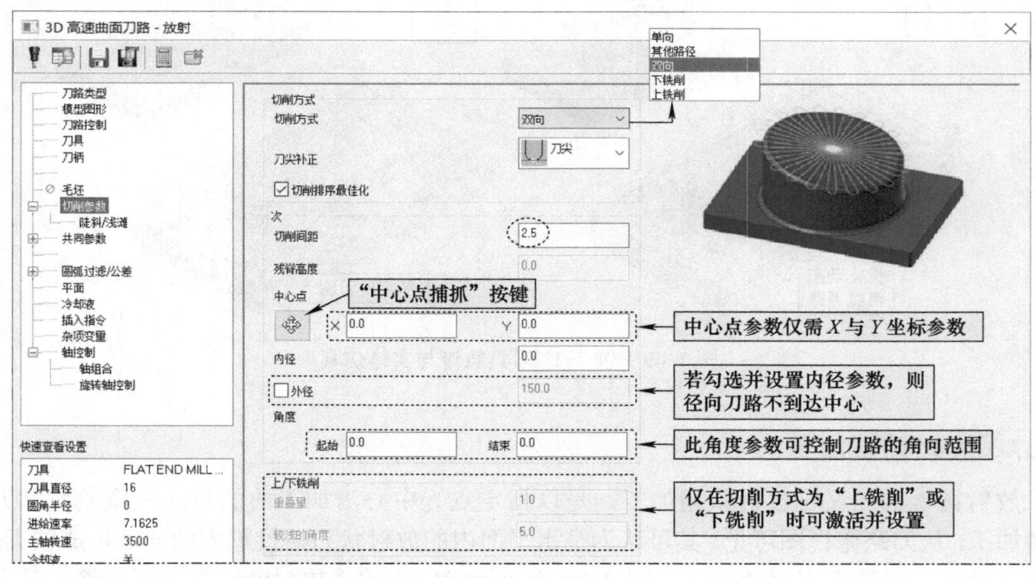

图 7-51 “3D 高速曲面刀路 - 放射”对话框→“切削参数”选项

（5）“陡斜 / 浅滩”选项　按默认设置即可。

（6）“共同参数”选项　一般仅修改安全高度为绝对坐标 10mm 即可。

（7）“原点 / 参考点”选项　仅需设置参考点参数，此处设置为（0，0，100）。

7.3.8 螺旋精铣加工

螺旋精铣加工是以指定的点为中心生成的螺旋线投影到加工曲面上生成的刀路精加工，类似于UG中固定轴轮廓铣螺旋线驱动方式的刀具轨迹精加工。图7-52所示为指定点的“螺旋精铣”加工示例。其上道工序的粗铣加工为图7-14所示优化动态粗铣加工。

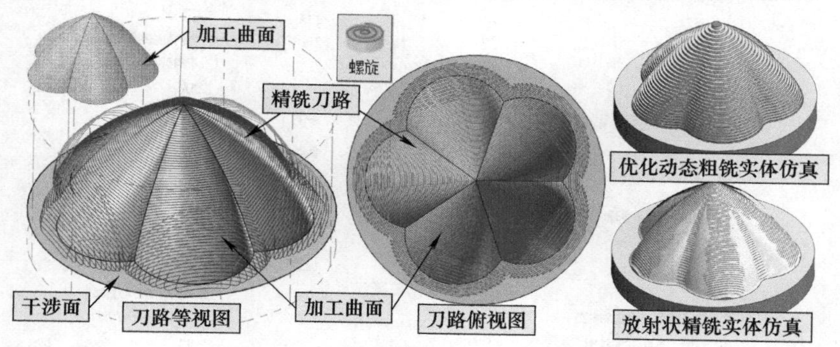

图7-52 “螺旋精铣”加工示例

“螺旋精铣”加工参数设置主要集中在“3D高速曲面刀路-螺旋”对话框中，其与放射精铣加工对话框选项基本相同，下面以图7-52所示加工示例为例介绍主要的参数设置。

（1）“模型图形”与“刀路类型”选项　启动“铣床刀路→3D→精切→螺旋”精铣命令，弹出“3D高速曲面刀路-螺旋”对话框，选择加工图素（加工曲面，参见图7-52），设置壁边预留量，精铣一般预留量为0，接着选择避让图素（干涉面），设置预留量为0.01mm。然后单击“刀路类型”选项文字，确认为“精修”→“螺旋”类型。

（2）“刀路控制”选项　选择串连边界，包含“刀尖”，补正为“中心”选项。注意：本例不选边界串连。

（3）“刀具”选项　从刀库中调用一把ϕ16mm圆角铣刀，刀尖圆角为R2.0mm。

（4）“切削参数”选项　是螺旋精铣加工设置的主要部分，如图7-53所示，对照放射精铣加工可见其设置参数基本相同，主要参数设置参照图解操作即可。

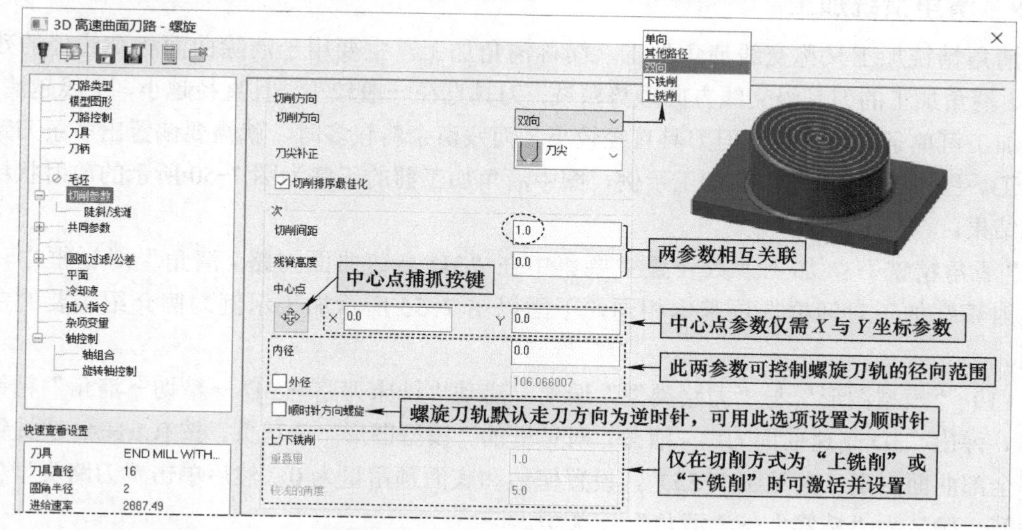

图7-53 “3D高速曲面刀路-螺旋”对话框→“切削参数”选项

（5）“陡斜 / 浅滩”选项　按默认设置即可。

（6）“共同参数”选项　如图 7-54 所示，除了修改安全平面高度为绝对坐标 10mm，还修改了提刀类型为“最短距离”。

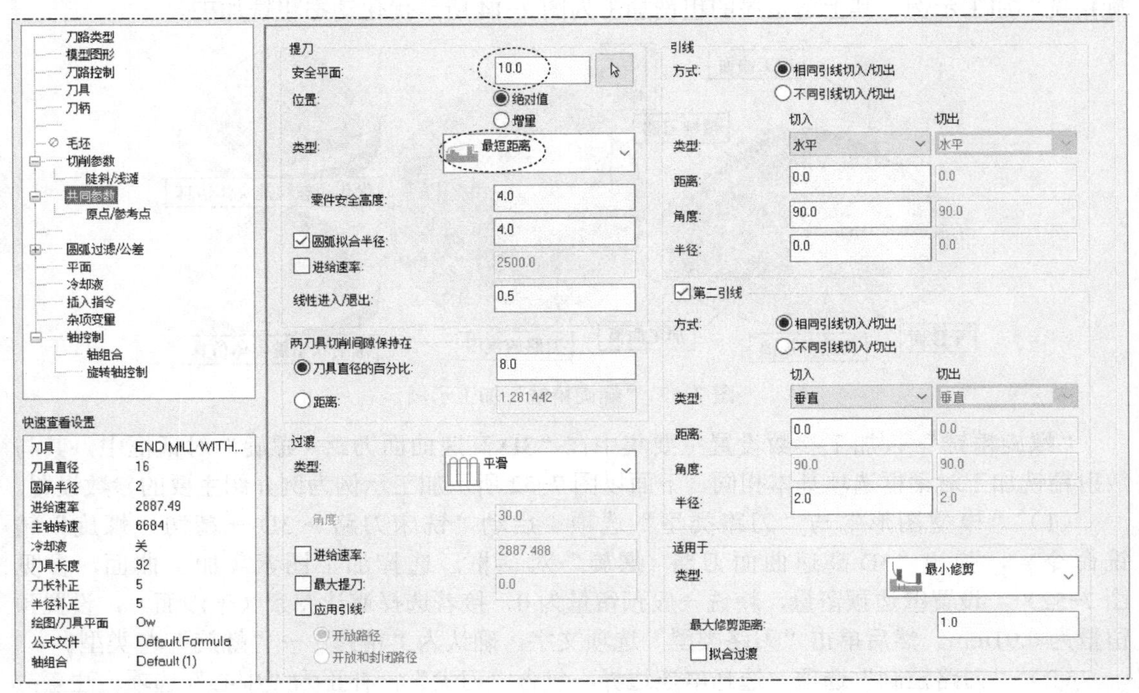

图 7-54 “3D 高速曲面刀路 - 螺旋”对话框→“共同参数”选项

（7）“原点 / 参考点”选项　仅需设置参考点参数，此处设置为（0，0，100）。

7.3.9 清角精铣加工

清角精铣加工又称交线清角加工，简称清角加工，主要用于清除曲面相交线处的残余材料。清角加工的刀具沿交线方向顺势精铣，刀具直径一般较小，且直径越小，交线越清晰。清角加工可单条刀路精铣，但刀具直径较小，而残留余料较多时，就需要偏置出多条刀路清角加工。图 7-55 所示为清角加工示例，图中清角加工前的工序为图 7-50 所示的放射状精铣加工结果。

“清角精铣”加工参数设置主要集中在“3D 高速曲面刀路 - 清角”对话框中，其与放射精铣加工对话框选项基本相同，下面以图 7-55 所示加工示例为例介绍主要的参数选项。

（1）“模型图形”与“刀路类型”选项　启动“铣床刀路→ 3D →精切→清角”精铣功能，弹出“3D 高速曲面刀路 - 清角”对话框的“模型图形”选项页，按 [Ctrl+A] 快捷键，选择全部曲面图素（参见图 7-55），设置壁边和底面预留量为 0。然后单击“刀路类型”文字标签，确认为“精修”→“清角”类型。

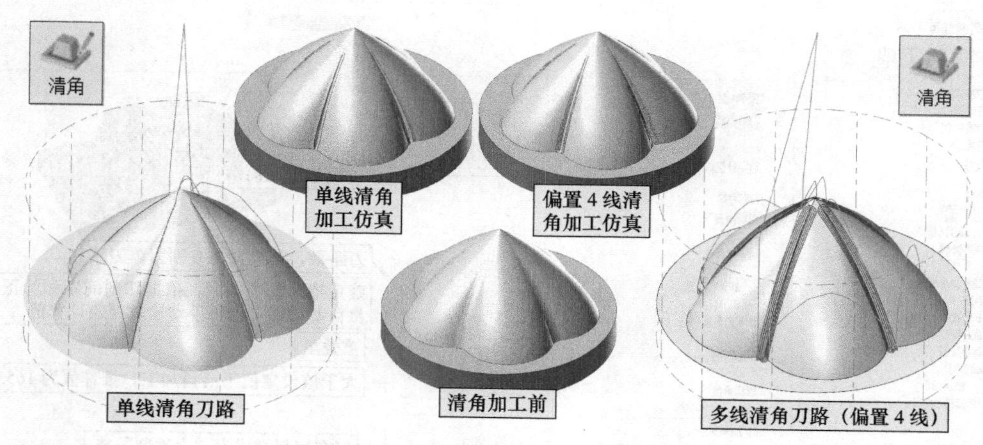

图 7-55　“清角精铣”加工示例

（2）“刀路控制”选项　选择串连边界，包含“刀尖”，补正为“中心”选项。注意：本例未选边界串连。

（3）“刀具”选项　在刀路列表框中单击鼠标右键，弹出快捷菜单，单击“创建刀具”命令，启动“定义刀具”对话框，按图 7-56 所示的参数创建一把锥度铣刀，刀尖直径为 2mm，角度为 15°，总长度为 100mm，命名为“锥度铣刀 -2-15°”。

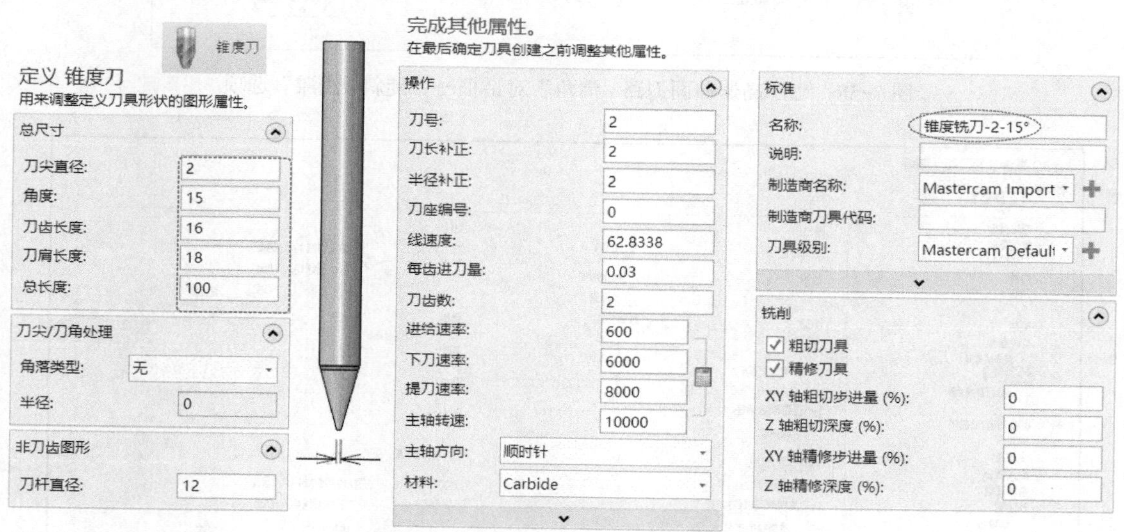

图 7-56　创建锥度铣刀参数设置

（4）“切削参数”选项　是清角精铣加工设置的主要部分，如图 7-57 所示，切削方式与前述相同，包括“单向”“其他路径”“双向”“下切削”和“上切削”。刀尖补正即刀位点设置，同前所述。切削间距和最大补正量是清角精铣加工的主要设置参数，其他按默认值即可。

（5）“陡斜 / 浅滩”选项　如图 7-58 所示，将“从”参数设置为 0.2，设置大于 0 可以避免在底平面清角刀具路径的生成。

（6）“共同参数”选项　参照图 7-59 图解设置即可，注意圈出部分的参数设置。

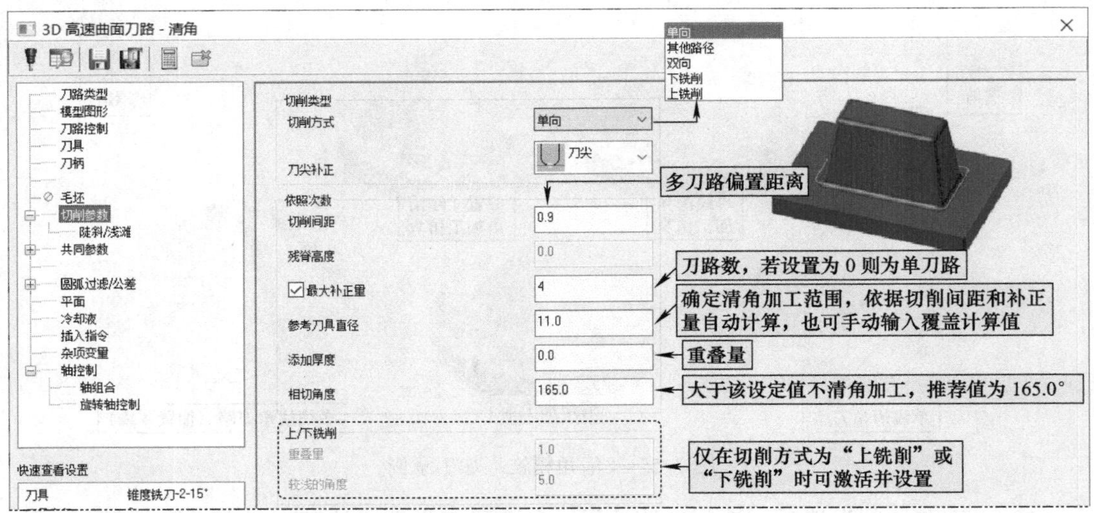

图 7-57 “3D 高速曲面刀路 - 清角”对话框→“切削参数”选项

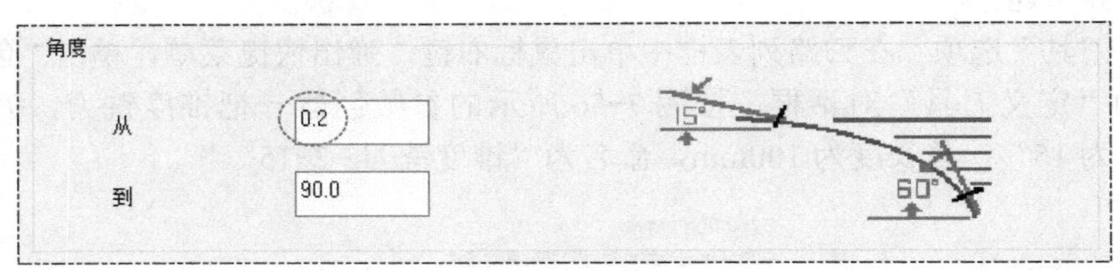

图 7-58 “3D 高速曲面刀路 - 清角”对话框→“陡斜 / 浅滩”选项

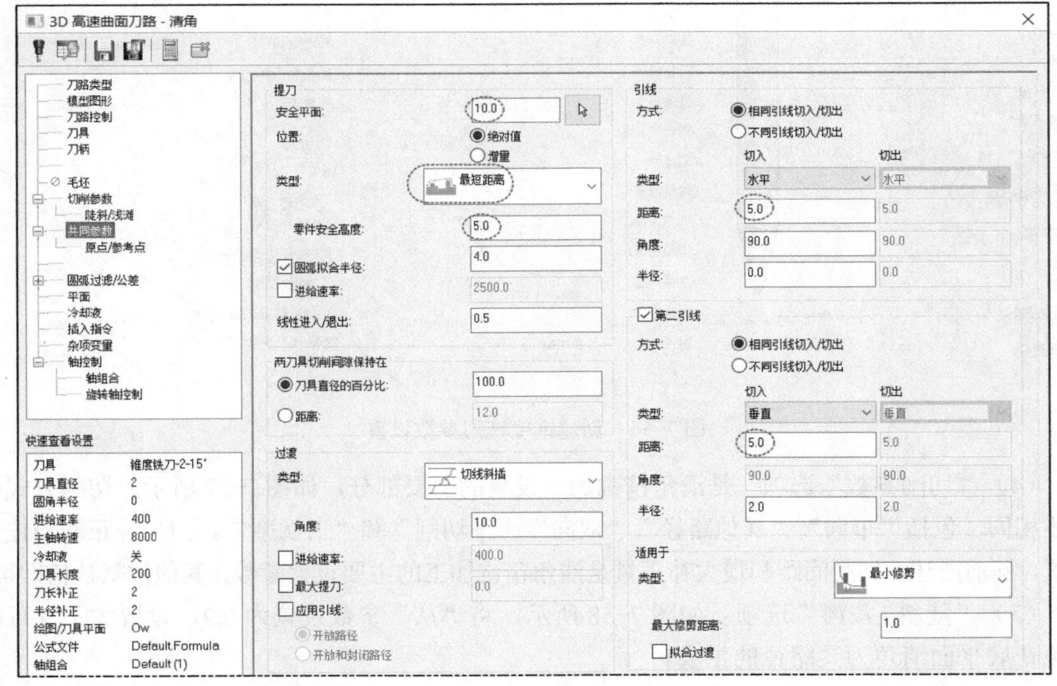

图 7-59 “3D 高速曲面刀路 - 清角”对话框→“共同参数”选项

（7）“原点 / 参考点”选项　仅需将参考点的进入点与退出点参数均设置为（0，0，100）即可。

7.3.10　投影精铣加工

投影精铣加工与投影铣削粗加工的原理基本相同，只是这里投影出的是精铣刀路，即只有一层沿曲面移动的刀路。图 7-60 所示为“投影精铣”加工示例，其是将一个已有的 NCI 刀路（一个 2D 熔接刀路）投影到图示的加工曲面上生成投影精加工刀路，该 NCI 刀路是一个加工面上由两条熔接边界生成的 2D 熔接刀路，刀路为截断方向，最大步进量（轨迹间距）为 2mm。为防止已加工表面受损，选择了加工模型上如图所示的干涉面。投影精铣刀路只加工一刀。该投影精加工前的加工工序为图 7-27 右图所示状态，即“多曲面挖槽粗铣 + 多曲面挖槽铣平面”两刀加工。

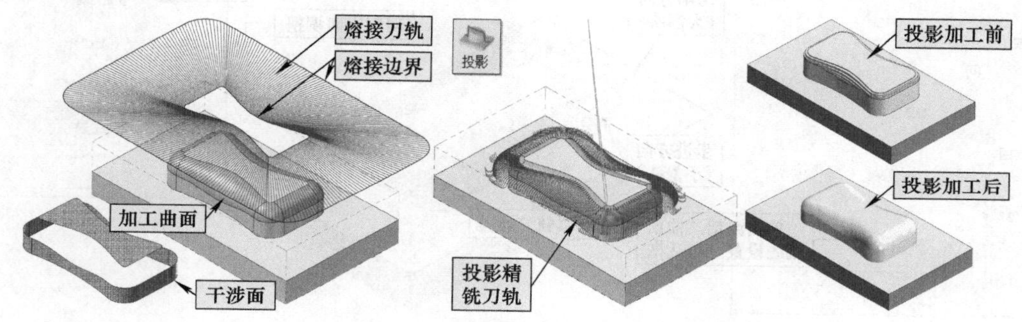

图 7-60　“投影精铣”加工示例

该加工示例自行操作并不难，关键是 NCI 刀路，其实质是一个 2D 熔接铣削加工刀路，加工原理参见章节 6.3.5。

7.3.11　流线精铣加工

流线精铣加工指刀具沿着加工曲面的流线方向或截断方向的切削加工。图 7-61 所示为“流线精铣”加工示例，图中流线加工前的加工工序为图 7-27 右图所示状态，即“多曲面挖槽粗铣 + 多曲面挖槽铣平面”两刀加工，其使用的刀具为 ϕ16mm 平底铣刀。流线加工时的加工曲面为加工模型的倒圆角部分，加工刀具分别为 ϕ16mm 圆角铣刀（刀尖圆角 R2.0mm）和平底铣刀，参考点为（0，0，100）。

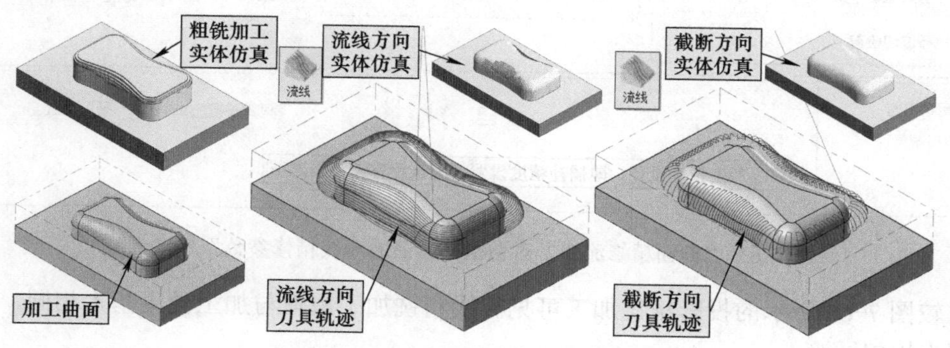

图 7-61　“流线精铣”加工示例

启动“铣床刀路→ 3D →精切→流线”精铣功能，弹出“刀路曲面选择”对话框，如图 7-62 所示，可选择加工面、干涉面和切削范围等，单击下部的曲面流线按键，弹出“曲面流线设置”对话框，可对流线刀路进行设置。流线刀路设置时，视窗上图形会显示切削方向和步进方向箭头和预览的流线，单击对话框中的相关按键可预览流线的变化，如图中显示了流线方式顺时针方向切削，步进方向从上而下，值得注意的是选择加工面的先后顺序对刀路的起点有所影响。

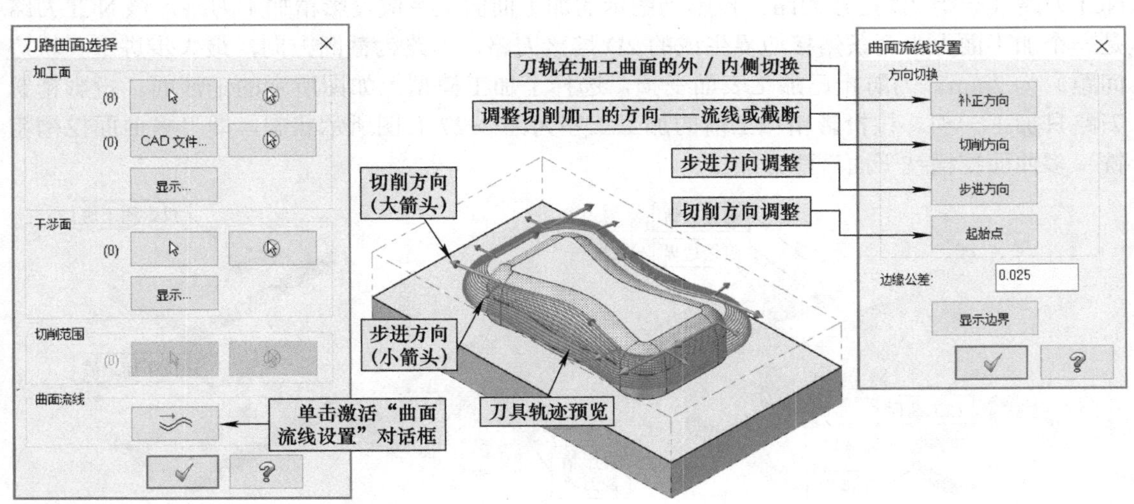

图 7-62 “流线精铣”加工曲面选择与流线设置

流线精铣加工设置对话框——“曲面精修流线”属于老版本，包括“刀具参数”“曲面参数”与“曲面流线精修参数”三个选项卡。图 7-63 所示是“曲面流线精修参数”选项卡及主要参数选项说明。图中截断方向切削步距设置为 2.0。

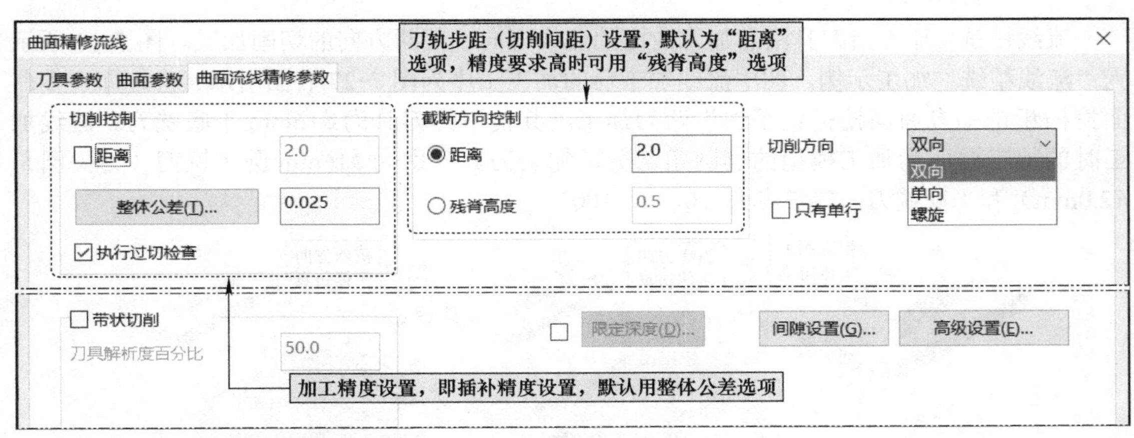

图 7-63 “曲面精修流线”对话框→“曲面流线精修参数”选项卡

比较图 7-60 所示的投影精铣加工可见流线精铣加工原理与加工效果基本相同，但加工误差更为均匀过渡。

7.3.12　熔接精铣加工

熔接精铣加工是在两个熔接边界串连曲线之间创建一个熔接刀具路径，并应用于指定的加工曲面生成熔接精加工刀路。注意，两个熔接边界线可以是封闭或开放曲线，甚至其中的一个串连曲线可以是一个点。串连曲线可以是同一平面内的，也可以是不同平面内的；可以是曲线图素，也可以是实体模型边界图素。串连曲线的选择顺序、位置和方向直接控制刀具轨迹的起始点与切削方向等。图 7-64 所示为“熔接精铣”加工示例，包括截断方向与引导方向的熔接加工刀路，粗铣加工操作同图 7-61，加工曲面为倒圆角曲面，熔接串连曲线可选用图中任一组，注意串连曲线起点尽可能处于同一方位。

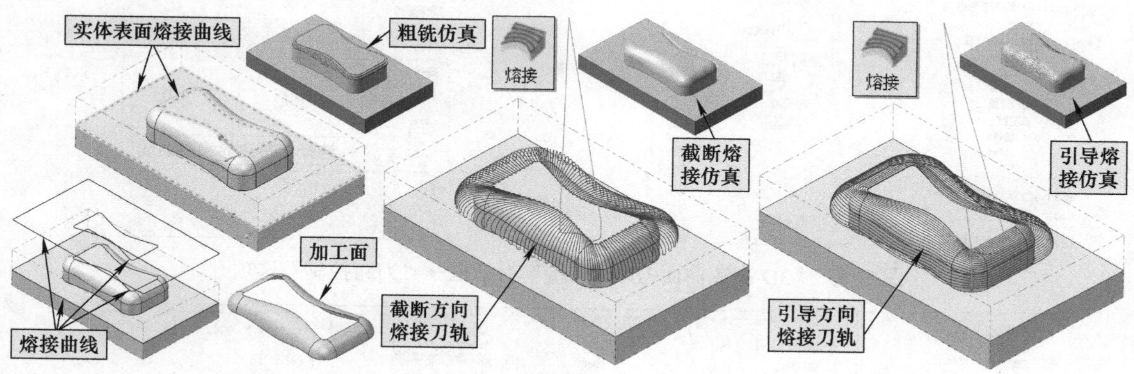

图 7-64　“熔接精铣”加工示例

“熔接精铣”加工参数设置主要集中在“3D 高速曲面刀路 - 熔接”对话框中，以下以图 7-64 所示加工示例为例介绍主要的参数选项。

（1）“模型图形”与“刀路类型”选项　启动“铣床刀路→ 3D →精切→熔接”　精铣功能，弹出“3D 高速曲面刀路 - 熔接”对话框的“模型图形”选项页，依次顺序选取图示加工面，设置壁边和底面预留量为 0，不设置干涉面。然后单击“刀路类型”选项，确认为“精修”→“熔接”类型。

（2）“刀路控制”选项　如图 7-65 所示，大部分设置前述已介绍，注意图中虚线框处曲线选项部分即时熔接边界曲线选择部分，单击“选择”按键，弹出“实体串连”对话框，按图 7-64 所示“实体串连”图解选择实体模型上相关模型边界，单击“确定”按键完成熔接边界的选择。说明，单击“实体串连”对话框上部模式选项区的“线框”按键，可切换为“线框串连”对话框，用于选择曲线图素边界；“刀路控制”选项中其他参数设置前述已有介绍，此处略。

（3）“刀具”选项　从刀库中调用 ϕ16mm 平底铣刀和 ϕ16mm 圆角铣刀（圆角 R2.0mm）各一把。

（4）“切削参数”选项　如图 7-66 所示，切削方式较多，其中“单向”“其他路径”“双向”“下铣削”“上铣削”几种方式前面已介绍，这里介绍“由内而外”“由外而内”和“环切”三种切削方式。由内而外指从一簇刀路的中间刀路逐渐向两外侧均匀扩展的刀路；由外向内则正好相反，是从一簇刀路的两外侧刀路逐渐向中间刀路均匀收缩的刀路；环切方式是从加工面一侧边界处起始切入连续熔接螺旋式切削到另一侧的刀路，类似于螺旋刀路，单节距是熔接变化的。步进量是基于两边界入口垂直端面度量的量导轨之间的步进值。熔接投影方式有 2D 和 3D 两种，其中 2D 的方向有“截断”与“引导”两选项。以上八种切削方式与两种投影方式可组合成较多的刀路方案，读者可多加研习。下部的“压平串连”主要是加工精度的设置。

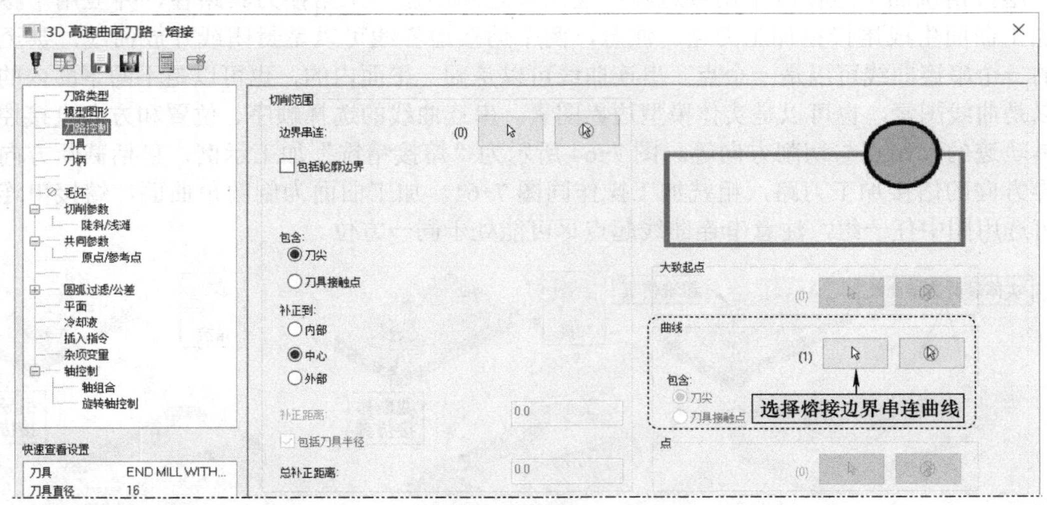

图 7-65 “3D 高速曲面刀路 - 熔接”对话框→“刀路控制”选项

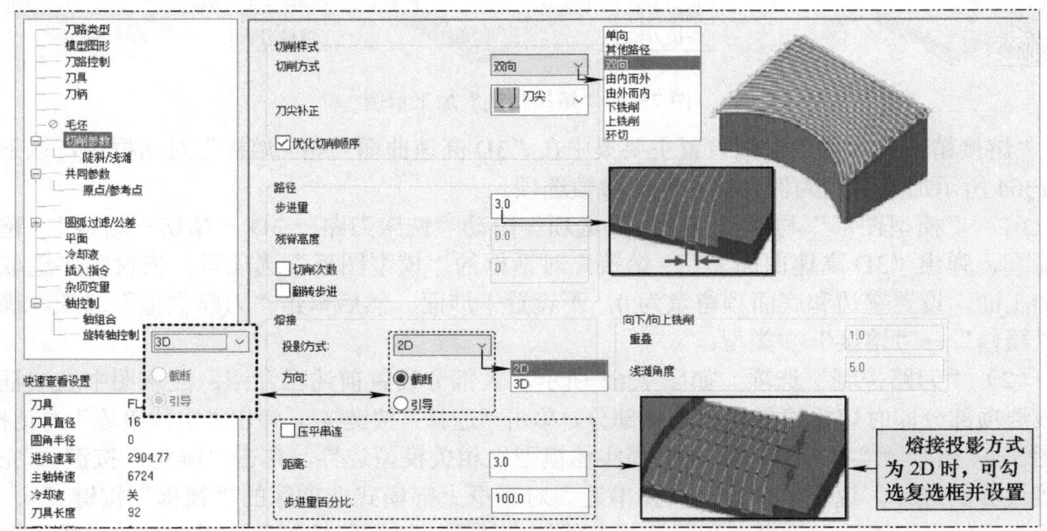

图 7-66 “3D 高速曲面刀路 - 熔接”对话框→“切削参数”选项

图 7-64 示例中切削参数设置为，截断方向熔接刀路“双向”切削方式，步进量为“3.0”，熔接投影方式为“2D”；引导方向熔接刀路“环切”切削方式，步进量为“1.5”，熔接投影方式为“3D”。

（5）“陡斜 / 浅滩”选项　采用系统默认值。

（6）“共同参数”选项　安全平面高度设置为“10.0mm”，“完整垂直提刀”类型，其余采用系统默认值。

（7）“原点 / 参考点”选项　进入点与退出点均设置为（0，0，100）。

比较图 7-60 所示的投影精铣加工可见熔接精铣加工原理与加工效果基本相同，但加工误差更为均匀过渡。

7.3.13 传统等高精铣加工

传统等高精铣加工的“传统”两字是相对 7.3.1 节中介绍的等高精铣加工而言的，启动该功能时会发现其对话框是老版本的界面。图 7-67 所示为将例 7-6 的图 7-37 中“3D 等高精铣加工”替换为“传统等高精铣”加工示例，读者可以对照学习，相比而言，传统等高精铣加工在平坦区域处理、刀路均匀性与高速加工平顺性方面略逊一筹，但其平面区域铣削功能有时又显得略强，总体而言，对于传统的非高速铣削加工而言，也基本能满足使用要求。

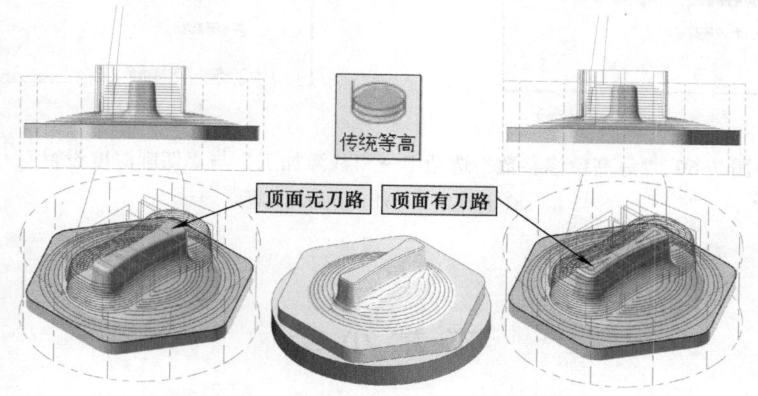

图 7-67 “传统等高精铣”加工示例

“传统等高精铣”加工设置对话框同样也是三个选项卡，图 7-68 所示是其“等高精修参数”选项卡及主要参数选项说明。图 7-67 左图是顶面无刀路的加工路径设置，由于下部有较大面积的浅滩区域，因此勾选了“浅滩 ...”选项，并设置了浅滩参数，如图 7-69a 所示，另外对切削深度也做了相关设置，如图 7-69b 所示。若继续勾选“平面区域 ...”选项，将平面区域步进量设置为 2，则可看到图 7-67 右图顶面增加了刀路的加工刀路，这时可省略例 7-6 中的“2D 面铣铣顶面”操作。实体仿真显示两种方案的铣削效果基本相同。

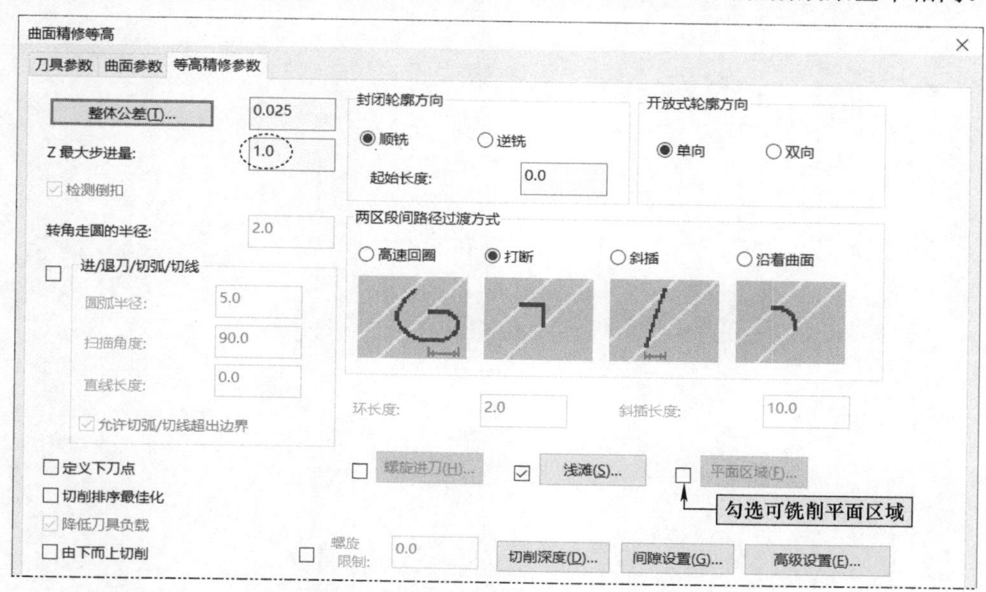

图 7-68 “曲面精修等高”对话框→“等高精修参数”选项卡

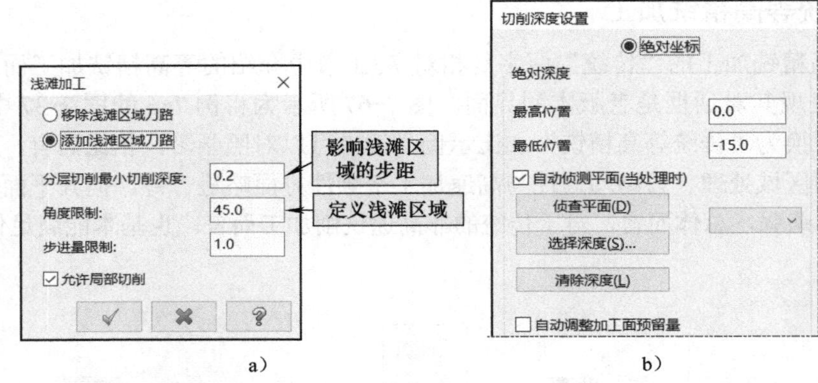

a)　　　　b)

图 7-69 “等高精修参数”选项卡→“浅滩加工”与“切削深度设置”

a）浅滩加工　b）切削深度设置

本 章 小 结

本章主要介绍了 Mastercam 2022 软件 3D 模型的粗铣与精铣加工编程，粗铣加工策略有 7 个，精铣加工策略有 13 个，学习时注意粗铣与精铣的区别，粗铣一般深度是分层加工的，而精铣多为沿曲面轮廓偏置的单层加工刀路。学完这些内容后，读者可尝试对第 3 章中介绍的部分三维曲面和实体模型进行加工编程练习，检验自己的学习效果。

第❽章 数控车削加工编程要点

数控车削加工是实际生产中应用广泛的加工方法之一，Mastercam 编程软件同样提供了大量的数控车削加工策略。本节在重点介绍常见典型粗车、精车、车端面、车沟槽、切断与车螺纹等加工的基础上，讨论了循环车削加工的编程方法及注意事项，并对 Mastercam 动态粗车、仿形粗车、切入车削等和 Prime Turning 全向车削加工策略做了应用分析。

8.1 数控车削加工基础

1. 车削模块的进入与工件坐标系设定

如图 8-1 所示，单击“机床→”功能选项卡“机床类型”选项区“车床”下拉列表中“默认”命令默认(D)，进入系统默认的数控车削编程模块，这是常用的车削编程环境。若单击“车床”下拉列表中的“管理列表”命令管理列表(M)，则会弹出“自定义机床菜单管理”对话框，可设置特定的编程环境，具体可参见 5.1.2 节的内容。

进入车削模块后，系统会自动在功能区加载“车削”功能选项卡，默认包含“标准”“C-轴”“零件处理”“毛坯”和“工具”等功能选项区，“标准”功能选项区提供了数控车削加工编程常见的加工策略（即加工刀路），如图 8-2 所示，单击展开刀路列表按键可展开刀路列表，其中包括 12 个标准刀路、4 个固有刀路和 2 种手动刀路。

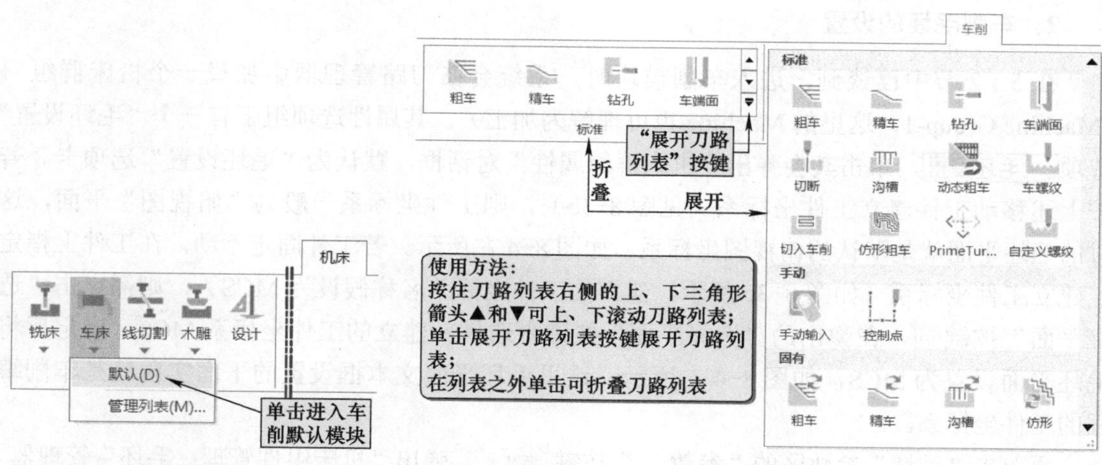

图 8-1 车削模块的进入　　　　图 8-2 车削模块标准刀路选项区与展开的刀路列表

数控车削加工工件坐标系一般建立在工件端面几何中心处（即圆心处），如图 8-3a 所示。Mastercam 建立工件坐标系的方法有两种，一种是基于“转换→位置→移动到原点”功能按键，可快速将工件上指定点连同工件快速移动至世界坐标系原点，如图 8-3b 所示。另一种方法是工件固定不动，在工件上指定点创建一个新的坐标系为工件坐标系，如图 8-3c 所示，创建方法可以从两处启动，一是“平面”管理器左上角的“创建新平面”按键下拉列表中的“动态”命令（参见图 1-10），另一处是点击视窗左下角坐标系图标，激活动态指针然后在视窗中捕抓坐标点上建立工件坐标系。单击“视图→显示→显示轴线和显示指针”功能按钮和可分别控制坐标轴线和工件坐标系指针等的显示与隐藏，其对应的快捷键为 [F9] 和 [Alt+F9]。

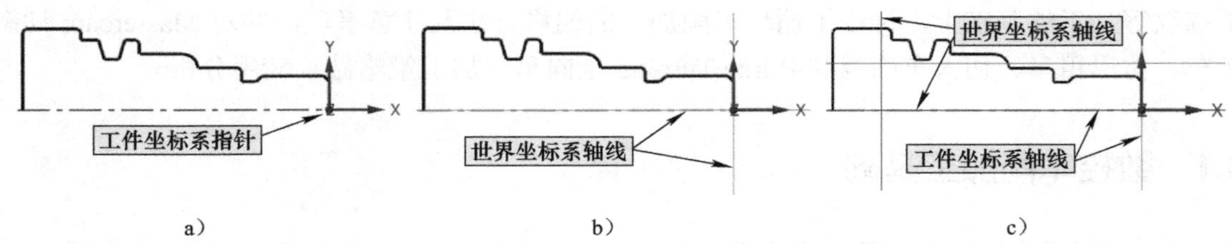

图 8-3　工件坐标系的建立

a）工件坐标系在零件端面　b）工件坐标系与世界坐标系重合　c）工件坐标系与世界坐标系分离

进入车削模块后，“平面”管理器中会自动生成两个新的坐标平面“车床 Z= 世界 Z”和“+D+Z”，虽然到此有这么多坐标系，但进入第一个加工操作时，在“切削参数”选项卡左下角会看到一个新的“车床左上刀塔”（参见图 8-9 左下角），这才是数控车削编程的加工坐标系，即图 8-3 中的 X 与 Y 对应左主轴后置刀架车床的 Z 与 X 轴。注意，建立工件坐标系编程前，还需在平面操作管理器中将构图平面 C 和刀具平面 T 设置为与 WCS 重合。建议初学者用前一种简单方法。

2．车削毛坯的设置

在 5.1.2 节中已谈到，进入车削模块时，系统会在刀路管理器中加载一个机床群组 -1（Machine Group-1，这里的 Machine 也可理解为加工），其属性选项组下有一个“毛坯设置”选项，单击其会弹出“机床群组属性”对话框，默认为“毛坯设置”选项卡。若按上述移动工件建立工件坐标系（见图 8-3b），则工件坐标系一般为“俯视图”平面，这时的毛坯平面就是默认的俯视图坐标系，如图 8-4 左所示。若工件固定不动，在工件上指定点建立工件坐标系（如图 8-3c 所示，建立的工件坐标系名称假设为 MCS），则需点击“选择平面”按键，在弹出的“选择平面”按键中选择新建立的工件坐标系 MCS，确定后将毛坯平面设置为 MCS，如图 8-4 右所示。这里毛坯平面文本框设置的平面实质就是车削编程的工件坐标系。

再单击“毛坯”参数区的“参数 ...”按键，弹出“机床组件管理：毛坯”管理器，默认为“图形”选项卡，如图 8-5 所示。创建毛坯图形的默认选项是“圆柱体”，系统为其提供了两种创建毛坯的方法，若知道零件尺寸可直接输入几何参数（外径和长度及其位置）精确设置，否则可先用两点法大致确定尺寸，然后圆整确定。若勾选“使用边缘”复选框，可进一步增加毛坯外廓尺寸。创建后的毛坯以双点画线显示。

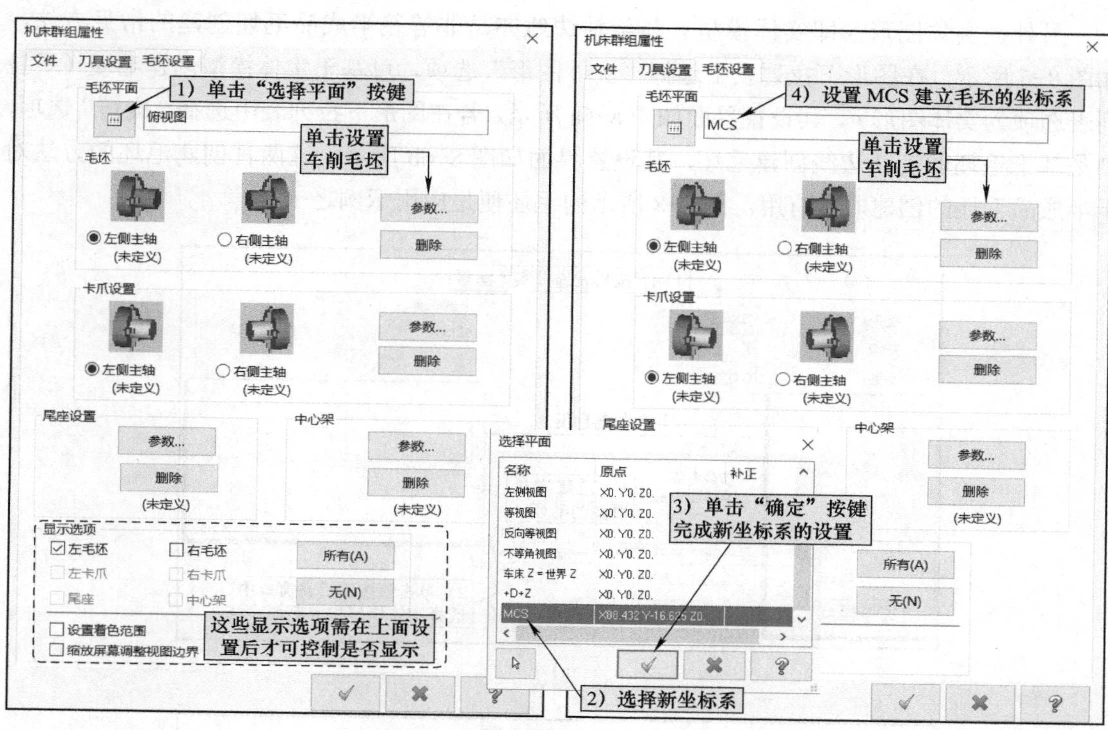

图 8-4　毛坯平面及其设置

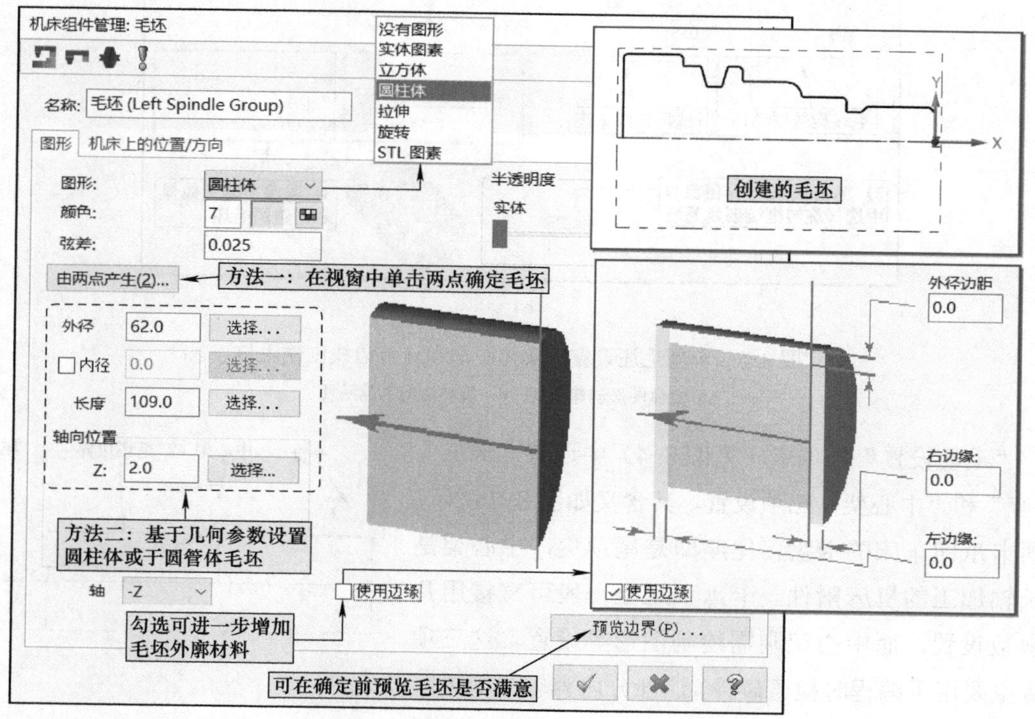

图 8-5　车削毛坯设置→圆柱体毛坯

另外，实体图形（即实体模型）与旋转边线亦是非等径半成品毛坯创建的常见方法，如图 8-6 所示。在图形下拉列表中选择“实体图形”选项，可基于实体模型创建毛坯（下拉列表选项为实体图形），其设置界面如图 8-6a 所示。若在图形下拉列表中选择“旋转”选项，则是基于毛坯的旋转边线创建毛坯，其设置界面如图 8-6b 所示。这两种创建毛坯的方法对于半成品毛坯的创建非常有用，图 8-8 所示的毛坯便是应用示例之一。

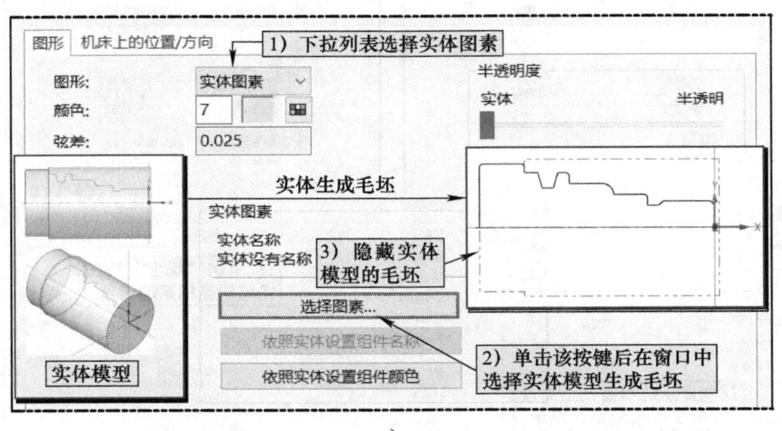

a）

b）

图 8-6　车削毛坯设置→实体图形和旋转边线创建毛体

a）实体图形创建毛坯　b）旋转边线创建毛坯

“毛坯设置”选项卡（见图 8-4）中还有“卡爪”“尾座”和“中心架”三项设置，其含义如图 8-7 所示。所谓卡爪即车床的卡盘，尾座即是尾顶尖，中心架是细长轴加工的机床附件。卡爪和尾座一般可直接用几何参数设置，而中心架则需绘制图形等设置。这三项设置主要用于编程时检查碰撞，这部分内容较为简单，感兴趣的读者可自行尝试。

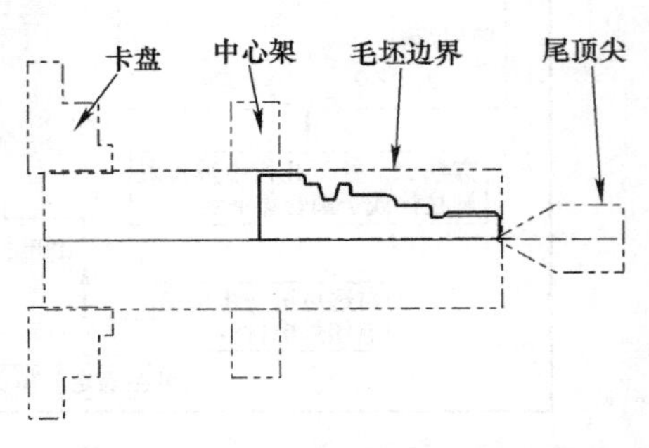

图 8-7　卡爪、尾座和中心架含义

8.2 粗车加工

“粗车”加工主要用于快速去除材料，为精加工留下较为均匀的加工余量，其应用广泛。切削用量选择原则是低转速、大切深、大走刀，与精车相比，其转速低于精车，切深和进给量大于精车，以恒转速切削为主。图 8-8 所示为“粗车”加工示例，其零件图参见图 8-37；毛坯是基于实体或旋转边线创建的，已完成左侧装夹端外圆与端面加工和右端面及中心孔加工；装夹方式为一夹一顶。

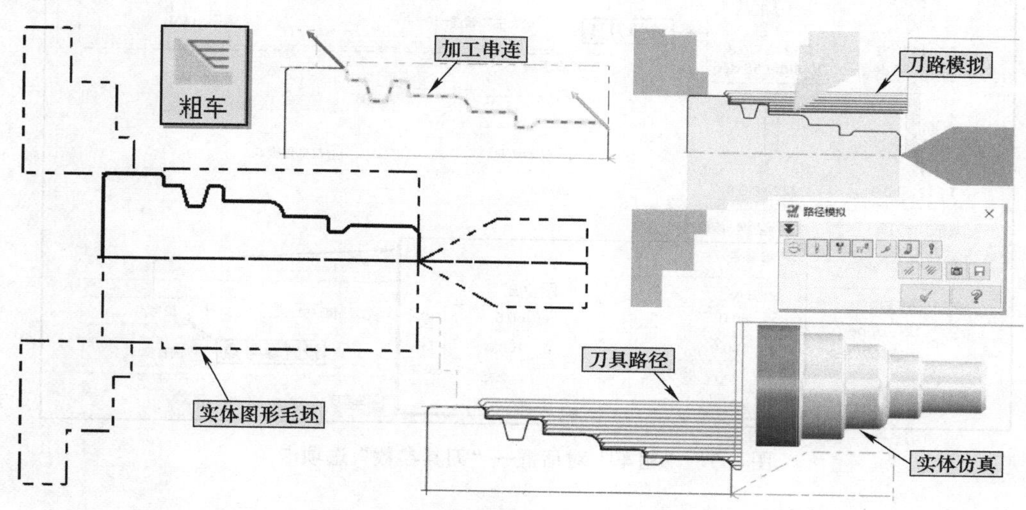

图 8-8　“粗车”加工示例

1. 加工轮廓串连的选择

单击“车削→标准→粗车”功能按键，弹出“线框串连”对话框，在默认“部分串连”按键有效的情况下，依次拾取加工轮廓起始段和结束段，注意串连起点与方向与预走刀路径方向一致，单击“确定”按键，弹出“粗车”对话框，默认为“刀具参数”选项卡。

若编程模型为实体模型，则弹出的“线框串连”对话框可能是实体模式的串连对话框——“实体串连”对话框。

2. 粗车加工主要参数设置

（1）“刀具参数”选项卡　如图 8-9 所示，设置选项包括刀具、刀具号（确定后可以修改“刀号”与“刀补号”）、切削用量（注意单位的选择），以及参考点设置等，车刀选择可参见 5.1.5 节。

（2）“粗车参数”选项卡　如图 8-10 所示，是粗车加工参数设置的主要区域。主要设置如下：补正方式默认为“电脑”，精车加工建议选“控制器”；补正方向为，车外圆选“右”，车内孔和端面选“左”，选择时右侧图解会相应变化；切削用量包括切削深度（即背吃刀量）、X 预留量与 Z 预留量（即后续精加工的余量）。未尽参数按图 8-10 中的图解提示设置或直接按软件研习。

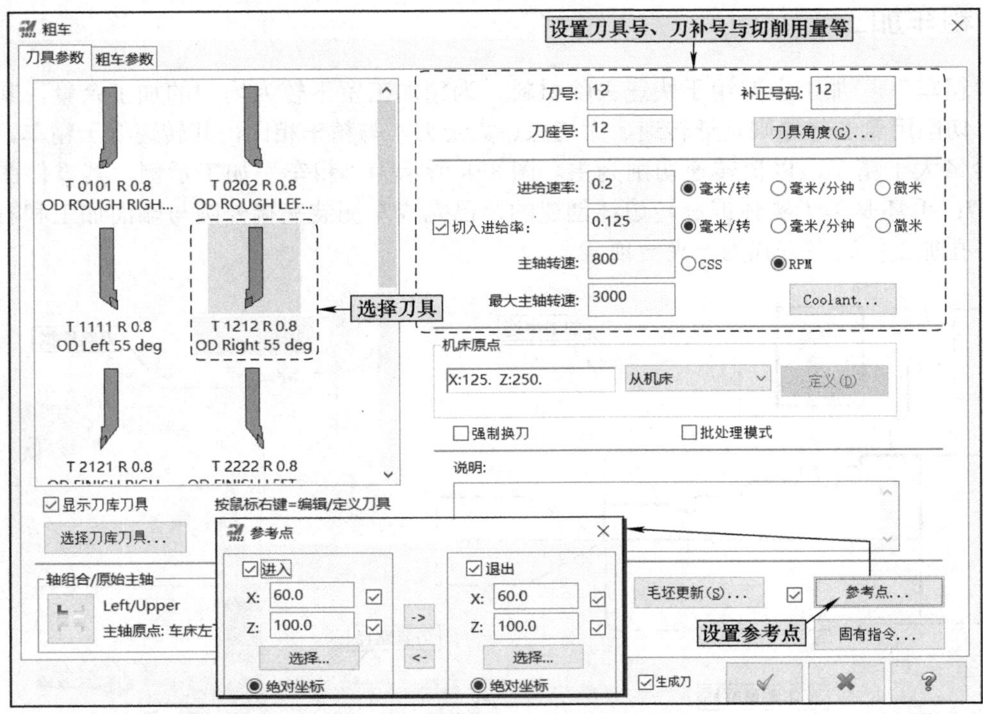

图 8-9 “粗车”对话框→“刀具参数”选项卡

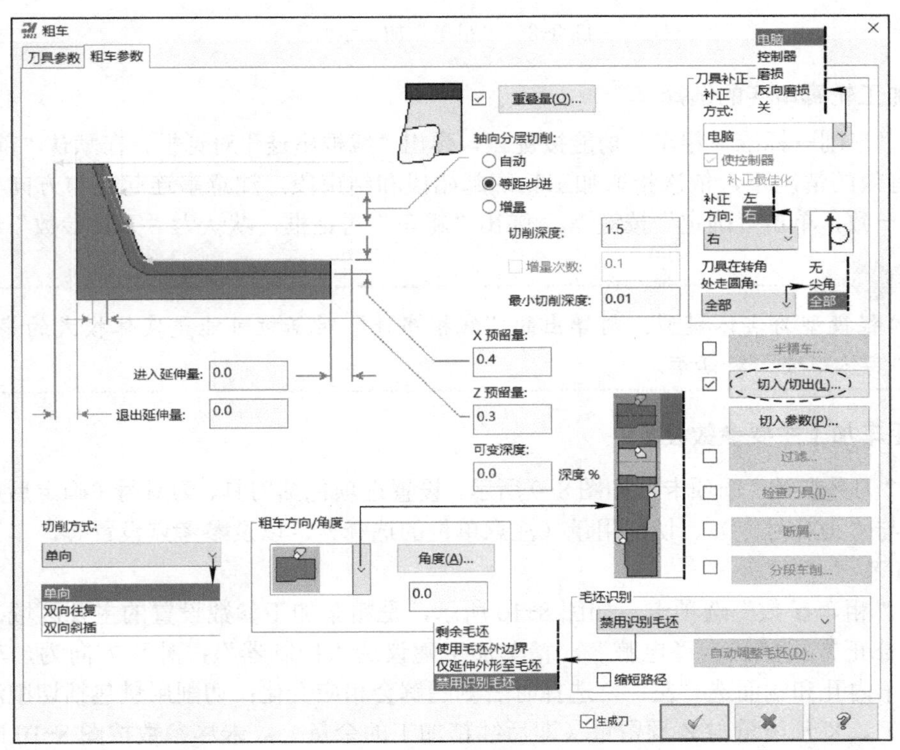

图 8-10 “粗车”对话框→“粗车参数”选项卡

切入 / 切出参数是规划刀路的常用选项，勾选并单击“切入 / 切出 ...”按键切入/切出(L)...，弹出“切入 / 切出设置”对话框，如图 8-11 所示，其包含“切入”与“切出”两个选项卡，设置内容基本相同，仅对象不同，具体按图设置。图中将加工轮廓线的切入与切出外形线延长了 2mm。确保图 8-8 所示刀轨能够从材料外切入，切出材料后再转为快速移动，另外切入段还设置了半径为 5mm 扫描角度为 90° 的切入圆弧。

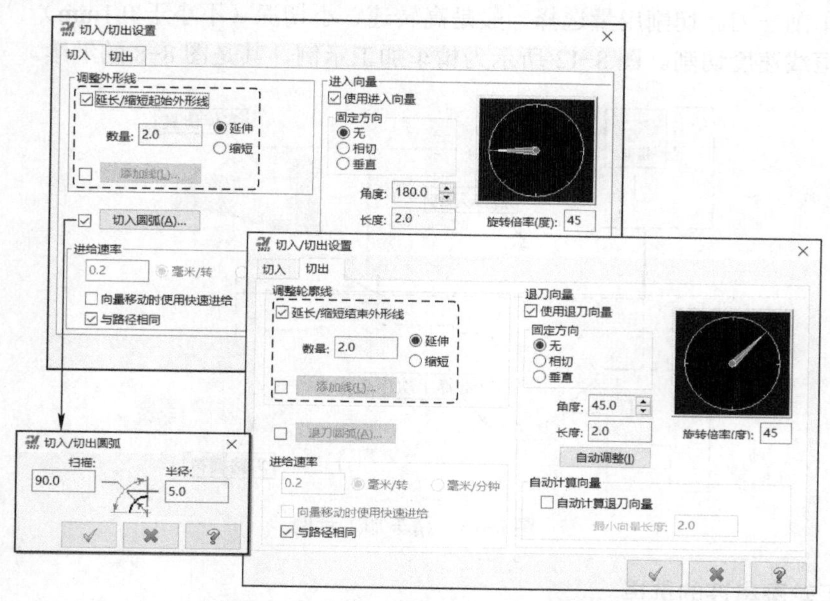

图 8-11　“切入 / 切出设置”对话框

单击“切入参数”按键切入参数(P)...，弹出“车削切入参数”对话框，如图 8-12 所示，车削切入设置最左图是默认设置，从图解可见其忽略轮廓线的凹陷部分进行加工，如图 8-8 中可忽略退刀槽和 V 形槽。对于有凹陷轮廓需要车削时，必须选择后续三种图解选项之一，选择后，角度间隙参数激活并可设置。

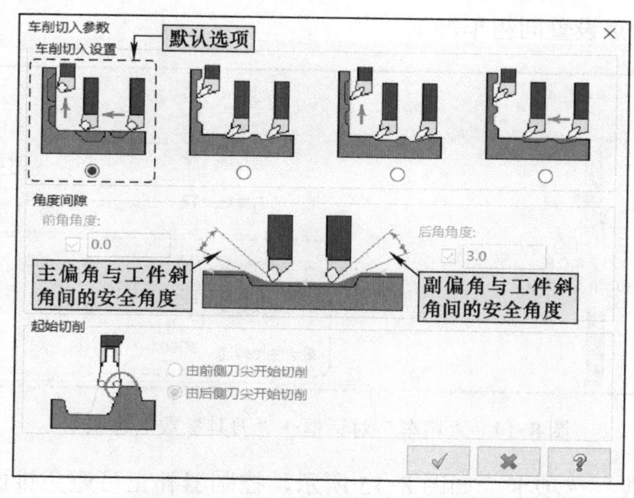

图 8-12　“车削切入参数”对话框

另外，勾选“半精车”按键，可进行半精车加工设置。

8.3 精车加工

“精车”加工是紧接粗车之后，用于获得所需加工精度和表面粗糙度等的加工。精车加工一般仅车削一刀。切削用量选择一般是高转速、小切深（不小于 0.1mm）、较小进给，必要时选用恒线速度切削。图 8-13 所示为精车加工示例，其是图 8-8 的继续。

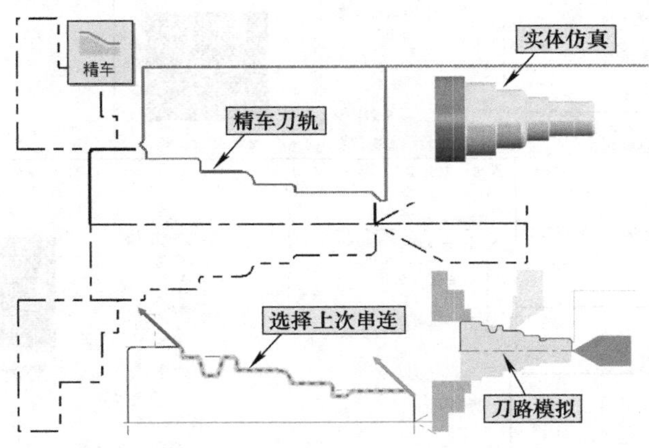

图 8-13 精车加工示例

1. 加工轮廓串连的选择

单击“车削→标准→精车”功能按键，弹出“线框串连”对话框，可按粗车介绍的方法选择精车串连。若精车是接着粗车进行，也可单击“选择上次”按键，快速选择与粗车相同的精车串连。

2. 精车加工主要参数设置

（1）“刀具参数”选项卡　如图 8-14 所示，其仍然借用粗车刀具，但需修改补正号码和主轴转速等，参考点设置同粗车加工。

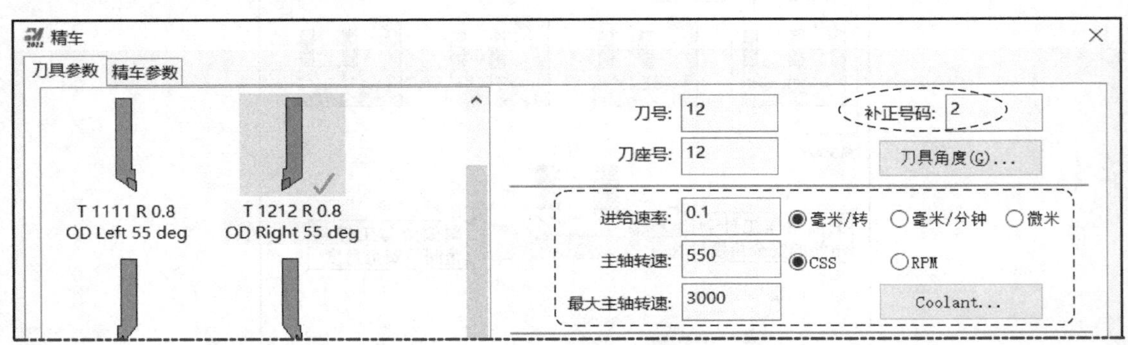

图 8-14 “精车”对话框→“刀具参数”选项卡

（2）“精车参数”选项卡　如图 8-15 所示，控制器补正可避免锥面与圆弧面的欠切问题，提高加工精度，若这里取控制器补正，建议粗车也取控制器补正。若后续不加工则预留量设置为 0，精车一般取 1 次，这时精车步进量设置无意义。“切入 / 切出”设置同粗加工。

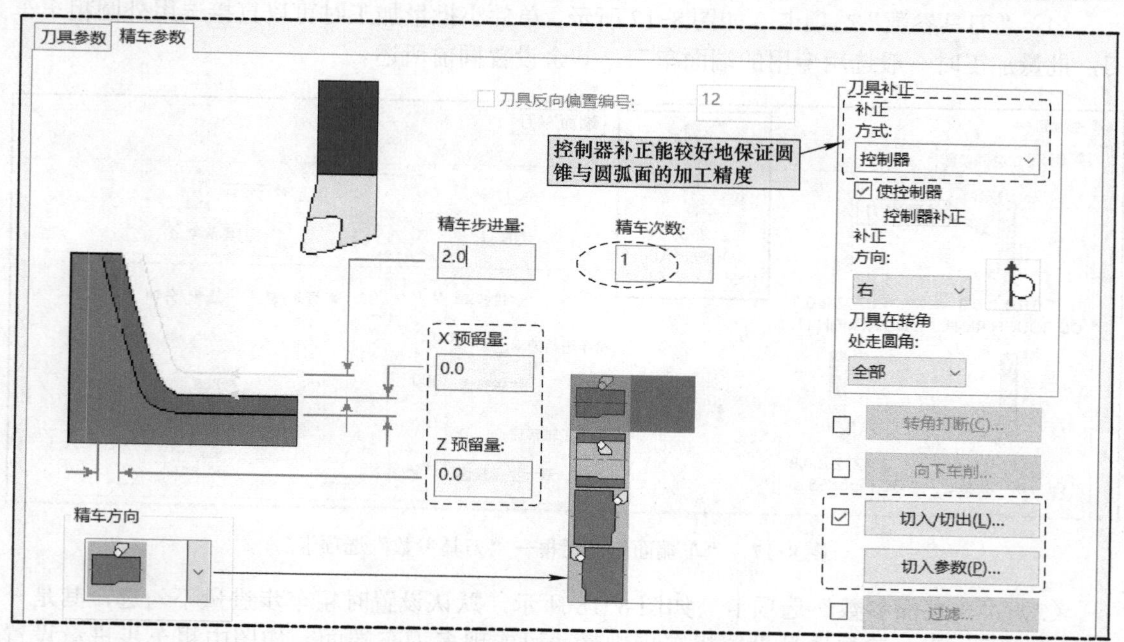

图 8-15　“精车”对话框→“精车参数”选项卡

8.4　车端面加工

“车端面” 是车削加工常见的加工工步，根据余量的多少，可一刀或多刀完成，车端面多用于粗加工前毛坯的光端面，如图 8-16 所示，但也可用于加工外圆后车端面。图 8-16 所示为圆柱毛坯车端面加工示例，假设毛坯端面余量 3mm，拟采用多刀车端面方式。

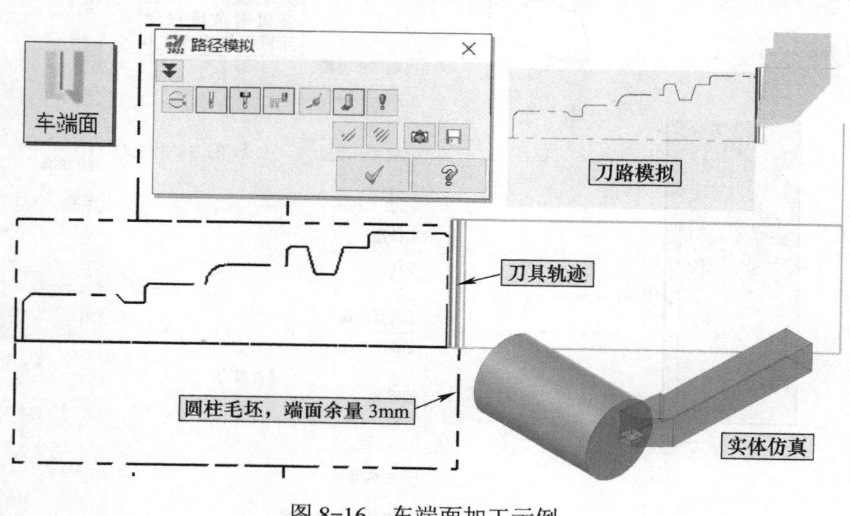

图 8-16　车端面加工示例

Mastercam 车端面加工不需选择加工串连曲线，默认为 Z0 位置，也可设置非 Z0 位置。

车端面加工的设置仍然是两个选项卡。

（1）“刀具参数”选项卡　如图 8-17 所示，单件小批量加工时可以直接选用外圆粗车车刀，批量加工时一般选用专用的端面车刀。其余设置同前所述。

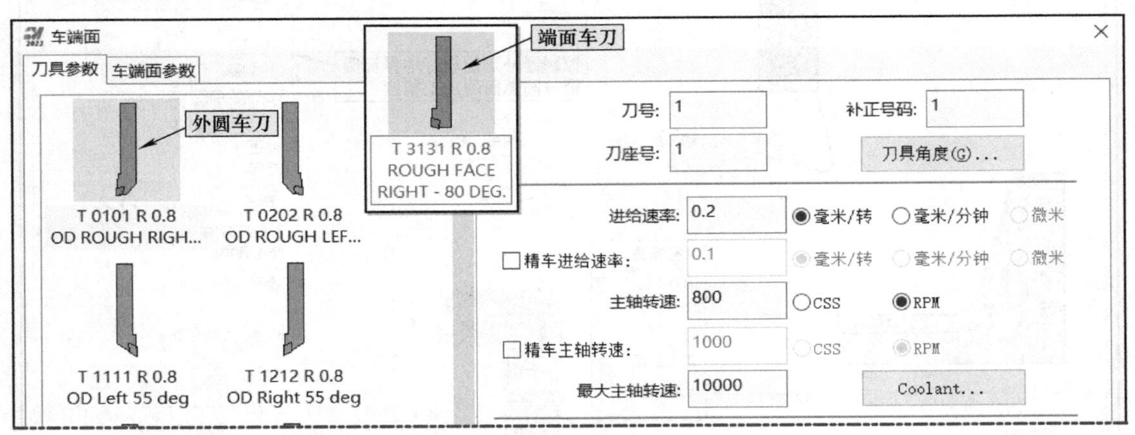

图 8-17　“车端面”对话框→“刀具参数”选项卡

（2）“车端面参数”选项卡　如图 8-18 所示，默认设置时粗车步进量不勾选，其是一刀完成端面加工。若勾选且设置粗车步进量，可实现多刀车端面，如图中粗车步进量设置为 1.5mm，而余量为 3mm，可知共车削 3 刀——第 1 刀 1.5mm，第 2 刀 1.25mm，第 3 刀精车 0.25mm。另外，默认右下角有多个不勾选的功能按键，需要时可勾选激活使用，如“圆角”按键适合车端面的同时倒圆角或倒角加工；激活“切入 / 切出”按键可看到熟悉的对话框等。

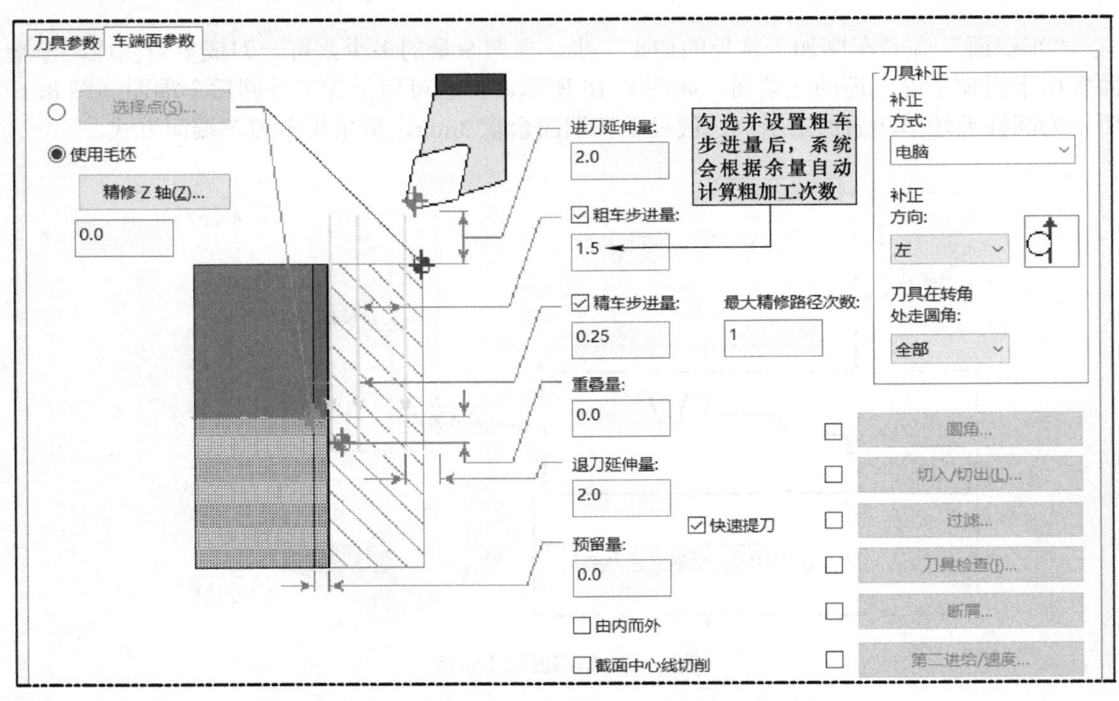

图 8-18　“车端面”对话框→“车端面参数”选项卡

8.5 车沟槽加工

此节的沟槽指径向车削为主的沟槽加工，其沟槽的宽度不大，对于较宽的沟槽建议选用 8.10 节介绍的切入车削加工策略。Mstercam 的沟槽加工策略是将粗、精加工放在一起连续完成。

1. 沟槽的加工方法

单击“车削→标准→沟槽”功能按键，首先弹出的是“沟槽选项”对话框，提供了五种定义沟槽的方式，如图 8-19 所示，默认是应用较多的“串连”选项。点选“3 直线”或“串连”或“多个串连”单选项后，单击“确定”按键，弹出“线框串连”对话框。

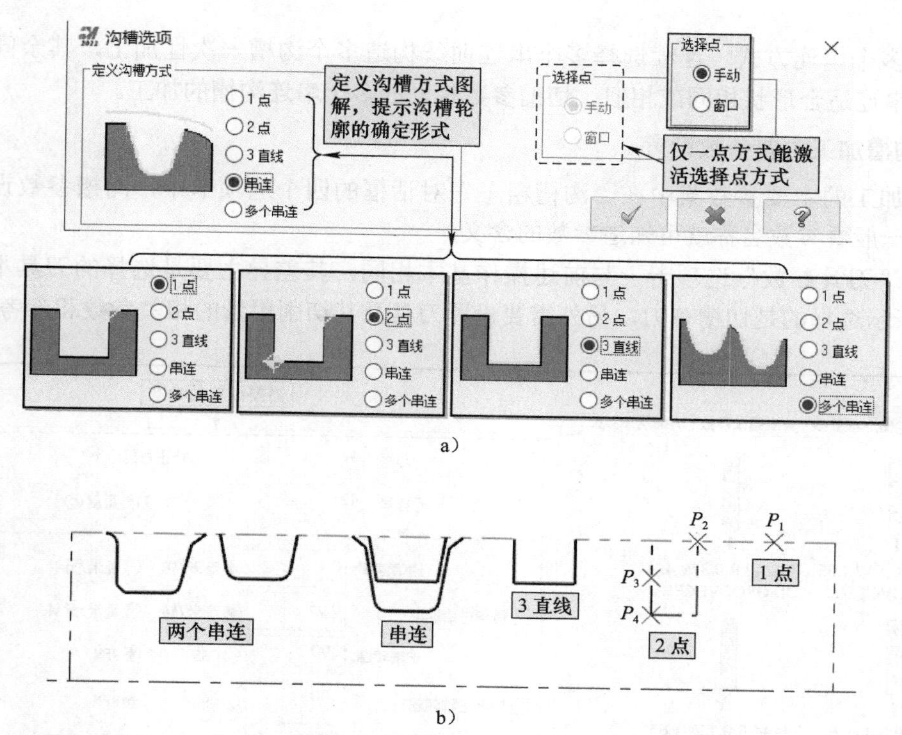

图 8-19 “沟槽选项”对话框与示例

a）沟槽定义方式　b）沟槽定义示例

（1）1 点方式　选择一个点定义沟槽的位置（外圆为右上角），沟槽宽度、深度、侧壁斜度、过渡圆角等形状参数均在“沟槽形状参数”选项卡中设定。仅 1 点方式会激活右侧的选择点选项，“手动”选项为默认方式，可光标拾取单个点定义槽位置；“窗口”选项可窗选多个点定义多个槽位置。

（2）2 点方式　选择沟槽的右上角和左下角两个点定义沟槽的位置、宽度和深度，侧壁斜度、过渡圆角等形状参数则在“沟槽形状参数”选项卡中设定。

以上的“点”必须是“线框→绘点→……”功能绘制出的点图素。

（3）3 直线方式　选择 3 根直线定义沟槽的位置、宽度和深度，侧壁斜度、过渡圆角等形状参数则在“沟槽形状参数”选项卡中设定。3 根直线中第 1 根与第 3 根直线必须平行且等长。直线的选择方式必须使用“部分串连”、“窗口”或“多边形”方式选择 3 根串连曲线。

“部分串连”方式中，分别选择第 1 根线靠近起点处和第 3 根线靠近终点处获得；“窗选”方式中，先按住鼠标拖放出选择三根线，然后按提示选择第 1 根线的起点获得；“多边形”方式中，先鼠标点击多点沟槽出现包含三根线的多边形（双击结束多变形选择），然后选取第 1 根线的起点获得。

（4）串连方式　选择一个串连曲线构造沟槽，此沟槽的位置与形状参数均由串连曲线定义，“沟槽形状参数”选项卡中设定的参数不多。此方式定义的沟槽可比 3 直线方式更复杂。

（5）多个串连方式　连续选择多个串连曲线构造多个沟槽一次性加工，其余同串连方式。多个串连适合形状相同或相似、切槽参数相同的多个串连沟槽的加工。

2. 沟槽加工主要参数设置

沟槽加工的主要参数集中在“沟槽粗车”对话框的四个选项卡中，沟槽参数设置项目较多，但一般看参数名称就可知道参数的含义。

（1）“刀具参数”选项卡　与前述操作基本相同，其差异主要是选择的刀具不同，如图 8-20 所示选择的是切槽车刀，另外需要设置刀具及其切削用量的相关参数和参考点等。

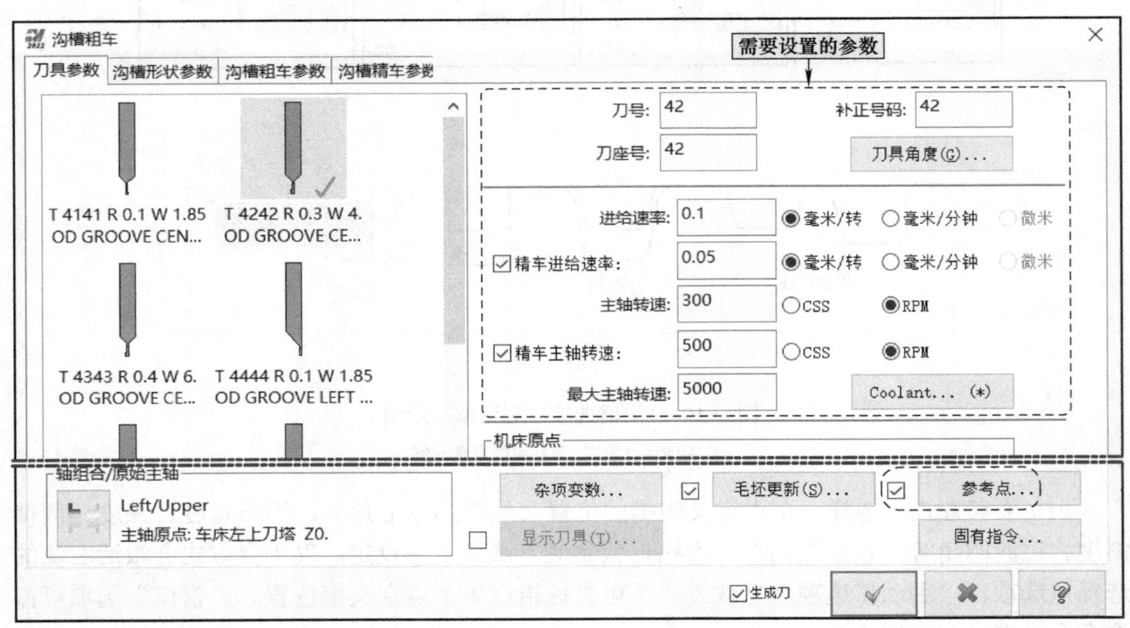

图 8-20　“沟槽粗车”对话框→“刀具参数”选项卡

（2）“沟槽形状参数”选项卡　图 8-21 所示为 1 点定义沟槽的形状参数设置界面，2 点和 3 直线仅高度和宽度参数灰色不可设置。

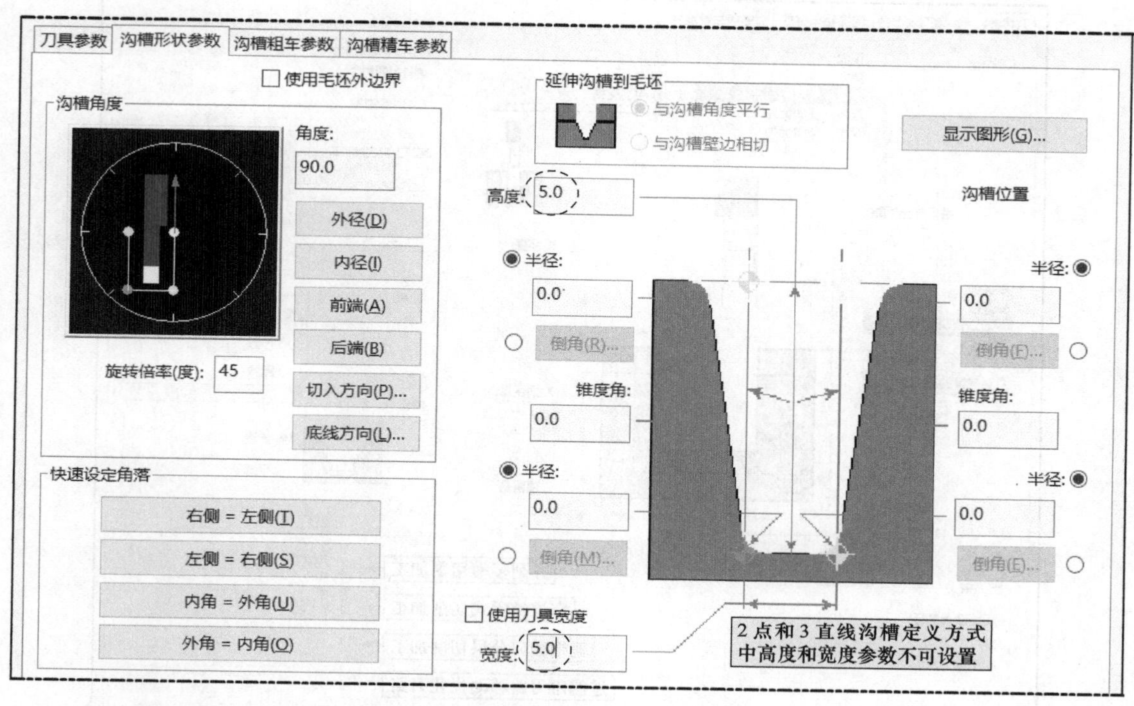

图 8-21　“沟槽粗车”对话框→“沟槽形状参数”选项卡（1 点、2 点和 3 直线）

图 8-22 所示为串连和多个串连定义沟槽的形状参数设置界面，其仅可激活并设置“调整外形起始线”和“调整外形终止线”参数。

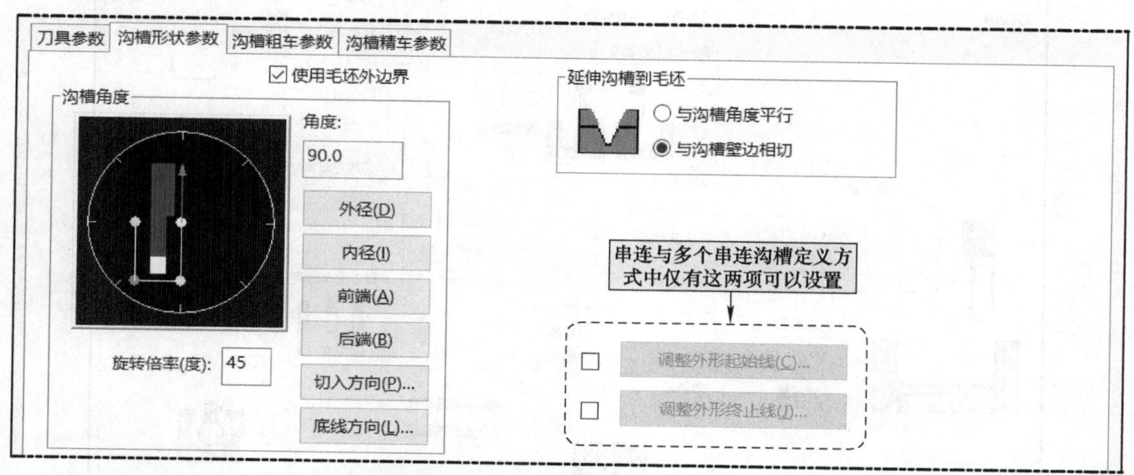

图 8-22　“沟槽粗车”对话框→“沟槽形状参数”选项卡（串连和多个串连）

（3）“沟槽粗车参数”选项卡　如图 8-23 所示，选项较多，但看图设置即可。

（4）“沟槽精车参数”选项卡　如图 8-24 所示，选项较多，但看图设置即可。

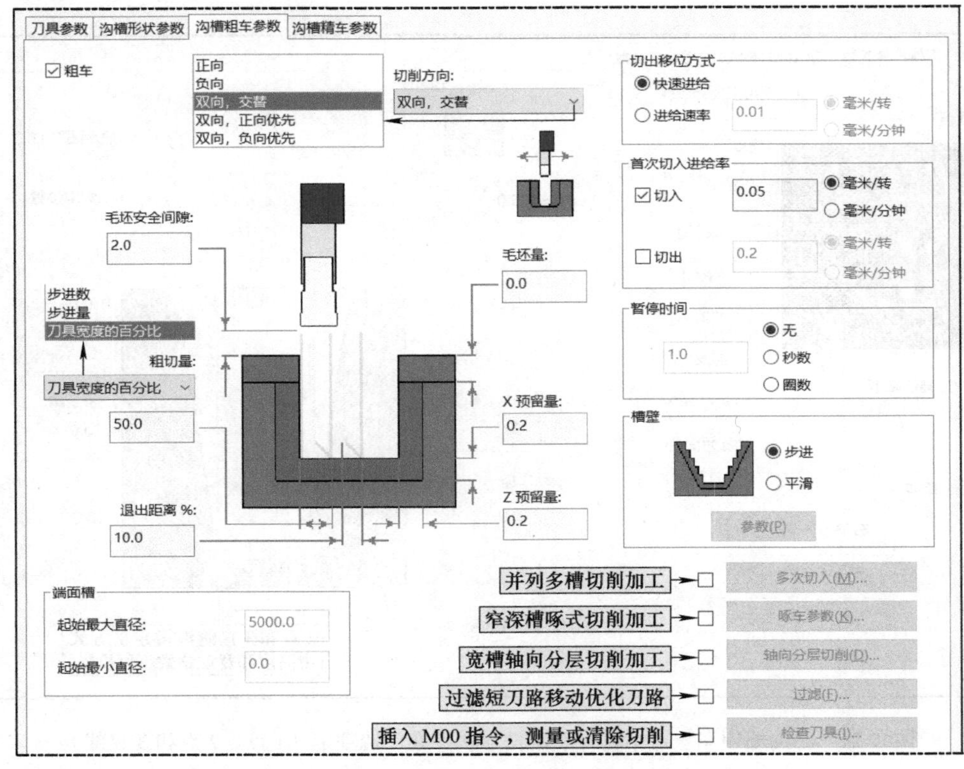

图 8-23 “沟槽粗车”对话框→“沟槽粗车参数”选项卡

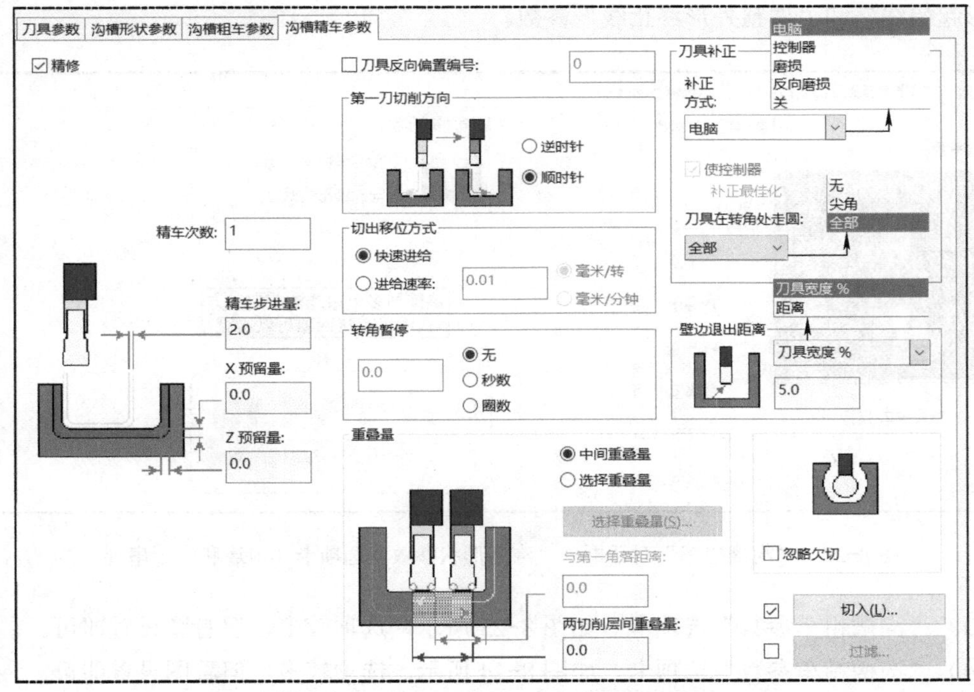

图 8-24 “沟槽粗车”对话框→“沟槽精车参数”选项卡

3．沟槽加工设置示例

例 8-1：图 8-25 是专为沟槽参数设置练习设计的沟槽加工模型，所有加工选择宽度 4mm 的切槽车刀——T4242R0.3W4.OD GROOVE CENTER MEDIUM 切槽车刀（参见图 8-20），为简化操作，练习时可不设置装夹与参考点等。

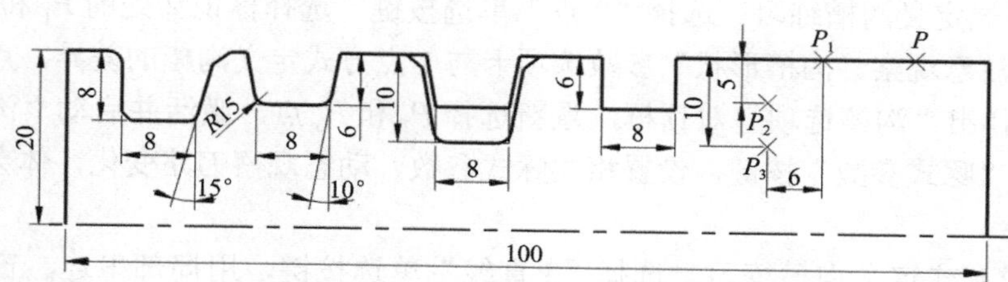

图 8-25　沟槽加工练习图例

练习步骤：

步骤 1：参考图 8-25 绘制练习图例，并按图 8-19b 准备好编程图形。

步骤 2：单击“机床→车床→默认”进入车削加工模块。单击“毛坯设置”图标 毛坯设置，设置毛坯（不考虑夹位），如图 8-26 所示。

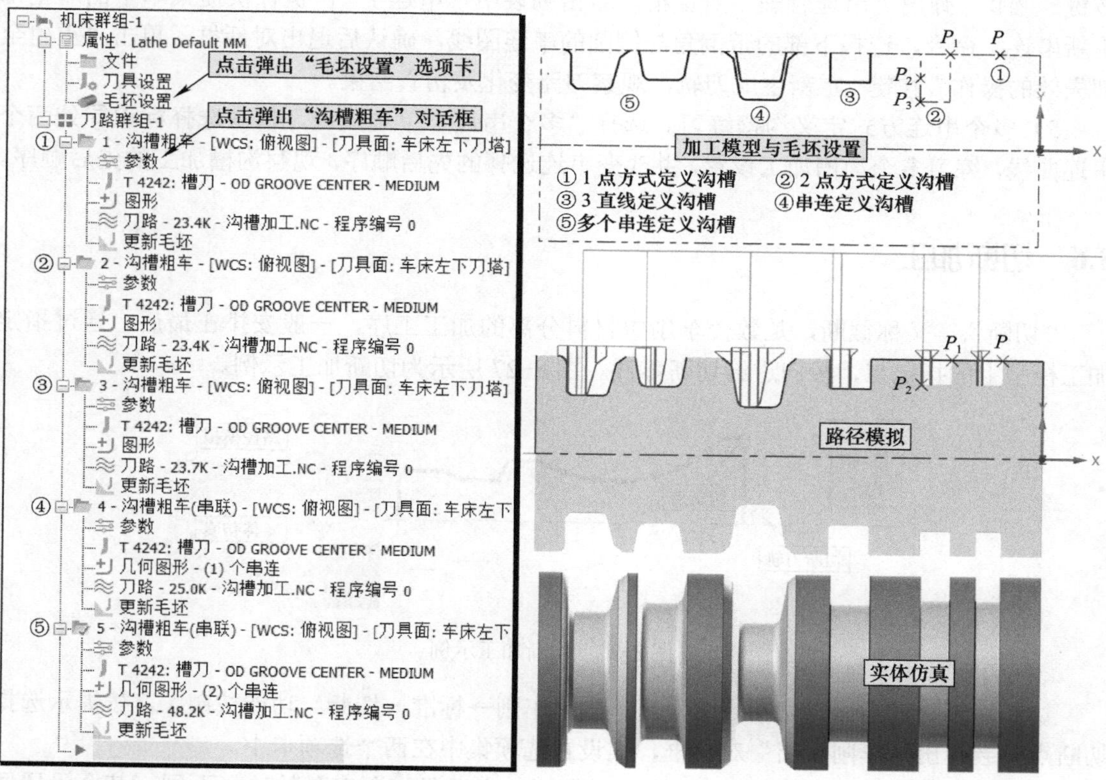

图 8-26　沟槽加工练习示例

步骤 3：单击“车削→标准→沟槽”功能按键，弹出“沟槽选项”对话框，参见图 8-19。

1）1 点方式定义沟槽练习。选择“1 点”单选按键，选择标识①处的点 P，按 [Enter] 键，弹出“沟槽粗车”对话框，先按图 8-21 设置定义沟槽形状，生成刀具轨迹，并进行刀路模拟与实体仿真。然后，点击“参数”图标 参数，弹出“沟槽粗车”对话框，改变形状参数，重新生成刀轨等，观察设置参数与刀具路径的关系。

2）2 点方式定义沟槽练习。选择“2 点”单选按键，选择标识②处的 P_1 和 P_2 点，按以上方式练习，注意观察“沟槽形状”参数选项卡与 1 点方式定义沟槽的差异。点击“图形”图标 图形，弹出“沟槽选项”对话框，重新选择 P_1 和 P_3 点，激活并启动“沟槽粗车”参数选项卡中的“啄式参数”按键，设置相关啄式参数，动态观察刀路变化，体会其实际生产中的作用。

3）3 直线方式定义沟槽练习。选择“3 直线”单选按键，用局部串连、窗口和多边形方式选择标识③处的 3 条直线，然后观察其与 1 点和 2 点方式中定义沟槽加工参数”设置的异同点。该练习重点练习 3 条直线的选择操作。

4）串连方式定义沟槽练习。选择“串连”单选按键，选择标识④处上部的梯形串连曲线，先按默认设置生成刀轨，然后再点击“参数”图标 参数 激活“沟槽选项”对话框，修改参数，生成刀轨，观察修改的参数对刀路的改变是否与自己对参数名称的理解一致。点击图形按键 图形，弹出“串连管理”对话框，右击列表中“串连 1”，执行快捷菜单中的“全部重新串连”命令，选择下部的带倒角与倒圆的串连图线，确认后退出对话框，单击“重建全部失效的操作”按键重新生成刀轨，观察刀路变化及仿真结果。

5）多个串连方式定义沟槽练习。选择“多个串连”单选按键，依次选择标识⑤处两个串连曲线，练习多个沟槽加工设置，并改变串连选择的先后顺序，观察沟槽加工的先后顺序。

8.6 切断加工

“切断”又称截断，是数控车削中材料分离的加工工序，一般安排在最后，通过指定加工模型上的指定点，径向进给切断零件。图 8-27 所示为切断加工示例。

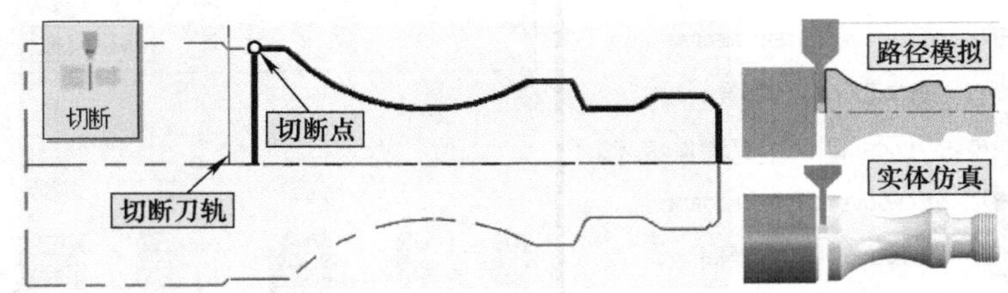

图 8-27 切断加工示例

切断加工时只需指定切断点即可。单击“车削→标准→切断”功能按键，按提示选择切断点，会弹出“车削截断”对话框，其设置选项集中在两个选项卡中。

（1）“刀具参数”选项卡 如图 8-28 所示，主要是切断刀具的选择不同，其余设置同前所述。注意：这里选择的刀具同前述切槽车刀，但必须加长刀头部分的长度，否则实体仿真时会出现刀杆碰撞的现象，具体操作是双击所选刀具，弹出“定义刀具”对话框，单击“刀杆”标签，将刀头长度尺寸 C 设置为 20.0。

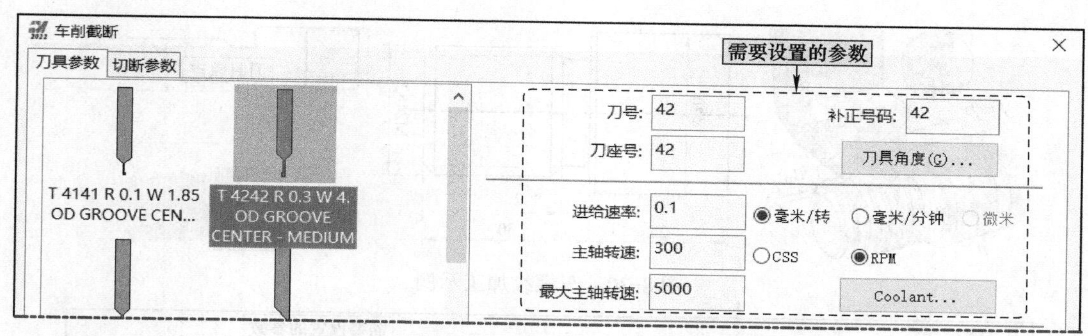

图 8-28　“车削截断”对话框→“刀具参数”选项卡

（2）“切断参数”选项卡　如图 8-29 所示，是“切断参数”设置的主要区域，主要设置选项参见图解。

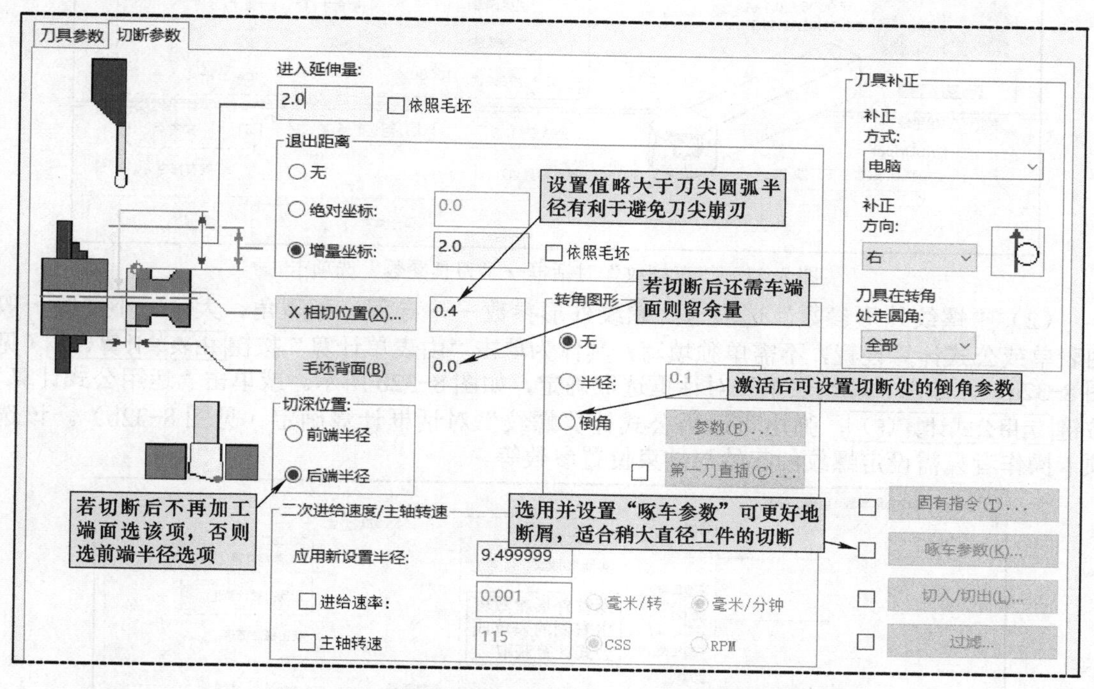

图 8-29　“车削截断”对话框→“切断参数”选项卡

8.7　车螺纹加工

“车螺纹”加工是数控车削中常见的加工方法之一。可加工外螺纹、内螺纹或端面螺纹槽等。图 8-30 所示为一车螺纹加工示例。以下以此示例为例介绍车螺纹加工主要参数设置。

单击“车削→标准→车螺纹”功能按键，会弹出“车螺纹”对话框，其包含三个选项卡。

（1）“刀具参数”选项卡　与前述基本相同，主要是选择的刀具不同，如图 8-31 所示，另外需要设置相关参数和设定参考点等。

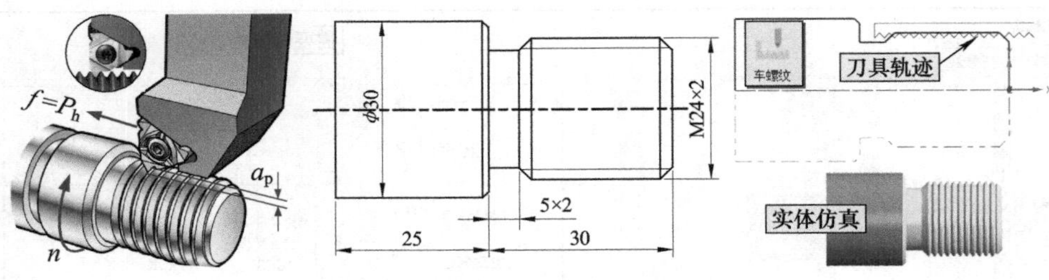

图 8-30　车螺纹加工示例

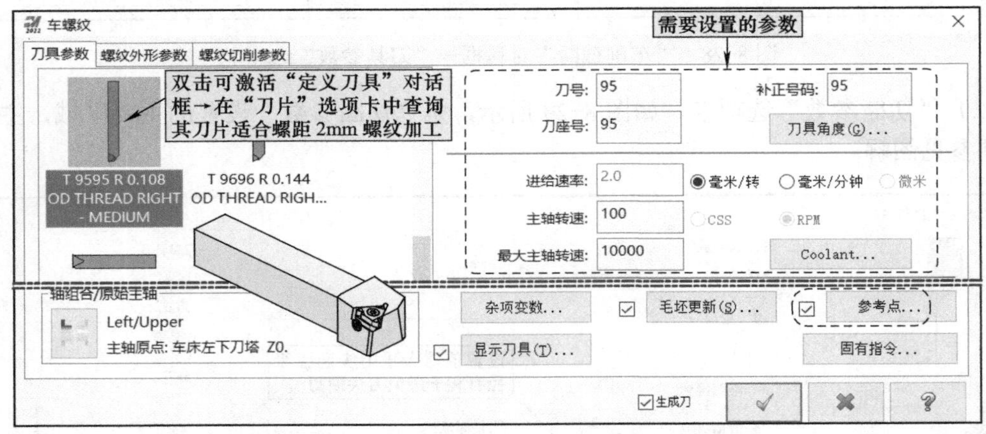

图 8-31　“车螺纹”对话框→“刀具参数”选项卡

（2）“螺纹外形参数”选项卡　螺纹外形参数——导程、牙型角、大径、小径等一般由表单或公式计算设置，不需单独填写，具体为单击“由表单计算”按键 由表单计算(T) （见图 8-32a），弹出“螺纹表单”对话框选取确定，如图 8-32b 所示。或单击“运用公式计算”按键 运用公式计算(F) ，弹出“运用公式计算螺纹”对话框计算确定（见图 8-32b）。该选项卡操作者只需设定螺纹的起始与结束位置参数等。

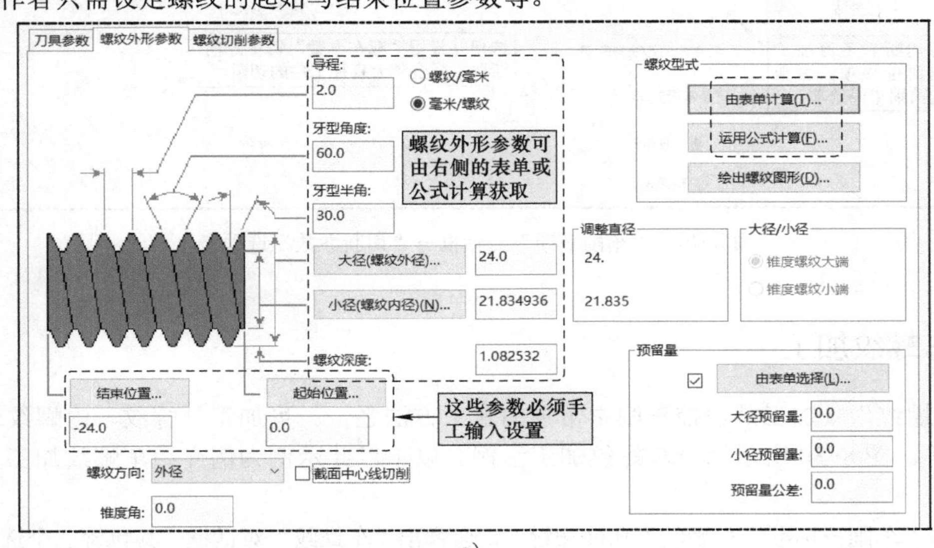

a）

图 8-32　“车螺纹”对话框→“螺纹外形参数”选项卡

a）“螺纹外形参数”选项卡

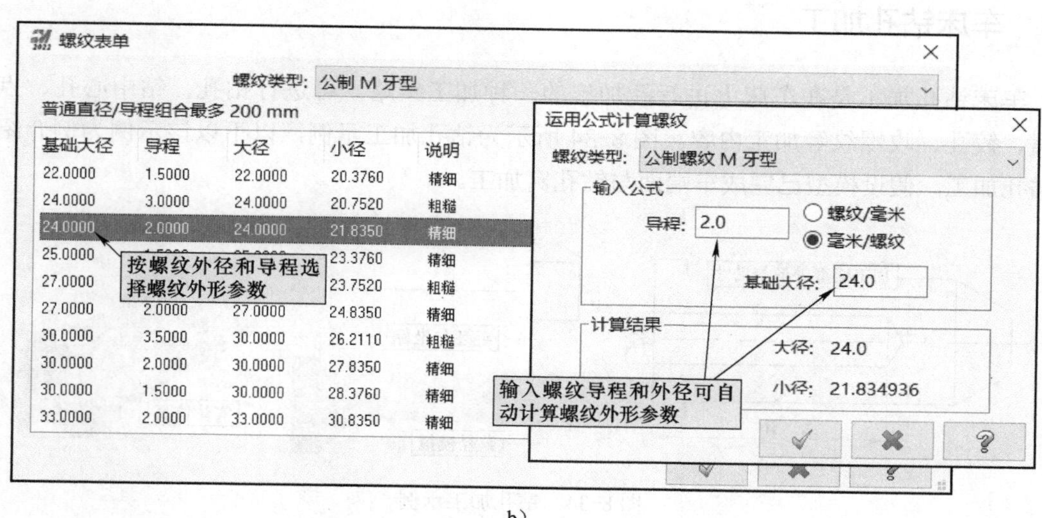

b)

图 8-32 "车螺纹"对话框→"螺纹外形参数"选项卡（续）

b）"螺纹表单"对话框和"运用公式计算螺纹"对话框

（3）"螺纹切削参数"选项卡 其设置如图 8-33 所示。NC 代码格式根据需要选用，其余按图示设置即可。注意：固定循环指令 G76 后处理生成的指令格式与自身使用的机床数控系统的格式可能存在差异，因此，要对输出程序对比研究，为后续使用输出程序的快速修改提供依据。

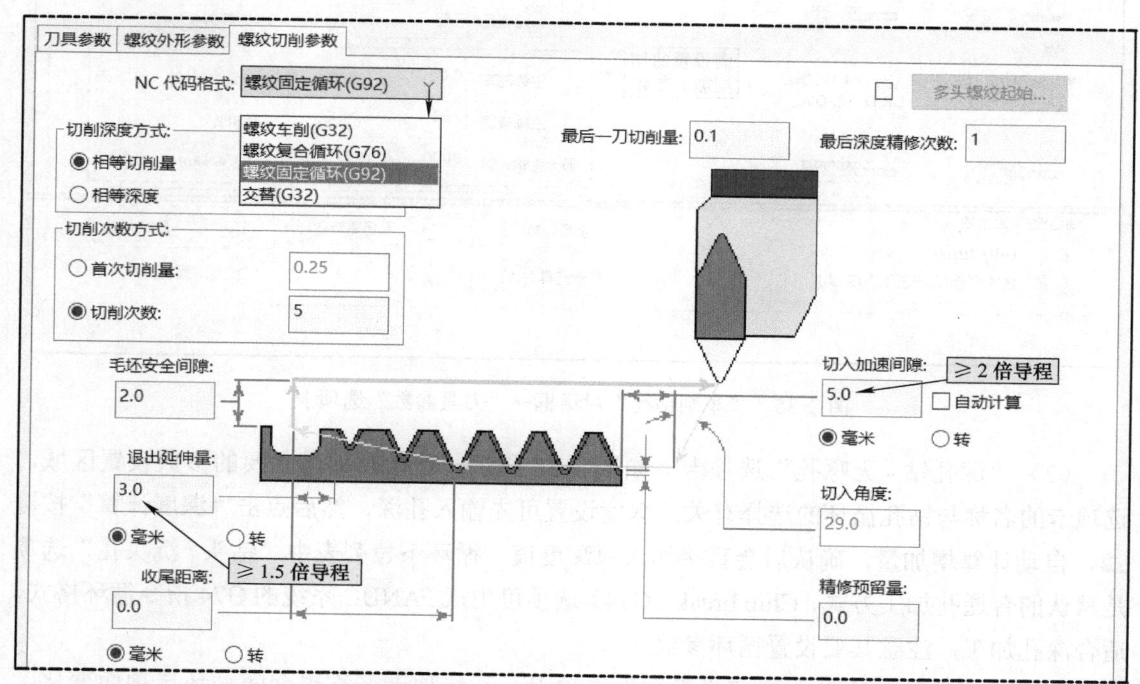

图 8-33 "车螺纹"对话框→"螺纹切削参数"选项卡设置

8.8 车床钻孔加工

车床钻孔加工是在车床上进行孔加工的一种加工策略，可进行钻孔、钻中心孔、点钻孔窝、铰孔、攻螺纹等加工内容。图 8-34 所示为钻孔加工示例，以下以该示例为例介绍车床钻孔加工，假设模型已完成车端面与钻孔窝加工。

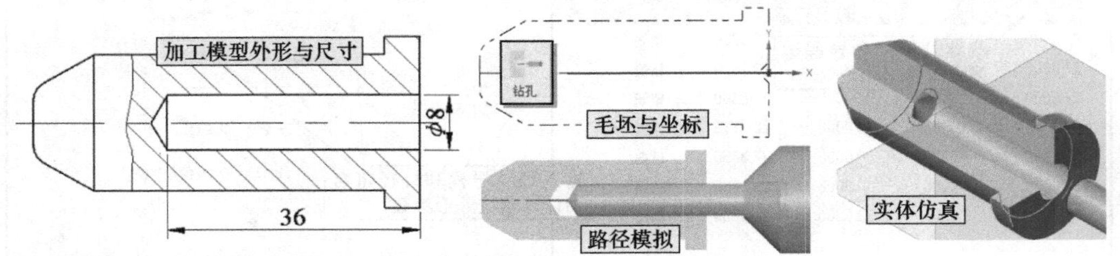

图 8-34 钻孔加工示例

单击“车削→标准→钻孔”功能按键，会弹出“车削钻孔”对话框，其包含三个选项卡。

（1）“刀具参数”选项卡　该选项卡主要选择钻孔刀具（钻头）并设置切削参数和参考点等，如图 8-35 所示，刀具号与刀补号依据加工机床确定。

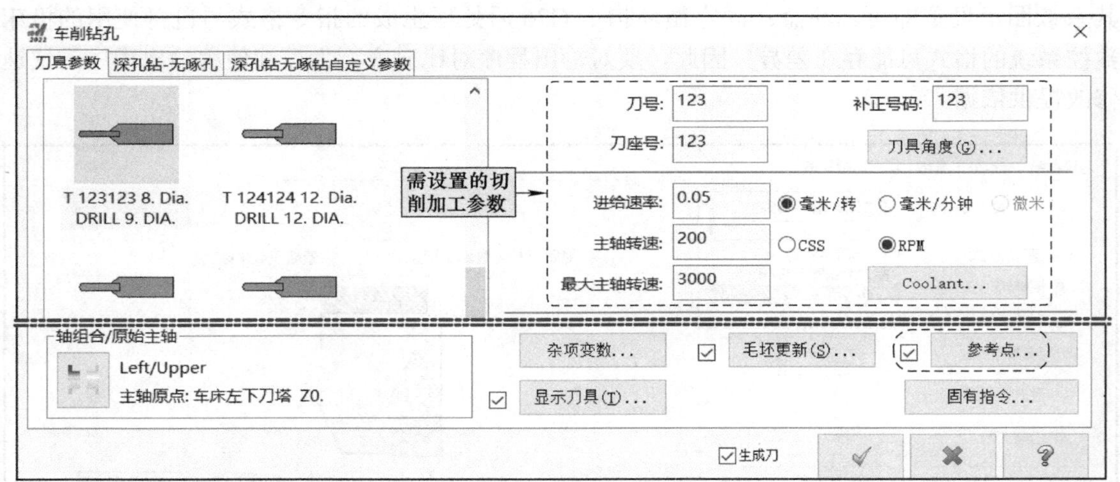

图 8-35 “车削钻孔”对话框→“刀具参数”选项卡

（2）“深孔钻 - 无啄孔”选项卡　如图 8-36 所示，是钻孔加工主要的参数设置区域，选项卡的名称与钻孔循环的选择有关。深度设置可先输入孔深，然后点击“深度计算”按键，自动计算增加量，确认后会直接加入原深度值。循环下拉列表中“钻头 / 沉头孔”选项是默认的普通孔加工方式，Chip break（G74）选项可生成 FANUC 系统的 G74 指令循环格式，适合深孔加工，注意其要设置循环参数。

（3）“深孔钻无啄钻孔自定义参数”选项卡　其选项卡名称也会随循环选项而变化，用于用户自定义对应循环参数加工，一般不用。

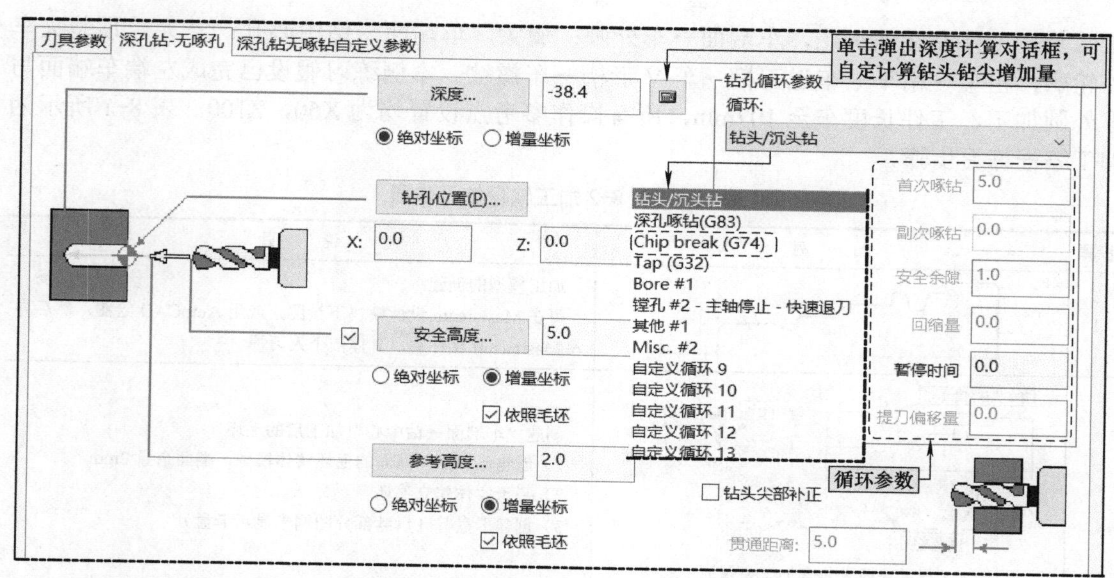

图 8-36　“车削钻孔”对话框→“深孔钻 - 无啄孔”选项卡

8.9　车削加工综合示例

学习至此，已具备数控车削加工编程的基础知识，以下通过两个示例综合练习，巩固和验证掌握程度。图 8-37 与图 8-38 所示分别为两个车削零件练习图。

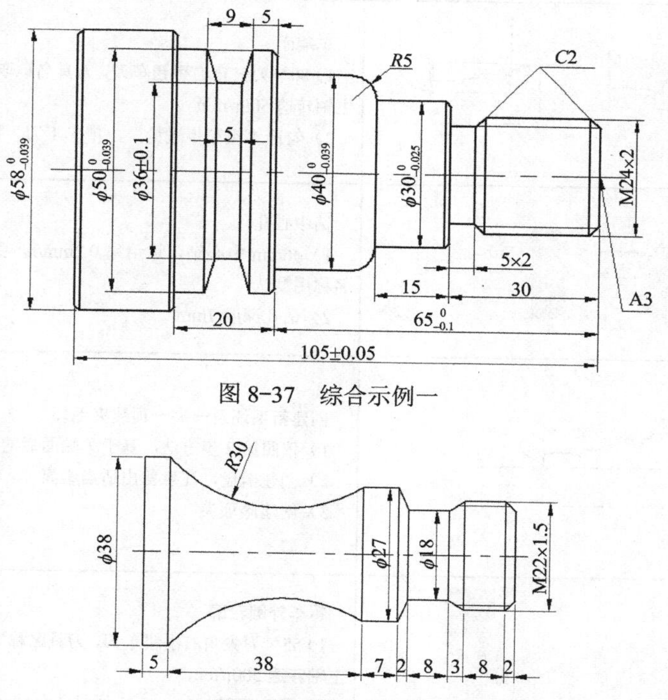

图 8-37　综合示例一

图 8-38　综合示例二

例 8-2：零件几何参数如图 8-37 所示，材料为 45 钢，毛坯尺寸为 ϕ62mm×110mm，加工工艺：工件左端面加工，车端面→车外圆；调头，车端面→钻中心孔；一夹一顶装夹车外轮廓，粗车→精车→车退刀槽→车V形槽→车螺纹。本例练习假设已完成左端车端面与车外圆加工，工件长度车至107mm，所有操作参考点设置均为X60，Z100。表8-1所示为加工编程练习步骤。

表 8-1 例 8-2 加工编程练习步骤

步骤	图例	说明
1		加工模型的创建 可在 Mastercam 设计模块下绘图，或用 AutoCAD 绘图，然后导入 Mastercam 软件中，具体依个人习惯
2	基于实体创建毛坯 毛坯 加工模型 毛坯实体 卡盘 （图示毛坯未包含加工余量）	创建“车端面→钻中心”加工后的毛坯 1）创建已加工左端面的毛坯实体模型，端面余量 2mm 2）基于实体建立毛坯 3）创建卡盘等（后续部分图例未显示卡盘）
	毛坯边线 加工模型 毛坯 基于旋转创建毛坯 卡盘 （图示毛坯包含加工余量，无尾座）	创建“车端面→钻中心”加工后的毛坯 1）隐藏加工模型，绘制毛坯边界，端面余量 2mm 2）基于旋转选择毛坯边线创建毛坯 3）隐藏毛坯边线，显示加工模型，创建卡盘
3		车端面 1）80°刀尖角右手粗车刀，刀具名称取 T0101，进给率 0.2mm/r，主轴转速 500r/min 2）勾选“粗车步进量”，精车 1 刀，精车步进量 0.25mm
4		钻中心孔 1）ϕ6mm 中心钻，进给率 0.2mm/r，主轴转速 1200r/min，刀具名称用默认 2）钻孔深度 7mm
5		创建新毛坯及一夹一顶装夹毛坯 1）依照第 2 步方法，基于车端面后的实体图形创建新毛坯 2）创建卡盘，注意留出适当距离 3）创建尾顶尖
6		粗车外圆轮廓 1）55°刀尖角右手粗车刀，刀具名称取 T0202，进给率 0.2mm/r，主轴转速 500r/min 2）背吃刀量 1.5mm，X 预留量 0.4mm，Z 预留量 0.2mm，控制器补正，切入延长 1mm，切出延长 2mm

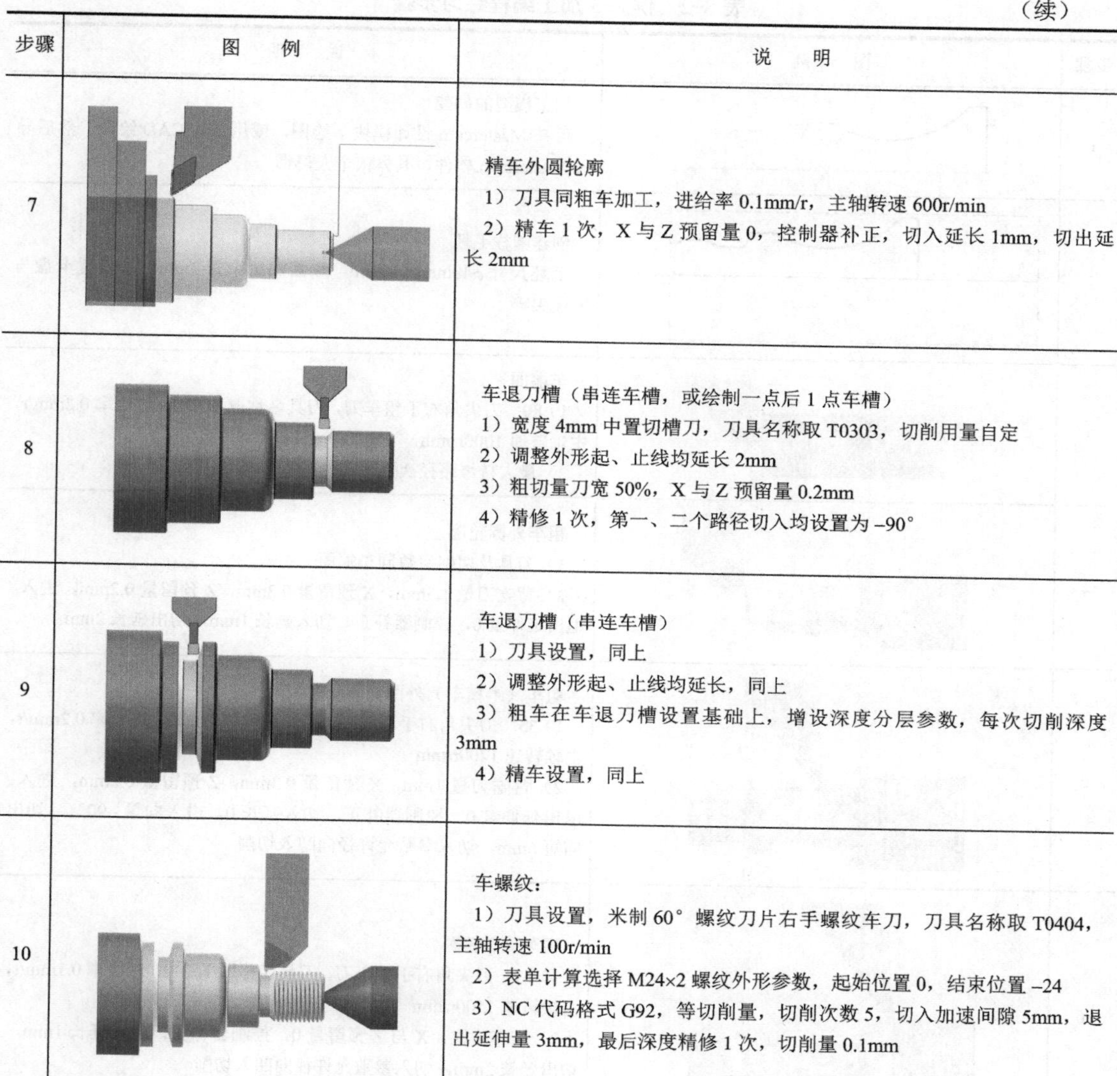

（续）

步骤	图 例	说 明
7		精车外圆轮廓 1）刀具同粗车加工，进给率 0.1mm/r，主轴转速 600r/min 2）精车 1 次，X 与 Z 预留量 0，控制器补正，切入延长 1mm，切出延长 2mm
8		车退刀槽（串连车槽，或绘制一点后 1 点车槽） 1）宽度 4mm 中置切槽刀，刀具名称取 T0303，切削用量自定 2）调整外形起、止线均延长 2mm 3）粗切量刀宽 50%，X 与 Z 预留量 0.2mm 4）精修 1 次，第一、二个路径切入均设置为 –90°
9		车退刀槽（串连车槽） 1）刀具设置，同上 2）调整外形起、止线均延长，同上 3）粗车在车退刀槽设置基础上，增设深度分层参数，每次切削深度 3mm 4）精车设置，同上
10		车螺纹： 1）刀具设置，米制 60° 螺纹刀片右手螺纹车刀，刀具名称取 T0404，主轴转速 100r/min 2）表单计算选择 M24×2 螺纹外形参数，起始位置 0，结束位置 –24 3）NC 代码格式 G92，等切削量，切削次数 5，切入加速间隙 5mm，退出延伸量 3mm，最后深度精修 1 次，切削量 0.1mm

注：1. 步骤 1、2 给出了两种创建毛坯的方法供参考，实际编程时只需使用任一种方法即可。

2. 步骤 3、4 若直接在原点位置创建尾座，则车端面加工仿真时必然出现碰撞现象，处理的方法有两种：一是将步骤 3、4 不设置尾座单独做一个文件编程，如上述；二是利用“车削→零件处理→尾座”功能，先在较远位置设置一个尾座，待步骤 3、4 加工完后，在将尾座移至步骤 5 所示位置。若按方法一学习，则步骤 5 开始另外做一个文件，切削另外设置一个端面无加工余量的毛坯，除可参照步骤 2 的方法创建毛坯外，还可将步骤 4 的加工结果，利用“车削→毛坯→毛坯模型”功能创建一个毛坯模型并导出为 STL 格式，然后导入该模型，基于该模型创建毛坯，这时的毛坯包含中心孔，仿真时更逼真。以上创建毛坯模型和基于尾座功能移动尾座的方法本书未介绍，读者可自行研习或阅读参考文献 [2]，本书附带的二维码文件（前言中）中给出了利用移动尾座功能移动尾座的文件供研习，其可将步骤 1 ～ 10 全部集成在一个刀具群组中完成。

例 8-3：零件几何参数如图 8-38 所示，材料为 45 钢，毛坯尺寸为 ϕ40mm×110mm，加工工艺：车端面→粗车→半精车→精车→车螺纹→切断。三爪卡盘装夹，工件坐标系设置在零件右端面中心。所有参考点均设置为 X40，Z80，表 8-2 所示为加工编程练习步骤。

表 8-2　例 8-3 加工编程练习步骤

步骤	图　例	说　明
1	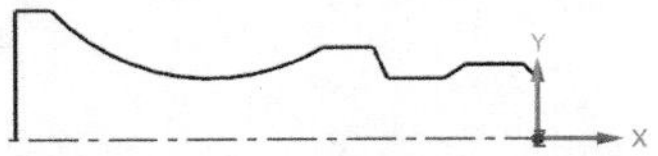	加工模型的创建 可在 Mastercam 设计模块下绘图，或用 AutoCAD 绘图，然后导入 Mastercam 软件，具体依个人习惯
2	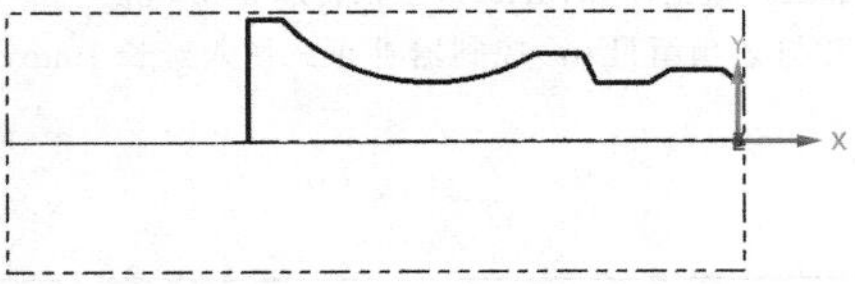	创建圆柱毛坯 毛坯尺寸 ϕ40mm×110mm，端面加工余量 1mm，不设置卡盘与尾顶尖等
3		车端面 1）80° 刀尖角右手粗车刀，刀具名称取 T0101，进给率 0.2mm/r，主轴转速 1000r/min 2）最大精修路径次数 1
4	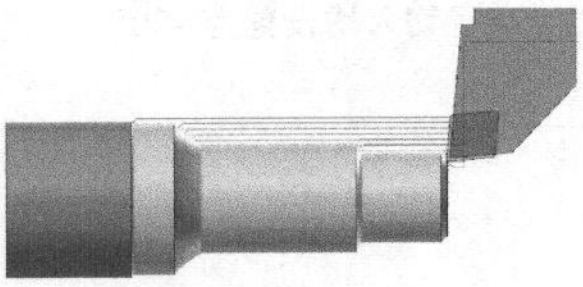	粗车外圆轮廓 1）刀具及切削参数同车端面 2）背吃刀量 1.5mm，X 预留量 0.3mm，Z 预留量 0.2mm，进入 / 退出延伸量 0，控制器补正，切入延长 1mm，切出延长 2mm
5	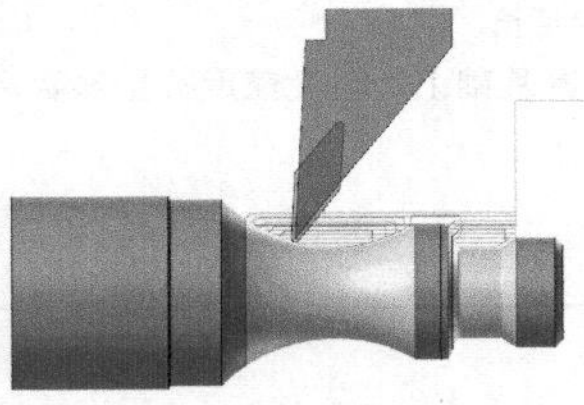	粗车（半精车）外圆轮廓 1）35° 刀尖角右手粗车刀，刀具名称取 T0202，进给率 0.2mm/r，主轴转速 1200r/min 2）背吃刀量 1mm，X 预留量 0.3mm，Z 预留量 0.2mm，进入 / 退出延伸量 0，控制器补正，切入延长 0，进入向量 –90°，切出缩短 6mm，切入参数允许径向凹入切削
6	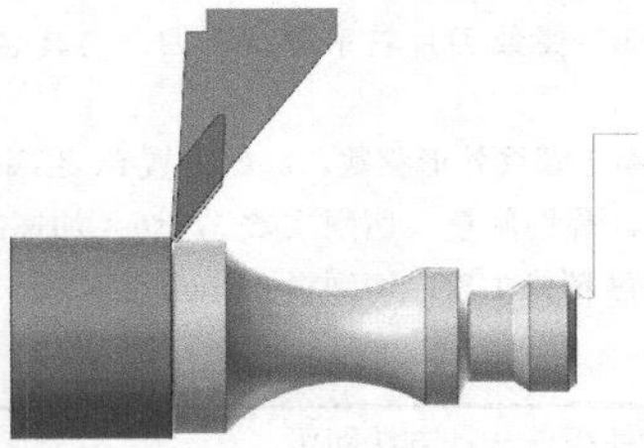	精车外圆轮廓 1）35° 刀尖角右手粗车刀，刀具名称取 T0212，进给率 0.1mm/r，主轴转速 1500r/min 2）精车 1 次，X 与 Z 预留量 0，控制器补正，切入延长 1mm，切出延长 2mm，切入参数允许径向凹入切削
7	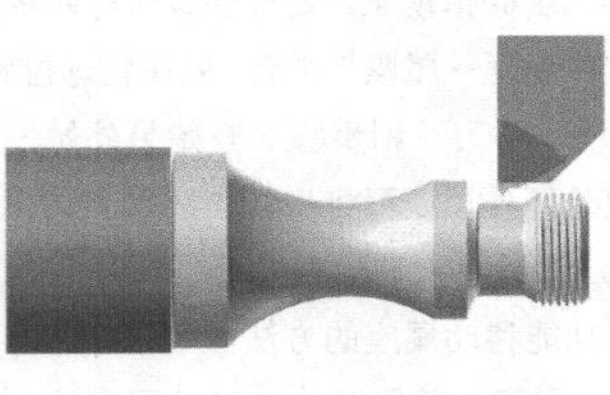	车螺纹 1）刀具设置，米制 60° 螺纹刀片右手螺纹车刀，刀具名称取 T0303，主轴转速 200r/min 2）表单计算选择 M22×1.5 螺纹外形参数，起始位置 0，结束位置 –13 3）NC 代码格式 G92，等切削量，切削次数 4，切入加速间隙 3mm，退出延伸量 3mm，最后深度精修 1 次，切削量 0.1mm
8	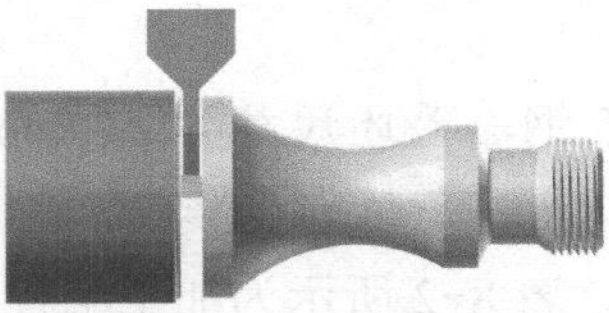	切断 1）宽度 4mm 中置切断刀，刀具名称取 T0404，进给率 0.1mm/r，主轴转速 300r/min 2）X 相切位置 0.4mm，毛坯背面 0，切深位置后端半径，啄式切削深度 3mm

8.10　其他车削加工策略简介

以下对 Mastercam 2022 中部分常规加工策略之外的加工刀路做一个分析，供读者了解，若有兴趣，只要前面的加工设置掌握了，且具备一定的手工编程基础，这几种加工策略很快就能够上手编程。

1．仿形粗车加工

“仿形粗车” 加工策略是生成一系列加工模型轮廓偏置的刀轨粗加工，这种刀轨适合锻件、铸件等类零件形毛坯的加工，也可用于圆柱体毛坯的加工。仿形粗车刀路类似复合固定循环指令 G73 的刀路，但又优于 G73，其基于基本编程指令的加工程序，通用性好，同时比 G73 指令的空刀路少得多。图 8-39 ～图 8-41 列举了几个仿形粗车刀路供参考。

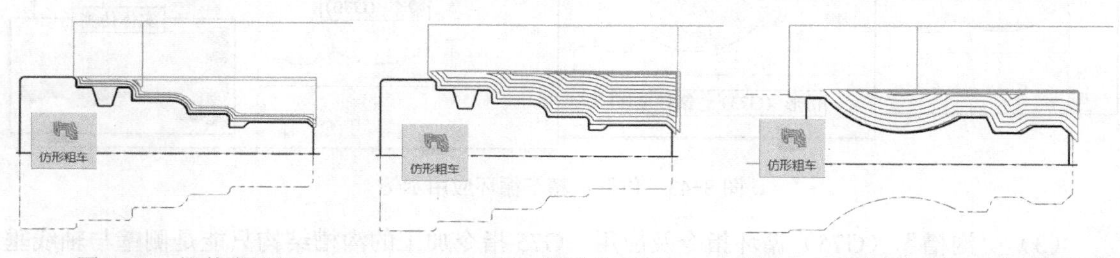

图 8-39　锻件类毛坯　　图 8-40　圆柱体毛坯　　图 8-41　圆柱体毛坯 + 非单调变化

图 8-39 所示为仅沿零件轮廓偏置生成 3 条刀路，类似 G73 指令的刀路。

图 8-40 所示的刀路可替代例 6-2 粗车工序（表 8-1 步骤 6），这种刀路比 G73 指令刀路的空刀路少得多。

图 8-41 所示的刀路与 G73 指令一样适合加工轮廓非单调变化的工件，且空刀路少得多。该加工刀路可替代例 6-3 的粗车工序（表 8-2 的步骤 4 与步骤 5）。

2．循环车削加工

“循环车削”加工策略是以输出循环加工指令为目标的一种加工策略，Mastercam 2022 中包括“粗车” （G71）、“仿形” （G73）“精车” （G70）以及“沟槽” （G75）循环四种，从应用角度看，“粗车 + 精车（G71+G70）”循环和“仿形 + 精车（G73+G70）”循环一般是组合应用，因此其实际是三种加工策略。学习循环车削加工编程首先必须熟悉 G71\G73\G70\G75 这几个指令的格式及应用，否则建议跳过。

（1）“粗车 + 精车（G71+G70）”循环指令及应用　熟悉手工编程的读者都知道，G71+G70 循环组合是长径比较大、圆柱形毛坯回转体零件数控车削加工的常见组合，可用较短的程序段完成零件的粗、精加工。图 8-42 是粗车 + 精车循环应用示例，其可替代例 6-2 粗车 + 精车工序（表 8-1 步骤 6 和步骤 7）。仅仅看刀具轨迹差异似乎不大，但后处理输出 G 代码后就可明显看出差异。

（2）“仿形 + 精车（G73+G70）”循环指令及应用　手工编程中，G73+G70 循环组合是加工轮廓线非单调变化零件加工的常用组合。图 8-43 所示是仿形 + 精车循环应用示例，圆柱体与锻件类毛坯零件粗车毛坯的刀路是不同的，其可替代例 6-3 粗车 + 精车工序（表 8-2 步骤 4、步骤 5 和步骤 7）。

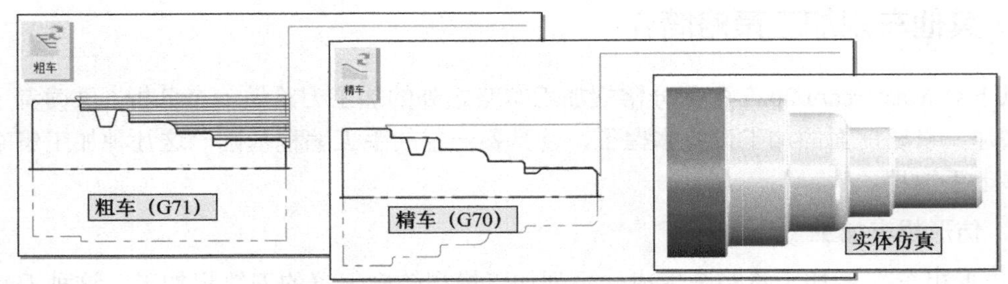

图 8-42　粗车 + 精车循环应用示例

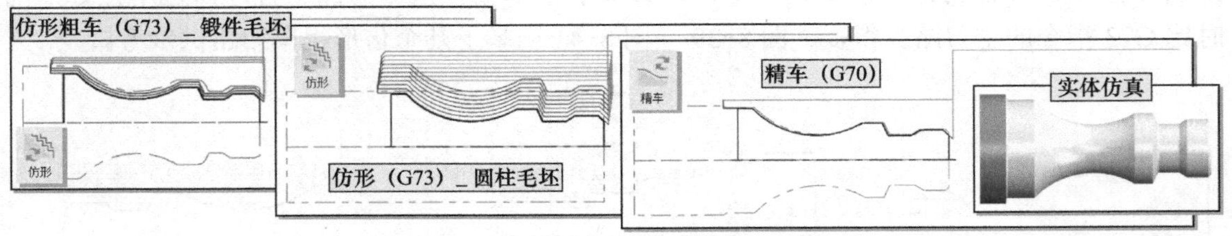

图 8-43　仿形 + 精车循环应用示例

（3）“沟槽”（G75）循环指令及应用　G75 指令加工的沟槽结构只能是侧壁与轴线垂直且相等的沟槽，因此沟槽循环指令沟槽选项对话框中的定义沟槽的方法只能是 1 点、2 点和 3 直线三种方法。沟槽循环加工策略的典型应用主要有三种，一是等距多个窄沟槽、单一宽沟槽和啄式切断，如图 8-44 所示。当刀具横向移动的步进量小于刀具宽度时，是宽槽加工；当横向移动的步进量大于刀具宽度时，则是切削宽度等于或略大于刀具宽度的多个窄槽；若横向移动的步进量等于 0 并取消精修，且径向车削至中心，则相当于切断。因为径向进刀可以设置为啄式切削，因此切断效果也是不错，且程序段少（仅需两个程序段）。

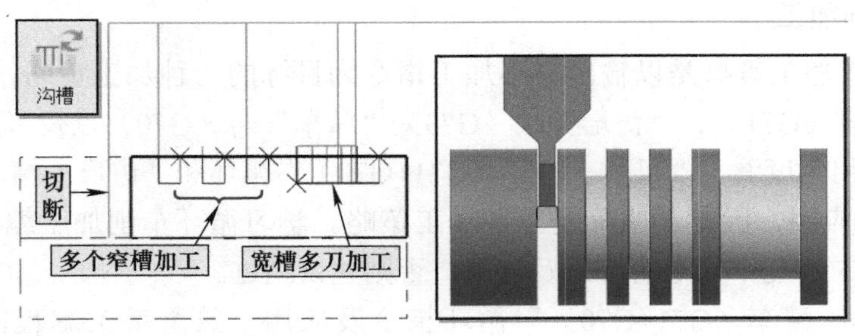

图 8-44　沟槽循环应用示例

3．动态粗车加工

“动态粗车”加工策略是一种专为高速切削加工而设计的刀路，其切削面积均匀，材料切入、切出以切线为主，刀具轨迹平滑流畅，加工过程中较少应用 G00 过渡，因此加工过程中切削力变化较小，适应高速车削加工的条件。图 8-45 所示为某轧辊型面动态粗车加工刀路示例，采用圆刀片仿形车刀。限于高速加工对机床的要求以及人们对高速切削机理的认识，目前动态粗车刀路应用还不广泛。

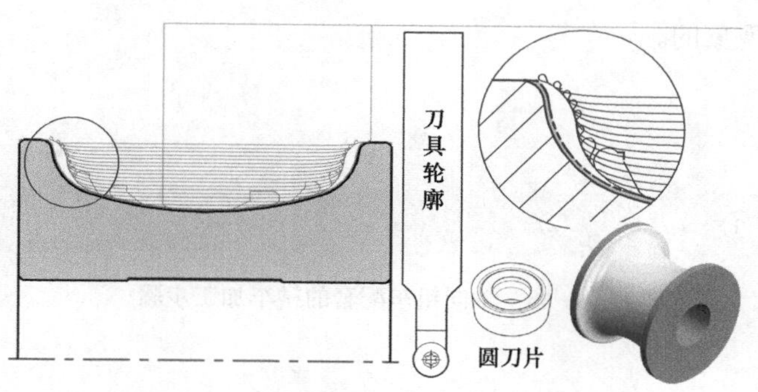

图 8-45　某轧辊型面动态粗车加工刀路示例

4．切入车削加工

“切入车削” 加工策略是基于现代机夹可转位不重磨车刀的良好轴向切削功能而开发出的基于切槽刀横向切削为主的加工刀路。图 8-46 所示为切槽刀具轴向车削原理。首先，径向车削至 a_p 深度，然后转为轴向车削，由于切削阻力 F_z 的作用，刀头产生一定的弯曲变形，同时刀具略微增长 $\Delta d/2$，形成副偏角，修光已加工表面，进行横向车削。刀具伸长量 $\Delta d/2$ 是一个经验数据，受切削深度 a_p、进给量 f、切削速度 v_c、刀尖圆角半径 r_ε、材料性能、切槽深度以及刀头悬伸部分刚度等因素影响，一般在 0.1mm 左右。

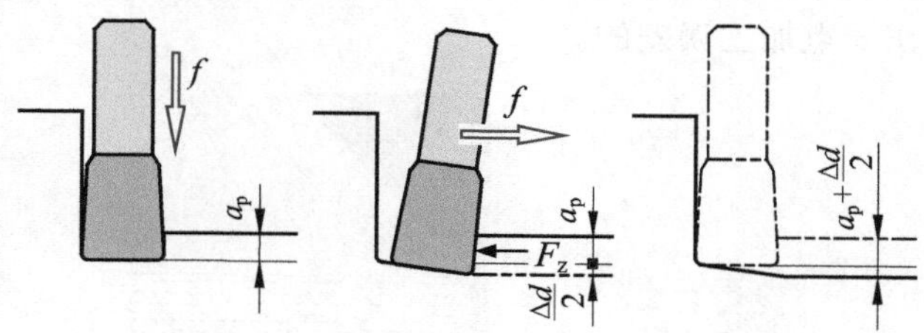

图 8-46　切槽刀具轴向车削原理

切入车削适合宽度较大的槽加工，其可实现轴向车削槽的粗、精加工编程。图 8-47 所示为带底角倒圆的宽槽粗加工刀路，由于轴向车削的刀头伸长，因此径向切入转轴向切削前刀具应退回 0.1 ～ 0.15mm 距离，参见图中 I 放大部分。考虑切削过程中尽量避免刀具两个方向受力，故轴向车削转径向切入时，还有 45° 斜向退刀方式，参见图中 II 放大部分。

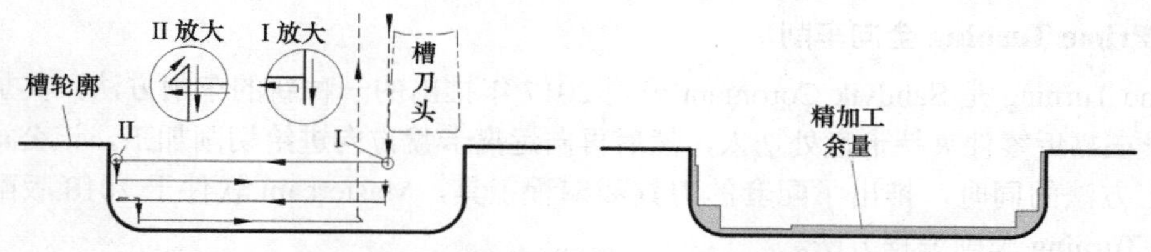

图 8-47　带底角倒圆的宽槽粗加工刀路

图 8-48 所示为轴向粗车配套的精车加工步骤，其第②步轴向车削前仍然要回退刀具伸长量 $\Delta d/2$。

图 8-49 所示为切入车削粗、精车削实体仿真示例，图中精车加工圆柱部分似乎大一点，实际上是软件仿真时未考虑刀具伸长变形所致，若刀具伸长量 $\Delta d/2$ 选取合适，实际加工件

是看不到这个略凸现象的。

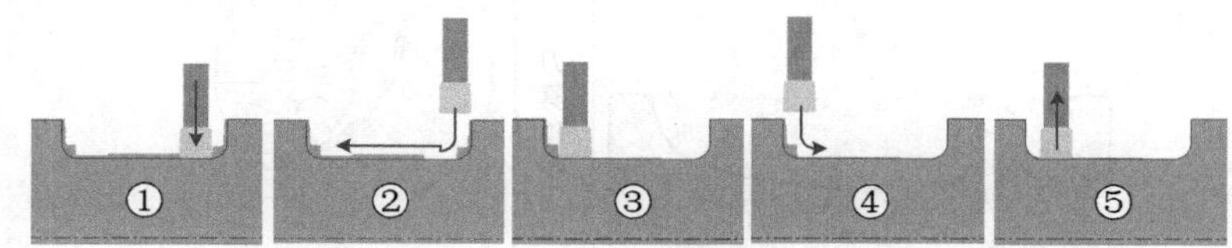

图 8-48　轴向粗车配套的精车加工步骤

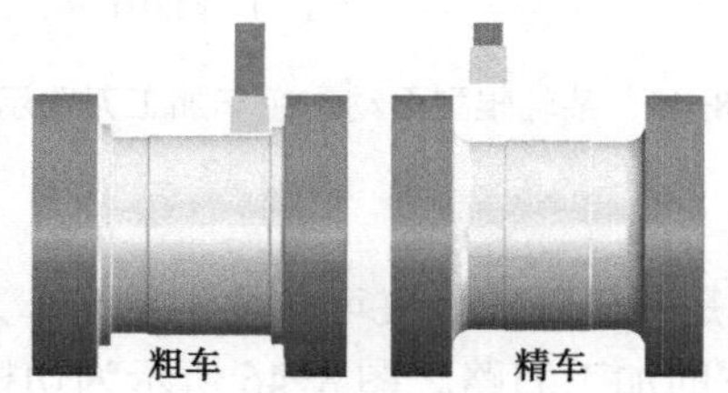

图 8-49　切入车削粗、精车削实体仿真示例

切入车削功能不仅可切削以上底角倒圆的宽槽，同样也可加工无倒圆倒角的矩形槽，以及任意形状凹槽，甚至可进行复杂外轮廓形状外圆的粗车加工，如图 8-50 所示为切入车削粗、精加工图 8-38 所示外轮廓实体仿真示例，当然，该方案用切槽刀精车轮廓，在圆弧凹槽底部理论上是存在一点加工误差的。

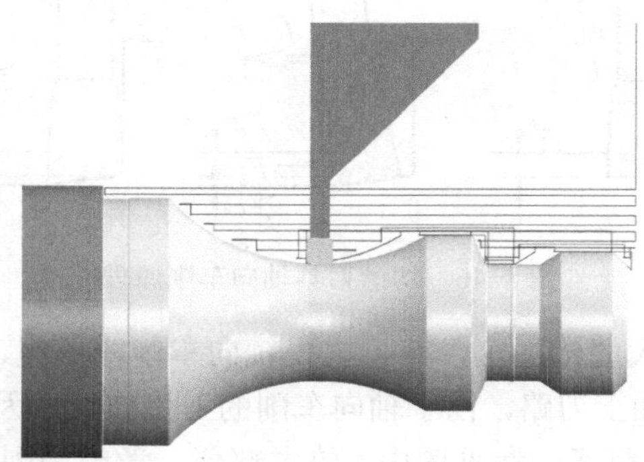

图 8-50　切入车削粗、精加工图 8-38 所示外轮廓实体仿真示例

5. Prime Turning 全向车削

Prime Turning 是 Sandvik Coromant 公司 2017 年推出的一种新的车削方法，其加工原理是让刀具在靠近零件夹持卡盘处切入，然后再向远离卡盘方向进给切削加工，该公司在推出这种加工方法的同时，推出了配套的刀具和编程工具，Mastercam 软件于 2018 版配合推出了 Prime Turning 车削编程方法。

Prime Turning 可以仅用一把刀具完成纵向车削（前进和后退）、车端面（向内和向外）和仿形车削操作，大幅减少刀具数量和走刀次数，节约刀位，提高加工效率。较小的主偏角形成的切屑更薄，可采用更高的切削参数。与常规车刀相比，在提高 50% 切削效率的同时还能提高 50% 的刀具寿命。主要切削方向背离台阶方向，消除了因挤屑给刀片或零件带来的损害。

单击“车削→标准→ Prime Turning”功能按键，弹出“线框串连”对话框，“部分串连”方式选择选择加工轮廓线，注意起点为靠近卡盘处，远离卡盘方向，终点远离卡盘处．单击“确定”按键，弹出“车床 Prime Turning（TM）”对话框，默认为“刀具参数”选项卡，刀具列表中默认是“Lathe_mm.tooldb”刀具库的刀具，由于 Prime Turning 车削方法需要专用的刀具，因此，单击列表下的“选择刀库刀具”按键选择刀库刀具...，弹出“选择刀具”对话框，单击列表上部的“打开”按键，选择“Coro Turn Prime _mm.tooldb”刀具库。

以上为操作要点，限于篇幅，操作过程请读者自行研习，下面以图 2-73 所示零件为例给出基于 Prime Turning 功能的编程示例供参考，如图 8-51、图 8-52 所示，图中所示串连选择的方向不能错。Prime Turning 车削方式可同时完成零件的粗、精车加工。因为刀路的特殊性，若想详细研习，可用手机扫描前言中的二维码文件下载相应的练习文件。由于该加工需要专用的刀具，因此实际应用并不广泛。

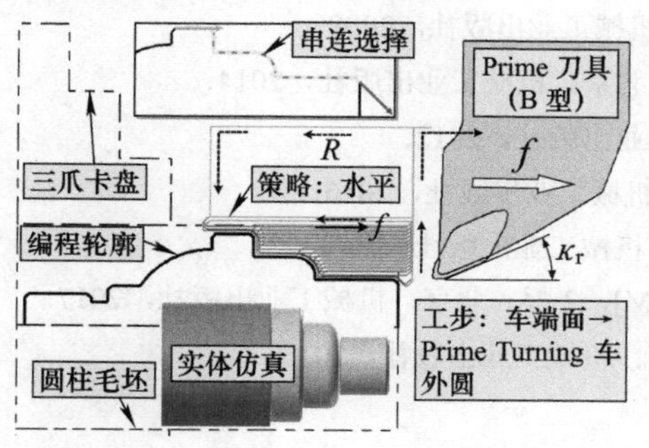

图 8-51　PrimeTurnin 车外圆示例

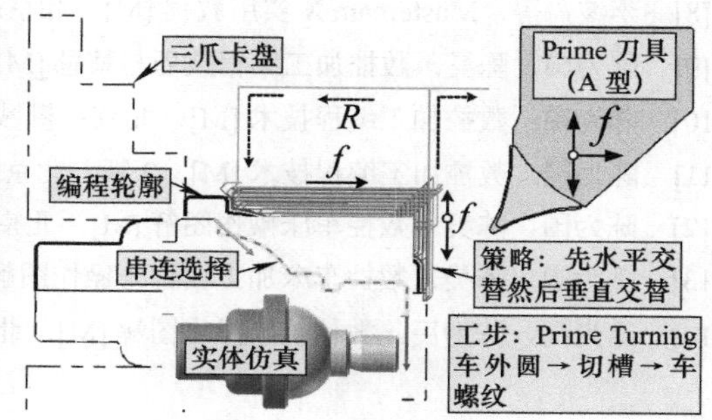

图 8-52　PrimeTurnin 车外圆端面示例

本 章 小 结

本章主要介绍了 Mastercam 2022 软件数控车削加工编程，重点介绍了 Mastercam 车削编程的基础加工策略。对于特殊的加工策略，以简介的形式给予介绍。旨在帮助读者判断是否需要继续学习，以及如何学习。

参 考 文 献

[1] 陈为国，陈昊．图解 Mastercam 2017 数控加工编程基础教程 [M]．北京：机械工业出版社，2018.

[2] 陈为国，陈昊，等．图解 Mastercam 2017 数控加工编程高级教程 [M]．北京：机械工业出版社，2019.

[3] 马志国，等．Mastercam 2017 数控加工编程应用实例 [M]．北京：机械工业出版社，2017.

[4] 陈为国，陈昊．数控加工刀具应用指南 [M]．北京：机械工业出版社，2021.

[5] 陈为国，陈昊．数控加工刀具材料、结构与选用速查手册 [M]．北京：机械工业出版社，2016.

[6] 詹友刚．Matercam X7 数控加工教程 [M]．北京：机械工业出版社，2014.

[7] 刘文编．Mastercam X2 中文版数控加工技术宝典 [M]．北京：清华大学出版社，2008.

[8] 李波，等．Mastercam X 实用教程 [M]．北京：机械工业出版社，2008.

[9] 陈为国，陈昊．数控加工编程技巧与禁忌 [M]．北京：机械工业出版社，2014.

[10] 陈为国．数控加工编程技术 [M]．北京：机械工业出版社，2012.

[11] 陈为国．数控加工编程技术 [M]．2 版．北京：机械工业出版社，2016.

[12] 陈为国，陈昊．数控车床操作图解 [M]．北京：机械工业出版社，2012.

[13] 陈为国，陈昊．数控车床加工编程与操作图解 [M]．2 版．北京：机械工业出版社，2017.

[14] 陈为国，陈为民．数控铣床操作图解 [M]．北京：机械工业出版社，2013.